国家科学技术学术著作出版基金资助

进境纺织原料携带有害生物风险分析实务

郭会清　编著

中 国 农 业 出 版 社

图书在版编目（CIP）数据

进境纺织原料携带有害生物风险分析实务 / 郭会清编著. —北京：中国农业出版社，2011.2
ISBN 978-7-109-15445-2

Ⅰ.①进… Ⅱ.①郭… Ⅲ.①纺织纤维-有害动物-国境检疫-研究-中国②纺织纤维-有害植物-国境检疫-研究-中国 Ⅳ.①S40

中国版本图书馆 CIP 数据核字（2011）第 020400 号

中国农业出版社出版
（北京市朝阳区农展馆北路 2 号）
（邮政编码 100125）
策划编辑 张洪光
文字编辑 周锦玉 田彬彬

中国农业出版社印刷厂印刷 新华书店北京发行所发行
2012 年 11 月第 1 版 2012 年 11 月北京第 1 次印刷

开本：787mm×1092mm 1/16 印张：32.5
字数：750 千字
定价：150.00 元

序

随着国际经济形势的发展和全球经济一体化进程的不断加快，世界贸易自由化已越来越成为一种趋势。以此为背景的国际大环境为外来物种的入侵、传播和扩散创造了条件，特别是世界各国在共享生物多样性资源中对物种资源的引进与交换，更加增大了外来物种的入侵风险。外来物种的入侵在给世界很多国家（地区）造成不可逆转的生态灾难的同时也造成了巨大的经济损失。

入世以来，中国在纺织工业领域中，纤维用量、生产能力、国际供应产品量等已成为世界第一大国，中国也是国际贸易中最大的纺织原料进口国。由于一些国家的棉、毛、麻等纺织原料收割（剪）是机械作业，不可避免地会在产品中夹带有一些病虫害和杂草子。其中一些有害生物如果传入我国，其危害是巨大的，会对我国生物多样性、生态环境和人体健康构成潜在风险和威胁。因此，进口纺织原料携带的有害生物对中国的环境、中国人的健康、中国卫生警戒的影响已受到国家的关注。

根据WTO的《实施卫生与植物卫生措施协定》的有关要求，制定并实施检疫措施必须建立在有害生物风险分析的基础之上。因此，有害生物风险分析近年来成为备受国内外学者关注的热点领域之一。

本书是国家留学基金管理委员会和国家质检总局资助的“国外纺织原料有害生物风险分析及其对策研究”课题的研究成果。本研究成果学术水平达国际领先，有较高的学术价值和应用价值。本书是纺织品检验检疫领域的首部有害生物风险分析的学术著作，对保障我国公共卫生安全和保护生态环境，支撑和指导我国纺织业、农业、畜牧业和国民经济健康发展具有重要的现实意义，其社会效益和经济效益可见一斑。

郭会清专心致力于纺织检验检疫技术科学和标准研究近20年，取得了比较丰硕的成果。鉴于国内尚没有纺织品检验检疫领域有害生物风险分析学术著作，作者结合自己的研究成果，编写了这部纺织原料有害生物风险分析专著，系统而完整地介绍了风险分析的历史背景、基本知识、风险分析程序以及风险分析实例等。我相信这部专著对推动纺织原料检验检疫领域的科学技术进步、带动有害生物风险分析在纺织原料检验检疫领域的研究和应用，都将起到一定的作用。因此愿作此序，与作者及读者共勉之。

中国工程院院士、西安工程大学名誉院长、教授、博士生导师 姚穆

2010年4月18日于西安

前 言

《进境纺织原料携带有害生物风险分析实务》是依据国家留学基金管理委员会和国家质检总局资助的“国外纺织原料有害生物风险分析及其对策研究”的科研成果，并按照国家质检总局鉴定委员会建议出版研究成果的要求而编写的，旨在使更多读者共享研究成果。

有害生物风险分析（pest risk analysis，PRA）是WTO规范植物检疫行为的《实施卫生与植物卫生措施协定》（简称SPS协定）中明确要求的。为了使检疫行为对贸易的影响降到最低，规定各国（地区）制定实施的植物检疫措施应建立在有害生物风险分析的基础之上。根据国际植保公约（IPPC）的定义，有害生物风险分析是用于评价生物学或其他科学、经济学的证据，确定某种有害生物是否应予以控制以及控制所采取的植物卫生措施力度的过程。

本书是纺织检验检疫领域的有害生物风险分析的应用技术著作，对规范我国进境纺织原料的检验检疫、检疫监管等工作有积极的指导作用，可为有关部门制定相关政策、规章提供翔实可靠的科学依据。本书对检验检疫和其他相关行业有普遍的指导和借鉴意义。

本书可用作我国种植业、畜牧业、纺织业、检验检疫领域、科研院校、进出口企业的研究人员、技术人员、师生、管理人员、动植物检疫人员、纺织原料检疫人员的参考用书。

由于作者水平有限，错漏之处在所难免，恳请广大读者批评指正。

编著者

2010年4月

目录

第一篇　进境棉花的风险分析

第二篇　进境麻类的风险分析

第三篇　进境蚕丝风险分析

第四篇　进境羊毛风险分析

第五篇 进境牦牛毛风险分析

第六篇　进境驼毛风险分析

第七篇　进境兔毛风险分析

第八篇　进境羊绒风险分析

第九篇 进境羽绒风险分析

第十篇　进境毛皮风险分析

概　论

1　风险分析的基本情况

可以说从植物检疫诞生的那天起，制定植物检疫措施时，人们就一直在进行着有害生物风险分析。但是近年来，由于在实际运用中存在着对有害生物风险分析（pest risk analysis，PRA）理解上的差异，对PRA的概念认识缺乏一致性，而随着PRA在贸易上的地位越来越重要，人们开始对PRA进行明确的定义，借鉴风险分析在核工业以及环境保护领域中的应用情况，把风险的概念从相关领域真正引入到植物检疫领域。

1983年，北美植保组织（NAPPO）创建了植物检疫术语词汇表；1987年，该表经罗马联合国粮农组织（FAO）非正式磋商被采纳，并被修订为NAPPO/FAO植物检疫术语表。其后关贸总协定（GATT）承认了FAO在植物检疫学科中的技术权限。为完成GATT的国际标准实体建立，FAO在国际植物保护公约的合作条款下，正式建立了一个地区植物保护组织（RPPOs），以建立植物保护检疫原则和程序作为一项全球协调的基础。1996年，FAO颁布了有害生物风险分析准则，各成员方在总原则下选择具体评价因素及评价方法建立了自己的分析模式。资料的积累与法规的制定使PRA的标准逐渐走向了统一。目前各国植物检疫机构普遍采用的PRA，就是按照联合国粮农组织（FAO）的国际标准和准则概念上的有害生物风险分析。

有害生物风险分析是近年来备受人们关注的热点问题之一，是WTO规范植物检疫行为的《实施卫生与植物卫生措施协定》（SPS协定）中明确要求的，为了使检疫行为对贸易的影响降到最低而规定各国（地区）制定实施的植物检疫措施应建立在有害生物风险分析的基础之上。根据国际植保公约（IPPC）的定义，有害生物风险分析是用于评价生物学或其他科学、经济学的证据，确定某种有害生物是否应予以控制以及控制所采取的植物卫生措施力度的过程。这个过程主要包括风险评估（risk assessment）、风险管理（risk management）和风险交流（risk communication）3个方面的内容。①有害生物风险评估，是关于某一有害生物进入一个国家定殖并造成经济损失的可能性（概率），或对有害生物一旦传入某尚未发生的地区或在新发生区传播蔓延可能引起的危险性进行系统评价的过程。②有害生物风险管理，是通过归纳、选择、评价、改进，直至最后确定减少风险的措施，并将之应用于检疫实践中，是关于可以用来采取的措施，以减少这种可能性达到可接受水平。③风险交流是在风险分析专家和风险管理者、措施制定者等之间对某一有害生物的风险性进行交流的过程，风险信息和分析结果双向多边的交换和传达，以便相互理解和采取有效管理措施。目前，对PRA的研究大多处于风险评估阶段。有害生物风险评估是PRA的最主要内容，风险评估的结果直接决定着是否有必要进行风险管理以及制定其管理方案。风险评估的范围主要涉及生物、环境和社会3个方面。近年来，许多研究者对有害生物风险分析的技术和方法做了不少很有意义的探索和研究。我国加入WTO后，PRA在保护本国农业免受外来危险性有害生物的入侵及促进国内农产品出口贸易中扮演着越来越重要的角色。PRA对于我们大多数农业工作者来说还是一项较新的知识，了解PRA的发展历程，对于我们进一步研究和运用PRA具有重大意义。

外来物种（alien species 或 non-native、non-indigenous、foreign、exotic species）是指那些出现在其过去或现在的自然分布范围及扩散潜力以外（即在其自然分布范围以外或在没有直接或间接引入或人类照顾之下而不能存在）的物种、亚种或以下的分类单元，包括其所有可能存活继而繁殖的部分、配子或繁殖体。外来有害生物是指部分具有入侵性的外来物种，它们对生态系统或物种构成不同程度的威胁，可引起生态系统的破坏、生物多样性的下降，甚至是物种的灭绝。外来有害生物的范围很广，可以是植物、动物或其他各种有机体，且这一范围正随着交通运输和经济贸易的发展而不断拓宽。

1.1 国外PRA的研究发展概述

1.1.1 美国的PRA发展

几百年来不断地有新的生物体从海外被带进北美大陆并且在北美大陆定殖。在20世纪70年代以前的480年的时间里，已有1 115种新的昆虫在北美大陆定殖，使该地昆虫总量增加了1%。为了控制外来有害生物的入侵，保护本国农业生产的安全，美国在20世纪70年代就建立了一个对尚未在加利福尼亚州定殖的有害生物进行打分的模型，这一分析利用计算机辅助进行；每种有害生物依据一些指标打分，得分越高，该有害生物就越危险。经济影响（包括损失和额外费用）主要分为：没影响（小于10万美元）、影响较小（10万～100万美元）、影响较大（大于100万美元）；社会影响：最多影响到100万人、影响100万～500万人（占加州人口的25%）、影响500万人以上；此外，还考虑环境影响。该模型考虑了社会及环境影响的重要性，而不是仅局限于考虑市场的影响。

美国针对每种有害生物进行PRA时所采取的评估信息研究工作在美国乃至世界植物检疫的历史上都是很重要的，也经常被后来的文献引用，该项研究提出的模型具有一定的代表性。1993年11月，美国完成的“通用的非土生有害生物风险评估步骤”（用于估计与非土生有害生物传入相关的有害生物风险），将PRA划分的三阶段也基本与FAO的“准则”一致，其特点是所建立的风险评估模型采用高、中、低打分的方法。

1.1.2 澳大利亚的PRA发展

澳大利亚“Lindsay委员会”于1988年5月公布了一份题为“澳大利亚检疫工作的未来”的报告，明确提出“无风险”或称“零风险”的检疫政策是站不住脚的，也是不可取的。相反，“可接受的风险”或称为“最小风险”、“可忽略的风险”或“最小的风险水平”的概念则是现实的。同时，该报告还特别强调了风险管理在检疫决策中的重要性。澳大利亚检验检疫局（AQIS）于1991年制定了进境检疫PRA程序，使“可接受的风险水平”成为澳大利亚检疫决策的重要参照标准之一。澳大利亚认为有害生物风险分析是制定检疫政策的基础，也是履行有关国际协议的重要手段。AQIS 植物检疫政策部门负责进行针对进口到澳大利亚的植物和植物产品的风险分析。这些植物和植物产品包括新鲜水果和蔬菜、谷物和一些种子、苗木等。进口风险分析（import risk analysis）针对潜在的检疫风险进行确认和分类，并制定解决这些风险的风险管理程序。

从 1997 年起，AQIS 开始采用新的进口风险分析咨询程序。新的程序最低要求包括公布进口风险分析的报告草案和最后确定稿。进行进口风险分析时，又分两种情况：①相对简单的进口申请进行常规的风险分析步骤。②较复杂的进口申请进行非常规的风险分析步骤。AQIS 于 1998 年出版的《AQIS 进口风险分析步骤手册》一书中对两种步骤都有详细描述。澳大利亚参考 FAO 的《有害生物风险分析准则》制定了“有害生物风险分析的总要求”，还制定了“制定植物和植物产品进入澳大利亚的检疫条件的程序”。确定的 PRA 步骤为：①接受申请、登记建档并确定 PRA 工作进度；②确定检疫性有害生物名单；③进行有害生物风险评估；④确定合适的检疫管理措施；⑤准备 PRA 报告初稿；⑥召集 PRA 工作组讨论通过 PRA 报告；⑦征求意见后形成正式的 PRA 报告；⑧送交主管领导供检疫决策参考。在进行生物风险评估时，规定了 7 个主要评估指标：有害生物的进境模式、原产地有害生物的状况、有害生物的传播潜能及其在澳大利亚的定殖潜能、其他国家类似的植物检疫政策、供选择的植物检疫方法和策略、有害生物定殖对澳大利亚产品的影响、分析中存在的问题。由于澳大利亚农业管理体制的特殊性，AQIS 在进行植物检疫决策时一般仅从检疫角度考虑生物学安全性的问题，即仅考虑生物学的风险评估结果，不考虑经济学影响或仅对有害生物的经济学进行一般性评估。在 PRA 过程中所涉及的经济的、社会的、政治的评估，则由联邦政府指定的部门进行。澳大利亚开展 PRA 工作已有多年，早期的 PRA 工作主要有稻米的 PRA、进口新西兰苹果梨火疫病的 PRA、实蝇对澳大利亚园艺工业的影响分析、种传豆类检疫病害的评价等。1999 年开始，PRA 的工作则大量增多，如对美国佛罗里达州的柑橘、南非的柑橘、泰国的榴莲、菲律宾的芒果、美国的甜玉米种子、荷兰的番茄、新西兰的苹果、日本的富士苹果、韩国的鸭梨和中国的鸭梨等。澳大利亚还依据 PRA 向一些国家提出了市场准入的请求，包括：向韩国出口柑橘，向日本出口芒果的新品种、稻草和番茄，向美国出口番茄、切花和草种，向新西兰出口切花和各种实蝇寄主商品，向墨西哥出口大麦，向毛里求斯出口小麦，向秘鲁出口大米等。

1.1.3　加拿大的 PRA 发展

加拿大的植物有害生物风险分析有专门的机构负责管理，并且由专门的机构负责进行风险评估。评估部门对有害生物的风险进行评价，并提出可降低风险的植物检疫措施备选方案，最后由管理部门进行决策。1995 年按照 FAO 的准则，加拿大农业部制定了其本国的 PRA 工作程序。加拿大将 PRA 分成 3 部分：有害生物风险评估、有害生物风险管理和有害生物风险交流。其中，将风险交流作为 PRA 的独立部分是加拿大的特色，有害生物风险交流，主要指与有关贸易部门的交流。在进行风险评估中，考虑有害生物传入会造成的后果时，考虑对寄主、经济和环境的影响，风险评估的结果确定总体风险，划分为 4 个等级，即极低、低、中、高，并考虑不确定因素，陈述所利用的信息的可靠性。

1.1.4 新西兰的PRA发展

新西兰于1993年12月将“植物有害生物风险分析程序”列为农渔部国家农业安全局的国家标准，它基本上可以说是FAO的“准则”的具体化，其特点体现在风险评估的定量化上。新西兰开展PRA工作较早，且已形成了从科研人员到管理决策层的基本体系，并将PRA很好地与检疫决策结合起来，是世界上PRA工作领先的国家之一。

1.2 有害生物风险分析在中国的发展历程

我国20世纪80年代主要的研究重点在有关数据库的建立与数据的积累上，1986年制定了《进出口植物检疫对象名单》和《禁止进口植物名单》。进入90年代PRA被列为国家“八五”重点课题，进行了一系列的风险分析，其成果体现在1992年《进境植物检疫危险性病虫杂草名录》和《进境植物检疫禁止进境物名录》的制定、1997年《进境植物检疫潜在危险性病虫杂草名录》的颁布与《进境植物检疫禁止进境物名录》的修订等，我国PRA总体上处于国际领先水平。小麦矮腥黑穗病菌（TCK）定量风险分析的应用，在2001年6月中美TCK风险分析研讨会上，被公认为组织多学科专家进行定量PRA的一个典范。国际植物保护公约（IPPC）秘书Robert Griffin充分肯定了中国PRA的能力，以及在PRA领域所取得的成绩。目前，我国仍然还是以动植物检疫实验所为主开展出入境植物检疫的PRA工作，农业部以及一些农业高等院校也开始从事PRA工作。PRA已经成为我国植物检疫决策的支柱，我国每一项植物检疫政策的出台都需要PRA报告的支持，我国制定植物检疫法规以及对外植物检疫谈判也都离不开PRA的技术支持。2000年，经批准在动植物检疫实验所正式设立了“PRA办公室”，这是我国第1个PRA机构，现已成为我国PRA工作的中心。PRA办公室成立以来，组成了由昆虫、真菌、细菌、线虫、病毒和计算机等学科专家组成的PRA工作组，制定了PRA的工作流程和PRA程序，对FAO/ IPPC正在制定的有关PRA的国际标准提出了修改意见，协助国家质量监督检验检疫总局举办了PRA培训，开展了卓有成效的PRA工作。在2000年PRA办公室组织完成的《关于中国从国外进口原木截获有害生物的风险评估报告》的基础上，原国家出入境检验检疫局、海关总署、国家林业局、农业部和对外经济贸易合作部联合发布2001年第2号公告，自2001年7月1日起，对进口原木实施新的植物检疫措施。另外，PRA办公室组织完成的《烟草霜霉菌随美国拟输华配方烟片传入中国的风险分析报告》，为2001年中国与美国签订《关于美国烟叶输往中国的植物检疫议定书》提供了技术支持。

我国于1981年开展了“危险性病虫杂草的检疫重要性评价”研究，1991年成立“检疫性病虫害的危险性评估（PRA）研究”课题组，1995年5月成立中国植物PRA工作组。以这三件大事为标志，大致上可把我国的PRA研究发展历程分为4个时期。

1.2.1 类似PRA的时期（1916—1980）

早在1916年和1929年，我国植物病理学的先驱邹秉文先生和朱凤美先生就分别撰写了《植物病理学概要》和《植物之检疫》，提出要防范病虫害传入的风险，设立检疫机构，这可以看做是我国PRA工作的开端。新中国成立初期，我国的植物保护专家根据进口贸易的情况，对一些植物有害生物先后进行了简要的风险评估，提出了一些风险管理的建议。据此，我国政府1954年制定了《输出输入植物应施检疫种类与检疫对象名单》。后来又对这个名单进行了修订，于1966年颁布了《进口植物检疫对象名单》。之后由于“文化大革命”，我国在这一领域的工作陷于停顿，直到20世纪70年代末才恢复。这一时期所做的工作比较简单，还没有引进PRA的概念，但是确实是不叫PRA的PRA工作。

1.2.2　积极探索的时期（1981—1990）

1981年原农业部植物检疫实验所的研究人员，开展了“危险性病虫杂草的检疫重要性评价”研究。他们对引进植物及植物产品可能传带的昆虫、真菌、细菌、线虫、病毒、杂草等6类有害生物进行检疫重要性程度的评价研究，根据不同类群的有害生物特点，按照为害程度，受害作物的经济重要性，中国有无分布、传播和扩散的可能性和防治难易程度进行综合评估，研究制定了评价指标和分级办法，以分值大小排列出各类有害生物在检疫中的重要性程度和位次，提出检疫对策，分析工作由定性逐步走向定性和定量相结合。在此项研究的基础上，建立了“有害生物疫情数据库”和“各国病虫草害名录数据库”，为1986年制定和修改进境植物危险性有害生物名单及有关检疫措施提供了科学依据。与此同时，还开展了以实验研究和信息分析为主的适生性分析研究工作，如1981年对甜菜锈病，1988年对谷斑皮蠹，1990年对小麦矮腥黑穗病的适生性研究。同时，对适生性分析的研讨也促使了一些分析工作的开展，1984年，北京农业大学建立了农业气候相似距库。我国植物保护学者利用该系统先后对美国白蛾（*Hyphantria cunea*）、假高粱（*Sorghum halepense*）等有害生物在我国可能适生的潜在危险性进行了分析。这一时期动植物检疫实验所还引进了澳大利亚生态气候评价计算机模型——CLIMEX系统，分析了地中海实蝇（*Ceratitis capitata*）的适生范围，预测了其潜在危险性，为美国水果输入我国的检疫决策提供了依据。此外，还先后对谷斑皮蠹（*Trogoderma granarium*）和甜菜锈病（*Uromyces betae*）的适生性进行了研究，为检疫的宏观预测提供了依据。我国在20世纪80年代的PRA工作，当时在国际上是处于领先地位的，不过还没有引进PRA的概念，也是不叫PRA的PRA工作。

1.2.3　正式发展的时期（1991—1994）

1990年国际上召开了亚太地区植物保护组织（APPPC）专家磋商会，我国的植物保护专家参加了该磋商会后，开始引入PRA的概念，中国开始接触到有害生物风险分析（PRA）这一新名词。1991年起，动植物检疫实验所主持农业部“八五”重点课题“PRA研究”，开始探讨中国PRA程序，建立了PRA指标体系和量化方法，之后对北美植物保护组织起草的“生物体的引入或扩散对植物和植物产品形成的危险性的分析步骤”进行了学习研究。中国也积极开展有害生物风险分析的研讨，并积极与有关国际组织联系，了解关于PRA的新进展。1992年《中华人民共和国进出境动植物检疫法》的实施，使中国动植物检疫进入了新的发展历程。随着FAO和区域植物保护组织对有害生物风险分析工作的重视以及第18届亚太地区植物保护组织（APPPC）会议在北京的召开，原农业部动植物检疫局高度重视有害生物风险分析工作在中国的发展，专门成立了中国的有害生物风险分析课题工作组，广泛收集国外疫情数据，学习其他国家的有害生物风险分析方法，研究探讨中国的有害生物风险分析工作程序。有害生物风险分析在中国进入了一个发展时期：

1.2.3.1 1984 年建立的农业气候相似分析系统“农业气候相似距库”，开展有害生物在中国的适生性分析工作。如 1990 年对甜菜锈病，1994 年对假高粱，1995 年对小麦矮腥黑穗病的适生性分析。

1.2.3.2 1989 年，原农业部植物检疫实验所引进澳大利亚 Sutherst 等 1985 年建立的 CLIMEX 系统。利用此分析系统 1990 年对美国白蛾、1993 年对地中海实蝇、1994 年对苹果蠹蛾和 1995 年对美洲斑潜蝇进行了适生性分析，为有关的有害生物的检疫决策提供了科学依据。

1.2.3.3 1991 年，由原农业部植物检疫实验所主持，原国家动植物检疫局和原上海动植物检疫局的专家和检疫官员参加的农业部“八五”重点课题“检疫性病虫害的危险性评估（PRA）研究”，主要取得了以下几项成果：（1）探讨建立了检疫性有害生物风险分析程序，分以输入某类（种）植物及其产品风险为起点和以有害生物为起点的分析程序。（2）有害生物风险分析评价指标体系的建立和量化方法的研究，提出了具有中国特色的、有建设性的量化方法。（3）对马铃薯甲虫、地中海实蝇、假高粱和梨火疫病等国家公布禁止进境的危险性病虫杂草在我国的适生潜能进行分析，为检疫的宏观预测提供了科学依据。（4）对输入小麦、棉花的有害生物风险初评估，收集、整理了国内尚未分布或分布未广的小麦、棉花有害生物名录，并就 PRA 有关的有害生物的名单建立与重要性排序的思路提出意见。对引进小麦的检疫对策提出了意见。

1.2.3.4 1992 年，在中美市场准入谈判中为解决美国华盛顿州苹果输华问题，开展了有害生物风险分析工作，中国的第一份正式的 PRA 报告“对美国（华盛顿州、加利福尼亚州）地中海实蝇的危险性分析”（1993），为中美植物检疫谈判提供了科学依据。

1.2.3.5 在有害生物信息系统建立以前的数据库基础上，根据有害生物风险分析的需求，1995 年建立了“中国有害生物信息系统”。

1.2.3.6 中国的 PRA 专家出席了联合国粮农组织国际植物保护公约秘书处关于 PRA 的国际标准起草的一系列工作组会议。一方面结合中国的 PRA 工作经验参与 PRA 的补充标准的起草，发表了观点；另一方面也从每次会议中学到了许多，促进了中国的 PRA 工作，并及时将有关文件译成中文进行学习、研究。

1.2.3.7 随着国际贸易迅猛发展，如何减少检疫对贸易的影响，已被国际社会所关注。在中国加入 WTO 的谈判，及在此之前与美、澳、欧洲共同体市场准入谈判以及关贸总协定乌拉圭回合最后文件的签署，都表明了中国政府也十分重视这一问题。

1.2.4 全面推进的时期（1995— ）

从前两个时期的发展历程可以看出，中国的 PRA 工作起步不晚，起点不低。到 1995 年，将 PRA 限于科研阶段已经远远不能适应当时的发展需要。因此，1995 年 5 月在以前成立有害生物风险分析课题组和临时性工作组的基础上建立了有害生物风险分析工作组。该工作组由原中华人民共和国动植物检疫局领导。工作组分为一个办公室，两个小组（风险评估小组和风险管理小组）。办公室由专家和项目官员组成，主要任务是负责协调工作组与政策制定部门关系，推动有害生物风险分析工作；评估组负责评估工作，提出可采取的植物检疫措施建议；管理组负责确定检疫措施。有害生物风险分析工作组的基本任务就是保证植物检疫政策和措施的制定以科学的生物学基础为依据。中国 PRA 工作组是在原国家动植物检疫局直接领导下的高级的技术和政策的工作班子，为紧密型、权威性的专家组。工作组的成立有利于推动 PRA 工作的开展，便于组织和协调，工作组的形式也是一种尝试。中国 PRA 工作组的成立表明中国正式承认和开始应用 PRA，同时是对关贸总协定乌拉圭回合的《实施卫生与植物卫生措施协定》（SPS 协定）承诺后的具体行动，也意味着中国植物检疫的新发展和进步。工作组在参考了联合国粮农组织“有害生物风险分析准则”以及世界贸易组织《实施卫生与植物卫生措施协定》的基础上，结合中国的实际情况制定了“中国有害生物风险分析程序”。同时，中国 PRA 工作组也制定了有害生物风险评估的具体步骤和方法。目前，中国有害生物风险分析工作组正按照既定时间表对有关检疫政策和有关国家农产品进入中国问题进行分析。各国向中国输入新的植物及植物产品项目都要进行有害生物风险分析，有害生物风险分析已经成为中国检疫决策工作不可或缺的环节。该工作组的成立成为中国 PRA 发展的新的里程碑。从 1995 年到加入 WTO 前，我国就完成了约 40 个风险分析报告，这是历史上完成的风险分析报告最多的阶段，涉及美国苹果、泰国的芒果果实、进口原木、阿根廷的水果、法国葡萄苗、美国及巴西的大豆等，对保护我国农业生产的安全产生了很大的积极作用。

1999 年，动植物检疫实验所主持完成《松材线虫随美国和日本输华货物木质包装材料传入中国的风险分析报告》，据此，原国家出入境检验检疫局和海关总署、对外经济贸易合作部联合发布 1999 年第 23 号公告，自 2000 年 1 月 1 日起，对美国、日本的输华货物实施紧急植物检疫措施。动植物检疫实验所的 PRA，还为我国制定《进境植物检疫危险性病虫杂草名录》和《进境植物检疫禁止进境物名录》、颁布《进境植物检疫潜在危险性病虫杂草名录》和修订《进境植物检疫禁止进境物名录》提供了科学依据。从 1994 年起，动植物检疫实验所的专家代表中国，开始参加联合国粮农组织（FAO）国际植物保护公约（IPPC）秘书处起草的关于有 PRA 国际标准的一系列工作组会议，参与制定了 PRA 的有关国际标准，使得这些国际标准能够体现我国的国家利益。我国的 PRA 工作得到了国际上的承认和赞赏。IPPC 秘书处代表 Robert Griffin，在 1999 年 7 月 23 日美国 APHIS举办的 PRA 研讨会上说，中国是亚洲地区风险分析能力最强的国家，中国还在致力于将其发展成一门科学。我国 20 世纪 90 年代 PRA 工作的特点是：开始正式使用 PRA 名称与概念，并逐步成为检疫决策的支柱。加入 WTO 后，我国 PRA 工作得到了更大的重视，发展速度显著加快，全面进入了与国际接轨的快速发展时期。

1.3　我国 PRA 开展的主要工作

1.3.1　以有害生物为开端的 PRA 研究进展

PRA 对象皆为造成了严重危害的有害生物，针对非疫区或有限分布地区而进行。这方面的研究较多，是 PRA 研究较为深入的方面。如林伟（1994）、赵友福等（1995）分别利用CLIMEX、地理信息系统（GIS）预测了苹果蠹蛾、梨火疫病在中国的潜在分布；蒋青（1994）利用农业气候相似距对假高粱在我国可能适生的潜在危险性进行了分析。另有周国梁等（1995）、葛建军等（1999）分别进行了松材线虫对我国森林的风险分析；施宗伟（1995）对马铃薯甲虫对我国马铃薯生产的危险性进行了分析，也曾经对美国（华盛顿州、加利福尼亚州）地中海实蝇的危险性进行了分析；宋玉双等（2000）对给山西油松造成严重危害的红脂大小蠹的危险性进行了分析；王瑞红等（2001）对松黄星象的危险性进行了综合评价；王明旭等（2001）对松材线虫传入湖南的潜在影响进行了风险分析；黄振欲等（2001）对松突圆蚧的危险性进行了分析；赵杰等（2002）对纵坑切梢小蠹的危险性进行了分析等。

1.3.2 当前PRA存在的主要问题

1.3.2.1 我国PRA工作起步相对较晚，技术力量还较薄弱。PRA理论体系还不够完善；且仅成立了国家级PRA工作组，各省区的PRA基本未开展。

1.3.2.2 全国有害生物普查或调查开展的深度和广度不够，同时对国外有害生物信息的了解掌握不全面，进行PRA所需的有害生物数据库信息系统不够完善。

1.3.2.3 出境PRA不多。我国目前完成的PRA报告多是针对进境农产品的PRA，而国外做了很多针对出口农产品的PRA，以促进其农产品出口。

1.3.2.4 内外检部门沟通和配合不够。我国许多单位都认识到了PRA的重要性，开始开展PRA，特别是内外检部门，但由于沟通不够，易造成重复工作和资源不必要的浪费。

1.3.2.5 定性与定量分析相结合尚不完备。多种数学方法的引入为PRA量化分析提供了手段，但多数数据应用上仍存在模糊，加之许多数据本身就存在主观因素，所以纯量化评估是不现实的，应进一步发展定性与定量相结合的完备体系。

1.3.2.6 损失评估方法和体系不健全。损失评估多为经验性估计，尤其是对生态环境的影响评估多是定性为主，影响了PRA的准确性。

1.3.2.7 相关资料数量不足、质量尚待提高。PRA的研究水平主要体现在信息的掌握情况与应用的方法和手段，资料收集的多少影响着PRA所采用的方法及PRA的可信度。随着计算机及其他相关学科的发展，PRA相关数据库的建立也成为一个国家PRA水平衡量的标准。我国有害生物数据库系统还不完善，疫情资料不全，专家意见征求不够充分。大多数危害较严重的害虫种类中，精确实验所取得的数据量有限，而大多数属于地区性田间数据，实验控制条件下数据量非常少。

1.3.2.8 基础研究有待加强。PRA是建立在深入的基础性研究成果之上的，基础性研究的水平是限制PRA工作有效开展的一个重要条件，有害生物的研究也主要限于国内危害较为严重的种类，无法做到未雨绸缪。研究机构过于集中、方向偏重于农业，我国PRA主要研究机构为国家质量检验检疫监督总局动植物检疫实验所及其下属单位，且PRA工作偏重于农业有害生物。今后，PRA工作任务将越来越重，需要更多的机构和人员参与。国家在可持续发展战略中赋予林业以重要的地位，在生态建设中赋予林业以首要的地位。防范森林外来有害生物入侵、确保林业生态安全非常重要。林业方面担负外来有害生物风险分析工作的专门机构（国家林业局林业有害生物检验鉴定中心）刚刚成立，森林外来有害生物风险分析工作任重道远。

1.3.2.9 我国 PRA 工作中的数据库系统不完善。做好 PRA 工作离不开信息技术的支持，动植物检疫实验所已经初步建立了国外有害生物的数据库系统。但是，参与工作的专家还不够广泛，许多有害生物的信息还需要进一步核实，同时有害生物的发生是动态的，一些有害生物的数据还需要不断地及时更新；另外，也缺乏国内疫情资料。做好 PRA 工作还需要了解国内的疫情动态，而我国目前的资料是多年前的调查结果，缺乏我国当今有害生物发生、分布等信息，因此有时很难对外来有害生物的风险做出科学的判断。专家参与不够广泛，各方面意见征求不够。国外的许多 PRA 组织了多学科的专家参与，而且特别注重征求所有感兴趣的个人或单位的意见，由于资金问题，我国在这方面有很大差距。

今后做好我国 PRA 工作的建议：应用好信息技术，特别是地理信息系统（GIS），建立完善的数据库系统，包括气象信息、动态的国内外有害生物信息、我国口岸截获信息等；农业部做好国内疫情调查，实现调查数据的共享，国家质量监督检验检疫总局应积极配合，加强内外检的沟通，分工合作，一起做好 PRA 工作；PRA 要逐步开始广泛征求各有关方面的意见和建议，并逐步做到透明和公开，有计划、有步骤地开展出境 PRA，在促进我国农产品走向世界方面发挥应有的作用，逐步开展有害生物的环境风险分析，保护我国的生态环境。做好 PRA 基础理论研究工作，如可接受的风险水平、适当的保护措施、风险概率和不确定性等，以及深入的定量风险分析方法的研究，保持我国 PRA 国际领先的地位。

我国已经成为 WTO 正式成员，今后国际贸易越来越活跃，进出口的农产品的种类和数量会越来越多，同时人员交往也会越来越频繁，做好 PRA，提出科学的植物检疫对策，对于保护好我国人体健康、农业生产和生态环境，保护好我国的相关产业并促进我国农产品的出口创汇，将发挥越来越重要的作用。另外，根据 WTO 的多边贸易规则，要按争端解决机制与其他成员公正地解决贸易摩擦，如果没有做好风险分析，就很难在涉及植物检疫的争端中打赢官司。我国的 PRA 工作过去一直是国际领先，今后，只要我们开拓进取、不懈努力，就能够继续保持国际领先的地位。

1.4 出入境疫情风险分析的现状

首先，PRA 在较长一段时间内仍将是定性分析占主导地位，而计算机技术的发展为模糊数学、概率统计、灰色系统等定量方法的逐步引入提供了条件。其次，定性与定量分析的完备结合是今后努力的方向。定性分析在 PRA 过程中至关重要，定性分析格式的标准化将有利于不同国家或地区的具体 PRA 框架的统一，保证其结论的可比性，提高 PRA 报告的效力。再次，由于 PRA 同检疫对象、检疫法规的关系密切，尤其中国加入 WTO 之后，对外贸易频繁，出境 PRA 将成为今后工作的重点。我们必须有一个完善的出境 PRA 体系，以打破国外的技术性贸易壁垒，促进我国某些相关商品的出口。收集国外资料是出境 PRA 工作的突破口。北京林业大学正在开展的“中国输美货物实木包装材料携带有害生物风险分析”就是较为典型的出境风险分析。在检疫决策时，其履行有关国际协议的重要手段。在检疫决策时，其一般仅从检疫角度考虑生物学安全性的问题，即仅考虑生物学的风险评估结果，不考虑经济学影响或仅对有害生物的经济学进行一般性评估。

加拿大的风险分析由专门的机构负责评估和管理，提出可降低风险的检疫措施备选方案，以供管理部门进行决策。加拿大将风险交流作为一个独立部分，强调与有关贸易部门的交流。

新西兰于1993年12月将“植物有害生物风险分析程序”列为农渔部国家农业安全局的国家标准NASS155.01.02，是FAO准则的具体化，风险评估的定量化是其特点。

中国在1991年成立有害生物风险分析课题组，1995年11月在广州正式成立了进出境动物疫病风险分析委员会，标志着中国将风险分析应用到进出境动物检疫实践中。2001年成立了PRA委员会。2002年，由国内26名专家学者组成的中国进出境动植物检疫风险分析委员会，使我国风险分析工作更加规范化、制度化、科学化。中国出入境检疫政策和法规的制定是主要基于基本的定性风险分析结果而制定的，尚未形成比较完善的风险分析体系。

在国际合作方面，一些区域性植物保护组织，如北美植物保护组织（NAPPO）、欧洲和地中海植物保护组织（EPPO）也在PRA方面做了大量工作。世界贸易组织（WTO）和国际兽疫局（OIE）为保证动植物及动植物产品的国际贸易能公平合理地进行，分别在其《实施卫生与植物卫生措施协定》（SPS协定）和《国际动物卫生法典》等重要法规文件中，增加了风险分析的内容。

中国入世后，包括国家质检总局在内的中国政府各相关部门均对检疫工作给予了高度重视，积极履行中国在协定中的各项义务。中国成立了中国进出境动植物检验检疫风险分析委员会，制定动植物检验检疫风险分析程序，为全面履行WTO/SPS协定中关于风险分析的规定奠定了基础。我国的风险分析是在借鉴国外经验的基础上发展起来的，先后用以解决了我国河北鸭梨出口美国以及美国输华小麦的TCK黑穗病等问题，取得了一定的成果，但就中国的实际情况而言，PRA的应用仅局限于较小的领域，主要涉及动植物检疫领域，在食品、卫生检疫方面进展有限，尚缺乏实用的或可操作的有害生物风险分析体系，在风险评估方面主要是生物学评估，甚少经济学的评估，还需不断加强检疫基础信息及数据库的建设，量化的风险分析方法明显不足。

根据中国疫情风险分析的现状和WTO的要求，我国可以注意以下几个方面的问题：应该高度重视风险分析在SPS协定中的地位，将科学的检疫措施与政府的行政法规有机结合，在风险分析的基础上制定和实施符合SPS协定的检疫措施，符合国际惯例的要求。我国已经在此方面做出了努力。例如，国家质检总局会同有关部门提出的《关于加强防范外来有害生物传入工作的意见》（2003年4月1日）要求以预防为主，进一步强化风险分析、预警和快速反应机制。我国应尽快建立起相应的风险评估措施体系，对入境动植物及其产品、食品进行风险分析，对涉及环境保护的入境货物进行环境保护的风险评估，以最大限度地降低因货物入境所带来的病虫害传播、环境污染等危害。当前，尤其要对入境废旧物品进行重点监察，在完成本身环境检测的基础上，开展风险分析工作，有效地降低病虫害传入的风险，防止环境污染严重的外国产业的进入。扩大风险分析的应用范围，充分考虑科学及经济两方面的因素，总结出对自己行之有效的理论方法。要做好基础性项目的研究与开发，为检验检疫的发展储备技术力量。要加强对进口检疫措施的科学研究，加强对一些口岸常规查验项目快速检测方法的研究。要加强国内外科技交流合作，密切关注科技发展新动向，跟踪国际风险分析技术的发展，不断提高我国风险分析的水平，适应我国对外经济发展的要求。WTO/SPS协定指出，只要各成员方的检疫措施与本协定的规定不相抵触，不应阻止任何国家在其认定适当的程度内采取必要措施，保护人类、动物和植物的生命或健康以及保护环境。中国可以加强风险分析的研究和应用，按照“适当保护水平的原则”制定符合本国国情的检疫标准和措施，有效地控制疫情和破除外国的技术壁垒。根据美国的做法，美国动植物检疫局（APHIS）除常规进出境动植物检疫管理外，还制定了较系统完整的疫病监控和紧急应对措施，以及长期的动物疫病根除和控制计划。而我国尚没有此类长期计划，疫病监测方案不具体，责任不明确，资金缺乏等。从长远来讲，对畜牧业和对外贸易发展的负面影响将越来越显著，应尽快引起有关部门的重视。加入WTO后，我国国内市场对外全面开放，国外商品大量涌入我国，人员交流也更加频繁，因而有必要建立预警及其应急反应系统，以有效地防止不合格商品的进口与病媒及有害生物的传入。一方面，在风险分析的基础上，对国内外的疫病疫情，采取有针对性的措施进行有效预防，防止蔓延。另一方面，应按照正当目标进行分门别类，在量化分析的基础上，构筑预警及应急反应系统，以期透明高效地处理突发的检验检疫紧急状况，为我国经济的持续发展提供“安全闸门”。

1.5　有害生物风险分析的程序

从20世纪80年代末开始，有害生物风险性评估受到国际社会的重视。随着对其认识的深化，有害生物危险性评估的程序逐步形成和完善。人们开始从过去只注重有害生物定居适生性研究，转向通过分析有害生物及不同治理措施对经济、生态和社会的影响，而对有害生物的风险性进行综合评估。FAO于1996年正式批准了“植物检疫措施国际标准”第2号《有害生物风险分析准则》，1997年又修订了《国际植物保护公约》（international plant protection convention，IPPC），该程序认为，有害生物危险性评估应包括三方面内容。①有害生物风险性评估的初始化（pest risk assessment initialization），即评估目标的筛选。②有害生物风险性分析（pest risk assessment），经过传入、定居和扩散危险性分析，最后确定有害生物的危险性。③有害生物风险性治理（pest risk management），通过评价不同检疫措施的效果，制定减少或降低有害生物危险性的措施，为检疫决策服务。

1.5.1　方法与步骤

有害生物风险分析一般分为3个阶段：开始进行分析风险的工作、评估有害生物风险、有害生物风险管理。

1.5.1.1　开始进行有害生物风险分析工作

在这一阶段主要是明确PRA的任务、地区、类型；确定危险并列出有关的有害生物名单；收集相关信息。有害生物风险分析一般有两个起始点：一是查明可能会使检疫性有害生物传入和（或）扩散的传播途径，这通常是针对一种进口物品。二是查明可能被视为一种检疫性有害生物的有害生物。

1.5.1.2　有害生物风险评估

第一阶段已经查明了须进行风险评估的一种有害生物或有害生物名单（在从一种传播渠道而开始的情况下）。第二阶段将逐个考虑这些有害生物。将审查每一种有害生物是否符合检疫性有害生物的标准。在这一阶段应该考虑地域标准和管理标准、经济重要危害性标准，分析其定殖的可能性、定殖后扩散的可能性及潜在的经济重要危害性，进而确定其引进的可能性。如果有害生物符合检疫性有害生物的定义，应当利用专家判断来审查第二阶段收集的资料，以决定有害生物是否具有足够的经济重要危害性和传入可能性，即是否具有需采取植检措施的足够风险。如是，则进入第三阶段；如否，则该有害生物的有害生物风险分析即到此为止。

1.5.1.3　有害生物风险管理

这一阶段主要是分析和选择减少风险的最佳方案或选择得出可以接受的水平，提出切实可行的检疫措施。

1.5.2　美国 PRA 程序

美国在 20 世纪 70 年代就建立了一个对尚未在加州定殖的有害生物进行打分的模型，每种有害生物依据一些指标打分，得分越高，该有害生物就越危险。经济影响（包括损失和额外费用）主要分为：没影响（小于 10 万美元）、影响较小（10 万～100 万美元）、影响较大（大于 100 万美元）；社会影响：最多影响到 100 万人、影响 100 万～500 万人（占加州人口的 25%）、影响 500 万人以上；此外还考虑环境影响。该模型考虑了社会及环境影响的重要性，而不是仅局限于考虑市场的影响。据此分析的结果，两种行道树病害（荷兰榆树病和栎枯萎病）的影响最大，而许多传统的农业威胁由于其影响仅限于经济方面，所以打分较低。

几百年来不断地有新的生物体从海外被带进美国并且在美国定殖。在 20 世纪 70 年代以前的 480 年的时间里，有 1 115 种新的昆虫已在北美大陆定殖，增加了北美大陆昆虫总量的 1%。自 1920 年以来，新昆虫种定殖的速度相对稳定，大约每年 9 种，其中，农业害虫 5 种、益虫 2 种及 2 种不重要的昆虫。大量的生物体可以通过运输方式传播，包括到达后会成为害虫的种类。有 1 333 种会对美国构成威胁，其中 22 种动物病害、551 种植物病害和 760 种昆虫。大约有 29 种会对美国大豆构成威胁，其中 7 种可分别造成 10%或更高的产量损失。在 1 333 种生物体中，有 2%（25 种）会带来 4 亿美元以上的损失，75%（1 001 种）会带来小于 100 万美元的损失。这一分析利用计算机辅助进行。

针对每种有害生物进行风险评估时，应收集下列信息。

（1）世界上现在分布的国家和地区。

（2）最重要的寄主植物材料。

（3）有害生物在美国的生态学范围占寄主作物范围的百分比。

（4）在无检疫程序时随传播途径传播的可能性。

（5）有害生物一旦进入后定殖的难易。

（6）对受影响的作物采用预期的防治方法在美国的田间损失百分比。

（7）在美国针对受该有害生物侵染的作物进行一项正常的有害生物防治项目每季节每公顷的花费，包括材料和实施费用。

（8）有害生物在美国成为定殖的概率。

（9）寄主植物材料从有害生物存在的地区到美国该有害生物适于定殖的地区的等级。

（10）受感染作物的总面积。

（11）对受感染作物每公顷的可变费用。

（12）受侵染作物的平均产量。

上述评估信息研究的工作在美国乃至世界植物检疫的历史上都是很重要的，也经常被后来的文献引用，该项研究提出的模型具有一定的代表性。

1993 年 11 月，美国完成“通用的非土生有害生物风险评估步骤”（用于估计与非土生有害生物传入相关的有害生物风险）。该文将 PRA 划分的三阶段也基本与 FAO 的“准则”一致。其特点是所建立的风险评估模型采用高、中、低打分的方法。

风险＝传入概率×传入后果

传入概率＝寄主×进入可能性×定殖可能性×扩散可能性

传入后果＝经济的＋环境的＋可察觉的（社会、政治等）

目前，在互联网上可以看到美国动植物检疫局关于 PRA 的内容，包括已经完成的、正在进行的和将要进行的 PRA，共约 200 多项。该网页的更新也比较及时。

2　风险分析的目的意义

随着国际经济形势的发展和全球经济一体化进程的不断加快，世界贸易自由化越来越成为一种趋势。以此为背景的国际大环境为外来物种的入侵、传播和扩散创造了条件，特别是世界各国在共享生物多样性资源中对物种资源的引进与交换，更加增大了外来物种的入侵风险。外来物种的入侵在给世界很多国家造成不可逆转的生态灾难的同时也造成了巨大的经济损失。植物检疫是通过立法和建立专门的执法机构，防止危险性有害生物的人为传播和扩散，抵御或推迟其入侵，以避免可能造成经济和环境损失的科学对策以及有效的技术防御措施，是控制外来有害生物入侵的重要手段。随着国际贸易的发展，植物检疫经常被认为是贸易的技术障碍，或者被一些国家利用作为贸易保护的手段，由于零风险就意味着零贸易，从而使植物检疫问题在贸易上的地位显得越来越重要。根据 WTO 规范植物检疫行为的《实施卫生与植物卫生措施协定》（SPS 协定）中的有关要求，制定并实施植物检疫措施必须建立在有害生物风险分析的基础之上，因此，有害生物风险分析近年来成为此领域的研究热点之一。

联合国粮农组织 1999 年版的《国际植物检疫措施标准第 5 号：植物检疫术语表》对风险分析的定义为：评价生物学或其他科学、经济学证据，确定某种有害生物是否应予以管制以及管制所采取的植物卫生措施力度的过程。《国际植物保护公约》（IPPC，1997）对 PRA 的定义：有害生物风险分析是评价生物、其他科学证据和经济证据，以确定是否应当控制某种有害生物和对它们采取的任何植物检疫措施的力量的过程。《国际植物检疫措施标准（1995）》：有害生物风险分析指有害生物风险评估和有害生物风险管理。出入境疫情的风险分析就是对进出口动植物及其产品引发某种疫病传播的概率及其危害（风险）进行评估、管理和交流的方法和过程，为决策者制定出入境动植物检疫的法律和法规提供科学依据，使决策更具有科学性、透明性、可防御性，符合动植物检疫的国际惯例。出入境疫情的风险分析是制定检疫措施的基础，有助于破除技术性贸易壁垒，促进国际贸易的发展。当进口国限制或禁止动植物及其产品进口时，需要向出口国作出令人信服的科学解释，如果一个国家一味强调“无风险”或“零风险”并以此进行检疫决策，则会失去贸易的机会和贸易利益。进口国以“可接受风险”等理念进行入境疫情的风险分析，制定检疫措施，才能免受更多的贸易损失，疫情风险分析为检疫决策提供依据，有利于国际贸易的发展，确定了风险分析在检疫决策中的地位有利于贸易自由化的发展；《实施卫生与植物卫生措施协定》中的卫生措施是与人类或动物健康有关的措施；植物卫生措施是与植物健康有关的措施。科学管理、检疫措施国际标准化和风险分析是协定的核心精神，确定了风险分析是检疫决策的工具。风险分析技术的应用，说明“零风险”政策不符合要求，要求将风险控制在合适的保护水平，但应避免任意或不公正地实施自己认为适当的不同的保护水平，以致因保护水平差异而导致对贸易的歧视或变相限制，防止检疫被滥用于贸易保护。这种适度的保护水平应通过风险评估来确定，从目前的认识水平和发展水平来看，保护水平不可能有一个具体的指标，目前可行的做法是通过双边贸易谈判达成一个双方都能接受的水平。由于气候、存在的病虫害、食品安全情况不同，应根据有关食品、动植物产品的原产地的不同而实施不同的措施，即区域化原则。疫区和非疫区范围不是按国家政治边界，而是依据疫情的程度来划分。非疫区是指主管机关认定的、不存在某些特定有害生物或疫病的地区；有害生物或疫病低度流行区则指主管机关认定的、某种有害生物或疫病存在程度低且具备有效的监测、防止或根除措施的地区。疫区与非疫区的概念对国际农副产品贸易意义重大。

风险分析过程和风险可接受水平的确定，是用以确保采取合理的措施保护健康。每个国家都有权决定自己的风险可接受水平，所采取的健康保护措施与该国的社会和文化观念密切相关，明确允许在紧急条件下采取应急措施。没有自己的技术标准，可以国际标准协调各成员方；没有自己的技术标准，因而技术上必须依靠食品法典委员会、世界动物卫生组织及国际植物保护公约等国际组织制定的国际标准来协调各成员方。但是成员使用国际标准不具强制性，而且国际标准也不是国内标准的上限，允许国内标准高于国际标准。也就是说即使存在国际标准，只要成员方有科学依据证明，有必要采取比国际标准更高的国家标准，就可采取其国内标准的卫生检疫措施。由于对于偏离国际标准而实施高标准卫生检疫措施没有实质性限制，从而为发达国家利用技术优势，实施高于国际标准的措施限制进口保护国内市场提供了法律空隙。然而协议明确规定检疫措施应建立在风险分析的基础上，这就使得风险分析成为重要的检疫决策工具，从而使检疫措施向着公正、科学、规范化的方向迈进了一大步。

但是就目前的风险分析而言尚处于起步发展阶段，不同国家、不同来源、不同研究者对风险分析的有关概念、理论、步骤有着不同的理解，缺乏一致性，尚无统一的分析理论和方法，差异较大。这就使得建立在风险分析基础上的卫生检疫措施容易因主观差异而引起国际贸易争端。如为解决美国华盛顿州苹果输华问题，中国开展了有害生物风险分析工作，作出关于美国华盛顿州、加利福尼亚州地中海实蝇危险性的分析报告，为最后决策提供了科学依据；澳大利亚每年从美国等国进口大量的包括辐射松和黄杉属在内的松叶树锯木，在完成了《进口美国、加拿大、新西兰松叶树锯木的风险分析》报告后，认为由于树脂溃疡菌可存活在进口的木材中，澳大利亚国内存有大量的寄生植物，故从美国等地进口松叶树锯木的风险很高，建议应加强检疫；根据我国专家对欧盟货物木质包装的有害生物风险分析结果，欧盟货物木质包装检疫风险很大，有可能传带天牛科、小蠹科、长蠹科、鼻白蚁科等多种危险性林木有害生物，为保护中国森林、生态环境及旅游资源，根据《中华人民共和国进出境动植物检疫法》及其实施条例的规定决定采取临时紧急检疫措施，其中规定欧盟输往中国货物所使用的木质包装，不得带树皮，且应当在出口前经过热处理、熏蒸处理或经中方认可的其他有效除害处理，并由输出国官方检疫部门出具植物检疫证书证明已经上述处理合格，经除害处理合格的木质包装上应有标记，在标记上须注明除害处理的方法、地点和实施除害处理的单位或单位信息的代码等，对于无木质包装的货物，出口商须出具《无木质包装声明》；针对非典对我国国际贸易的影响，广东检验检疫局在家禽、家畜中进行了动物疫情调查，并开展了风险分析研究，研究结果表明供港澳活畜禽病毒检测结果均为阴性，基本排除活畜禽中含有病毒的可能性；菲律宾基于世界卫生组织、粮农组织和法国国际卫生检疫组织发布的有关动物及动物产品没有传播非典的危险的报告，颁布撤销对从中国进口的肉制品的临时限制措施；我国检验检疫部门基于的区域化原则，在风险分析的前提下，对河北省东方果蝇经过几年的调查，成功解决了我国河北鸭梨的出口问题：该调查收集了数据，明确了虫害的分布，表明东方果蝇输入的风险是可以接受并控制的，不能以此禁止贸易。据此研究结果与美方进行交涉，美国农业部动植物健康检验局又解除了对我国河北鸭梨必须冷冻处理的要求，因为我国递交给美国的有关数据表明，自1997年以来我国河北省就没有发现过东方果蝇，因而冷冻处理防止东方果蝇的做法也就不需要了。

外来物种的入侵给经济发展、生态环境和人类健康造成了相当严重的危害，贸易和经济的普遍发展又导致更多外来物种入侵现象的发生，而且越是贸易频繁的国家，外来入侵物种也越多。美国每年由于某些外来种而遭受的直接经济损失和防治费用高达1 370亿美元，生态环境遭受的损失约138亿美元。因而有必要建立一个国际警报系统，提醒人们重视潜在的有害生物。在加入WTO以后，关贸总协定（GATT）的游戏规则要求检疫管理在保护农业生产的同时，尽量减少对贸易的限制。各缔约方所采取的检疫措施必须建立在风险评估基础上，应考虑到对动植物生命或健康的风险性及对环境的针对性。因此，开展有害生物风险分析的研究，是我国经贸制度走向国际规范化的迫切需要。

3　风险分析的依据

3.1　动物

《中华人民共和国动物防疫法》、《国际动物卫生法典》、《中华人民共和国进出境动植物检疫法实施条例》、《中华人民共和国进出境动植物检疫法》、禁止从动物疫情流行国家/地区输入的动物及其产品一览表（国家质量监督检验检疫总局网站公布）、《中华人民共和国进出境动物检疫规程手册》、《中华人民共和国进出境动植物检疫条约集》、《中国进出境动物检疫规范》。

3.2 植物

《进出境装载容器、包装物动植物检疫管理试行办法》、《集装箱运载转关货物动植物检疫管理办法》、《棉花质量监督管理条例》、中华人民共和国动植物检疫总所印发《中苏植物检疫和植物保护的协定》、农业部关于印发《中华人民共和国进境植物检疫危险性病、虫、杂草名录》和《中华人民共和国进境植物检疫禁止进境物名录》、中华人民共和国动植物检疫总所关于印发《中华人民共和国动植物检疫总所关于出境发现一般活害虫检疫标准》（试行）的通知、中华人民共和国动植物检疫总所关于印发《中华人民共和国动植物检疫总所关于出境植物检疫管理办法》的通知、中华人民共和国动植物检疫总所关于印发《中华人民共和国进境植物检疫危险性病、虫、杂草的检疫处理原则和要求》（试行）的通知、中华人民共和国动植物检疫总所关于印发《中华人民共和国动植物检疫总所关于进境植物检疫特许审批管理办法》、《口岸动植物检疫机关植物检疫管辖范围（试行）》、《中华人民共和国进出境动植物检疫法实施条例》、《中华人民共和国进出境动植物检疫法》、国际植物检疫措施标准。

4 中国有害生物风险分析程序

该程序是进行风险分析的完整的步骤，在实践中，可能会针对具体情况进行调整。如在进行传入可能性评估时，对于昆虫、线虫、细菌、真菌、病毒或杂草会有所不同。对于时间紧迫或特殊情况，可采取以评估为主的方式，不按严格的评估和管理阶段划分，有些步骤可以简化，人员相对集中，以适应急需。

4.1 从传播途径开始的PRA

参照FAO的《有害生物风险分析准则》的有关内容，此种情况通常是开始进行一种新商品（植物或植物产品）或新产地的商品的国际贸易。传播途径可能涉及一个或若干个原产地。应按照以下步骤进行。

4.1.1 由输出国提出要求，由国家质量监督检验检疫总局列入计划，并要求输出国提供有关的材料，包括随该商品传带的有害生物名单以及产地进行有关的官方防治措施。

4.1.2 潜在的检疫性有害生物的确立。

4.1.2.1 在输出国提供的有害生物名单的基础上，查询资料，对该名单进行核查和补充，整理汇编出与该商品植物有关的有害生物的完整名单（不限于只随该商品传带的，指该商品的整株植物有关的有害生物）。

4.1.2.2 提出会随该商品传带的有害生物名单。
4.1.2.3 根据检疫性有害生物的定义，确定中国关心的潜在的检疫性有害生物名单。
4.1.3 对每一种中国关心的潜在的检疫性有害生物逐个进行风险评估。
4.1.3.1 传入可能性评估。包括进入可能性评估和定殖可能性评估。
4.1.3.2 扩散可能性评估。
4.1.3.3 传入后果评估。经济、社会、环境等方面。
4.1.4 总体风险归纳。
4.1.5 备选方案的提出。根据总体风险，提出降低风险的植物检疫防范措施建议。
4.1.6 就总体风险征求有关专家和管理者的意见。
4.1.7 评估报告的产生。
4.1.8 对风险评估报告进行评价，征求有关专家的意见。
4.1.9 风险管理。
4.1.9.1 适当保护水平的确定（APL）。必要时，结合经济、社会因素，提出 APL。
4.1.9.2 备选方案的可行性评估。
4.1.9.3 建议的检疫措施。
4.1.9.4 征求意见。
4.1.9.5 原始管理报告要求。①适当保护水平（APL）的描述；②对备选方案的可行性评价；③征求意见及答复；④对外联络文件；⑤决策建议。
4.1.10 形成 PRA 报告。将评估报告和管理报告的有关内容综合成最后的 PRA 报告。报告的格式主要是有害生物名单、中国关心的检疫性有害生物名单以及风险管理措施建议等内容。必要时，向输出国提供，进行风险评估的专家可能参与双边会谈，以便制定有关条款。
4.1.11 在实施检疫措施之后，应当监督其有效性，如有必要应对检疫措施进行评价。

4.2 从有害生物开始的 PRA

参照 FAO 的《有害生物风险分析准则》的有关内容，通常是针对一种或多种有害生物进行风险分析，应按照以下步骤进行。
4.2.1 有害生物的鉴定或选定。
4.2.2 对每一种中国关心的潜在的检疫性有害生物逐个进行风险评估。
4.2.2.1 传入可能性评估。包括进入可能性评估和定殖可能性评估。
4.2.2.2 扩散可能性评估。
4.2.2.3 传入后果评估。经济、社会、环境等方面。
4.2.3 备选方案的提出，根据风险评估结果，提出降低风险的植物检疫防范措施建议。
4.2.4 风险评估结果和植物检疫措施建议征求有关专家和管理者的意见。
4.2.5 PRA 报告的产生。报告的内容要求：①有害生物数据单。②单一有害生物风险评估，包括寄主可得性、适生性等。③备选方案。④对征求意见的答复或解释。
4.2.6 对 PRA 报告，征求有关专家的意见。

4.2.7 风险管理。①适当保护水平（APL）的确定，必要时，结合经济、社会因素，提出APL。②备选方案的可行性评估。③建议的检疫措施。④征求意见。⑤决策建议。

4.3 评估报告的内容要求

①风险评估概要。②流程交接登记表。③风险评估要求描述。④商品的有害生物名单（全）。⑤潜在的检疫性有害生物名单，应列出筛选依据，逐条简述，单一有害生物风险评估，包括数据单、参考文献等。⑥总体风险归纳。⑦备选方案。⑧对管理者提问的答复。⑨对评价人意见的答复。⑩提问、意见的原件或总结。

5 进境纺织原料海关统计数据

5.1 棉花的进口情况

国内棉花市场供需缺口进一步扩大，据海关统计，2009年1～11月我国进口棉花131万t，价值17.6亿美元，分别比2008年同期（下同）下降32.6%和45.6%；进口平均价格每吨为1 343美元，下跌19.4%。2008年4月，我国棉花进口量26.34万t，较上月增加5.02万t，增幅23.53%；同比增加4.84万t，增幅22.46%。截至4月份，2007—2008年度我国累计进口棉花158.82万t，同比增加25.07万t，增幅18.74%。2006年度我国棉花市场产需缺口在370万t左右，同比扩大140万t。美国农业部9月份全球农产品供需报告预计，2005—2006年度我国棉花产量为555.2万t，消费量为892.7万t，产量低于消费量337.5万t，远高于2004—2005年度的196万t。为满足纺织行业快速发展的需求，国内企业纷纷转向国际市场，进口数量巨大。据国家海关总署统计，2004—2005年度，我国累计进口棉花165.5万t，同比下降16.8%，这是我国历史上第二高的进口数量，仅次于2003—2004年度。同期我国棉花出口只有0.6万t。2005年全国出入境检验检疫系统共检验进口棉花6 401批、8 733 111包、194.4万t，货值共计24.5亿美元，与2004年相比，批次增长20.8%，重量增长1%，货值减少23.9%。检验重量再创历史新高。据国家质检总局有关人士介绍，我国进口棉花主要来自美国、乌兹别克斯坦、澳大利亚、布基纳法索和贝宁等全世界40多个国家，其中以美国棉花为主体，占50%；乌兹别克斯坦的棉花占13%；澳大利亚的棉花占6.9%；布基纳法索的棉花约占5.3%；其他国家的棉花约占24.8%。在各口岸检验检疫机构对进口棉花实施检疫时，虫害、病害、杂草常规项目均有检出（中国国门时报，第55期，总第2101期，2006年3月28日）。北京2007年1月25日消息，中国海关总署周四公布的2006年中国棉花进出口统计数据：3 642 503 t，其中美国1 707 647t，印度593 435t，乌兹别克斯坦363 820t，澳大利亚224 753t，布基纳法索145 484t，马里81 782t，喀麦隆67 668t，贝宁63 057t，巴西49 403t，其他国家或地区345 454t。

5.2 麻类的进口情况

据海关统计，2009年1～11月我国共出口麻纱线9 911万美元，同比下降24.02%，对主要市场意大利出口额同比下降35.12%。2009年1～11月出口麻织物37 818万美元，同比下降1.39%，对主要市场香港出口额同比下降23.79%。2006年1～9月份我国麻类纤维、纺织及制品进出口总额为8.56亿美元，同比增长4.93%，实现贸易顺差2.04亿美元，同比增长30.58%。其中出口5.30亿美元，同比增加9.05%；进口金额3.26亿美元，比2005年同期下降1.14%。2007年1～9月份我国累计进口麻原料21.53万t，比2006年同期上涨了11.08%，进口金额2.24亿美元，占进口总额的68.78%，同比上涨2.86%，其中亚麻原料进口12.40万t，同比增幅20.52%，进口金额1.79亿美元，同比下降1.06%；2007年1～9月份我国从欧盟各国进口亚麻原料11.43万t，占到亚麻进口原料的92.18%，同比增长26.56%，进口金额1.70亿美元，同比增长1.25%；亚麻进口平均单价1.44美元/千克，同比下降了17.71%；2007年1～9月份黄麻原料进口5.87万t，同比下降9.39%。而苎麻原料进口量虽小，但数量同比却出现了135.87%的增幅，而进口价格同比又出现了71.28%的下跌。麻原料进口前5位的国家依次是法国、比利时、孟加拉国、巴西和埃及，占原料进口量的91.65%和进口总额的92.33%。2007年1～9月份亚麻原料进口前5位的国家依次是法国、比利时、埃及、荷兰、乌克兰。

5.3 动物类的进口情况

5.3.1 羊毛的进口情况

据海关统计，2009年上半年我国进口羊毛约16.64万t，比2008年同期增加1.32%。其中：进口原毛13.6万t，同比增加8.06%；进口洗净毛1.74万t，同比减少26.92%；进口羊毛条8 361t，同比减少8.26%；进口炭化毛3 275t，同比增加1.23%。2006年我国进口羊毛29.97万t，是近5年来进口羊毛量最多的一年。2007年1～5月我国进口羊毛12.15万t，比上年同期增长了23.2%。目前进口量已占国内羊毛产量近2/3，成为世界上最大的羊毛进口国之一。2007年1～5月，我国进口羊毛数量最多的前5位国家是澳大利亚、新西兰、乌拉圭、阿根廷和英国。

5.3.2 牦牛毛的进口情况

世界上有牦牛1 330万头，主要分布在我国的青藏高原、蒙古人民共和国的西南部、吉尔吉斯斯坦的阿尔泰山区、阿富汗和巴基斯坦的东北部、印度的北部，以及尼泊尔、不丹和锡金等国和地区，以我国牦牛头数最多，占世界牦牛头数的85%以上，处于全面垄断地位，没有任何国家和地区可以与中国展开竞争，进口数量很少。

5.3.3 毛皮的进口情况

据海关统计，近年生皮进口金额中，仍以牛皮进口金额最多，占生皮进口总额的

76.6%，绵羊毛皮占20.7%，山羊板皮占0.4%，猪皮占1.7%，其他生皮占0.6%。皮革进口金额中，牛皮革进口金额占皮革进口总额比重量最大，占75.4%，绵羊毛皮革占15.6%，山羊毛皮革占2.8%。中国绵羊毛皮进口额前5位国家中，第1位为澳大利亚，占绵羊毛皮进口总额的59%，新西兰占15.7%，英国占7.7%，法国占4.9%，哈萨克斯坦占3.4%，前5位进口额合计占绵羊毛皮进口总额的90.7%。仅河南省2006年进口毛皮1 800万张。

5.3.4 兔毛的进口情况

据海关统计，兔毛产销情况：受市场波动影响，兔毛产量变化很大，高峰时我国年产兔毛曾达到2万多t，当前年产兔毛1万t左右，占世界兔毛总产量（1.2万t）的83%。年产兔毛较多的国家还有：智利500t、阿根廷300t、捷克150t、法国100t、德国50t等，我国进口数量很少。

5.3.5 驼绒的进口情况

进口数量不大，每年进口约1 000t。

5.3.6 羊绒的进口情况

我国的山羊绒产量1万t左右，占世界总产量的75%左右，而且世界上90%以上的优质山羊绒产于中国，进口数量不大。

5.3.7 羽绒的进口情况

据海关统计，关于羽毛的进口方面，2005年中国羽毛的进口量为16 523t，同期相比进口量增长了21.7%，进口额增长了55.3%。主要进口国为：韩国、美国、法国、匈牙利、德国等。

5.3.8 丝类的进口情况

据海关统计，2007年1～2月我国真丝绸商品出口2 339.5万美元，同比下降1.5%，其中丝类出口494.6t，同比下降38.1%；出口金额249万美元，同比下降7.1%。真丝绸缎出口538万m，同比增加12.6%；出口金额1 364.3万美元，同比增加3.1%。丝绸制成品出口金额为725万美元，同比下降6.0%。2003年进口的丝类和绸缎量较大，按进口折丝量（长短纤维，下同）匡算，共进口约8 057t，同比增长40.51%。其中进口丝类5 145t（含进口蚕茧432t），同比增长68.47%。2006年1～6月进口的茧丝绸折丝量约3 812t，同比约增加5.11%。

6 进境纺织原料风险分析的目的意义

随着我国成功入世，按照ATC（纺织品服装协议），以往对我国纺织品出口产生重大影响的配额和关税限制将不再成为贸易歧视和限制的主要障碍，这将给纺织品出口带来前所未有的机遇，也将面临国外纺织品及原料的大量涌入。由于国外一些国家的纺织原料如棉、毛、麻收割（剪）是机械作业，不可避免地要在产品中带有一些病虫害和杂草子。国外棉、毛、麻、丝等纺织原料中的病虫害、杂草，有些在中国无分布或只在中国局部地区有分布，在国内无天敌或天敌数量极少。如果在国内传播开来，其危害将是巨大的，会对我国生物多样性、生态环境和人体健康构成潜在风险和威胁。现急需建立有关纺织原料进口风险分析（PRA）及预警制度，培养快速反应能力。许多发达国家已采取了一系列的“绿色壁垒”来限制其他国家纺织原料进入本国。而《实施卫生与植物卫生措施协定》（SPS 协定）的第二条亦规定，各成员有权采取为保护人类、动物或植物的生命或健康所必需的卫生或植物检疫措施。为此，检验检疫系统应发挥人才优势和信息资源的优势，尽早地依照根据《实施卫生与植物卫生措施协定》，对进口纺织原料存在的风险进行分析研究并提出相应对策，这是检验检疫系统的当务之急和义不容辞的责任。

本研究成果其意义是重大的，社会和经济效益是巨大的。它不仅是保障国人身体健康和国内生态环境的需要，也是保护和指导我国民族纺织业、农牧业健康发展的需要，更是我检验检疫工作严格执法、守护国门的需要。

7　进境纺织原料风险分析对象的确定

收集整理我国近年引进纺织原料的种类和来源国信息，参照中国质检总局公布的《中华人民共和国进境植物检疫潜在危险性病、虫、杂草名录（试行）》，分别从杂草、线虫、微生物病害及昆虫几个方面作风险分析确定引进纺织原料的主要种类。搜集相关的有害生物的文献，从检疫性有害生物定义出发，经过初步筛选后的有害生物都具有检疫意义，并且筛选下的有害生物大多数为国内广泛分布或经济意义较小。然而在实际的检疫决策中有多少能成为现实的法规规定的检疫性有害生物，除了考虑有害生物的风险值外，还要考虑传播途径、经济利益及检疫管理等因素。有些有害生物的研究甚少，量化评估阶段就难以深入。

外来有害生物的初评估。初评估根据已收集的信息，广泛征询专家意见，对收集到的有害生物信息进行分析和筛选，确定重点评估的有害生物对象名单。这个过程其实比较繁琐和复杂。面对大量的资料，分析报告起草者考虑的因素不同，结果可能有很大差异。往往一些危害较大的有害生物，传入（定殖并扩散）新的地区之后危害不一定大，而一些在其他地区为次生性有害生物的，传入新的地区后往往无法预料地成为主要的害虫。而且对于一些危害不严重的种类，信息资料的缺乏也是专家难以把握准确的一个主要障碍。

以下为初步搜集整理的动物和植物产品的有害生物名单

7.1　动物产品

7.1.1　羊毛

7.1.1.1　进口国别

澳大利亚、新西兰、乌拉圭、阿根廷、秘鲁、英国、美国、南非、法国、印度、俄罗斯。

7.1.1.2 有害生物风险分析对象

（1）澳大利亚：牛海绵状脑病、梅迪-维斯纳病、羊黑疫、羊猝狙、痒病、牛瘟、小反刍兽疫、牛肺疫、炭疽病、伪狂犬病、副结核病、布鲁氏菌病、山羊关节炎-脑炎、绵羊肺腺瘤病、心水病、内罗毕病、边界病、羊脓疱性皮炎、结核病、棘球蚴病、钩端螺旋体病、衣原体病、利什曼病、羊梭菌性疫病。

（2）新西兰：支原体病、梅迪-维斯纳病、羊黑疫、羊猝狙、痒病、牛瘟、小反刍兽疫、牛肺疫、炭疽病、伪狂犬病、副结核病、布鲁氏菌病、山羊关节炎-脑炎、绵羊肺腺瘤病、心水病、内罗毕病、边界病、羊脓疱性皮炎、结核病、棘球蚴病、钩端螺旋体病、衣原体病、利什曼病、羊梭菌性疫病。

（3）乌拉圭：口蹄疫。

（4）阿根廷：痒病、Q 热、牛海绵状脑病、口蹄疫、蓝舌病。

（5）秘鲁：口蹄疫。

（6）英国：口蹄疫、牛海绵状脑病、梅迪-维斯纳病、羊黑疫。

（7）美国：水疱性口炎、梅迪-维斯纳病、羊黑疫、羊猝狙、痒病。

（8）南非：口蹄疫、梅迪-维斯纳病、蓝舌病、裂谷热。

（9）法国：狂犬病、牛海绵状脑病、口蹄疫。

（10）印度：口蹄疫。

（11）俄罗斯：山羊痘和绵羊痘、口蹄疫、羊猝狙。

7.1.2 毛皮

7.1.2.1 进口国别

澳大利亚、新西兰、英国、蒙古、吉尔吉斯斯坦。

7.1.2.2 有害生物风险分析对象

（1）澳大利亚：牛海绵状脑病、水疱性口炎、牛瘟、小反刍兽疫、蓝舌病、绵羊痘、山羊痘、裂谷热、牛肺疫、炭疽病、狂犬病、伪狂犬病、副结核病、布鲁氏菌病、痒病、山羊关节炎-脑炎、绵羊肺腺瘤病、Q 热、心水病、内罗毕病、边界病、羊脓疱性皮炎、结核病、棘球蚴病、衣原体病、羊梭菌性疫病。

（2）新西兰：支原体病、水疱性口炎、牛瘟、小反刍兽疫、蓝舌病、绵羊痘、山羊痘、裂谷热、牛肺疫、炭疽病、狂犬病、伪狂犬病、副结核病、布鲁氏菌病、痒病、山羊关节炎-脑炎、绵羊肺腺瘤病、Q 热、心水病、内罗毕病、边界病、羊脓疱性皮炎、结核病、棘球蚴病、衣原体病、羊梭菌性疫病。

（3）英国：口蹄疫、牛海绵状脑病、梅迪-维斯纳病、羊黑疫。

（4）蒙古：口蹄疫。

（5）吉尔吉斯斯坦：口蹄疫。

7.1.3 羊绒

7.1.3.1 进口国别

澳大利亚、新西兰、蒙古。

7.1.3.2　有害生物风险分析对象

（1）澳大利亚： 牛海绵状脑病、梅迪-维斯纳病、羊黑疫、羊猝狙、痒病、水疱性口炎、牛瘟、小反刍兽疫、蓝舌病、绵羊痘、山羊痘、裂谷热、牛肺疫、炭疽病、狂犬病、伪狂犬病、副结核病、布鲁氏菌病、山羊关节炎-脑炎、绵羊肺腺瘤病、Q热、心水病、内罗毕病、边界病、羊脓疱性皮炎、结核病、棘球蚴病、钩端螺旋体病、衣原体病、利什曼病、羊梭菌性疫病。

（2）新西兰： 支原体病、梅迪-维斯纳病、羊黑疫、羊猝狙、痒病、水疱性口炎、牛瘟、小反刍兽疫、蓝舌病、绵羊痘、山羊痘、裂谷热、牛肺疫、炭疽病、狂犬病、伪狂犬病、副结核病、布鲁氏菌病、山羊关节炎-脑炎、绵羊肺腺瘤病、Q热、心水病、内罗毕病、边界病、羊脓疱性皮炎、结核病、棘球蚴病、钩端螺旋体病、衣原体病、利什曼病、羊梭菌性疫病。

（3）蒙古： 口蹄疫。

7.1.4　牦牛毛

7.1.4.1　进口国别

蒙古、吉尔吉斯斯坦、印度。

7.1.4.2　有害生物风险分析对象

（1）蒙古： 口蹄疫、水疱性口炎、小反刍兽疫、蓝舌病、裂谷热、牛肺疫、炭疽病、狂犬病、伪狂犬病、副结核病、布鲁氏菌病、牛海绵状脑病、Q热、牛边虫病、牛传染性鼻气管炎/传染性脓疱性阴户阴道炎、泰勒焦虫病、钩端螺旋体病、牛结核病、出血性败血症、心水病、恶性卡他热、嗜皮菌病、牛囊尾蚴病、锥虫病。

（2）吉尔吉斯斯坦： 口蹄疫。

（3）印度： 口蹄疫、牛瘟。

7.1.5　驼毛

7.1.5.1　进口国别

蒙古。

7.1.5.2　有害生物风险分析对象

蒙古：口蹄疫、水疱性口炎、牛瘟、小反刍兽疫、蓝舌病、裂谷热、炭疽病、狂犬病、副结核病、布鲁氏菌病、牛海绵状脑病、Q热、利什曼病。

7.1.6　兔毛

7.1.6.1　进口国别

智利、阿根廷。

7.1.6.2　有害生物风险分析对象

（1）智利： 炭疽病、土拉杆菌病、黏液瘤病、兔出血热。

（2）阿根廷： 炭疽病、土拉杆菌病、黏液瘤病、兔出血热。

7.1.7 羽绒

7.1.7.1 进口国别

美国。

7.1.7.2 有害生物风险分析对象

美国：禽流感、新城疫、鸭病毒性肝炎、炭疽病、禽痘、禽白血病、鸡马立克氏病、禽霍乱、禽结核病、禽衣原体病、鸭瘟、传染性支气管炎、传染性喉气管炎、禽沙门氏菌病、鸡传染性法氏囊病、小鹅瘟。

7.1.8 丝类

7.1.8.1 进口国别

日本、印度。

7.1.8.2 有害生物风险分析对象

（1）日本：炭疽病、蚕微粒子病。

（2）印度：炭疽病、蚕微粒子病。

7.2 植物产品

7.2.1 棉花

7.2.1.1 进口国别

美国、澳大利亚、印度、巴基斯坦、苏丹、墨西哥、巴西、独联体国家、西非各国、南非各国、埃及、阿根廷、巴拉圭、秘鲁、缅甸、坦桑尼亚、土耳其、乌干达、西班牙、希腊、叙利亚、也门、中美洲各国。

7.2.1.2 有害生物风险分析对象

（1）美国：苜蓿蓟马、灰翅夜蛾、棉根腐病、美国牧草盲蝽、草地夜蛾、白缘象甲、亚麻变褐病菌、卷叶病毒、墨西哥棉铃象虫、谷斑皮蠹、烟粉虱、假高粱、刺蒺藜草、菟丝子属、毒麦、北美刺龙葵、臭千里光、刺苞草、刺萼龙葵、多年生豚草、三裂叶豚草、匍匐矢车菊、美丽猪屎豆、疏花蒺藜草、田蓟、田旋花、豚草、野莴苣、银毛龙葵、南方根结线虫、花生根结线虫、棉花卷叶病毒、棉花枯萎病菌、澳洲红铃虫、棉红铃虫、地中海实蝇、点刻长蠹、西印度蔗根象。

（2）澳大利亚：澳洲小长蝽、亚麻变褐病菌、白缘象甲、假高粱、刺蒺藜草、飞机草、阿米、菟丝子属、毒麦、北美刺龙葵、臭千里光、刺苞草、刺萼龙葵、多年生豚草、假高粱、美丽猪屎豆、匍匐矢车菊、三裂叶豚草、疏花蒺藜草、田旋花、豚草、银毛龙葵、南方根结线虫、澳洲红铃虫、棉红铃虫、澳洲小长蝽、地中海实蝇。

（3）巴基斯坦：灰翅夜蛾、棉花卷叶病毒、谷斑皮蠹、烟粉虱、假高粱、刺苞草、刺蒺藜草、多年生豚草、三裂叶豚草、豚草、棉花炭疽病菌、棉花枯萎病菌、棉红铃虫。

（4）印度：玉米萎蔫病菌、棉花卷叶病毒、墨西哥棉铃象虫、谷斑皮蠹、烟粉虱、假高粱、刺蒺藜草、毒麦、刺苞草、刺茄、多年生豚草、匍匐矢车菊、三裂叶豚草、疏花蒺藜草、豚草、银毛龙葵、南方根结线虫、棉花炭疽病菌、棉花枯萎病菌、棉红铃虫、地中海实蝇、点刻长蠹、灰翅夜蛾。

(5) 俄罗斯：亚麻变褐病菌、谷斑皮蠹、假高粱、菟丝子、毒麦、刺苞草、匍匐矢车菊、田旋花、地中海实蝇。

(6) 墨西哥：棉花卷叶病毒、墨西哥棉铃象虫、谷斑皮蠹、烟粉虱、假高粱、刺蒺藜草、棉根腐病、美国牧草盲蝽、飞机草、毒麦、刺苞草、刺萼龙葵、刺茄、多年生豚草、三裂叶豚草、疏花蒺藜草、豚草、银毛龙葵、棉花炭疽病菌、棉红铃虫、地中海实蝇、白缘象甲、草地夜蛾、苜蓿蓟马、南部灰翅夜蛾。

(7) 苏丹：棉花卷叶病毒、谷斑皮蠹、苹果异形小卷蛾、毒麦、棉花枯萎病菌、棉红铃虫、地中海实蝇、海灰翅夜蛾。

(8) 巴西：毒麦、臭千里光、刺苞草、多年生豚草、假高粱、三裂叶豚草、豚草、银毛龙葵、棉花炭疽病菌、棉花枯萎病菌、棉红铃虫、地中海实蝇、白缘象甲、草地夜蛾、点刻长蠹、秘鲁红蝽、墨西哥棉铃象、南美叶甲。

(9) 埃及：烟粉虱、阿米、毒麦、多年生豚草、三裂叶豚草、豚草、棉花枯萎病菌、棉红铃虫、地中海实蝇、海灰翅夜蛾、点刻长蠹、谷斑皮蠹、灰翅夜蛾。

(10) 阿根廷：阿米、毒麦、臭千里光、刺苞草、刺蒺藜草、多年生豚草、豚草、假高粱、匍匐矢车菊、三裂叶豚草、疏花蒺藜草、田旋花、银毛龙葵、棉花炭疽病菌、棉花枯萎病菌、地中海实蝇、白缘象甲、草地夜蛾、秘鲁红蝽、南美叶甲、烟粉虱。

(11) 巴拉圭：刺蒺藜草、豚草、假高粱、三裂叶豚草、地中海实蝇、草地夜蛾、秘鲁红蝽、南美叶甲。

(12) 秘鲁：刺蒺藜草、豚草、假高粱、三裂叶豚草、棉花枯萎病菌、地中海实蝇、白缘象甲、草地夜蛾、秘鲁红蝽、南美叶甲。

(13) 缅甸：刺苞草、刺蒺藜草、刺茄、多年生豚草、假高粱、三裂叶豚草、豚草、棉花炭疽病菌、棉花枯萎病菌、棉红铃虫、谷斑皮蠹。

(14) 坦桑尼亚：谷斑皮蠹、苹果异形小卷蛾、假高粱、棉花炭疽病菌、棉花枯萎病菌、棉红铃虫、地中海实蝇、海灰翅夜蛾、点刻长蠹。

(15) 土耳其：烟粉虱、毒麦、假高粱、匍匐矢车菊、海灰翅夜蛾、谷斑皮蠹、灰翅夜蛾。

(16) 乌干达：棉花炭疽病菌、棉花枯萎病菌、棉红铃虫、地中海实蝇、海灰翅夜蛾、点刻长蠹、谷斑皮蠹、灰翅夜蛾、苹果异形小卷蛾。

(17) 西班牙：棉花炭疽病菌、地中海实蝇、海灰翅夜蛾、点刻长蠹、谷斑皮蠹、灰翅夜蛾、苜蓿蓟马、西印度蔗根象、烟粉虱、毒麦、臭千里光、假高粱。

(18) 希腊：棉花枯萎病菌、地中海实蝇、海灰翅夜蛾、灰翅夜蛾、烟粉虱、毒麦、假高粱、田旋花、匍匐矢车菊。

(19) 叙利亚：地中海实蝇、海灰翅夜蛾、点刻长蠹、谷斑皮蠹。

(20) 也门：棉红铃虫。

(21) 中美洲各国：飞机草、草地夜蛾、南部灰翅夜蛾、烟粉虱。

7.2.2 麻类

7.2.2.1 黄麻

（1）进口国别：孟加拉国、印度。

（2）有害生物风险分析对象

①孟加拉国：北美刺龙葵、刺萼龙葵、独脚金属、意大利苍耳。

②印度：刺茄、独脚金属、豚草、三裂叶豚草、银毛龙葵、番茄斑萎病毒、棉花卷叶病毒、橡胶白根病菌、亚麻疫病、烟粉虱、列当属、假高粱。

7.2.2.2 亚麻、苎麻

（1）进口国别：巴西、朝鲜、法国、菲律宾、美国、日本、印度、印度尼西亚。

（2）有害生物风险分析对象

①巴西：多年生豚草、三裂叶豚草、豚草、银毛龙葵、番茄斑萎病毒、橡胶白根病菌、亚麻褐斑病菌、拉美斑潜蝇、烟粉虱、假高粱、臭千里光。

②朝鲜：菟丝子、亚麻黄卷蛾、列当属植物。

③法国：亚麻黄卷蛾、烟粉虱、臭千里光、毒莴苣、豚草、番茄斑萎病毒、豌豆早枯病毒、亚麻变褐病菌、油棕苗疫病菌。

④菲律宾：假高粱、多年生豚草、三裂叶豚草、豚草、橡胶白根病菌。

⑤美国：北美刺龙葵、列当属、假高粱、臭千里光、刺萼龙葵、刺茄、毒莴苣、独脚金属、多年生豚草、美丽猪屎豆、南方三棘果、三裂叶豚草、提琴叶牵牛花、田蓟、豚草、野莴苣、意大利苍耳、银毛龙葵、菟丝子、番茄斑萎病毒、豇豆花叶病毒、棉花卷叶病毒、三叶草胡麻斑病菌、亚麻变褐病菌、油棕苗疫病菌、拉美斑潜蝇、烟粉虱。

⑥日本：三裂叶豚草、田旋花、豚草、菟丝子属、番茄斑萎病毒、豇豆花叶病毒、亚麻变褐病菌、亚麻黄卷蛾、烟粉虱、北美刺龙葵、列当、独脚金属、多年生豚草。

⑦印度：豚草、银毛龙葵、番茄斑萎病毒、棉花卷叶病毒、橡胶白根病菌、亚麻疫病、烟粉虱、列当、假高粱、刺茄、独脚金属、多年生豚草、三裂叶豚草。

⑧印度尼西亚：橡胶白根病菌、假高粱、独脚金属。

8 进境纺织原料有害生物风险分析提纲

通过收集整理我国近年引进纺织原料的种类和来源国信息，以及相关的有害生物的文献，从检疫性有害生物定义出发，经过初步筛选后的有害生物都具有检疫意义，并且筛选下的有害生物大多数为国内广泛分布或经济意义较小。下面是本研究的有害生物风险分析提纲。

8.1 动物产品

8.1.1 羊毛

8.1.1.1 A类疫病

口蹄疫、水疱性口炎、牛瘟、小反刍兽疫、蓝舌病、绵羊痘、山羊痘、裂谷热、牛肺疫。

8.1.1.2　B类疫病

炭疽病、狂犬病、伪狂犬病、副结核病、布鲁氏菌病、痒病、山羊关节炎-脑炎、梅迪-维斯纳病、绵羊肺腺瘤病、牛海绵状脑病、Q热、心水病、内罗毕病、边界病、羊脓疱性皮炎、结核病、棘球蚴病、钩端螺旋体病、衣原体病、利什曼病。

8.1.1.3　其他类疫病

羊梭菌性疫病。

8.1.2　毛皮

8.1.2.1　A类疫病

口蹄疫、水疱性口炎、牛瘟、小反刍兽疫、蓝舌病、绵羊痘、山羊痘、裂谷热、牛肺疫。

8.1.2.2　B类疫病

炭疽病、狂犬病、伪狂犬病、副结核病、布鲁氏菌病、痒病、山羊关节炎-脑炎、梅迪-维斯纳病、绵羊肺腺瘤病、牛海绵状脑病、Q热、心水病、内罗毕病、边界病、羊脓疱性皮炎、结核病、棘球蚴病、衣原体病。

8.1.2.3　其他类疫病

羊梭菌性疫病。

8.1.3　羊绒

8.1.3.1　A类疫病

口蹄疫、水疱性口炎、牛瘟、小反刍兽疫、蓝舌病、绵羊痘、山羊痘、裂谷热、牛肺疫。

8.1.3.2　B类疫病

炭疽病、狂犬病、伪狂犬病、副结核病、布鲁氏菌病、痒病、山羊关节炎-脑炎、梅迪-维斯纳病、绵羊肺腺瘤病、牛海绵状脑病、Q热、心水病、内罗毕病、边界病、羊脓疱性皮炎、结核病、棘球蚴病、钩端螺旋体病、衣原体病、利什曼病。

8.1.3.3　其他类疫病

羊梭菌性疫病。

8.1.4　牦牛毛

8.1.4.1　A类疫病

口蹄疫、水疱性口炎、牛瘟、小反刍兽疫、蓝舌病、裂谷热、牛肺疫。

8.1.4.2　B类疫病

炭疽病、狂犬病、伪狂犬病、副结核病、布鲁氏菌病、牛海绵状脑病、Q热、牛边虫病、牛传染性鼻气管炎/传染性脓疱性阴户阴道炎、泰勒焦虫病、钩端螺旋体病、牛结核病、出血性败血症、心水病、恶性卡他热、嗜皮菌病、牛囊尾蚴病、锥虫病。

8.1.5 驼毛

8.1.5.1 A类疫病

口蹄疫、水疱性口炎、牛瘟、小反刍兽疫、蓝舌病、裂谷热。

8.1.5.2 B类疫病

炭疽病、狂犬病、副结核病、布鲁氏菌病、牛海绵状脑病、Q热、利什曼病。

8.1.6 兔毛

炭疽病、土拉杆菌病、黏液瘤病、兔出血热。

8.1.7 羽绒

8.1.7.1 A类疫病

禽流感、新城疫。

8.1.7.2 B类疫病

炭疽病、鸭病毒性肝炎、禽痘、禽白血病、鸡马立克氏病、禽霍乱、禽结核病、禽衣原体病、鸭瘟、传染性支气管炎、传染性喉气管炎、禽沙门氏菌病、鸡传染性法氏囊病。

8.1.7.3 其他类疫病

小鹅瘟。

8.1.8 丝类

炭疽病、蚕微粒子病。

8.2 植物

8.2.1 棉花

8.2.1.1 病害类

棉根腐病菌、棉花卷叶病毒、棉花炭疽病菌、棉花枯萎病菌、亚麻变褐病菌、南方根结线虫、花生根结线虫。

8.2.1.2 虫害类

澳洲红铃虫、棉红铃虫、澳洲小长蝽、地中海实蝇、白缘象甲、草地夜蛾、海灰翅夜蛾、点刻长蠹、谷斑皮蠹、灰翅夜蛾、美国牧草盲蝽、秘鲁红蝽、棉铃虫、墨西哥棉铃象、苜蓿蓟马、南部灰翅夜蛾、南美叶甲、苹果异形小卷蛾、西印度蔗根象、烟粉虱。

8.2.1.3 杂草类

阿米、菟丝子属、毒麦、北美刺龙葵、臭千里光、刺苞草、刺萼龙葵、刺蒺藜草、刺茄、多年生豚草、飞机草、假高粱、锯齿大戟、美丽猪屎豆、匍匐矢车菊、三裂叶豚草、疏花蒺藜草、田蓟、田旋花、豚草、野莴苣、银毛龙葵、疣果匙荠。

8.2.2　麻类

8.2.2.1　病害类

番茄斑萎病毒、豇豆花叶病毒、棉花卷叶病毒、三叶草胡麻斑病菌、豌豆早枯病毒、橡胶白根病菌、亚麻变褐病菌、亚麻褐斑病菌、亚麻疫病菌、油棕苗疫病菌。

8.2.2.2　虫害类

拉美斑潜蝇、尼日兰粉蚧、亚麻黄卷蛾、烟粉虱。

8.2.2.3　杂草类

北美刺龙葵、列当属、假高粱、刺蒺藜、臭千里光、刺萼龙葵、刺茄、毒莴苣、独脚金属、多年生豚草、锯齿大戟、美丽猪屎豆、南方三棘果、欧洲山萝卜、三裂叶豚草、提琴叶牵牛花、田蓟、田旋花、豚草、野莴苣、意大利苍耳、银毛龙葵、疣果匙荠、菟丝子属植物。

第一篇　进境棉花的风险分析

1　引言

进境棉花的风险分析依照中国的风险分析程序，参照《中华人民共和国进境植物检疫性有害生物名录》和《中华人民共和国进境植物检疫危险性病、虫、杂草名录》，分别从杂草、线虫、病害及害虫几个方面做风险分析。风险分析是有针对性的，表1-1列出部分国家或地区重点检疫对象，表1-2为棉花中存在的主要潜在性风险因素。

表1-1　部分国家重点检疫对象

类别	名　称
杂草	阿米、菟丝子属、毒麦、北美刺龙葵、臭千里光、刺苞草、刺萼龙葵、刺蒺藜、刺茄、多年生豚草、飞机草、假高粱、锯齿大戟、美丽猪屎豆、匍匐矢车菊、三裂叶豚草、疏花蒺藜草、田蓟、田旋花、野莴苣、银毛龙葵、疣果匙荠
线虫	南方根结线虫、花生根结线虫
病害	棉根腐病菌、棉花卷叶病毒、棉花炭疽病菌、棉花枯萎病菌、亚麻变褐病菌
虫害	澳洲红铃虫、棉红铃虫、澳洲小长蝽、地中海实蝇、白缘象甲、草地夜蛾、海灰翅夜蛾、点刻长蠹、谷斑皮蠹、灰翅夜蛾、美国牧草盲蝽、秘鲁红蝽、棉铃虫、墨西哥棉铃象、苜蓿蓟马、南部灰翅夜蛾、南美叶甲、苹果异形小卷蛾、西印度蔗根象、烟粉虱

表1-2　棉花中存在的主要潜在性风险因素

国别	棉花中存在的主要潜在性风险因素
美国	白缘象甲、草地夜蛾、棉花卷叶病毒、南部灰翅夜蛾、南美叶甲、苹果异形小卷蛾、亚麻变褐病菌等
澳大利亚	澳洲红铃虫、澳洲小长蝽、白缘象甲、亚麻变褐病菌
印度	刺蒺藜草、飞机草、谷斑皮蠹、假高粱、棉花卷叶病毒、墨西哥棉铃象、烟粉虱、玉米晚蔫病菌
墨西哥	刺蒺藜草、飞机草、谷斑皮蠹、假高粱、美国牧草盲蝽、棉根腐病菌、棉花卷叶病毒、墨西哥棉铃象、烟粉虱
苏丹	谷斑皮蠹、棉花卷叶病毒、苹果异形小卷蛾
独联体	谷斑皮蠹、亚麻变褐病菌
巴基斯坦	谷斑皮蠹、棉花卷叶病毒、南部灰翅夜蛾、烟粉虱

2　进境棉花中杂草的风险分析

2.1　阿米

2.1.1　由输出国提出要求，由国家质量监督检验检疫总局列入计划，并要求输出国提供有关的材料，包括随该商品传带的有害生物名单以及产地进行有关的官方防治措施。

2.1.2　潜在的检疫性有害生物的确立。

2.1.2.1　整理有害生物的完整名单。

2.1.2.2　提出会随该商品传带的有害生物名单。

2.1.2.3　确定中国关心的潜在的检疫性有害生物名单。

2.1.3　对潜在的检疫性有害杂草阿米的风险评估。

2.1.3.1　概述。

（1）学名： *Ammi majus* L.。

（2）分布： 原产地中海沿岸，现分布于伊拉克、黎巴嫩、葡萄牙、埃及、摩洛哥、乌拉圭、阿根廷、澳大利亚等国。

（3）危害部位和传播途径： 阿米是麦田草害；混在饲料中能引起奶牛、鹅、火鸡、鸭等光过敏性疾病；易随麦渣饲料传播。

2.1.3.2　传入可能性评估。

（1）进入可能性评估： 阿米分布较广，近年来，随着我国从国外进口棉花等农产品日益增多，阿米对我国的威胁越来越大。

（2）定殖可能性评估： 阿米的适应性很强，分布广，现分布于伊拉克、黎巴嫩、葡萄牙、埃及、摩洛哥、乌拉圭、阿根廷、澳大利亚等国。在我国大部分地区定殖的可能性非常大，对我国也存在很大的危害。

2.1.3.3　扩散可能性评估。一种生物能否扩散，其生活习性是关键因素。阿米的适应性很强，分布广，因此传入我国会造成大的流行，对我国农业会造成一定的影响。

2.1.3.4　传入后果评估。阿米一旦在我国扩散则很难防治，将会严重危害小麦、大豆、玉米、棉花等作物，对我国的农业形成巨大危害，从而干扰我国经济的发展，并对社会和环境带来一定的负面影响。

2.1.4　总体风险归纳。对我国的农业形成一定危害，一定程度上干扰我国经济的发展，并对社会和环境带来一定的负面影响。

2.1.5　备选方案的提出。强化大规模检测的力度，加强进口商品的产地检疫，边境口岸应对货物、包装材料、运输工具、邮件、垃圾、乘客行李等严格检疫。国内应做好随时防治阿米的准备。

2.1.6　就总体风险征求有关专家和管理者的意见。

2.1.7　评估报告的产生。

2.1.8　对风险评估报告进行评价，征求有关专家的意见。

2.1.9　风险管理。

2.1.9.1 我国目前的APL。我国已建立起较为完备的防治有害生物的机构体系，如各级检验检疫机构、植保站，并具备了大批的专家和工作人员。首先，应加强入境检疫力度，提高检疫人员的业务能力，争取做到拒之于国门之外；其次，提高各级检疫站和植保人员的业务水平，随时发现随时防治，并及早通报疫情。

2.1.9.2 备选方案的可行性评估。确实可行。

2.1.9.3 建议的检疫措施。对进口棉花等产品实施检疫检测，严格按标准执行。

2.1.9.4 征求意见。

2.1.9.5 原始管理报告。

2.1.10 有害生物的风险分析（PRA）报告。

2.1.11 在实施检疫措施之后，应当监督其有效性，如有必要应对检疫措施进行评价，并随时更新。

2.1.12 风险交流。应将中国关心的有害生物名单及其风险管理措施建议等内容向输出国提供。进行风险评估的专家可参加双边座谈，以便制定有关条款。中国政府应及时向相应进口商通报输出国疫情，引导其进口方向。

2.2 菟丝子属

2.2.1 由输出国提出要求，由国家质量监督检验检疫总局列入计划，并要求输出国提供有关的材料，包括随该商品传带的有害生物名单以及产地进行有关的官方防治措施。

2.2.2 潜在的检疫性有害生物的确立。

2.2.2.1 整理有害生物的完整名单。

2.2.2.2 提出会随该商品传带的有害生物名单。

2.2.2.3 确定中国关心的潜在的检疫性有害生物名单。

2.2.3 对潜在的检疫性有害杂草菟丝子属的风险评估。

2.2.3.1 概述。

(1) 学名： *Cuscuta* spp.。

(2) 英文名： dodder。

(3) 分类地位： 菟丝子科（Cuscutaceae），菟丝子属（*Cuscuta*）。

(4) 分布： 原产美洲，现广泛分布于全世界暖温带。在亚洲分布于伊朗、朝鲜、日本、蒙古及东南亚地区；在欧洲分布于俄罗斯；在大洋洲分布于澳大利亚。在我国分布于黑龙江、吉林、辽宁、河北、山西、陕西、宁夏、甘肃、内蒙古、新疆、山东、江苏、安徽、河南、浙江、福建、四川、云南、湖南、湖北。

(5) 危害对象： 据报道，美国、俄罗斯及欧亚许多国家的甜菜、洋葱、黄瓜、紫花苜蓿、胡椒、番茄及果树等都受到菟丝子的严重危害。菟丝子常寄生在豆科、菊科、蓼科、苋科、藜科等多种植物上，常侵害胡麻、苎麻、花生、马铃薯和豆科牧草等旱地作物。

(6) 传播途径： 菟丝子主要是以种子进行传播扩散。菟丝子种子小而多，寿命长，易混杂在农作物、商品粮以及种子或饲料中作远距离传播。缠绕在寄主上的菟丝子片断也能随寄主远征，蔓延繁殖。

（7）形态特征：菟丝子系一年生寄生草本。茎纤细，直径仅 1mm，黄色至橙黄色，左旋缠绕，叶退化。花簇生节处，外有膜质苞片包被；花萼杯状，5 裂，外部具脊；花冠白色，长为花萼的 2 倍，顶端 5 裂，裂片三角状卵形，向外反折；雄蕊 5，花丝短，着生花冠裂口部；花冠内侧生 5 鳞片，鳞片近长圆形，边缘细裂成长流苏状；子房 2 室，每室有 2 个胚珠，花柱 2，柱头头状。蒴果近球形，直径约 3mm，成熟时全部被宿存的花冠包住，盖裂；每果种子 2～4 粒，卵形，淡褐色，长 1～1.5mm，宽 1～1.2mm，表面粗糙，有头屑状附属物，种脐线形，位于腹面的一端。

2.2.3.2　传入可能性评估。

（1）进入可能性评估：菟丝子主要是以种子进行传播扩散。菟丝子种子小而多，寿命长，易混杂在农作物、商品粮以及种子或饲料中作远距离传播。缠绕在寄主上的菟丝子片断也能随寄主远征，蔓延繁殖。近年来，随着我国从国外进口棉花等农产品日益增多，菟丝子属对我国的威胁越来越大。

（2）定殖可能性评估：菟丝子属的适应性很强，分布广。原产美洲，现广泛分布于全世界暖温带。对我国也存在很大的危害。

2.2.3.3　扩散可能性评估。一种生物能否扩散，其生活习性是关键因素。菟丝子属的适应性很强，分布广，是恶性寄生杂草，本身无根无叶，借助特殊器官——吸盘吸取寄主植物的营养。菟丝子除寄生草本植物外，还能寄生藤本植物和木本植物，对禾本科植物如水稻、芦苇和百合科植物如葱也能寄生和危害。菟丝子不仅吸取栽培作物的汁液而使栽培作物营养消耗殆尽，而且缠绕在作物的周围，造成大批植物死亡。菟丝子主要以种子繁殖，在自然条件下，种子萌发与寄主植物的生长具有同步节律性。当寄主进入生长季节时，菟丝子种子也开始萌发和寄生生长。在环境条件不适宜萌发时，种子休眠，在土壤中多年仍有生活力。菟丝子种子萌发后，长出细长的茎缠绕寄主，自种子萌发出土到缠绕上寄主约需 3d。缠绕上寄主以后与寄主建立起寄生关系约需 1 周，此时下部即自干枯而与土壤分离。从长出新苗到现蕾需 1 个月以上，现蕾到开花约 10d，自开花到果实成熟需要 20d 左右。因此，菟丝子从出土到种子成熟需 80～90d。菟丝子从茎的下部逐渐向上现蕾、开花、结果、成熟，同一株菟丝子上开花结果的时间不一致，早开花的种子已经成熟，迟开花的还在结实，结果时间很长，数量多，1 株菟丝子能结数千粒种子。菟丝子也能进行营养繁殖，一般离体的活菟丝子茎再与寄主植物接触，仍能缠绕，长出吸器，再次与寄主植物建立寄生关系，吸收寄主的营养，继续迅速蔓生。

2.2.3.4　传入后果评估。菟丝子传入我国将对我国的农业形成巨大危害，从而干扰我国经济的发展，并对社会和环境带来一定的负面影响。菟丝子常寄生在豆科、菊科、蓼科、苋科、藜科等多种植物上，它是大豆产区的恶性杂草，对旱地作物胡麻、苎麻、花生、马铃薯和豆科牧草也有较大危害。菟丝子种子在大豆幼苗出土后陆续萌发，缠绕到大豆或杂草上，反复分枝，在一个生长季节内能形成巨大的株丛，使大豆成片枯黄，可使大豆减产 20%～50%，严重的甚至颗粒无收。菟丝子也常寄生在观赏植物上。

2.2.4　总体风险归纳。菟丝子属对我国的农业形成一定危害，一定程度上干扰我国经济的发展，并对社会和环境带来一定的负面影响。

2.2.5 备选方案的提出。菟丝子属杂草种类繁多，对农作物的危害也极大。强化大规模检测的力度，加强进口商品的产地检疫，边境口岸应对货物、包装材料、运输工具、邮件、垃圾、乘客行李等严格检疫。国内应做好随时防治菟丝子属的准备。

2.2.6 就总体风险征求有关专家和管理者的意见。

2.2.7 评估报告的产生。

2.2.8 对风险评估报告进行评价，征求有关专家的意见。

2.2.9 风险管理。

2.2.9.1 我国目前的APL。我国已建立起较为完备的防治有害生物的机构体系，如各级检验检疫机构、植保站，并具备了大批的专家和工作人员。首先，加强入境检疫力度，提高检疫人员的业务能力，争取做到拒之于国门之外；其次，提高各级检疫站和植保人员的业务水平，随时发现随时防治，并及早通报疫情。

2.2.9.2 备选方案的可行性评估。确实可行。

2.2.9.3 建议的检疫措施。对进口棉花等产品实施检疫检测，严格按标准执行。

（1）产地调查：在生长期，根据各种菟丝子的形态特征进行鉴别。

（2）室内检验：

①目检：对从国外进口的植物种子和国内调运的种子进行抽样检查，每个样品不少于1kg，按照各种菟丝子种子特征用解剖镜进行鉴别，计算混杂率。对调运的苗木等带茎叶材料及所带土壤，也必须进行严格检验，可用肉眼或放大镜直接检查。

②筛检：对按规定所检种子进行过筛检查，并按各种菟丝子种子特征用解剖镜进行鉴别，计算混杂率。如检查种子与菟丝子种子大小相似的，可采取相对密度法、滑动法检验，并用解剖镜按各种种子的特征进行鉴别，计算混杂率。

（3）隔离种植鉴定：如不能鉴定到种，可以通过隔离种植，根据花果的特征进行鉴定。

（4）筛除混杂种子：如发现有菟丝子种子混杂，可用合适的筛子过筛清除混杂在调运种子中的菟丝子种子，将筛下的菟丝子种子作销毁处理。

（5）拔除菟丝子：在大豆出苗后，结合中耕除草，拔除烧毁被菟丝子缠绕的植株。用玉米、高粱、谷子等谷类作物与大豆轮作，防除效果很好。

（6）栽培措施：亚麻不能连作，应建立留种区，严格防止菟丝子混杂。

（7）用除草剂防除：拉索、毒草胺等对菟丝子有一定的防治效果，胺草磷、地乐胺防治大豆田中的菟丝子有高效，同时能防除大豆苗期的其他杂草，消灭桥梁寄主。

2.2.9.4 征求意见。

2.2.9.5 原始管理报告。

2.2.10 PRA报告。

2.2.11 在实施检疫措施之后，应当监督其有效性，如有必要应对检疫措施进行评价，并随时更新。

2.2.12 风险交流。应将中国关心的有害生物名单及其风险管理措施建议等内容向输出国提供。进行风险评估的专家可参加双边座谈，以便制定有关条款。中国政府应及时向相应进口商通报输出国疫情，引导其进口方向。

2.3 毒麦

2.3.1 由输出国提出要求，由国家质量监督检验检疫总局列入计划，并要求输出国提供有关的材料，包括随该商品传带的有害生物名单以及产地进行有关的官方防治措施。

2.3.2 潜在的检疫性有害生物的确立。

2.3.2.1 整理有害生物的完整名单。

2.3.2.2 提出会随该商品传带的有害生物名单。

2.3.2.3 确定中国关心的潜在的检疫性有害生物名单。

2.3.3 对潜在的检疫性有害杂草毒麦的风险评估。

2.3.3.1 概述。

(1) 学名： *Lolium temulentum* L.。

(2) 英文名： poison rye-grass。

(3) 分类地位： 禾本科（Poaceae），毒麦属（*Lolium*）。

(4) 分布： 广布于世界大部分地区。在亚洲分布于印度、斯里兰卡、阿富汗、日本、韩国、菲律宾、伊朗、伊拉克、土耳其、约旦、黎巴嫩、以色列；在非洲分布于埃及、肯尼亚、摩洛哥、南非、埃塞俄比亚、突尼斯；在欧洲分布于德国、法国、英国、意大利、希腊、俄罗斯、奥地利、葡萄牙、阿尔巴尼亚、波兰；在美洲分布于美国、加拿大、墨西哥、阿根廷、哥伦比亚、巴西、智利、乌拉圭、委内瑞拉；在大洋洲及太平洋岛屿分布于澳大利亚、夏威夷。在我国分布于黑龙江、吉林、辽宁、内蒙古、河北、河南、山西、甘肃、宁夏、新疆、山东、江苏、上海、浙江、江西、安徽、福建、湖北、湖南、四川、云南、广西。

(5) 危害对象： 常侵害小麦、大麦和燕麦等麦田。毒麦分蘖较强，可抵抗不良环境，一旦传入农田，可严重影响作物的产量和质量。毒麦子粒皮下含有一种毒麦碱（Temuline），能麻痹中枢神经，因而食用一定数量对人畜禽有毒。

(6) 传播途径： 毒麦以种子传播。成熟后一部分落在田里，次年萌发，大部分混杂在小麦子实里，随调运传播。也有混生于其他作物中的，据国外资料报道，在澳大利亚混生于牧草中，在菲律宾混生于水稻中，在西班牙、新加坡混生于蔬菜中，在阿根廷混生于亚麻中，在希腊混生于燕麦中，在希腊、伊朗、伊拉克混生于大麦中，在哥伦比亚及俄罗斯还混生于马铃薯中。

(7) 形态特征： 毒麦系一年生草本植物。茎直立丛生，高 50～110cm，光滑；幼苗叶鞘基部常呈紫色，叶片比小麦狭窄，叶色碧绿，下面平滑光亮；成株叶鞘疏松，长于节间；叶片长 10～15cm，宽 4～6mm，叶脉明显，叶舌长约 1mm。复穗状花序长 10～25cm，小穗轴节间长 5～15mm；每花序有 8～19 个小穗；小穗单生，无柄，互生于花序轴上，长 9～12mm（芒除外），宽 3～5mm；每小穗含 4～7 小花，排成 2 列；第一颖（除顶生小穗外）退化，第二颖位于背轴的一侧，质地较硬，有 5～9 脉，长于或等长于小穗；外稃椭圆形，长 6～8mm，芒自外稃顶端稍下方伸出，长 7～10mm；内稃与外稃等长。颖果（农业上称种子）长椭圆形，灰褐色，无光泽，长 5～6mm，宽 2～2.5mm，厚约

2mm，腹沟宽，与内稃紧贴，不易分离。

2.3.3.2 传入可能性评估。

（1）进入可能性评估：毒麦以种子传播。成熟后一部分落在田里，次年萌发，大部分混杂在小麦子实里，随调运传播。也有混生于其他作物中的。近年来，随着我国从国外进口棉花等农产品日益增多，毒麦对我国的威胁越来越大。

（2）定殖可能性评估：毒麦的适应性很强，分布广，世界上主要分布于韩国、日本、新加坡、菲律宾、印度、斯里兰卡、阿富汗、伊朗、伊拉克、黎巴嫩、以色列、约旦、土耳其、俄罗斯、波兰、德国、奥地利、英国、法国、西班牙、葡萄牙、意大利、阿尔巴尼亚、希腊、埃及、突尼斯、摩洛哥、苏丹、埃塞俄比亚、肯尼亚、南非、澳大利亚、新西兰、加拿大、美国、墨西哥、哥伦比亚、委内瑞拉、巴西、智利、阿根廷、乌拉圭，对我国也存在很大的危害。

2.3.3.3 扩散可能性评估。一种生物能否扩散，其生活习性是关键因素。毒麦的适应性很强，分布广，属一年生杂草。常与小麦、大麦和燕麦混生，是麦类作物田的一种恶性杂草。毒麦以种子繁殖，在土内10cm深处尚能出土，而小麦则不能出土，在室内贮藏2年仍有萌芽力。毒麦必须完全成熟，经过休眠期以后才能充分萌芽。从播种到萌芽需要5d，萌芽长势较小麦缓慢。在我国东北，毒麦在4月末、5月初出苗，比小麦晚2～3d，但出土后生长迅速，5月下旬抽穗，比小麦迟5d，成熟期在6月上旬，比小麦迟7～10d。在我国南方，抽穗一般在5月上旬，比小麦迟6～7d，扬花、灌浆期比小麦长，成熟期比小麦迟5～7d，一般在6月10日前后成熟，比大麦、元麦迟熟20d左右。

2.3.3.4 传入后果评估。毒麦是小麦、大麦和燕麦等麦田的一种有毒的恶性杂草，主要与旱地作物争夺水肥，使作物减产；混入作物种子种植，3～5年后混杂率可达50%～70%。毒麦子粒中，在种皮与糊粉层之间寄生有一种有毒真菌（*Endoconidium ptemulentum* Prill. et Delacr.），会产生毒麦碱、毒麦灵、黑麦草碱及印防已毒素，毒麦碱对脑、脊髓、心脏有麻痹作用。人吃了含有40%毒麦的面粉即可引起急性中毒，表现为眩晕、发热、恶心、呕吐、腹泻、疲乏无力、眼球肿胀、嗜睡、昏迷、痉挛等，重者中枢神经系统麻痹死亡。家畜吃毒麦的剂量达到体重的0.7%时也会中毒。未成熟或多雨潮湿季节收获的种子中的毒麦毒性最强。毒麦的茎叶无毒。毒麦分蘖较强，可抵抗不良环境，一旦传入农田，可严重影响作物的产量和质量。

2.3.4 总体风险归纳。对我国的农业形成一定危害，一定程度上干扰我国经济的发展，并对社会和环境带来一定的负面影响。

2.3.5 备选方案的提出。强化大规模检测的力度，加强进口商品的产地检疫，边境口岸应对货物、包装材料、运输工具、邮件、垃圾、乘客行李等严格检疫。国内应做好随时防治毒麦的准备。

2.3.6 就总体风险征求有关专家和管理者的意见。

2.3.7 评估报告的产生。

2.3.8 对风险评估报告进行评价，征求有关专家的意见。

2.3.9 风险管理。

2.3.9.1 我国目前的APL。我国已建立起较为完备的防治有害生物的机构体系，如各级检验检疫机构、植保站，并具备了大批的专家和工作人员。首先加强入境检疫力度，提高检疫人员的业务能力，争取做到拒之于国门之外；其次提高各级检疫站和植保人员的业务水平，随时发现随时防治，并及早通报疫情。

2.3.9.2　备选方案的可行性评估。确实可行。

2.3.9.3　建议的检疫措施。应严格施行检疫，对进口棉花等产品实施检疫检测，严格按标准执行。

（1）产地调查：在小麦和毒麦的抽穗期，根据毒麦的穗部特征进行鉴别，记载有无毒麦发生和毒麦的混杂率。

（2）室内检验（目检）：对调运的旱作种子做抽样检查，每个样品不少于1kg，按照毒麦子粒特征鉴别，计算混杂率。

（3）凡从国外进口的粮食或引进种子，以及国内各地调运的旱地作物种子，要严格检疫，混有毒麦的种子不能播种，应集中处理并销毁，杜绝传播。

（4）在毒麦发生地区，应调换没有毒麦混杂的种子播种。麦收前进行田间选择，选出的种子要单独脱粒和贮藏。有毒麦发生的麦田，可在毒麦抽穗时彻底将它销毁，连续进行2～3年，即可根除。

（5）北方可在小麦收获后进行一次秋耕，将毒麦种子翻到土表，促使当年萌芽，在冬季冻死。

（6）发生毒麦的麦田与玉米、高粱、甜菜等中耕作物轮作，尤其与水稻轮作，防治效果很好。

2.3.9.4　征求意见。

2.3.9.5　原始管理报告。

2.3.10　PRA报告。

2.3.11　在实施检疫措施之后，应当监督其有效性，如有必要应对检疫措施进行评价，并随时更新。

2.3.12　风险交流。应将中国关心的有害生物名单及其风险管理措施建议等内容向输出国提供。进行风险评估的专家可参加双边座谈，以便制定有关条款。中国政府应及时向相应进口商通报输出国疫情，引导其进口方向。

2.4　北美刺龙葵

2.4.1　由输出国提出要求，由国家质量监督检验检疫总局列入计划，并要求输出国提供有关的材料，包括随该商品传带的有害生物名单以及产地进行有关的官方防治措施。

2.4.2　潜在的检疫性有害生物的确立。

2.4.2.1　整理有害生物的完整名单。

2.4.2.2　提出会随该商品传带的有害生物名单。

2.4.2.3　确定中国关心的潜在的检疫性有害生物名单。

2.4.3　对潜在的检疫性有害杂草北美刺龙葵的风险评估。

2.4.3.1　概述。

(1) 学名：*Solanum carolinense* L.。

(2) 别名：所多马之果（apple-of-Sodom)、魔鬼马铃薯（devil's potato)、魔鬼番茄（devil's tomato)、水牛荨麻（bull nettle)、sand briar、野番茄（wild tomato)、radical-weed、tread-softly。

(3) 英文名：horse-nettle。

(4) 分类地位：茄科（Solanaceae)，茄属（*Solanum*)。

(5) 分布：分布于美国的伊利诺伊州、马萨诸塞州、佛罗里达州和得克萨斯州，以及加拿大、夏威夷、俄罗斯、孟加拉国、尼泊尔、澳大利亚、新西兰、日本、摩洛哥。

(6) 危害部位或传播途径：多发生于种植花卉和蔬菜的花园和果园，多年生，难防治。全株有毒，可引起牲畜中毒。随作物种子传播。

(7) 形态特征：整个植株高30～100cm，直立茎（下胚轴）矮，绿色偏紫，覆盖有短而硬、微下垂、披散的毛。茎为绿色，老后变为紫色；子叶呈长椭圆形，叶片上表面绿色，下表面浅绿色，两面都很光滑，边缘有短短的腺毛，中部的导管在上表面凹下，在下表面呈脊状微微突起，沿主脉有锯齿状；老叶的上表面稀疏覆有未分支、星状的毛；叶柄上表面扁平，覆有星状毛；叶片轮生，椭圆形或卵形，第一对叶片上表面有稀疏毛，其次的叶片边缘呈波浪形或深裂，表面有毛和刺；叶片长1.9～14.4cm，宽0.4～8cm；茎分枝或不分枝，具毛，多刺。花白色到浅紫色，星形5裂，约2.5cm长，生于上部枝条末端和边缘的分枝上，丛生，一簇上可长有多朵白色、紫色或蓝色的花；萼片2～7mm长，表面常具有小刺；花瓣卵形，分裂，直径可达3cm；花药直立，长度为6～8mm。果实为浆果，多汁，光滑，球形，直径为9～15mm，夏末和秋季成熟，成熟时为黄色到橘色，表面有皱纹；含有大量种子，种子直径为1.5～2.5mm。

(8) 生物学特性：多年生植物，花期5～9月；靠种子和地下根茎繁殖；可生于田野、花园和废地，尤其是具有沙质土壤的地方。

2.4.3.2 传入可能性评估。

(1) 进入可能性评估：北美刺龙葵多年生，难防治。全株有毒，可引起牲畜中毒。分布广，随作物种子传播。近年来，随着我国从国外进口棉花等农产品日益增多，北美刺龙葵对我国的威胁越来越大。

(2) 定殖可能性评估：北美刺龙葵的适应性很强，分布广，现分布于美国、加拿大、夏威夷、俄罗斯、孟加拉国、尼泊尔、澳大利亚、新西兰、日本、摩洛哥。在我国大部分地区定殖的可能性非常大，对我国也存在很大的危害。

2.4.3.3 扩散可能性评估。一种生物能否扩散，其生活习性是关键因素。北美刺龙葵多年生，难防治。全株有毒，可引起牲畜中毒。随作物种子传播，适应性很强，分布广，因此传入我国会造成大的流行，对我国农业会造成一定的影响。

2.4.3.4 传入后果评估。北美刺龙葵蔓延快，生活力强。全株有毒，能引起牲畜中毒。北美刺龙葵传入我国会造成大的流行，对我国农业会造成一定的影响，一旦在我国扩散，难防治，将会严重危害烟草、棉花、谷物、牧草等作物。北美刺龙葵生长繁茂，严重影响作物的生长，多年生，难防治。随作物种子传播。对我国的农业形成巨大危害，从而干扰我国经济的发展，并对社会和环境带来一定的负面影响。

2.4.4　总体风险归纳。对我国的农业形成一定危害，一定程度上干扰我国经济的发展，并对社会和环境带来一定的负面影响。

2.4.5　备选方案的提出。强化大规模检测的力度，加强进口商品的产地检疫，边境口岸应对货物、包装材料、运输工具、邮件、垃圾、乘客行李等严格检疫。

2.4.6　就总体风险征求有关专家和管理者的意见。

2.4.7　评估报告的产生。

2.4.8　对风险评估报告进行评价，征求有关专家的意见。

2.4.9　风险管理。

2.4.9.1　我国目前的APL。我国已建立起较为完备的防治有害生物的机构体系，如各级检验检疫机构、植保站，并具备了大批的专家和工作人员。首先加强入境检疫力度，提高检疫人员的业务能力，争取做到拒之于国门之外；其次提高各级检疫站和植保人员的业务水平，随时发现随时防治，并及早通报疫情。

2.4.9.2　备选方案的可行性评估。确实可行。

2.4.9.3　建议的检疫措施。对进口棉花等产品实施检疫检测，严格按标准执行。

（1）**检疫：**在生长期或抽穗开花期，到可能生长地进行踏查，根据该植物的形态特征进行鉴别，确定种类，记载混杂情况和混杂率。对进出口和国内调运的种子进行抽样检查。种子每个样品不少于1kg，检验是否带有该检疫杂草的种子。

（2）**化学防治：**防治北美刺龙葵可用2,4－D。在秧苗期，北美刺龙葵对2,4－D较为敏感。

（3）**机械防治：**通过不断地、严密地刈草或在开花前用锄头分散北美刺龙葵的植株，以防止其种子的产生。

2.4.9.4　征求意见。

2.4.9.5　原始管理报告。

2.4.10　PRA报告。

2.4.11　在实施检疫措施之后，应当监督其有效性，如有必要应对检疫措施进行评价，并随时更新。

2.4.12　风险交流。应将中国关心的有害生物名单及其风险管理措施建议等内容向输出国提供。进行风险评估的专家可参加双边座谈，以便制定有关条款。中国政府应及时向相应进口商通报输出国疫情，引导其进口方向。

2.5　臭千里光

2.5.1　由输出国提出要求，由国家质量监督检验检疫总局列入计划，并要求输出国提供有关的材料，包括随该商品传带的有害生物名单以及产地进行有关的官方防治措施。

2.5.2　潜在的检疫性有害生物的确立。

2.5.2.1　整理有害生物的完整名单。

2.5.2.2　提出会随该商品传带的有害生物名单。

2.5.2.3　确定中国关心的潜在的检疫性有害生物名单。

2.5.3 对潜在的检疫性有害杂草臭千里光的风险评估。

2.5.3.1 概述。

（1）学名： *Senecio jacobaea* L.。

（2）英文名： common ragwort。

（3）分类地位： 菊科（Asteraceae），千里光属（*Senecio*）。

（4）分布： 原产欧洲，现分布于新西兰、澳大利亚、加拿大、英国、美国、阿根廷、奥地利、比利时、巴西、捷克、斯洛伐克、丹麦、法国、德国、匈牙利、爱尔兰、意大利、荷兰、挪威、波兰、罗马尼亚、南非、俄罗斯、西班牙、瑞典、塔斯马尼亚岛、乌拉圭、前南斯拉夫。国内仅在黑龙江省低湿地区有发生。

（5）危害部位或传播途径： 危害草原牧草等，蔓延迅速。全株有毒，对人和动物有危害。随作物种子传播。

（6）形态特征： 瘦果圆柱状（边花果稍弯曲），长2～2.4mm，宽0.6～0.7mm，顶端截平，衣领状环薄而窄，中央具短小的残存花柱，长不超过衣领状环，冠毛不存在；果皮灰黄褐色，具7～8条宽纵棱，棱间有细纵沟（新花果宽纵棱粗糙，纵沟不明显，并被短柔毛），表面无光泽；果脐小，圆形，凹陷，位于果实的基端；果内含1粒种子；种子无胚乳，胚直生。

（7）生物学特性： 一年生草本植物，高30～80cm，花、果期4～8月。

2.5.3.2 传入可能性评估。

（1）进入可能性评估： 臭千里光蔓延迅速。全株有毒，对人和动物有危害。分布广，随作物种子传播。近年来，随着我国从国外进口棉花等农产品日益增多，臭千里光对我国的威胁越来越大。

（2）定殖可能性评估： 臭千里光的适应性很强，分布广，现分布于新西兰、澳大利亚、加拿大、英国、美国、阿根廷、奥地利、法国、意大利、俄罗斯、南非、罗马尼亚等国家。在我国大部分地区定殖的可能性非常大，对我国也存在很大的危害。

2.5.3.3 扩散可能性评估。一种生物能否扩散，其生活习性是关键因素。臭千里光的适应性很强，蔓延迅速。全株有毒，对人和动物有危害。通过瘦果传播，随作物种子传播，分布广，因此传入我国会造成大的流行，对我国农业会造成一定的影响。

2.5.3.4 传入后果评估。臭千里光蔓延迅速，割后可再生，破坏牧草场地。全株有毒，可毒害牲畜，种子对人亦有毒。臭千里光传入我国会造成大的流行，对我国农业会造成一定的影响，一旦在我国扩散，难防治，将会严重危害烟草、棉花、谷物、牧草等作物。对我国的农业形成巨大危害，从而干扰我国经济的发展，并对社会和环境带来一定的负面影响。

2.5.4 总体风险归纳。对我国的农业形成一定危害，一定程度上干扰我国经济的发展，并对社会和环境带来一定的负面影响。

2.5.5 备选方案的提出。强化大规模检测的力度，加强进口商品的产地检疫，边境口岸应对货物、包装材料、运输工具、邮件、垃圾、乘客行李等严格检疫。国内应做好随时防治臭千里光的准备。

2.5.6 就总体风险征求有关专家和管理者的意见。

2.5.7　评估报告的产生。

2.5.8　对风险评估报告进行评价，征求有关专家的意见。

2.5.9　风险管理。

2.5.9.1　我国目前的APL。我国已建立起较为完备的防治有害生物的机构体系，如各级检验检疫机构、植保站，并具备了大批的专家和工作人员。首先加强入境检疫力度，提高检疫人员的业务能力，争取做到拒之于国门之外；其次提高各级检疫站和植保人员的业务水平，随时发现随时防治，并及早通报疫情。

2.5.9.2　备选方案的可行性评估。确实可行。

2.5.9.3　建议的检疫措施。对进口棉花等产品实施检疫检测，严格按标准执行。

（1）**产地调查**：在臭千里光生长期，根据其形态特征进行鉴别。

（2）**室内检验**（目检）：对调运的旱作种子进行抽样检查，每个样品不少于1kg，按照臭千里光种子特征鉴别，计算其混杂率。

（3）在臭千里光发生地区，应调换没有臭千里光混杂的种子播种。有臭千里光发生的地方，可在开花时将它销毁，连续进行2～3年，即可根除。

2.5.9.4　征求意见。

2.5.9.5　原始管理报告。

2.5.10　PRA报告。

2.5.11　在实施检疫措施之后，应当监督其有效性，如有必要应对检疫措施进行评价，并随时更新。

2.5.12　风险交流。应将中国关心的有害生物名单及其风险管理措施建议等内容向输出国提供。进行风险评估的专家可参加双边座谈，以便制定有关条款。中国政府应及时向相应进口商通报输出国疫情，引导其进口方向。

2.6　刺苞草

2.6.1　由输出国提出要求，由国家质量监督检验检疫总局列入计划，并要求输出国提供有关的材料，包括随该商品传带的有害生物名单以及产地进行有关的官方防治措施。

2.6.2　潜在的检疫性有害生物的确立。

2.6.2.1　整理有害生物的完整名单。

2.6.2.2　提出会随该商品传带的有害生物名单。

2.6.2.3　确定中国关心的潜在的检疫性有害生物名单。

2.6.3　对潜在的检疫性有害杂草刺苞草的风险评估。

2.6.3.1　概述。

（1）**学名**：*Cenchrus tribuloides* L.。

（2）**分类地位**：禾本科（Poaceae），蒺藜草属（*Cenchrus*）。

（3）**分布**：国外分布于美国、墨西哥、百慕大群岛、西印度群岛、大安的列斯群岛、巴西、阿根廷、智利、波多黎各、乌拉圭、俄罗斯、缅甸、巴基斯坦、斯里兰卡、阿富汗、德国、葡萄牙、黎巴嫩、摩洛哥、南非、澳大利亚、南亚等地。我国尚无分布记载。

(4) 危害部位或传播途径： 危害麦类、大豆、玉米、瓜类等作物。农田带刺恶性杂草。刺苞挂在农作物及衣物、毛皮上进行传播。

(5) 形态特征： 植株近于刺蒺藜草，但成熟时，刺苞常呈暗紫色，刺开展。

(6) 生物学特性： 同刺蒺藜草。

2.6.3.2 传入可能性评估。

(1) 进入可能性评估： 刺苞草生长繁茂，分布广，为农田带刺恶性杂草。刺苞挂在农作物及衣物、毛皮上进行传播。近年来，随着我国从国外进口棉花等农产品日益增多，刺苞草对我国的威胁越来越大。

(2) 定殖可能性评估： 刺苞草的适应性很强，分布广，主要分布于美国、墨西哥、巴西、阿根廷、智利、乌拉圭、俄罗斯、德国、葡萄牙、巴基斯坦、印度、斯里兰卡、阿富汗、黎巴嫩、摩洛哥、南非、澳大利亚等国。在我国大部分地区定殖的可能性非常大，对我国也存在很大的危害。

2.6.3.3 扩散可能性评估。一种生物能否扩散，其生活习性是关键因素。刺苞草是农田带刺恶性杂草，刺苞挂在农作物及衣物、毛皮上进行传播，适应性很强，分布广，因此传入我国会造成大的流行，对我国农业会造成一定的影响。

2.6.3.4 传入后果评估。刺苞草主要与旱地作物争夺水肥，使作物减产；刺苞能刺伤人畜。刺苞草传入我国会造成大的流行，对我国农业会造成一定的影响，一旦在我国扩散，难防治，将会严重危害烟草、棉花、谷物、牧草等作物。刺苞草是农田带刺恶性杂草，刺苞挂在农作物及衣物、毛皮上进行传播，适应性很强，分布广，因此传入我国会造成大的流行，对我国农业会造成一定的影响。

2.6.4 总体风险归纳。对我国的农业形成一定危害，一定程度上干扰我国经济的发展，并对社会和环境带来一定的负面影响。

2.6.5 备选方案的提出。强化大规模检测的力度，加强进口商品的产地检疫，边境口岸应对货物、包装材料、运输工具、邮件、垃圾、乘客行李等严格检疫。国内应做好随时防治刺苞草的准备。

2.6.6 就总体风险征求有关专家和管理者的意见。

2.6.7 评估报告的产生。

2.6.8 对风险评估报告进行评价，征求有关专家的意见。

2.6.9 风险管理。

2.6.9.1 我国目前的APL。我国已建立起较为完备的防治有害生物的机构体系，如各级检验检疫机构、植保站，并具备了大批的专家和工作人员。首先加强入境检疫力度，提高检疫人员的业务能力，争取做到拒之于国门之外；其次提高各级检疫站和植保人员的业务水平，随时发现随时防治，并及早通报疫情。

2.6.9.2 备选方案的可行性评估。确实可行。

2.6.9.3 建议的检疫措施。对进口棉花等产品实施检疫检测，严格按标准执行。

(1) 在生长期或抽穗开花期，到可能疫区或产地进行踏查，根据该植物的形态特征进行鉴别，确定种类，记载混杂情况和混杂率。对进出口和国内调运的种子进行抽样检查。种子每个样品不少于1kg，检验是否带有该检疫杂草的果实。按照各种检疫杂草种子的形态特征，通过目测、过筛、相对密度法、镜检鉴别，计算其混杂率。进一步可采用现代分子生物学的DNA指纹图谱法进行鉴定。

（2）在刺苞草发生地区，应调换没有刺苞草混杂的种子播种。有刺苞草发生的地方，可在开花时将它销毁，连续进行2～3年，即可根除。

2.6.9.4　征求意见。

2.6.9.5　原始管理报告。

2.6.10　PRA报告。

2.6.11　在实施检疫措施之后，应当监督其有效性，如有必要应对检疫措施进行评价，并随时更新。

2.6.12　风险交流。应将中国关心的有害生物名单及其风险管理措施建议等内容向输出国提供。进行风险评估的专家可参加双边座谈，以便制定有关条款。中国政府应及时向相应进口商通报输出国疫情，引导其进口方向。

2.7　刺萼龙葵

2.7.1　由输出国提出要求，由国家质量监督检验检疫总局列入计划，并要求输出国提供有关的材料，包括随该商品传带的有害生物名单以及产地进行有关的官方防治措施。

2.7.2　潜在的检疫性有害生物的确立。

2.7.2.1　整理有害生物的完整名单。

2.7.2.2　提出会随该商品传带的有害生物名单。

2.7.2.3　确定中国关心的潜在的检疫性有害生物名单。

2.7.3　对潜在的检疫性有害杂草刺萼龙葵的风险评估。

2.7.3.1　概述。

（1）学名： *Solanum rostratum* Dun。

（2）别名： 堪萨斯蓟、刺茄。

（3）英文名： buffalobur。

（4）分类地位： 茄科（Solanaceae），茄属（*Solanum*）。

（5）分布： 主要分布于美国、墨西哥、俄罗斯、孟加拉国、奥地利、保加利亚、捷克、斯洛伐克、德国、丹麦、南非、澳大利亚、新西兰。现已传入我国，在辽宁省西部阜新、朝阳、建平一带有分布。

（6）危害部位或传播途径： 多发生于种植花卉和蔬菜的花园和果园。刺萼龙葵仅由种子传播，成熟时，植株主茎近地面处断裂，断裂的植株像风滚草一样地滚动，每一果实可将8 500余粒种子传播得很远。对作物造成排挤性危害。茎部多毛刺，对牲畜有害。随作物种子传播。

（7）形态特征： 茎直立，植株上半部分有分枝，类似灌木；全株15～60cm高，表面有毛，带有黄色的硬刺；其叶片深裂为5～7个裂片，具刺；叶长为5～12.5cm，轮生，具柄，有星状毛；中脉和叶柄处多刺。花萼具刺，花黄色，裂为5瓣，长2.5～3.8cm，在茎较高处的枝条上丛生；开花期6～9月。果实为浆果，附有粗糙的尖刺，有利于黏附于水牛身上，因此又称为水牛刺果；种子不规则肾形，厚扁平状，黑色或红棕色或深褐色，长 2.5mm，宽 2mm，表面凹凸不平并布满蜂窝状凹坑，背面弓形，腹面近平截或中拱，下部具凹缺，胚根突出，种脐位于缺刻处，正对胚根尖端。刺萼龙葵很容易辨认，花酷似番茄。

（8）生物学特性：一年生植物，生于农田、村落附近、路旁、荒地等处，能适应温暖气候、沙质土壤，在干硬的土地上和非常潮湿的耕地上也能生长。

2.7.3.2 传入可能性评估。

（1）进入可能性评估：刺萼龙葵对作物造成排挤性危害。茎部多毛刺，对牲畜有害。生长繁茂，分布广，随作物种子传播。近年来，随着我国从国外进口棉花等农产品日益增多，刺萼龙葵对我国的威胁越来越大。

（2）定殖可能性评估：刺萼龙葵的适应性很强，分布广，现分布于美国、墨西哥、俄罗斯、孟加拉国、奥地利、保加利亚、捷克、斯洛伐克、德国、丹麦、南非、澳大利亚、新西兰。在我国大部分地区定殖的可能性非常大，对我国也存在很大的危害。

2.7.3.3 扩散可能性评估。一种生物能否扩散，其生活习性是关键因素。刺萼龙葵的适应性很强，分布广，因此传入我国会造成大的流行，对我国农业会造成一定的影响。

2.7.3.4 传入后果评估。刺萼龙葵的英文名“buffalobur”来源于其在美洲野牛群聚集处生长茂盛。这种不受欢迎的杂草几乎到处都长，所到之处一般会导致土地荒芜。刺萼龙葵极耐干旱，且蔓延速度很快，即使在牲畜栏里也能生长，常生长于过度放牧的牧场、庭院、路边和荒地、瓜地、中耕作物地及果园。其毛刺能伤害家畜。刺萼龙葵能产生一种茄碱，对家畜有毒，中毒症状为呼吸困难、虚弱和颤抖等。死于该果实中毒的牲畜也可仅表现出一种症状，即涎水过多。刺萼龙葵被认为是谷仓前、畜栏等地“讨厌的杂草”，其果实对绵羊羊毛的产量具有破坏性的影响，对农田和山地也有害。

刺萼龙葵传入我国会造成大的流行，对我国农业会造成一定的影响，一旦在我国扩散则难以防治，将会严重危害烟草、棉花、谷物、牧草等作物。刺萼龙葵对作物造成排挤性危害。茎多毛刺，对牲畜有害。随作物种子传播。生长繁茂，严重影响作物的生长。对我国的农业形成巨大危害，从而干扰我国经济的发展，并对社会和环境带来一定的负面影响。

2.7.4 总体风险归纳。对作物造成排挤性危害。茎部多毛刺，对牲畜有害。随作物种子传播。对我国的农业形成一定危害，一定程度上干扰我国经济的发展，并对社会和环境带来一定的负面影响。

2.7.5 备选方案的提出。强化大规模检测的力度，加强进口商品的产地检疫，边境口岸应对货物、包装材料、运输工具、邮件、垃圾、乘客行李等严格检疫。国内应做好随时防治刺萼龙葵的准备。

2.7.6 就总体风险征求有关专家和管理者的意见。

2.7.7 评估报告的产生。

2.7.8 对风险评估报告进行评价，征求有关专家的意见。

2.7.9 风险管理。

2.7.9.1 我国目前的 APL。我国已建立起较为完备的防治有害生物的机构体系，如各级检验检疫机构、植保站，并具备了大批的专家和工作人员。首先加强入境检疫力度，提高检疫人员的业务能力，争取做到拒之于国门之外；其次提高各级检疫站和植保人员的业务水平，随时发现随时防治，并及早通报疫情。

2.7.9.2　备选方案的可行性评估。确实可行。

2.7.9.3　建议的检疫措施。对进口棉花等产品实施检疫检测，严格按标准执行。

（1）**检疫**：在生长期或抽穗开花期，到可能生长地进行调查，根据该植物的形态特征进行鉴别，确定种类，记载混杂情况和混杂率。对进出口和国内调运的种子进行抽样检查。种子每个样品不少于1kg，检验是否带有该检疫杂草的种子。

（2）**化学防治**：防治刺萼龙葵可用2,4－D。刺萼龙葵秧苗期对2,4－D较为敏感，但开花后对2,4－D就有很大的抗性。2,4－D和百草敌混合使用的效果要比单独使用效果好。在植物开花前，每公顷土地上施加5.6L 2,4－D和1.4L 百草敌。

（3）**机械防治**：通过不断地、严密地刈草或在开花前用锄头分散刺萼龙葵的植株，以防止其种子的产生。

2.7.9.4　征求意见。

2.7.9.5　原始管理报告。

2.7.10　PRA报告。

2.7.11　在实施检疫措施之后，应当监督其有效性，如有必要应对检疫措施进行评价，并随时更新。

2.7.12　风险交流。应将中国关心的有害生物名单及其风险管理措施建议等内容向输出国提供。进行风险评估的专家可参加双边座谈，以便制定有关条款。中国政府应及时向相应进口商通报输出国疫情，引导其进口方向。

2.8　刺蒺藜草

2.8.1　由输出国提出要求，由国家质量监督检验检疫总局列入计划，并要求输出国提供有关的材料，包括随该商品传带的有害生物名单以及产地进行有关的官方防治措施。

2.8.2　潜在的检疫性有害生物的确立。

2.8.2.1　整理有害生物的完整名单。

2.8.2.2　提出会随该商品传带的有害生物名单。

2.8.2.3　确定中国关心的潜在的检疫性有害生物名单。

2.8.3　对潜在的检疫性有害杂草刺蒺藜草的风险评估。

2.8.3.1　概述。

（1）**学名**：*Cenchrus echinatus* L.。

（2）**别名**：蒺藜草。

（3）**英文名**：Southern sandbur。

（4）**分类地位**：禾本科（Poaceae），蒺藜草属（*Cenchrus*）。

（5）**分布**：分布于南纬33°至北纬33°之间的热带、亚热带地区。国外主要分布在哥伦比亚、秘鲁、委内瑞拉、古巴、危地马拉、牙买加、阿根廷、美国、巴拉圭、波利尼西亚、波多黎各、玻利维亚、智利、多米尼加、洪都拉斯、美拉尼西亚、墨西哥、哥斯达黎加、巴布亚新几内亚、斯里兰卡、菲律宾、泰国、马来西亚、缅甸、印度、巴基斯坦、尼日利亚、毛里求斯、澳大利亚、斐济群岛等地。国内分布于海南、台湾等省。

(6) 危害部位或传播途径：可侵入甘蔗、棉花、大豆、苜蓿、菠萝、咖啡、可可以及果树等多种作物田；以带刺的果实进行繁殖，可随其他作物种子等传播；是一种生长繁殖快、带刺的恶性杂草。

(7) 形态特征：一年生草本，秆扁圆形；茎压扁，一侧具深沟，基部屈膝状或横卧地面，节上生根，下部各节分枝；叶片线形，叶鞘压扁，背部具脊。总状花序；小穗 2～7 个包在一个多刺总苞内；总苞表面具柔毛和刺，下部刺细小，向上渐大并扁化；小穗 2 花，第二花结实；花药细长，长约 2.8mm；在基部芒平截，高 4～7mm。带稃颖果卵形，背腹扁，黄白色，长 5mm，宽 3mm；外稃革质，具 5 脉（顶部较清晰），基部具 U 字形隆起，背平坦，边缘包被同质同长的内稃；颖果阔卵形，背平腹凸，棕褐色，长 3.3mm，宽 2.5mm；胚矩圆形，长为颖果的 4/5；脐位于腹侧基部，圆形，黑褐色，略突起；颖果包于刺苞内，刺苞裂片于中部以下联合，边缘被白色纤毛，裂片直立，刺苞扁球形，基部有一圈小毛刺。

(8) 生物学特性：一年生草本植物，高 15～25cm，花期 5 月，果期 6 月。

2.8.3.2 传入可能性评估。

(1) 进入可能性评估：刺蒺藜草为农田恶性杂草，分布广，刺果挂在农作物及衣物、毛皮上进行传播。近年来，随着我国从国外进口棉花等农产品日益增多，刺蒺藜草对我国的威胁越来越大。

(2) 定殖可能性评估：刺蒺藜草的适应性很强，分布广，现分布于南纬 33°至北纬 33°之间的热带、亚热带地区，分布在几十个国家。在我国大部分地区定殖的可能性非常大，对我国也存在很大的危害。

2.8.3.3 扩散可能性评估。一种生物能否扩散，其生活习性是关键因素。刺蒺藜草的适应性很强，分布广，因此传入我国会造成大的流行，对我国农业会造成一定的影响。

2.8.3.4 传入后果评估。刺蒺藜草是一种生长繁殖快、带刺的恶性杂草，不仅影响作物生长，还会直接刺伤人畜，为许多国家农田中危害严重的杂草，危害谷物、甘蔗、棉花、大豆、苜蓿、菠萝、咖啡、可可以及果树等多种作物田。刺蒺藜草传入我国会造成大的流行，对我国农业造成一定的影响，一旦在我国扩散则很难防治，将会严重危害小麦、烟草、棉花、谷物、牧草等作物。刺蒺藜草生长能力强，严重影响作物的生长。刺果挂在农作物及衣物、毛皮上进行传播，对我国的农业形成巨大危害，从而干扰我国经济的发展，并对社会和环境带来一定的负面影响。

2.8.4 总体风险归纳。刺蒺藜草生长繁茂，严重影响作物的生长。对我国的农业形成一定危害，一定程度上干扰我国经济的发展，并对社会和环境带来一定的负面影响。

2.8.5 备选方案的提出。强化大规模检测的力度，加强进口商品的产地检疫，边境口岸应对货物、包装材料、运输工具、邮件、垃圾、乘客行李等严格检疫。

2.8.6 就总体风险征求有关专家和管理者的意见。

2.8.7 评估报告的产生。

2.8.8　对风险评估报告进行评价，征求有关专家的意见。

2.8.9　风险管理。

2.8.9.1　我国目前的 APL。我国已建立起较为完备的防治有害生物的机构体系，如各级检验检疫机构、植保站，并具备了大批的专家和工作人员。首先加强入境检疫力度，提高检疫人员的业务能力，争取做到拒之于国门之外；其次提高各级检疫站和植保人员的业务水平，随时发现随时防治，并及早通报疫情。

2.8.9.2　备选方案的可行性评估。确实可行。

2.8.9.3　建议的检疫措施。对进口棉花等产品实施检疫检测，严格按标准执行。

（1）在生长期或抽穗开花期，到可能疫区或产地进行踏查，根据该植物的形态特征进行鉴别，确定种类，记载混杂情况和混杂率。对进出口和国内调运的种子进行抽样检查。种子每个样品不少于 1kg，检验是否带有该检疫杂草的果实。按照各种检疫杂草种子的形态特征，通过目测、过筛、相对密度法、镜检鉴别，计算混杂率。还可进一步采用现代分子生物学的 DNA 指纹图谱法进行鉴定。

（2）在刺蒺藜草发生地区，应调换没有刺蒺藜草混杂的种子播种。有刺蒺藜草发生的地方，可在开花时将它销毁，连续进行 2～3 年，即可根除。

2.8.9.4　征求意见。

2.8.9.5　原始管理报告。

2.8.10　PRA 报告。

2.8.11　在实施检疫措施之后，应当监督其有效性，如有必要应对检疫措施进行评价，并随时更新。

2.8.12　风险交流。应将中国关心的有害生物名单及其风险管理措施建议等内容向输出国提供。进行风险评估的专家可参加双边座谈，以便制定有关条款。中国政府应及时向相应进口商通报输出国疫情，引导其进口方向。

2.9　刺茄

2.9.1　由输出国提出要求，由国家质量监督检验检疫总局列入计划，并要求输出国提供有关的材料，包括随该商品传带的有害生物名单以及产地进行有关的官方防治措施。

2.9.2　潜在的检疫性有害生物的确立。

2.9.2.1　整理有害生物的完整名单。

2.9.2.2　提出会随该商品传带的有害生物名单。

2.9.2.3　确定中国关心的潜在的检疫性有害生物名单。

2.9.3　对潜在的检疫性有害杂草刺茄的风险评估。

2.9.3.1　概述。

（1）学名： *Solanum torvum* Swartz.。

（2）别名： 山颠茄、水茄。

（3）英文名： beaked nightshade。

（4）分类地位： 茄科（Solanaceae），茄属（*Solanum*）。

（5）分布：国外分布于印度、缅甸、泰国、马来西亚，南美洲也有分布。国内分布于云南、广西、广东、台湾等地。

（6）危害部位或传播途径：旱地作物，田间有害杂草，主要是植株的刺对人、畜有危害，比例大于10%对作物有害。随作物种子传播。

（7）形态特征：灌木，高1～3m，全株有尘土色星状毛；小枝有淡黄色皮刺，皮刺基部宽扁；叶卵形至椭圆形，长6～19cm，宽4～13cm，顶端尖，基部心形或楔形，偏斜，5～7中裂或仅波状，两面密生星状毛；叶柄长2～4cm。伞房花序，2～3歧，腋外生，总梗长1～1.5cm，花梗长5～10mm；花白色；花萼杯状，长4mm，外面有星状毛和腺毛；花冠辐状，直径约1.5cm，外面有星状毛，雄蕊5；子房卵形，不孕花的花柱较长于花药。浆果圆球状，黄色，直径1～1.5cm；种子盘状。

（8）生物学特性：一年生草本，秋季开花，果期9～10月。

2.9.3.2 传入可能性评估。

（1）进入可能性评估：刺茄为田间有害杂草，生长繁茂，分布广，随作物种子传播。近年来，随着我国从国外进口棉花等农产品日益增多，刺茄对我国的威胁越来越大。

（2）定殖可能性评估：刺茄的适应性很强，主要分布在印度、缅甸、泰国、马来西亚，南美洲也有分布。在我国大部分地区定殖的可能性非常大，对我国也存在很大的危害。

2.9.3.3 扩散可能性评估。一种生物能否扩散，其生活习性是关键因素。刺茄的适应性很强，分布广，因此传入我国会造成大的流行，对我国农业会造成一定的影响。

2.9.3.4 传入后果评估。刺茄传入我国会造成大的流行，对我国农业会造成一定的影响，一旦在我国扩散则很难防治，将会严重危害烟草、棉花、谷物、牧草等作物。刺茄是田间有害杂草，随作物种子传播。生长繁茂，严重影响作物的生长。对我国的农业形成巨大危害，从而干扰我国经济的发展，并对社会和环境带来一定的负面影响。

2.9.4 总体风险归纳。对我国的农业形成一定危害，一定程度上干扰我国经济的发展，并对社会和环境带来一定的负面影响。

2.9.5 备选方案的提出。强化大规模检测的力度，加强进口商品的产地检疫，边境口岸应对货物、包装材料、运输工具、邮件、垃圾、乘客行李等严格检疫。国内应做好随时防治刺茄的准备。

2.9.6 就总体风险征求有关专家和管理者的意见。

2.9.7 评估报告的产生。

2.9.8 对风险评估报告进行评价，征求有关专家的意见。

2.9.9 风险管理。

2.9.9.1 我国目前的APL。我国已建立起较为完备的防治有害生物的机构体系，如各级检验检疫机构、植保站，并具备了大批的专家和工作人员。首先加强入境检疫力度，提高检疫人员的业务能力，争取做到拒之于国门之外；其次提高各级检疫站和植保人员的业务水平，随时发现随时防治，并及早通报疫情。

2.9.9.2 备选方案的可行性评估。确实可行。

2.9.9.3 建议的检疫措施。对进口棉花等产品实施检疫检测，严格按标准执行。

（1）产地调查：在刺茄生长期，根据其形态特征进行鉴别。

（2）室内检验（目检）：对调运的旱作种子进行抽样检查，每个样品不少于 1kg，按照刺茄果实和种子的特征鉴别，计算混杂率。

（3）在刺茄发生地区，应调换没有刺茄混杂的种子播种。有刺茄发生的地方，可在开花时将它销毁，连续进行 2～3 年，即可根除。

2.9.9.4　征求意见。

2.9.9.5　原始管理报告。

2.9.10　PRA 报告。

2.9.11　在实施检疫措施之后，应当监督其有效性，如有必要应对检疫措施进行评价，并随时更新。

2.9.12　风险交流。应将中国关心的有害生物名单及其风险管理措施建议等内容向输出国提供。进行风险评估的专家可参加双边座谈，以便制定有关条款。中国政府应及时向相应进口商通报输出国疫情，引导其进口方向。

2.10　多年生豚草

2.10.1　由输出国提出要求，由国家质量监督检验检疫总局列入计划，并要求输出国提供有关的材料，包括随该商品传带的有害生物名单以及产地进行有关的官方防治措施。

2.10.2　潜在的检疫性有害生物的确立。

2.10.2.1　整理有害生物的完整名单。

2.10.2.2　提出会随该商品传带的有害生物名单。

2.10.2.3　确定中国关心的潜在的检疫性有害生物名单。

2.10.3　对潜在的检疫性有害杂草多年生豚草的风险评估。

2.10.3.1　概述。

（1）学名：*Ambrosia artemisiifolia* Linn.。

（2）别名：艾叶破布草、北美艾。

（3）异名：*Ambrosia elatior* Linn.，*Ambrosia senegalensis* DC.，*Ambrosia umbellata* Moench.。

（4）英文名：common rag-weed。

（5）分类地位：菊科（Asteraceae），豚草属（*Ambrosia*）。

（6）分布：广布于世界大部分地区，已知分布的国家及地区有亚洲的缅甸、马来西亚、越南、印度、巴基斯坦、菲律宾、日本；非洲的埃及、毛里求斯；欧洲的法国、德国、意大利、瑞士、奥地利、瑞典、匈牙利、俄罗斯；美洲的加拿大、美国、墨西哥、古巴、牙买加、危地马拉、阿根廷、玻利维亚、巴拉圭、秘鲁、智利、巴西；大洋洲的澳大利亚。在我国主要分布于辽宁、吉林、黑龙江、河北、山东、江苏、浙江、江西、安徽、湖南、湖北，以沈阳、铁岭、丹东、南京、南昌、武汉等地发生严重，形成以沈阳—铁岭—丹东、南京—武汉—南昌为发生、传播、蔓延中心。

（7）危害部位或传播途径：可进入小麦、玉米、大豆、麻类、高粱等栽培地。豚草果实常能混杂于所有的作物中，特别是大麻、洋麻、玉米、大豆、中耕作物和禾谷类作物，并通过调运达到传播。除了会影响作物生长、引起人患枯草热病外，由于它是多年生根蘖性植物，更难防治。随作物种子传播。

（8）形态特征：一年生草本，高20～250cm；茎直立，具棱，多分枝，绿色或带暗紫色，被白毛；下部（1～5节）叶对生，上部叶互生，叶片三角形，一至三回羽状深裂，裂片条状披针形，两面被白毛或表面无毛，上表面绿色，下表面灰绿色。头状花序单性，雌雄同株；雄性头状花序有短梗，下垂，50～60个在枝端排列成总状，长达10余cm；每一头状花序直径2～3mm，有雄花10～15朵；花冠淡黄色，长2mm，花粉粒球形，表面有短刺；雌性头状花序无柄，着生于雄花序轴基部的数个叶腋内，单生或数个聚生，每个雌花序下有叶状苞片；总苞倒卵形至倒圆锥形，囊状，顶端有5～8尖齿，内只有1雌花，无花冠和冠毛，花柱2，丝状，伸出总苞外。瘦果倒卵形，包被在坚硬的总苞内。

（9）生物学特性：苗期，豚草种子（果实）的发芽率为91.49%，以入土0.3～1cm的种子出苗率最高、最好、最快，5cm以上的不能出苗；4对真叶以下的苗易受冻害，4对真叶以上的苗抗寒性较强；苗期有明显的向阳性。分枝期，此期实际上是枝、叶形成时期，以株高（纵向）生长为主，当株高生长趋于停滞时，枝叶的形成也就结束了，从4月下旬至7月下旬，共100多d；其生长规律是“两头慢，中间快”，株高的日增长量：前期为0.08～0.44cm，中期为0.9～1.35cm，后期是0.18～0.24cm，株高的增长量是株冠增长量的4.5～5.1倍。花期，雄花为65～70d，雌花为50～55d。这个时期是以株冠（横向）生长为主，从7月末至9月末，株冠的增长速度是株高的5.5～5.8倍；同时，茎、枝也随着迅速增粗，枝条伸长，花器成熟加快。花形成的规律是自上而下、由外向内、逐级逐层地形成，晴天每隔2～3d形成1个层次，阴雨天间隔期延长，转晴后间隔期缩短1～2d，层次增多2层，以加速花的形成。开花习性，雄花有隔日开花的习性，开花的时间在每日的6：00～10：00，7：00～11：00散发花粉和授粉，11：00以后闭花。若遇阴雨天气就不开花，转晴后可接连开花2～3d，之后又恢复隔日开花习性；每个雄花序每次只开2～5朵小花，共开2～4次。雄花阴雨天不开花主要是由于空气中的湿度大，所以，在晴天的清晨对雄花喷水或在水中浸泡一下，可完全抑制雄花在当天开花散发花粉。果实成熟期，果实大量成熟的时间是在10月上中旬，成熟期为20d左右；其果实成熟规律与花的形成规律一样，按由上而下、由外而内的顺序。豚草的结子量与环境条件密切相关，但一般单株结子量为800～1 200粒，多的可达1.5万～3万粒，少的在500粒以下；每簇雌花中，一级分枝上每簇一般结子4～6粒，二级分枝上和叶腋中每簇结子2～4粒，少的只有1粒；同时，在试验中发现，北向、东向、东北方向每个枝条上的结子量分别比南向、西向、西南方向上枝条的结子量多13.4、13、13.2粒，增加25%～30%的结子量。据调查，豚草种子80%以上散落在植株周围8m^{2}的地面上，不足20%的种子散落在植株四周7m^{2}的地面上，只有极个别的种子超出上述范围。

豚草适应性极强，能适应各种不同肥力、酸碱度的土壤，以及不同的温度、光照等自然条件。不论生长在肥土瘦地或酸度重的死黄土、垃圾坑、污泥中，还是生长在碱性大的石灰土、石灰渣、石砾、墙缝里及无光照的树荫下，均能正常生长，繁衍后代。豚草再生力极强，茎、节、枝、根都可长出不定根，扦插压条后能形成新的植株，经铲除、切割后剩下的地上残余部分仍可迅速地重发新枝。生育期参差不齐，交错重叠。出苗期从3月中下旬开始一直可延续到10月下旬，历时7个月之久；早、晚熟型豚草生育期相差1个多月。这都是造成生育期不整齐，交错重叠的直接原因。豚草喜湿怕旱。豚草是浅根系植物，不能吸取土壤深层的水分，深秋旱季普遍出现萎蔫枯凋现象，而长在潮湿处的豚草生长繁茂。豚草抗寒性较强，成株豚草能度过－3～－5℃的寒冬，成为越年生豚草。生长密集成片，由于豚草果实一般散落在植株四周1～1.5m半径的地上，连年如此，便形成密集成片生长的群体。

2.10.3.2　传入可能性评估。

（1）进入可能性评估：多年生豚草生长繁茂，分布广，随作物种子传播。近年来，随着我国从国外进口棉花等农产品日益增多，多年生豚草对我国的威胁越来越大。

（2）定殖可能性评估：多年生豚草由于是多年生根蘖性植物，适应性很强，分布广，原产北美，现分布于美国、加拿大、墨西哥、瑞士、瑞典、俄罗斯、澳大利亚、埃及、毛里求斯等国。在我国大部分地区定殖的可能性非常大，对我国也存在很大的危害。

2.10.3.3　扩散可能性评估。一种生物能否扩散，其生活习性是关键因素。多年生豚草的适应性很强，分布广，因此传入我国会造成大的流行，对我国农业会造成一定的影响。

2.10.3.4　传入后果评估。豚草吸肥能力和再生能力极强，植株高大粗壮，成群生长，有的刈过5次仍能再生，种子在土壤中可维持生命力4～5年，一旦发生难于防除。它侵入各种农作物田中，如小麦、玉米、大豆、麻类、高粱等。多年生豚草在土壤中消耗的水分几乎超过了禾本科作物的2倍，同时在土壤中吸收很多的氮和磷，造成土壤干旱贫瘠，还遮挡阳光，严重影响作物生长。豚草的叶子中含有苦味物质和精油，一旦为乳牛食入可使乳品质量变坏，带有恶臭味。豚草还可传播病虫害，如甘蓝菌核病、向日葵叶斑病和大豆害虫等。

豚草花粉是引发过敏性鼻炎和支气管哮喘等变态反应症的主要病源。有人估计，每株豚草可产生上亿花粉颗粒，花粉颗粒可随空气飘到600km以外的地方。加拿大、美国每年有数以百万计的人受到花粉之害。俄罗斯的一些豚草发生地枯草热病发病人数占到居民的1/7。我国沈阳、武汉、南京等地秋季也发现大量花粉过敏病人，表现为哮喘、鼻炎、皮肤过敏等症状。在南京地区，张文钦等（1984）将豚草花粉浸出液与南京地区常见的13种吸入性过敏原浸出液对608例哮喘病人做致喘活性的阳性试验，结果表明，豚草仅次于粉螨，位居第二。在植物过敏原中阳性反应率最高，比法国梧桐高近5倍，比雪松高近3倍。有关专家认为，豚草花粉是花粉类过敏原中最重要的一种。

多年生豚草除了会影响作物生长、引起人患枯草热病外，由于它是多年生根蘖性植物，更难防治。随作物种子传播。传入我国会造成大的流行，并且很难根除，对我国农业会造成一定的影响，一旦在我国扩散则很难防治，将会严重危害小麦、烟草、棉花、谷物、牧草等作物。多年生豚草生长繁茂，严重影响作物的生长。花粉能引起人患皮炎和枯草热病。对我国的农业形成巨大危害，从而干扰我国经济的发展，并对社会和环境带来一定的负面影响。

2.10.4　总体风险归纳。多年生豚草生长繁茂，严重影响作物的生长。花粉能引起人患皮炎和枯草热病。对我国的农业形成一定危害，一定程度上干扰我国经济的发展，并对社会和环境带来一定的负面影响。

2.10.5 备选方案的提出。强化大规模检测的力度，加强进口商品的产地检疫，边境口岸应对货物、包装材料、运输工具、邮件、垃圾、乘客行李等严格检疫。国内应做好随时防治多年生豚草的准备。

2.10.6 就总体风险征求有关专家和管理者的意见。

2.10.7 评估报告的产生。

2.10.8 对风险评估报告进行评价，征求有关专家的意见。

2.10.9 风险管理。

2.10.9.1 我国目前的APL。我国已建立起较为完备的防治有害生物的机构体系，如各级检验检疫机构、植保站，并具备了大批的专家和工作人员。首先加强入境检疫力度，提高检疫人员的业务能力，争取做到拒之于国门之外；其次提高各级检疫站和植保人员的业务水平，随时发现随时防治，并及早通报疫情。

2.10.9.2 备选方案的可行性评估。确实可行。

2.10.9.3 建议的检疫措施。对进口棉花等产品实施检疫检测，严格按标准执行。

（1）检疫：我国口岸常从美国、加拿大、阿根廷等国进口的小麦、大豆中检出豚草种子。因此，凡由国外进口粮食、引种，必须严格检疫，杜绝传入。

①目检：对调运的旱作种子进行抽样检查，每个样品不少于1kg，按照豚草子粒特征鉴别，计算混杂率。混有豚草的种子不能播种，应集中处理并销毁，杜绝传播。

②产地调查：在豚草出苗期和开花期，根据豚草的形态和花序特征进行鉴别。在豚草发生地区，应调换没有豚草混杂的种子播种。

（2）人工、机械防除：农田中的豚草可通过秋耕和春耙进行防除。秋耕把种子埋入土中10cm以下，豚草种子就不能萌发。春季当大量出苗时进行春耙，可消灭大部分豚草幼苗。

（3）化学防除：采用常规的化学方法进行防除，虽短时间内见效快，但不仅耗资巨大，而且无选择地大面积滥用除草剂会造成环境污染、残毒和植被退化等一系列不可预测的生态后果。

（4）生物防治：可从北美引进豚草条纹叶甲（*Zygogramma suturalis* F.），大量繁殖使其蚕食田间的豚草。这种昆虫的特点是：专食性特别强，只吃普通豚草和多年生豚草，且生活史与豚草同步，我国引进后经驯化和安全测试，在释放点防除效果很好，但仍需在广泛的豚草分布区进行安全性及种群稳定性的深入研究。豚草卷蛾原产北美，现广泛分布于北半球，该虫的寄主为普通豚草、三裂叶豚草、银胶菊及一种苍耳。我国从澳大利亚引进该种，研究结果表明，豚草卷蛾可在北方安全越冬，野外自然条件下易维持较高的种群数量，用于豚草防除效果较好。但7～8月多雨天气特别是暴雨后豚草卷蛾成虫死亡率很高，且易受赤眼蜂的袭击。

（5）利用真菌防治：在豚草的天敌中，有一些是真菌生物，如白锈菌（*Albugo tragopogortis*）可以控制豚草的种群规模，田间条件下染病的豚草生物量减少1/10左右，每株种子产量降低95%～100%，种子千粒重从3.16g降为2.28g。

2.10.9.4　征求意见。

2.10.9.5　原始管理报告。

2.10.10　PRA 报告。

2.10.11　在实施检疫措施之后，应当监督其有效性，如有必要应对检疫措施进行评价，并随时更新。

2.10.12　风险交流。应将中国关心的有害生物名单及其风险管理措施建议等内容向输出国提供。进行风险评估的专家可参加双边座谈，以便制定有关条款。中国政府应及时向相应进口商通报输出国疫情，引导其进口方向。

2.11　飞机草

2.11.1　由输出国提出要求，由国家质量监督检验检疫总局列入计划，并要求输出国提供有关的材料，包括随该商品传带的有害生物名单以及产地进行有关的官方防治措施。

2.11.2　潜在的检疫性有害生物的确立。

2.11.2.1　整理有害生物的完整名单。

2.11.2.2　提出会随该商品传带的有害生物名单。

2.11.2.3　确定中国关心的潜在的检疫性有害生物名单。

2.11.3　对潜在的检疫性有害杂草飞机草的风险评估。

2.11.3.1　概述。

（1）学名： *Eupatorium odoratum* L. [*Chromolaena odorata*（L.）R. M. King & H. Rob.]。

（2）英文名： fragrant eupatorium Herb。

（3）别名： 香泽兰。

（4）分类地位： 菊科（Compositae），泽兰属（*Eupatorium*）。

（5）分布： 原产地在中美洲，在南美洲、亚洲、非洲热带地区广泛分布。国内分布于台湾、广东、香港、澳门、海南、广西、云南、贵州等地。

（6）引入扩散原因和危害： 飞机草在 20 世纪 20 年代早期曾作为一种香料植物引种到泰国栽培，1934 年在云南南部被发现。危害多种作物，并侵犯牧场。当高度达 15cm 或更高时，就能明显地影响其他草本植物的生长，能产生化感物质，抑制邻近植物的生长，还能使昆虫拒食。叶有毒，含香豆素。用叶擦皮肤会引起红肿、起泡，误食嫩叶会引起头晕、呕吐，还能引起家畜和鱼类中毒，并是叶斑病原 *Cercospora* sp. 的中间寄主。

（7）形态特征： 植株高达 3～7m，根茎粗壮，茎直立，分枝伸展；叶对生，呈卵状三角形，先端短而尖，边缘有锯齿，呈明显三脉，两面粗糙，被柔毛及红褐色腺点，挤碎后散发出刺激性气味。头状花序排成伞房状；总苞圆柱状，长约 1cm，总苞片 3～4 层；花冠管状，淡黄色；柱头粉红色。瘦果狭线形，有棱，长 5mm，棱上有短硬毛；冠毛灰白色，有糙毛。

（8）生物学特性： 飞机草的丛生型为多年生草本或亚灌木，瘦果能借冠毛随风传播，其果成熟季节多为干燥多风的旱季，扩散力强，蔓延迅速。种子休眠期短，在土壤中不能存活长久。在热带的海南岛一年可开花两次，第一次 4～5 月，第二次 9～10 月。

2.11.3.2 传入可能性评估。

（1）进入可能性评估：飞机草是原产中美洲，现对我国海南和西南各省尤其是西双版纳地区威胁最为严重的陆生植物。因传播速度太快，故名飞机草。现已广泛分布于海南、云南、广西、贵州、四川的很多地区，并以很快的速度向北推移，目前飞机草和紫茎泽兰在我国的发生面积近 3 000 万 hm^2。它们在其发生区域以满山遍野密集成片的单优植物群落出现，大肆排挤本地植物，侵占宜林荒山，影响林木生长和更新；并侵入经济林地，影响栽培植物生长；还堵塞水渠，阻碍交通。对西南地区尤其是云南省宝贵的生物资源构成了巨大威胁，大批当地的野生名贵中药材因此失去了生存环境。目前国内以化学防治和人工防治为主，虽然进行了替代控制和生物防治研究，但没有得到实际应用。近年来，随着我国从国外进口棉花等农产品日益增多，飞机草对我国的威胁越来越大。

（2）定殖可能性评估：飞机草与紫茎泽兰均属菊科泽兰属，原产中美洲，于 1949 年前后从中缅、中越边境传入我国云南南部，现已广泛分布于云南、广西、贵州、四川的很多地区，正以很快的速度向北推移。仅云南目前发生面积即达 2 470 万 hm^2。紫茎泽兰和飞机草在其发生区域以满山遍野密集成片的单优植物群落出现，大肆排挤本地植物，侵占宜林荒山，影响林木生长和更新；并侵入经济林地，影响栽培植物生长；堵塞水渠，阻碍交通。目前它们已经严重威胁到我国的生物多样性关键地区之一西双版纳自然保护区内许多物种的生存和发展。飞机草生长快、分枝多，具有很强的竞争力，能分泌化学物质抑制其他植物生长，对棉花等农作物和牧草的生长影响很大。国内主要分布在云南、广西和海南，适生我国南部地区，对我国也存在很大的危害。

2.11.3.3 扩散可能性评估。一种生物能否扩散，其生活习性是关键因素。飞机草为多年生植物，竞争力强，蔓延快；种子具冠毛，能随风传播；能分泌化学物质抑制其他植物生长，对棉花等农作物和牧草的生长影响很大。另外，我国粮田面积广阔，种植作物种类繁多，加上农民对杂草的忽视，飞机草进入我国将会在我国南部迅速扩散。

2.11.3.4 传入后果评估。飞机草可危害多种作物，侵犯牧场，当其长到 15cm 或更高时，会明显侵蚀土著物种；还能散发出化感物质，有较强的异株克生作用，可抑制邻近植物生长，还能使昆虫拒食。其叶有毒，含香豆素（coumarin）的有毒活性化合物，用叶擦皮肤可引起红肿、起泡，误食嫩叶会引起头晕、呕吐，还可引起家畜、家禽和鱼类中毒。

一旦飞机草在我国扩散则很难防治，将会严重危害橡胶、油棕、椰子、柚木、茶、烟草、棉花、谷物和牧草，对我国的农业形成巨大危害，从而干扰我国经济的发展，并对社会和环境带来一定的负面影响。

2.11.4 总体风险归纳。对我国的农业形成一定危害，一定程度上干扰我国经济的发展，并对社会和环境带来一定的负面影响。

2.11.5 备选方案的提出。强化大规模检测的力度，加强进口商品的产地检疫，边境口岸应对货物、包装材料、运输工具、邮件、垃圾、乘客行李等严格检疫。国内应做好随时防治飞机草的准备。

2.11.6　就总体风险征求有关专家和管理者的意见。

2.11.7　评估报告的产生。

2.11.8　对风险评估报告进行评价，征求有关专家的意见。

2.11.9　风险管理。

2.11.9.1　我国目前的APL。我国已建立起较为完备的防治有害生物的机构体系，如各级检验检疫机构、植保站，并具备了大批的专家和工作人员。首先加强入境检疫力度，提高检疫人员的业务能力，争取做到拒之于国门之外；其次提高各级检疫站和植保人员的业务水平，随时发现随时防治，并及早通报疫情。

2.11.9.2　备选方案的可行性评估。确实可行。

2.11.9.3　建议的检疫措施。对进口棉花等产品实施检疫检测，严格按标准执行。先用机械或人工拔除，紧接着用除草剂处理或种植生命力强、覆盖好的作物进行替代。此外，用天敌昆虫 *Pareuchaetes pseudooinsulata* 控制有一定效果。

2.11.9.4　征求意见。

2.11.9.5　原始管理报告。

2.11.10　PRA报告。

2.11.11　在实施检疫措施之后，应当监督其有效性，如有必要应对检疫措施进行评价，并随时更新。

2.11.12　风险交流。应将中国关心的有害生物名单及其风险管理措施建议等内容向输出国提供。进行风险评估的专家可参加双边座谈，以便制定有关条款。中国政府应及时向相应进口商通报输出国疫情，引导其进口方向。

2.12　假高粱

2.12.1　由输出国提出要求，由国家质量监督检验检疫总局列入计划，并要求输出国提供有关的材料，包括随该商品传带的有害生物名单以及产地进行有关的官方防治措施。

2.12.2　潜在的检疫性有害生物的确立。

2.12.2.1　整理有害生物的完整名单。

2.12.2.2　提出会随该商品传带的有害生物名单。

2.12.2.3　确定中国关心的潜在的检疫性有害生物名单。

2.12.3　对潜在的检疫性有害杂草假高粱的风险评估。

2.12.3.1　概述。

(1) 学名： *Sorghum halepense*（L.）Pers.。

(2) 异名： *Andropogon halepensis* Brot.，*Hoicus halepesis* Pers.。

(3) 别名： 石茅、约翰逊草、宿根高粱。

(4) 英文名： Aleppo grass，Arabian millet，Egyptian-grass，Egyptian millet，evergreen millet，false guines，false guinea-grass，Johnson grass，mean-grass，milletgrass，Morocco millet，Syrian grass。

(5) 分类地位： 禾本科（Gramineae），蜀黍（高粱）属（*Sorghum*）。

(6) 分布： 假高粱分布于热带和亚热带地区，从北纬55°到南纬45°的范围内。假高粱原产地中海地区，现在已传入很多国家。包括欧洲的希腊、前南斯拉夫、意大利、保加利亚、西班牙、葡萄牙、法国、瑞士、罗马尼亚、波兰、俄罗斯；亚洲的土耳其、以色列、阿拉伯半岛、黎巴嫩、约旦、伊拉克、伊朗、印度、巴基斯坦、阿富汗、泰国、缅甸、斯里兰卡、印度尼西亚、菲律宾、中国；非洲的摩洛哥、坦桑尼亚、莫桑比克、南非；美洲的古巴、牙买加、危地马拉、洪都拉斯、尼加拉瓜、波多黎各、萨尔瓦多、多米尼加、委内瑞拉、哥伦比亚、秘鲁、巴西、玻利维亚、巴拉圭、智利、阿根廷、墨西哥、美国、加拿大；大洋洲及太平洋岛屿的澳大利亚、新西兰、巴布亚新几内亚、斐济、美拉尼西亚、密克罗尼西亚、夏威夷。国内山东、贵州、福建、吉林、河北、广西、北京、甘肃、安徽、江苏等地局部发生。

(7) 危害对象： 假高粱是谷类作物、棉花、苜蓿、甘蔗、麻类等30多种作物田里的主要杂草。它不仅使作物产量降低，还是高粱属作物的许多虫害和病害的寄主。它的花粉可与留种的高粱属作物杂交，给农业生产带来很大的危害，被普遍认为是世界农作物最危险的杂草之一。它能以种子和地下茎繁殖，是宿根多年生杂草，一株植株可以产28 000粒种子，一个生长季节能生产8kg鲜重的植株。1km^2面积上的所有地下茎总长度可达86～450km，能萌发的芽数可达1 400万个。假高粱的地下茎是分节的，并且分枝，具有相当强的繁殖力。即使将它切成小段，甚至只有一节，它仍不会死亡，并且在有利的条件下，它还能形成新的植株。因此，它具有很强的适应性，是一种危害严重而又难于防治的恶性杂草。此外，它的根分泌物或者腐烂的叶子、地下茎、根等能抑制作物种子萌发和幼苗生长。假高粱的嫩芽聚集有一定量的氰化物，牲畜取食时易引起中毒。

(8) 生活习性： 假高粱适生于温暖、潮湿、夏天多雨的亚热带地区，是多年生的根茎植物，以种子和地下根茎繁殖。常混杂在多种作物田间，主要有苜蓿、棉花、黄麻、洋麻、高粱、玉米、大豆及小麦等作物，在菜园、柑橘幼苗栽培地、葡萄园、烟草地里也有，也生长在沟渠附近、河流及湖泊沿岸。假高粱开花始于出土7周之后（一般在6～7月），一直延续到生长季节结束。在花期，根茎迅速增长，其形成的最低温度是15～20℃，在秋天进入休眠，次年萌发出芽苗，长成新的植株。一般在7～9月结实，每个圆锥花序可结500～2 000个颖果。颖果成熟后散落在土壤里，约85%是在5cm深的土层中。在土壤中可保持3～4年生命力仍能萌发。新成熟的颖果有休眠期，因此，在当年秋天不能发芽。其休眠期一般为5～7个月，到来年温度达18～22℃时即可萌发，在30～35℃下发芽最好。地下根茎不耐高温，暴露在50～60℃下2～3d即会死亡。脱水或受水淹都能影响根茎的成活和萌发。假高粱耐肥，喜湿润（特别是定期灌溉处）及疏松的土壤。

(9) 传播途径： 假高粱的颖果可随播种材料或商品粮的调运而传播，特别是易随含有假高粱的商品粮加工后的下脚料传播扩散，在其成熟季节可随动物、农具、流水等传播到新地区去。混杂在粮食中的种子是假高粱远距离传播的主要途径。种子还可随水流传播，假高粱的根茎可以在地下扩散蔓延，也可以被货物携带向较远距离传播。

(10) 形态特征： 多年生草本，茎秆直立，高达2m以上，具匍匐根状茎。叶阔线状披针形，基部被有白色绢状疏柔毛，中脉白色且厚，边缘粗糙，分枝轮生。小穗多数，成对着生，其中一枚有柄，另一枚无柄，有柄者多为雄性或退化不育，无柄小穗两性，能结实，在顶端的一节上 3 枚共生，有具柄小穗 2 个，无柄小穗 1 个；结实小穗呈卵圆状披针形，颖硬革质，黄褐色、红褐色至紫黑色，表面平滑，有光泽，基部边缘及顶部 1/3 具纤毛；稃片膜质透明，具芒，芒从外稃先端裂齿间伸出，屈膝扭转，极易断落，有时无芒。颖果倒卵形或椭圆形，暗红褐色，表面乌暗而无光泽，顶端钝圆，具宿存花柱；脐圆形，深紫褐色；胚椭圆形，大而明显，长为颖果的 2/3。小穗第二颖背面上部明显有关节的小穗轴 2 枚，小穗轴边缘上具纤毛。

2.12.3.2　传入可能性评估。

（1）进入可能性评估：假高粱被普遍认为是世界农业地区最危险的杂草之一，在国外已成为谷类作物、棉花、苜蓿、甘蔗、麻类等 30 多种作物地里的主要杂草。假高粱的颖果可随播种材料或商品粮的调运而传播，特别是易随含有假高粱的商品粮加工后的下脚料传播扩散，在其成熟季节可随动物、农具、流水等传播到新地区去。近年来，随着我国从国外进口棉花等农产品日益增多，假高粱对我国的威胁越来越大。

（2）定殖可能性评估。

2.12.3.3　扩散可能性评估。一种生物能否扩散，其生物学特性是关键因素。假高粱属我国进境二类检疫性有害生物，原生长于地中海地区，是世界公认的农作物最危险的恶性杂草之一。这种植物的生命力极强，如果庄稼地里有假高粱，农作物将减产 20%左右。不仅如此，假高粱的根有很强的穿透力，一株假高粱的根系加起来能有 1km 多长，如果长在堤坝上，对堤坝的安全也会产生不小的威胁。假高粱适生于温暖、潮湿、夏天多雨的亚热带地区，是多年生的根茎植物，以种子和地下根茎繁殖。常混杂在多种作物田间，主要有苜蓿、棉花、黄麻、洋麻、高粱、玉米、大豆及小麦等作物，在菜园、柑橘幼苗栽培地、葡萄园、烟草地里也有，也生长在沟渠附近、河流及湖泊沿岸。

2.12.3.4　传入后果评估。如果假高粱落地生长，消灭起来难度很大。这种杂草在国际上臭名昭著，号称“十大恶草”，一旦在我国落地生根，可能对环境造成严重破坏。

2.12.4　总体风险归纳。对我国的农业形成一定危害，一定程度上干扰我国经济的发展，并对社会和环境带来一定的负面影响。

2.12.5　备选方案的提出。

2.12.6　就总体风险征求有关专家和管理者的意见。

2.12.7　评估报告的产生。

2.12.8　对风险评估报告进行评价，征求有关专家的意见。

2.12.9　风险管理。

2.12.9.1　我国目前的 APL。我国已建立起较为完备的防治有害生物的机构体系，如各级检验检疫机构、植保站，并具备了大批的专家和工作人员。首先加强入境检疫力度，提高检疫人员的业务能力，争取做到拒之于国门之外；其次提高各级检疫站和植保人员的业务水平，随时发现随时防治，并及早通报疫情。

2.12.9.2　备选方案的可行性评估。确实可行。

2.12.9.3　建议的检疫措施。澳大利亚、罗马尼亚和俄罗斯等国曾把假高粱列为禁止输入对象，现在我国也将它列为对外检疫对象。假高粱在我国仍属局部分布，但我国在进口粮及进口牧草种子中经常检出，应严防扩散和传入。

假高粱的颖果可随播种材料或商品粮的调运而传播，而且在其成熟季节可随动物、农具、流水等传播到新地区去，因此，必须采取防治措施。

（1）应防止继续从国外传入和在国内扩散，需加强植物检疫，一切带有假高粱的播种材料或商品粮及其他作物等，都需按植物检疫规定严加控制。

（2）对少量新发现的假高粱，可用挖掘法清除所有的根茎，并集中销毁，以防其蔓延。

（3）已发生假高粱的作物田，可结合中耕除草，将其连根拔掉，集中销毁。根据假高粱的特性，其根茎不耐高温，也不耐低温和干旱，可配合田间管理进行伏耕和秋耕，让地下的根茎暴露在高温或低温、干旱条件下杀死。在灌溉地区亦可采用暂时积水的办法，以降低它的生长和繁殖。

（4）对混杂在粮食作物、苜蓿和豆类种子中的假高粱种子，应使用风车、选种机等工具汰除干净，以免随种子调运传播。

（5）也可采用草甘膦或盖草能等除草剂防除。

（6）对进口棉花等产品实施检疫检测，严格按标准执行。

2.12.9.4 征求意见。

2.12.9.5 原始管理报告。

2.12.10 PRA报告。

2.12.11 在实施检疫措施之后，应当监督其有效性，如有必要应对检疫措施进行评价，并随时更新。

2.12.12 风险交流。应将中国关心的有害生物名单及其风险管理措施建议等内容向输出国提供。进行风险评估的专家可参加双边座谈，以便制定有关条款。中国政府应及时向相应进口商通报输出国疫情，引导其进口方向。

2.13 锯齿大戟

2.13.1 由输出国提出要求，由国家质量监督检验检疫总局列入计划，并要求输出国提供有关的材料，包括随该商品传带的有害生物名单以及产地进行有关的官方防治措施。

2.13.2 潜在的检疫性有害生物的确立。

2.13.2.1 整理有害生物的完整名单。

2.13.2.2 提出会随该商品传带的有害生物名单。

2.13.2.3 确定中国关心的潜在的检疫性有害生物名单。

2.13.3 对潜在的检疫性有害杂草锯齿大戟的风险评估。

2.13.3.1 概述。

（1）学名： *Euphorbia dentata* Michx.。

（2）英文名： toothed euphorbia。

（3）分类地位： 大戟科（Euphorbiaceae），大戟属（*Euphorbia*）。

（4）分布： 仅分布于北美洲。

(5) 形态特征：植物具乳汁。种子三棱状倒卵形，暗红褐色杂黑褐色，长 2.5mm，宽 2mm；表面粗糙，具瘤体；背面隆起，中部具纵脊，看似两个平面；腹面较平，中间有一纵向凹下的脐条，黑色；顶端平坦，略凹陷，中央具一略突起的圆形合点；基部尖；种脐区位于基部腹面，凹陷。

(6) 生物学特性：多年生草本，高 50～70cm，花、果期 5～8 月。

(7) 危害部位或传播途径：危害旱地作物，系有毒杂草。随作物种子传播。

2.13.3.2　传入可能性评估。

(1) 进入可能性评估：锯齿大戟生长繁茂，系有毒杂草。随作物种子传播。近年来，随着我国从国外进口棉花等农产品日益增多，锯齿大戟对我国的威胁越来越大。

(2) 定殖可能性评估：锯齿大戟的适应性很强，主要分布在北美洲。在我国大部分地区定殖的可能性非常大，对我国也存在很大的危害。

2.13.3.3　扩散可能性评估。一种生物能否扩散，其生活习性是关键因素。锯齿大戟的适应性很强，系有毒杂草。随作物种子传播。因此传入我国会造成大的流行，对我国农业会造成一定的影响。

2.13.3.4　传入后果评估。锯齿大戟为有毒杂草。随作物种子传播。传入我国会造成大的流行，对我国农业会造成一定的影响，一旦在我国扩散则很难防治，将会严重危害小麦、烟草、棉花、谷物、牧草等作物。锯齿大戟生长繁茂，严重影响作物的生长。对我国的农业形成巨大危害，从而干扰我国经济的发展，并对社会和环境带来一定的负面影响。

2.13.4　总体风险归纳。对我国的农业形成一定危害，一定程度上干扰我国经济的发展，并对社会和环境带来一定的负面影响。

2.13.5　备选方案的提出。强化大规模检测的力度，加强进口商品的产地检疫，边境口岸应对货物、包装材料、运输工具、邮件、垃圾、乘客行李等严格检疫。国内应做好随时防治锯齿大戟的准备。

2.13.6　就总体风险征求有关专家和管理者的意见。

2.13.7　评估报告的产生。

2.13.8　对风险评估报告进行评价，征求有关专家的意见。

2.13.9　风险管理。

2.13.9.1　我国目前的 APL。我国已建立起较为完备的防治有害生物的机构体系，如各级检验检疫机构、植保站，并具备了大批的专家和工作人员。首先加强入境检疫力度，提高检疫人员的业务能力，争取做到拒之于国门之外；其次提高各级检疫站和植保人员的业务水平，随时发现随时防治，并及早通报疫情。

2.13.9.2　备选方案的可行性评估。确实可行。

2.13.9.3　建议的检疫措施。对进口棉花等产品实施检疫检测，严格按标准执行。

(1) 产地调查：在锯齿大戟生长期，根据其形态特征进行鉴别。

(2) 室内检验（目检）：对调运的旱作种子进行抽样检查，每个样品不少于 1kg，按照锯齿大戟种子特征鉴别，计算混杂率。

(3) 在锯齿大戟发生地区，应调换没有锯齿大戟混杂的种子播种。有锯齿大戟发生的地方，可在开花时将它销毁，连续进行 2～3 年，即可根除。

2.13.9.4 征求意见。
2.13.9.5 原始管理报告。
2.13.10 PRA报告。
2.13.11 在实施检疫措施之后，应当监督其有效性，如有必要应对检疫措施进行评价，并随时更新。
2.13.12 风险交流。应将中国关心的有害生物名单及其风险管理措施建议等内容向输出国提供。进行风险评估的专家可参加双边座谈，以便制定有关条款。中国政府应及时向相应进口商通报输出国疫情，引导其进口方向。

2.14 美丽猪屎豆

2.14.1 由输出国提出要求，由国家质量监督检验检疫总局列入计划，并要求输出国提供有关的材料，包括随该商品传带的有害生物名单以及产地进行有关的官方防治措施。
2.14.2 潜在的检疫性有害生物的确立。
2.14.2.1 整理有害生物的完整名单。
2.14.2.2 提出会随该商品传带的有害生物名单。
2.14.2.3 确定中国关心的潜在的检疫性有害生物名单。
2.14.3 对潜在的检疫性有害杂草美丽猪屎豆的风险评估。
2.14.3.1 概述。

(1) 学名： *Crotalaria spectabilis* Roth。

(2) 英文名： showy rattlebox。

(3) 分类地位： 豆科（Fagaceae），猪屎豆属（*Crotalaria*）。

(4) 分布： 在美国、加拿大等热带、亚热带国家有分布。我国尚无分布记载。

(5) 危害部位或传播途径： 主要危害小麦、玉米、大豆、牧草等；是一种有毒植物，对家畜和家禽有毒害。随作物种子传播。

(6) 形态特征： 茎直立，高2.0～2.5m，茎、枝被密毛；单叶互生，长圆形，顶部最宽，向基部渐窄，上表面光滑，下表面有紧附毛，上部叶片长3～6cm，宽0.4～1.0cm，下部叶片长2～3cm，宽0.6～1.5cm。头状花序；花冠亮黄色；花柄基部具显著苞叶，长7～12mm，宽5～9mm。荚果长2.5～5cm，膨胀圆柱状，成熟时变黑褐色至黑色，种子分开，摇动时哗哗作响；种子肾形，扁平，暗褐色，长4～5mm，宽3～3.8mm，表面颗粒质，两侧面中部具弧形凹陷区；胚根长为子叶的1/2以上，根尖近黑色，与子叶分开并弯抵种脐；种脐位于腹面凹入处，椭圆形，为胚根所覆盖；种瘤位于种脐下方，微隆起，两侧各有一浅色亮区。

(7) 生物学特性： 一年生草本，多生于田间、路旁、荒地。

2.14.3.2 传入可能性评估。

(1) 进入可能性评估： 美丽猪屎豆生长繁茂，随作物种子传播。近年来，随着我国从澳大利亚、美国进口棉花等农产品日益增多，美丽猪屎豆对我国的威胁越来越大。

(2) 定殖可能性评估： 美丽猪屎豆的适应性很强，主要分布在澳大利亚、美国。在我国大部分地区定殖的可能性非常大，对我国也存在很大的危害。

2.14.3.3　扩散可能性评估。一种生物能否扩散，其生活习性是关键因素。美丽猪屎豆的适应性很强，随作物种子传播。因此，传入我国会造成大的流行，对我国农业会造成一定的影响。

2.14.3.4　传入后果评估。美丽猪屎豆干、鲜植株全株都对动物有毒害，种子毒性尤大。所含毒素为单猪屎豆碱。鸡、马、牛、猪对美丽猪屎豆毒性敏感，羊、骡、狗敏感程度稍轻。鸡摄食80粒种子几天至几周内死亡，病症包括腹泻、贫血、羽毛凌乱、精神萎靡。鹌鹑易受毒害，火鸡耐性较高。马主要表现为动作失调、脑袋低垂、无目的漫游、具攻击性。牛中毒有急性、中性、慢性3种症状，表现有血性腹泻、黄疸、皮毛粗糙、浮肿、动作失调、虚弱。猪一般会因突然胃出血而死亡，或贫血、腹水、毛发脱落、动作失调。该毒目前尚无疗方。美丽猪屎豆是一种有毒植物，对家畜和家禽有毒害，传入我国会造成大的流行，对我国农业会造成一定的影响，一旦在我国扩散则很难防治，将会严重危害烟草、棉花、谷物、牧草等作物。美丽猪屎豆生长繁茂，严重影响作物的生长。随作物种子传播，对我国的农业形成巨大危害，从而干扰我国经济的发展，并对社会和环境带来一定的负面影响。

2.14.4　总体风险归纳。美丽猪屎豆是一种有毒植物，对家畜和家禽有毒害。随作物种子传播。对我国的农业形成一定危害，一定程度上干扰我国经济的发展，并对社会和环境带来一定的负面影响。

2.14.5　备选方案的提出。强化大规模检测的力度，加强进口商品的产地检疫，边境口岸应对货物、包装材料、运输工具、邮件、垃圾、乘客行李等严格检疫。国内应做好随时防治美丽猪屎豆的准备。

2.14.6　就总体风险征求有关专家和管理者的意见。

2.14.7　评估报告的产生。

2.14.8　对风险评估报告进行评价，征求有关专家的意见。

2.14.9　风险管理。

2.14.9.1　我国目前的APL。我国已建立起较为完备的防治有害生物的机构体系，如各级检验检疫机构、植保站，并具备了大批的专家和工作人员。首先加强入境检疫力度，提高检疫人员的业务能力，争取做到拒之于国门之外；其次提高各级检疫站和植保人员的业务水平，随时发现随时防治，并及早通报疫情。

2.14.9.2　备选方案的可行性评估。确实可行。

2.14.9.3　建议的检疫措施。对进口棉花等产品实施检疫检测，严格按标准执行。

（1）**产地调查**：在美丽猪屎豆生长期，根据其形态特征进行鉴别。

（2）**室内检验**（目检）：对调运的旱作种子进行抽样检查，每个样品不少于1kg，按照美丽猪屎豆种子的特征鉴别，计算混杂率。

（3）在美丽猪屎豆发生地区，应调换没有美丽猪屎豆混杂的种子播种。有美丽猪屎豆发生的地方，可在开花时将它销毁，连续进行2～3年，即可根除。

2.14.9.4　征求意见。

2.14.9.5　原始管理报告。

2.14.10 PRA 报告。

2.14.11 在实施检疫措施之后，应当监督其有效性，如有必要应对检疫措施进行评价，并随时更新。

2.14.12 风险交流。应将中国关心的有害生物名单及其风险管理措施建议等内容向输出国提供。进行风险评估的专家可参加双边座谈，以便制定有关条款。中国政府应及时向相应进口商通报输出国疫情，引导其进口方向。

2.15 匍匐矢车菊

2.15.1 由输出国提出要求，由国家质量监督检验检疫总局列入计划，并要求输出国提供有关的材料，包括随该商品传带的有害生物名单以及产地进行有关的官方防治措施。

2.15.2 潜在的检疫性有害生物的确立。

2.15.2.1 整理有害生物的完整名单。

2.15.2.2 提出会随该商品传带的有害生物名单。

2.15.2.3 确定中国关心的潜在的检疫性有害生物名单。

2.15.3 对潜在的检疫性有害杂草匍匐矢车菊的风险评估。

2.15.3.1 概述。

(1) 学名： *Centaurea repens* L.。

(2) 别名： 契丹蓟、俄罗斯矢车菊、项羽菊、苔蒿。

(3) 异名： *Acroptilon repens*（L.）DC.，*Acroptilon picris*（Pall）DC.。

(4) 英文名： Russian knapweed。

(5) 分类地位： 菊科（Asteraceae），矢车菊属（*Centaurea*）。

(6) 分布： 原产俄罗斯、小亚细亚至阿尔泰山脉以及阿富汗，现分布于俄罗斯、阿富汗、蒙古、印度、伊朗、土耳其、叙利亚、南非、澳大利亚、美国、加拿大、阿根廷等地。在我国主要分布于河北、内蒙古、甘肃、青海、新疆、陕西、山西、宁夏等地。

(7) 危害部位或传播途径： 可侵入小麦、玉米、大豆以及牧草等栽培地。以种子（实为果实）和根蘖进行繁殖，常随粮食和牧草种子以及干草秸秆等传播。

(8) 形态特征： 多年生草本，根系发达；茎直立，高 40～100cm，近基部多分枝，具纵棱，被淡灰色绒毛，地下部分黑褐色；叶无叶柄，披针形至条形，长 2～10cm，顶端锐尖，全缘或有疏锐齿或裂片，两面被绒毛和腺点，有时仅边缘有糙毛。头状花序单生枝端，直径 1～1.5cm；总苞卵圆形或矩圆状卵形；苞片数层，覆瓦状排列，外层宽卵形长约 5mm，上半部透明膜质，具柔毛，下半部绿色，质厚，内层披针形或宽披针形，长约 1cm，顶端狭尖，密被长柔毛；花管状，红紫色，长 1.5～2.0cm。瘦果长倒卵状矩圆形，略扁，长约 4mm，果皮乳白色或淡黄绿色，略有光泽，长 3.1mm，宽 1.8mm；表面每面有 10 条粗细不等的纵棱，有的棱不甚清晰；顶端近平截，无衣领状环，中部稍隆起，在隆起的中央具花柱残基，基部钝尖；果脐小，位于基部一侧的小凹陷内，冠毛白色，长短不等。

(9) 生物学特性： 匍匐矢车菊是一种能造成田园荒芜的恶性杂草，以种子（实为果实）和根蘖进行繁殖。与矢车菊属其他种采取多结种子的特性不同，匍匐矢车菊侧重于深而广布的发达根系，新植株从根部萌发，形成致密的灌丛，因此植株生长缓慢但难以根除。它喜生于灌溉不良的盐碱地田间、路旁、干燥荒地和沙石地，在遮阴或严重干旱的环境下生长不良。它生命力强，据报道，寿命可达75年之久。根系发达，根受损时能导致根蘖萌发，由母株形成蘖枝，每平方米可达400株的密度，使整个耕作层充满无数的根，与作物强烈争肥争水。亦有其根部能分泌毒素使作物枯死，造成田园荒芜的报道。

2.15.3.2　传入可能性评估。

（1）进入可能性评估：匍匐矢车菊多年生，根系发达，是农田恶性杂草，种子及花盘可随粮食及牧草种子传播。近年来，随着我国从国外进口棉花等农产品日益增多，匍匐矢车菊对我国的威胁越来越大。

（2）定殖可能性评估：匍匐矢车菊的适应性很强，分布广。现分布于加拿大、澳大利亚、阿根廷、美国、南非、蒙古、叙利亚、土耳其、印度、阿富汗、俄罗斯等地。在我国大部分地区定殖的可能性非常大，对我国也存在很大的危害。

2.15.3.3　扩散可能性评估。一种生物能否扩散，其生活习性是关键因素。匍匐矢车菊多年生，根系发达，是农田恶性杂草，种子及花盘可随粮食及牧草种子传播，适应性很强，分布广，因此传入我国会造成大的流行，对我国农业会造成一定的影响。

2.15.3.4　传入后果评估。20世纪初匍匐矢车菊曾在俄罗斯蔓延成灾。在美国蒙大拿州牧场泛滥达19 000hm^2。匍匐矢车菊含有倍半萜内酯毒素，干、鲜植株都对羊、马有毒害，造成牲畜大脑永久性损伤，患上咀嚼病，使牲畜不能咀嚼或唇肌失常；该病症状还表现为打呵欠、脑袋低垂、无目的漫游、呼吸困难。发病初期牲畜具攻击性，后期因饥饿或脱水而死亡。该病目前尚无疗方。

匍匐矢车菊传入我国会造成大的流行，对我国农业会造成一定的影响，一旦在我国扩散则很难防治，将会严重危害小麦、烟草、棉花、谷物、牧草等作物。匍匐矢车菊生长繁茂，严重影响作物的生长。对我国的农业形成巨大危害，从而干扰我国经济的发展，并对社会和环境带来一定的负面影响

2.15.4　总体风险归纳。匍匐矢车菊多年生，根系发达，是农田恶性杂草，生长繁茂，严重影响作物的生长。对我国的农业形成一定危害，一定程度上干扰我国经济的发展，并对社会和环境带来一定的负面影响。

2.15.5　备选方案的提出。强化大规模检测的力度，加强进口商品的产地检疫，边境口岸应对货物、包装材料、运输工具、邮件、垃圾、乘客行李等严格检疫。国内应做好随时防治匍匐矢车菊的准备。

2.15.6　就总体风险征求有关专家和管理者的意见。

2.15.7　评估报告的产生。

2.15.8　对风险评估报告进行评价，征求有关专家的意见。

2.15.9　风险管理。

2.15.9.1　我国目前的APL。我国已建立起较为完备的防治有害生物的机构体系，如各级检验检疫机构、植保站，并具备了大批的专家和工作人员。首先加强入境检疫力度，提高检疫人员的业务能力，争取做到拒之于国门之外；其次提高各级检疫站和植保人员的业

务水平，随时发现随时防治，并及早通报疫情。

2.15.9.2 备选方案的可行性评估。确实可行。

2.15.9.3 建议的检疫措施。对进口棉花等产品实施检疫检测，严格按标准执行。

（1）检疫：在生长期或抽穗开花期，到可能疫区或产地进行踏查，根据该植物的形态特征进行鉴别，确定种类，记载混杂情况和混杂率。对进出口和国内调运的种子和干草秸秆进行抽样检查。种子每个样品不少于1kg，干草秸秆抽查总数的5%～20%，检验是否带有该检疫杂草的果实。按照各种检疫杂草种子的形态特征，通过目测、过筛、相对密度法、镜检鉴别，计算混杂率。进一步可采用现代分子生物学的DNA指纹图谱法进行鉴定。

（2）农业防除：结合除草剂进行防除。农业防除作用甚微，还易使其根茎散布繁殖。

（3）生物防治：线虫 *Subanguina picridis* 在匍匐矢车菊的根、茎、叶上形成虫瘿，可起到防除作用。另外，利用胡蜂 *Aulacidea acroptilonica* 和锈菌 *Puccinia acroptili* 进行防治也有研究。

（4）化学防除：除2,4-D外，用来防除其他矢车菊的除草剂，加大浓度也可防除匍匐矢车菊。除草剂施用最佳时期为种子芽期到初花期及秋季初霜后。

2.15.9.4 征求意见。

2.15.9.5 原始管理报告。

2.15.10 PRA报告。

2.15.11 在实施检疫措施之后，应当监督其有效性，如有必要应对检疫措施进行评价，并随时更新。

2.15.12 风险交流。应将中国关心的有害生物名单及其风险管理措施建议等内容向输出国提供。进行风险评估的专家可参加双边座谈，以便制定有关条款。中国政府应及时向相应进口商通报输出国疫情，引导其进口方向。

2.16 三裂叶豚草

2.16.1 由输出国提出要求，由国家质量监督检验检疫总局列入计划，并要求输出国提供有关的材料，包括随该商品传带的有害生物名单以及产地进行有关的官方防治措施。

2.16.2 潜在的检疫性有害生物的确立。

2.16.2.1 整理有害生物的完整名单。

2.16.2.2 提出会随该商品传带的有害生物名单。

2.16.2.3 确定中国关心的潜在的检疫性有害生物名单。

2.16.3 对潜在的检疫性有害杂草三裂叶豚草的风险评估。

2.16.3.1 概述。

（1）学名：*Ambrosia trifida* Linn.。

（2）别名：大破布草。

（3）异名：*Ambrosia integrifolia* Nuhl.。

（4）英文名：commen rag-weed。

(5) 分类地位： 菊科（Asteraceae），豚草属（*Ambrosia*）。

(6) 分布： 原产北美洲，现广布世界大部分地区，已知分布的国家及地区有亚洲的缅甸、马来西亚、越南、印度、巴基斯坦、菲律宾、日本；非洲的埃及、毛里求斯；欧洲的法国、德国、意大利、瑞士、奥地利、瑞典、匈牙利、俄罗斯；美洲的加拿大、美国、墨西哥、古巴、牙买加、危地马拉、阿根廷、玻利维亚、巴拉圭、秘鲁、智利、巴西；大洋洲的澳大利亚。在我国分布于吉林、辽宁、北京、天津、浙江等地。

(7) 危害部位或传播途径： 可向农田、果园、城镇、绿化带、公路和铁路沿线入侵，混生于大麻、洋麻、玉米、大豆、向日葵等谷类作物田间。随作物种子传播，可随种用材料及其他物件的运输而传播至远方；种子可借水流传播，亦可为鸟类、牲畜携带传播。植株高大，达3m，严重影响作物生长；花粉能引起人患皮炎和枯草热病。

(8) 形态特征： 一年生粗壮草本，高50～120cm，有时可达170cm，有分枝，被糙毛，有时近无毛；叶对生，有时互生，具叶柄，下部叶3～5裂，上部叶3裂或有时不裂，裂片卵状披针形，顶端急尖或渐尖，边缘有锐锯齿，有3基出脉，粗糙，上面深绿色，背面灰绿色，两面被短糙伏毛；叶柄长2～3.5cm，被疏短糙毛，基部膨大，边缘有窄翅，被长缘毛。雄头状花序多数，圆形，径约5mm，有长2～3mm的细花序梗，下垂，在枝端密集成总状花序；总苞浅碟形，绿色；总苞片结合，外面有3肋，边缘有圆齿，被疏短糙毛；花托无托片，具白色长柔毛，每个头状花序有20～25个不育的小花，小花黄色，长1～2mm；花冠钟形，上端5裂，外面有5紫色条纹；花药离生，卵圆形；花柱不分裂，顶端膨大成画笔状；雌头状花序在雄头状花序下面，上部的叶状苞片的腋部聚作团伞状，具1个无被能育的雌花；总苞倒卵形，长6～8mm，宽4～5mm，顶端具圆锥状短嘴，嘴部以下有5～7肋，每肋顶端有瘤或尖刺，无毛，花柱2深裂，丝状，上伸出总苞的嘴部之外。瘦果倒卵形，无毛，藏于木质的总苞内；总苞表面浅黄色、淡灰褐色或褐色，有时有红褐色斑点；顶端中央的圆锥状短嘴形成粗短的锥状喙，周围的5～7个瘤或尖刺形成钝的短喙，向下延伸为较明显的圆形宽棱，棱间又有较不明显的棱和皱纹。

三裂叶豚草的花序与豚草相似，但雄花的总状花序较长（长30cm），雌花序较大（直径为2～4mm），花托裸露；假果也较豚草稍大。

(9) 生物学特性： 同豚草。

2.16.3.2 传入可能性评估。

(1) 进入可能性评估： 三裂叶豚草分布广，近年来，随着我国从国外进口棉花等农产品日益增多，三裂叶豚草对我国的威胁越来越大。

(2) 定殖可能性评估： 三裂叶豚草的适应性很强，分布广。现分布于美国、加拿大、墨西哥、俄罗斯、德国、瑞士、瑞典和日本。在我国大部分地区定殖的可能性非常大，对我国也存在很大的危害。

2.16.3.3 扩散可能性评估。一种生物能否扩散，其生活习性是关键因素。三裂叶豚草的适应性很强，分布广，因此传入我国会造成大的流行，对我国农业会造成一定的影响。

2.16.3.4 传入后果评估。三裂叶豚草是人类健康和作物生产的危险性杂草，被许多国家列为检疫对象。由于该草的花粉中含有水溶性蛋白，与人接触可迅速释放，引起过敏性变态反应，它是秋季花粉过敏症的主要致病原。每年 8～9 月，大量花粉在空中飞扬，当花粉密度达每立方米 40～50 粒时，人们吸入后就会感染，症状是咳嗽、流涕、哮喘、眼鼻奇痒或出现皮炎。每年同期复发，病情逐年加重，严重的会并发肺气肿、肺心病乃至死亡。在美国、加拿大及欧洲使上千万人致病受害，有的地方人群发病率高达 30%。美国花粉年产量大约有 100 万 t，花粉过敏症患者 1 460 万人，年治疗费高达 6 亿美元。沈阳地区是我国三裂叶豚草发生严重地区之一，沈阳市空气中花粉的含量 1987 年是 1983 年的 3.8 倍，人群发病率为 1.52%。三裂叶豚草已成为一种世界性的公害。该草大约在 20 世纪 30 年代传入我国，经过一个较长时期的适应期，近 10 年正以异常态势迅速蔓延，向农田、果园、城镇、绿化带、公路和铁路沿线入侵，表现出顽强的生命力和竞争力。有些地段布满了该草群落，成为优势种取代了当地杂草。随着该草在一些地区的蔓延，该草的花粉对空气的污染越来越严重。因此，该草不但影响农业生产，还威胁人类健康，影响旅游业的发展。三裂叶豚草混生于大麻、洋麻、玉米、大豆、向日葵等谷类作物田间，侵入农田后，每 667m^2 产量降低20～30kg，甚至使玉米不能形成雌穗，造成无收。俄罗斯传入此草后，造成大面积农田草荒。为了防治该草，俄罗斯投入了巨大的人力和物力，组织调查和防治，虽经多年努力，至今该草仍是重点防治对象之一。三裂叶豚草植株高大达 3m，严重影响作物生长。传入我国会造成大的流行，对我国农业会造成一定的影响，一旦在我国扩散则很难防治，将会严重危害小麦、大豆、玉米、棉花等作物。花粉能引起人患皮炎和枯草热病。对我国的农业形成巨大危害，从而干扰我国经济的发展，并对社会和环境带来一定的负面影响。

2.16.4 总体风险归纳。三裂叶豚草生长繁茂，严重影响作物的生长。对我国的农业形成一定危害，一定程度上干扰我国经济的发展，并对社会和环境带来一定的负面影响。

2.16.5 备选方案的提出。强化大规模检测的力度，加强进口商品的产地检疫，边境口岸应对货物、包装材料、运输工具、邮件、垃圾、乘客行李等严格检疫。国内应做好随时防治三裂叶豚草的准备。

2.16.6 就总体风险征求有关专家和管理者的意见。

2.16.7 评估报告的产生。

2.16.8 对风险评估报告进行评价，征求有关专家的意见。

2.16.9 风险管理。

2.16.9.1 我国目前的 APL。我国已建立起较为完备的防治有害生物的机构体系，如各级检验检疫机构、植保站，并具备了大批的专家和工作人员。首先加强入境检疫力度，提高检疫人员的业务能力，争取做到拒之于国门之外；其次提高各级检疫站和植保人员的业务水平，随时发现随时防治，并及早通报疫情。

2.16.9.2 备选方案的可行性评估。确实可行。

2.16.9.3 建议的检疫措施。对进口棉花等产品实施检疫检测，严格按标准执行。

（1）产地调查：在三裂叶豚草出苗期和开花期，根据三裂叶豚草的形态和花序特征进行鉴别。

（2）室内检验（目检）：三裂叶豚草种子能混杂于所有的作物中，特别是大麻、洋麻、玉米、大豆、中耕作物和禾谷类作物。对调运的旱作种子进行抽样检查，每个样品不少于

1kg，按照三裂叶豚草子粒特征鉴别，计算混杂率。

(3) 凡从国外进口的粮食或引进种子，以及国内各地调运的旱地作物种子，要严格检疫，混有三裂叶豚草的种子不能播种，应集中处理并销毁，杜绝传播。

(4) 在三裂叶豚草发生地区，应调换没有三裂叶豚草混杂的种子播种。

(5) 利用耕作措施消灭田间三裂叶豚草，如实行秋季深耕（耕深 25～30cm）、挖掘多年生三裂叶豚草的根蘖、播种前进行耕耙、中耕及经常的人工除草都能收到一定的防除效果。

2.16.9.4　征求意见。

2.16.9.5　原始管理报告。

2.16.10　PRA 报告。

2.16.11　在实施检疫措施之后，应当监督其有效性，如有必要应对检疫措施进行评价，并随时更新。

2.16.12　风险交流。应将中国关心的有害生物名单及其风险管理措施建议等内容向输出国提供。进行风险评估的专家可参加双边座谈，以便制定有关条款。中国政府应及时向相应进口商通报输出国疫情，引导其进口方向。

2.17　疏花蒺藜草

2.17.1　由输出国提出要求，由国家质量监督检验检疫总局列入计划，并要求输出国提供有关的材料，包括随该商品传带的有害生物名单以及产地进行有关的官方防治措施。

2.17.2　潜在的检疫性有害生物的确立。

2.17.2.1　整理有害生物的完整名单。

2.17.2.2　提出会随该商品传带的有害生物名单。

2.17.2.3　确定中国关心的潜在的检疫性有害生物名单。

2.17.3　对潜在的检疫性有害杂草疏花蒺藜草的风险评估。

2.17.3.1　概述。

(1) 学名：*Cenchrus pauciflorus*。

(2) 英文名：bear-grass。

(3) 分类地位：禾本科（Poaceae），蒺藜草属（*Cenchrus*）。

(4) 分布：国外主要分布在美国、墨西哥、阿根廷、智利、乌拉圭、澳大利亚、阿富汗、印度、孟加拉国、黎巴嫩、南非、西印度群岛、葡萄牙等地。国内辽宁黑山、彰武，河北涿州及内蒙古等地有分布。

(5) 危害部位或传播途径：危害稻、玉米、大豆、花生、甘薯等作物。疏花蒺藜草主要与旱地作物争夺水肥，使作物减产；刺苞能刺伤人畜。是农田恶性杂草。刺苞易挂在农作物及衣物、毛皮上进行传播。

(6) 形态特征：一年生草本，植株近似于刺蒺藜草；穗轴呈之字形曲折；刺苞卵圆形，具粗短梗，刺较多而细，长达 5mm，开展，基部有小刺。

(7) 生物学特性：同刺蒺藜草。

2.17.3.2 传入可能性评估。

（1）进入可能性评估：疏花蒺藜草为农田恶性杂草，分布广，刺苞易挂在农作物及衣物、毛皮上进行传播。近年来，随着我国从国外进口棉花等农产品日益增多，疏花蒺藜草对我国的威胁越来越大。

（2）定殖可能性评估：疏花蒺藜草的适应性很强，分布广。现分布于美国、墨西哥、西印度群岛、阿根廷、智利、乌拉圭、澳大利亚、阿富汗、印度、孟加拉国、黎巴嫩、葡萄牙、南非等地。在我国大部分地区定殖的可能性非常大，对我国也存在很大的危害。

2.17.3.3 扩散可能性评估。一种生物能否扩散，其生活习性是关键因素。疏花蒺藜草的适应性很强，分布广，因此传入我国会造成大的流行，对我国农业会造成一定的影响。

2.17.3.4 传入后果评估。疏花蒺藜草传入我国会造成大的流行，对我国农业会造成一定的影响，一旦在我国扩散则很难防治，将会严重危害小麦、烟草、棉花、谷物、牧草等作物。疏花蒺藜草生长能力强，严重影响作物的生长。刺苞易挂在农作物及衣物、毛皮上进行传播，对我国的农业形成巨大危害，从而干扰我国经济的发展，并对社会和环境带来一定的负面影响。

2.17.4 总体风险归纳。疏花蒺藜草生长繁茂，严重影响作物的生长。对我国的农业形成一定危害，一定程度上干扰我国经济的发展，并对社会和环境带来一定的负面影响。

2.17.5 备选方案的提出。强化大规模检测的力度，加强进口商品的产地检疫，边境口岸应对货物、包装材料、运输工具、邮件、垃圾、乘客行李等严格检疫。国内应做好随时防治疏花蒺藜草的准备。

2.17.6 就总体风险征求有关专家和管理者的意见。

2.17.7 评估报告的产生。

2.17.8 对风险评估报告进行评价，征求有关专家的意见。

2.17.9 风险管理。

2.17.9.1 我国目前的APL。我国已建立起较为完备的防治有害生物的机构体系，如各级检验检疫机构、植保站，并具备了大批的专家和工作人员。首先加强入境检疫力度，提高检疫人员的业务能力，争取做到拒之于国门之外；其次提高各级检疫站和植保人员的业务水平，随时发现随时防治，并及早通报疫情。

2.17.9.2 备选方案的可行性评估。确实可行。

2.17.9.3 建议的检疫措施。同刺蒺藜草。对进口棉花等产品实施检疫检测，严格按标准执行。

2.17.9.4 征求意见。

2.17.9.5 原始管理报告。

2.17.10 PRA报告。

2.17.11 在实施检疫措施之后，应当监督其有效性，如有必要应对检疫措施进行评价，并随时更新。

2.17.12 风险交流。应将中国关心的有害生物名单及其风险管理措施建议等内容向输出国提供。进行风险评估的专家可参加双边座谈，以便制定有关条款。中国政府应及时向相应进口商通报输出国疫情，引导其进口方向。

2.18　田蓟

2.18.1　由输出国提出要求，由国家质量监督检验检疫总局列入计划，并要求输出国提供有关的材料，包括随该商品传带的有害生物名单以及产地进行有关的官方防治措施。

2.18.2　潜在的检疫性有害生物的确立。

2.18.2.1　整理有害生物的完整名单。

2.18.2.2　提出会随该商品传带的有害生物名单。

2.18.2.3　确定中国关心的潜在的检疫性有害生物名单。

2.18.3　对潜在的检疫性有害杂草田蓟的风险评估。

2.18.3.1　概述。

(1) 学名： *Cirsium arvense* （L.） Scop. 。

(2) 分布： 主要分布于欧洲、亚洲、美国及加拿大。

(3) 危害部位或传播途径： 为田间有害杂草，难根除。随作物种子传播。

2.18.3.2　传入可能性评估。

(1) 进入可能性评估： 田蓟为田间有害杂草，难根除。随作物种子传播。近年来，随着我国从国外进口棉花等农产品日益增多，田蓟对我国的威胁越来越大。

(2) 定殖可能性评估： 田蓟的适应性很强。现分布于欧洲、亚洲、美国及加拿大。在我国大部分地区气候条件都适合田蓟生长，定殖的可能性非常大，对我国也存在很大的危害。

2.18.3.3　扩散可能性评估。一种生物能否扩散，其生活习性是关键因素。田蓟的适应性很强，因此传入我国会造成大的流行，对我国农业会造成一定的影响。

2.18.3.4　传入后果评估。田蓟传入我国会造成大的流行，对我国农业会造成一定的影响，一旦在我国扩散则很难防治，将会严重危害棉花、谷物、小麦等作物。对我国的农业形成巨大危害，从而干扰我国经济的发展，并对社会和环境带来一定的负面影响。

2.18.4　总体风险归纳。对我国的农业形成一定危害，一定程度上干扰我国经济的发展，并对社会和环境带来一定的负面影响。

2.18.5　备选方案的提出。强化大规模检测的力度，加强进口商品的产地检疫，边境口岸应对货物、包装材料、运输工具、邮件、垃圾、乘客行李等严格检疫。国内应做好随时防治田蓟的准备。

2.18.6　就总体风险征求有关专家和管理者的意见。

2.18.7　评估报告的产生。

2.18.8　对风险评估报告进行评价，征求有关专家的意见。

2.18.9　风险管理。

2.18.9.1　我国目前的APL。我国已建立起较为完备的防治有害生物的机构体系，如各级检验检疫机构、植保站，并具备了大批的专家和工作人员。首先加强入境检疫力度，提高检疫人员的业务能力，争取做到拒之于国门之外；其次提高各级检疫站和植保人员的业

务水平，随时发现随时防治，并及早通报疫情。

2.18.9.2 备选方案的可行性评估。确实可行。

2.18.9.3 建议的检疫措施。对进口棉花等产品实施检疫检测，严格按标准执行。

2.18.9.4 征求意见。

2.18.9.5 原始管理报告。

2.18.10 PRA 报告。

2.18.11 在实施检疫措施之后，应当监督其有效性，如有必要应对检疫措施进行评价，并随时更新。

2.18.12 风险交流。应将中国关心的有害生物名单及其风险管理措施建议等内容向输出国提供。进行风险评估的专家可参加双边座谈，以便制定有关条款。中国政府应及时向相应进口商通报输出国疫情，引导其进口方向。

2.19 田旋花

2.19.1 由输出国提出要求，由国家质量监督检验检疫总局列入计划，并要求输出国提供有关的材料，包括随该商品传带的有害生物名单以及产地进行有关的官方防治措施。

2.19.2 潜在的检疫性有害生物的确立。

2.19.2.1 整理有害生物的完整名单。

2.19.2.2 提出会随该商品传带的有害生物名单。

2.19.2.3 确定中国关心的潜在的检疫性有害生物名单。

2.19.3 对潜在的检疫性有害杂草田旋花的风险评估。

2.19.3.1 概述。

(1) 学名： *Convolvulus arvensis* L.。

(2) 别名： 中国旋花、箭叶旋花、喇叭花、聋子花。

(3) 英文名： field bindweed，European glorybind。

(4) 分类地位： 旋花科（Convolvulaceae），旋花属（*Convolvulus*）。

(5) 分布： 原产欧洲，现已广布世界各地。在我国分布于吉林、黑龙江、河北、河南、陕西、山西、甘肃、宁夏、新疆、内蒙古、山东、四川、西藏。

(6) 危害部位或传播途径： 对小麦、玉米、棉花、大豆、果树等有危害。可通过根茎和种子繁殖、传播，种子可由鸟类和哺乳动物取食进行远距离传播。为田间有害杂草，难以根除。

2.19.3.2 传入可能性评估。

(1) 进入可能性评估： 田旋花为田间根蘖、茎蔓性有害杂草，难以根除。随作物种子传播。生长繁茂，分布广。近年来，田旋花对我国的危害越来越大。

(2) 定殖可能性评估： 田旋花的适应性很强，分布广，原产欧洲，现已广布世界各地。在我国主要见于北方各省。

2.19.3.3 扩散可能性评估。一种生物能否扩散，其生活习性是关键因素。田旋花的适应性很强，分布广，对我国农业会造成一定的影响。

2.19.3.4　传入后果评估。田旋花为田间有害杂草，难以根除。随作物种子传播，难防治，田旋花对小麦、玉米等危害较重。大发生时成片生长，密被地面，缠绕向上，强烈抑制作物生长，造成作物倒伏。它还是小地老虎第一代幼虫的寄主。对我国的农业形成巨大危害，从而干扰我国经济的发展，并对社会和环境带来一定的负面影响。

2.19.4　总体风险归纳。对我国的农业形成一定危害，一定程度上干扰我国经济的发展，并对社会和环境带来一定的负面影响。

2.19.5　备选方案的提出。强化大规模检测的力度，加强进口商品的产地检疫，边境口岸应对货物、包装材料、运输工具、邮件、垃圾、乘客行李等严格检疫。

2.19.6　就总体风险征求有关专家和管理者的意见。

2.19.7　评估报告的产生。

2.19.8　对风险评估报告进行评价，征求有关专家的意见。

2.19.9　风险管理。

2.19.9.1　我国目前的APL。我国已建立起较为完备的防治有害生物的机构体系，如各级检验检疫机构、植保站，并具备了大批的专家和工作人员。首先加强入境检疫力度，提高检疫人员的业务能力，争取做到拒之于国门之外；其次提高各级检疫站和植保人员的业务水平，随时发现随时防治，并及早通报疫情。

2.19.9.2　备选方案的可行性评估。确实可行。

2.19.9.3　建议的检疫措施。对进口棉花等产品实施检疫检测，严格按标准执行。

（1）**产地调查：**在田旋花生长期，根据其形态特征进行鉴别。

（2）**室内检验**（目检）：对调运的旱作种子进行抽样检查，每个样品不少于1kg，按照田旋花种子特征鉴别，计算混杂率。

（3）在田旋花发生地区，应调换没有田旋花混杂的种子播种。有田旋花发生的地方，可在开花时将它销毁，连续进行2～3年，即可根除。

2.19.9.4　征求意见。

2.19.9.5　原始管理报告。

2.19.10　PRA报告。

2.19.11　在实施检疫措施之后，应当监督其有效性，如有必要应对检疫措施进行评价，并随时更新。

2.19.12　风险交流。应将中国关心的有害生物名单及其风险管理措施建议等内容向输出国提供。进行风险评估的专家可参加双边座谈，以便制定有关条款。中国政府应及时向相应进口商通报输出国疫情，引导其进口方向。

2.20　野莴苣

2.20.1　由输出国提出要求，由国家质量监督检验检疫总局列入计划，并要求输出国提供有关的材料，包括随该商品传带的有害生物名单以及产地进行有关的官方防治措施。

2.20.2　潜在的检疫性有害生物的确立。

2.20.2.1　整理有害生物的完整名单。

2.20.2.2 提出会随该商品传带的有害生物名单。

2.20.2.3 确定中国关心的潜在的检疫性有害生物名单。

2.20.3 对潜在的检疫性有害杂草野莴苣的风险评估。

2.20.3.1 概述。

(1) 学名：*Lactuca pulchella*。

(2) 异名：*Lactuca tatarica*（Pursh.）Breitung.。

(3) 英文名：blue lettuce（blue-flowered lettuce）。

(4) 分类地位：菊科（Asteraceae），莴苣属（*Lactuca*）。

(5) 分布：原产欧洲及西亚，现已传播世界各地，主要分布在美国、加拿大及瑞典，我国也有记载。

(6) 危害部位或传播途径：多年生，植株繁茂，影响作物生长，难防治；危害菜园、果园、田地、林地的栽培植物；瘦果（种子）随作物种子传播。

(7) 形态特征：多年生草本，可长至1m高；茎基部具稀疏皮刺，于茎中部以上或基部分枝；叶互生，中、下部叶狭倒卵形至长圆形，常羽状深裂，长3～17cm，宽1～7cm，无柄，基部箭形抱茎；顶生叶卵状披针形或披针形，全缘或仅具稀疏的牙齿状刺。花两性，虫媒；头状花序多数，于茎顶排列成疏松的圆锥状，头状花序长1.2～1.5cm，基部径0.2～0.3（0.4）cm，具0.5～3cm的长柄；总苞3层，外层苞片宽短，卵形或卵状披针形，向内苞片渐狭为线形，边缘膜质，长度几乎相等，在果实成熟时总苞开展或反折；头状花序由7～15（35）朵舌状花组成，花冠淡黄色，干后变蓝紫色。瘦果两面扁平，倒披针形，长3～3.5mm，宽约1mm，灰褐色或黄褐色，每面有（5）7～9条纵肋，沿肋条上部有向上直立的白色刺毛，在肋条上或其间散布有深褐色条纹或块状斑纹；喙细长，长5mm左右，冠毛白色，与喙约等长。

(8) 相似种：阿尔泰莴苣（*Lactuca altaica*）与野莴苣的主要区别是叶片披针形或长披针形，有时中部叶羽状深裂或浅裂或缺刻，中脉有稀疏淡黄色硬刺毛；舌状花黄色。

(9) 生物学特性：多年生草本，可长至1m高；一般生长在路旁、菜园、果园、田地、林地和弃耕地中；该植物需要沙质、肥沃、湿润、排水良好的土壤，能在酸性、中性或碱性的土壤上生长，也能在半遮蔽（疏林地）或无遮蔽的地区生长；花期8～9月。

2.20.3.2 传入可能性评估。

(1) 进入可能性评估：野莴苣生长繁茂，分布广，随作物种子传播。近年来，随着我国从国外进口棉花等农产品日益增多，野莴苣对我国的威胁越来越大。

(2) 定殖可能性评估：野莴苣的适应性很强，主要分布在美国、加拿大及瑞典。在我国大部分地区定殖的可能性非常大，对我国也存在很大的危害。

2.20.3.3 扩散可能性评估。一种生物能否扩散，其生活习性是关键因素。野莴苣多年生，植株繁茂，影响作物生长，难防治。随作物种子传播。因此传入我国会造成大的流行，对我国农业会造成一定的影响。

2.20.3.4 传入后果评估。危害蔬菜、牧草及大田等作物。对动物及人虽然没有特别的毒性报道，但这个属的很多植物含有麻醉剂的成分，特别是开花的时候。植物的乳汁中含有一种叫“lactucarium”的物质，有弱鸦片碱的作用，但不会引起消化紊乱和成瘾。这种植物必须谨慎服用，普通剂量易引起嗜睡，过多则引起焦虑不安，如果太过量则会导致心脏麻痹而死亡。野莴苣多年生，植株繁茂，影响作物生长，难防治。随作物种子传播。传入我国会造成大的流行，对我国农业会造成一定的影响，一旦在我国扩散则很难防治，将会严重危害烟草、棉花、谷物、牧草等作物。对我国的农业形成巨大危害，从而干扰我国经济的发展，并对社会和环境带来一定的负面影响。

2.20.4　总体风险归纳。对我国的农业形成一定危害，一定程度上干扰我国经济的发展，并对社会和环境带来一定的负面影响。

2.20.5　备选方案的提出。强化大规模检测的力度，加强进口商品的产地检疫，边境口岸应对货物、包装材料、运输工具、邮件、垃圾、乘客行李等严格检疫。

2.20.6　就总体风险征求有关专家和管理者的意见。

2.20.7　评估报告的产生。

2.20.8　对风险评估报告进行评价，征求有关专家的意见。

2.20.9　风险管理。

2.20.9.1　我国目前的APL。我国已建立起较为完备的防治有害生物的机构体系，如各级检验检疫机构、植保站，并具备了大批的专家和工作人员。首先加强入境检疫力度，提高检疫人员的业务能力，争取做到拒之于国门之外；其次提高各级检疫站和植保人员的业务水平，随时发现随时防治，并及早通报疫情。

2.20.9.2　备选方案的可行性评估。确实可行。

2.20.9.3　建议的检疫措施。对进口棉花等产品实施检疫检测，严格按标准执行。

（1）产地调查：在野莴苣生长期，根据其形态特征进行鉴别。

（2）室内检验（目检）：对调运的旱作种子进行抽样检查，每样品不少于1kg，按野莴苣瘦果特征鉴别，计算混杂率。

（3）农业防治：①深翻耕地，深翻耕可将表层种子埋入10cm以下土层，减少出苗率；②清除田边、沟渠杂草，田边、沟渠里的杂草种子可通过灌水、风、雨及农事操作带入大田，及时清除这些杂草可有效减少田间杂草发生量；③重收割，可有效防止种子产生和成熟；④通过作物的轮作，亦能达到控制杂草的目的。

2.20.9.4　征求意见。

2.20.9.5　原始管理报告。

2.20.10　PRA报告。

2.20.11　在实施检疫措施之后，应当监督其有效性，如有必要应对检疫措施进行评价，并随时更新。

2.20.12　风险交流。应将中国关心的有害生物名单及其风险管理措施建议等内容向输出国提供。进行风险评估的专家可参加双边座谈，以便制定有关条款。中国政府应及时向相应进口商通报输出国疫情，引导其进口方向。

2.21　银毛龙葵

2.21.1　由输出国提出要求，由国家质量监督检验检疫总局列入计划，并要求输出国提供

有关的材料，包括随该商品传带的有害生物名单以及产地进行有关的官方防治措施。

2.21.2 潜在的检疫性有害生物的确立。

2.21.2.1 整理有害生物的完整名单。

2.21.2.2 提出会随该商品传带的有害生物名单。

2.21.2.3 确定中国关心的潜在的检疫性有害生物名单。

2.21.3 对潜在的检疫性有害杂草银毛龙葵的风险评估。

2.21.3.1 概述。

（1）学名：*Solanum elaeagnifolium* Cav.。

（2）英文名：silverleaf nightshade。

（3）分类地位：茄科（Solanaceae），茄属（*Solanum*）。

（4）分布：原产于南北美洲，现被认为其能适应不同的气候带，1909年第一次记录出现于澳大利亚的墨尔本，现已遍布各大洲。在澳大利亚维多利亚州，银毛龙葵分布于年降水量在300～560mm的许多地区。目前在美国、墨西哥、阿根廷、巴西、智利、印度、南非、澳大利亚均有分布。

（5）危害部位或传播途径：常侵入麦田和牧场；种子传播或由其多年生的根进行营养繁殖，根的各个部分都能形成枝芽，1cm左右的根即可成活；种子还可由风、水、机械、鸟类、动物（或内部或外部）携带传播，大约10%的种子经绵羊的消化道也可保持活力；带有成熟果实的死亡植株，种子从母体脱落后，常由风传播。多年生，难防治。全株有毒，可引起牲畜中毒。

（6）形态特征：银毛龙葵是一种直立多年生灌木状草本，高30～80cm；茎直立，分枝，覆盖着许多细长的橘色刺，茎表面有稠密的银白色绒毛；叶互生，长2.5～10cm，宽1～2cm，边缘常呈扇形，叶脉上常具刺。花紫色，偶尔白色，通常直径在2.5cm左右，有的可到4.0cm，具5个联合的花瓣形成的花冠和5个黄色的花药。果实为光滑的球状浆果，直径在1.0～1.5cm，绿色带暗条纹，成熟时呈黄色带橘色斑点；种子轻且圆，平滑，暗棕色，直径在2.5～4mm，每个果实中大约有75粒种子。

（7）生物学特性：多年生草本，10～11月可从根上进行营养繁殖。植物在11月或12月到翌年4月开花、结果。死亡的茎上带有浆果，通常会保留几个月。种子秋季萌发，幼小的植株在几个月内就可形成庞大的根系。根深，分枝多，垂直和水平的根一般超过2m。银毛龙葵经常与*Solanum esuriale* Lindl. 相混淆，后者具椭圆形的叶片、浅黄绿色的果实、短而粗的花药，且通常无刺。银毛龙葵生命力极强，即使经过收割仍会重新生长出来，甚至处在收割后2～3周干燥环境下仍不能阻止花的形成。

2.21.3.2 传入可能性评估。

（1）进入可能性评估：银毛龙葵多年生，难防治。全株有毒，可引起牲畜中毒。生长繁茂，分布广，随作物种子传播。近年来，随着我国从国外进口棉花等农产品日益增多，银毛龙葵对我国的威胁越来越大。

（2）定殖可能性评估：银毛龙葵的适应性很强，分布广，现分布于美国、墨西哥、阿根廷、巴西、智利、印度、南非、澳大利亚。在我国大部分地区定殖的可能性非常大，对我国也存在很大的危害。

2.21.3.3　扩散可能性评估。一种生物能否扩散，其生活习性是关键因素。银毛龙葵的适应性很强，分布广，因此传入我国会造成大的流行，对我国农业会造成一定的影响。

2.21.3.4　传入后果评估。银毛龙葵在桉树林（Mallee）、维么拉（Wimmera）、古尔本（Goulburn）等保护区是一种地区性禁止杂草，必须销毁或将其控制在一定范围内。银毛龙葵常与其他植物争夺水和养分，是耕地和牧场的主要杂草。

银毛龙葵植株各部分，尤其是成熟果实对动物有毒。常有家畜因此而受损失，牛比绵羊更易受影响，但山羊不受影响。中毒迹象为流涎、鼻音失控、呼吸困难、浮肿、颤抖、粪便稀松。银毛龙葵传入我国会造成大的流行，对我国农业会造成一定的影响，一旦在我国扩散则很难防治，将会严重危害烟草、棉花、谷物、牧草等作物。随作物种子传播，生长繁茂，严重影响作物的生长，对我国的农业形成巨大危害，从而干扰我国经济的发展，并对社会和环境带来一定的负面影响。

2.21.4　总体风险归纳。多年生，难防治。全株有毒，可引起牲畜中毒。随作物种子传播。对我国的农业形成一定危害，一定程度上干扰我国经济的发展，并对社会和环境带来一定的负面影响。

2.21.5　备选方案的提出。强化大规模检测的力度，加强进口商品的产地检疫，边境口岸应对货物、包装材料、运输工具、邮件、垃圾、乘客行李等严格检疫。国内应做好随时防治银毛龙葵的准备。

2.21.6　就总体风险征求有关专家和管理者的意见。

2.21.7　评估报告的产生。

2.21.8　对风险评估报告进行评价，征求有关专家的意见。

2.21.9　风险管理。

2.21.9.1　我国目前的APL。我国已建立起较为完备的防治有害生物的机构体系，如各级检验检疫机构、植保站，并具备了大批的专家和工作人员。首先加强入境检疫力度，提高检疫人员的业务能力，争取做到拒之于国门之外；其次提高各级检疫站和植保人员的业务水平，随时发现随时防治，并及早通报疫情。

2.21.9.2　备选方案的可行性评估。确实可行。

2.21.9.3　建议的检疫措施。对进口棉花等产品实施检疫检测，严格按标准执行。

（1）在生长期或开花期，到可能生长地进行踏查，根据该植物的形态特征进行鉴别，确定种类，记载混杂情况和混杂率。对进出口和国内调运的种子进行抽样检查。种子每个样品不少于1kg，检验是否带有该检疫杂草的种子。

（2）对银毛龙葵传播地需用机械工具进行彻底清除，一旦发现银毛龙葵出现立即对其进行处理；避免让牲畜吃银毛龙葵的果实，因为会增加种子传播的机会；家畜离开银毛龙葵传播地后需隔离6～7d，以防止种子通过消化道传播；耕种不是一种有效的方法，因为银毛龙葵具有发达的根系，耕种在某种程度上还促进了银毛龙葵种子的传播；银毛龙葵可通过交叉收割然后耕种而暂时得到治理；不要在银毛龙葵盛行之时进行耕种，深翻可以防止花和种子的形成。

（3）竞争性牧草可对银毛龙葵的生长产生影响，尤其是生命力强、夏季生长的植物，如紫花苜蓿。

(4) 可使用下列除草剂除去牧场的银毛龙葵：2,4-D三异丙醇胺盐+毒莠定，2,4-D乙醇酯，2,4-D异丁基酯，2,4-D异辛基酯，草甘膦异丙胺盐。连续几年使用，可彻底铲除土地上的银毛龙葵。

(5) 1980年澳大利亚维多利亚州发现了一种叶片线虫，其对银毛龙葵有防治作用。

2.21.9.4 征求意见。

2.21.9.5 原始管理报告。

2.21.10 PRA报告。

2.21.11 在实施检疫措施之后，应当监督其有效性，如有必要应对检疫措施进行评价，并随时更新。

2.21.12 风险交流。应将中国关心的有害生物名单及其风险管理措施建议等内容向输出国提供。进行风险评估的专家可参加双边座谈，以便制定有关条款。中国政府应及时向相应进口商通报输出国疫情，引导其进口方向。

2.22 疣果匙荠

2.22.1 由输出国提出要求，由国家质量监督检验检疫总局列入计划，并要求输出国提供有关的材料，包括随该商品传带的有害生物名单以及产地进行有关的官方防治措施。

2.22.2 潜在的检疫性有害生物的确立。

2.22.2.1 整理有害生物的完整名单。

2.22.2.2 提出会随该商品传带的有害生物名单。

2.22.2.3 确定中国关心的潜在的检疫性有害生物名单。

2.22.3 对潜在的检疫性有害杂草疣果匙荠的风险评估。

2.22.3.1 概述。

(1) 学名：*Bunias orientalis* L.。

(2) 分布：分布于欧洲中部、南部和东部，亚洲西部。

(3) 危害部位或传播途径：疣果匙荠为田间有害杂草。随作物种子传播。

2.22.3.2 传入可能性评估。

(1) 进入可能性评估：疣果匙荠生长能力强，分布广，随作物种子传播。近年来，随着我国从国外进口棉花等农产品日益增多，疣果匙荠对我国的威胁越来越大。

(2) 定殖可能性评估：疣果匙荠的适应性很强，分布在欧洲中部、南部和东部，亚洲西部。在我国大部分地区定殖的可能性非常大，对我国也存在很大的危害。

2.22.3.3 扩散可能性评估。一种生物能否扩散，其生活习性是关键因素。疣果匙荠的适应性很强，分布广，因此传入我国会造成大的流行，对我国农业会造成一定的影响。

2.22.3.4 传入后果评估。疣果匙荠传入我国会造成大的流行，对我国农业会造成一定的影响，一旦在我国扩散则难以防治，将会严重危害小麦、烟草、棉花、谷物、牧草等作物。疣果匙荠生长能力强，严重影响作物的生长。对我国的农业形成巨大危害，从而干扰我国经济的发展，并对社会和环境带来一定的负面影响。

2.22.4 总体风险归纳。疣果匙荠生长能力强，严重影响作物的生长。对我国的农业形成巨大危害，从而干扰我国经济的发展，并对社会和环境带来一定的负面影响。

2.22.5　备选方案的提出。强化大规模检测的力度，加强进口商品的产地检疫，边境口岸应对货物、包装材料、运输工具、邮件、垃圾、乘客行李等严格检疫。国内应做好随时防治疣果匙荠的准备。

2.22.6　就总体风险征求有关专家和管理者的意见。

2.22.7　评估报告的产生。

2.22.8　对风险评估报告进行评价，征求有关专家的意见。

2.22.9　风险管理。

2.22.9.1　我国目前的APL。我国已建立起较为完备的防治有害生物的机构体系，如各级检验检疫机构、植保站，并具备了大批的专家和工作人员。首先加强入境检疫力度，提高检疫人员的业务能力，争取做到拒之于国门之外；其次提高各级检疫站和植保人员的业务水平，随时发现随时防治，并及早通报疫情。

2.22.9.2　备选方案的可行性评估。确实可行。

2.22.9.3　建议的检疫措施。对进口棉花等产品实施检疫检测，严格按标准执行。

2.22.9.4　征求意见。

2.22.9.5　原始管理报告。

2.22.10　PRA报告。

2.22.11　在实施检疫措施之后，应当监督其有效性，如有必要应对检疫措施进行评价，并随时更新。

2.22.12　风险交流。应将中国关心的有害生物名单及其风险管理措施建议等内容向输出国提供。进行风险评估的专家可参加双边座谈，以便制定有关条款。中国政府应及时向相应进口商通报输出国疫情，引导其进口方向。

3　进境棉花中线虫的风险分析

3.1　南方根结线虫

3.1.1　由输出国提出要求，由国家质量监督检验检疫总局列入计划，并要求输出国提供有关的材料，包括随该商品传带的有害生物名单以及产地进行有关的官方防治措施。

3.1.2　潜在的检疫性有害生物的确立。

3.1.2.1　整理有害生物的完整名单。

3.1.2.2　提出会随该商品传带的有害生物名单。

3.1.2.3　确定中国关心的潜在的检疫性有害生物名单。

3.1.3　对潜在的检疫性有害生物南方根结线虫的风险评估。

3.1.3.1　概述。

（1）学名：*Meloidogyne incognita*（Kofoid et White，1919）Chitwood，1949。

（2）异名：*Oxyuris incognita* Kofoid and White，1919；*Heterodera incognita*（Kofoid and White，1919）Sandground，1923；*Meloidogyne incognita incognita*（Kofoid and

White，1919）Chitwood，1949；*M. incognita acrita* Chitwood，1949；*M. acrita*（Chitwood，1949）Esser，Perry and Taylor，1976；*M. incognita inornata* Lordello，1956；*M. elegans* da Ponte，1977；*M. grahami* Golden and Slana，1978；*M. incognita wartellei* Golden and Birchfield，1978；*M. inornata* Lordello，1956。

（3）英文名：cotton root-knot nematode，Southern root-knot nematode。

（4）分类地位：属于垫刃目（Tylenchida），垫刃亚目（Tylenchina），垫刃总科（Tylenchoidea），异皮科（Heteroderidae），根结亚科（Meloidogyninae），根结线虫属（*Meloidogyne*）。

（5）分布：根结属线虫是一类非常重要的植物病原线虫，广泛分布于世界各地，主要分布于欧洲、非洲、中南美洲、北美洲、澳大利亚、中国、印度、日本、马来西亚等地。

（6）寄主：寄主范围广泛，几乎所有的蔬菜、多种果树和花卉等都是其危害的寄主。主要包括茄科（番茄、马铃薯）、葫芦科（各种瓜类、黄瓜）、十字花科、豆科、谷类、胡萝卜、婆罗门参、莴苣、菊苣、菊芋、甜菜、芹菜、洋葱、苋属、金鱼草、石刁柏、芸薹属、黄杨属、美人蕉属、仙人柱属、藜、朝鲜蓟、大丽花属、麝香石竹、马蹄金属、龙血树属、卫矛属、无花果属、棉属、萱草属、秋葵、甘薯、番薯属、百合属、锦葵属、苜蓿属、桑、芭蕉属、烟草、齐墩果属、油橄榄、欧洲防风、天竺葵属、喜林芋属、扁桃、油桃、桃、石榴、僧大黄、三叶草属、葡萄、姜等。

（7）传播途径：2龄侵染幼虫活动缓慢，整个生长季节移动距离通常只有20～30cm，同一块发病田中线虫分布不均匀，病害也随着这种不均匀的分布而发生；田间主要通过病土、病苗和灌溉水传播，农事操作及农具携带也能传播。

（8）形态特征：该属线虫成虫为雌雄异型。雌成虫固定寄生在根内，膨大呈梨形，前端尖，乳白色，解剖根结或根瘤则肉眼可见，这是诊断根结线虫病的标准之一；雌虫尾部退化，肛门和阴门位于虫体的末端，角质膜薄，有环纹；肛阴周围的角质膜形成特殊的会阴花纹，该属分种其雌虫的会阴花纹是重要的依据之一；唇区略呈帽状，有6个唇瓣；口针发达，一般长12～15μm，基部球明显；背食道腺开口于基部球稍后处；食道圆筒形，中食道球球形，瓣膜清楚，食道腺覆盖于肠的腹面及侧面；排泄孔位于中食道球前面；阴门呈裂缝状，位于虫体的末端；卵巢2个，几乎充满虫体，有受精囊；每个雌虫可产卵500～1 000粒，常产在体外的胶质卵囊中。雄虫呈线状，长为1 000～2 000μm，圆筒形，无色透明，尾部短，尾尖钝圆，体表环纹清楚，侧线多为4条；唇区稍突起，无缢缩，口针18～26μm，基部球明显；食道体部圆筒形，中食道球纺锤形，峡部较短；食道腺呈长叶状覆盖于肠的腹面；排泄孔位于神经环位置稍后处；精巢一般1个，交合刺细长，一般为25～33μm；发育成熟的雄虫往往离开寄主进入土壤中。2龄幼虫呈线状，无色，透明；尾尖有明显的透明区（称透明尾），尖端狭窄，外观呈不规则状；此阶段为侵染虫态，所以2龄幼虫又称侵染幼虫；其唇区具1～4个粗环纹，具一明显唇盘，唇骨架较发达，侧唇比亚中唇宽；口针纤细，小于20μm，一般为12～15μm，排泄孔位于半月体之后；中食道球卵圆形，内有瓣膜；2龄幼虫的体前部及尾尖的形态是该属分种的又一重要依据之一。3龄和4龄幼虫膨大成囊状，并有尾突，也是固定寄生于根结内。卵长椭圆形、肾脏形，大小为12～86μm ×34～44μm。

危害最为普遍和重要的4种根结线虫，即南方根结线虫［*Meloidogyne incognita*（Kofoid & White）Chitwood］、爪哇根结线虫［*M. javanica*（Treub）Chitwood］、花生根结线虫［*M. arenaria*（Neal）Chitwood］和北方根结线虫（*M. hapla* Chitwood ）。另外，奇特伍德根结线虫（*M. chitwoodi* Golden et al. ）和 *M. fallax* Karssen 也是两种危害性很大的根结线虫。对上述几种根结线虫的种间鉴别，则主要根据其雌虫的会阴花纹及其2龄幼虫的形态差异来进行。

南方根结线虫：雌虫的会阴花纹有一明显高的背弓，由平滑至波浪形的线纹组成，一些线纹在侧面分叉，但无明显的侧线，经常有一些弯向阴门的纹线。2龄幼虫体长346～463μm。该种有4个小种。主要分布在热带和温带，位于北纬40°到南纬33°，年平均温度18～30℃的地区，最适温度为27℃。其寄主超过1 300种植物。

爪哇根结线虫：雌虫的会阴花纹具有一个圆而扁平的背弓，侧区具明显的侧线，侧线把线纹分为明显的背面和腹面，无或有很少线纹通过侧线，一些线纹弯向阴门。2龄幼虫体长402～560μm。未发现有寄主分化现象。它的分布范围比南方根结线虫窄，包括温带和热带地区，位于北纬33°至南纬33°范围内。在月降水量少于5mm的时间达3个月以上的干旱地区，该种可能是优势种。寄主范围广。

花生根结线虫：雌虫的会阴花纹圆至卵圆形，背弓扁平至圆形，弓上的线纹在侧线处稍分叉，并常在弓上形成肩状突起，背面和腹面的线纹常在侧线处相遇，并成一个角度，近侧线处的一些线纹分叉、短且不规则，线纹平滑到波浪状，一些可能弯向阴门，花纹也可能有一些向侧面延伸形成1～2个翼的线纹。2龄幼虫体长398～605μm。该种有2个小种。其分布近似南方根结线虫，亦有很广泛的寄主。

北方根结线虫：雌虫的会阴花纹为近圆形的六边形至稍扁平的卵圆形，背弓常扁平，背、腹线纹相遇成一定的角度，或呈不规则变化，但侧线不明显，有些线纹可向侧面延长形成1～2个翼，线纹平滑至波浪状，尾端区常有刻点。2龄幼虫体长357～517μm。该种有2个小种。此种比以上3个种的寄主专化性强。主要分布在较寒冷和热带或亚热带的高海拔地区（1 000m以上）。

奇特伍德根结线虫：雌虫的会阴花纹与北方根结线虫相似，区别在于：其轮廓为椭圆形到圆形，肛门周围环纹扭曲、断裂，阴门凹陷，周围没有环纹。2龄幼虫体长336～417μm。在北美西北部的马铃薯种植区和欧洲大陆有较普遍的分布，到目前还未有在英国发生的报道。该线虫可以在6℃的低温下开始发育。在作物种植后，当积温达到600℃时（5℃以上）越冬代卵或幼虫可以进入根内部发育并产卵，积温达到800℃时第二代2龄幼虫可以侵入寄主根部。寄主范围广泛。

M. fallax Karssen：与奇特伍德根结线虫相比，*M. fallax* 雌虫会阴花纹背弓相对较高，环纹较多。2龄幼虫体长380～435μm。1992年在Baexem有该种线虫的首次记录，之后在荷兰靠近德国和比利时边境的南部和东南部地区陆续有该线虫的报道。在欧洲之外的地区还未有报道。该线虫常与奇特伍德根结线虫混合发生。

（9）生物学特性：卵产于雌虫末端的胶质卵囊中。雌虫产卵几小时后就开始胚胎发育，逐渐分裂，依次通过囊胚期、原肠期、中胚层形成期，直至形成一个具明显口针卷曲在卵壳中的1龄幼虫。在卵内经一次蜕皮，变成2龄幼虫；2龄幼虫用口针不断穿刺卵壳并破卵而出，进入土壤，不断移动，伺机侵染寄主；2龄幼虫进入根部后，不断取食，逐渐膨大成为豆荚状。随着幼虫第二、三次蜕皮，形成3龄和4龄幼虫；这两个时期，虫体上常带有蜕下的表皮，口针和中食道球消失。第四次蜕皮后，口针和中食道球又明显可见，生殖腺趋于成熟，子宫和阴道形成，可见明显的会阴花纹。随着线虫的发育，雌虫虫体呈近球形并具一个明显的颈，最后发育成熟并产卵；雄虫变化不大，均为线形。根结线虫从单细胞卵发育至雌虫成熟产卵所经历的时间因不同种类和不同的环境条件而有所差异，一般为25～30d（27℃下）。

该属的线虫营两性和孤雌生殖，寄主植物多达2 500余种。种内存在着明显的生理分化现象，有不同生理型或生理小种。不同种的线虫对温湿度要求也不一样，一般在土壤温度25～30℃、土壤持水量40%左右时发育最适宜。幼虫一般在10℃以下即停止活动，致死温度为55℃ 10min。

（10）病害发生规律：根结线虫以2龄幼虫在土中越冬，或雌虫当年产的卵不孵化，留在卵囊中随同病根留在土中越冬。第二年环境适宜时越冬卵孵化为幼虫，或越冬幼虫伺机由根冠上方侵入寄主的幼根，并在没有任何分化的根细胞间移动，最后寄生于根内的中柱与皮层中生长发育。线虫口针不断穿刺细胞壁，并分泌唾液，引起寄主皮层薄壁细胞过度生长，形成巨型细胞，同时线虫头部周围的细胞大量增生，引起根的膨大，最后形成明显的根瘤或根结。由于线虫的侵染，根组织中碳水化合物、果酸、纤维素和木质素等物质减少，而蛋白质、游离氨基酸、RNA和DNA等物质增加，输导结构被破坏并畸形，赤霉素和细胞激动素运输减弱，水分和养分的运输也受阻。2龄幼虫在根结内生活经3次蜕皮发育为成虫。雌、雄成虫交尾后或雌虫营孤雌生殖，产卵于胶质卵囊中，卵囊附于阴门外，常裸露于根结外。1龄幼虫在卵内孵化，2龄幼虫破壳而出，离开植物体到土中，进行再次侵染或在土中越冬。

根结线虫可以与其他病原物形成复合侵染，使病害加重。在根结线虫与青枯病菌的复合侵染体系中，番茄青枯病症状出现早、范围广，发病率和严重度均有所提高。被根结线虫感染的番茄植株可能丧失对镰刀菌枯萎病的抗性。腐霉菌、镰刀菌和丝核菌等真菌在根结中生长繁殖比在根的其他部位快得多，这是由于线虫的取食导致根结内持续高速率代谢活动，消耗了植物体内养分，提高了这些病菌所需的营养物浓度，增加了植株的感病性。

（11）影响发病的因素：

①土质和地势：根结线虫是好气性的，凡地势高而干燥、结构疏松、含盐量低而呈中性反应的沙质土壤，都适宜于根结线虫的活动，因而发病重。土壤潮湿、黏质土壤、结构板结等均不利根结线虫活动，故发病较轻。

②温度：土壤温度主要影响线虫卵和幼虫的存活。冬季线虫为越冬状态，翌春气温回升后，线虫开始侵染寄主，温度回升快，则病害发生早。温度适宜时再侵染频繁，且世代重叠。作物一个生长季节中，线虫可发生5～6代。我国南方地区温度高，根结线虫发生世代多，危害时间长，病害一般重于北方地区。保护地比露地土壤升温早，线虫初侵染时间提前，繁殖世代数增加，田间虫口密度在短短几个生长季节内就可积累至引起严重危害的水平，这是保护地蔬菜根结线虫病发生比露地重的另一重要原因。

③耕作制度：连作地发病重，连作期限越长危害越严重。发病地如长期浸水 4 个月，可使土中线虫全部死亡。

④土壤耕翻：根结线虫的虫瘿多分布在表层下 20cm 的土中，特别是在 3～9cm 内最多。因为病原线虫的活动性不强，而且土层越深透气性能越差，不适宜病原线虫生活。如将表层土壤深翻后，大量虫瘿从上层翻到底层，不仅可以消灭一部分越冬的虫源，同时耕翻后表层土壤疏松，日晒后易干燥，不利于线虫活动，虫源亦相对减少。幼虫为移动性内寄生，雌虫固定内寄生。2 龄幼虫穿刺侵入寄主植物根部，在维管束附近形成取食位点，其头区周围细胞融合形成巨型细胞，经过 4 次蜕皮发育为雌虫，固定于根内取食。通常雌虫进行孤雌生殖。据试验报道，南方根结线虫在 28℃条件下，在烟草上完成一个生活史需 30d；20℃条件下在番茄上需 57～59d。另据报道，该线虫还与多种镰刀菌相互作用形成棉花、烟草、番茄、苜蓿的复合病害，还与寄生疫霉菌（*Phytophthora parasitia* var. *nicotinae*）、立枯丝核菌（*Rhizoctonia solani*）、瓜果腐霉（*Pythium aphanidermatum*）等作用形成复合病害，加重作物损失。

3.1.3.2　传入可能性评估。

（1）进入可能性评估：南方根结线虫的寄主范围广泛，几乎所有的蔬菜、多种果树和花卉等都是其危害的寄主。近年来，随着我国从国外进口棉花等农产品日益增多，南方根结线虫对我国的威胁越来越大。

（2）定殖可能性评估：南方根结线虫的适应性很强，分布广。现主要分布于欧洲、非洲、中南美洲、北美洲、澳大利亚、中国、印度、日本、马来西亚等地。在我国有分布，对我国也存在很大的危害。

3.1.3.3　扩散可能性评估。一种生物能否扩散，其生物学特性是关键因素。南方根结线虫的适应性很强，分布广，幼虫为移动性内寄生，雌虫固定内寄生。2 龄幼虫穿刺侵入寄主植物根部，在维管束附近形成取食位点，其头区周围细胞融合形成巨型细胞，经过 3 次蜕皮发育为雌虫，固定地在根的内部获取食物。对我国农业会造成一定的影响。

3.1.3.4　传入后果评估。根结线虫是园艺植物上的一种十分重要的线虫病害，它不仅直接影响寄主的生长发育，还可以加剧枯萎病等其他病害的发生。它仅危害根部，以侧根及支根最易受害。受害根部最普遍和最明显的症状是根部明显肿大，形成根结或根瘤，并具虫瘿。其根结大小因不同寄主种类和不同根结线虫种类而异。如豆科和瓜类蔬菜被害则在主、侧根上形成较大串珠状的根瘤，使整个根肿大，粗糙，呈不规则状；而茄科或十字花科蔬菜受害，则在新生根的根尖产生较小的根瘤，常在肿大根外部可见透明胶质状卵囊。严重感病的根系比健株的要短，侧根和根毛都要少，有的形成丛生或锉短根。受害植株一般地上部症状表现不明显，严重感病的表现生长衰弱，田间生长参差不齐，夏季中午炎热干旱时植株如同缺水呈萎蔫状。南方根结线虫对我国农业会造成一定的影响，一旦在我国扩散则很难防治，将会严重危害洋葱、苋属、金鱼草、石刁柏、甜菜、芸薹属、黄杨属、美人蕉属、辣椒、仙人柱属、藜、西瓜、南瓜、朝鲜蓟、大丽花属、胡萝卜、麝香石竹、马蹄金属、龙血树属、卫矛属、无花果属、大豆、棉属、萱草属、澼茄、甘薯、番薯属、豆科、百合属、锦葵属、苜蓿属、桑、芭蕉属、烟草、齐墩果属、油橄榄、欧洲防风、天竺葵属、喜林芋属、扁桃、油桃、桃、石榴、僧大黄、茄、马铃薯、三叶草属、葡萄、姜等。南方根结线虫可以通过土壤和寄主植物传播。对我国的农业形成巨大危害，从而干扰我国经济的发展，并对社会和环境带来一定的负面影响。

3.1.4 总体风险归纳。对我国的农业形成一定危害，一定程度上干扰我国经济的发展，并对社会和环境带来一定的负面影响。

3.1.5 备选方案的提出。南方根结线虫是中国和蒙古植物检疫双边协定中规定的植物检疫性线虫，应严格施行检疫。强化大规模检测的力度，加强进口商品的产地检疫，边境口岸应对货物、包装材料、运输工具、邮件、垃圾、乘客行李等严格检疫。

3.1.6 就总体风险征求有关专家和管理者的意见。

3.1.7 评估报告的产生。

3.1.8 对风险评估报告进行评价，征求有关专家的意见。

3.1.9 风险管理。

3.1.9.1 我国目前的APL。我国已建立起较为完备的防治有害生物的机构体系，如各级检验检疫机构、植保站，并具备了大批的专家和工作人员。首先加强入境检疫力度，提高检疫人员的业务能力，争取做到拒之于国门之外；其次提高各级检疫站和植保人员的业务水平，随时发现随时防治，并及早通报疫情。

3.1.9.2 备选方案的可行性评估。确实可行。

3.1.9.3 建议的检疫措施。为防治根结线虫病，最大限度地减少损失，首先要加强检疫，保护无病区，遵循“预防为主，综合防治”方针，以农业防治为基础，选用抗病良种为重点，协调运用化学防治与生物防治方法，有效控制根结线虫的危害。

（1）加强苗木检疫： 苗木调运是根结线虫远距离传播的主要途径，为了防止病害蔓延和扩展，对苗木调运必须严格检疫。禁止病区苗木调入或调出，即无病区不从病区调入苗木，病区不向无病区输出苗木；对外来苗木必须进行检疫；要杜绝私人购进苗木的现象。一旦发现带病苗木，必须立即彻底销毁，防止病苗进入无病区及新区。

（2）实行轮作和翻晒土壤： 轮作能使病情显著减轻，若能进行2～3年轮作，效果更显著，最好与禾本科作物轮作，因禾本科作物不会发生根结线虫病。采用无病土育苗和深耕翻晒土壤，可有效减少虫源。

（3）加强栽培管理： 彻底处理病株残体，集中烧毁或深埋。合理施肥和灌水，对病株有延迟其症状表现的作用或减轻损失。有条件的可种植诱杀植物、生草休闲或漫灌等。

（4）选用抗病品种： 根据不同寄主类型，选用抗、耐病品种。发病严重地区可改种其他抗性作物。

（5）热力处理： 温水处理携带线虫的植物材料也是一种有效的防治技术。在约50℃的条件下，线虫的代谢活动基本停止，直至死亡。不同种的植物和线虫对温度的敏感性不同，需通过预试验来确定热处理的温度和时间，以达到既消毒彻底又不影响植物生长的目的。也可利用太阳能杀死线虫。在盛夏季节，将塑料薄膜覆盖在潮湿土壤上，太阳能使土壤升温，杀死土壤中的线虫、病原菌和杂草种子。用吸光能力强的黑色薄膜覆盖，杀伤效果最好。

（6）土壤处理： 对经济价值高的蔬菜、花卉和果树，可选用杀线虫剂，如克线磷（Nemacur）、克线丹（Rugby）、益舒宝（Mocap）、必速灭（Basamid）、万强（Vydate）、米乐尔（Miral）、二溴丙烷（DBCP）等熏蒸或处理土壤，可有效控制土壤中的线虫密度。要根据不同的药剂确定不同的处理方式。对熏蒸性药剂，一般在播种前2～3周施于离土表15～25cm深的土中，施药前应保持湿润，施药后覆土压实，以达到熏蒸杀虫的目的；其他药剂则播种或移植时一同使用。

(7) 生物防治：利用生防制剂防治线虫，如用紫色拟青霉菌（*Paecilomyces lilacinum*）可有效控制根结线虫。

南方根结线虫是中国和蒙古植物检疫双边协定中规定的植物检疫性线虫，应严格施行检疫。对进口棉花等产品实施检疫检测，严格按标准执行。

3.1.9.4　征求意见。

3.1.9.5　原始管理报告。

3.1.10　PRA报告。

3.1.11　在实施检疫措施之后，应当监督其有效性，如有必要应对检疫措施进行评价，并随时更新。

3.1.12　风险交流。应将中国关心的有害生物名单及其风险管理措施建议等内容向输出国提供。进行风险评估的专家可参加双边座谈，以便制定有关条款。中国政府应及时向相应进口商通报输出国疫情，引导其进口方向。

3.2　花生根结线虫

3.2.1　由输出国提出要求，由国家质量监督检验检疫总局列入计划，并要求输出国提供有关的材料，包括随该商品传带的有害生物名单以及产地进行有关的官方防治措施。

3.2.2　潜在的检疫性有害生物的确立。

3.2.2.1　整理有害生物的完整名单。

3.2.2.2　提出会随该商品传带的有害生物名单。

3.2.2.3　确定中国关心的潜在的检疫性有害生物名单。

3.2.3　对潜在的检疫性有害生物花生根结线虫的风险评估。

3.2.3.1　概述。

(1) 学名：*Meloidogyne arenaria*（Neal，1889）Chitwood，1949。

(2) 异名：*Anguillula arenaria* Neal，1889；*Tylenchus arenarius*（Neal，1889）Cobb，1890；*Heterodera arenaria*（Neal，1889）Marcinowski，1909；*Meloidogyne arenaria arenaria*（Neal，1889）Chitwood，1946；*M. arenaria thamesi* Chitwood in Chitwood，Specht，and Havis，1952；*M. thamesi*（Chitwood in Chitwood et al.，1952）Goodey，1963。

(3) 英文名：peanut root-knot nematode。

(4) 分类地位：垫刃目（Tylenchida），垫刃亚目（Tylenchina），异皮科（Heteroderidae），根结线虫属（*Meloidogyne*）。

(5) 分布：广泛分布在世界温暖地区，主要有加拿大、美国、中南美洲、所有地中海国家、非洲中部和南部、中东和亚洲其他地区。在寒冷地区主要在温室发现。

(6) 寄主: 寄主主要包括 *Aphelandra* spp.、花生、燕麦、秋海棠属、甜菜、芹菜、大白菜、美丽猪屎豆、鸭茅、大丽花属、马唐属、无花果、棉属、大麦、甘薯、莴苣、葫芦、多花黑麦草、番茄、竹芋属、香蕉、烟草、天竺葵属、喜林芋属、胡椒、豌豆、杜鹃花属、黑麦、茄、马铃薯、苣荬菜、菠菜、万寿菊、孔雀草、小麦、三叶草属。

(7) 传播途径: 花生根结线虫可以通过土壤和寄主植物传播。

(8) 形态特征: 见南方根结线虫。

(9) 生物学特性: 幼虫为移动性内寄生,雌虫为固定内寄生。2龄幼虫穿刺侵入寄主植物根部,在维管束附近形成取食位点,其头区周围细胞融合形成巨型细胞。经过3次蜕皮发育为雌虫,雌虫固定于根内取食。雌、雄交配后产卵,卵留在卵囊中。据报道,在金鱼草属(*Antirrhinum*)根上接种,在平均气温20~40℃的条件下30d开始产卵,66d后第二代幼虫侵染根。在番茄上,相近似的条件下39d后产卵,63d后第二代幼虫开始侵染根。花生根结线虫能与尖胞镰刀菌(*Fusarium oxysporium*)相互作用,造成许多植物的镰刀菌萎蔫病;还能与立枯丝核菌(*Rhizoctonia solani*)、黄曲霉(*Aspergillus flavus*)、黑曲霉(*A. niger*)、群结腐霉(*Pythium myriotylum*)等协同作用,形成复合病害。

3.2.3.2 传入可能性评估。

(1) 进入可能性评估: 花生根结线虫的寄主多,主要包括 *Aphelandra* spp.、花生、燕麦、秋海棠属、甜菜、芹菜、大白菜、美丽猪屎豆、鸭茅、大丽花属、马唐属、无花果、棉属、大麦、甘薯、莴苣、葫芦、多花黑麦草、番茄、竹芋属、香蕉、烟草、天竺葵属、喜林芋属、胡椒、豌豆、杜鹃花属、黑麦、茄、马铃薯、苣荬菜、菠菜、万寿菊、孔雀草、小麦、三叶草属。近年来,随着我国从国外进口棉花等农产品日益增多,花生根结线虫对我国的威胁越来越大。

(2) 定殖可能性评估: 花生根结线虫的适应性很强,分布广。现广泛分布在世界温暖地区,主要有加拿大、美国、中南美洲、所有地中海国家、非洲中部和南部、中东和亚洲其他地区。在寒冷地区主要在温室发现寄生。对我国也存在很大的危害。

3.2.3.3 扩散可能性评估。一种生物能否扩散,其生物学特性是关键因素。花生根结线虫的适应性很强,分布广,幼虫为移动性内寄生,雌虫为固定内寄生。2龄幼虫穿刺侵入寄主植物根部,在维管束附近形成取食位点,其头区周围细胞融合形成巨型细胞。经过3次蜕皮发育为雌虫,雌虫固定于根内取食。雌、雄交配后产卵,卵留在卵囊中。据报道,在金鱼草属(*Antirrhinum*)根上接种,在平均气温20~40℃条件下30d开始产卵,66d后第二代幼虫侵染根。在番茄上,相近似的条件下39d后产卵,63d后第二代幼虫开始侵染根。花生根结线虫能与尖胞镰刀菌(*Fusarium oxysporium*)相互作用,造成许多植物的镰刀菌萎蔫病;还能与立枯丝核菌(*Rhizoctonia solani*)、黄曲霉(*Aspergillus flavus*)、黑曲霉(*A. niger*)、群结腐霉(*Pythium myriotylum*)等协同作用,形成复合病害。对我国农业会造成一定的影响。

3.2.3.4 传入后果评估。花生根结线虫对我国农业会造成一定的影响,一旦在我国扩散则很难防治,将会严重危害 *Aphelandra* spp.、花生、燕麦、秋海棠属、甜菜、芹菜、大白菜、美丽猪屎豆、鸭茅、大丽花属、马唐属、无花果、棉属、大麦、甘薯、莴苣、葫芦、多花黑麦草、番茄、竹芋属、香蕉、烟草、天竺葵属、喜林芋属、胡椒、豌豆、杜鹃花属、黑麦、茄、马铃薯、苣荬菜、菠菜、万寿菊、孔雀草、小麦、三叶草属。花生根结线虫可以通过土壤和寄主植物传播。对我国的农业形成巨大危害，从而干扰我国经济的发展，并对社会和环境带来一定的负面影响。

3.2.4　总体风险归纳。对我国的农业形成一定危害，一定程度上干扰我国经济的发展，并对社会和环境带来一定的负面影响。

3.2.5　备选方案的提出。花生根结线虫是中国和蒙古植物检疫双边协定中规定的植物检疫性线虫，应严格施行检疫。强化大规模检测的力度，加强进口商品的产地检疫，边境口岸应对货物、包装材料、运输工具、邮件、垃圾、乘客行李等严格检疫。

3.2.6　就总体风险征求有关专家和管理者的意见。

3.2.7　评估报告的产生。

3.2.8　对风险评估报告进行评价，征求有关专家的意见。

3.2.9　风险管理。

3.2.9.1　我国目前的 APL。我国已建立起较为完备的防治有害生物的机构体系，如各级检验检疫机构、植保站，并具备了大批的专家和工作人员。首先加强入境检疫力度，提高检疫人员的业务能力，争取做到拒之于国门之外；其次提高各级检疫站和植保人员的业务水平，随时发现随时防治，并及早通报疫情。

3.2.9.2　备选方案的可行性评估。确实可行。

3.2.9.3　建议的检疫措施。花生根结线虫是中国和蒙古检疫双边协定中规定的检疫性线虫，应严格施行检疫。对进口棉花等产品实施检疫检测，严格按标准执行。

3.2.9.4　征求意见。

3.2.9.5　原始管理报告。

3.2.10　PRA 报告。

3.2.11　在实施检疫措施之后，应当监督其有效性，如有必要应对检疫措施进行评价，并随时更新。

3.2.12　风险交流。应将中国关心的有害生物名单及其风险管理措施建议等内容向输出国提供。进行风险评估的专家可参加双边座谈，以便制定有关条款。中国政府应及时向相应进口商通报输出国疫情，引导其进口方向。

4　进境棉花中病害的风险分析

4.1　棉根腐病菌

4.1.1　由输出国提出要求，由国家质量监督检验检疫总局列入计划，并要求输出国提供有关的材料，包括随该商品传带的有害生物名单以及产地进行有关的官方防治措施。

4.1.2　潜在的检疫性有害生物的确立。

4.1.2.1　整理有害生物的完整名单。

4.1.2.2　提出会随该商品传带的有害生物名单。

4.1.2.3　确定中国关心的潜在的检疫性有害生物名单。

4.1.3 对潜在的检疫性有害生物棉根腐病菌的风险评估。

4.1.3.1 概述。

（1）学名： *Phymatotrichopsis omnivorum*（Dugger）Hennebert。

（2）异名： *Phymatotrichum omnivorum* Duggar，*Ozonium omnivorum* Shear，*Ozonium auricomum* Pammel，*Hydnum omnivorum* Shear。

（3）英文名： cotton root rot，Texas root rot of cotton，soft rot of cotton，cotton soft rot，grapevine Texas root rot。

（4）分类地位： 子囊菌门（Ascomycota），丝孢纲（Hyphomycetes），丝孢目（Moniliales），淡色菌科（Mucedinaceae），瘤梗单孢菌属（*Phymatotrichopsis*）。

（5）分布： 主要分布于北美洲的墨西哥及美国南部几个州。在美国的亚利桑那、新墨西哥、得克萨斯、阿肯色、犹他、内华达、俄克拉何马、路易斯安那和加利福尼亚州都有发生。

（6）寄主： 据文献记载，棉根腐病菌能危害植物在 2 000 种以上，主要危害双子叶植物，其中具有较大经济价值的有 31 种大田作物、58 种蔬菜、18 种包括柑橘在内的果树和浆果类、35 种树木和灌木、7 种草本观赏植物和 20 种牧草。大田作物中的寄主植物尤以棉花及苜蓿受害严重，此外还对 100 种大田作物、蔬菜、果树等造成一定的危害。

（7）传播途径： 病菌可在多年生寄主植物的根内以菌核形式越冬，菌核在土中存活可长达 10 年。在棉田，菌核长出的菌丝主要沿着根系在行内植株间传播，可由寄主苗木病根、受病植株残体或菌核及土壤传播。

（8）形态特征： 病菌主要侵染根系，随着根系的大部分死亡，植株突然枯萎。棉花病株的初期症状是叶片轻微发黄，后变深黄再呈褐色，1～2d 后顶部叶片先开始萎蔫，随后下部叶片也凋萎枯干、下垂，但枯叶并不脱落仍留在棉株上，此时，病株根部在表土下皮层组织已变褐；死根的表层组织易剥离，病根表面覆盖有稀疏的病菌菌丝，有时呈现褐色和较粗的菌丝索；寄主的病根或地下茎上常有大量菌核出现。严重时，茎部皮层已受害，内部组织变为红葡萄酒色，这有别于一般的根腐病。

（9）病原形态： 该病菌在生长繁殖阶段以分生孢子、菌核和菌丝（或菌丝索）3 种形态存在；分生孢子单细胞，无色，球形的分生孢子直径为 4.8～5.5μm，卵形的分生孢子大小为 6～8μm×5～6μm；分生孢子着生在多分枝的菌丝上。形成的菌核棕色或黑色，圆形或不规则形，单生或成串着生，菌萌发后长出菌丝。菌丝白色，后变成污黄色，生长在寄主的维管束内，有大型细胞菌丝和小型细胞菌丝两种类型。菌丝索为褐色，由大的中央菌丝被密集的较小菌丝紧密缠绕组成；菌丝索成直角伸出侧枝，侧生菌丝体呈十字形分枝，分枝尖硬如针状，这是该菌的典型特征。它的有性阶段在自然情况下尚未发现，故其生活史仍属不完全阶段。

（10）生物学特性： 在棉田里，病菌主要是沿着根系在植株间传播，也可由菌核或受病残体及土壤传播。病菌可在多年生寄主植物的根内以菌核形式越冬，菌核在土中存活可长达 10 年之久。菌核在土中垂直分布可深达 250cm，它具有很强的侵染力。菌核萌发出菌丝通过与土壤和植物向下生长的根系接触，沿根部向上直达土表，围绕根部增殖，侵入根部，阻塞导管，致使植株死亡。根腐病造成的病点面积可以从几平方米到 0.4hm² 大小。根腐病的发生受土壤环境影响很大，主要是受土壤 pH 的影响大。病害只发生在碱性土壤中，且极难根除。在酸性土壤中不能形成菌核，因而棉花很少发病。在适宜的酸碱度条件下，病菌需要较高的土壤温度，以在土壤温度 28℃时病菌生长最快。在排水不良、黏质土壤的棉田，病害常发生严重。

4.1.3.2　传入可能性评估。

（1）进入可能性评估：棉根腐病菌可在多年生寄主植物的根内以菌核形式越冬，菌核在土中存活可长达 10 年。在棉田，菌核长出的菌丝主要沿着根系在行内植株间传播，可由寄主苗木病根、受病植株残体或菌核及土壤传播，分布广。近年来，随着我国从国外进口棉花等农产品日益增多，棉根腐病菌对我国的威胁越来越大。

（2）定殖可能性评估：棉根腐病菌的适应性很强，分布广。现主要分布于北美洲的墨西哥及美国南部几个州。在美国亚利桑那、新墨西哥、得克萨斯、阿肯色、犹他、内华达、俄克拉何马、路易斯安那和加利福尼亚州都有发生。在我国大部分地区定殖的可能性非常大，对我国也存在很大的危害。

4.1.3.3　扩散可能性评估。一种生物能否扩散，其生活习性是关键因素。棉根腐病菌的适应性很强，分布广，病菌可在多年生寄主植物的根内以菌核形式越冬，菌核在土中存活可长达 10 年。在棉田，菌核长出的菌丝主要沿着根系在行内植株间传播，可由寄主苗木病根、受病植株残体或菌核及土壤传播，因此传入我国会造成大的流行，对我国农业会造成一定的影响。

4.1.3.4　传入后果评估。根腐病在棉花上是一种毁灭性病害，它可使棉花在成熟前死亡，或造成一部分死亡，因而减产并降低品质。据美国 1953—1977 年统计，由该病造成的损失 25 年平均占其总产量的 0.97%，达 12.24 万包，最高的年份 1961 年，该病造成的损失占其总产量的 2.21%，达 31.31 万包。1920 年因该病造成棉花减产达 15%，尤以得克萨斯发病较重。棉根腐病菌传入我国会造成大的流行，对我国农业会造成一定的影响，一旦棉根腐病菌在我国扩散则难以防治，将会严重危害植物多达 2 000 种以上，主要危害双子叶植物，尤以棉花及苜蓿受害严重，此外还对 100 种大田作物、蔬菜、果树等造成一定的危害。对我国的农业形成巨大危害，从而干扰我国经济的发展，并对社会和环境带来一定的负面影响。

4.1.4　总体风险归纳。对我国的农业形成一定危害，一定程度上干扰我国经济的发展，并对社会和环境带来一定的负面影响。

4.1.5　备选方案的提出。强化大规模检测的力度，加强进口商品的产地检疫，边境口岸应对货物、包装材料、运输工具、邮件、垃圾、乘客行李等严格检疫。

4.1.6　就总体风险征求有关专家和管理者的意见。

4.1.7　评估报告的产生。

4.1.8　对风险评估报告进行评价，征求有关专家的意见。

4.1.9　风险管理。

4.1.9.1　我国目前的 APL。我国已建立起较为完备的防治有害生物的机构体系，如各级检验检疫机构、植保站，并具备了大批的专家和工作人员。首先加强入境检疫力度，提高检疫人员的业务能力，争取做到拒之于国门之外；其次提高各级检疫站和植保人员的业务水平，随时发现随时防治，并及早通报疫情。

4.1.9.2 备选方案的可行性评估。确实可行。

4.1.9.3 建议的检疫措施。由于此病只在北美部分地区发生，且在土壤中可长期存活，垂直分布幅度大，病菌随土壤和寄主苗木病根传播，在未发现该病的国家都把它列为重点检疫对象，严格检疫措施，防止该病的传入，杜绝从疫区引入其寄主植物及土壤。

（1）未发生根腐病的国家，首先应加强检疫，防止该病的传入。

（2）轮作倒茬，与禾本科作物或豆科牧草、冬季绿肥植物轮作，尤以与高粱进行不少于4年的轮作效果较好。

（3）棉田休闲，特别是夏季休闲，可以减少早期侵染，推迟发病。据McNamara的资料，休闲1年后，可使根腐病发病率从60%降到22%。

（4）秋季深耕棉田，可将病根残体翻到表层，减少其越冬的菌量。

（5）施用豆科绿肥植物，改良病田土壤，促进棉根际微生物群落的繁殖与活动，有利于控制菌丝和菌丝索的萌发与残存，刺激植物生长。绿肥植物分解产生有机酸，可增强土壤酸度，从而降低棉根腐病的发病率，有效地增加棉花产量。另外，施用化学氮素肥料，可以增强根的活力，并降低病菌的危害。

（6）种植隔离带，在病棉田内种植禾本科作物（如高粱、玉米等）作隔离带，可控制病菌在田间的扩大蔓延，如每2行棉花间种1行高粱可有效阻止病菌在土壤中的传播。美国得克萨斯州的黑黏土棉田就至少种有9m宽的高粱作为有效的隔离带。棉根腐病是我国公布的《中华人民共和国进境植物检疫危险性病、虫、杂草名录》中规定的二类危险性病害，并且是中俄（俄方提出）、中匈、中朝、中罗植检植保双边协定规定的检疫性病害，应严格检疫，杜绝从疫区引入土壤及带土植物种苗。经审批引种的，需经隔离检查。对进口棉花等产品实施检疫检测，严格按标准执行。

4.1.9.4 征求意见。

4.1.9.5 原始管理报告。

4.1.10 PRA报告。

4.1.11 在实施检疫措施之后，应当监督其有效性，如有必要应对检疫措施进行评价，并随时更新。

4.1.12 风险交流。应将中国关心的有害生物名单及其风险管理措施建议等内容向输出国提供。进行风险评估的专家可参加双边座谈，以便制定有关条款。中国政府应及时向相应进口商通报输出国疫情，引导其进口方向。

4.2 棉花卷叶病毒

4.2.1 由输出国提出要求，由国家质量监督检验检疫总局列入计划，并要求输出国提供有关的材料，包括随该商品传带的有害生物名单以及产地进行有关的官方防治措施。

4.2.2 潜在的检疫性有害生物的确立。

4.2.2.1 整理有害生物的完整名单。

4.2.2.2　提出会随该商品传带的有害生物名单。

4.2.2.3　确定中国关心的潜在的检疫性有害生物名单。

4.2.3　对潜在的检疫性有害生物棉花卷叶病毒的风险评估。

4.2.3.1　概述。

（1）**学名：***cotton leaf curl virus*。

（2）**分布：**分布于印度、巴基斯坦、苏丹、尼日利亚、中东、墨西哥、美国等地。

（3）**寄主：**寄主有豆类、苘麻、棉、番茄、烟草、柑橘等。

（4）**危害部位或传播途径：**以苗木为介体，可通过粉虱传播。

4.2.3.2　传入可能性评估。

（1）**进入可能性评估：**棉花卷叶病毒寄主多，分布广。近年来，随着我国从国外进口棉花等农产品日益增多，棉花卷叶病毒对我国的威胁越来越大。

（2）**定殖可能性评估：**棉花卷叶病毒的适应性很强，分布广。现主要分布在印度、巴基斯坦、苏丹、尼日利亚、中东、墨西哥、美国等地。在我国大部分地区定殖的可能性非常大，对我国也存在很大的危害。

4.2.3.3　扩散可能性评估。一种生物能否扩散，其生活习性是关键因素。棉花卷叶病毒的适应性很强，分布广，因此传入我国会造成大的流行，对我国农业会造成一定的影响。

4.2.3.4　传入后果评估。棉花卷叶病毒传入我国会造成大的流行，对我国农业会造成一定的影响，一旦在我国扩散则难以防治，将会严重危害豆类、苘麻、棉、番茄、烟草、柑橘。棉花卷叶病毒以苗木为介体，可通过粉虱传播。对我国的农业形成巨大危害，从而干扰我国经济的发展，并对社会和环境带来一定的负面影响。

4.2.4　总体风险归纳。对我国的农业形成一定危害，一定程度上干扰我国经济的发展，并对社会和环境带来一定的负面影响。

4.2.5　备选方案的提出。强化大规模检测的力度，加强进口商品的产地检疫，边境口岸应对货物、包装材料、运输工具、邮件、垃圾、乘客行李等严格检疫。国内应做好随时防治棉花卷叶病毒病的准备。

4.2.6　就总体风险征求有关专家和管理者的意见。

4.2.7　评估报告的产生。

4.2.8　对风险评估报告进行评价，征求有关专家的意见。

4.2.9　风险管理。

4.2.9.1　我国目前的APL。我国已建立起较为完备的防治有害生物的机构体系，如各级检验检疫机构、植保站，并具备了大批的专家和工作人员。首先加强入境检疫力度，提高检疫人员的业务能力，争取做到拒之于国门之外；其次提高各级检疫站和植保人员的业务水平，随时发现随时防治，并及早通报疫情。

4.2.9.2　备选方案的可行性评估。确实可行。

4.2.9.3　建议的检疫措施。对进口棉花等产品实施检疫检测，严格按标准执行。

4.2.9.4　征求意见。

4.2.9.5　原始管理报告。

4.2.10 PRA报告。

4.2.11 在实施检疫措施之后，应当监督其有效性，如有必要应对检疫措施进行评价，并随时更新。

4.2.12 风险交流。应将中国关心的有害生物名单及其风险管理措施建议等内容向输出国提供。进行风险评估的专家可参加双边座谈，以便制定有关条款。中国政府应及时向相应进口商通报输出国疫情，引导其进口方向。

4.3 棉花炭疽病菌

4.3.1 由输出国提出要求，由国家质量监督检验检疫总局列入计划，并要求输出国提供有关的材料，包括随该商品传带的有害生物名单以及产地进行有关的官方防治措施。

4.3.2 潜在的检疫性有害生物的确立。

4.3.2.1 整理有害生物的完整名单。

4.3.2.2 提出会随该商品传带的有害生物名单。

4.3.2.3 确定中国关心的潜在的检疫性有害生物名单。

4.3.3 对潜在的检疫性有害生物棉花炭疽病菌的风险评估。

4.3.3.1 概述。

（1）学名：*Glomerella gossypii*（Southw.）Edgerton。

（2）异名：*Colletotrichum gossypii* Southworth。

（3）英文名：anthracnose，pink boll rot，seedling blight of cotton。

（4）分类地位：子囊菌亚门（Ascomycotina），核菌纲（Pyrenomycetes），球壳菌目（Sphaeriales），疔痤霉科（Polystigmataceae），小丛壳属（*Glomerella*），棉小丛壳。无性阶段为半知菌亚门（Deuterom-ycotina），腔孢纲（Coelomycetes），黑盘孢目（Melanconiales），黑盘孢科（Melanconiaceae），刺盘孢属（*Colletotrichum*），棉刺盘孢。

（5）分布：主要分布于中非、埃塞俄比亚、加纳、科特迪瓦、肯尼亚、刚果（金）、马达加斯加、马拉维、索马里、南非、坦桑尼亚、乌干达、阿富汗、缅甸、中国（云南、江苏、广西、四川、河南、东北三省、台湾）、印度、印度尼西亚、日本、朝鲜、巴基斯坦、菲律宾、斯里兰卡、泰国、澳大利亚、关岛、夏威夷、保加利亚、意大利、罗马尼亚、西班牙、俄罗斯、百慕大群岛、墨西哥、美国、安的列斯群岛、巴巴多斯、危地马拉、海地、洪都拉斯、牙买加、尼加拉瓜、波多黎各、萨尔瓦多、特立尼达、阿根廷、巴西、哥伦比亚、圭亚那、乌拉圭、委内瑞拉。

（6）寄主：棉属（*Gossypium* spp.）中的海岛棉（*G. barbadense*）和陆地棉（*G. hirsutum*）最感病，树棉（*G. arboreum*）、草棉（*G. herbaceum*）和野生棉（*G. thurberi*）具一定抗性。

（7）生物学特性：病菌生长适温为25～30℃，在37℃以上或11℃以下不能发育；分生孢子发芽适温也为25～30℃，10℃时不能发芽，35℃或15℃时发芽较少。病菌在微碱性条件下发育较好，pH 5.8以下则停止生长。病菌的存活力因其潜居的处所不同而异。在土中的经5个月死亡，在土表的能存活1年，在种子表面的约存活9个月，在种子内部的可存活 12～18 个月，在被害植株中也能存活 12～15 个月。棉花炭疽病通过种子传播，并在被害棉株残体上越冬。子囊壳通常在老的或死的组织上产生，并释放子囊孢子，成为初侵染源。在棉株上常见到的仅仅是分生孢子阶段，分生孢子可通过雨和风进行再传播。科特迪瓦有一种半翅目昆虫棉红蝽属（*Dysdercus* spp.），被认为是一种重要的传病媒介。据报道，科特迪瓦存在 2 种棉花炭疽病菌株系 *Colletotrichum gossypii* var. *cephalosporioides* 和 *C. gossypii* var. *gossypii*，前者侵染陆地棉和海岛棉，而后者只对海岛棉致病。两种株系在毒力、侵染力、形态上各异；在不同培养基上，以及在低于30℃条件下的生长能力也各不相同，如果在相对湿度 100%、温度 25℃的条件下持续 8～10h，即可出现症状。

（8）传播途径：自然条件下病菌孢子通过风、雨局部传播，远距离以及在国际贸易中病菌的传播只有通过带菌棉种和棉株，而后者一般不用于贸易。

4.3.3.2　传入可能性评估。

（1）进入可能性评估：棉花炭疽病菌的寄主较多，棉属（*Gossypium* spp.）中的海岛棉（*G. barbadense*）和陆地棉（*G. hirsutum*）最感病，树棉（*G. arboreum*）、草棉（*G. herbaceum*）和野生棉（*G. thurberi*）具一定抗性。该病菌我国存在。

（2）定殖可能性评估：棉花炭疽病菌的适应性很强，分布广。现广泛分布在世界温暖地区包括中非、埃塞俄比亚、加纳、科特迪瓦、肯尼亚、刚果（金）、马达加斯加、马拉维、索马里、南非、坦桑尼亚、乌干达、阿富汗、缅甸、中国（云南、江苏、广西、四川、河南、东北三省、台湾）、印度、印度尼西亚、日本、朝鲜、巴基斯坦、菲律宾、斯里兰卡、泰国、澳大利亚、关岛、夏威夷、保加利亚、意大利、罗马尼亚、西班牙、俄罗斯、百慕大群岛、墨西哥、美国、安的列斯群岛、巴巴多斯、危地马拉、海地、洪都拉斯、牙买加、尼加拉瓜、波多黎各、萨尔瓦多、特立尼达、阿根廷、巴西、哥伦比亚、圭亚那、乌拉圭、委内瑞拉。该病菌对我国危害很大。

4.3.3.3　扩散可能性评估。一种生物能否扩散，其生物学特性是关键因素。棉花炭疽病菌的适应性很强，分布广。病菌生长适温为 25～30℃，在 37℃以上或 11℃以下不能发育；分生孢子发芽适温也为 25～30℃，10℃时不能发芽，35℃或 15℃时发芽较少。病菌在微碱性条件下发育较好，pH 5.8 以下则停止生长。病菌的存活力因其潜居的处所不同而异。在土中的经 5 个月死亡，在土表的能存活 1 年，在种子表面的约存活 9 个月，在种子内部的可存活 12～18 个月，在被害植株中也能存活 12～15 个月。棉花炭疽病通过种子传播，并在被害棉株残体上越冬。子囊壳通常在老的或死的组织上产生，并释放子囊孢子，成为初侵染源。在棉株上常见到的仅仅是分生孢子阶段，分生孢子可通过雨和风进行再传播。该病菌对我国农业会造成一定的影响。

4.3.3.4　传入后果评估。棉花炭疽病菌对我国农业会造成一定的影响，一旦在我国扩散则难以防治，将会严重危害棉属（*Gossypium* spp.）植物。自然条件下病菌孢子通过风、雨局部传播，远距离以及在国际贸易中病菌的传播只有通过带菌棉种和棉株，而后者一般不用于贸易。对我国的农业形成巨大危害，从而干扰我国经济的发展，并对社会和环境带来一定的负面影响。

4.3.4　总体风险归纳。对我国的农业形成一定危害，一定程度上干扰我国经济的发展，

并对社会和环境带来一定的负面影响。

4.3.5 备选方案的提出。棉花炭疽病为俄罗斯未记录过的检疫性有害生物名单所列的真菌检疫性病害，应根据该国进境植物检疫要求和中俄植检植保协定的规定进行检疫。棉花生产国应根据双边协定对棉花产地进行生长季节检查、种子检验和酸脱绒处理。

4.3.6 就总体风险征求有关专家和管理者的意见。

4.3.7 评估报告的产生。

4.3.8 对风险评估报告进行评价，征求有关专家的意见。

4.3.9 风险管理。

4.3.9.1 我国目前的APL。我国已建立起较为完备的防治有害生物的机构体系，如各级检验检疫机构、植保站，并具备了大批的专家和工作人员。首先加强入境检疫力度，提高检疫人员的业务能力，争取做到拒之于国门之外；其次提高各级检疫站和植保人员的业务水平，随时发现随时防治，并及早通报疫情。

4.3.9.2 备选方案的可行性评估。确实可行。

4.3.9.3 建议的检疫措施。棉花炭疽病为俄罗斯未记录过的检疫性有害生物名单所列的真菌检疫性病害，应根据该国进境植物检疫要求和中俄植检植保协定的规定进行检疫。棉花生产国应根据双边协定对棉花产地进行生长季节检查、种子检验和酸脱绒处理。

4.3.9.4 征求意见。

4.3.9.5 原始管理报告。

4.3.10 PRA报告。

4.3.11 在实施检疫措施之后，应当监督其有效性，如有必要应对检疫措施进行评价，并随时更新。

4.3.12 风险交流。应将中国关心的有害生物名单及其风险管理措施建议等内容向输出国提供。进行风险评估的专家可参加双边座谈，以便制定有关条款。中国政府应及时向相应进口商通报输出国疫情，引导其进口方向。

4.4 棉花枯萎病菌

4.4.1 由输出国提出要求，由国家质量监督检验检疫总局列入计划，并要求输出国提供有关的材料，包括随该商品传带的有害生物名单以及产地进行有关的官方防治措施。

4.4.2 潜在的检疫性有害生物的确立。

4.4.2.1 整理有害生物的完整名单。

4.4.2.2 提出会随该商品传带的有害生物名单。

4.4.2.3 确定中国关心的潜在的检疫性有害生物名单。

4.4.3 对潜在的检疫性有害生物棉花枯萎病菌的风险评估。

4.4.3.1 概述。

(1) **学名：** *Fusarium oxysporum* sp. *vasinfectum*（Atk.）Snyder et Hansen。

(2) **异名：** *Fusarium vasinfectum* Atk.。

(3) 英文名： cotton fusarium wilt。

(4) 分类地位： 半知菌亚门（Deuteromycotina），丛梗孢目（Moniliales），瘤座孢科（Tuberculariaceae），镰刀菌属（*Fusarium*）。

(5) 分布： 主要分布于日本、印度、缅甸、巴基斯坦、伊拉克、老挝、中国、埃及、坦桑尼亚、埃塞俄比亚、刚果、乌干达、刚果（金）、乍得、苏丹、安哥拉、加蓬、中非、南非、英国、法国、希腊、意大利、前南斯拉夫、俄罗斯、巴西、秘鲁、阿根廷、委内瑞拉、乌拉圭、圣文森特岛、美国、加拿大等地。

(6) 寄主： 寄主主要有棉花、决明、烟草、秋葵、红麻、大豆、苜蓿、印度麻、蓖麻、木槿、小麦、大麦、玉米、高粱、甘蔗、甘薯、豌豆、向日葵、番茄、茄子、辣椒、黄瓜、笋瓜、牛角椒、芝麻、花生、马铃薯、赤豆、扁豆等，在人工接种条件下可侵染锦葵科、茄科、豆科和禾本科等 12 科 30 种植物，但大多数植物表现为无症状的带菌体，称为宿主。

(7) 传播途径： 带菌棉子、棉子饼、棉子壳、病残体和土壤等是主要初侵染来源，未腐熟的带菌土杂肥也可以成为初侵染源。种子传带的棉花枯萎病菌主要在棉种外部，一经硫酸脱绒，其致病株率相对下降 95%以上，但种子内部的病原仍有传播病毒的作用，故仅硫酸脱绒并不能彻底消灭棉子内部的病菌。

4.4.3.2　传入可能性评估。

(1) 进入可能性评估： 棉花枯萎病菌的寄主较多，主要有棉花、决明、烟草、秋葵、红麻、大豆等，在人工接种条件下可侵染锦葵科、茄科、豆科和禾本科等 12 科 30 种植物，但大多数植物表现为无症状的带菌体，称为宿主。该病菌我国存在。

(2) 定殖可能性评估： 棉花枯萎病菌的适应性很强，分布广。现广泛分布于日本、印度、缅甸、巴基斯坦、伊拉克、老挝、中国、埃及、坦桑尼亚、埃塞俄比亚、刚果、乌干达、刚果（金）、乍得、苏丹、安哥拉、加蓬、中非、南非、英国、法国、希腊、意大利、前南斯拉夫、俄罗斯、巴西、秘鲁、阿根廷、委内瑞拉、乌拉圭、圣文森特岛、美国、加拿大等地。该病菌对我国危害很大。

4.4.3.3　扩散可能性评估。一种生物能否扩散，其生物学特性是关键因素。棉花枯萎病菌的适应性很强，分布广。棉花枯萎病菌为尖孢镰刀菌萎蔫专化型［*Fusarium oxysporum f* sp. *vasinfectum*（Atk.）Snyder et Hansen］，有大型分生孢子、小型分生孢子和厚垣孢子。大型分生孢子呈镰刀形，略弯曲，两端稍尖，无色，有不明显的足胞，多数有 3 个隔膜，也有 2、4、5 个隔膜的。一般以 3 个隔膜的大型分生孢子长度和宽度作为鉴定标准，大型分生孢子在不同湿度及不同培养基上的尺度差异很大，3 分隔的大型分生孢子的大小为 19.6～39.4μm×2.3～5.0μm。棉花枯萎病菌具有较强的专化性，不同地区的枯萎病菌在形态上尽管很相似，但对不同棉花品种其致病力有所差异。国外将棉花枯萎病菌划分为 6 个生理小种：1 号小种为美国的能侵染烟草和大豆的菌系，2 号小种为美国的不能侵染烟草和大豆的另一个菌系，3 号小种为埃及菌系，4 号小种为印度菌系，5 号小种为苏丹菌系，6 号小种为巴西菌系。我国将棉花枯萎病菌初步分为 3 个生理型：生理型 1 对海岛棉、陆地棉和中棉均能侵染，但对不同品种的致病力强弱不一；生理型 2 只侵染海岛棉和陆地棉，不侵染中棉；生理型 3 只侵染海岛棉，不侵染陆地棉和中棉。棉花枯萎病菌在马铃薯葡萄糖琼脂（PDA）培养基或酸性马铃薯蔗糖琼脂（PSA）培养基上生长时，菌丝体呈绒毛状，菌落平贴伸展或成束状，呈玫瑰色至淡紫色。该病菌在棉秆柠檬酸培养基上能产生大型分生孢子、小型分生孢子及厚垣孢子，在水琼脂培养基上产生厚垣孢子较多。病菌的生长温度范围为10～33℃，最适温度为27～33℃。在pH 5～9.0的PDA培养基上均可生长，但以pH 5～5.3为最好。该病菌对我国农业会造成一定的影响。

4.4.3.4 传入后果评估。棉花枯萎病菌对我国农业会造成一定的影响，一旦在我国扩散则很难防治，将会严重危害棉花、决明、烟草、秋葵、红麻、大豆等，在人工接种条件下可侵染锦葵科、茄科、蝶形花科和禾本科等12科30种植物，但大多数植物表现为无症状的带菌体，称为宿主。带菌棉子、棉子饼、棉子壳、病残体和土壤等是主要初侵染来源，未腐熟的带菌土杂肥也可以成为初侵染源。种子传带的棉花枯萎病菌主要在棉种外部，一经硫酸脱绒，其致病株率相对下降95%以上，但种子内部的病原仍有传病作用，故仅硫酸脱绒并不能彻底消灭棉子内部的病菌。该病菌对我国的农业形成巨大危害，从而干扰我国经济的发展，并对社会和环境带来一定的负面影响。

4.4.4 总体风险归纳。对我国的农业形成一定危害，一定程度上干扰我国经济的发展，并对社会和环境带来一定的负面影响。

4.4.5 备选方案的提出。棉花枯萎病为中罗（中国—罗马尼亚，以下同）、中南（中国—南斯拉夫，以下同）植检植保协定中规定的检疫性病害，根据协定规定，应由出口国出具检疫证书，证明该出口植物种子不带有本病，入境前再经进境检疫机关检查，合格后方能入境，必要时需经隔离检疫。

4.4.6 就总体风险征求有关专家和管理者的意见。

4.4.7 评估报告的产生。

4.4.8 对风险评估报告进行评价，征求有关专家的意见。

4.4.9 风险管理。

4.4.9.1 我国目前的APL。我国已建立起较为完备的防治有害生物的机构体系，如各级检验检疫机构、植保站，并具备了大批的专家和工作人员。首先加强入境检疫力度，提高检疫人员的业务能力，争取做到拒之于国门之外；其次提高各级检疫站和植保人员的业务水平，随时发现随时防治，并及早通报疫情。

4.4.9.2 备选方案的可行性评估。确实可行。

4.4.9.3 建议的检疫措施。棉花枯萎病为中罗、中南植检植保协定中规定的检疫性病害，根据协定规定，应由出口国出具检疫证书，证明该出口植物种子不带有本病，入境前再经进境检疫机关检查，合格后方能入境，必要时需经隔离检疫。

4.4.9.4 征求意见。

4.4.9.5 原始管理报告。

4.4.10 PRA报告。

4.4.11 在实施检疫措施之后，应当监督其有效性，如有必要应对检疫措施进行评价，并随时更新。

4.4.12 风险交流。应将中国关心的有害生物名单及其风险管理措施建议等内容向输出国提供。进行风险评估的专家可参加双边座谈，以便制定有关条款。中国政府应及时向相应

进口商通报输出国疫情，引导其进口方向。

4.5　亚麻变褐病菌

4.5.1　由输出国提出要求，由国家质量监督检验检疫总局列入计划，并要求输出国提供有关的材料，包括随该商品传带的有害生物名单以及产地进行有关的官方防治措施。

4.5.2　潜在的检疫性有害生物的确立。

4.5.2.1　整理有害生物的完整名单。

4.5.2.2　提出会随该商品传带的有害生物名单。

4.5.2.3　确定中国关心的潜在的检疫性有害生物名单。

4.5.3　对潜在的检疫性有害生物亚麻变褐病菌的风险评估。

4.5.3.1　概述。

（1）学名：*Discosphaerina fulvida*（Sanderson）Sivan.。

（2）分布：主要分布于肯尼亚、南非、日本、俄罗斯、澳大利亚、新西兰、比利时、英国、丹麦、德国、法国、荷兰、保加利亚、捷克、斯洛伐克、匈牙利、爱尔兰、意大利、波兰、瑞典、加拿大、美国、中国（吉林）。

（3）寄主：寄主有亚麻、棉等。

（4）危害部位或传播途径：主要通过种子传播。

4.5.3.2　传入可能性评估。

（1）进入可能性评估：亚麻变褐病菌主要危害亚麻、棉，分布广。近年来，随着我国从国外进口麻纺织原料等农产品日益增多，亚麻变褐病菌对我国的威胁越来越大。

（2）定殖可能性评估：亚麻变褐病菌的适应性很强，分布广。现主要分布在肯尼亚、南非、日本、俄罗斯、澳大利亚、新西兰、比利时、英国、丹麦、德国、法国、荷兰、保加利亚、捷克、斯洛伐克、匈牙利、爱尔兰、意大利、波兰、瑞典、加拿大、美国、中国（吉林）。在我国大部分地区定殖的可能性非常大，对我国也存在很大的危害。

4.5.3.3　扩散可能性评估。一种生物能否扩散，其生活习性是关键因素。亚麻变褐病菌的适应性很强，分布广，因此传入我国会造成大的流行，对我国农业会造成一定的影响。

4.5.3.4　传入后果评估。亚麻变褐病菌传入我国会造成大的流行，对我国农业会造成一定的影响，一旦在我国扩散则难以防治，将会严重危害亚麻、棉。主要通过种子传播。对我国的农业形成巨大危害，从而干扰我国经济的发展，并对社会和环境带来一定的负面影响。

4.5.4　总体风险归纳。对我国的农业形成一定危害，一定程度上干扰我国经济的发展，并对社会和环境带来一定的负面影响。

4.5.5　备选方案的提出。强化大规模检测的力度，加强进口商品的产地检疫，边境口岸应对货物、包装材料、运输工具、邮件、垃圾、乘客行李等严格检疫。国内应做好随时防治亚麻变褐病菌的准备。

4.5.6　就总体风险征求有关专家和管理者的意见。

4.5.7　评估报告的产生。

4.5.8　对风险评估报告进行评价，征求有关专家的意见。

4.5.9 风险管理。

4.5.9.1 我国目前的 APL。我国已建立起较为完备的防治有害生物的机构体系，如各级检验检疫机构、植保站，并具备了大批的专家和工作人员。首先加强入境检疫力度，提高检疫人员的业务能力，争取做到拒之于国门之外；其次提高各级检疫站和植保人员的业务水平，随时发现随时防治，并及早通报疫情。

4.5.9.2 备选方案的可行性评估。确实可行。

4.5.9.3 建议的检疫措施。对进口棉花等产品实施检疫检测，严格按标准执行。

4.5.9.4 征求意见。

4.5.9.5 原始管理报告。

4.5.10 PRA 报告。

4.5.11 在实施检疫措施之后，应当监督其有效性，如有必要应对检疫措施进行评价，并随时更新。

4.5.12 风险交流。应将中国关心的有害生物名单及其风险管理措施建议等内容向输出国提供。进行风险评估的专家可参加双边座谈，以便制定有关条款。中国政府应及时向相应进口商通报输出国疫情，引导其进口方向。

5 进境棉花中虫害的风险分析

5.1 澳洲红铃虫

5.1.1 由输出国提出要求，由国家质量监督检验检疫总局列入计划，并要求输出国提供有关的材料，包括随该商品传带的有害生物名单以及产地进行有关的官方防治措施。

5.1.2 潜在的检疫性有害生物的确立。

5.1.2.1 整理有害生物的完整名单。

5.1.2.2 提出会随该商品传带的有害生物名单。

5.1.2.3 确定中国关心的潜在的检疫性有害生物名单。

5.1.3 对潜在的检疫性有害生物澳洲红铃虫的风险评估。

5.1.3.1 概述。

（1）**学名**：*Pectinophora scutigera*（Holdaway）。

（2）**异名**：*Platyedra scutigera* Holdaway。

（3）**英文名**：pink spotted bollworm，Queensland pink bollworm，pink spotted bollworm。

（4）**分类地位**：鳞翅目（Lepidoptera），麦蛾科（Gelechiidae）。

（5）**分布**：分布于美国（夏威夷）、澳大利亚（新南威尔士、昆士兰）、关岛、新喀里多尼亚、北马里亚纳群岛、巴布亚新几内亚。

（6）**寄主**：寄主有棉属、锦葵科及一些观赏植物。

（7）**危害部位或传播途径**：危害棉铃内的种子。

5.1.3.2 传入可能性评估。

（1）进入可能性评估： 澳洲红铃虫寄主较多，分布广。近年来，随着我国从国外进口棉花等农产品日益增多，澳洲红铃虫对我国的威胁越来越大。

（2）定殖可能性评估： 澳洲红铃虫的适应性很强，分布广。现主要分布在夏威夷、澳大利亚、马里亚纳群岛、新喀里多尼亚、巴布亚新几内亚。在我国大部分地区定殖的可能性非常大，对我国也存在很大的危害。

5.1.3.3　扩散可能性评估。一种生物能否扩散，其生活习性是关键因素。澳洲红铃虫的适应性很强，分布广，因此传入我国会造成大的流行，对我国农业会造成一定的影响。

5.1.3.4　传入后果评估。澳洲红铃虫传入我国会造成大的流行，对我国农业会造成一定的影响，一旦在我国扩散则难以防治，将会严重危害棉属、黄桐棉、锦葵科及一些观赏植物，危害棉铃内的种子，对我国的农业形成巨大危害，从而干扰我国经济的发展，并对社会和环境带来一定的负面影响。

5.1.4　总体风险归纳。对我国的农业可以形成一定危害，一定程度上干扰我国经济的发展，并对社会和环境带来一定的负面影响。

5.1.5　备选方案的提出。强化大规模检测的力度，加强进口商品的产地检疫，边境口岸应对货物、包装材料、运输工具、邮件、垃圾、乘客行李等严格检疫。国内应做好随时防治澳洲红铃虫的准备。

5.1.6　就总体风险征求有关专家和管理者的意见。

5.1.7　评估报告的产生。

5.1.8　对风险评估报告进行评价，征求有关专家的意见。

5.1.9　风险管理。

5.1.9.1　我国目前的 APL。我国已建立起较为完备的防治有害生物的机构体系，如各级检验检疫机构、植保站，并具备了大批的专家和工作人员。首先加强入境检疫力度，提高检疫人员的业务能力，争取做到拒之于国门之外；其次提高各级检疫站和植保人员的业务水平，随时发现随时防治，并及早通报疫情。

5.1.9.2　备选方案的可行性评估。确实可行。

5.1.9.3　建议的检疫措施。对进口棉花等产品实施检疫检测，严格按标准执行。

5.1.9.4　征求意见。

5.1.9.5　原始管理报告。

5.1.10　PRA 报告。

5.1.11　在实施检疫措施之后，应当监督其有效性，如有必要应对检疫措施进行评价，并随时更新。

5.1.12　风险交流。应将中国关心的有害生物名单及其风险管理措施建议等内容向输出国提供。进行风险评估的专家可参加双边座谈，以便制定有关条款。中国政府应及时向相应进口商通报输出国疫情，引导其进口方向。

5.2　棉红铃虫

5.2.1　由输出国提出要求，由国家质量监督检验检疫总局列入计划，并要求输出国提供

有关的材料，包括随该商品传带的有害生物名单以及产地进行有关的官方防治措施。

5.2.2 潜在的检疫性有害生物的确立。

5.2.2.1 整理有害生物的完整名单。

5.2.2.2 提出会随该商品传带的有害生物名单。

5.2.2.3 确定中国关心的潜在的检疫性有害生物名单。

5.2.3 对潜在的检疫性有害生物棉红铃虫的风险评估。

5.2.3.1 概述。

(1) 学名： *Pectinophora gossypiella* (Saunders)。

(2) 异名： *Depressaria gossypiella* Saunders，*Gelechia gossypiella* Burrant，*Gelechia gossypiella* Meryrick，*Gelechia gossypiella* Walsingham，*Platyedra gossypiella* Saunders。

(3) 英文名： pink bollworm。

(4) 分类地位： 鳞翅目（Lepidoptera），麦蛾科（Gelechiidae）。

(5) 分布： 分布于东非、西非、西印度群岛所属国家、巴布亚新几内亚、阿根廷、澳大利亚、玻利维亚、巴西、缅甸、刚果（布）、中国（台湾）、哥伦比亚、塞浦路斯、阿尔及利亚、厄瓜多尔、埃及、埃塞俄比亚、斐济、夏威夷群岛、以色列、印度、伊朗、约旦、日本、肯尼亚、柬埔寨、朝鲜、老挝、斯里兰卡、利比亚、摩洛哥、马达加斯加、马拉维、墨西哥、新喀里多尼亚、尼日利亚、菲律宾、巴基斯坦、苏丹、索马里、泰国、坦桑尼亚、乌干达、美国、委内瑞拉、瓦努阿图、萨摩亚、也门等地。

(6) 寄主： 主要取食棉属植物，还可危害苘麻属、蜀葵属、巴豆、美国皂角、黄葵、洋麻、潺茄、木槿属、亚麻、锦葵科、蓖麻。

(7) 传播途径： 可随货物、运输工具、包装物远距离传播。

5.2.3.2 传入可能性评估。

(1) 进入可能性评估： 棉红铃虫寄主较多，分布广。近年来，随着我国从国外进口棉花等农产品日益增多，棉红铃虫对我国的威胁越来越大。

(2) 定殖可能性评估： 棉红铃虫的适应性很强，分布广。现主要分布在东非、西非、西印度群岛所属国家、巴布亚新几内亚、阿根廷、澳大利亚、玻利维亚、巴西、缅甸、刚果（布）、中国（台湾）、哥伦比亚、塞浦路斯、阿尔及利亚、厄瓜多尔、埃及、埃塞俄比亚、斐济、夏威夷群岛、以色列、印度、伊朗、约旦、日本、肯尼亚、柬埔寨、朝鲜、老挝、斯里兰卡、利比亚、摩洛哥、马达加斯加、马拉维、墨西哥、新喀里多尼亚、尼日利亚、菲律宾、巴基斯坦、苏丹、索马里、泰国、坦桑尼亚、乌干达、美国、委内瑞拉、瓦努阿图、萨摩亚、也门等地。在我国大部分地区定殖的可能性非常大，对我国也存在很大的危害。

5.2.3.3 扩散可能性评估。一种生物能否扩散，其生活习性是关键因素。棉红铃虫的适应性很强，分布广，在我国东北地区1年发生2代，黄河流域2～3代，长江流域3～4代，华南最多可达7代。以老熟幼虫在棉仓缝隙、包装物、运输工具、晒花用具、土或棉子和枯铃内越冬。第二年温度达19℃时开始化蛹，24～36℃时大量羽化。卵产于棉株各部，青铃未出现前产于棉株尖端嫩叶下部较多，青铃出现后则以危害青铃为主。传入我国会造成大的流行，对我国农业会造成一定的影响。

5.2.3.4 传入后果评估。棉红铃虫传入我国会造成大的流行，对我国农业会造成一定的影响，一旦在我国扩散则难以防治，将会严重危害棉属植物，还可危害苘麻属、蜀葵属、巴豆、美国皂角、黄葵、洋麻、澪茄、木槿属、亚麻、锦葵科、蓖麻，可随货物、运输工具、包装物远距离传播。对我国的农业形成巨大危害，从而干扰我国经济的发展，并对社会和环境带来一定的负面影响。

5.2.4 总体风险归纳。对我国的农业可以形成一定危害，一定程度上干扰我国经济的发展，并对社会和环境带来一定的负面影响。

5.2.5 备选方案的提出。棉红铃虫是中匈（中国—匈牙利，以下同）、中朝（中国—朝鲜，以下同）、中南植检植保双边协定中规定的和中俄植检植保双边协定中俄方提出的检疫性害虫，应严格施行检疫。强化大规模检测的力度，加强进口商品的产地检疫，边境口岸应对货物、包装材料、运输工具、邮件、垃圾、乘客行李等严格检疫。国内应做好随时防治棉红铃虫的准备。

5.2.6 就总体风险征求有关专家和管理者的意见。

5.2.7 评估报告的产生。

5.2.8 对风险评估报告进行评价，征求有关专家的意见。

5.2.9 风险管理。

5.2.9.1 我国目前的 APL。我国已建立起较为完备的防治有害生物的机构体系，如各级检验检疫机构、植保站，并具备了大批的专家和工作人员。首先加强入境检疫力度，提高检疫人员的业务能力，争取做到拒之于国门之外；其次提高各级检疫站和植保人员的业务水平，随时发现随时防治，并及早通报疫情。

5.2.9.2 备选方案的可行性评估。确实可行。

5.2.9.3 建议的检疫措施。棉红铃虫是中匈、中朝、中南植检植保双边协定中规定的和中俄植检植保双边协定中俄方提出的检疫性害虫，应严格施行检疫。对进口棉花等产品实施检疫检测，严格按标准执行。

5.2.9.4 征求意见。

5.2.9.5 原始管理报告。

5.2.10 PRA 报告。

5.2.11 在实施检疫措施之后，应当监督其有效性，如有必要应对检疫措施进行评价，并随时更新。

5.2.12 风险交流。应将中国关心的有害生物名单及其风险管理措施建议等内容向输出国提供。进行风险评估的专家可参加双边座谈，以便制定有关条款。中国政府应及时向相应进口商通报输出国疫情，引导其进口方向。

5.3 澳洲小长蝽

5.3.1 由输出国提出要求，由国家质量监督检验检疫总局列入计划，并要求输出国提供有关的材料，包括随该商品传带的有害生物名单以及产地进行有关的官方防治措施。

5.3.2 潜在的检疫性有害生物的确立。

5.3.2.1 整理有害生物的完整名单。

5.3.2.2 提出会随该商品传带的有害生物名单。

5.3.2.3 确定中国关心的潜在的检疫性有害生物名单。

5.3.3 对潜在的检疫性有害生物澳洲小长蝽的风险评估。

5.3.3.1 概述。

(1) 学名：*Nysius vinitor* Bergroth。

(2) 英文名：rotherglen bug。

(3) 分类地位：半翅目（Hemiptera），长蝽科（Lygaeidae）。

(4) 分布：分布于澳大利亚（昆士兰、新南威尔士、塔斯马尼亚）。

(5) 寄主：在澳大利亚澳洲小长蝽是向日葵的主要害虫。此外，其寄主广泛，有34种不同的植物，主要是加拿大油菜和紫花苜蓿等，以及小麦、棉花、豆类、番茄、甜菜、马铃薯、柑橘类、核果类等。

(6) 危害部位或传播途径：在茎、叶上取食。

5.3.3.2 传入可能性评估。

(1) 进入可能性评估：澳洲小长蝽寄主多，分布广。近年来，随着我国从国外进口棉花等农产品日益增多，澳洲小长蝽对我国的威胁越来越大。

(2) 定殖可能性评估：澳洲小长蝽的适应性很强，分布广。现主要分布于澳大利亚。在我国大部分地区定殖的可能性非常大，对我国也存在很大的危害。

5.3.3.3 扩散可能性评估。一种生物能否扩散，其生活习性是关键因素。澳洲小长蝽的适应性很强，分布广，因此传入我国会造成大的流行，对我国农业会造成一定的影响。

5.3.3.4 传入后果评估。澳洲小长蝽主要危害加拿大油菜和紫花苜蓿，在澳大利亚它是太阳花的主要害虫。澳洲小长蝽属于刺吸式口器昆虫，在茎、叶上取食，吸食汁液，从豆类植物始花期到豆荚成熟期均可危害，还可危害温室作物，而在紫花苜蓿和加拿大油菜附近的作物特别容易受到伤害。晚春危害较严重。牧草干死后成虫和幼虫移入作物危害。作物萌芽期危害开始，开花后1周数量上升，2～3周后开始下降。澳洲小长蝽传入我国会造成大的流行，对我国农业会造成一定的影响，一旦澳洲小长蝽在我国扩散则很难防治，将会严重危害小麦、棉花、豆类、番茄、甜菜、马铃薯、柑橘类、核果类等。对我国的农业形成巨大危害，从而干扰我国经济的发展，并对社会和环境带来一定的负面影响。

5.3.4 总体风险归纳。澳洲小长蝽生长繁茂，严重影响作物的生长。对我国的农业形成一定危害，一定程度上干扰我国经济的发展，并对社会和环境带来一定的负面影响。

5.3.5 备选方案的提出。强化大规模检测的力度，加强进口商品的产地检疫，边境口岸应对货物、包装材料、运输工具、邮件、垃圾、乘客行李等严格检疫。国内应做好随时防治澳洲小长蝽的准备。

5.3.6 就总体风险征求有关专家和管理者的意见。

5.3.7 评估报告的产生。

5.3.8 对风险评估报告进行评价，征求有关专家的意见。

5.3.9　风险管理。

5.3.9.1　我国目前的 APL。我国已建立起较为完备的防治有害生物的机构体系，如各级检验检疫机构、植保站，并具备了大批的专家和工作人员。首先加强入境检疫力度，提高检疫人员的业务能力，争取做到拒之于国门之外；其次提高各级检疫站和植保人员的业务水平，随时发现随时防治，并及早通报疫情。

5.3.9.2　备选方案的可行性评估。切实可行。

5.3.9.3　建议的检疫措施。对进口棉花等产品实施检疫检测，严格按标准执行。

5.3.9.4　征求意见。

5.3.9.5　原始管理报告。

5.3.10　PRA 报告。

5.3.11　在实施检疫措施之后，应当监督其有效性，如有必要应对检疫措施进行评价，并随时更新。

5.3.12　风险交流。应将中国关心的有害生物名单及其风险管理措施建议等内容向输出国提供。进行风险评估的专家可参加双边座谈，以便制定有关条款。中国政府应及时向相应进口商通报输出国疫情，引导其进口方向。

5.4　地中海实蝇

5.4.1　由输出国提出要求，由国家质量监督检验检疫总局列入计划，并要求输出国提供有关的材料，包括随该商品传带的有害生物名单以及产地进行有关的官方防治措施。

5.4.2　潜在的检疫性有害生物的确立。

5.4.2.1　整理有害生物的完整名单。

5.4.2.2　提出会随该商品传带的有害生物名单。

5.4.2.3　确定中国关心的潜在的检疫性有害生物名单。

5.4.3　对潜在的检疫性有害生物地中海实蝇的风险评估。

5.4.3.1　概述。

（1）学名： *Ceratitis capitata*（Wiedemann）。

（2）异名： *Ceratitis citriperda* MacLeay，*Ceratitis hispanica* De Breme，*Pardalaspis asparagi* Bezzi，*Tephristis capitata* Wiedemann。

（3）英文名： Mediterranean fruit fly，medfly。

（4）分类地位： 双翅目（Diptera），实蝇科（Tephritidae），实蝇亚科（Trypetinae）。按有的分类系统，则属于蜡实蝇亚科（Ceratitinae），蜡实蝇属。

（5）分布： 分布于印度、伊朗、叙利亚、黎巴嫩、沙特阿拉伯、约旦、巴勒斯坦、以色列、塞浦路斯、俄罗斯、乌克兰、匈牙利、德国、奥地利、瑞士、荷兰、比利时、卢森堡、法国、西班牙、葡萄牙、意大利、马耳他、前南斯拉夫、阿尔巴尼亚、希腊、埃及、利比亚、突尼斯、阿尔及利亚、摩洛哥、塞内加尔、马里、布基纳法索、佛得角、几内亚、塞拉利昂、利比里亚、科特迪瓦、加那利群岛、马德拉群岛、亚速尔群岛、加纳、多哥、贝宁、尼日尔、尼日利亚、喀麦隆、苏丹、埃塞俄比亚、肯尼亚、乌干达、坦桑尼亚、卢旺达、布隆迪、刚果（金）、刚果（布）、加蓬、圣多美、普林西比、安哥拉、赞比亚、马拉维、莫桑比克、马达加斯加、塞舌尔、毛里求斯、留尼汪、津巴布韦、博茨瓦纳、南非、斯威士兰、圣赫勒拿岛、澳大利亚、新西兰、马利亚纳群岛、美国、百慕大群岛、墨西哥、危地马拉、伯利兹、萨尔瓦多、洪都拉斯、尼加拉瓜、哥斯达黎加、巴拿马、牙买加、哥伦比亚、委内瑞拉、巴西、厄瓜多尔、秘鲁、智利、阿根廷、巴拉圭。

（6）寄主：已知有235种果树、蔬菜被记录为寄主植物，最主要的有柑橘类、枇杷、樱桃、杏、桃、李、梨、苹果、无花果、柿、番石榴和咖啡等。

（7）生活习性：成虫自土壤中羽化出来后，作为补充营养，多在附近取食植物渗出液、蜜露、动物分泌物、细菌、果汁等，性成熟后飞向有果实的树丛交配。产卵前期受温度和日照时数影响很大。一头雌虫每天产卵达22～60粒，一生可产卵500～800粒，一个果实上可能有多个卵腔；在适宜的食物、温度和水分等条件下，有的成虫可存活1年以上。卵的发育、孵化受温度和湿度影响很大，卵的孵化期在一定范围内随温度升高而逐渐缩短，在相对湿度为30%、温度为25℃条件下，孵化率从98%下降到8%，保持12h后就不再孵化。幼虫孵出后即在果实内取食，一果内有高达100头的记录，甚至引起细菌等的感染，造成落果，整个果实腐烂。幼虫发育最适温度24～30℃，24.4～26.1℃时历期6～10d，10℃以下或36℃以上则停止发育。成熟后通常离果钻入深5～15cm的土中化蛹，如果有适宜的条件，不在土中也可以化蛹，蛹期在24.4～26.1℃时为6～13d。蛹期对不适环境条件抵抗力较强。地中海实蝇发育起点温度为12℃，完成一代的有效积温为622℃。如果温度在16～32℃，相对湿度在75%～85%，终年有可用的寄主果实，则可以连续发育下去；若因为气候寒冷，没有连续可用的寄主果实，则可以幼虫、蛹或成虫越冬。

（8）传播途径：能以卵、幼虫、蛹和成虫随水果、蔬菜等农产品及其包装物、土壤、交通工具等远距离传播。

5.4.3.2 传入可能性评估。

（1）进入可能性评估：地中海实蝇可寄生于多种寄主，已知有235种果树、蔬菜被记录为寄主植物，最主要的有柑橘类、枇杷、樱桃、杏、桃、李、梨、苹果、无花果、柿、番石榴和咖啡等。近年来，随着我国从国外进口棉花等农产品日益增多，地中海实蝇对我国的威胁越来越大。

（2）定殖可能性评估：地中海实蝇的适应性很强，分布广。现广泛分布在印度、伊朗、叙利亚、黎巴嫩、沙特阿拉伯、约旦、巴勒斯坦、以色列、塞浦路斯、俄罗斯、乌克兰、匈牙利、德国、奥地利、瑞士、荷兰、比利时、卢森堡、法国、西班牙、葡萄牙、意大利、马耳他、前南斯拉夫、阿尔巴尼亚、希腊、埃及、利比亚、突尼斯、阿尔及利亚、摩洛哥、塞内加尔、马里、布基纳法索、佛得角、几内亚、塞拉利昂、利比里亚、科特迪瓦、加那利群岛、马德拉群岛、亚速尔群岛、加纳、多哥、贝宁、尼日尔、尼日利亚、喀麦隆、苏丹、埃塞俄比亚、肯尼亚、乌干达、坦桑尼亚、卢旺达、布隆迪、刚果（金）、刚果（布）、加蓬、圣多美、普林西比、安哥拉、赞比亚、马拉维、莫桑比克、马达加斯加、塞舌尔、毛里求斯、留尼汪、津巴布韦、博茨瓦纳、南非、斯威士兰、圣赫勒拿岛、澳大利亚、新西兰、马利亚纳群岛、美国、百慕大群岛、墨西哥、危地马拉、伯利兹、萨尔瓦多、洪都拉斯、尼加拉瓜、哥斯达黎加、巴拿马、牙买加、哥伦比亚、委内瑞拉、巴西、厄瓜多尔、秘鲁、智利、阿根廷、巴拉圭。对我国也存在很大的危害。

5.4.3.3 扩散可能性评估。一种生物能否扩散，其生物学特性是关键因素。地中海实蝇的适应性很强，分布广，成虫自土壤中羽化出来后，作为补充营养，多在附近取食植物渗出液、蜜露、动物分泌物、细菌、果汁等，性成熟后飞向有果实的树丛交配。产卵前期受温度和日照时数影响很大。一头雌虫每天产卵达 22～60 粒，一生可产卵 500～800 粒，一个果实上可能有多个卵腔。在适宜的食物、温度和水分等条件下，有的成虫可存活 1 年以上。卵的发育、孵化受温度和湿度影响很大，卵的孵化期在一定范围内随温度升高而逐渐缩短，在相对湿度为 30%、温度为 25℃条件下，孵化率从 98%下降到 8%，保持 12h 后就不再孵化。幼虫孵出后即在果实内取食，一果内有高达 100 头的记录，甚至引起细菌等的感染，造成落果，整个果实腐烂。幼虫发育最适温度 24～30℃，24.4～26.1℃时历期 6～10d，10℃以下或 36℃以上则停止发育。成熟后通常离果钻入深 5～15cm 的土中化蛹，如果有适宜的条件，不在土中也可以化蛹，蛹期在 24.4～26.1℃时为 6～13d。蛹期对不适环境条件抵抗力较强。地中海实蝇发育起点温度为 12℃，完成一代的有效积温为 622℃。如果温度在 16～32℃，相对湿度在 75%～85%，终年有可用的寄主果实，则可以连续发育下去；若因为气候寒冷，没有连续可用的寄主果实，则可以幼虫、蛹或成虫越冬。地中海实蝇对我国农业会造成一定的影响。

5.4.3.4 传入后果评估。地中海实蝇对我国农业会造成一定的影响，一旦在我国扩散则难以防治，将会严重危害 235 种寄主植物，最主要的有柑橘类、枇杷、樱桃、杏、桃、李、梨、苹果、无花果、柿、番石榴和咖啡等。能以卵、幼虫、蛹和成虫随水果、蔬菜等农产品及其包装物、土壤、交通工具等远距离传播。对我国的农业形成巨大危害，从而干扰我国经济的发展，并对社会和环境带来一定的负面影响。

5.4.4 总体风险归纳。对我国的农业形成一定危害，一定程度上干扰我国经济的发展，并对社会和环境带来一定的负面影响。

5.4.5 备选方案的提出。禁止从疫区引进茄子、辣椒、番茄及各种水果，因科研等特殊需要引进，必须事先申请特许审批，否则不准入境。

5.4.6 就总体风险征求有关专家和管理者的意见。

5.4.7 评估报告的产生。

5.4.8 对风险评估报告进行评价，征求有关专家的意见。

5.4.9 风险管理。

5.4.9.1 我国目前的 APL。我国已建立起较为完备的防治有害生物的机构体系，如各级检验检疫机构、植保站，并具备了大批的专家和工作人员。首先加强入境检疫力度，提高检疫人员的业务能力，争取做到拒之于国门之外；其次提高各级检疫站和植保人员的业务水平，随时发现随时防治，并及早通报疫情。

5.4.9.2 备选方案的可行性评估。切实可行。

5.4.9.3 建议的检疫措施。禁止从疫区引进茄子、辣椒、番茄及各种水果，因科研等特殊需要引进，必须事先申请特许审批，否则不准入境。

5.4.9.4 征求意见。

5.4.9.5 原始管理报告。

5.4.10 PRA 报告。

5.4.11 在实施检疫措施之后，应当监督其有效性，如有必要应对检疫措施进行评价，并随时更新。

5.4.12 风险交流。应将中国关心的有害生物名单及其风险管理措施建议等内容向输出国提供。进行风险评估的专家可参加双边座谈，以便制定有关条款。中国政府应及时向相应进口商通报输出国疫情，引导其进口方向。

5.5 白缘象甲

5.5.1 由输出国提出要求，由国家质量监督检验检疫总局列入计划，并要求输出国提供有关的材料，包括随该商品传带的有害生物名单以及产地进行有关的官方防治措施。

5.5.2 潜在的检疫性有害生物的确立。

5.5.2.1 整理有害生物的完整名单。

5.5.2.2 提出会随该商品传带的有害生物名单。

5.5.2.3 确定中国关心的潜在的检疫性有害生物名单。

5.5.3 对潜在的检疫性有害生物白缘象甲的风险评估。

5.5.3.1 概述。

（1）学名： *Graphognathus peregrinus* (Buchanan)。

（2）异名： *Graphognthus leucoloma* (Boheman)，*Naupactus leucoloma* (Boheman)，*Pantomorus* (*Graphognthus*) *dubius* (Buchanan)，*Pantomorus* (*Graphognthus*) *pilosus* (Buchanan)，*Pantomorus* (*Graphognthus*) *striatus* (Buchanan)，*Graphognthus leucoloma dubius* (Buchanan)，*Graphognathus leucoloma pilosus* (Buchanan)，*Graphognathus leucoloma striatus* (Buchanan)。

（3）英文名： white-fringed beetle。

（4）分类地位： 鞘翅目（Coleoptera），象甲科（Curculionidae），短喙象亚科（Brachyderinae）。

（5）分布： 分布于南非（开普）、澳大利亚（新南威尔士、维多利亚）、新西兰（北岛、南岛、坎特伯雷）、美国（亚拉巴马、密西西比、佐治亚、佛罗里达、田纳西、阿肯色、北卡罗来纳、南卡罗来纳、弗吉尼亚、肯塔基、路易斯安那、新墨西哥、得克萨斯、加利福尼亚）、秘鲁、巴西、智利、阿根廷、乌拉圭。

（6）寄主： 寄主较多，主要有棉花、花生、豆类、甘薯等重要田园和大田作物，以及野生杂草、观赏植物、苗圃植物等。据报道，成虫可在不同科的 170 多种植物的簇叶上取食，幼虫至少取食 41 科 385 种植物的根。

（7）危害部位或传播途径： 白缘象甲成虫不具飞翔能力，主要通过能携带各种虫态的土壤、寄主植物调运和各种交通运输工具而进行人为远距离传播。美国的白缘象甲可能就是通过货运从南美洲传入的。要严格禁止转运土壤、带土植物和寄主植物。成虫取食寄主植物叶片，幼虫取食根部。

(8) 形态特征： 雌成虫体长8～12mm；身体灰褐色；鞘翅基部较宽，向鞘翅端部逐渐窄缩；沿鞘翅边缘具一条浅色带，故称为白缘象甲；头部和前胸背板两侧各有2条纵向白色条纹，在头部的一条位于眼上方，另一条位于眼下方；喙短而粗；触角柄节棒状；身体被覆浓密短毛，鞘翅后端的毛较长；鞘翅与中胸背板相连，后翅不发达，因此成虫不能飞翔。此种象甲尚未发现存在雄虫。卵呈椭圆形，长约0.8mm，新产的卵为乳白色，4～5d后变成浅黄褐色。老熟幼虫体长约13mm，为典型的象虫幼虫；身体强度弯曲，浅黄白色，无足，被覆稀疏短毛；头部颜色稍暗，部分缩入身体；上颚粗壮，黑色。蛹大小近于成虫。已知本属有4个种，统称白缘象甲。

(9) 生物学特性： 一般以幼小或半成熟幼虫在土下23～30cm深的植株根部或根周越冬，一些发育晚的能以老熟幼虫越冬；也有资料报道，卵在较好的条件下，如干草堆或没脱壳的花生中也能存活越冬。3～4月，幼虫从土壤深处向上移动，在地下7～15cm处形成蛹室；幼虫化蛹前在蛹室内数日保持不活动；化蛹通常在5～7月，发生时间随地区和气候而异；蛹期8～15d，随后蛹皮被吸收；初羽化成虫在蛹室内停留几天，体壁逐渐变硬。成虫5月初至8月中旬羽化，这取决于种类、地区和气候。新羽化成虫从地下钻出通常发生在雨后，爬向嗜好寄主植物，并在老叶叶缘向叶基部取食数日，取食量不大，多在午后活动。羽化后10～12d开始产卵。雌虫总产卵量取决于食物，以草为食的仅产少量卵(15～60粒)，而在豆科植物如花生、天鹅绒豆上取食的成虫产卵量大增（1 500粒或更多)，报道记载的最多产卵量为3 258粒。卵白色，一簇卵15～25粒，有的多达60粒。白缘象甲可在各种寄主植物的各个部位产卵，但多在植株与土壤接触的茎基部，成虫也在地面或近地面的其他物体上产卵，因卵外部常沾泥土而不易被发现。在仲夏，卵经2周孵化；天气冷时，卵可持续1～2个月。湿度是卵孵化的必要条件，在干燥条件下卵可存活7个月。幼虫从7月下旬至天气较冷时期，在地下15cm或更深处取食许多种植物的茎秆和主根，翌年5月化蛹。1年发生1代。孵化较晚的幼虫可在土壤中不取食存活1年或更长时间。白缘象甲行孤雌生殖，雌虫寿命平均为2～3个月，这期间总计可爬行0.4～1.2km。成虫还有明显向上爬行的习性，易附着在其他物品上被传带。

5.5.3.2 传入可能性评估。

(1) 进入可能性评估： 白缘象甲寄主多，分布广。近年来，随着我国从国外进口棉花等农产品日益增多，白缘象甲对我国的威胁越来越大。

(2) 定殖可能性评估： 白缘象甲的适应性很强，分布广。现主要分布在美国、南美洲。在我国大部分地区定殖的可能性非常大，对我国也存在很大的危害。

5.5.3.3 扩散可能性评估。一种生物能否扩散，其生活习性是关键因素。白缘象甲的适应性很强，分布广，幼虫聚集在土壤上层取食幼嫩植株的茎基部、根部外层和内层的柔软组织，并可切断主根，也取食播后的种子，还钻蛀危害马铃薯和甘蔗等。幼虫在地下7～15cm处形成蛹室，并在其中化蛹。成虫取食植物叶片。卵产在寄主植物的各个部位，多数产于植株与土壤接触的茎基部或近地面的其他物体上，卵外部常沾泥土而不易被发现。因此传入我国会造成大的流行，对我国农业会造成一定的影响。

5.5.3.4 传入后果评估。白缘象甲是菜园、田间作物和观赏植物的重要害虫，对许多经济作物造成严重危害。成虫取食寄主范围非常广泛，尤为嗜好阔叶植物，特别喜食阔叶的豆科植物，如大豆、花生、天鹅绒豆、紫花苜蓿等。成虫不暴食，一般没有重大经济意义。严重危害主要是由根部取食的幼虫造成的，这种危害在春天最为明显。春天，幼虫聚集在土壤上层取食幼嫩植株的茎基部、根部外层和内层的柔软组织，并可切断主根，也取食播种后的种子。幼虫对根系的严重危害造成植株变黄、枯萎或死亡，是一种危害严重的根部地下害虫。在秋季和冬季，尽管已知在秋冬蔬菜作物上确实能造成一定危害，但并不那么严重。幼虫一般多在根系外部或地下球根外部取食危害，也可钻蛀危害马铃薯和甘蔗。白缘象甲与其他农作物害虫不一样，在同一田块常造成不一致的危害，作物受害程度不一，有的受害轻微，有的可完全毁灭。作物受害程度除了与幼虫量有关外，还与土壤湿度、作物栽培水平、寄主植物数量等因素有关。

白缘象甲传入我国会造成大的流行，对我国农业会造成一定的影响，一旦在我国扩散则很难防治，将会严重危害棉花、花生、豆类、甘薯等重要田园和大田作物。

5.5.4 总体风险归纳。对我国的农业形成一定危害，一定程度上干扰我国经济的发展，并对社会和环境带来一定的负面影响。

5.5.5 备选方案的提出。严格施行检疫，强化大规模检测的力度，加强进口商品的产地检疫，边境口岸应对货物、包装材料、运输工具、邮件、垃圾、乘客行李等严格检疫。国内应做好随时防治白缘象甲的准备。

5.5.6 就总体风险征求有关专家和管理者的意见。

5.5.7 评估报告的产生。

5.5.8 对风险评估报告进行评价，征求有关专家的意见。

5.5.9 风险管理。

5.5.9.1 我国目前的APL。我国已建立起较为完备的防治有害生物的机构体系，如各级检验检疫机构、植保站，并具备了大批的专家和工作人员。首先加强入境检疫力度，提高检疫人员的业务能力，争取做到拒之于国门之外；其次提高各级检疫站和植保人员的业务水平，随时发现随时防治，并及早通报疫情。

5.5.9.2 备选方案的可行性评估。切实可行。

5.5.9.3 建议的检疫措施。

（1）土壤转移对白缘象甲传播最危险，因害虫一年中有较长时间以卵、幼虫和蛹态在土壤中生存。在一定季节，在土壤中也有成虫。要严禁苗圃幼苗和其他植物带土移栽，以防止害虫扩散蔓延。

（2）轮作栽培可控制白缘象甲的虫口密度。有报道，在受害严重的地块种植燕麦和其他矮小的谷物，3～4年轮作一次花生、大豆、天鹅绒豆等其他豆类作物，可减轻危害。

（3）白缘象甲成虫不能飞翔，在田边挖25cm宽、25cm深的沟，沟壁保持直立平滑，沟底设洞诱捕并杀灭，可有效阻止害虫近距离蔓延。

（4）地下害虫有效杀虫剂与肥料同时施于土表并深翻土下10cm，可防治土壤中幼虫和蛹。

（5）内吸杀虫剂乙拌磷可防治花生上的白缘象甲。

（6）除虫脲可降低白缘象甲的繁殖力和卵孵化率。

（7）用溴甲烷熏蒸处理土壤、寄主材料及其包装物等，可灭除白缘象甲各种虫态。白马铃薯和爱尔兰马铃薯常压熏蒸灭虫使用的时间、剂量关系为：32～35℃，40g，2h；26.5～31.5℃，48g，2h；21～26℃，56g，2h。

白缘象甲是我国公布的《中华人民共和国进境植物检疫危险性病、虫、杂草名录》中规定的二类危险害虫，应严格施行检疫。对进口棉花等产品实施检疫检测，严格按标准执行。

5.5.9.4　征求意见。

5.5.9.5　原始管理报告。

5.5.10　PRA 报告。

5.5.11　在实施检疫措施之后，应当监督其有效性，如有必要应对检疫措施进行评价，并随时更新。

5.5.12　风险交流。应将中国关心的有害生物名单及其风险管理措施建议等内容向输出国提供。进行风险评估的专家可参加双边座谈，以便制定有关条款。中国政府应及时向相应进口商通报输出国疫情，引导其进口方向。

5.6　草地夜蛾

5.6.1　由输出国提出要求，由国家质量监督检验检疫总局列入计划，并要求输出国提供有关的材料，包括随该商品传带的有害生物名单以及产地进行有关的官方防治措施。

5.6.2　潜在的检疫性有害生物的确立。

5.6.2.1　整理有害生物的完整名单。

5.6.2.2　提出会随该商品传带的有害生物名单。

5.6.2.3　确定中国关心的潜在的检疫性有害生物名单。

5.6.3　对潜在的检疫性有害生物草地夜蛾的风险评估。

5.6.3.1　概述。

（1）学名： *Spodoptera frugiperda*（J. E. Smith）。

（2）异名： *Laphygma frugiperda*（J. E. Smith）。

（3）英文名： fall armyworm，corn leafworm，southern grassworm。

（4）别名： 草地贪夜蛾、伪黏虫。

（5）分类地位： 鳞翅目。

（6）分布： 在北美洲分布于加拿大、墨西哥、美国。虽定殖在气候暖和的美国南部地区，但可每年迁飞扩散到美国全境，并进入加拿大南部，夏末和秋季仅在美国北部各州发生。在中美洲和加勒比海地区，分布于整个中美洲和加勒比群岛。在南美洲，分布于南纬36°以北的大部分地区，包括阿根廷、玻利维亚、巴西、智利、哥伦比亚、厄瓜多尔、圭亚那、巴拉圭、秘鲁、苏里南、乌拉圭、委内瑞拉。

（7）寄主： 草地夜蛾为多食性害虫，但嗜好禾本科作物，其他常见寄主有棉花、十字花科、葫芦科、花生、苜蓿、洋葱、菜豆、甘薯、茄科植物及多种观赏植物。大多数幼虫习惯在第一次取食的寄主上危害，并常在该植株上产卵。

草地夜蛾是一种热带和亚热带种类，夏季可定期迁飞至寒冷地区。在地中海地区，存在许多该种的合适寄主，同时能适生定殖。虽可在温室中危害，但成为温室害虫的影响不大。

(8) 危害部位或传播途径：该种在美洲有规律地1年迁飞1次，扩散至整个美国。实际上，每年夏天迁飞到加拿大南部。迁飞是该种生活史对策中一个主要因子，产卵前期（性成熟发育）广泛扩散。成虫可借低空气流在30h内从美国密西西比州扩散到加拿大。夏末或秋初幼虫常成群迁移，因而，成功的局部扩散有利于减少幼虫死亡率。幼虫食叶。

(9) 形态特征：成虫体粗壮，灰棕色，翅展32～38mm；雌虫前翅灰色至灰棕色，雄虫前翅更黑，具黑斑和浅色暗纹；后翅白色。草地夜蛾成虫易同莎草夜蛾和海灰翅夜蛾相混淆。草地夜蛾后翅翅脉棕色并透明，雄虫前翅浅色圆形，翅痣呈明显的灰色尾状突起；雄虫外生殖器抱握瓣近正方形，抱器末端无抱器缘缺刻；雌虫交配囊无交配片。卵半球形，卵块聚产在叶片表面，每卵块含卵100～300粒，有时成2层；卵块表面覆有雌虫腹部灰色毛形成的带状保护层；每雌产卵可达100粒。幼虫孵化时全身绿色，具黑线和斑点；生长时，仍保持绿色或成为浅黄色，并具黑色背中线和气门线；如密集时（种群密度大，食物短缺时），末龄幼虫在迁移期几乎为黑色。老熟幼虫体长35～40mm，在头部具黄色倒Y形斑，黑色背毛片着生原生刚毛（每节背中线两侧有2根刚毛），腹部末节有呈正方形排列的4个黑斑。幼虫有6个龄期，偶尔为5个。蛹明显为蛾蛹，呈棕色，有光泽，长18～20mm。

(10) 生物学特性：草地夜蛾夜间在寄主叶片上产卵，卵黏在下部叶片较低部分的背面，聚集产卵100～300粒，有时成2层，常覆有雌虫腹部灰毛形成的保护层；经2～10d（常为3～5d）后孵化。低龄幼虫在叶丛中取食。1、2龄幼虫在幼叶叶背聚集取食，叶片只剩下叶脉或呈纱窗状；老龄幼虫可残杀同类幼虫，每丛叶常有1～2头幼虫；6龄（或5龄）幼虫的发育速率受食物和温度条件的协同制约，一般为14～21d。老熟幼虫除种群扩散寻食时才进行迁移外，通常呈夜出习性。土室中做茧化蛹，很少在寄主植物叶间化蛹。蛹发育需9～13d。成虫在夜间羽化，产卵前需飞行数千米，有时可长距离迁飞；成虫平均存活12～14d。

该种为西半球温暖地区的热带种，幼虫发育的最适温度为28℃，产卵和化蛹的温度稍低。在热带地区每年连续繁殖4～6代，在北部地区仅发育1～2代，低温条件下停止活动和发育，霜冻可杀死全部虫态。在美国，草地夜蛾通常仅可在得克萨斯州和佛罗里达州南部越冬，暖和的冬天蛹可在稍北的地区存活。

5.6.3.2 传入可能性评估。

(1) 进入可能性评估：草地夜蛾多食性，分布广。近年来，随着我国从国外进口棉花等农产品日益增多，草地夜蛾对我国的威胁越来越大。

(2) 定殖可能性评估：草地夜蛾的适应性很强，分布广。在我国大部分地区定殖的可能性非常大，对我国也存在很大的危害。

5.6.3.3 扩散可能性评估。一种生物能否扩散，其生活习性是关键因素。草地夜蛾的适应性很强，分布广，因此传入我国会造成大的流行，对我国农业会造成一定的影响。

5.6.3.4 传入后果评估。草地夜蛾广泛分布于西半球温暖地区，各地区重要性不同。局部地区零星发生严重危害，一些地区比另一些地区风险性更大。取食叶片后，健康植株可很快补偿，害虫种群大时可造成落叶，此后幼虫会成群迁入邻近地区。有时大量幼虫以切根方式危害，切断种苗和幼小植物的主茎，造成很大损失。在大一些的植物上，如玉米，幼虫可钻入玉米穗中危害。草地夜蛾取食玉米叶时，留有大量孔，叶边缘参差不齐并可见虫粪。低龄幼虫取食后，叶脉呈窗纱状。老龄幼虫同切根虫一样，可将30日龄的幼苗沿基部切断。幼虫可钻入孕穗植物的穗中。危害番茄等植物时，可取食花蕾和生长点，并钻入果中。种群数量大时，幼虫如行军状，成群扩散。环境有利时，常留于杂草中。草地夜蛾传入我国会造成大的流行，对我国农业会造成一定的影响，一旦在我国扩散则难以防治，将会严重危害棉花、十字花科、葫芦科、花生、苜蓿、洋葱、菜豆、甘薯、茄科植物及多种观赏植物，幼虫食叶，对我国的农业形成巨大危害，从而干扰我国经济的发展，并对社会和环境带来一定的负面影响。

5.6.4　总体风险归纳。对我国的农业形成一定危害，一定程度上干扰我国经济的发展，并对社会和环境带来一定的负面影响。

5.6.5　备选方案的提出。强化大规模检测的力度，加强进口商品的产地检疫，边境口岸应对货物、包装材料、运输工具、邮件、垃圾、乘客行李等严格检疫。国内应做好随时防治草地夜蛾的准备。

5.6.6　就总体风险征求有关专家和管理者的意见。

5.6.7　评估报告的产生。

5.6.8　对风险评估报告进行评价，征求有关专家的意见。

5.6.9　风险管理。

5.6.9.1　我国目前的APL。我国已建立起较为完备的防治有害生物的机构体系，如各级检验检疫机构、植保站，并具备了大批的专家和工作人员。首先加强入境检疫力度，提高检疫人员的业务能力，争取做到拒之于国门之外；其次提高各级检疫站和植保人员的业务水平，随时发现随时防治，并及早通报疫情。

5.6.9.2　备选方案的可行性评估。切实可行。

5.6.9.3　建议的检疫措施。对进口棉花等产品实施检疫检测，严格按标准执行。

（1）用于种植的植物出口前几个月，在产地应经检疫并确认无该害虫。植物的一般类型（如切枝）应在低温下（1.7℃以下处理2～4d）保存处理，再进行熏蒸。

（2）在玉米上，5%种苗断茎，20%幼小植株叶丛（生长前30d）受害，就需要化学防治。在高粱上，该虫的经济阈值为每叶1头（或2头）幼虫，或每穗上有2头。在一些地区，该虫已经对杀虫剂产生抗性，增加了防治的难度。

（3）多种寄生蜂可寄生草地夜蛾幼虫，也有记载许多捕食性天敌，这表明生物防治是值得考虑的。幼虫的自然寄生率一般很高（20%～70%），大多数被茧蜂寄生。10%～15%的草地夜蛾可被病原菌致死。

（4）现已育成抗多种害虫的玉米品种，几种生物防治手段也已用于抑制害虫种群，部分受害可被健康植物补偿，故栽培措施是十分重要的。多种基本措施有利于减少危害，提高植物补偿能力。

5.6.9.4　征求意见。

5.6.9.5　原始管理报告。

5.6.10　PRA报告。

5.6.11 在实施检疫措施之后，应当监督其有效性，如有必要应对检疫措施进行评价，并随时更新。

5.6.12 风险交流。应将中国关心的有害生物名单及其风险管理措施建议等内容向输出国提供。进行风险评估的专家可参加双边座谈，以便制定有关条款。中国政府应及时向相应进口商通报输出国疫情，引导其进口方向。

5.7 海灰翅夜蛾

5.7.1 由输出国提出要求，由国家质量监督检验检疫总局列入计划，并要求输出国提供有关的材料，包括随该商品传带的有害生物名单以及产地进行有关的官方防治措施。

5.7.2 潜在的检疫性有害生物的确立。

5.7.2.1 整理有害生物的完整名单。

5.7.2.2 提出会随该商品传带的有害生物名单。

5.7.2.3 确定中国关心的潜在的检疫性有害生物名单。

5.7.3 对潜在的检疫性有害生物海灰翅夜蛾的风险评估。

5.7.3.1 概述。

（1）学名： *Spodoptera littoralis*（Boisduval）。

（2）异名： *Hadena littoralis* Boisduval。

（3）英文名： cotton leafworm，Egyptian cottonworm，Mediterranean brocade moth。

（4）分类地位： 鳞翅目（Lepidoptera），夜蛾科（Noctuidae）。

（5）分布： 分布于中非、安哥拉、布基纳法索、巴林、布隆迪、刚果、喀麦隆、阿尔及利亚、埃及、西班牙、埃塞俄比亚、法国、加纳、冈比亚、几内亚、希腊、以色列、伊拉克、伊朗、意大利、约旦、肯尼亚、科摩罗、黎巴嫩、利比亚、摩洛哥、马达加斯加、马里、毛里塔尼亚、毛里求斯、马拉维、莫桑比克、尼日尔、葡萄牙、留尼汪、卢旺达、沙特阿拉伯、塞舌尔、苏丹、圣赫勒拿、塞拉利昂、塞内加尔、索马里、圣多美和普林西比、叙利亚、乍得、多哥、突尼斯、土耳其、坦桑尼亚、乌干达、南非、赞比亚、津巴布韦、马德拉群岛、加那利群岛。

（6）寄主： 寄主主要有大豆、棉属、苜蓿属、三叶草属、蔬菜类植物等，海灰翅夜蛾至少危害 87 种经济重要性的植物。

（7）传播途径： 由蔬菜及切花进行远距离传播。

（8）形态特征： 成虫体灰褐色，长 15～20mm，翅展 30～38mm；前翅灰色至淡褐色，上有沿翅脉的形态多样的淡色线（雄虫翅室和翅端有浅蓝色区域），后翅灰白色，边缘灰色。幼虫体长 40～45mm，体色多变（暗灰色至暗绿色，后变为红褐色）；体侧面有深和浅色纵带，除前胸外，每一体节背面两侧具 2 个深色半月形斑，第 1、8 腹节斑较其他腹节大。卵呈圆形，略扁，直径 0.6mm，暗橘褐色或淡黄色。蛹长 15～20mm，红褐色，尾部具 2 个小刺突。

（9）生活习性： 多数作物受害都是由幼虫大量取食引起的，危害叶、茎和果实。雌虫在出现后 2～5d 内可成块产卵 1 000～2 000 粒，每块 100～300 粒，分布在叶的下表面，卵块被雌虫腹部的毛状鳞片所覆盖。孵化期4d，幼虫在25～26℃下需15～23d发育完成6龄。1～3龄幼虫成群取食，4～6龄分散危害。在土室中化蛹，蛹期11～13d（25℃）。成虫寿命4～10d，高温低湿降低成虫寿命，且不利繁殖。在日本1年发生4代，在潮湿的热带1年发生8代。

5.7.3.2　传入可能性评估。

（1）进入可能性评估：海灰翅夜蛾寄主多，分布广。近年来，随着我国从国外进口棉花等农产品日益增多，海灰翅夜蛾对我国的威胁越来越大。

（2）定殖可能性评估：海灰翅夜蛾的适应性很强，分布广。现主要分布在中非、安哥拉、布基纳法索、巴林、布隆迪、刚果、喀麦隆、阿尔及利亚、埃及、西班牙、埃塞俄比亚、法国、加纳、冈比亚、几内亚、希腊、以色列、伊拉克、伊朗、意大利、约旦、肯尼亚、科摩罗、黎巴嫩、利比亚、摩洛哥、马达加斯加、马里、毛里塔尼亚、毛里求斯、马拉维、莫桑比克、尼日尔、葡萄牙、留尼汪、卢旺达、沙特阿拉伯、塞舌尔、苏丹、圣赫勒拿、塞拉利昂、塞内加尔、索马里、圣多美和普林西比、叙利亚、乍得、多哥、突尼斯、土耳其、坦桑尼亚、乌干达、南非、赞比亚、津巴布韦、马德拉群岛、加那利群岛。在我国大部分地区定殖的可能性非常大，对我国也存在很大的危害。

5.7.3.3　扩散可能性评估。一种生物能否扩散，其生活习性是关键因素。海灰翅夜蛾的适应性很强，分布广，大多数作物受害都是由幼虫大量取食引起的，危害叶、茎和果实。雌虫在出现后2～5d内可成块产卵1 000～2 000粒，每块100～300粒，分布在叶的下表面，卵块被雌虫腹部的毛状鳞片所覆盖。孵化期4d，幼虫在25～26℃下需15～23d发育完成6龄。1～3龄幼虫成群取食，4～6龄分散危害。在土室中化蛹，蛹期11～13d（25℃）。成虫寿命4～10d，高温低湿降低成虫寿命，且不利繁殖。在日本1年发生4代，在潮湿的热带1年发生8代。因此传入我国会造成大的流行，对我国农业会造成一定的影响。

5.7.3.4　传入后果评估。海灰翅夜蛾传入我国会造成大的流行，对我国农业会造成一定的影响，一旦海灰翅夜蛾在我国扩散则难以防治，将会严重危害大豆、棉属、苜蓿属、三叶草属及蔬菜类植物等，至少危害87种经济重要性的植物。由蔬菜及切花进行远距离传播，对我国的农业形成巨大危害，从而干扰我国经济的发展，并对社会和环境带来一定的负面影响。

5.7.4　总体风险归纳。对我国的农业形成一定危害，一定程度上干扰我国经济的发展，并对社会和环境带来一定的负面影响。

5.7.5　备选方案的提出。海灰翅夜蛾是中俄植检植保双边协定中，俄方提出的检疫性害虫，应严格施行检疫。强化大规模检测的力度，加强进口商品的产地检疫，边境口岸应对货物、包装材料、运输工具、邮件、垃圾、乘客行李等严格检疫。国内应做好随时防治海灰翅夜蛾的准备。

5.7.6　就总体风险征求有关专家和管理者的意见。

5.7.7　评估报告的产生。

5.7.8　对风险评估报告进行评价，征求有关专家的意见。

5.7.9　风险管理。

5.7.9.1 我国目前的APL。我国已建立起较为完备的防治有害生物的机构体系，如各级检验检疫机构、植保站，并具备了大批的专家和工作人员。首先加强入境检疫力度，提高检疫人员的业务能力，争取做到拒之于国门之外；其次提高各级检疫站和植保人员的业务水平，随时发现随时防治，并及早通报疫情。

5.7.9.2 备选方案的可行性评估。切实可行。

5.7.9.3 建议的检疫措施。海灰翅夜蛾是中俄植检植保双边协定中，俄方提出的检疫性害虫，应严格施行检疫。强化大规模检测的力度，加强进口商品的产地检疫，边境口岸应对货物、包装材料、运输工具、邮件、垃圾、乘客行李等严格检疫。国内应做好随时防治海灰翅夜蛾的准备。

5.7.9.4 征求意见。

5.7.9.5 原始管理报告。

5.7.10 PRA报告。

5.7.11 在实施检疫措施之后，应当监督其有效性，如有必要应对检疫措施进行评价，并随时更新。

5.7.12 风险交流。应将中国关心的有害生物名单及其风险管理措施建议等内容向输出国提供。进行风险评估的专家可参加双边座谈，以便制定有关条款。中国政府应及时向相应进口商通报输出国疫情，引导其进口方向。

5.8 点刻长蠹

5.8.1 由输出国提出要求，由国家质量监督检验检疫总局列入计划，并要求输出国提供有关的材料，包括随该商品传带的有害生物名单以及产地进行有关的官方防治措施。

5.8.2 潜在的检疫性有害生物的确立。

5.8.2.1 整理有害生物的完整名单。

5.8.2.2 提出会随该商品传带的有害生物名单。

5.8.2.3 确定中国关心的潜在的检疫性有害生物名单。

5.8.3 对潜在的检疫性有害生物点刻长蠹的风险评估。

5.8.3.1 概述。

(1) 学名：*Apate monachus* Fabricius。

(2) 异名：*Apate monacha* Fabricius，*Apate carmelita* Fabricius，*Apate francisca* Fabricius，*Apate gibba* Fabricius，*Apate mendica* Olivier，*Apate semicostata* Thomson，*Apate senii* Stefani，*Apate monachus* var. *rufiventris*。

(3) 英文名：twig borer，black borer。

(4) 分类地位：鞘翅目（Coleoptera），长蠹科（Bostrichidae）。

(5) 分布：该虫起源于非洲森林，主要分布在热带和亚热带地区，也出现在地中海南部和中东，包括西西里和科西嘉岛。该虫现已确认偶然传入且广泛分布在安的列斯群岛。Chararas 和 Balachowsky 记录了美国（佛罗里达）的种类，它也是偶然传入的。从西班牙、几内亚和摩洛哥过来的样本存在于西班牙马德里的国家自然科学博物馆，上面标注了在各个国家收集到的时间。

点刻长蠹主要分布在欧洲的法国、意大利、德国、西班牙；亚洲的以色列、黎巴嫩、叙利亚；非洲的阿尔及利亚、喀麦隆、刚果（布）、埃及、厄立特里亚、埃塞俄比亚、加纳、几内亚、赞比亚、乌干达、突尼斯、多哥、坦桑尼亚、尼日利亚、尼日尔、摩洛哥；西半球的巴西、古巴、多米尼加共和国、瓜德罗普岛、牙买加、马提尼克岛、波多黎各、美国（圣路易和尼维斯岛、佛罗里达州）。

（6）寄主：该虫有较宽的寄主范围，被 Lesne（1901）、Chararas 和 Balachowsky（1962）记录为多食性种类。它可以在许多非洲的树木和寄主作物上完成发育。成虫可危害观赏植物，例如紫丁香属植物、日本槐树和梓槐。

点刻长蠹的主要寄主有阿拉伯咖啡、可可、非洲油棕榈、芒果、木豆、番石榴、印度罗望子、石榴、桃花心木、利比里亚咖啡树。次要寄主有脐橙、橄榄、桑、洋槐、日本摇钱树、皂荚树、番荔枝、丁香、苹果、白雪松、枣椰子、桃、欧洲梨、法国柽柳、葡萄。野生寄主有合金欢属。

（7）危害部位或传播途径：成虫、幼虫蛀茎。点刻长蠹的田间监测主要通过调查适宜寄主的茎秆损害情况。在死去的木材里可以观察到白色、圆柱形、具有小腿的幼虫；钻过的茎秆取样后可以剖开并鉴定成虫。为了减少该虫的损害，可以采用的农艺方法有种植抗虫的小树，使用柔韧的金属丝（如自行车辐条）放进钻孔捣死该虫，烧毁大批严重受害的植物的方法有时也可以用。由于防治对象与其他钻蛀性害虫一样生活在寄主内部，因此化学控制是困难的，这些应用的困难经常伴随着不合理的花费和污染环境的风险。Luciano 记述了在意大利的果园里使用氯菊酯防治点刻长蠹的事例，但认为最好还是预防。

（8）形态特征：点刻长蠹是一种大型的钻蛀性甲虫，体长为 10～20mm，近圆柱形，两侧平行，栗褐色至黑色；雌虫的头部有大量长而密的刚毛；前胸背板呈四方形，形成一个罩覆盖住头部；触角第二节拉长，圆柱形；后翅浅凹，有 4 条细小的刻线；雌虫的产卵器短而宽，前胸和腿节上无发声器。

（9）生物学特性：点刻长蠹是一种钻蛀性甲虫，经常在傍晚和夜间飞行，它具有趋光性。成虫通常先钻出一个短的通道，从外缘看孔长 8～12mm，宽 5～7mm；接着又蛀出另一个通道——一个圆柱形的小室，长约 10cm，直径为 15mm；然后又产生一个新的通道，长 20～60cm，直径为 10～20mm；如果不蛀出前面的小室，则会钻出许多小通道（直径 5～8mm），两者必选其一；成虫为了取食制造许多小的通道，长只有 7～10cm，直径为 15mm。雌虫将死木挖空，在里面产卵。幼虫在死去的树木上生活，在树木上挖掘出它们自己的深的通道。天敌的重要性还不能确定，虽然一种 *Teretriosoma* 已被证明可以作为一种大的蛀粮蠹虫的生物防治剂，天敌对控制钻木类甲虫的数量的作用还是认为不重要的。

5.8.3.2 传入可能性评估。

（1）进入可能性评估：点刻长蠹寄主多，分布广。近年来，随着我国从国外进口棉花等农产品日益增多，点刻长蠹对我国的威胁越来越大。

（2）定殖可能性评估：点刻长蠹的适应性很强，分布广。现主要分布在几内亚、多哥、加纳、科特迪瓦、喀麦隆、埃塞俄比亚、肯尼亚、乌干达、刚果（布）、刚果（金）、安哥拉、马达加斯加、古巴、波多黎各、巴西。在我国大部分地区定殖的可能性非常大，对我国也存在很大的危害。

5.8.3.3 扩散可能性评估。一种生物能否扩散，其生活习性是关键因素。点刻长蠹的适应性很强，分布广，因此传入我国会造成大的流行，对我国农业会造成一定的影响。

5.8.3.4 传入后果评估。点刻长蠹被认为是一种具有次要经济影响的害虫，通常不被看做是一种严重危害生长中树木的昆虫。它对咖啡具有破坏性，但对许多树木无影响。它引起的作物的损失是很难估计的，因为损害常常是局部的，在个别的树木或单独的种植园发生。Chararas 和 Balachowsky 报告中指出，点刻长蠹在中非、安的列斯群岛和地中海南部的一些国家和地区的庄稼中是一种局部性害虫，但是由于缺乏可靠的数据，还没人尝试过对咖啡和可可等农作物的损失作出评估。成虫在活着的寄主植物上取食时钻较深的孔，寄主植物的茎秆产生许多通道和外部的小孔。通常幼年的树木和苗圃损害严重。茎秆可能被完全挖空，从而使幼树死亡或年老的树生长受阻。幼虫生活在已死的树木里，通常不会带来经济损失。繁殖、筑巢及幼虫的发育和习性没有很好地被描述。

点刻长蠹传入我国会造成大的流行，对我国农业会造成一定的影响，一旦点刻长蠹在我国扩散则难以防治，将会严重危害可可、咖啡、黄楝、紫柳、铁刀木、烟香椿、棉属、印度黄檀、凤凰木、甜美树、雨树、象牙榄仁树。成虫、幼虫蛀茎，对我国的农业形成巨大危害，从而干扰我国经济的发展，并对社会和环境带来一定的负面影响。

5.8.4 总体风险归纳。对我国的农业形成一定危害，一定程度上干扰我国经济的发展，并对社会和环境带来一定的负面影响。

5.8.5 备选方案的提出。强化大规模检测的力度，加强进口商品的产地检疫，边境口岸应对货物、包装材料、运输工具、邮件、垃圾、乘客行李等严格检疫。国内应做好随时防治点刻长蠹的准备。

5.8.6 就总体风险征求有关专家和管理者的意见。

5.8.7 评估报告的产生。

5.8.8 对风险评估报告进行评价，征求有关专家的意见。

5.8.9 风险管理。

5.8.9.1 我国目前的 APL。我国已建立起较为完备的防治有害生物的机构体系，如各级检验检疫机构、植保站，并具备了大批的专家和工作人员。首先加强入境检疫力度，提高检疫人员的业务能力，争取做到拒之于国门之外；其次提高各级检疫站和植保人员的业务水平，随时发现随时防治，并及早通报疫情。

5.8.9.2 备选方案的可行性评估。切实可行。

5.8.9.3 建议的检疫措施。对进口棉花等产品实施检疫检测，严格按标准执行。

5.8.9.4 征求意见。

5.8.9.5 原始管理报告。

5.8.10 PRA 报告。

5.8.11 在实施检疫措施之后，应当监督其有效性，如有必要应对检疫措施进行评价，并随时更新。

5.8.12 风险交流。应将中国关心的有害生物名单及其风险管理措施建议等内容向输出国提供。进行风险评估的专家可参加双边座谈，以便制定有关条款。中国政府应及时向相应进口商通报输出国疫情，引导其进口方向。

5.9　谷斑皮蠹

5.9.1　由输出国提出要求，由国家质量监督检验检疫总局列入计划，并要求输出国提供有关的材料，包括随该商品传带的有害生物名单以及产地进行有关的官方防治措施。

5.9.2　潜在的检疫性有害生物的确立。

5.9.2.1　整理有害生物的完整名单。

5.9.2.2　提出会随该商品传带的有害生物名单。

5.9.2.3　确定中国关心的潜在的检疫性有害生物名单。

5.9.3　对潜在的检疫性有害生物谷斑皮蠹的风险评估。

5.9.3.1　概述。

（1）学名： *Trogoderma granarium* Everts。

（2）异名： *Trogoderma guinguefasciata* Leesberg，*Trogoderma khapra* Arrow，*Trogoderma afrium* Priesner。

（3）英文名： khapra beetle。

（4）分类地位： 鞘翅目（Coleoptera），皮蠹科（Dermestidae），斑皮蠹属（*Trogoderma*）。

（5）分布： 分布于朝鲜、日本、越南、缅甸、泰国、马来西亚、菲律宾、印度尼西亚、孟加拉国、印度、斯里兰卡、俄罗斯、巴基斯坦、阿富汗、伊朗、伊拉克、叙利亚、黎巴嫩、以色列、塞浦路斯、土耳其、丹麦、瑞典、芬兰、捷克、德国、荷兰、英国、法国、西班牙、葡萄牙、意大利、埃及、利比亚、突尼斯、阿尔及利亚、摩洛哥、毛里塔尼亚、塞内加尔、冈比亚、马里、几内亚、塞拉利昂、尼日尔、尼日利亚、苏丹、索马里、肯尼亚、乌干达、坦桑尼亚、安哥拉、莫桑比克、毛里求斯、津巴布韦、南非、布基纳法索、马达加斯加、科特迪瓦、美国、墨西哥、牙买加。在国内主要分布于云南（与缅甸交界局部地区）、台湾。

（6）寄主： 严重危害多种植物性产品，如小麦、大麦、麦芽、燕麦、黑麦、玉米、高粱、稻谷、面粉、花生、干果、坚果等，也取食多种动物性产品，如乳粉、鱼粉、血干、蚕茧、皮毛、丝绸等。

（7）传播途径： 成虫虽有翅但不能飞，主要随货物、包装材料和运载工具传播。

（8）形态特征： 成虫体长1.8～3.0mm，雄虫平均体长为1.9mm，雌虫平均体长为2.8mm，长椭圆形，淡红褐色、深褐色至黑色；额的前缘深凹，凹处高度不及额最大高度之1/2；鞘翅斑点模糊，几乎没有；雄虫触角棒4～5节，末节长略等于9、10两节之和；雌虫触角棒3～4节，末节长略大于宽；雄虫第9腹节背片后缘角两侧各有几根长刚毛，腹面圆弧形；雌虫交配囊内成对骨片长0.02mm，齿稀少。卵圆筒形，长约0.7mm，宽约0.25mm，一端圆，另一端较尖，有数根刺，初产时乳白色，后渐变淡黄色。老熟幼虫长约5.3mm，背面乳白色至黄褐色；触角3节，第1、2节约等长，第1节周围除外侧

1/4外均着生刚毛，第2节有1根刚毛；内唇前缘有12～14对刚毛，中刚毛2对，内唇棒前端之间有感觉环1个，上有乳突4个；头、胸、腹背面均覆有芒刚毛，第1腹节芒刚毛着生位置不超过前脊沟；5～8腹节箭刚毛束密，形成4横带；第8腹节背板无前脊沟。雄蛹长约3mm，雌蛹长约5mm；末龄幼虫化蛹时自头部后缘到腹部第5节或第6节沿背中线纵裂，蛹仍留在末龄幼虫未脱下的蜕内。

(9) 生物学特性：年发生代数因温度和食料而异。成虫羽化前需静止一段时间，成虫不取食。雌虫一生产卵7～81粒，寿命短。卵产在粮堆表面或缝隙里。卵期高温时为4.5d，25℃需12d。幼虫一般为4～5龄，条件不适可增至15龄，幼龄幼虫取食谷粒碎片或已碎谷粒，老熟幼虫可蛀食谷粒。在相对湿度73%、温度35℃时完成发育需25d，25℃时需48d，适宜温度为33～37℃，最适相对湿度为45%～75%，但在35℃下，相对湿度为2%～3%时仍能完成发育，滞育幼虫钻缝隙，长达8年。

5.9.3.2 传入可能性评估。

(1) 进入可能性评估：谷斑皮蠹寄主多，分布广。近年来，随着我国从国外进口棉花等农产品日益增多，谷斑皮蠹对我国的威胁越来越大。

(2) 定殖可能性评估：谷斑皮蠹的适应性很强，分布广。现分布在朝鲜、日本、越南、缅甸、泰国、马来西亚、菲律宾、印度尼西亚、孟加拉国、印度、斯里兰卡、俄罗斯、巴基斯坦、阿富汗、伊朗、伊拉克、叙利亚、黎巴嫩、以色列、塞浦路斯、土耳其、丹麦、瑞典、芬兰、捷克、德国、荷兰、英国、法国、西班牙、葡萄牙、意大利、埃及、利比亚、突尼斯、阿尔及利亚、摩洛哥、毛里塔尼亚、塞内加尔、冈比亚、马里、几内亚、塞拉利昂、尼日尔、尼日利亚、苏丹、索马里、肯尼亚、乌干达、坦桑尼亚、安哥拉、莫桑比克、毛里求斯、津巴布韦、南非、布基纳法索、马达加斯加、科特迪瓦、美国、墨西哥、牙买加。在我国大部分地区定殖的可能性非常大，对我国也存在很大的危害。

5.9.3.3 扩散可能性评估。一种生物能否扩散，其生活习性是关键因素。在东南亚，谷斑皮蠹1年发生4～5代。以幼虫在仓库缝隙内越冬。成虫羽化后2～3d开始交尾产卵，卵多散产，偶尔2～5粒黏结在一起。成虫丧失飞翔能力，也不取食。卵期3～26d。在正常情况下，幼虫有4～6个龄期。幼虫期在不发生滞育的情况下为26～87d，蛹期2～23d。完成1个世代，在34～35℃下需要25～29d；在幼虫滞育的情况下完成1代需要数年。谷斑皮蠹的耐干性及耐冷、耐热能力很强。幼虫多集中于粮堆顶部取食，进入3龄后又钻入缝隙中群居。席囤、墙壁和地板缝隙，以及包装物和仓内梁柱裂隙等处，均为幼虫藏匿之处。谷斑皮蠹传入我国会造成大的流行，对我国农业会造成一定的影响。

5.9.3.4 传入后果评估。该虫为国际上最重要的检疫性害虫之一，以幼虫取食危害。幼虫十分贪食，除直接取食外，还有粉碎食物的习性。对谷物造成的损失一般为5%～30%，甚至有时高达75%。该虫1946年传入美国加利福尼亚州，1953年在某些粮库暴发成灾，一个存放3 700t大麦的仓库，在1.25m深的表层内幼虫数多于粮粒数。从1955年2月开始，在美国36个州进行了历时5年的国内疫情调查，共发现谷斑皮蠹的侵染点455个，侵染仓库的总体积达$3.96\times10^6m^3$，耗资900万美元才完成了谷斑皮蠹的根除计划。谷斑皮蠹传入我国会造成大的流行，对我国农业会造成一定的影响，一旦谷斑皮蠹在我国扩散则难以防治，将会严重危害多种植物性产品，如小麦、大麦、麦芽、燕麦、黑麦、玉米、高粱、稻谷、面粉、花生、干果、坚果等，也危害多种动物性产品，如乳粉、鱼粉、血干、蚕茧、皮毛、丝绸等。成虫虽有翅但不能飞，主要随货物、包装材料和运载工具传播。对我国的农业形成巨大危害，从而干扰我国经济的发展，并对社会和环境带来一定的负面影响。

5.9.4　总体风险归纳。对我国的农业形成一定危害，一定程度上干扰我国经济的发展，并对社会和环境带来一定的负面影响。

5.9.5　备选方案的提出。强化大规模检测的力度，加强进口商品的产地检疫，边境口岸应对货物、包装材料、运输工具、邮件、垃圾、乘客行李等严格检疫。国内应做好随时防治谷斑皮蠹的准备。

5.9.6　就总体风险征求有关专家和管理者的意见。

5.9.7　评估报告的产生。

5.9.8　对风险评估报告进行评价，征求有关专家的意见。

5.9.9　风险管理。

5.9.9.1　我国目前的APL。我国已建立起较为完备的防治有害生物的机构体系，如各级检验检疫机构、植保站，并具备了大批的专家和工作人员。首先加强入境检疫力度，提高检疫人员的业务能力，争取做到拒之于国门之外；其次提高各级检疫站和植保人员的业务水平，随时发现随时防治，并及早通报疫情。

5.9.9.2　备选方案的可行性评估。切实可行。

5.9.9.3　建议的检疫措施。对进口棉花等产品实施检疫检测，严格按标准执行。

（1）目检：检查包角、包缝、皱褶处是否有幼虫蜕皮壳或活虫。

（2）诱集：以性激素［92∶8（顺∶反）-14-甲基-3-十六碳烯醛］或聚集激素（油酸乙酯44.2%、棕榈酸乙酯34.8%、亚麻酸乙酯14.6%、硬脂酸乙酯6%、油酸甲酯0.4%）作诱饵诱捕。

5.9.9.4　征求意见。

5.9.9.5　原始管理报告。

5.9.10　PRA报告。

5.9.11　在实施检疫措施之后，应当监督其有效性，如有必要应对检疫措施进行评价，并随时更新。

5.9.12　风险交流。应将中国关心的有害生物名单及其风险管理措施建议等内容向输出国提供。进行风险评估的专家可参加双边座谈，以便制定有关条款。中国政府应及时向相应进口商通报输出国疫情，引导其进口方向。

5.10　灰翅夜蛾

5.10.1　由输出国提出要求，由国家质量监督检验检疫总局列入计划，并要求输出国提供有关的材料，包括随该商品传带的有害生物名单以及产地进行有关的官方防治措施。

5.10.2　潜在的检疫性有害生物的确立。

5.10.2.1 整理有害生物的完整名单。

5.10.2.2 提出会随该商品传带的有害生物名单。

5.10.2.3 确定中国关心的潜在的检疫性有害生物名单。

5.10.3 对潜在的检疫性有害生物灰翅夜蛾的风险评估。

5.10.3.1 概述。

(1) 学名：*Spodoptera mauritia*（Boisduval）。

(2) 异名：*Hadena mauritia* Boisduval。

(3) 英文名：Lawn armyworm。

(4) 分类地位：鳞翅目（Lepidoptera），夜蛾科（Noctuidae）。

(5) 分布：阿尔及利亚、塞浦路斯、埃及、以色列、利比亚、马耳他、摩洛哥、西班牙等国已广泛分布。希腊、意大利（北部温室中和南部野外）、葡萄牙（仅在南部）及突尼斯等国局部分布。丹麦、芬兰、法国、德国、荷兰、英国（英格兰）等国家曾发现，但仍未定殖。黎巴嫩、叙利亚和土耳其等国家有分布的报道。

(6) 寄主：灰翅夜蛾为多食性昆虫，寄主植物达 40 科以上，其中经济重要寄主至少达 87 种，主要包括棉花、苜蓿、大豆、三叶草属及蔬菜等植物。

(7) 危害部位或传播途径：随寄主植物传播，危害叶子，也蛀食棉蕾、豆荚、果肉等。成虫在夜间 4h 可飞行 1.5km，有利于不同寄主间的扩散和产卵。国际贸易中，种植材料、切花或蔬菜可携带卵和幼虫。

(8) 形态特征：成虫体长 15～20mm，灰棕色，翅展 30～38mm；前翅灰色至红棕色，具一强波浪形纹，沿翅脉条纹白色（雄虫翅基和翅端有一淡蓝色斑）；后翅灰白色，翅缘灰色。卵半球形，微扁，直径 0.6mm，卵成块，覆有雌虫腹部末端的绒毛，呈淡黄色。幼虫体长 40～45mm，无毛，颜色多变（从深灰色至深绿色，可变成红棕色或淡黄色），体两侧有黑而亮的纵带；除前胸外，每节背中线两侧有 2 个半月形黑斑，第 1 和第 8 腹节黑斑最大，侧线在第 1 腹节处断开。蛹长 15～20mm，红棕色，腹部末端有 1 对粗刺。

灰翅夜蛾与斜纹夜蛾的外形十分相似。

(9) 生物学特性：羽化后 2～5d，雌虫在寄主植物叶片背面产 100～300 个卵块，有 1 000～2 000 粒卵，卵块上覆有昆虫腹部末端的毛状鳞片。高温低湿明显影响产卵量，30℃、相对湿度 90%条件下可产卵 960 粒，而在 35℃、相对湿度 30%的条件下可产 145 粒卵。灰翅夜蛾初产的卵在 1℃时可存活 8d；在同样条件下，已部分发育的卵比初产卵存活时间长。温暖条件下，卵约 4d 后孵化，在冬季需 11～12d。25～26℃时，幼虫发育 6 个龄期需 15～23d；低温条件，如欧洲温室中菊花种植园上的灰翅夜蛾幼虫超龄发育，3 个月才可成熟。低龄幼虫（1～3 龄）成群取食，留下叶片背面较完整；老龄幼虫（4～6 龄）分散，白天在寄主植物下的地面爬行，晚上和拂晓开始取食。在土室中化蛹，25℃时蛹期需 11～13d。成虫寿命 4～10d，高温低湿条件可缩短寿命。因而，完成一个生活史周期需 5 周。在日本，5～10 月可发育 4 代，湿润热带地区可发育 8 代；在季节性的热带地区，雨季可发育几代，干旱季节以蛹形态存活。

5.10.3.2 传入可能性评估。

（1）进入可能性评估：灰翅夜蛾寄主多，在棉花、洋葱、甘蓝、美人蕉、胡椒、南瓜、胡萝卜、风信子、草莓、唐菖蒲、莴苣、番茄、苹果、苜蓿、薄荷、烟草、水稻、鳄梨、豌豆、梨、大黄、蓖麻、马铃薯、三叶草、玉米、柑橘、石竹属、桉树属、葡萄属、花生等都可寄生。近年来，随着我国从国外进口棉花等农产品日益增多，灰翅夜蛾对我国的威胁越来越大。

（2）定殖可能性评估：灰翅夜蛾的适应性很强，分布广。现分布于阿尔达布拉群岛、阿尔及利亚、安哥拉、巴林岛、布基纳法索、法国、冈比亚、几内亚、加纳、津巴布韦、肯尼亚、黎巴嫩、利比亚、留尼汪、卢旺达、马达加斯加、马德拉群岛、马拉维、马里、毛里求斯、毛里塔尼亚、摩洛哥、莫桑比克、尼日尔、沙特阿拉伯、圣多美和普林西比、突尼斯、土耳其、乌干达、西班牙、希腊、叙利亚、伊拉克、伊朗、以色列、意大利、约旦、赞比亚、中非、泰国、巴基斯坦、埃及。在我国大部分地区定殖的可能性非常大，对我国也存在很大的危害。

5.10.3.3　扩散可能性评估。一种生物能否扩散，其生活习性是关键因素。灰翅夜蛾的适应性很强，分布广，因此传入我国会造成大的流行，对我国农业会造成一定的影响。

5.10.3.4　传入后果评估。灰翅夜蛾在热带和亚热带地区是最严重的鳞翅目农业害虫之一，可全年危害多种经济作物。棉花上，可取食叶片，蛀食果及花蕾，偶尔也危害棉铃，引起值得重视的损害。危害花生时，幼虫主要选择未展开的叶片取食，严重危害时可吃完全部叶子，有时可危害土中果荚中的子粒。豇豆的荚和种子也可遭严重危害。在番茄上，幼虫钻入果实中，降低果实的商品价值。危害其他多种作物主要部位是叶片。在欧洲，1937年前后灰翅夜蛾危害严重。1949年，在西班牙南部发现幼虫种群大暴发，受害作物主要为苜蓿、马铃薯和其他一些蔬菜。现在，在塞浦路斯、以色列、马耳他、摩洛哥和西班牙（不含北部地区如加泰罗尼亚），灰翅夜蛾具极大的经济重要性。在意大利，对保护地观赏植物和蔬菜也特别重要。在希腊克里特岛，灰翅夜蛾仅轻微危害苜蓿和三叶草等植物。

灰翅夜蛾传入我国会造成大的流行，对我国农业会造成一定的影响，一旦灰翅夜蛾在我国扩散则难以防治，将会严重危害棉花、洋葱、甘蓝、美人蕉、胡椒、南瓜、胡萝卜、风信子、草莓、唐菖蒲、莴苣、番茄、苹果、苜蓿、薄荷、烟草、水稻、鳄梨、豌豆、梨、大黄、蓖麻、马铃薯、三叶草、玉米、柑橘、石竹属、桉树属、葡萄属、花生等。植物和切花传播，危害叶子，也蛀食棉蕾、豆荚、果肉等。对我国的农业形成巨大危害，从而干扰我国经济的发展，并对社会和环境带来一定的负面影响。

5.10.4　总体风险归纳。灰翅夜蛾生长繁茂，严重影响作物的生长。对我国的农业形成一定危害，一定程度上干扰我国经济的发展，并对社会和环境带来一定的负面影响。

5.10.5　备选方案的提出。强化大规模检测的力度，加强进口商品的产地检疫，边境口岸应对货物、包装材料、运输工具、邮件、垃圾、乘客行李等严格检疫。国内应做好随时防治灰翅夜蛾的准备。

5.10.6　就总体风险征求有关专家和管理者的意见。

5.10.7　评估报告的产生。

5.10.8　对风险评估报告进行评价，征求有关专家的意见。

5.10.9 风险管理。

5.10.9.1 我国目前的APL。我国已建立起较为完备的防治有害生物的机构体系，如各级检验检疫机构、植保站，并具备了大批的专家和工作人员。首先加强入境检疫力度，提高检疫人员的业务能力，争取做到拒之于国门之外；其次提高各级检疫站和植保人员的业务水平，随时发现随时防治，并及早通报疫情。

5.10.9.2 备选方案的可行性评估。切实可行。

5.10.9.3 建议的检疫措施。

（1）1968年，应用甲基硝苯硫磷酯防治灰翅夜蛾，后来产生了抗药性。此后，大量使用其他有机磷和合成菊酯类农药，也出现了抗性和交互抗性。然而，在埃及强制限制每年合成菊酯类农药在棉花上的应用，不再产生新的抗药性。用于防治灰翅夜蛾属的其他化合物还有昆虫生长调节剂等。特别在印度，利用如楝树抽提物和印楝素天然物质及多种拒食剂或抽提物方面更有兴趣。现已广泛研究了两种害虫的生物防治可能性，讨论了寄生天敌（茧蜂、跳小蜂、寄生蝇、姬蜂）及捕食性天敌，广泛评价了核多角体病毒防治斜纹夜蛾的作用，寄生天敌还有寄生真菌和微孢子虫。然而，这些天敌仍未在实践中直接应用。苏云金杆菌已用于防治，但由于灰翅夜蛾对许多苏云金杆菌株系存在抗性，因此，仅部分株系是有效的。

（2）增殖有益天敌的有害生物管理技术已应用于防治埃及棉花上的灰翅夜蛾。这些措施包括人工摘除卵块、使用微生物杀虫剂、昆虫生长调节剂和干扰交配的缓释性外激素等。采用这些措施，可相应减少传统杀虫剂的应用。输入种植材料应保证种植地输出前3个月没发现该虫，或对产品进行处理。对切花，输出前应充分检查。菊花或康乃馨切花必须在低于1.7℃下冷藏至少10d，以杀死灰翅夜蛾各虫态，这种处理可能损伤植物。冷藏温度稍高或时间过短都不能根除灰翅夜蛾，且不同发育阶段和不同地理宗的灰翅夜蛾对冷反应不同。英国目前采取的标准处理方法是，在低于1.7℃温度下贮存2～4d，然后在15～20℃温度下，用54g/m^3 溴甲烷熏蒸处理。

对进口棉花等产品实施检疫检测，严格按标准执行。

5.10.9.4 征求意见。

5.10.9.5 原始管理报告。

5.10.10 PRA报告。

5.10.11 在实施检疫措施之后，应当监督其有效性，如有必要应对检疫措施进行评价，并随时更新。

5.10.12 风险交流。应将中国关心的有害生物名单及其风险管理措施建议等内容向输出国提供。进行风险评估的专家可参加双边座谈，以便制定有关条款。中国政府应及时向相应进口商通报输出国疫情，引导其进口方向。

5.11 美国牧草盲蝽

5.11.1 由输出国提出要求，由国家质量监督检验检疫总局列入计划，并要求输出国提供有关的材料，包括随该商品传带的有害生物名单以及产地进行有关的官方防治措施。

5.11.2　潜在的检疫性有害生物的确立。

5.11.2.1　整理有害生物的完整名单。

5.11.2.2　提出会随该商品传带的有害生物名单。

5.11.2.3　确定中国关心的潜在的检疫性有害生物名单。

5.11.3　对潜在的检疫性有害生物美国牧草盲蝽的风险评估。

5.11.3.1　概述。

（1）学名：*Lygus lineolaris* Palisot de Beauvois。

（2）异名：*Capsus lineolaris* Palisot de Beauvois，*Capsus iblineatus* Say，*Capsus flavonotatus* Provancher，*Capsus strigulatus* Walker，*Lygus pratensis* var. *ovlineatus* Knight，*Lygus pratensis* var. *rubidus* Knight。

（3）英文名：tarnished plant bug，lygus bug。

（4）分类地位：半翅目（Hemiptera），盲蝽科（Miridae）。

（5）分布：分布于加拿大、美国、墨西哥。

（6）寄主：美国牧草盲蝽为极端多食性昆虫。寄主有300多种，其中130种为重要的经济作物。主要危害苜蓿、三叶草、苹果、梨、杏、桃、樱桃、山莓、马铃薯、芹菜、甘蓝、豆类、甜菜、烟草、棉花及一些花卉。

（7）危害部位或传播途径：危害茎、叶、果实。成虫和若虫取食杨属植物的茎和芽，造成损伤，茎因而弯曲或折断，在养育房和其主要寄主丰富的地方，损害更为严重。早收作物可以迫使昆虫到杨属植物上寻找食物。

（8）形态特征：成虫体长7mm，宽为长的一半，椭圆形，扁平，头凸出；额上有一条额亚中线，这是鉴别此虫的重要特征；额亚中线有可能退化，但在侧线和中线之间留有一块暗记；中胸盾片侧缘红色或黄色；各类盲蝽的颜色不尽相同，但额亚中线、中胸盾片红色或黄色的侧缘、楔叶末端的黑色一般不变；雄虫的体色比雌虫暗些；额中线有时裂开或退化为一个脊点；有时盾片的中线和侧线合并形成3个点（基部2个，顶端1个）。越冬代成虫黄色、橙色或红棕色，有暗光泽，黑与白之间的区域比越夏代小；越夏代成虫灰黄色时，体上有一些黑点，黑色时，体上有一些灰黄色的黑点。

幼虫体黄绿色，长1mm，1～3龄有棕灰色的印记，4～5龄时有暗红色、红棕色或棕色的印记；额亚中线和腹部末端及侧面的印记为重要的鉴别特征；触角第4节很长，也是重要的鉴别特征。

（9）生物学特性：以成虫在树冠和残骸中越冬。早春成虫便恢复活动，危害新芽和嫩枝，不久交配产卵于茎上。幼虫在10d内孵化，生长速率很快，一生蜕5次皮，老熟幼虫身体周围有黑点，胸部4个，腹下1个。整个生活史在3～4周内完成。在加拿大的哥伦比亚每年2～3代，夏末此虫盛行，因为它的保护色和隐藏习性很难被发现。

5.11.3.2　传入可能性评估。

（1）进入可能性评估：美国牧草盲蝽寄主多，分布广。近年来，随着我国从国外进口棉花等农产品日益增多，美国牧草盲蝽对我国的威胁越来越大。

（2）定殖可能性评估：美国牧草盲蝽的适应性很强，分布广。现主要分布在加拿大、美国、墨西哥。在我国大部分地区定殖的可能性非常大，对我国也存在很大的危害。

5.11.3.3 扩散可能性评估。一种生物能否扩散，其生活习性是关键因素。美国牧草盲蝽的适应性很强，分布广，因此传入我国会造成大的流行，对我国农业会造成一定的影响。

5.11.3.4 传入后果评估。防治雌虫很有必要，因为它在植物生长季节非常活跃，即5月中旬到9月中旬危害严重。第一年生长的树干最易受到危害，甚至连续危害直至嫩芽成熟。在它常年危害区域里6、7、8月这3个月的第一周进行叶面喷药可减少损失。由于它的寄主范围广，苗圃或作物周围杂草和其他可能的寄主的生长对作物有利。

美国牧草盲蝽传入我国会造成大的流行，对我国农业会造成一定的影响，一旦美国牧草盲蝽在我国扩散则难以防治，将会严重危害苜蓿、三叶草、苹果、梨、杏、桃、樱桃、山莓、马铃薯、芹菜、甘蓝、豆类、甜菜、烟草、棉花及一些花卉。幼虫在许多种植物活根或可食用块茎内取食。对我国的农业形成巨大危害，从而干扰我国经济的发展，并对社会和环境带来一定的负面影响。

5.11.4 总体风险归纳。美国牧草盲蝽适应性很强，严重影响作物的生长。对我国的农业形成一定危害，一定程度上干扰我国经济的发展，并对社会和环境带来一定的负面影响。

5.11.5 备选方案的提出。强化大规模检测的力度，加强进口商品的产地检疫，边境口岸应对货物、包装材料、运输工具、邮件、垃圾、乘客行李等严格检疫。国内应做好随时防治美国牧草盲蝽的准备。

5.11.6 就总体风险征求有关专家和管理者的意见。

5.11.7 评估报告的产生。

5.11.8 对风险评估报告进行评价，征求有关专家的意见。

5.11.9 风险管理。

5.11.9.1 我国目前的APL。我国已建立起较为完备的防治有害生物的机构体系，如各级检验检疫机构、植保站，并具备了大批的专家和工作人员。首先加强入境检疫力度，提高检疫人员的业务能力，争取做到拒之于国门之外；其次提高各级检疫站和植保人员的业务水平，随时发现随时防治，并及早通报疫情。

5.11.9.2 备选方案的可行性评估。切实可行。

5.11.9.3 建议的检疫措施。对进口棉花等产品实施检疫检测，严格按标准执行。

5.11.9.4 征求意见。

5.11.9.5 原始管理报告。

5.11.10 PRA报告。

5.11.11 在实施检疫措施之后，应当监督其有效性，如有必要应对检疫措施进行评价，并随时更新。

5.11.12 风险交流。应将中国关心的有害生物名单及其风险管理措施建议等内容向输出国提供。进行风险评估的专家可参加双边座谈，以便制定有关条款。中国政府应及时向相应进口商通报输出国疫情，引导其进口方向。

5.12 秘鲁红蝽

5.12.1 由输出国提出要求，由国家质量监督检验检疫总局列入计划，并要求输出国提供

有关的材料，包括随该商品传带的有害生物名单以及产地进行有关的官方防治措施。

5.12.2　潜在的检疫性有害生物的确立。

5.12.2.1　整理有害生物的完整名单。

5.12.2.2　提出会随该商品传带的有害生物名单。

5.12.2.3　确定中国关心的潜在的检疫性有害生物名单。

5.12.3　对潜在的检疫性有害生物秘鲁红蝽的风险评估。

5.12.3.1　概述。

(1) 学名： *Dysdercus peruvianus* Guerin。

(2) 英文名： cotton stainer。

(3) 分类地位： 半翅目（Hemiptera），红蝽科（Pyrrhocoridae）。

(4) 分布： 主要分布于阿根廷、巴西、玻利维亚、哥伦比亚、厄瓜多尔、巴拉圭、秘鲁、委内瑞拉。

(5) 寄主： 寄主主要有柑橘、芒果、番石榴、棉属、锦葵属、石蒜属、菊科、木棉科、大戟科、茄科。

(6) 危害部位或传播途径： 危害幼铃、幼果和正在发育的种子。

5.12.3.2　传入可能性评估。

(1) 进入可能性评估： 秘鲁红蝽寄主多，分布广。近年来，随着我国从国外进口棉花等农产品日益增多，秘鲁红蝽对我国的威胁越来越大。

(2) 定殖可能性评估： 秘鲁红蝽的适应性很强，分布广。现主要分布在阿根廷、巴西、玻利维亚、哥伦比亚、厄瓜多尔、巴拉圭、秘鲁、委内瑞拉。在我国大部分地区定殖的可能性非常大，对我国也存在很大的危害。

5.12.3.3　扩散可能性评估。一种生物能否扩散，其生活习性是关键因素。秘鲁红蝽的适应性很强，分布广，因此传入我国会造成大的流行，对我国农业会造成一定的影响。

5.12.3.4　传入后果评估。秘鲁红蝽传入我国会造成大的流行，对我国农业会造成一定的影响，一旦秘鲁红蝽在我国扩散则难以防治，将会严重危害柑橘、芒果、番石榴、棉属、锦葵属、石蒜属、菊科、木棉科、大戟科、茄科，危害幼铃、幼果和正在发育的种子。对我国的农业形成巨大危害，从而干扰我国经济的发展，并对社会和环境带来一定的负面影响。

5.12.4　总体风险归纳。对我国的农业形成一定危害，一定程度上干扰我国经济的发展，并对社会和环境带来一定的负面影响。

5.12.5　备选方案的提出。强化大规模检测的力度，加强进口商品的产地检疫，边境口岸应对货物、包装材料、运输工具、邮件、垃圾、乘客行李等严格检疫。国内应做好随时防治秘鲁红蝽的准备。

5.12.6　就总体风险征求有关专家和管理者的意见。

5.12.7　评估报告的产生。

5.12.8　对风险评估报告进行评价，征求有关专家的意见。

5.12.9　风险管理。

5.12.9.1　我国目前的APL。我国已建立起较为完备的防治有害生物的机构体系，如各级检验检疫机构、植保站，并具备了大批的专家和工作人员。首先加强入境检疫力度，提高检疫人员的业务能力，争取做到拒之于国门之外；其次提高各级检疫站和植保人员的业务水平，随时发现随时防治，并及早通报疫情。

5.12.9.2 备选方案的可行性评估。切实可行。

5.12.9.3 建议的检疫措施。对进口棉花等产品实施检疫检测，严格按标准执行。

5.12.9.4 征求意见。

5.12.9.5 原始管理报告。

5.12.10 PRA 报告。

5.12.11 在实施检疫措施之后，应当监督其有效性，如有必要应对检疫措施进行评价，并随时更新。

5.12.12 风险交流。应将中国关心的有害生物名单及其风险管理措施建议等内容向输出国提供。进行风险评估的专家可参加双边座谈，以便制定有关条款。中国政府应及时向相应进口商通报输出国疫情，引导其进口方向。

5.13 棉铃虫

5.13.1 由输出国提出要求，由国家质量监督检验检疫总局列入计划，并要求输出国提供有关的材料，包括随该商品传带的有害生物名单以及产地进行有关的官方防治措施。

5.13.2 潜在的检疫性有害生物的确立。

5.13.2.1 整理有害生物的完整名单。

5.13.2.2 提出会随该商品传带的有害生物名单。

5.13.2.3 确定中国关心的潜在的检疫性有害生物名单。

5.13.3 对潜在的检疫性有害生物棉铃虫的风险评估。

5.13.3.1 概述。

（1）学名： *Helicoverpa armigera*（Hübner）。

（2）异名： *Heliothis armigera* Hübner。

（3）分类地位： 鳞翅目，夜蛾科。

（4）别名： 棉铃实夜蛾。

（5）分布： 广泛分布于世界各地。我国棉区和蔬菜种植区均有发生，棉区以黄河流域、长江流域受害重。该虫是我国棉花种植区蕾铃期害虫的优势种，近年危害十分猖獗。

（6）危害对象： 除危害棉花外，还危害玉米、高粱、小麦、水稻、番茄、菜豆、豌豆、苜蓿、芝麻、向日葵、烟草、花生等多种农作物。

5.13.3.2 传入可能性评估。

（1）进入可能性评估： 该虫广泛分布于世界各地，我国棉区和蔬菜种植区均有发生，棉区以黄河流域、长江流域受害重。该虫是我国棉花种植区蕾铃期害虫的优势种，近年危害十分猖獗。

（2）定殖可能性评估： 棉铃虫以蛹越冬。一年发生 2～6 代，由北往南代数逐渐增加，北纬 40°以北以一年 3 代为主，北纬 40°以南到长江以北以一年 4 代为主，长江以南到北纬

25°以北以一年5代为主。全国以黄河流域（4代区）常年发生较重。棉铃虫的天敌种类很多，如赤眼蜂寄生卵，草蛉、瓢虫、小花蝽、蜘蛛等捕食卵和幼虫，对控制棉铃虫有良好作用。

5.13.3.3　扩散可能性评估。一种生物能否扩散，其生活习性是关键因素。温度25～28℃、相对湿度70%～90%为棉铃虫生长发育的有利条件。棉花与小麦、豌豆等间作有利于棉铃虫发生，与玉米、高粱间作可以减少棉花上的卵量。

5.13.3.4　传入后果评估。棉铃虫对棉花危害日趋严重。主要原因：一是种植结构变化和棉田水肥条件不断改善，为各代棉铃虫提供了适生的环境和适宜的食物；二是春玉米面积减少，番茄种植增多，麦田水肥充足，改善了一代棉铃虫的生境，加快了发育速度，为第二代在棉田发生提供了大量虫源；三是麦套棉面积增加，对第四代棉铃虫发生十分有利，为下一年棉铃虫发生提供了较多的虫源；四是长期以来以化防为主的综合防治措施跟不上，造成抗药性迅速增加，且天敌遭到杀伤，减少了自然控制作用。此外，再遇有适合棉铃虫大发生的气象条件，均可造成棉铃虫猖獗危害。棉铃虫生育适温为25～28℃，相对湿度75%～90%，危害棉花期间降雨次数多且雨量分布均匀易大发生。干旱地区灌水及时或水肥条件好、长势旺盛的棉田，前作是麦类或绿肥的棉田及玉米与棉花邻作棉田，对棉铃虫发生有利。

5.13.4　总体风险归纳。对我国农业形成一定的危害，从而干扰我国经济的发展，并对社会和环境带来一定的负面影响。

5.13.5　备选方案的提出。强化大规模检测的力度，加强进口商品的产地检疫，边境口岸应对货物、包装材料、运输工具、邮件、垃圾、乘客行李等严格检疫。

5.13.6　就总体风险征求有关专家和管理者的意见。

5.13.7　评估报告的产生。

5.13.8　对风险评估报告进行评价，征求有关专家的意见。

5.13.9　风险管理。

5.13.9.1　我国目前的APL。我国已建立起较为完备的防治有害生物的机构体系，如各级检验检疫机构、植保站，并具备了大批的专家和工作人员。首先加强入境检疫力度，提高检疫人员的业务能力，争取做到拒之于国门之外；其次提高各级检疫站和植保人员的业务水平，随时发现随时防治，并及早通报疫情。

5.13.9.2　备选方案的可行性评估。切实可行。

5.13.9.3　建议的检疫措施。对进口棉花等产品实施检疫检测，严格按标准执行。

5.13.9.4　征求意见。

5.13.9.5　原始管理报告。

5.13.10　PRA报告。

5.13.11　在实施检疫措施之后，应当监督其有效性，如有必要应对检疫措施进行评价，并随时更新。

5.13.12　风险交流。应将中国关心的有害生物名单及其风险管理措施建议等内容向输出国提供。进行风险评估的专家可参加双边座谈，以便制定有关条款。中国政府应及时向相应进口商通报输出国疫情，引导其进口方向。

5.14 墨西哥棉铃象

5.14.1 由输出国提出要求，由国家质量监督检验检疫总局列入计划，并要求输出国提供有关的材料，包括随该商品传带的有害生物名单以及产地进行有关的官方防治措施。

5.14.2 潜在的检疫性有害生物的确立。

5.14.2.1 整理有害生物的完整名单。

5.14.2.2 提出会随该商品传带的有害生物名单。

5.14.2.3 确定中国关心的潜在的检疫性有害生物名单。

5.14.3 对潜在的检疫性有害生物墨西哥棉铃象的风险评估。

5.14.3.1 概述。

（1）学名：*Anthonomus grandis* Boheman。

（2）英文名：cotton bollweevil。

（3）分类地位：鞘翅目（Coleoptera），象甲科（Curculionidae），花象甲亚科（Anthonominae），花象属（*Anthonomus*）。

（4）分布：分布于印度（西部）、美国（亚拉巴马、阿肯色、佛罗里达、佐治亚、路易斯安那、密西西比、北卡罗来纳、田纳西、弗吉尼亚、亚利桑那、俄克拉何马、得克萨斯、密苏里）、墨西哥（维拉克鲁斯、新莱昂、格雷罗、奇瓦瓦、索诺拉、塔毛利伯斯、下加利福尼亚南部、恰帕萨、杜兰戈哈科斯科、莫雷洛斯、纳亚里特、锡那罗里亚、圣路易斯波托西）、危地马拉、萨尔瓦多、洪都拉斯、尼加拉瓜、哥斯达黎加、古巴、海地、多米尼加、哥伦比亚、委内瑞拉、巴西。

（5）寄主：主要危害棉花，也危害苘麻属、木槿属的野生种类桐棉，成虫可在秋葵、蜀葵上取食。在亚利桑那，亚种野棉铃象（*Anthonomus grandis thurberiae*）可危害野棉花。

（6）传播途径：幼虫、蛹和成虫可随籽棉、棉子、棉子壳的调运而远距离传播。墨西哥棉铃象的蛹室质硬色深，外形酷似棉子，但比棉子稍粗短些。蛹室内可存在待化蛹的幼虫、蛹或初孵化尚未钻出的成虫，部分幼虫还可钻入棉子内做蛹室，加大了害虫随棉子、籽棉传播的危险性。成虫具有较强的飞翔能力，每年可以自然传播40～160km。

（7）形态特征：雌成虫体长4.5mm，宽2.2mm，长椭圆形，体红褐色至暗红色，被覆粗糙刻点和茸毛；头部圆锥形，眼相当突起；喙细长，从两端到中间略收缩，触角嵌入处较雄虫的远离端部，喙基部有稀疏茸毛；触角索节7节，索节2长于索节3，索节3～7等长，触角棒3节，索节和棒节颜色相同；前胸背板1.5倍宽于长，最宽处在中间，两侧从基部到中间几乎直，后角直角形，前端不缩窄、圆形，背面相当隆起，密布刻点；鞘翅长椭圆形，基部稍宽于前胸背板，向后逐渐加宽，两侧边前端2/3几乎平行，其余部分逐渐收缩成圆形；鞘翅行纹刻点深而且互相接近，行间稍稍凸起，奇数行间和偶数行间等宽，但第4行间基部有多态现象，一些个体鞘翅第4行间正常，一些个体第4行间基部比正常的窄，一些个体的第4行间基部有间断（间断程度不等），一些个体两鞘翅中一个鞘翅的第4行间是正常的，而另一鞘翅第4行间基部变窄或者有间断，这种多态现象与地理分布有关，特别在美国南部一些州和委内瑞拉采集的标本中常见（Burke，1966）；后翅无明显斑点；臀板外露；雌虫的腹部腹面只有7节，第8节被前臀板遮盖；前足腿节特别粗大，棒状，有两个粗大的齿，内侧的齿长而粗大，外侧的呈尖锐三角形，两齿基部合生；中、后足腿节不如前腿节粗大，只有1个齿；胫节粗，前端内侧有二曲波纹，后端直；跗节发达，爪离生，前足跗节的爪有雌雄异态现象，雌虫的爪内侧具较细长而尖锐的齿，其长几乎等于爪；体腹面的茸毛浓密。雄成虫体长5mm，宽3mm，体色较浅；喙较雌虫的略短粗，喙的两侧边近于平行，刻点大，触角嵌入处位于末端到眼之间的1/3处，与雌虫比更加靠近喙的末端；爪内侧的齿较雌虫的粗大，端部不那么尖；雄虫腹部腹面为8节，第8节不被前臀板遮盖。

（8）生物学特性：以成虫在靠近棉田的碎石、落叶下、树皮下、树木上的苔藓中、堆积的茎秆、作物残基内、轧棉机、牲口棚或其他越冬场所越冬。从棉花生长初期（3月到6月上旬或下旬），越冬成虫复苏后先在棉花幼嫩生长点末端取食，当棉蕾或棉铃出现时造成最大危害。交尾后的雌虫先在棉蕾或棉铃上咬一个穴，并在其中产一单个的卵。成虫嗜好危害生长期约6d的花芽或蕾。一头雌虫一生可产卵100～300粒。卵3～5d孵化成白色、无足幼虫。幼虫在棉铃内取食7～14d，这取决于温度、食物和其他环境因素的影响。蜕皮2～3次。幼虫孵化后，一直待在棉蕾或棉铃内，并在棉铃内由于取食而吃空、弄脏的孔穴内化蛹，蛹期持续约5d。成虫羽化时，咬食孔道钻出。羽化后的成虫取食约4d后，新一代成虫开始产卵。完成一代生活史平均约需25d。在美国中部，一年发生2～3代，美国南部可发生8～10代。棉花成熟后（8月中旬至9月初）成虫离开棉田，做20～50km的远距离扩散飞行，它的传播扩散主要发生在这个时期。成虫经过体内脂肪贮备阶段，开始寻找越冬场所，越冬死亡率可高达95%以上。越冬后成虫又有许多在翌年棉花现铃前死亡。据Coad（1915）估计，每对越冬成虫一年繁殖量可达到3 089 520头。冬季低温和夏季干热有助于控制墨西哥棉铃象的虫口密度，而在夏天雨季则生长迅速，并造成严重危害。

5.14.3.2　传入可能性评估。

（1）进入可能性评估：墨西哥棉铃象主要分布于印度（西部）、美国（亚拉巴马、阿肯色、佛罗里达、佐治亚、路易斯安那、密西西比、北卡罗来纳、田纳西、弗吉尼亚、亚利桑那、俄克拉何马、得克萨斯、密苏里）、墨西哥（维拉克鲁斯、新莱昂、格雷罗、奇瓦瓦、索诺拉、塔毛利伯斯、下加利福尼亚南部、恰帕萨、杜兰戈哈科斯科、莫雷洛斯、纳亚里特、锡那罗里亚、圣路易斯波托西）、危地马拉、萨尔瓦多、洪都拉斯、尼加拉瓜、哥斯达黎加、古巴、海地、多米尼加、哥伦比亚、委内瑞拉、巴西。幼虫、蛹和成虫可随籽棉、棉子、棉子壳的调运而远距离传播，部分幼虫还可钻入棉子内做蛹室，加大了害虫随棉子、籽棉传播的危险性。成虫具有较强的飞翔能力，每年可以自然传播40～160km。近年来，随着我国从这些国家进口棉花等农产品日益增多，墨西哥棉铃象对我国的威胁越来越大。

（2）定殖可能性评估：成虫在靠近棉田的碎石、落叶下、树皮下、树木上的苔藓中、堆积的茎秆、作物残基内、轧棉机、牲口棚或其他越冬场所越冬。越冬成虫复苏后，先在棉花幼嫩生长点末端取食，当棉蕾或棉铃出现时造成最大危害。成虫具有较强的飞翔能力，每年可以自然传播 40～160km。我国的地理环境和气候条件都符合墨西哥棉铃象的定殖条件，因此在我国定殖的可能性很大。

5.14.3.3 扩散可能性评估。一种生物能否扩散，其生活习性是关键因素。以成虫在靠近棉田的碎石、落叶下、树皮下、树木上的苔藓中、堆积的茎秆、作物残基内、轧棉机、牲口棚或其他越冬场所越冬。越冬成虫复苏后，先在棉花幼嫩生长点末端取食，当棉蕾或棉铃出现时造成最大危害。成虫嗜好危害生长期约 6d 的花芽或蕾。卵 3～5d 孵化成白色、无足幼虫。幼虫在棉铃内取食 7～14d，蜕皮 2～3 次。幼虫孵化后，一直待在棉蕾或棉铃内，并在棉铃内的取食孔穴中化蛹，蛹期持续约 5d。一代生活史平均约需 25d。该虫主要危害棉花，也危害苘麻属、木槿属的野生种类桐棉，成虫可在秋葵、蜀葵上取食，还可危害野棉花。我国粮田面积广阔，种植作物种类繁多，加上农民对此新来虫害的忽视，墨西哥棉铃象进入我国将会迅速扩散。

5.14.3.4 传入后果评估。成虫和幼虫都可造成危害。成虫在棉花现蕾之前，危害棉苗嫩梢和嫩叶；现蕾之后，成虫用它的长喙嵌入取食棉蕾或棉铃的内部组织，致使被害棉蕾或裂开，或逐渐变黄并死亡。大量穿孔的棉铃及幼嫩棉铃易脱落，或干枯在棉枝上，被穿孔的较大棉铃不脱落，但在幼虫穿孔的地方不能正常发育，棉花纤维变成切断的，被污染或腐烂。有的因幼虫蛀食棉蕾或棉铃，危害发育的花，使花不能开放，或只产生具有少量纤维的种子。

一旦墨西哥棉铃象在我国定殖扩散，主要危害棉花，也危害苘麻属、木槿属的野生种类桐棉，成虫可在秋葵、蜀葵上取食，还可危害野棉花。对我国的农业形成巨大危害，从而干扰我国经济的发展，并对社会和环境带来一定的负面影响。

5.14.4 总体风险归纳。对我国的农业形成巨大危害，从而干扰我国经济的发展，并对社会和环境带来一定的负面影响。

5.14.5 备选方案的提出。严格施行检疫，强化大规模检测的力度，加强进口商品的产地检疫，边境口岸应对货物、包装材料、运输工具、邮件、垃圾、乘客行李等严格检疫。国内应做好随时防治墨西哥棉铃象的准备。

5.14.6 就总体风险征求有关专家和管理者的意见。

5.14.7 评估报告的产生。

5.14.8 对风险评估报告进行评价，征求有关专家的意见。

5.14.9 风险管理。

5.14.9.1 我国目前的 APL。我国已建立起较为完备的防治有害生物的机构体系，如各级检验检疫机构、植保站，并具备了大批的专家和工作人员。首先加强入境检疫力度，提高检疫人员的业务能力，争取做到拒之于国门之外；其次提高各级检疫站和植保人员的业务水平，随时发现随时防治，并及早通报疫情。

5.14.9.2 备选方案的可行性评估。切实可行。

5.14.9.3 建议的检疫措施。鉴于籽棉和棉子对传播此虫有很大的危险性，对疫区，特别是从美国、墨西哥、中美洲、南美洲的国家进口的棉子、籽棉必须进行严格的检疫，要严格控制数量，货主需出具官方的检疫证书，确保无活虫存在。在进口检验中，如发现活虫，必须用溴甲烷进行灭虫处理。皮棉虽然携虫可能性小，但也要经过检验，防止可能夹杂带虫的棉子。检查中如果发现棉子，同样要经过熏蒸处理。墨西哥棉铃象是已知有害生物中极难防治的一种，各有关国家结合本国具体情况，采取杀虫剂化学防治、农业栽培措施、物理防治、生物防治、性诱剂及释放不育昆虫等综合治理方法，获得一定成效。

5.14.9.4 征求意见。

5.14.9.5 原始管理报告。

5.14.10 PRA 报告。

5.14.11 在实施检疫措施之后，应当监督其有效性，如有必要应对检疫措施进行评价，并随时更新。

5.14.12 风险交流。应将中国关心的有害生物名单及其风险管理措施建议等内容向输出国提供。进行风险评估的专家可参加双边座谈，以便制定有关条款。中国政府应及时向相应进口商通报输出国疫情，引导其进口方向。

5.15 苜蓿蓟马

5.15.1 由输出国提出要求，由国家质量监督检验检疫总局列入计划，并要求输出国提供有关的材料，包括随该商品传带的有害生物名单以及产地进行有关的官方防治措施。

5.15.2 潜在的检疫性有害生物的确立。

5.15.2.1 整理有害生物的完整名单。

5.15.2.2 提出会随该商品传带的有害生物名单。

5.15.2.3 确定中国关心的潜在的检疫性有害生物名单。

5.15.3 对潜在的检疫性有害生物苜蓿蓟马的风险评估。

5.15.3.1 概述。

(1) 学名： *Frankliniella occidentalis* (Pergande)。

(2) 异名： *Frankliniella californica* (Moulton)，*Frankliniella helianthi* (Moulton)，*Frankliniella moultoni* Hood，*Frankliniella trehernei* Morgan。

(3) 分类地位： 缨翅目 (Thysanoptera)，蓟马科 (Thripidae)。

(4) 分布： 苜蓿蓟马是北美洲（加拿大、墨西哥、美国）的本地种，大约从 1980 年开始在国际传播。有的国家（如塞浦路斯、芬兰、匈牙利等）在发现该虫时实施了根除措施。现主要分布于比利时、塞浦路斯、丹麦、芬兰、法国、德国、匈牙利、冰岛、以色列、意大利、荷兰、挪威、波兰、葡萄牙、西班牙、瑞典、瑞士、英国、日本、肯尼亚、南非、加拿大、墨西哥、美国（包括夏威夷）、哥斯达黎加、哥伦比亚、新西兰。

(5) 寄主： 食性广，寄主达 62 科 244 种，其中包括杏、桃、李、豆类、番茄、辣椒、葫芦科作物、草莓、甜菜、胡萝卜、棉花、葡萄、洋葱、菊、唐菖蒲等。

(6) 危害部位或传播途径： 主要危害花。极易随风带入温室，也容易随衣服、毛发、仪器、容器等携带传播，国际上易于随各种栽培植物传播。

(7) 形态特征： 成虫体小型（一般小于 2mm），体狭长，有窄的缨翅；雄蓟马小于雌蓟马，腹部狭长，腹部末端圆，淡黄色（近乎白色）；雌蓟马腹部末端更圆，颜色可从黄色变到棕色；在美洲，已确定有 3 种颜色类型的蓟马。卵不透明，肾形，长约 200μm。若虫有2个龄期，第1龄若虫无色透明，第2龄若虫金黄色。蛹，早期伪蛹的典型特征是出现翅芽，身体变短，触角直立；晚期伪蛹表现出很懒散；成虫刚毛形态开始形成；翅鞘较长；触角转到后方；这两个伪蛹阶段均为白色。

(8) 生物学特性：美国温室的条件下苜蓿蓟马可周年繁殖，每年繁殖12～15代。从卵到卵的总生活周期在15℃、20℃、25℃和30℃的条件下分别是44.1d、22.4d、18.2d和15d。一般每头雌虫产卵20～40粒。产卵前期在15℃时为10.4d，在20℃和30℃时为2～4d。在20℃时的繁殖率最高（每雌产卵95.5粒）。卵产于叶、花和果实的薄壁组织中，27℃时孵化期约为4d，15℃时孵化期延长至13d。卵对失水很敏感，此阶段死亡率普遍高。曾见蓟马成虫进入菊花紧闭的花蕾中，可能是为产卵，这种行为方式使防治很困难。幼虫有4个龄期，前2个龄期很活跃，为取食期，后面的2个龄期不取食，是预蛹和蛹阶段。依据不同的温度，成虫通常2～9d内羽化。新羽化的雌成虫在24h静止，但成熟时非常活跃。在实验室的条件下通常雌虫的寿命约40d，最长可达90d；雄虫的寿命为雌虫的一半。正常情况下，羽化后72h开始产卵，在整个成虫期断断续续地产卵。在27℃时，雌虫每天平均产卵0.66～1.63粒。在一个种群中雄虫数通常是雌虫的4倍。在美国加利福尼亚州，苜蓿蓟马主要以成虫在野外越冬，虽在较冷的月份在花和叶芽上仍可发现少量完全生长的若虫。因雄虫的寿命较短，明显对冬季的气温无抗性，故在冬季和早春雌虫数量占优。在美国新墨西哥南部，发现冬季干燥有利于苜蓿蓟马成虫越冬。春季和夏季降雨使植物长势好，这会导致该虫的种群密度高。但它是加拿大-不列颠-哥伦比亚沿岸室外的最普遍的害虫，故很明显它可在潮湿和寒冷的条件下成活。迄今，还未表明它能在欧洲的室外越冬。除取食植物组织外，已知若虫和成虫是杂食性昆虫，当螨卵在植物上很多时，它会取食螨的卵。苜蓿蓟马是番茄斑点萎蔫病毒（TSWV）和烟草条斑病毒（TSV）的媒介昆虫，但仅若虫而不是成虫能获得病毒，获毒时间至少30min，在3～10d内有传染性（此时通常是成虫阶段），传毒至少需取食15min。

5.15.3.2 传入可能性评估。

(1) 进入可能性评估：苜蓿蓟马寄主多、食性广，寄主达62科244种，其中包括杏、桃、李、豆类、番茄、辣椒、葫芦科作物、草莓、甜菜、胡萝卜、棉花、葡萄、洋葱、菊、唐菖蒲等。近年来，随着我国从国外进口棉花等农产品日益增多，苜蓿蓟马对我国的威胁越来越大。

(2) 定殖可能性评估：苜蓿蓟马的适应性很强，分布广。现分布于比利时、塞浦路斯、丹麦、芬兰、法国、德国、匈牙利、冰岛、以色列、意大利、荷兰、挪威、波兰、葡萄牙、西班牙、瑞典、瑞士、英国、日本、肯尼亚、南非、加拿大、墨西哥、美国（包括夏威夷）、哥斯达黎加、哥伦比亚、新西兰。在我国大部分地区定殖的可能性非常大，对我国也存在很大的危害。

5.15.3.3 扩散可能性评估。一种生物能否扩散，其生活习性是关键因素。苜蓿蓟马的适应性很强，分布广，因此传入我国会造成大的流行，对我国农业会造成一定的影响。

5.15.3.4 传入后果评估。苜蓿蓟马危害许多作物的花和叶片。根据被害作物的种类和被害时作物的生长阶段不同，苜蓿蓟马造成的损失也不同。除用刺吸式口器取食植物汁液外，它也能取食多种植物的花粉和花蜜，取食时传播花粉导致植物授粉和早熟，对某些观赏作物来说，这可能是严重问题，如*Saintpaulia*属的植物。苜蓿蓟马仅需少数个体就可使作物有市场价值的部分形成瘢痕，故它是一种很重要的观赏植物上的害虫。因此，这种蓟马是观赏植物的直接害虫，而不像其他间接害虫一般仅危害叶片，如螨或潜叶蝇。在其降低观赏植物的美学价值前应采取防治措施。

苜蓿蓟马也危害温室蔬菜，在加拿大-不列颠-哥伦比亚黄瓜产量下降的主要原因是该害虫造成的。例如，1985年估计苜蓿蓟马造成温室黄瓜的产量损失为20%。在美国加利福尼亚州，它也危害室外作物。在加拿大安大略省苜蓿蓟马与番茄上番茄斑点萎蔫病毒（TSWV）的流行有关，该病毒引起的症状包括叶片僵化、扭曲、花叶斑驳、叶脉和果实透明。在美国夏威夷番茄斑点萎蔫病毒在莴苣上造成重大损失（50%～90%），特别是在Kula的主要蔬菜种植区。在Kula有25种杂草是苜蓿蓟马的宿主，其中17种上有番茄斑点萎蔫病毒。大概从1978年以来，美国路易斯安那州番茄、胡椒和烟草上的番茄斑点萎蔫病毒的流行戏剧性地上升，侵染率在商业地中达60%，在花品园中达100%。苜蓿蓟马传入我国会造成大的流行，对我国农业会造成一定的影响，一旦苜蓿蓟马在我国扩散则难以防治，将会严重危害杏、桃、李、豆类、番茄、辣椒、葫芦科作物、草莓、甜菜、胡萝卜、棉花、葡萄、洋葱、菊、唐菖蒲等。对我国的农业形成巨大危害，从而干扰我国经济的发展，并对社会和环境带来一定的负面影响。

5.15.4　总体风险归纳。苜蓿蓟马生长繁茂，严重影响作物的生长。对我国的农业形成一定危害，一定程度上干扰我国经济的发展，并对社会和环境带来一定的负面影响。

5.15.5　备选方案的提出。强化大规模检测的力度，加强进口商品的产地检疫，边境口岸应对货物、包装材料、运输工具、邮件、垃圾、乘客行李等严格检疫。国内应做好随时防治苜蓿蓟马的准备。

5.15.6　就总体风险征求有关专家和管理者的意见。

5.15.7　评估报告的产生。

5.15.8　对风险评估报告进行评价，征求有关专家的意见。

5.15.9　风险管理。

5.15.9.1　我国目前的APL。我国已建立起较为完备的防治有害生物的机构体系，如各级检验检疫机构、植保站，并具备了大批的专家和工作人员。首先加强入境检疫力度，提高检疫人员的业务能力，争取做到拒之于国门之外；其次提高各级检疫站和植保人员的业务水平，随时发现随时防治，并及早通报疫情。

5.15.9.2　备选方案的可行性评估。切实可行。

5.15.9.3　建议的检疫措施。

（1）危害症状：苜蓿蓟马危害的主要症状包括叶面褪色和在被害处有齿痕，在观赏植物的叶面上会出现褪色、畸形、生长受阻及褐色肿块。“Halo斑点”是蓟马危害的另一类症状，由白色组织包围的小黑色伤疤组成。在某些寄主上，如辣椒，产卵引起植物组织的愈伤反应。

蓟马取食造成褪色和开放的花上及花梗上有瘢痕。如在花蕾开放前被取食则会引起花蕾畸形。蓟马在危害后出现水渍状虫粪，并导致深绿色的斑点，螨类的粪便则为小的黑色颗粒，用这一症状可区分两者。

（2）化学防治：由于该虫隐蔽习性和出现对农药的抗性，化学防治特别困难。传入欧洲温室的苜蓿蓟马已用常规的综合防治措施有效地控制。防治方法必须辅助以温室内的卫生清洁措施。

（3）生物防治：曾用天敌进行生物防治，如柏氏钝绥螨和黄瓜新线虫。

对进口棉花等产品实施检疫检测，严格按标准执行。

5.15.9.4 征求意见。

5.15.9.5 原始管理报告。

5.15.10 PRA报告。

5.15.11 在实施检疫措施之后，应当监督其有效性，如有必要应对检疫措施进行评价，并随时更新。

5.15.12 风险交流。应将中国关心的有害生物名单及其风险管理措施建议等内容向输出国提供。进行风险评估的专家可参加双边座谈，以便制定有关条款。中国政府应及时向相应进口商通报输出国疫情，引导其进口方向。

5.16 南部灰翅夜蛾

5.16.1 由输出国提出要求，由国家质量监督检验检疫总局列入计划，并要求输出国提供有关的材料，包括随该商品传带的有害生物名单以及产地进行有关的官方防治措施。

5.16.2 潜在的检疫性有害生物的确立。

5.16.2.1 整理有害生物的完整名单。

5.16.2.2 提出会随该商品传带的有害生物名单。

5.16.2.3 确定中国关心的潜在的检疫性有害生物名单。

5.16.3 对潜在的检疫性有害生物南部灰翅夜蛾的风险评估。

5.16.3.1 概述。

（1）学名：*Spodoptera eridania*（Cramer）。

（2）异名：*Laphygma eridania*（Cramer），*Prodenia eridania*（Cramer），*Xylomyges eridania*（Cramer）。

（3）英文名：Southern armyworm，semitropical armyworm。

（4）分类地位：鳞翅目（Lepidopter），夜蛾科（Noctuidae）。

（5）分布：分布于美国及其以南美洲地区。

（6）寄主：南部灰翅夜蛾为杂食性，可危害很多植物，如许多杂草和双子叶植物。危害的作物有茄子、甜菜、辣椒、木薯、棉花、部分十字花科植物、多种豆类、玉米及其他禾本科植物、马铃薯、甘薯、烟草、番茄及许多盆景植物等。

（7）危害部位或传播途径：幼虫食叶。在西半球，南部灰翅夜蛾不能长距离迁飞，不可能以成虫迁飞横跨大西洋。虽不知道它是如何传入加拉帕戈斯群岛的，但推测仍可能同飞行中的南部灰翅夜蛾有关。

（8）形态特征：成虫体粗壮，灰棕色，翅展28～40mm，前翅灰色，翅中部有时具一黑斑或黑带，后翅白色。成虫易同一些欧洲的冬夜蛾亚科（Cuculliinae），特别是冬夜蛾属（*Cucullia*）种类相混淆，事实上，后者后翅不呈白色透明状；南部灰翅夜蛾前翅缘呈方形，倾斜较少，而冬夜蛾亚科比灰翅夜蛾属和其他杂夜蛾亚科（Amphipyrinae）种类的翅前缘更尖。前翅臀角与翅其他部分以不规则、倾斜的白带相隔；雄虫外生殖器是主要的区别特征。卵半球形，成堆产于叶片上，覆一层雌虫腹部的灰色毛。幼虫常为6龄。老熟幼虫体长35～40mm。幼龄幼虫黑色，具一黄色侧线；老龄幼虫为灰棕色，具一背中线，两侧具一黑色三角斑，当老熟时背中线呈浅红色，头壳黄棕色；幼虫有明显的黄色气门下线，被第1腹节上一黑色斑断开。蛹为典型蛾蛹，浅棕色，长19～20mm。

（9）生物学特性：卵成块产于寄主植物叶片上，上覆雌蛾腹部的灰毛。卵发育期为4～8d。幼虫同其他夜蛾科幼虫一样，属群居性，1～2龄幼虫聚集在叶上，被害状为典型的仅留叶脉的经纬状。3龄幼虫扩散，具散居和夜出生活习性，白天幼虫栖息于落叶层或植物叶丛中，晚上爬出取食叶片。一般幼虫发育14～18d。同其他夜蛾科一样，食物质量和温度影响幼虫发育速率，温度也影响成虫发育。幼虫为“行军虫”，当食物缺乏时，有时可成群迁移至邻近田块。偶尔大量幼虫表现为切根习性。在较松土室里化蛹，一般发育9～12d。成虫在栖境中为夜出性。该虫属典型的亚热带种类，发育适宜温度为20～25℃，可连续繁殖。完成1个生活周期需28～30d，一般不超过40d，每年可发生许多代。当地条件决定发生数量。Foerster等在巴西的试验证实了两种极端温度的发育情况，17℃时生活周期延至115d，30℃时生活周期为33d。30℃条件下蛹发育较轻，存活率低。该虫食性杂，繁殖容易，目前常用于许多取食试验的材料。

5.16.3.2　传入可能性评估。

（1）进入可能性评估：南部灰翅夜蛾寄主多，分布广。近年来，随着我国从国外进口棉花等农产品日益增多，南部灰翅夜蛾对我国的威胁越来越大。

（2）定殖可能性评估：南部灰翅夜蛾的适应性很强，分布广。现主要分布在美国及其以南美洲地区。在我国大部分地区定殖的可能性非常大，对我国也存在很大的危害。

5.16.3.3　扩散可能性评估。一种生物能否扩散，其生活习性是关键因素。南部灰翅夜蛾的适应性很强，分布广，因此传入我国会造成大的流行，对我国农业会造成一定的影响。

5.16.3.4　传入后果评估。取食寄主植物叶片是主要危害方式，严重时可完全落叶。夜食性幼虫不易被发现。1～2龄幼虫具群居性，可在叶丛中找到成堆聚集的幼虫。最初危害的叶片呈脉络状。番茄果实受害后呈孔状，幼虫数量大时可有切根习性。在西半球，多数作物上仅发生少量害虫，偶尔能造成严重危害。有时在局部地区的多种蔬菜和花卉上危害严重，大多危害番茄果实和甘薯。多数情况危害叶片，作物受害轻微时，因有一定的耐害性，故可忽略损失，但在番茄和观赏植物上必须进行防治，特别是发生迁飞危害时，偶尔会产生落叶。

南部灰翅夜蛾传入我国会造成大的流行，对我国农业会造成一定的影响，一旦南部灰翅夜蛾在我国扩散则很难防治，将会严重危害茄子、甜菜、辣椒、木薯、棉花、部分十字花科作物、多种豆类、玉米及其他禾本科植物、马铃薯、甘薯、烟草、番茄及许多盆景植物等，幼虫食叶。对我国的农业形成巨大危害，从而干扰我国经济的发展，并对社会和环境带来一定的负面影响。

5.16.4 总体风险归纳。对我国的农业形成一定危害，一定程度上干扰我国经济的发展，并对社会和环境带来一定的负面影响。

5.16.5 备选方案的提出。强化大规模检测的力度，加强进口商品的产地检疫，边境口岸应对货物、包装材料、运输工具、邮件、垃圾、乘客行李等严格检疫。国内应做好随时防治南部灰翅夜蛾的准备。

5.16.6 就总体风险征求有关专家和管理者的意见。

5.16.7 评估报告的产生。

5.16.8 对风险评估报告进行评价，征求有关专家的意见。

5.16.9 风险管理。

5.16.9.1 我国目前的APL。我国已建立起较为完备的防治有害生物的机构体系，如各级检验检疫机构、植保站，并具备了大批的专家和工作人员。首先加强入境检疫力度，提高检疫人员的业务能力，争取做到拒之于国门之外；其次提高各级检疫站和植保人员的业务水平，随时发现随时防治，并及早通报疫情。

5.16.9.2 备选方案的可行性评估。切实可行。

5.16.9.3 建议的检疫措施。

(1) 受害明显时，用杀虫剂是杀死植物叶片上幼虫的主要方式。用于防治斜纹夜蛾属害虫的杀虫剂可用于防治灰翅夜蛾。可利用膜翅目的寄生蜂和双翅目寄蝇科天敌进行生物防治。

(2) 输出用于种植的植物，在输出前几个月应对生产地进行检疫，并保证无南部灰翅夜蛾。植物的一般类型（如切枝）必须在低于1.7℃的条件下保存2～4d后再进行熏蒸。

对进口棉花等产品实施检疫检测，严格按标准执行。

5.16.9.4 征求意见。

5.16.9.5 原始管理报告。

5.16.10 PRA报告。

5.16.11 在实施检疫措施之后，应当监督其有效性，如有必要应对检疫措施进行评价，并随时更新。

5.16.12 风险交流。应将中国关心的有害生物名单及其风险管理措施建议等内容向输出国提供。进行风险评估的专家可参加双边座谈，以便制定有关条款。中国政府应及时向相应进口商通报输出国疫情，引导其进口方向。

5.17 南美叶甲

5.17.1 由输出国提出要求，由国家质量监督检验检疫总局列入计划，并要求输出国提供有关的材料，包括随该商品传带的有害生物名单以及产地进行有关的官方防治措施。

5.17.2 潜在的检疫性有害生物的确立。

5.17.2.1 整理有害生物的完整名单。

5.17.2.2 提出会随该商品传带的有害生物名单。

5.17.2.3 确定中国关心的潜在的检疫性有害生物名单。

5.17.3　对潜在的检疫性有害生物南美叶甲的风险评估。

5.17.3.1　概述：

（1）学名：*Diabrotica speciosa* Germar。

（2）异名：*D. speciosa vigens*，*D. speciosa amabilis*。

（3）英文名：cucurbit beetle，chrysanthemum beetle，san antonio beetle。

（4）分类地位：鞘翅目（Coleoptera），叶甲科（Chrysomelidae）。

（5）分布：分布于阿根廷、巴西、乌拉圭、巴拉圭、哥伦比亚、玻利维亚、哥斯达黎加、巴拿马、秘鲁、委内瑞拉。

（6）寄主：寄主非常广泛，重要寄主包括瓜类、玉米、高粱、甜菜、十字花科作物、豆类、棉花、番茄、马铃薯、苹果、桃、柑橘以及大丽花、菊花等观赏植物。

（7）危害部位或传播途径：幼虫危害根部，成虫取食叶、花和果实。

（8）形态特征：成虫体长5.5～7.3mm，触角长4～5mm；体色为草绿色，触角黑色，前3基节浅色，头壳颜色从微红褐色至黑色，上唇、盾片、后胸、胫节及跗节黑色，每鞘翅上有3个大的卵圆形黄斑，基部的斑点较大，靠近肩胛微红色，其余部分黄色，腹部、头和后胸暗褐色，前胸绿色，中胸和腹部浅褐色或黄绿色；前胸背板中央凹陷，突出，光滑，有光泽，宽为长的1.25倍；雄虫的触角一般比雌虫长；与雌虫的体形尖锐相比，雄虫腹末的额外的骨片使之看起来较钝。卵呈卵圆形，一般为0.74mm×0.36mm，白色至浅黄色，在显微镜下可看到清晰的网状结构，就像山脊上具有许多坑；卵产于靠近寄主的基部，成卵块，由无色分泌物胶合在一起；在成熟的卵中可见到正在发育的幼虫的下颚和肛板。Defago（1991）对南美叶甲的第3个龄期的幼虫作了具体描绘：1龄幼虫约长1.2mm，而成熟的3龄幼虫约长8.5mm；幼虫近圆柱形，初为白色，头壳暗黄色或浅褐色；头盖和前脊沟颜色较浅，其上有淡褐色的长刚毛；上颚微红褐色，触角和触须浅黄色；身体上有稀疏的短黑刚毛，前胸背板为不规则浅褐色；肛板在第9体节，黑褐色，其上有一对小的尾突，尾肢由第10体节形成，作为定位和黏附器官。蛹长5.8～7.1mm，白色，雌虫在顶端附近有两个瘤，成熟的3龄幼虫在其化蛹的地方建一个8mm×4mm的土室，刚羽化的成虫维持3d的幼嫩期。

（9）生物学特性：南美叶甲是一种多化性杂食昆虫，以成虫越冬，在南美很普遍，已成为一种重要害虫。成虫取食葫芦的花和果实，严重破坏黄豆的叶子，并几乎对所有寄主的幼嫩组织有危害。尽管幼虫在其取食的寄主作物上的危害还未被精确地评估过，但其对玉米、小麦、大豆、马铃薯造成严重危害的事实已有可靠证据。冬天，可在越冬生长的植物（例如刺菜蓟及各种甘蓝）上找到南美叶甲；在温暖的季节，可在花粉多的植物上找到南美叶甲；秋初，当花朵减少时，便转移到有幼嫩组织的寄主（如紫花苜蓿、马铃薯、玉米、大豆、莴苣和甘蓝）中。已观察到葫芦与南美叶甲有明显的联系，就同其他*Luperini*一样，包括对南瓜素的忍耐力。南美叶甲把卵产在寄主植物附近的土壤中，27℃时羽化率约为92%，发生8d。南美叶甲3个龄期的幼虫极易从头壳的大小来区别。1龄幼虫通常散布在寄主的根系周围，但成熟幼虫趋向于聚集在根系以下10cm处。幼虫阶段通常持续23～25d，包括一个不活动的2～3d的预蛹期。25℃时蛹期为6d，羽化出来的成虫在蛹中呆3～5d，表皮硬化。幼小的甲虫微黄色或淡褐色，如果有新鲜的食物，3d后幼虫的体色变成绿色，上面有小黄点。在实验条件下，羽化后4～6d可观察到成虫交配。一些雌虫还可以在35d后再次交配。每头雌虫平均一生中可产卵1 164粒，从第8天开始，最多可产卵77d。在16～56d，可观察到产卵器。世代重叠依据气候不同而异，在热带地区则连续。在阿根廷的布宜诺斯艾利斯地区，观察显示，每年大约有3代。

5.17.3.2 传入可能性评估。

（1）进入可能性评估：南美叶甲寄主多，分布广。近年来，随着我国从国外进口棉花等农产品日益增多，南美叶甲对我国的威胁越来越大。

（2）定殖可能性评估：南美叶甲的适应性很强，分布广。现分布于阿根廷、巴西、乌拉圭、巴拉圭、哥伦比亚、玻利维亚、哥斯达黎加、巴拿马、秘鲁、委内瑞拉。在我国大部分地区定殖的可能性非常大，对我国也存在很大的危害。

5.17.3.3 扩散可能性评估。一种生物能否扩散，其生活习性是关键因素。南美叶甲的适应性很强，分布广，因此传入我国会造成大的流行，对我国农业会造成一定的影响。

5.17.3.4 传入后果评估。在南美，南美叶甲被认为是一种重要的害虫（智利除外）。但是，由于其高度杂食，在不同地区不同作物上其危害程度的报道不同。不过，在其分布范围内，它被认为是玉米、葫芦和果树的重要害虫。

南美叶甲的成虫取食一些植物的叶、花和果实，幼虫取食根部，尤其是玉米。在阿根廷，它是危害性最大的一种叶甲，尤其对中部种植的花生。在巴西，它对西瓜、南瓜和番茄产生很大的破坏，对其西南部的马铃薯和小麦危害也很大，种植的幼嫩南瓜和未成熟的番茄果实遭到严重危害。在巴拉圭，有些年份南美叶甲发生极为严重，致使几乎所有的蔬菜作物全部毁灭。对许多观赏植物如大丽花和菊花也会产生严重的破坏（USDA，1957）。Pereira等（1997）认为在菜豆上南美叶甲的经济阈值是每株2个。

南美叶甲传入我国会造成大的流行，对我国农业会造成一定的影响，一旦南美叶甲在我国扩散则很难防治，将会严重危害瓜类、玉米、高粱、甜菜、十字花科作物、豆类、棉花、番茄、马铃薯、苹果、桃、柑橘以及大丽花、菊花等观赏植物。幼虫危害根部，成虫取食叶、花和果实。南美叶甲对我国的农业形成巨大危害，从而干扰我国经济的发展，并对社会和环境带来一定的负面影响。

5.17.4 总体风险归纳。南美叶甲严重影响作物的生长。对我国的农业形成一定危害，一定程度上干扰我国经济的发展，并对社会和环境带来一定的负面影响。

5.17.5 备选方案的提出。强化大规模检测的力度，加强进口商品的产地检疫，边境口岸应对货物、包装材料、运输工具、邮件、垃圾、乘客行李等严格检疫。国内应做好随时防治南美叶甲的准备。

5.17.6 就总体风险征求有关专家和管理者的意见。

5.17.7 评估报告的产生。

5.17.8 对风险评估报告进行评价，征求有关专家的意见。

5.17.9 风险管理。

5.17.9.1 我国目前的APL。我国已建立起较为完备的防治有害生物的机构体系，如各级检验检疫机构、植保站，并具备了大批的专家和工作人员。首先加强入境检疫力度，提高检疫人员的业务能力，争取做到拒之于国门之外；其次提高各级检疫站和植保人员的业

务水平，随时发现随时防治，并及早通报疫情。

5.17.9.2　备选方案的可行性评估。切实可行。

5.17.9.3　建议的检疫措施。

(1) 化学防治：由于幼虫栖息在地下，为了达到防治效果需广泛而大量地使用杀虫剂，有机磷和氨基甲酸酯类杀虫剂都被用来杀死幼虫，如西维因、呋喃丹、terbufos、地虫硫磷、甲拌磷、甲基异柳磷、二氯异丙醚、毒死蜱。许多新型杀虫剂如 tefluthrin 和 chlorethoxyfos 也被低水平地使用，成虫可使用任何广谱性的杀虫剂。

(2) 生物防治：寄生天敌有 *Centistes gasseni*，捕食性天敌有 *Polybia ignobilis*，病原菌 *Beauveria bassiana* 亦可寄生于南美叶甲。

对进口棉花等产品实施检疫检测，严格按标准执行。

5.17.9.4　征求意见。

5.17.9.5　原始管理报告。

5.17.10　PRA 报告。

5.17.11　在实施检疫措施之后，应当监督其有效性，如有必要应对检疫措施进行评价，并随时更新。

5.17.12　风险交流。应将中国关心的有害生物名单及其风险管理措施建议等内容向输出国提供。进行风险评估的专家可参加双边座谈，以便制定有关条款。中国政府应及时向相应进口商通报输出国疫情，引导其进口方向。

5.18　苹果异形小卷蛾

5.18.1　由输出国提出要求，由国家质量监督检验检疫总局列入计划，并要求输出国提供有关的材料，包括随该商品传带的有害生物名单以及产地进行有关的官方防治措施。

5.18.2　潜在的检疫性有害生物的确立。

5.18.2.1　整理有害生物的完整名单。

5.18.2.2　提出会随该商品传带的有害生物名单。

5.18.2.3　确定中国关心的潜在的检疫性有害生物名单。

5.18.3　对潜在的检疫性有害生物苹果异形小卷蛾的风险评估。

5.18.3.1　概述。

(1) 学名：*Cryptophlebia leucotreta* (Meyrick)。

(2) 异名：*Argyroploce leucotreta* Meyrick，*Cryptophlebia roerigii* Zacher，*Thaumatotibia roerigii* Zacher，*Olethreutes leucotreta* Meyrick。

(3) 英文名：false codling moth，orange moth，citrus codling moth，orange codling moth。

(4) 分类地位：鳞翅目 (Lepidoptera)，卷蛾科 (Tortricidae)。

(5) 分布：分布于乌干达、南非、安哥拉、布隆迪、喀麦隆、乍得、肯尼亚、苏丹、多哥、坦桑尼亚、埃塞俄比亚、冈比亚、加纳、马达加斯加、马拉维、毛里求斯、莫桑比克、尼日尔、尼日利亚、卢旺达、津巴布韦、赞比亚。

(6) 寄主： 苹果异形小卷蛾是极端的多食性昆虫，已记载有70多种植物可作为其食物。主要寄主有柑橘类、棉花、玉米、蓖麻、茶、鳄梨、番石榴、阳桃、黄秋葵、锦葵属、菠萝、番荔枝、木棉、阿拉伯咖啡、胡椒、荔枝、芒果、橄榄、桃、石榴、橡树、脐橙、昆士兰坚果。

(7) 危害部位或传播途径： 幼虫钻蛀果实。

(8) 形态特征： 雄成虫翅展15～16mm，雌成虫翅展19～20mm；雌、雄蛾的前翅图案由灰色、褐色、黑色和橙褐色组成，最显著的特征是相对于其后翅，前翅外端有一个三角形斑，斑纹上还有一新月形斑；雄虫区别于其他种类的特征是其特化的后翅，它微有退化，在臀角处有一个被微亮的白色鳞片覆盖的圆形袋状物；它的后足胫节上有毛簇。卵平滑，卵圆形，直径0.9mm。低龄幼虫黄白色具黑斑；成熟幼虫大约15mm长，亮红色或粉红色，前胸背板和毛片黄褐色。蛹在土壤或落叶中，被一个柔韧光滑的茧包裹。

(9) 生物学特性： 雌蛾晚上产卵，每雌产卵量100～400粒，通常单产于荚或果实内。在柑橘类作物上，幼虫钻入表皮下或木髓，引起果实早熟。在棉花上，首先从棉铃表层钻入，然后进入种子。成熟幼虫借助于一根细丝到达地面，在土壤或落叶中结成一个坚韧的茧。每个阶段的发育时间随温度的改变而改变。Daiber（1980）给出详细资料，指出在南非该虫每年可完成5代，没有滞育现象。成虫具有夜晚活动的习性和趋光性。Zagatti和Castel（1987）研究发现其交尾行为高度发达。

5.18.3.2 传入可能性评估。

(1) 进入可能性评估： 苹果异形小卷蛾寄主多，分布广。近年来，随着我国从国外进口棉花等农产品日益增多，苹果异形小卷蛾对我国的威胁越来越大。

(2) 定殖可能性评估： 苹果异形小卷蛾的适应性很强，分布广。现主要分布在乌干达、南非、安哥拉、布隆迪、喀麦隆、乍得、肯尼亚、苏丹、多哥、坦桑尼亚、埃塞俄比亚、冈比亚、加纳、马达加斯加、马拉维、毛里求斯、莫桑比克、尼日尔、尼日利亚、卢旺达、津巴布韦、赞比亚。在我国大部分地区定殖的可能性非常大，对我国也存在很大的危害。

5.18.3.3 扩散可能性评估。一种生物能否扩散，其生活习性是关键因素。苹果异形小卷蛾的适应性很强，分布广，因此传入我国会造成大的流行，对我国农业会造成一定的影响。

5.18.3.4 传入后果评估。苹果异形小卷蛾是南非一种重要的柑橘类害虫及部分非洲国家的棉花害虫，在西非它也危害玉米。在南非，柑橘类一般损失率达10%～20%（Glas，1991）。Reed（1974）记述乌干达的晚季棉花的损失率在42%～90%。它在以色列已经变成澳大利亚坚果的一种重要害虫（Wysoki，1986）。据Blomefield（1989）报道，在南非苹果异形小卷蛾对一种晚桃的损失率已超过28%。苹果异形小卷蛾的危害症状因寄主的不同而不同，在柑橘上有时果实的表面会留有疤痕，而在其他大多数作物中，叶片上很少有症状。在果实形成期危害，危害植物的叶、果实和种子。苹果异形小卷蛾传入我国会造成大的流行，对我国农业会造成一定的影响，一旦苹果异形小卷蛾在我国扩散则难以防治，将会严重危害咖啡、凤梨、番荔枝、阳桃、茶、辣椒、柑橘、柿树、棉属、胡桃、荔枝、芒果、油橄榄、鳄梨、菜豆、李、杏、桃、番石榴、石榴、蓖麻、高粱、可可、豇豆、海檀木、玉蜀黍、枣等。对我国的农业形成巨大危害，从而干扰我国经济的发展，并对社会和环境带来一定的负面影响。

5.18.4　总体风险归纳。对我国的农业形成一定危害，一定程度上干扰我国经济的发展，并对社会和环境带来一定的负面影响。

5.18.5　备选方案的提出。强化大规模检测的力度，加强进口商品的产地检疫，边境口岸应对货物、包装材料、运输工具、邮件、垃圾、乘客行李等严格检疫。国内应做好随时防治苹果异形小卷蛾的准备。

5.18.6　就总体风险征求有关专家和管理者的意见。

5.18.7　评估报告的产生。

5.18.8　对风险评估报告进行评价，征求有关专家的意见。

5.18.9　风险管理。

5.18.9.1　我国目前的 APL。我国已建立起较为完备的防治有害生物的机构体系，如各级检验检疫机构、植保站，并具备了大批的专家和工作人员。首先加强入境检疫力度，提高检疫人员的业务能力，争取做到拒之于国门之外；其次提高各级检疫站和植保人员的业务水平，随时发现随时防治，并及早通报疫情。

5.18.9.2　备选方案的可行性评估。切实可行。

5.18.9.3　建议的检疫措施。检疫措施因作物不同监测方式而不相同。在柑橘的表面上可以找到褐色的斑点，通常在中心有一个被蛀的孔，有时有幼虫的粪便从里面流出。由于它有许多替换寄主，因此防治困难。Reed（1974）及 Byaruhanga 和 De Lima（1977）研究表明，乌干达迟播的棉花受影响较严重，但差别不大。既然苹果异形小卷蛾主要是果树害虫，Glas 建议在果树附近种植棉花可以减轻棉花的危害。在旱季较长的地区，因为该虫不能得到连续的食物供应，很少能达到一定的种群水平，相反，灌溉可以使该虫种群增长，达到危害水平。

对进口棉花等产品实施检疫检测，严格按标准执行。

5.18.9.4　征求意见。

5.18.9.5　原始管理报告。

5.18.10　PRA 报告。

5.18.11　在实施检疫措施之后，应当监督其有效性，如有必要应对检疫措施进行评价，并随时更新。

5.18.12　风险交流。应将中国关心的有害生物名单及其风险管理措施建议等内容向输出国提供。进行风险评估的专家可参加双边座谈，以便制定有关条款。中国政府应及时向相应进口商通报输出国疫情，引导其进口方向。

5.19　西印度蔗根象

5.19.1　由输出国提出要求，由国家质量监督检验检疫总局列入计划，并要求输出国提供有关的材料，包括随该商品传带的有害生物名单以及产地进行有关的官方防治措施。

5.19.2　潜在的检疫性有害生物的确立。

5.19.2.1 整理有害生物的完整名单。

5.19.2.2 提出会随该商品传带的有害生物名单。

5.19.2.3 确定中国关心的潜在的检疫性有害生物名单。

5.19.3 对潜在的检疫性有害生物西印度蔗根象的风险评估。

5.19.3.1 概述。

(1) 学名： *Diaprepes abbreviata*（L.）。

(2) 异名： *Exophthalmus abbreviatus*（L.），*Curculio abbreviatus* Linnaeus，*Diaprepes festivus*（Fabricius），*Diaprepes irregularis*（Panzer）；*Diaprepes quadrilineatus*（Olivier）。

(3) 英文名： citrus weevil，West Indian weevil，sugarcane rootstalk borer weevil，sugarcane rootstalk borer weevil，West Indian sugarcane root borer，citrus weevil，West Indian weevil。

(4) 分类地位： 鞘翅目（Coleoptera），象甲科（Curculionidae），耳喙象亚科（Otiorhynchinae）。

(5) 分布： 西印度蔗根象1964年在佛罗里达发现，几乎全部寄生在柑橘类作物上（Schroeder和Beavers，1985）。20世纪40年代，在佛罗里达曾截获3次该虫（Woodruff，1968）。现主要分布于安提瓜岛和巴布达岛、巴巴多斯岛、古巴、多米尼加、圭亚那、格尼纳达、瓜德罗普岛、海地、马提尼克岛、牙买加、蒙特塞拉特岛、波多黎各、圣卢西亚岛、特立尼达和多巴哥以及美国的佛罗里达和密西西比。

(6) 寄主： 最重要的寄主是甘蔗和柑橘，其他寄主包括酸橙、桃金娘、百好果、玉米、芒果、甘薯、玫瑰、灌木类和各种观赏植物等。

(7) 危害部位或传播途径： 成虫在甘蔗、棉花、咖啡、所有的本地和引进的蔬菜上，以及树木的叶片上取食。幼虫在许多种植物活根或可食用块茎内取食。危害时期为开花期、结果期、植物生长期。危害部位有花、叶、根或整株植物。

(8) 形态特征： 成虫体较长，除触角和足暗红褐色外，其余均黑色；触角有索节，第2节很长；头狭小，在眼的周围有细条形的浓密的有金属光泽的绿色或白色的鳞片，横向从眼的中央到眼侧缘下具有宽阔的相似的黄色鳞片，喙的中央和近中央有隆线，顶端向下倾斜，不通过纹或沟从额分开，触角窝弯曲，倾斜；眼大，椭圆形，微往外凸；前胸背板多皱纹，点缀有绿色鳞片，有横向的乳白色的宽带条纹；前面一侧有鬣；小盾片明显，翅鞘有明显的肩，被浓密的具金属光泽的绿色或白色的鳞片覆盖，裂缝的基部和侧缘黄色，每一翅鞘有个黑色的无毛的突起；胫窝开放，跗骨很长，爪1对，分离。卵光滑，亮白色，卵形或椭圆形，大约1.2mm长，0.4mm宽；刚产的卵均为白色，但1～2d内在卵的两端均出现一个清晰的空腔；孵化前，空腔消失，颜色呈褐色，内部幼虫的口器可见；每簇卵块卵的数量在30～264粒不等，单层，不规则。幼虫白色，无足，长1.5～2.5cm；头部黄白色，额褐黄色，前缘之前黄褐色，而前缘本身为淡色到红黄色，有一线边，即幕骨隔纹；颅侧区有一栗褐色或黑色的狭前缘，在头盖缝上有一条窄的淡褐黄色条纹，该条纹前端变宽，还有一条淡而阔的背侧纹，背侧纹被额缝和毛1和毛5周边的淡色的颅侧区前腹缘与褐黄色区域分开，而毛1和毛5周边的淡色区与上方的亚中部淡色纹汇合，有时在亚中部淡色纹的前部有褐色长方形区域；无着色的单眼区；无内脊；唇区背侧方淡褐黄色，几乎被一淡色区与额缝完全分离；头宽可达 4.11mm；体表具小而密的微刺，尤其在前 5 节和最后 2 节腹节上更是密集，其他各节上的微刺被细皱纹代替；气门短卵圆形，有缘缨，有两条小气管；肛门 X 形。

(9) 生物学特性： 卵通常不规则地产成一层，包括 30～264 粒不等（通常为 60 粒），在由雌虫分泌的黏性物质黏在一起的树叶之间。成虫羽化后 3～7d 即可产卵。每雌一生中能产 5 000 多粒卵（Woodruff，1964）。卵在 7d 内几乎全部孵化。初孵幼虫在叶片掉落前以极快的动作越过叶面，它们通常不立即钻入地下，而继续留在土壤表面几天时间，最后它们进入地下并找到合适的根取食。小的幼虫以须根为食，但 3 龄和 4 龄幼虫经常挖洞钻入未萌发的玉米粒。蜕皮的次数多变，6～16 次不等。在波多黎各，Wolcott（1936）描述了化蛹前的滞育时期，它不受先前的发育速度、幼虫最后一次蜕皮的时间、土壤的温湿度或一年时间长短的影响，这段滞育时期持续 2～13 个月，但幼虫较活跃，表明它并不是真的滞育。Beavers 和 Selhime 观察到在盆栽的柑橘类植物上成虫羽化前的长期滞育不是必需的。化蛹前，幼虫尾部末端分泌黏液把土壤黏在一起，形成一个深约 45cm 的土室，化蛹发生在土室形成后 2～3 周内。新羽化的成虫在蛹室里至少还要停留 11d 左右，有时需几个月才能从土壤中爬出来。成虫从蛹中出现，具有 1 对临时的下颚，当它们通过地道时下颚折断。这个特殊时期的出现与环境因素有关。从卵到成虫的整个生活周期可能需要不到 1 年或 2 年多时间。在地下，成虫生活了几个月。一旦成虫羽化，将不再回到土壤。成虫不善于飞行，但能从一棵树飞到另一棵树。该象鼻虫在柑橘类刚萌发的叶片和甘蔗叶片上容易生存。成虫白天和晚上均取食活跃。稍具有社会性，经常可能一棵树上有几百只，而附近的另一棵树一只都没有。在树叶上交配。1970—1973 年，在美国的佛罗里达州对一个隔离的柑橘园进行研究，结果表明该虫整年都有出现，在 8～12 月最多，大的降雨之后虫量达到最高峰。成虫的雌雄比率为 56～59∶41～44。有世代交替现象，整年都能看到幼虫（是主要危害者）进入土壤的现象。利用标记捕获法，Beavers 和 Selhime（1978）记录了标记的成虫飞过的距离，从释放当天的 3m 到 30～50d 后的 228m。一旦该虫着陆，除非受到打扰，它们将在一个地方呆上很长一段时期。在美国佛罗里达州的野外研究中，在白天和晚上分别发现交配和产卵的行为。Jones 和 Schroeder（1983）及 Beaver（1982）通过室内实验记载了此虫的生活周期。当相对湿度达到 7%～16.7%时幼虫进入土内，土壤干燥时则不进入。

5.19.3.2　传入可能性评估。

(1) 进入可能性评估： 西印度蔗根象寄主多，分布广。近年来，随着我国从国外进口棉花等农产品日益增多，西印度蔗根象对我国的威胁越来越大。

(2) 定殖可能性评估： 西印度蔗根象的适应性很强，分布广。现主要分布于波多黎各、尼加拉瓜、多米尼加、马提尼瓜、圣卢西亚、圣文森特、蒙特塞拉特岛、巴巴多斯、美国等国家和地区。在我国大部分地区定殖的可能性非常大，对我国也存在很大的危害。

5.19.3.3　扩散可能性评估。一种生物能否扩散，其生活习性是关键因素。西印度蔗根象的适应性很强，分布广，因此传入我国会造成大的流行，对我国农业会造成一定的影响。

5.19.3.4 传入后果评估。在亚热带和热带的美国和几个加勒比岛屿国家，西印度蔗根象是一种重要的柑橘和甘蔗作物害虫。由于不正确的防治策略，加上该虫广泛的取食范围，西印度蔗根象被认为是几种经济作物的主要的长期的威胁。在法属安的列斯群岛，从1984年起，新种植的橘园已经衰败，而西印度蔗根象被认为是其中的主要原因之一。1985年，Mauleon和Mademba曾对该虫开展了多学科相结合的综合防治计划。

据估计，在美国的佛罗里达州，由西印度蔗根象引起对橘园的损失1995年约为7 300万美元。幼虫对根的危害对柑橘和甘蔗可造成极大的破坏，幼虫的危害可很快杀死一株幼橘，甚至2、3条幼虫即可在4～5周内把柑橘秧苗的树皮剥光，如果幼虫较多，也可以杀死老的橘树。西印度蔗根象对柑橘和甘蔗危害的经济危害水平目前还是未知，但已有证据表明几乎很少的幼虫即可带来根本的破坏。老橘树被幼虫危害可能不会死，但一般不再能生产。

危害症状：成虫取食叶片，顺着新叶边缘，形成典型的缺刻。除非成虫大量取食，否则对柑橘类和甘蔗无太大的影响。甘蔗的根被幼虫损害，引起整株枯萎。柑橘类植物的根被幼虫啃食，引起植株褪色和矮小。幼虫经常以环带的方式危害幼小柑橘的根，阻止其对水分和养料的吸收，同时也方便了真菌的入侵。通过这种方式，一条幼虫就可以杀死一株幼寄主。老的成虫以老叶片为食，稀疏的树冠则暗示该树已被危害。在佛罗里达的大的柑橘树上的危害症状是该树被挖空，能发现许多沿着树皮进入大多数侧根的形成层和木质部的大坑道。虽然一些成虫不喜欢以甘蔗为食，但它仍然是一种很好的可供繁殖的寄主。严重受害的甘蔗会变得矮小，一些内部充满虫粪的茎秆将枯萎死亡，基部受害的茎秆会在强风或机械收割时折断。

危害特征描述：花外部被取食；叶外部被取食，枯黄或枯死；根外部被取食，皮层软腐；植株矮小。

西印度蔗根象传入我国会造成大的流行，对我国农业会造成一定的影响，一旦西印度蔗根象在我国扩散则很难防治，将会严重危害甘蔗、柑橘、酸橙、桃金娘、百好果、玉米、芒果、甘薯、玫瑰、灌木类和各种观赏植物。成虫在甘蔗、棉花、咖啡、所有的本地和引进的蔬菜上，以及树木的叶片上取食。幼虫在许多种植物活根或可食用块茎内取食。对我国的农业形成巨大危害，从而干扰我国经济的发展，并对社会和环境带来一定的负面影响。

5.19.4 总体风险归纳。西印度蔗根象严重影响作物的生长。对我国的农业形成一定危害，一定程度上干扰我国经济的发展，并对社会和环境带来一定的负面影响。

5.19.5 备选方案的提出。强化大规模检测的力度，加强进口商品的产地检疫，边境口岸应对货物、包装材料、运输工具、邮件、垃圾、乘客行李等严格检疫。国内应做好随时防治西印度蔗根象的准备。

5.19.6 就总体风险征求有关专家和管理者的意见。

5.19.7 评估报告的产生。

5.19.8 对风险评估报告进行评价，征求有关专家的意见。

5.19.9 风险管理。

5.19.9.1 我国目前的APL。我国已建立起较为完备的防治有害生物的机构体系，如各级检验检疫机构、植保站，并具备了大批的专家和工作人员。首先加强入境检疫力度，提高检疫人员的业务能力，争取做到拒之于国门之外；其次提高各级检疫站和植保人员的业务水平，随时发现随时防治，并及早通报疫情。

5.19.9.2 备选方案的可行性评估。切实可行。

5.19.9.3 建议的检疫措施。

（1）检查叶缘是否有锯齿；在白天摇动树木，检查地面上是否有翅面上具有红黄鳞片的西印度蔗根象，在地面放上一条浅色的布或帆布有助于观察。大雨后掉落的树叶不能用这种方法检查，因为大雨将使许多虫从树叶上打落下来。在清早或深夜，可以在树叶上发现西印度蔗根象。大量的柑橘叶被吃成缺刻，这意味着有西印度蔗根象在附近。用一个倒漏斗挂在树上来诱捕成虫是成功的。研究人员经常对土壤中爬出来的虫子进行监控，当虫子爬出时用随身物品将它们捕获。近年来已经制造出探测土壤中爬出的成虫的先进仪器。信息素和引诱剂的使用提高了对成虫的探测水平。卵只有通过手工检查树叶才能发现，检查柑橘和甘蔗的叶片看边缘是否有缺刻。白天可能在树叶上发现长达20mm的西印度蔗根象成虫。挖掘小的柑橘树和甘蔗，尤其是出现枯萎、褪色或矮小症状的植物，可在根部发现乳白色、无足、头褐色的幼虫（约2.5cm）。在温室的罐内生长的酸橙秧苗，当幼虫以它们的根为食时，叶内铷的含量为一般时的1.8倍。用手损害根部模拟西印度蔗根象对根的损害，两者有相似的影响。这表明监测铷吸收可以作为一种替代的、无破坏性的监测措施。

（2）减少西印度蔗根象侵入没有受危害的柑橘园的机会可通过种植无成虫、卵和幼虫的果树得到。在佛罗里达，用力冲洗和小心检查柑橘幼苗的茎干有助于对害虫的控制。在受害的树下面放置障碍物可以阻止初孵幼虫到达地面。在受害和没受害的柑橘和甘蔗之间移除其野生寄主，可以防止害虫扩散到新的区域。在波多黎各，如果附近有其他首选的寄主，西印度蔗根象更易对甘蔗造成问题。因此，控制严重受害的甘蔗附近的野生寄主可以限制幼虫的危害。人工移除幼虫和卵块的方法并不太成功。从水和环境方面考虑，可以用水灌溉受害的甘蔗田几周，可以减少西印度蔗根象的危害，减小水压，供给植物足够的营养，有助于减少西印度蔗根象取食造成的影响。

（3）Sirjusingh et al.（1992）回顾了加勒比海地区用天敌控制西印度蔗根象的生物学措施。在20世纪70年代，膜翅目的卵寄生蜂*Aprostocetus gala*、*Quadrastichus haitiensis*、*Brachyuferus osborni* 和*Fidiobia citri* 被引入巴巴多斯岛，但这些寄生蜂不寄生甘蔗上的卵，***Q. haitiensis*** 在20世纪70年代被引入美国的佛罗里达进行生物防治，但是该种群没有定殖下来。Cruz 和 Segarra（1991）认为它们不能在甘蔗上定殖下来，是因为它们通过叶片寄生西印度蔗根象的卵是困难的。取食昆虫的线虫在某些条件下可以防治西印度蔗根象。Schroeder（1988）发表了一篇利用线虫控制根象的文章。20世纪80年代至90年代初期，一些人对*Steinernema carpocapsae* 做了相当多的研究。近来兴趣则转向相关的线虫*S. riobravis* 上，这种线虫能深入土壤搜索寄主。在20世纪90年代中期，美国一家名为Biosys的公司对这种线虫进行市场开发。这些线虫进入幼虫体内能释放一种使寄主致死的细菌。它们被应用于柑橘的地下部分，通过灌溉的方法把线虫输送进土壤，当土壤湿度高时则用喷雾方法输送该虫。线虫在土壤里能控制40%～80%的幼虫，尽管多数研究者相信减少这种柑橘的经济危害性至少需要幼虫的死亡率95%以上。

(4) 种植抗性作物基本上是一种最好的控制策略，尤其对柑橘类作物来说。研究已经表明，一些砧木比一般砧木具更高的忍耐力。

传统的杀虫剂对限制根象成虫的种群水平是有用的。然而由于成虫能在一年中的很长时期出现，有时需要很多的防治方法。反复使用杀虫谱宽的化学药剂有可能杀死其他的有益昆虫，产生不利的影响。

高灭磷、西维因、杀螨脒和谷硫磷已经被用于防治西印度蔗根象，制成油剂便于散布和提高黏性，但同时也能提高杀虫剂的残留性。成虫的卵在叶片间被很好地保护，喷施的杀虫剂一般不能同卵接触，但是喷施油剂能减少叶面上卵粒的数量。油剂和除虫脲物品的应用能减少产卵量和降低孵化率。研究者已经应用联苯菊酯、毒死蜱和吡虫啉来防治初孵幼虫到达地面。然而，Quintela 和 McCoy (1997) 发现，用吡虫啉油剂对在容器中生长的柑橘进行喷施，没有幼虫能够存活，可能是到达植物根系前饿死或取食了含有吡虫啉的根。总的来说，大多数研究人员相信化学防治本身不是一个可行的防治策略。Bullock (1985) 认为没有化合物既可作为叶面喷施剂又可作为土壤药剂长期利用，因为如果 *Phytophthora* 被带进柑橘园，则会出现幼虫损害造成根部腐烂的问题，同 *Phytophthora* 相反，应用化学防治措施防治根象和菌类大量发生的果园的可能有一些好处。

(5) 在美国佛罗里达州的柑橘地里的测试中，从用成虫的粪便或粪汁作的诱饵中收集到大量的西印度蔗根象。雄虫的粪便比雌虫和雄虫的粪便混合物吸引力大，后者又比雌虫粪便的吸引力大。

对进口棉花等产品实施检疫检测，严格按标准执行。

5.19.9.4 征求意见。

5.19.9.5 原始管理报告。

5.19.10 PRA 报告。

5.19.11 在实施检疫措施之后，应当监督其有效性，如有必要应对检疫措施进行评价，并随时更新。

5.19.12 风险交流。应将中国关心的有害生物名单及其风险管理措施建议等内容向输出国提供。进行风险评估的专家可参加双边座谈，以便制定有关条款。中国政府应及时向相应进口商通报输出国疫情，引导其进口方向。

5.20 烟粉虱

5.20.1 由输出国提出要求，由国家质量监督检验检疫总局列入计划，并要求输出国提供有关的材料，包括随该商品传带的有害生物名单以及产地进行有关的官方防治措施。

5.20.2 潜在的检疫性有害生物的确立。

5.20.2.1 整理有害生物的完整名单。

5.20.2.2 提出会随该商品传带的有害生物名单。

5.20.2.3 确定中国关心的潜在的检疫性有害生物名单。

5.20.3 对潜在的检疫性有害生物烟粉虱的风险评估。

5.20.3.1　概述。

（1）学名： *Bemisia tabaci*（Gennadius）。

（2）异名： *Bemisia gossypiperda* Misra & Lamba，*Bemisia longispina* Preisner & Hosny，*Bemisia nigeriensis* Corbett。

（3）英文名： cotton whitefly，sweet potato whitefly，tobacco whitefly。

（4）别名： 棉粉虱、甘薯粉虱。

（5）分类地位： 同翅目（Homoptera），粉虱科（Pseudococcidae）。

（6）分布： 烟粉虱在南美洲、欧洲、非洲、亚洲、大洋洲的很多国家和地区都有分布。我国的烟粉虱分布于广东、广西、海南、福建、云南、上海、浙江、江西、湖北、四川、陕西、北京、台湾等13个省（自治区、直辖市），近年在新疆、河北、天津、山东、山西等地也已发现。

欧洲存在且广泛分布于塞浦路斯、希腊、意大利，局部分布于比利时、丹麦、法国、德国、匈牙利、摩洛哥、荷兰、挪威、波兰、西班牙、瑞典、瑞士、俄罗斯。亚洲广泛分布。非洲广泛分布。北美洲分布于墨西哥、美国南部各州（亚利桑那、加利福尼亚、佛罗里达、佐治亚、得克萨斯）。中美洲和加勒比海地区广泛分布。南美洲分布于阿根廷、巴西、哥伦比亚、委内瑞拉。大洋洲广泛分布。

（7）危害对象： 成、若虫刺吸植物汁液，受害叶褪绿萎蔫或枯死。烟粉虱已是美国、巴西、以色列、埃及、意大利、法国、泰国、印度等国家棉花、蔬菜和园林花卉等植物的主要害虫之一。烟粉虱是热带国家大田作物主要的害虫，危害棉花、烟草、番茄、甘薯和木薯。现已变为世界许多地区的温室害虫，特别是番茄、辣椒、一品红、木芙蓉属、扶朗花属和*Gloxinia*属。此外，烟粉虱寄主范围广泛，许多科植物都是其寄主（如菊科、旋花科、十字花科、葫芦科、大戟科、豆科、锦葵科、茄科等）。

（8）传播途径： 成虫不能有效地飞行，但可随气流传播，因身体小，可被风带到距离相当远的地方。各虫态都能随寄主植物的繁殖材料和切花传播。国际的一品红贸易被认为是在EPPO地区传播该虫的主要途径。

（9）形态特征： 成虫长约1mm，雄虫较雌虫稍小；身体和2对翅上有粉状蜡质分泌物，白色至浅黄色；用成虫的特征区分虫种很困难，但烟粉虱的翅比温室粉虱的翅更靠近身体。卵为梨形，长约0.2mm。蛹扁平，不规则卵圆形，长0.7mm；在光叶上的围蛹无背刚毛，如叶片多毛，则围蛹背部有2～8根长的背刚毛；空的围蛹用于区别温室中的烟粉虱和温室粉虱；温室粉虱的围蛹卵形，侧面观边缘较直，并具12根大而粗的刚毛；烟粉虱围蛹为不规则卵圆形，侧面倾斜，刚毛较短、较细，数量不定，在围蛹的后部；烟粉虱有尾部钩槽（温室粉虱无），伸出唇舌的端部大约长是宽的2倍，相反，温室粉虱伸出唇舌具小裂叶，宽大于长。

（10）生物学特性： 卵产在叶背面，宽头与叶面接触，垂直立在叶面，它们被一个柄固定，与其他许多粉虱一样，柄被雌虫插于叶组织的细缝中，不插入气孔。卵初期白色，但渐渐变为褐色。30℃时5～9d后孵化，但像许多害虫一样，其发育速率很大程度上依赖于寄主、温度和湿度。若虫孵化时扁平，卵介壳形，取食前仅从卵的位点移动很短的距离。在若虫的4个龄期内它不再移动。前3个若虫期每龄24d。第4龄幼虫称为围蛹，长约 0.7mm，持续约 6d，这个虫期蜕皮变为成虫。成虫通过蛹壳上的孔羽化，开始从其腹部的腺体分泌蜡质，洒粉前用几分钟的时间伸展翅膀。羽化 12h 后交配，成虫一生交配数次。雌虫寿命平均为 60d，雄虫的寿命一般较短，仅 9～17d。雌虫一生中产卵可达 160 粒，每组卵在雌虫周围形成拱形。

（11）生活习性：亚热带年发生 10～12 个重叠世代，几乎月月出现一次种群高峰，每代 15～40d，夏季卵期 3d，冬季 33d；若虫 3 龄，9～84d；伪蛹 2～8d。成虫产卵期 2～18d，每雌产卵 120 粒左右，卵多产在植株中部嫩叶上。成虫喜欢无风温暖天气，有趋黄性，气温低于 12℃停止发育，14.5℃开始产卵，气温 21～33℃，随气温升高，产卵量增加，高于 40℃成虫死亡。相对湿度低于 60%成虫停止产卵或死去。暴风雨能抑制其大发生，非灌溉区或浇水次数少的作物受害重。

5.20.3.2 传入可能性评估。

（1）进入可能性评估：烟粉虱是热带和亚热带地区的主要害虫之一。20 世纪 80 年代以前，主要是在一些产棉国如苏丹、埃及、印度、巴西、伊朗、土耳其、美国等国家的棉花上造成一定损失。在我国台湾、云南也有危害棉花的记录。80 年代以后，除了棉花，在蔬菜和花卉上也发现了此虫的危害，如也门的西瓜、墨西哥的番茄、印度的豆类、日本的花卉一品红遭受此虫的危害都十分严重。烟粉虱食性杂，寄主广泛，危害严重时可造成绝收。从 Gennadius 1889 年描述该种到 1985 年近 100 年间，全世界关于该种的研究文章约为 830 篇；而从 1985 年到 1998 年的 10 余年间，关于烟粉虱的研究文章猛增至约 3 150 篇。由此可见，烟粉虱的发生和危害已引起了全世界科学工作者的关注。目前，烟粉虱已是美国、巴西、以色列、埃及、意大利、法国、泰国、印度等国家棉花、蔬菜和园林花卉等植物的主要害虫之一。

（2）定殖可能性评估：烟粉虱在南美洲、欧洲、非洲、亚洲、大洋洲的很多国家和地区都有分布，有证据表明烟粉虱起源于亚洲、非洲或是中东。

5.20.3.3 扩散可能性评估。一种生物能否扩散，其生物学特性是关键因素。烟粉虱在亚热带年发生 10～12 个重叠世代，几乎月月出现一次种群高峰，每代 15～40d。夏季卵期 3d，冬季 33d；若虫 3 龄，9～84d；伪蛹 2～8d。成虫产卵期 2～18d，每雌产卵 120 粒左右，卵多产在植株中部嫩叶上。成虫喜欢无风温暖天气，有趋黄性，气温低于 12℃停止发育，14.5℃开始产卵，气温 21～33℃，随气温升高，产卵量增加，高于 40℃成虫死亡。相对湿度低于 60%成虫停止产卵或死去。暴风雨能抑制其大发生，非灌溉区或浇水次数少的作物受害重。烟粉虱进入我国将会迅速扩散。

5.20.3.4 传入后果评估。烟粉虱已知是世界温暖地区棉花及热带和亚热带作物上的次要害虫，迄今已很容易用农药防治。但 1981 年在美国加利福尼亚该虫导致番茄、莴苣和棉花的累计损失估计达 1 亿美元。成虫和若虫在叶面上取食引起叶面出现褪绿斑点。依据叶受害程度，除叶脉附近区域，这些斑点可能呈煤烟色直到整叶变黄，随之脱落。若虫取食产生的蜜露覆盖叶表面，当有烟霉形成时会降低叶片的光合作用。蜜露也能使花变色，如是棉花，会影响加工的棉绒。严重危害时，植株的高度、节间数量、产量和品质会受影响。烟粉虱还是约 60 种植物病毒的媒介昆虫，其中包括最重要的植物病毒如棉花卷叶病毒、非洲木薯花叶病毒、番茄黄化花叶病毒、烟草卷叶病毒、马铃薯卷叶病毒、蚕豆金色花叶病毒、番茄黄化卷叶病毒、黄瓜脉黄病毒。

近年来，粉虱种群数量出现了明显的变化，不论南北，烟粉虱都有暴发之势。全国10余个省（自治区、直辖市）均有不同程度发生，其危害呈上升趋势，严重时可达7成以上。一旦烟粉虱在我国定殖扩散，将会严重危害棉花、烟草、番茄、番薯、木薯、十字花科、葫芦科、豆科、茄科、锦葵科等多种植物。

5.20.4 总体风险归纳。对我国的农业形成一定危害，一定程度上干扰我国经济的发展，并对社会和环境带来一定的负面影响。

5.20.5 备选方案的提出。强化大规模检测的力度，加强进口商品的产地检疫，边境口岸应对货物、包装材料、运输工具、邮件、垃圾、乘客行李等严格检疫。国内应做好随时防治烟粉虱的准备。

5.20.6 就总体风险征求有关专家和管理者的意见。

5.20.7 评估报告的产生。

5.20.8 对风险评估报告进行评价，征求有关专家的意见。

5.20.9 风险管理。

5.20.9.1 我国目前的APL。我国已建立起较为完备的防治有害生物的机构体系，如各级检验检疫机构、植保站，并具备了大批的专家和工作人员。首先加强入境检疫力度，提高检疫人员的业务能力，争取做到拒之于国门之外；其次提高各级检疫站和植保人员的业务水平，随时发现随时防治，并及早通报疫情。

5.20.9.2 备选方案的可行性评估。切实可行。

5.20.9.3 建议的检疫措施。

（1）田间监测被害植株叶片上有众多的褪绿斑点，这些斑点也会被蜜露和烟霉遮盖。在叶片的背面能见到白色的粉蚧。摇动植物时，可见小的白色成虫不安地振动翅膀，随后很快重新定位。这些被害特征与温室白粉虱（*Trialeurodes vaporariorum*）被害特征无明显区别。

（2）烟粉虱在棉花田中用农药很容易防治，但最近，由于对农药产生抗性，在北美洲、加勒比和中东地区的防治正成为难题，在温室中防治该虫更困难。

（3）在瑞典用粉虱丽蚜小蜂（*Encarsia formosa*）和蚧轮枝孢菌（*Verticillium lecanii*）防治烟粉虱已取得成功。

对进口棉花等产品实施检疫检测，严格按标准执行。

5.20.9.4 征求意见。

5.20.9.5 原始管理报告。

5.20.10 PRA报告。

5.20.11 在实施检疫措施之后，应当监督其有效性，如有必要应对检疫措施进行评价，并随时更新。

5.20.12 风险交流。应将中国关心的有害生物名单及其风险管理措施建议等内容向输出国提供。进行风险评估的专家可参加双边座谈，以便制定有关条款。中国政府应及时向相应进口商通报输出国疫情，引导其进口方向。

第二篇　进境麻类的风险分析

1　引言

进境麻类的风险分析依照我国的风险分析程序，参照农业部和国家质量监督检验检疫总局制定的《中华人民共和国进境植物检疫性有害生物名录》和农业部 1992 年 7 月 25 日发布的《中华人民共和国进境植物检疫危险性病、虫、杂草名录》以及最新的由农业部第 862 号公告发布的《中华人民共和国进境植物检疫性有害生物名录》分别从杂草、线虫、微生物病害及昆虫几个方面做风险分析。风险分析是有针对性的，部分国家重点检疫对象见表 2-1。

表 2-1　部分国家重点检疫对象

国别	进境麻类中存在的主要潜在性风险因素
美国	拉美斑潜蝇、棉花卷叶病毒、亚麻变褐病菌、亚麻褐斑病菌、豚草、刺蒺藜草、疏花蒺藜草、匍匐矢车菊、刺苞草、田蓟、美丽猪屎豆、南方三棘果、野莴苣、毒莴苣、臭千里光、北美刺龙葵、银毛龙葵、刺萼龙葵、独脚金属、意大利苍耳、三裂叶豚草、多年生豚草
澳大利亚	亚麻变褐病菌、油棕苗疫病菌、亚麻褐斑病菌、豚草、多年生豚草、阿米、疏花蒺藜草、匍匐矢车菊、刺苞草、美丽猪屎豆、南方三棘果、北美刺龙葵、银毛龙葵、刺萼龙葵、独脚金属
加拿大	亚麻黄卷蛾、亚麻变褐病菌、亚麻褐斑病菌、豚草、三裂叶豚草、多年生豚草、匍匐矢车菊、田蓟、野莴苣、毒莴苣、臭千里光、北美刺龙葵、意大利苍耳
印度	烟粉虱、亚麻疫病菌、棉花卷叶病毒、疏花蒺藜草、匍匐矢车菊、刺苞草、银毛龙葵
墨西哥	棉花卷叶病毒、豌豆早枯病毒、疏花蒺藜草、刺苞草、小花假苍耳、银毛龙葵、刺萼龙葵、刺茄、意大利苍耳

2　进境麻类中杂草的风险分析

2.1　北美刺龙葵

2.1.1　由输出国提出要求，由国家质量监督检验检疫总局列入计划，并要求输出国提供有关的材料，包括随该商品传带的有害生物名单以及产地进行有关的官方防治措施。

2.1.2　潜在的检疫性有害生物的确立。

2.1.2.1　整理有害生物的完整名单。

2.1.2.2　提出会随该商品传带的有害生物名单。

2.1.2.3　确定中国关心的潜在的检疫性有害生物名单。

2.1.3　对潜在的检疫性有害杂草北美刺龙葵的风险评估。

2.1.3.1　概述。

（1）学名： *Solanum carolinense* L.。

（2）别名： 所多马之果、魔鬼马铃薯、魔鬼番茄、水牛荨麻、野番茄。

（3）英文名： Horse-nettle。

（4）分类地位： 茄科（Solanaceae），茄属（*Solanum*）。

（5）分布： 分布于美国伊利诺伊州、马萨诸塞州、佛罗里达州和得克萨斯州，以及加拿大、俄罗斯、孟加拉国、尼泊尔、澳大利亚、新西兰、日本、摩洛哥。

（6）危害部位或传播途径： 主要危害种植花卉和蔬菜的花园和果园。多年生，难防治，全株有毒，能引起牲畜中毒。随作物种子传播。

（7）形态特征： 整个植株高30～100cm，直立；茎（下胚轴）矮，绿色偏紫，覆盖有短而硬、微下垂、披散的毛；茎为绿色，老后变为紫色；子叶呈长椭圆形，叶片上表面光滑绿色，下表面浅绿色，两面都很光滑，边缘有短短的腺毛，中部的导管在上表面凹下，在下表面呈脊状微微突起，沿主脉有锯齿状；老叶的上表面稀疏覆有未分支的星状毛，叶柄上表面扁平，覆有星状毛，叶片轮生，椭圆形或卵形；第一对叶片上表面有稀疏毛，其次的叶片边缘呈波浪形或深裂，表面有毛和刺；叶片长1.9～14.4cm，宽0.4～8cm；茎在近顶端分枝，并有分散、坚硬、尖锐的刺；茎分枝或不分枝，具毛，多刺。花白色到浅紫色，星形5裂，约2.5cm长，生于上部枝条末端和边缘的分枝上，丛生，一簇上可长有多朵白色、紫色或蓝色的花；萼片2～7mm长，表面常具有小刺，花瓣卵形、分裂，直径可达3cm；花药直立，长度为6～8mm。果实为浆果，多汁，球形，直径为9～15mm，夏末和秋季成熟，成熟时为黄色到橘色，表面有皱纹；含有大量种子，种子直径为1.5～2.5mm。

（8）生物学特性： 多年生植物。花期5～9月；靠种子和地下根茎繁殖；可生于田野、花园和废地，尤其是具有沙质土壤的地方。

2.1.3.2　传入可能性评估。

（1）进入可能性评估： 北美刺龙葵多年生，难防治，全株有毒，可引起牲畜中毒。分布广，随作物种子传播。近年来，随着我国从国外进口麻纺织原料量日益增多，北美刺龙葵对我国的威胁越来越大。

（2）定殖可能性评估： 北美刺龙葵的适应性很强，分布广，现分布于美国、加拿大、俄罗斯、孟加拉国、尼泊尔、澳大利亚、新西兰、日本、摩洛哥。在我国大部分地区定殖的可能性非常大，对我国也存在很大的危害。

2.1.3.3　扩散可能性评估。一种生物能否扩散，其生活习性是关键因素。北美刺龙葵多年生，难防治，全株有毒，可引起牲畜中毒。随作物种子传播，适应性很强，分布广，因此传入我国会造成大的流行，对我国农业会造成一定的影响。

2.1.3.4　传入后果评估。该植物蔓延快，生活力强。全株有毒，能引起牲畜中毒。北美刺龙葵传入我国会造成大的流行，一旦在我国扩散则难以防治，将会严重危害烟草、棉花、谷物、牧草等作物。北美刺龙葵生长繁茂，严重影响作物的生长，随作物种子传播。对我国的农业形成巨大危害，从而干扰我国经济的发展，并对社会和环境带来一定的负面影响。

2.1.4 总体风险归纳。对我国的农业形成一定危害，一定程度上干扰我国经济的发展，并对社会和环境带来一定的负面影响。

2.1.5 备选方案的提出。强化大规模检测的力度，加强进口商品的产地检疫，边境口岸应对货物、包装材料、运输工具、邮件、垃圾、乘客行李等严格检疫。

2.1.6 就总体风险征求有关专家和管理者的意见。

2.1.7 评估报告的产生。

2.1.8 对风险评估报告进行评价，征求有关专家的意见。

2.1.9 风险管理。

2.1.9.1 我国目前的APL。我国已建立起较为完备的防治有害生物的机构体系，如各级检验检疫机构、植保站，并具备了大批的专家和工作人员。首先加强入境检疫力度，提高检疫人员的业务能力，争取做到拒之于国门之外；其次提高各级检疫站和植保人员的业务水平，随时发现随时防治，并及早通报疫情。

2.1.9.2 备选方案的可行性评估。切实可行。

2.1.9.3 建议的检疫措施。

（1）**检疫：**在生长期或抽穗开花期，到可能生长地进行调查，根据该植物的形态特征进行鉴别，确定种类，记载混杂情况和混杂率。对进出口和国内调运的种子进行抽样检查。种子每个样品不少于1kg，检验是否带有该检疫杂草的种子。

（2）**化学防治：**防治刺龙葵可用2,4－D，在秧苗期，刺龙葵对2,4－D较为敏感。

（3）**机械防治：**通过不断地、严密地刈草或在开花前用锄头分散刺龙葵的植株，以防止其种子的产生。

2.1.9.4 征求意见。

2.1.9.5 原始管理报告。

2.1.10 PRA报告。

2.1.11 在实施检疫措施之后，应当监督其有效性，如有必要应对检疫措施进行评价，并随时更新。

2.1.12 风险交流。应将中国关心的有害生物名单及其风险管理措施建议等内容向输出国提供。进行风险评估的专家可参加双边座谈，以便制定有关条款。中国政府应及时向相应进口商通报输出国疫情，引导其进口方向。

2.2 列当属

2.2.1 由输出国提出要求，由国家质量监督检验检疫总局列入计划，并要求输出国提供有关的材料，包括随该商品传带的有害生物名单以及产地进行有关的官方防治措施。

2.2.2 潜在的检疫性有害生物的确立。

2.2.2.1 整理有害生物的完整名单。

2.2.2.2　提出会随该商品传带的有害生物名单。

2.2.2.3　确定中国关心的潜在的检疫性有害生物名单。

2.2.3　对潜在的检疫性有害杂草列当属的风险评估。

2.2.3.1　概述。

（1）学名：*Orobanche* spp.

（2）英文名：broomrape，sunflower broomrape。

（3）分类地位：列当科（Orobanchaceae）。

（4）分布：全世界约有100种，俄罗斯境内分布最多。主要分布于温带和亚热带地区，蒙古、朝鲜、日本、希腊、埃及等国分布很广，美国及欧洲有些国家也有分布。在我国分布于黑龙江、吉林、辽宁、内蒙古、河北、北京、甘肃、山西、陕西、青海、新疆等地。

（5）危害对象：列当的寄主相当广泛，可寄生70多种植物，以葫芦科、菊科为主，但也寄生于豆科、茄科、十字花科、伞形花科等其他各科植物，如甜瓜、西瓜、南瓜、葫芦、丝瓜、冬瓜、番茄、辣椒、茄子、烟草、马铃薯、向日葵、蚕豆、豌豆、花生、大麻、亚麻、青麻、芝麻、白菜、芜菁、甘蓝、芹菜、胡萝卜等经济作物，还寄生于苜蓿、三叶草等牧草上，在苍耳、野莴苣及紫菀等杂草上也有列当寄生。瓜列当在新疆普遍发生，主要寄生在哈密瓜、西瓜、甜瓜、黄瓜上，其次是番茄、烟草、向日葵、葫芦、胡萝卜、白菜以及一些杂草上。

（6）传播途径：列当以种子进行繁殖和传播。种子多，非常微小，易黏附在作物种子上，随作物种子调运进行远距离传播，也能借助风力、水流或随人、畜及农机具传播。

（7）形态特征：茎直立，单生，高15～50cm，黄褐色或带紫色；叶退化，鳞片状。穗状花序有花20～40（80）朵；苞片披针形；花萼5裂，贴茎的一个裂片不显著，基部合生；花冠二唇形，长15～18cm，上唇2裂，下唇3裂，蓝紫色；雄蕊4，2强，插生于花冠筒上，花冠在雄蕊着生以下部分膨大；雌蕊柱头膨大，花柱下弯，子房卵形，由4个心皮合生，侧膜胎座。蒴果卵形，熟后2纵裂，散出大量尘埃状种子；种子形状不规则，略成卵形，黑褐色，坚硬，表面有网纹，长0.2～0.5mm，宽与厚各0.2～0.3mm。

（8）生物学特性：一年生寄生草本。列当属种子在土壤中接触到寄主根部分泌物时，便开始萌发；如无寄主，种子可存活5～10年。幼苗以吸器侵入寄主根内，吸器的部分细胞分化成筛管与管状分子，通过筛孔和纹孔与寄主的筛管和管状分子相连，吸取水分和养料，逐渐长大，植株上部由下而上开花结实。每株列当能结子10万粒以上，种子寿命长。

2.2.3.2　传入可能性评估。

（1）进入可能性评估：列当属多年生，难防治，分布广，随作物种子传播。近年来，随着我国从国外进口麻纺织原料量日益增多，列当属对我国的威胁越来越大。

（2）定殖可能性评估：列当属的适应性很强，分布广，全世界约有100种，俄罗斯境内分布最多，主要分布于温带和亚热带地区，蒙古、朝鲜、日本、希腊、埃及等国分布很广，美国及欧洲有些国家也有分布。在我国大部分地区定殖的可能性非常大，对我国也存在很大的危害。

2.2.3.3　扩散可能性评估。一种生物能否扩散，其生活习性是关键因素。列当是寄生杂草，没有绿叶，不能制造有机物，没有根，不能利用土中的无机物，代替根生长的是吸盘，借吸盘吸取栽培作物的汁液而生活。每根花茎结 30～40 个蒴果，每个蒴果可结 1 000～2 000 粒微小的种子。种子落入地里以后，接触到寄主植物的根，寄主植物根部的分泌物即促使列当种子发芽。在没有寄主植物的情况下，种子能在土壤中生存，保持发芽力 5～10 年。种子长出的幼苗深入寄主植物的根内，形成吸盘，在根外发育成膨大部分，并由此长出花茎，而从下面发生大量附生的吸盘。在一株寄主植物上往往能发育出几十根花茎，并且它们不受任何时间限制，只要温湿度适宜，即可在整个生长期内发生。在除草时被拔掉的花茎虽不复再生，但残留下来的地下部分仍能继续寄生危害。在条件适宜时，7 月上旬到 10 月上旬种子萌发出土，天天出现幼苗，从出土至种子成熟约需 30d。每株列当的现蕾期、开花期及结实期参差不齐，同一株列当有的下部在开花，而上部在孕蕾，或者下部结实，中部开花，而上部还在孕蕾。种子是自下而上顺序成熟的。可见其适应性很强，分布广，因此传入我国会造成大的流行，对我国农业会造成一定的影响。

2.2.3.4 传入后果评估。一株向日葵最多寄生列当 143 株。受害植株细弱，花盘小，秕粒多，含油率下降，严重的不能开花结实，甚至干枯死亡。

瓜列当在新疆普遍发生，危害也很严重，主要寄生在哈密瓜、西瓜、甜瓜、黄瓜上，其次是番茄、烟草、向日葵、葫芦、胡萝卜、白菜以及一些杂草上。在瓜田，一般在 6～7 月温度升高以后列当才大量发生，严重的寄生率高达 100%。轻者造成减产和品质下降，重者萎蔫枯死。列当属传入我国会造成大的流行，对我国农业会造成一定的影响，列当属一旦在我国扩散则很难防治。列当的寄主相当广泛，可寄生 70 多种植物，以葫芦科、菊科为主，但也寄生于豆科、茄科、十字花科、伞形花科等其他各科植物，如甜瓜、西瓜、南瓜、葫芦、丝瓜、冬瓜、番茄、辣椒、茄子、烟草、马铃薯、向日葵、蚕豆、豌豆、花生、大麻、亚麻、青麻、芝麻、白菜、芜菁、甘蓝、芹菜、胡萝卜等经济作物，还寄生于苜蓿、三叶草等牧草上，在苍耳、野莴苣及紫菀等杂草上也有列当寄生，列当以种子进行繁殖和传播。对我国的农业形成巨大危害，从而干扰我国经济的发展，并对社会和环境带来一定的负面影响。

2.2.4 总体风险归纳。对我国的农业形成一定危害，一定程度上干扰我国经济的发展，并对社会和环境带来一定的负面影响。

2.2.5 备选方案的提出。强化大规模检测的力度，加强进口商品的产地检疫，边境口岸应对货物、包装材料、运输工具、邮件、垃圾、乘客行李等严格检疫。

2.2.6 就总体风险征求有关专家和管理者的意见。

2.2.7 评估报告的产生。

2.2.8 对风险评估报告进行评价，征求有关专家的意见。

2.2.9 风险管理。

2.2.9.1 我国目前的 APL。我国已建立起较为完备的防治有害生物的机构体系，如各级检验检疫机构、植保站，并具备了大批的专家和工作人员。首先加强入境检疫力度，提高检疫人员的业务能力，争取做到拒之于国门之外；其次提高各级检疫站和植保人员的业务水平，随时发现随时防治，并及早通报疫情。

2.2.9.2　备选方案的可行性评估。切实可行。

2.2.9.3　建议的检疫措施。

(1) 产地调查：在生长期，根据列当各种形态特征进行鉴别。

(2) 室内检验：对从国外进口的植物种子和国内调运的种子进行抽样检查，每个样品不少于1kg，主要通过对所检种子进行过筛检查，并按列当种子的各种特征用解剖镜进行鉴别，计算混杂率。

(3) 凡从国外进口的粮食或引进的种子，以及国内各地调运的旱地作物种子，要严格检疫，混有列当种子不能播种，应集中处理并销毁，杜绝传播。

(4) 在列当发生地区，应调换没有列当混杂的种子播种。采收作物种子时进行田间选择，选出的种子要单独脱粒和贮藏。有列当发生的农田，可在其开花时彻底将它销毁，连续进行2～3年，即可根除，也可通过深耕、锄草进行根除。

2.2.9.4　征求意见。

2.2.9.5　原始管理报告。

2.2.10　PRA报告。

2.2.11　在实施检疫措施之后，应当监督其有效性，如有必要应对检疫措施进行评价，并随时更新。

2.2.12　风险交流。应将中国关心的有害生物名单及其风险管理措施建议等内容向输出国提供。进行风险评估的专家可参加双边座谈，以便制定有关条款。中国政府应及时向相应进口商通报输出国疫情，引导其进口方向。

2.3　假高粱

2.3.1　由输出国提出要求，由国家质量监督检验检疫总局列入计划，并要求输出国提供有关的材料，包括随该商品传带的有害生物名单以及产地进行有关的官方防治措施。

2.3.2　潜在的检疫性有害生物的确立。

2.3.2.1　整理有害生物的完整名单。

2.3.2.2　提出会随该商品传带的有害生物名单。

2.3.2.3　确定中国关心的潜在的检疫性有害生物名单。

2.3.3　对潜在的检疫性有害杂草假高粱的风险评估。

2.3.3.1　概述。

(1) 学名：*Sorghum halepense*（L.）Pers.。

(2) 异名：*Andropogon halepensis* Brot.。

(3) 别名：石茅、约翰逊草、宿根高粱。

(4) 英文名：Aleppo grass，Arabian millet，Egyptian-grass，Egyptian millet，evergreen millet，false guines，false guinea-grass，Johnson grass，milletgrass，morocco millet，syrian grass。

(5) 分类地位：禾本科（Gramineae），蜀黍（高粱）属（*Sorghum*）。

(6) 分布：假高粱分布于热带和亚热带地区，从北纬55°到南纬45°的范围内。假高梁原产地中海地区，现在已传入很多国家。包括欧洲的希腊、前南斯拉夫、意大利、保加利亚、西班牙、葡萄牙、法国、瑞士、罗马尼亚、波兰、俄罗斯；亚洲的土耳其、以色列、阿拉伯半岛、黎巴嫩、约旦、伊拉克、伊朗、印度、巴基斯坦、阿富汗、泰国、缅甸、斯里兰卡、印度尼西亚、菲律宾、中国；非洲的摩洛哥、坦桑尼亚、莫桑比克、南非；美洲的古巴、牙买加、危地马拉、洪都拉斯、尼加拉瓜、波多黎各、萨尔瓦多、多米尼加、委内瑞拉、哥伦比亚、秘鲁、巴西、玻利维亚、巴拉圭、智利、阿根廷、墨西哥、美国、加拿大；大洋洲及太平洋岛屿的澳大利亚、新西兰、巴布亚新几内亚、斐济、美拉尼西亚、密克罗尼西亚、夏威夷。国内山东、贵州、福建、吉林、河北、广西、北京、甘肃、安徽、江苏等地局部发生。

(7) 形态特征：多年生草本，茎秆直立，高达2m以上，具匍匐根状茎；叶阔线状披针形，基部被有白色绢状疏柔毛，中脉白色且厚，边缘粗糙，分枝轮生；小穗多数，成对着生，其中一枚有柄，另一枚无柄，有柄者多为雄性或退化不育，无柄小穗两性，能结实，在顶端的一节上3枚共生，有具柄小穗2个，无柄小穗1个；结实小穗呈卵圆状披针形，颖硬革质，黄褐色、红褐色至紫黑色，表面平滑，有光泽，基部边缘及顶部1/3具纤毛；稃片膜质透明，具芒，芒从外稃先端裂齿间伸出，屈膝状扭转，极易断落，有时无芒；颖果倒卵形或椭圆形，暗红褐色；表面乌暗而无光泽，顶端钝圆，具宿存花柱；脐圆形，深紫褐色。胚椭圆形，大而明显，长为颖果的2/3；小穗第二颖背面上部明显有关节的小穗轴2枚，小穗轴边缘上具纤毛。

(8) 危害对象：假高粱是谷类作物、棉花、苜蓿、甘蔗、麻类等30多种作物田里的主要杂草。它不仅使作物产量降低，还是高粱属作物的许多虫害和病害的寄主。它的花粉可与留种的高粱属作物杂交，给农业生产带来很大的危害，被普遍认为是世界农作物最危险的杂草之一。它能以种子和地下茎繁殖，是宿根多年生杂草，一株植株可以产28 000粒种子，一个生长季节能生产8kg鲜重的植株。$1km^2$面积上的所有地下茎总长度可达86～450km，能萌发的芽数可达1 400万个。假高粱的地下茎是分节的，并且分枝，具有相当强的繁殖力。即使将它切成小段，甚至只有一节，它仍不会死亡，并且在有利的条件下，它还能形成新的植株。因此，它具有很强的适应性，是一种危害严重而又难于防治的恶性杂草。此外，它的根分泌物或者腐烂的叶子、地下茎、根等能抑制作物种子萌发和幼苗生长。假高粱的嫩芽聚集有一定量的氰化物，牲畜取食时易引起中毒。

(9) 生活习性：假高粱适生于温暖、潮湿、夏天多雨的亚热带地区，是多年生的根茎植物，以种子和地下根茎繁殖。常混杂在多种作物田间，主要有苜蓿、棉花、黄麻、洋麻、高粱、玉米、大豆及小麦等作物，在菜园、柑橘幼苗栽培地、葡萄园、烟草地里也有，也生长在沟渠附近、河流及湖泊沿岸。假高粱开花始于出土7周之后（一般在6～7月），一直延续到生长季节结束。在花期，根茎迅速增长，其形成的最低温度是15～20℃，在秋天进入休眠，次年萌发出芽苗，长成新的植株。一般在7～9月结实，每个圆锥花序可结500～2 000个颖果。颖果成熟后散落在土壤里，约85%是在5cm深的土层中。在土壤中可保持3～4年生命力仍能萌发。新成熟的颖果有休眠期，因此，在当年秋天不能发芽。其休眠期一般为5～7个月，到来年温度达18～22℃时即可萌发，在30～35℃下发芽最好。地下根茎不耐高温，暴露在50～60℃下2～3d即会死亡。脱水或受水淹都能影响根茎的成活和萌发。假高粱耐肥，喜湿润（特别是定期灌溉处）及疏松的土壤。

(10) 传播途径：假高粱的颖果可随播种材料或商品粮的调运而传播，特别是易随含有假高粱的商品粮加工后的下脚料传播扩散，在其成熟季节可随动物、农具、流水等传播到新地区去。混杂在粮食中的种子是假高粱远距离传播的主要途径。种子还可随水流传播，假高粱的根茎可以在地下扩散蔓延，也可以被货物携带向较远距离传播。

2.3.3.2 传入可能性评估。

(1) 进入可能性评估。

(2) 定殖可能性评估：假高粱被普遍认为是世界农业地区最危险的杂草之一，在国外已成为谷类作物、棉花、苜蓿、甘蔗、麻类等30多种作物地里的主要杂草。假高粱的颖果可随播种材料或商品粮的调运而传播，特别是易随含有假高粱的商品粮加工后的下脚料传播扩散，在其成熟季节可随动物、农具、流水等传播到新地区去。近年来，随着我国从国外进口麻纺织原料量日益增多，假高粱对我国的威胁越来越大。

2.3.3.3 扩散可能性评估。一种生物能否扩散，其生物学特性是关键因素。假高粱属我国进境二类检疫性有害生物，原生长于地中海地区，是世界公认的农作物最危险的恶性杂草之一。这种植物的生命力极强，如果庄稼地里有假高粱，农作物将减产20%左右。不仅如此，假高粱的根有很强的穿透力，一株假高粱的根系加起来能有1km多长，如果长在堤坝上，对堤坝的安全也会产生不小的威胁。假高粱适生于温暖、潮湿、夏天多雨的亚热带地区，是多年生的根茎植物，以种子和地下根茎繁殖。常混杂在多种作物田间，主要的有苜蓿、棉花、黄麻、洋麻、高粱、玉米、大豆及小麦等作物，在菜园、柑橘幼苗栽培地、葡萄园、烟草地里也有，也生长在沟渠附近、河流及湖泊沿岸。

2.3.3.4 传入后果评估。如果假高粱落地生长，消灭起来难度很大。这种杂草在国际上臭名昭著，号称“十大恶草”，一旦在我国落地生根，可能对环境造成严重破坏。

2.3.4 总体风险归纳。对我国的农业形成一定危害，一定程度上干扰我国经济的发展，并对社会和环境带来一定的负面影响。

2.3.5 备选方案的提出。

2.3.6 就总体风险征求有关专家和管理者的意见。

2.3.7 评估报告的产生。

2.3.8 对风险评估报告进行评价，征求有关专家的意见。

2.3.9 风险管理。

2.3.9.1 我国目前的APL。我国已建立起较为完备的防治有害生物的机构体系，如各级检验检疫机构、植保站，并具备了大批的专家和工作人员。首先加强入境检疫力度，提高检疫人员的业务能力，争取做到拒之于国门之外；其次提高各级检疫站和植保人员的业务水平，随时发现随时防治，并及早通报疫情。

2.3.9.2 备选方案的可行性评估。切实可行。

2.3.9.3 建议的检疫措施。澳大利亚、罗马尼亚和俄罗斯等国曾把假高粱列为禁止输入对象，现在我国也将它列为对外检疫对象。假高粱在我国仍属局部分布，但我国在进口粮及进口牧草种子中经常检出，应严防扩散和传入。

假高粱的颖果可随播种材料或商品粮的调运而传播，而且在其成熟季节可随动物、农具、流水等传播到新地区去，因此，必须采取防治措施。

（1）应防止继续从国外传入和在国内扩散，需加强植物检疫，一切带有假高粱的播种材料或商品粮及其他作物等，都需按植物检疫规定严加控制。

（2）对少量新发现的假高粱，可用挖掘法清除所有的根茎，并集中销毁，以防其蔓延。

（3）已发生假高粱的作物田，可结合中耕除草，将其连根拔掉，集中销毁。根据假高粱的特性，其根茎不耐高温，也不耐低温和干旱，可配合田间管理进行伏耕和秋耕，让地下的根茎暴露在高温或低温、干旱条件下杀死。在灌溉地区亦可采用暂时积水的办法，以降低它的生长和繁殖。

（4）对混杂在粮食作物、苜蓿和豆类种子中的假高粱种子，应使用风车、选种机等工具汰除干净，以免随种子调运传播。

（5）也可采用草甘膦或盖草能等除草剂防除。对进口棉花等产品实施检疫检测，严格标准执行。

2.3.9.4 征求意见。

2.3.9.5 原始管理报告。

2.3.10 PRA 报告。

2.3.11 在实施检疫措施之后，应当监督其有效性，如有必要应对检疫措施进行评价，并随时更新。

2.3.12 风险交流。应将中国关心的有害生物名单及其风险管理措施建议等内容向输出国提供。进行风险评估的专家可参加双边座谈，以便制定有关条款。中国政府应及时向相应进口商通报输出国疫情，引导其进口方向。

2.4 翅蒺藜

2.4.1 由输出国提出要求，由国家质量监督检验检疫总局列入计划，并要求输出国提供有关的材料，包括随该商品传带的有害生物名单以及产地进行有关的官方防治措施。

2.4.2 潜在的检疫性有害生物的确立。

2.4.2.1 整理有害生物的完整名单。

2.4.2.2 提出会随该商品传带的有害生物名单。

2.4.2.3 确定中国关心的潜在的检疫性有害生物名单。

2.4.3 对潜在的检疫性有害杂草翅蒺藜的风险评估。

2.4.3.1 概述。

（1）学名： *Tribulus alatus* Delile。

（2）分布： 主要分布在非洲北部。

（3）危害部位或传播途径： 田间有害杂草，刺果有尖刺，能伤害动物。种子可随作物种子或黏附在皮毛上进行传播。

2.4.3.2 传入可能性评估。

(1) 进入可能性评估：翅蒺藜生长能力强，分布广，随作物种子传播。近年来，随着我国从国外进口麻纺织原料量日益增多，翅蒺藜对我国的威胁越来越大。

(2) 定殖可能性评估：翅蒺藜的适应性很强，分布在非洲北部。我国大部分地区定殖的可能性非常大，对我国也存在很大的危害。

2.4.3.3　扩散可能性评估。一种生物能否扩散，其生活习性是关键因素。翅蒺藜的适应性很强，因此传入我国会造成大的流行，对我国农业会造成一定的影响。

2.4.3.4　传入后果评估。翅蒺藜传入我国会造成大的流行，对我国农业会造成一定的影响，一旦翅蒺藜在我国扩散，将会严重危害小麦、烟草、棉花、谷物、牧草等作物。翅蒺藜为田间有害杂草，生长能力强，刺果有尖刺，能伤害动物。种子可随作物种子或黏附在皮毛上进行传播。对我国的农业形成巨大危害，从而干扰我国经济的发展，并对社会和环境带来一定的负面影响。

2.4.4　总体风险归纳。翅蒺藜生长能力强，严重影响作物的生长。对我国的农业形成巨大危害，从而干扰我国经济的发展，并对社会和环境带来一定的负面影响。

2.4.5　备选方案的提出。强化大规模检测的力度，加强进口商品的产地检疫，边境口岸应对货物、包装材料、运输工具、邮件、垃圾、乘客行李等严格检疫。国内应做好随时防治翅蒺藜的准备。

2.4.6　就总体风险征求有关专家和管理者的意见。

2.4.7　评估报告的产生。

2.4.8　对风险评估报告进行评价，征求有关专家的意见。

2.4.9　风险管理。

2.4.9.1　我国目前的 APL。我国已建立起较为完备的防治有害生物的机构体系，如各级检验检疫机构、植保站，并具备了大批的专家和工作人员。首先加强入境检疫力度，提高检疫人员的业务能力，争取做到拒之于国门之外；其次提高各级检疫站和植保人员的业务水平，随时发现随时防治，并及早通报疫情。

2.4.9.2　备选方案的可行性评估。切实可行。

2.4.9.3　建议的检疫措施。对进口麻纺织原料等产品实施检疫检测，严格按标准执行。

2.4.9.4　征求意见。

2.4.9.5　原始管理报告。

2.4.10　PRA 报告。

2.4.11　在实施检疫措施之后，应当监督其有效性，如有必要应对检疫措施进行评价，并随时更新。

2.4.12　风险交流。应将中国关心的有害生物名单及其风险管理措施建议等内容向输出国提供。进行风险评估的专家可参加双边座谈，以便制定有关条款。中国政府应及时向相应进口商通报输出国疫情，引导其进口方向。

2.5　臭千里光

2.5.1　由输出国提出要求，由国家质量监督检验检疫总局列入计划，并要求输出国提供

有关的材料，包括随该商品传带的有害生物名单以及产地进行有关的官方防治措施。

2.5.2 潜在的检疫性有害生物的确立。

2.5.2.1 整理有害生物的完整名单。

2.5.2.2 提出会随该商品传带的有害生物名单。

2.5.2.3 确定中国关心的潜在的检疫性有害生物名单。

2.5.3 对潜在的检疫性有害杂草臭千里光的风险评估。

2.5.3.1 概述。

(1) 学名： *Senecio jacobaea* L.。

(2) 英文名： commonragwort。

(3) 分类地位： 菊科（Asteraceae），千里光属（*Senecio*）。

(4) 分布： 原产欧洲，现分布于新西兰、澳大利亚、加拿大、英国、美国、阿根廷、奥地利、比利时、巴西、捷克、斯洛伐克、丹麦、法国、德国、匈牙利、爱尔兰、意大利、荷兰、挪威、波兰、罗马尼亚、南非、俄罗斯、西班牙、瑞典、塔斯马尼亚岛、乌拉圭、前南斯拉夫、特立尼达。国内仅在黑龙江省低湿地区有发生。

(5) 危害部位或传播途径： 危害草原牧草等。蔓延迅速，全株有毒，对人和动物有危害。随作物种子传播。

(6) 形态特性： 瘦果圆柱状（边花果稍弯曲），长 2～2.4mm，宽 0.6～0.7mm，顶端截平，衣领状环薄而窄，中央具短小的残存花柱，长不超过衣领状环，冠毛不存在；果皮灰黄褐色，具 7～8 条宽纵棱，棱间有细纵沟（新花果宽纵棱粗糙，纵沟不明显，并被短柔毛），表面无光泽；果脐小，圆形，凹陷，位于果实的基端；果内含 1 粒种子；种子无胚乳，胚直生。

(7) 生物学特性： 一年生草本，高 30～80cm，花、果期 4～8 月。

2.5.3.2 传入可能性评估。

(1) 进入可能性评估： 臭千里光蔓延迅速，全株有毒，对人和动物有危害。分布广，随作物种子传播。近年来，随着我国从国外进口麻纺织原料量日益增多，臭千里光对我国的威胁越来越大。

(2) 定殖可能性评估： 臭千里光的适应性很强，分布广，现分布于新西兰、澳大利亚、加拿大、英国、美国、阿根廷、奥地利、法国、意大利、俄罗斯、南非、罗马尼亚等国家。在我国大部分地区定殖的可能性非常大，对我国也存在很大的危害。

2.5.3.3 扩散可能性评估。一种生物能否扩散，其生活习性是关键因素。臭千里光的适应性很强，蔓延迅速，全株有毒，对人和动物有危害。通过瘦果传播，随作物种子传播，分布广，因此传入我国会造成大的流行，对我国农业会造成一定的影响。

2.5.3.4 传入后果评估。臭千里光蔓延迅速，割后可再生，破坏牧草场地。全株有毒，可毒害牲畜，种子对人亦有毒。臭千里光传入我国会造成大的流行，对我国农业会造成一定的影响，一旦臭千里光在我国扩散则很难防治，将会严重危害烟草、棉花、谷物、牧草等作物。随作物种子传播。对我国的农业形成巨大危害，从而干扰我国经济的发展，并对社会和环境带来一定的负面影响。

2.5.4 总体风险归纳。对我国的农业形成一定危害，一定程度上干扰我国经济的发展，

并对社会和环境带来一定的负面影响。

2.5.5　备选方案的提出。强化大规模检测的力度，加强进口商品的产地检疫，边境口岸应对货物、包装材料、运输工具、邮件、垃圾、乘客行李等严格检疫。国内应做好随时防治臭千里光的准备。

2.5.6　就总体风险征求有关专家和管理者的意见。

2.5.7　评估报告的产生。

2.5.8　对风险评估报告进行评价，征求有关专家的意见。

2.5.9　风险管理。

2.5.9.1　我国目前的APL。我国已建立起较为完备的防治有害生物的机构体系，如各级检验检疫机构、植保站，并具备了大批的专家和工作人员。首先加强入境检疫力度，提高检疫人员的业务能力，争取做到拒之于国门之外；其次提高各级检疫站和植保人员的业务水平，随时发现随时防治，并及早通报疫情。

2.5.9.2　备选方案的可行性评估。切实可行。

2.5.9.3　建议的检疫措施。

（1）**产地调查：**在臭千里光生长期，根据其形态特征进行鉴别。

（2）**室内检验**（目检）：对调运的旱作种子进行抽样检查，每个样品不少于1kg，按照臭千里光种子特征鉴别，计算混杂率。

（3）在臭千里光发生地区，应调换没有臭千里光混杂的种子播种。有臭千里光发生的地方，可在开花时将它销毁，连续进行2～3年，即可根除。

2.5.9.4　征求意见。

2.5.9.5　原始管理报告。

2.5.10　PRA报告。

2.5.11　在实施检疫措施之后，应当监督其有效性，如有必要应对检疫措施进行评价，并随时更新。

2.5.12　风险交流。应将中国关心的有害生物名单及其风险管理措施建议等内容向输出国提供。进行风险评估的专家可参加双边座谈，以便制定有关条款。中国政府应及时向相应进口商通报输出国疫情，引导其进口方向。

2.6　刺萼龙葵

2.6.1　由输出国提出要求，由国家质量监督检验检疫总局列入计划，并要求输出国提供有关的材料，包括随该商品传带的有害生物名单以及产地进行有关的官方防治措施。

2.6.2　潜在的检疫性有害生物的确立。

2.6.2.1　整理有害生物的完整名单。

2.6.2.2　提出会随该商品传带的有害生物名单。

2.6.2.3　确定中国关心的潜在的检疫性有害生物名单。

2.6.3　对潜在的检疫性有害杂草刺萼龙葵的风险评估。

2.6.3.1　概述。

（1）学名：*Solanum rostratum* Dun。

（2）别名：堪萨斯蓟、刺茄。

（3）英文名：buffalobur。

（4）分类地位：茄科（Solanaceae），茄属（*Solanum*）。

（5）分布：主要分布于美国、墨西哥、俄罗斯、孟加拉国、奥地利、保加利亚、捷克、斯洛伐克、德国、丹麦、南非、澳大利亚、新西兰。现已传入我国，在辽宁省西部阜新、朝阳、建平一带有分布。

（6）危害部位或传播途径：刺萼龙葵仅由种子传播，成熟时，植株主茎近地面处断裂，断裂的植株像风滚草一样地滚动，每一果实可将约 8 500 粒种子传播得很远。对作物造成排挤性危害。茎部位多毛刺，对牲畜有害。随作物种子传播。

（7）形态特征：茎直立，植株上半部分有分枝，类似灌木；全株高 15～60cm，表面有毛，带有黄色的硬刺；其叶片深裂为 5～7 个裂片，具刺；叶长为 5～12.5cm，轮生，具柄，有星状毛，中脉和叶柄处多刺。花萼具刺，花黄色，裂为 5 瓣，长 2.5～3.8cm，在茎较高处的枝条上丛生；开花期在 6～9 月。果实为浆果，附有粗糙的尖刺，有利于黏附于水牛身上，因此又称为水牛刺果；种子不规则肾形，厚扁平状，黑色或红棕色或深褐色，长 2.5mm，宽 2mm，表面凹凸不平并布满蜂窝状凹坑，背面弓形，腹面近平截或中拱，下部具凹缺，胚根突出，种脐位于缺刻处，正对胚根尖端。刺萼龙葵很容易辨认，花酷似番茄。

（8）生物学特性：一年生植物，生于农田、村落附近、路旁、荒地，能适应温暖气候、沙质土壤，但在干硬的土地上和在非常潮湿的耕地上也能生长。

2.6.3.2 传入可能性评估。

（1）进入可能性评估：刺萼龙葵对作物造成排挤性危害。茎部多毛刺，对牲畜有害，生长繁茂，分布广，随作物种子传播。近年来，随着我国从国外进口麻纺织原料量日益增多，刺萼龙葵对我国的威胁越来越大。

（2）定殖可能性评估：刺萼龙葵的适应性很强，分布广，现分布于美国、墨西哥、俄罗斯、孟加拉国、奥地利、保加利亚、捷克、德国、丹麦、南非、澳大利亚、新西兰。在我国大部分地区定殖的可能性非常大，对我国也存在很大的危害。

2.6.3.3 扩散可能性评估。一种生物能否扩散，其生活习性是关键因素。刺萼龙葵的适应性很强，分布广，因此传入我国会造成大的流行，对我国农业会造成一定的影响。

2.6.3.4 传入后果评估。刺萼龙葵的英文名字“buffalobur”来源于其在美洲野牛群聚集处生长茂盛，这种不受欢迎的杂草几乎到处都长，所到之处一般会导致土地荒芜。刺萼龙葵极耐干旱，且蔓延速度很快，即使在牲畜栏里也能生长，常生长于过度放牧的牧场、庭院、路边和荒地、瓜地、中耕作物地及果园。其毛刺能伤害家畜；该种植物能产生一种茄碱，对活的家畜有毒，中毒症状为呼吸困难、虚弱和颤抖等，死于该果实中毒的牲畜也可仅表现出一种症状，即涎水过多。

刺萼龙葵被认为是谷仓前、畜栏等地讨厌的杂草，其果实对绵羊羊毛的产量具有破坏性的影响，对农田和山地也有害。刺萼龙葵传入我国会造成大的流行，对我国农业会造成一定的影响，一旦刺萼龙葵在我国扩散则很难防治，将会严重危害烟草、棉花、谷物、牧草等作物。刺萼龙葵对作物造成排挤性危害。茎多毛刺，对牲畜有害。随作物种子传播，生长繁茂，严重影响作物的生长。对我国的农业形成巨大危害，从而干扰我国经济的发展，并对社会和环境带来一定的负面影响。

2.6.4 总体风险归纳。对作物造成排挤性危害。茎部多毛刺，对牲畜有害。随作物种子传播。对我国的农业形成一定危害，一定程度上干扰我国经济的发展，并对社会和环境带来一定的负面影响。

2.6.5 备选方案的提出。强化大规模检测的力度，加强进口商品的产地检疫，边境口岸应对货物、包装材料、运输工具、邮件、垃圾、乘客行李等严格检疫。国内应做好随时防治刺萼龙葵的准备。

2.6.6 就总体风险征求有关专家和管理者的意见。

2.6.7 评估报告的产生。

2.6.8 对风险评估报告进行评价，征求有关专家的意见。

2.6.9 风险管理。

2.6.9.1 我国目前的APL。我国已建立起较为完备的防治有害生物的机构体系，如各级检验检疫机构、植保站，并具备了大批的专家和工作人员。首先加强入境检疫力度，提高检疫人员的业务能力，争取做到拒之于国门之外；其次提高各级检疫站和植保人员的业务水平，随时发现随时防治，并及早通报疫情。

2.6.9.2 备选方案的可行性评估。切实可行。

2.6.9.3 建议的检疫措施。

（1）检疫：在生长期或抽穗开花期，到可能生长地进行踏查，根据该植物的形态特征进行鉴别，确定种类，记载混杂情况和混杂率。对进出口和国内调运的种子进行抽样检查，种子每个样品不少于1kg，检验是否带有该检疫杂草的种子。

（2）化学防治：防治刺萼龙葵可用2,4-D。刺萼龙葵秧苗期对2,4-D较为敏感，但开花后对2,4-D就有很大的抗性。2,4-D和百草敌混合使用的效果要比单独使用效果好。在植物开花前，每公顷土地上施加5.6L 2,4-D和1.4L百草敌。

（3）机械防治：通过不断地、严密地刈草或在开花前用锄头分散刺萼龙葵的植株，以防止其种子的产生。

对进口麻纺织原料等产品实施检疫检测，严格按标准执行。

2.6.9.4 征求意见。

2.6.9.5 原始管理报告。

2.6.10 PRA报告。

2.6.11 在实施检疫措施之后，应当监督其有效性，如有必要应对检疫措施进行评价，并随时更新。

2.6.12 风险交流。应将中国关心的有害生物名单及其风险管理措施建议等内容向输出国提供。进行风险评估的专家可参加双边座谈，以便制定有关条款。中国政府应及时向相应进口商通报输出国疫情，引导其进口方向。

2.7 刺茄

2.7.1 由输出国提出要求，由国家质量监督检验检疫总局列入计划，并要求输出国提供有关的材料，包括随该商品传带的有害生物名单以及产地进行有关的官方防治措施。

2.7.2 潜在的检疫性有害生物的确立。

2.7.2.1 整理有害生物的完整名单。

2.7.2.2 提出会随该商品传带的有害生物名单。

2.7.2.3 确定中国关心的潜在的检疫性有害生物名单。

2.7.3 对潜在的检疫性有害杂草刺茄的风险评估。

2.7.3.1 概述。

(1) 学名： *Solanum torvum* Swartz.。

(2) 别名： 山颠茄、水茄。

(3) 英文名： Beaked nightshade。

(4) 分类地位： 茄科（Solanaceae），茄属（*Solanum*）

(5) 分布： 主要分布于印度、缅甸、泰国、马来西亚，南美洲也有分布。国内分布于云南、广西、广东、台湾等地。

(6) 危害部位或传播途径： 旱地作物。主要是植株的刺对人、畜有危害，属田间有害杂草。随作物种子传播。

(7) 形态特征： 灌木，高1～3m，全株有尘土色星状毛；小枝有淡黄色皮刺，皮刺基部宽扁；叶卵形至椭圆形，长6～19m，宽4～13cm，顶端尖，基部心形或楔形，偏斜，5～7中裂或仅波状，两面密生星状毛；叶柄长2～4cm。伞房花序，2～3歧，腋外生，总梗长1～1.5cm，花梗长5～10cm；花白色；花萼杯状，长4mm，外面有星状毛和腺毛；花冠辐状，直径约1.5cm，外面有星状毛；雄蕊5；子房卵形，不孕花的花柱较长于花药。浆果圆球状，黄色，直径1～1.5cm；种子盘状。

(8) 生物学特性： 一年生草本，秋季开花，果期9～10月。

2.7.3.2 传入可能性评估。

(1) 进入可能性评估： 刺茄为田间有害杂草，生长繁茂，分布广，随作物种子传播。近年来，随着我国从国外进口麻纺织原料量日益增多，刺茄病害对我国的威胁越来越大。

(2) 定殖可能性评估： 刺茄的适应性很强，主要分布在美国、墨西哥。在我国大部分地区定殖的可能性非常大，对我国也存在很大的危害。

2.7.3.3 扩散可能性评估。一种生物能否扩散，其生活习性是关键因素。刺茄的适应性很强，分布广，因此传入我国会造成大的流行，对我国农业会造成一定的影响。

2.7.3.4 传入后果评估。刺茄传入我国会造成大的流行，对我国农业会造成一定的影响，一旦刺茄在我国扩散则很难防治，将会严重危害烟草、棉花、谷物、牧草等作物。随作物种子传播，生长繁茂，严重影响作物的生长。对我国的农业形成巨大危害，从而干扰我国经济的发展，并对社会和环境带来一定的负面影响。

2.7.4 总体风险归纳。对我国的农业形成一定危害，一定程度上干扰我国经济的发展，

并对社会和环境带来一定的负面影响。

2.7.5　备选方案的提出。强化大规模检测的力度，加强进口商品的产地检疫，边境口岸应对货物、包装材料、运输工具、邮件、垃圾、乘客行李等严格检疫。国内应做好随时防治刺茄的准备。

2.7.6　就总体风险征求有关专家和管理者的意见。

2.7.7　评估报告的产生。

2.7.8　对风险评估报告进行评价，征求有关专家的意见。

2.7.9　风险管理。

2.7.9.1　我国目前的APL。我国已建立起较为完备的防治有害生物的机构体系，如各级检验检疫机构、植保站，并具备了大批的专家和工作人员。首先加强入境检疫力度，提高检疫人员的业务能力，争取做到拒之于国门之外；其次提高各级检疫站和植保人员的业务水平，随时发现随时防治，并及早通报疫情。

2.7.9.2　备选方案的可行性评估。切实可行。

2.7.9.3　建议的检疫措施。

（1）**产地调查**：在刺茄生长期，根据其形态特征进行鉴别。

（2）**室内检验**（目检）：对调运的旱作种子进行抽样检查，每个样品不少于1kg，按照刺茄果实和种子特征鉴别，计算混杂率。

（3）在刺茄发生地区，应调换没有刺茄混杂的种子播种。有刺茄发生的地方，可在开花时将它销毁，连续进行2～3年，即可根除。

对进口麻纺织原料等产品实施检疫检测，严格按标准执行。

2.7.9.4　征求意见。

2.7.9.5　原始管理报告。

2.7.10　PRA报告。

2.7.11　在实施检疫措施之后，应当监督其有效性，如有必要应对检疫措施进行评价，并随时更新。

2.7.12　风险交流。应将中国关心的有害生物名单及其风险管理措施建议等内容向输出国提供。进行风险评估的专家可参加双边座谈，以便制定有关条款。中国政府应及时向相应进口商通报输出国疫情，引导其进口方向。

2.8　毒莴苣

2.8.1　由输出国提出要求，由国家质量监督检验检疫总局列入计划，并要求输出国提供有关的材料，包括随该商品传带的有害生物名单以及产地进行有关的官方防治措施。

2.8.2　潜在的检疫性有害生物的确立。

2.8.2.1　整理有害生物的完整名单。

2.8.2.2　提出会随该商品传带的有害生物名单。

2.8.2.3　确定中国关心的潜在的检疫性有害生物名单。

2.8.3　对潜在的检疫性有害杂草毒莴苣的风险评估。

2.8.3.1 概述。

（1）学名：*Lactuca serriola* L.。

（2）别名：野莴苣、刺莴苣。

（3）异名：*Lactuca augustana*，*Lactuca scariola*。

（4）英文名：prickly lettuce，compass plant，weed milk thistle。

（5）分类地位：菊科（Asteraceae），莴苣属（*Lactuca*）。

（6）分布：原产欧洲，1860年传入北美，现我国东北以及欧洲、北美洲等都有分布。现世界各地分布如下：欧洲的奥地利、捷克、法国、德国、意大利、荷兰、瑞士、俄罗斯、斯堪的纳维亚半岛，非洲的埃及，亚洲的中国，美洲的美国、加拿大、墨西哥。

（7）危害部位或传播途径：主要危害牧场、果园和耕地的栽培植物，如谷类、豆类植物及果树等。植株有毒，种子混杂于作物中，降低品质。种子混杂于谷物、豆类及牧草中随之传播。

（8）形态特征：二年生或越冬一年生植物，具一大的白色主根，切口会产生乳汁；幼苗首先产生2片子叶，长度2倍于其宽度，圆形平整，有短绒毛散布于上下表面、中脉及边缘；以后产生的叶长圆形，上表面浅绿色，下表面颜色更浅，叶边缘产生刺毛；新叶从莲座产生，类似蒲公英；茎直立，0.6～1.8m高，坚硬，中空，通常下部多刺，其余部分无毛，表面有蜡质，通常白色，有时有红色斑点，茎内有白色乳汁；具有繁茂的叶，叶大小、形状多变，味道类似莴苣，轮生，紧扣住茎，边缘有刺，完整或缺刻；叶长5～30cm，宽1.3～10cm，长椭圆形或长圆状披针形，叶具裂或不裂，边缘多刺，全缘或呈羽状分裂，下表面中脉多刺，边缘具许多细刺状的齿，其余部分凸净无毛；茎生叶基部箭形，抱茎，切口有乳汁。头状花序着生于长而散开的花梗上，通常具18～24朵花，花序直径可达1.3cm，花黄色，干后变蓝色；总苞长10～15mm；成熟植株主茎上具众多的奶黄色花和分枝。每个头状花序产生6～30个瘦果；瘦果倒卵形或卵形，扁，灰褐色或黄褐色，长3.2mm，宽1mm，表面粗糙，两扁面各具5～6条纵棱，棱上具小突起，上部棱及边缘具毛状刺；果顶渐尖延生出1条白色长约4mm的喙，喙顶扩展成小圆盘（冠毛着生处），盘中央具褐色点状残基，果基窄，截形，底部具椭圆形果脐，白色，凹陷；果体呈灰色或淡黄灰色，内含种子1粒，具白色刚毛帮助种子散布。

（9）生物学特性：二年生或越冬一年生植物，以莲座过冬。花期为5～10月，种子繁殖。生长在路边、铁路边、人行道和小路上或废弃地、牧场、果园和耕地。该植物喜欢干燥的环境，但也能忍受潮湿的环境，如低地和灌溉田，在营养丰富的土壤上生长良好，海拔10～2 500m的地方均有分布。

2.8.3.2 传入可能性评估。

（1）进入可能性评估：毒莴苣生长能力强，分布广，随作物种子传播。近年来，随着我国从国外进口麻纺织原料量日益增多，毒莴苣对我国的威胁越来越大。

（2）定殖可能性评估：毒莴苣的适应性很强，分布在俄罗斯欧洲部分、高加索、西伯利亚南部、中亚、美国北部和加拿大南部等。在我国大部分地区定殖的可能性非常大，对我国也存在很大的危害。

2.8.3.3 扩散可能性评估。一种生物能否扩散，其生活习性是关键因素。毒莴苣的适应性很强，分布广，因此传入我国会造成大的流行，对我国农业会造成一定的影响。

2.8.3.4 传入后果评估。毒莴苣是一种严重危害粮食作物的杂草，特别在不经常除草的田地上，如谷类、豆类作物和果树等。豆田特别在收获期，毒莴苣可达所有收获物干重的16%～36%。而对草原牧场的危害不大。会与栽培的莴苣混生。秋季该种植物重新生长会导致家畜中毒，但成熟或干的植物没有表现出毒性。

毒莴苣传入我国会造成大的流行，对我国农业会造成一定的影响，一旦毒莴苣在我国扩散，将会严重危害小麦、烟草、棉花、谷物、牧草等作物。毒莴苣生长能力强，植株有毒，种子混杂于作物中，降低品质。种子混杂于谷物、豆类及牧草中随之传播。对我国的农业形成巨大危害，从而干扰我国经济的发展，并对社会和环境带来一定的负面影响。

2.8.4 总体风险归纳。对我国的农业形成巨大危害，从而干扰我国经济的发展，并对社会和环境带来一定的负面影响。

2.8.5 备选方案的提出。强化大规模检测的力度，加强进口商品的产地检疫，边境口岸应对货物、包装材料、运输工具、邮件、垃圾、乘客行李等严格检疫。国内应做好随时防治毒莴苣的准备。

2.8.6 就总体风险征求有关专家和管理者的意见。

2.8.7 评估报告的产生。

2.8.8 对风险评估报告进行评价，征求有关专家的意见。

2.8.9 风险管理。

2.8.9.1 我国目前的APL。我国已建立起较为完备的防治有害生物的机构体系，如各级检验检疫机构、植保站，并具备了大批的专家和工作人员。首先加强入境检疫力度，提高检疫人员的业务能力，争取做到拒之于国门之外；其次提高各级检疫站和植保人员的业务水平，随时发现随时防治，并及早通报疫情。

2.8.9.2 备选方案的可行性评估。切实可行。

2.8.9.3 建议的检疫措施。

(1) 产地调查：在毒莴苣生长期，根据其形态特征进行鉴别。毒莴苣是一种变化很大的植物，在叶缘的刺没有产生之前很难对其进行鉴定。

(2) 室内检验（目检）：对调运的旱作种子进行抽样检查，每个样品不少于1kg，按照毒莴苣瘦果特征鉴别，计算混杂率。

(3) 深翻耕地：深翻耕可将表层杂草种子埋入10cm以下土层，减少出苗率。

(4) 清除田边、沟渠杂草：田边、沟渠里的杂草种子可通过灌水、风、雨及农事操作带入大田，及时清除这些杂草可有效减少田间杂草发生量。

(5) 施用腐熟的土杂肥，精选种子以防混入其中的杂草种子带进大田。

(6) 多重收割可有效防止杂草种子产生和成熟。

对进口麻纺织原料等产品实施检疫检测，严格标准执行。

2.8.9.4 征求意见。

2.8.9.5 原始管理报告。

2.8.10 PRA报告。

2.8.11 在实施检疫措施之后，应当监督其有效性，如有必要应对检疫措施进行评价，并随时更新。

2.8.12 风险交流。应将中国关心的有害生物名单及其风险管理措施建议等内容向输出国提供。进行风险评估的专家可参加双边座谈，以便制定有关条款。中国政府应及时向相应进口商通报输出国疫情，引导其进口方向。

2.9 独脚金属

2.9.1 由输出国提出要求，由国家质量监督检验检疫总局列入计划，并要求输出国提供有关的材料，包括随该商品传带的有害生物名单以及产地进行有关的官方防治措施。

2.9.2 潜在的检疫性有害生物的确立。

2.9.2.1 整理有害生物的完整名单。

2.9.2.2 提出会随该商品传带的有害生物名单。

2.9.2.3 确定中国关心的潜在的检疫性有害生物名单。

2.9.3 对潜在的检疫性有害杂草独脚金属的风险评估。

2.9.3.1 概述。

（1）学名： *Striga* spp.。

（2）别名： 火草、矮脚子、疳积草。

（3）英文名： witchweed。

（4）分类地位： 玄参科（Scrophulariaceae）。

（5）分布： 主要分布于亚洲、非洲及大洋洲的热带和亚热带地区。国外分布在巴基斯坦、印度、孟加拉国、缅甸、柬埔寨、斯里兰卡、印度尼西亚、日本、马来西亚、泰国、越南、俄罗斯、阿拉伯半岛、南非、毛里求斯、赞比亚、喀麦隆、刚果、埃及、加纳、几内亚、肯尼亚、利比里亚、马达加斯加、莫桑比克、巴布亚新几内亚、塞内加尔、苏丹、坦桑尼亚、乌干达、美国、澳大利亚、新西兰。国内分布在云南、贵州、广东、广西、湖南、江西、福建、海南、台湾、香港等地。

（6）危害部位或传播途径： 常寄生在玉米、稻、高粱、小麦、甘蔗、燕麦、黑麦、黍属植物，以及苏丹草等禾本科杂草上，也能寄生在番茄和某些荚豆上；主要寄生在禾本科作物的根上，有些种类还能寄生在双子叶植物的根上，独脚金的种子小而轻，似灰尘，能随风和水传播，也易黏附在寄主的植株、种子和根上，甚至牲畜、鸟类、农机具等也能沾带传播。

（7）形态特征： 高 10～20cm；全体被刚毛；地下茎圆形，地上茎方形，分枝；叶下部对生，上部的互生；叶条形至狭披针形，长约 1cm。穗状花序顶生或腋生；花萼具 10 条棱；花冠黄色，少数红色或白色，花冠顶端急剧弯曲，上层短 2 裂，下层 3 裂。蒴果卵形，包于宿存的萼内；种子微小，卵形或短圆形，具网纹和纵线。

（8）生物学特性： 一年生寄生性草本植物，虽然有绿叶进行光合作用产生碳水化合物，但其根上无根毛，因而不能自行从土壤中吸取水分和养料，以根先端小瘤状突出的吸器附在寄生植物根上窃夺寄主的营养物质和水分而生长。花、果期 6～7 月。

2.9.3.2 传入可能性评估。

（1）进入可能性评估：独脚金属生长能力强，分布广，随作物种子传播。近年来，随着我国从国外进口麻纺织原料量日益增多，独脚金属对我国的威胁越来越大。

（2）定殖可能性评估：独脚金属的适应性很强，主要分布在亚洲、非洲及大洋洲的热带和亚热带地区。在我国大部分地区定殖的可能性非常大，对我国也存在很大的危害。

2.9.3.3　扩散可能性评估。一种生物能否扩散，其生活习性是关键因素。独脚金属的适应性很强，分布广，因此传入我国会造成大的流行，对我国农业会造成一定的影响。

2.9.3.4　传入后果评估。一年生寄生性草本植物，以根先端小瘤状突出的吸器附在寄生植物根上窃夺寄主的营养物质和水分，造成作物干枯死亡。玉米、高粱、甘蔗、稻等被独脚金寄生后，养料和水分大量被窃夺，虽然土壤湿润，但被害作物都表现好似遭遇干旱一样，生长发育受阻，植株纤弱，即使下雨或灌溉也不能改善作物的生长状况，重者终于枯黄死亡。在海南岛地区独脚金属有“火草”之称。

独脚金属传入我国会造成大的流行，对我国农业会造成一定的影响，一旦独脚金属在我国扩散，将会严重危害小麦、烟草、棉花、谷物、牧草等作物。独脚金属生长能力强，半寄生杂草，危害禾本科及一些双子叶植物。种子小，可黏附在寄主植株、种子和根上随运输而传播。对我国的农业形成巨大危害，从而干扰我国经济的发展，并对社会和环境带来一定的负面影响。

2.9.4　总体风险归纳。独脚金属生长能力强，严重影响作物的生长。对我国的农业形成巨大危害，从而干扰我国经济的发展，并对社会和环境带来一定的负面影响。

2.9.5　备选方案的提出。强化大规模检测的力度，加强进口商品的产地检疫，边境口岸应对货物、包装材料、运输工具、邮件、垃圾、乘客行李等严格检疫。国内应做好随时防治独脚金属的准备。

2.9.6　就总体风险征求有关专家和管理者的意见。

2.9.7　评估报告的产生。

2.9.8　对风险评估报告进行评价，征求有关专家的意见。

2.9.9　风险管理。

2.9.9.1　我国目前的APL。我国已建立起较为完备的防治有害生物的机构体系，如各级检验检疫机构、植保站，并具备了大批的专家和工作人员。首先加强入境检疫力度，提高检疫人员的业务能力，争取做到拒之于国门之外；其次提高各级检疫站和植保人员的业务水平，随时发现随时防治，并及早通报疫情。

2.9.9.2　备选方案的可行性评估。切实可行。

2.9.9.3　建议的检疫措施。

（1）产地调查：在独脚金属生长期，根据其形态特征进行鉴别。

（2）室内检验（目检）：对调运的旱作种子进行抽样检查，每个样品不少于1kg，按照独脚金属种子特征鉴别，计算混杂率。

（3）采用耕作、生物及化学等方法：耕作上采用“捕捉植物”，即作物诱发独脚金属萌发生长，结合种前犁翻，以压低田间独脚金属基数。生物防治，印度曾利用鳞翅目昆虫金鱼草蛱蝶的幼虫。化学防治，目前主要使用2,4－D、敌乐胺、毒草胺、氟乐灵等有一定的效果。此外，在独脚金属发生地区，应调换没有独脚金属混杂的种子播种。有独脚金属发生的地方，可在开花时将它销毁，连续进行2～3年，即可根除。

对进口麻纺织原料等产品实施检疫检测，严格按标准执行。

2.9.9.4 征求意见。

2.9.9.5 原始管理报告。

2.9.10 PRA报告。

2.9.11 在实施检疫措施之后，应当监督其有效性，如有必要应对检疫措施进行评价，并随时更新。

2.9.12 风险交流。应将中国关心的有害生物名单及其风险管理措施建议等内容向输出国提供。进行风险评估的专家可参加双边座谈，以便制定有关条款。中国政府应及时向相应进口商通报输出国疫情，引导其进口方向。

2.10 多年生豚草

2.10.1 由输出国提出要求，由国家质量监督检验检疫总局列入计划，并要求输出国提供有关的材料，包括随该商品传带的有害生物名单以及产地进行有关的官方防治措施。

2.10.2 潜在的检疫性有害生物的确立。

2.10.2.1 整理有害生物的完整名单。

2.10.2.2 提出会随该商品传带的有害生物名单。

2.10.2.3 确定中国关心的潜在的检疫性有害生物名单。

2.10.3 对潜在的检疫性有害杂草多年生豚草的风险评估。

2.10.3.1 概述。

(1) 学名： *Ambrosia pailostachya* Linn.。

(2) 别名： 艾叶破布草、北美艾。

(3) 异名： *Ambrosia elatior* Linn.，*Ambrosia senegalensis* DC.，*Ambrosia umbellata* Moench.。

(4) 英文名： commen rag-weed。

(5) 分类地位： 菊科（Asteraceae），豚草属（*Ambrosia*）。

(6) 分布： 广布世界大部分地区，已知分布的国家及地区有亚洲的缅甸、马来西亚、越南、印度、巴基斯坦、菲律宾、日本；非洲的埃及、毛里求斯；欧洲的法国、德国、意大利、瑞士、奥地利、瑞典、匈牙利、俄罗斯；美洲的加拿大、美国、墨西哥、古巴、牙买加、危地马拉、阿根廷、玻利维亚、巴拉圭、秘鲁、智利、巴西；大洋洲的澳大利亚。在我国主要分布在辽宁、吉林、黑龙江、河北、山东、江苏、浙江、江西、安徽、湖南、湖北。以沈阳、铁岭、丹东、南京、南昌、武汉等市发生严重，形成沈阳—铁岭—丹东、南京—武汉—南昌为发生、传播、蔓延中心。

(7) 危害部位或传播途径： 可进入小麦、玉米、大豆、麻类、高粱等栽培地。豚草果实常能混杂于所有的作物中，特别是大麻、洋麻、玉米、大豆、中耕作物和禾谷类作物，并通过调运达到传播。除了会影响作物生长、引起人患枯草热病外，由于它是多年生根蘖性植物，更难防治。随作物种子传播。

(8) 形态特征： 形态上为一年生草本，高 20～250cm；茎直立，具棱，多分枝，绿色或带暗紫色，被白毛；下部（1～5 节）叶对生，上部叶互生，叶片三角形，一至三回羽状深裂，裂片条状披针形，两面被白毛或表面无毛，表面绿色，背面灰绿色。头状花序单性，雌雄同株；雄性头状花序有短梗，下垂，50～60 个在枝端排列成总状，长达 10 余 cm；每一头状花序直径 2～3cm，有雄花 10～15 朵；花冠淡黄色，长 2mm，花粉粒球形，表面有短刺；雌性头状花序无柄，着生于雄花序轴基部的数个叶腋内，单生或数个聚生，每个雌花序下有叶状苞片；总苞倒卵形或倒圆锥形，囊状，顶端有 5～8 尖齿，内只有 1 雌花，无花冠与冠毛，花柱 2，丝状，伸出总苞外。瘦果倒卵形，包被在坚硬的总苞内。

(9) 生物学特性： 苗期，豚草种子（果实）的发芽率为 91.49%，以入土 0.3～1cm 的种子出苗率最高、最好、最快，5cm 以上的不能出苗；4 对真叶以下的苗易受冻害，4 对真叶以上的苗抗寒性较强；苗期有明显的向阳性。分枝期实际上是枝、叶形成时期，以株高（纵向）生长为主，当株高生长趋于停滞时，枝叶的形成也就结束了，从 4 月下旬至 7 月下旬，共 100 多 d；其生长规律是"两头慢，中间快"，株高的日增长量，前期为 0.08～0.44cm，中期在 0.9～1.35cm，后期是 0.24～0.18cm，株高的增长量是株冠增长量的 4.5～5.1 倍。花期，雄花为 65～70d，雌花为 50～55d；这个时期是以株冠（横向）生长为主，从 7 月末至 9 月末，株冠的增长速度是株高的 5.5～5.8 倍；同时，茎、枝也随着迅速增粗，枝条伸长，花器成熟加快；花形成的规律是由上而下，由外向内，逐级逐层地形成，晴天每隔 2～3d 形成 1 个层次，阴雨天间隔期延长，转晴后间隔期缩短1～2d，层次增多 2 层，以加速花的形成。开花习性，雄花有隔日开花的习性，开花的时间在每日的 6：00～10：00，7：00～11：00 散发花粉和授粉，11：00 后闭花；若遇阴雨天气就不开花，转晴后可接连开花 2～3d 后，又恢复隔日开花习性；每个雄花序每次只开 2～5 朵小花，共开 2～4 次。雄花阴雨天不开花的主要原因是由于空气中的湿度大的缘故，所以，在晴天的清晨对雄花喷水或在水中浸泡一下，可完全抑制雄花在当天开花散发花粉。果实成熟期，果实大量成熟的时间是在 10 月上中旬，成熟期为 20d 左右；其果实成熟规律与花的形成规律一样，由上而下，由外而内的顺序。豚草的结子量与环境条件密切相关，但一般单株结子量为 800～1 200 粒，多的可达 1.5 万～3 万粒，少的在 500 粒以下。每簇雌花中，一级分枝上每簇一般结子 4～6 粒，二级分枝上和叶腋中每簇结子 2～4 粒，少的只有 1 粒；同时，在试验中发现，北向、东向、东北方向每个枝条上的结子量分别比南向、西向、西南方向上枝条的结子量多 13.4、13、13.2 粒，要增加 25%～30%的结子量。据调查，80%以上的豚草种子散落在植株周围 8m^2 的地表上，不足 20%的种子散落在植株四周 7m^2 的地面上，只有极个别的种子超出上述这个范围。

多年生豚草适应性极广，能适应各种不同肥力、酸碱度土壤，以及不同的温度、光照等自然条件。不论生长在肥土瘦地和酸度重的死黄土、垃圾坑、污泥中，或碱性大的石灰土、石灰渣、石砾、墙缝里及无光照的树荫下，均能正常生长，繁衍后代。再生力极强，茎、节、枝、根都可长出不定根，扦插压条后能形成新的植株，经铲除、切割后剩下的地上残条部分，仍可迅速地重发新枝。生育期参差不齐，交错重叠，出苗期从 3 月中下旬开始一直可延续到 10 月下旬，历时 7 个月之久；早、晚熟型豚草生育期相差 1 个多月。这都是造成生育期不整齐、交错重叠的直接原因。

多年生豚草喜湿怕旱。豚草是浅根系植物，不能吸取土壤深层的水分，深秋旱季普遍出现萎蔫枯凋现象，而长在潮湿处的豚草生长繁茂。抗寒性较强，成株豚草能度过－3～－5℃的寒冬，成为越年生豚草。生长密集成片，由于豚草果实一般散落在植株四周1～1.5m半径的地上，连年如此，便形成密集成片生长的群体。

2.10.3.2 传入可能性评估。

（1）进入可能性评估：多年生豚草生长繁茂，分布广，随作物种子传播。近年来，随着我国从国外进口麻纺织原料量日益增多，多年生豚草对我国的威胁越来越大。

（2）定殖可能性评估：多年生豚草由于是多年生根蘖性植物，适应性很强，分布广，原产北美洲，现分布于美国、加拿大、墨西哥、瑞士、瑞典、俄罗斯、澳大利亚、埃及、毛里求斯等国。在我国大部分地区定殖的可能性非常大，对我国也存在很大的危害。

2.10.3.3 扩散可能性评估。一种生物能否扩散，其生活习性是关键因素。多年生豚草的适应性很强，分布广，因此传入我国会造成大的流行，对我国农业会造成一定的影响。

2.10.3.4 传入后果评估。豚草吸肥能力和再生能力极强，植株高大粗壮，成群生长，有的刈过5次仍能再生，种子在土壤中可维持生命力4～5年，一旦发生则难于防除。它侵入各种农作物田，如小麦、玉米、大豆、麻类、高粱等。豚草在土壤中消耗的水分几乎超过了禾本科作物的2倍，同时在土壤中吸收很多的氮和磷，造成土壤干旱贫瘠，还遮挡阳光，严重影响作物生长。豚草的叶子中含有苦味物质和精油，一旦为乳牛食入可使乳品质量变坏，带有恶臭味。豚草还可传播病虫害，如甘蓝菌核病、向日葵叶斑病和大豆害虫等。

豚草花粉是引发过敏性鼻炎和支气管哮喘等变态反应症的主要病源。有人估计，每株豚草可产生上亿个花粉颗粒，花粉颗粒可随空气飘到600km以外的地方。加拿大、美国每年有数以百万计的人受到花粉之害。俄罗斯的一些豚草发生地枯草热发病人数占到居民的1/7。我国沈阳、武汉、南京等地秋季也发现大量花粉过敏病人，表现为哮喘、鼻炎、皮肤过敏等症。在南京地区，张文钦等（1984）将豚草花粉浸出液与南京地区常见的13种吸入性过敏原浸出液对608例哮喘病人做致喘活性的阳性试验，结果表明，豚草仅次于粉螨，位居第二。在植物过敏原中阳性反应率最高，比法国梧桐高近5倍，比雪松高近3倍。有关专家认为，豚草花粉是花粉类过敏原中最重要的一种。

多年生豚草除了会影响作物生长、引起人患枯草热病外，由于它是多年生根蘖性植物，更难防治。随作物种子传播，传入我国会造成大的流行，并且很难根除，对我国农业会造成一定的影响，一旦多年生豚草在我国扩散，将会严重危害小麦、烟草、棉花、谷物、牧草等作物。对我国的农业形成巨大危害，从而干扰我国经济的发展，并对社会和环境带来一定的负面影响。

2.10.4 总体风险归纳。多年生豚草生长繁茂，严重影响作物的生长。花粉能引起人患皮炎和枯草热病。对我国的农业形成一定危害，一定程度上干扰我国经济的发展，并对社会和环境带来一定的负面影响。

2.10.5 备选方案的提出。强化大规模检测的力度，加强进口商品的产地检疫，边境口岸应对货物、包装材料、运输工具、邮件、垃圾、乘客行李等严格检疫。国内应做好随时防治多年生豚草的准备。

2.10.6　就总体风险征求有关专家和管理者的意见。

2.10.7　评估报告的产生。

2.10.8　对风险评估报告进行评价，征求有关专家的意见。

2.10.9　风险管理。

2.10.9.1　我国目前的APL。我国已建立起较为完备的防治有害生物的机构体系，如各级检验检疫机构、植保站，并具备了大批的专家和工作人员。首先加强入境检疫力度，提高检疫人员的业务能力，争取做到拒之于国门之外；其次提高各级检疫站和植保人员的业务水平，随时发现随时防治，并及早通报疫情。

2.10.9.2　备选方案的可行性评估。切实可行。

2.10.9.3　建议的检疫措施。

(1) 我国口岸常从美国、加拿大、阿根廷等国进口的小麦、大豆中检出豚草种子。因此，凡由国外进口粮食、引种，必须严格检疫，杜绝传入。主要通过：①目检：对调运的旱作种子进行抽样检查，每个样品不少于1kg，按照豚草子粒特征鉴别，计算混杂率。混有豚草的种子不能播种，应集中处理并销毁，杜绝传播。②产地调查：在豚草出苗期和开花期，根据豚草的形态和花序特征进行鉴别。③在豚草发生地区，应调换没有豚草混杂的种子播种。

(2) 人工、机械防除：农田中的豚草可通过秋耕和春耙进行防除。秋耕把种子埋入土中10cm以下，豚草种子就不能萌发。春季当大量出苗时进行春耙，可消灭大部分豚草幼苗。

(3) 化学防除：采用常规的化学方法防除，虽短时间内见效快，但不仅耗资巨大，而且无选择地大面积滥用除草剂会造成环境污染、残毒和植被退化等一系列不可预测的生态后果。

(4) 生物防治：可从北美引进豚草条纹叶甲（*Zygogramma suturalis* F.），大量繁殖使其蚕食田间的豚草。这种昆虫的特点是：专食性特别强，只吃普通豚草和多年生豚草，且生活史与豚草同步，我国引进后经驯化和安全测试，在释放点防除效果很好，但仍需在广泛的豚草分布区进行安全性及种群稳定性的深入研究。豚草卷蛾原产北美，现广泛分布于北半球，该虫的寄主为普通豚草、三裂叶豚草、银胶菊及一种苍耳。我国从澳大利亚引进该种，研究结果表明豚草卷蛾可在北方安全越冬，野外自然条件下，豚草卷蛾易维持较高的种群数量，用于豚草防除效果较好。但7～8月多雨天气特别是暴雨后卷蛾成虫死亡率很高，且易受赤眼蜂的袭击。

(5) 利用真菌防治：在豚草的天敌中，有一些是真菌生物，如白锈菌（*Albugo tragopogortis*）可以控制豚草的种群规模，田间条件下染病的豚草生物量减少1/10左右，每株种子产量降低95%～100%，种子千粒重从3.16g降为2.28g。

对进口麻纺织原料等产品实施检疫检测，严格按标准执行。

2.10.9.4　征求意见。

2.10.9.5　原始管理报告。

2.10.10　PRA报告。

2.10.11　在实施检疫措施之后，应当监督其有效性，如有必要应对检疫措施进行评价，并随时更新。

2.10.12 风险交流。应将中国关心的有害生物名单及其风险管理措施建议等内容向输出国提供。进行风险评估的专家可参加双边座谈，以便制定有关条款。中国政府应及时向相应进口商通报输出国疫情，引导其进口方向。

2.11 锯齿大戟

2.11.1 由输出国提出要求，由国家质量监督检验检疫总局列入计划，并要求输出国提供有关的材料，包括随该商品传带的有害生物名单以及产地进行有关的官方防治措施。

2.11.2 潜在的检疫性有害生物的确立。

2.11.2.1 整理有害生物的完整名单。

2.11.2.2 提出会随该商品传带的有害生物名单。

2.11.2.3 确定中国关心的潜在的检疫性有害生物名单。

2.11.3 对潜在的检疫性有害杂草锯齿大戟的风险评估。

2.11.3.1 概述。

(1) 学名： *Euphorbia dentata* Michx.。

(2) 英文名： toothed euphorbia。

(3) 分类地位： 大戟科（Euphorbiaceae），大戟属（*Euphorbia*）。

(4) 分布： 仅分布于北美洲。

(5) 危害部位或传播途径： 危害旱地作物。植物有毒，是有毒杂草。随作物种子传播。

(6) 形态特征： 植物具乳汁；种子三棱状倒卵形，暗红褐色杂黑褐色，长 2.5mm，宽 2mm，表面粗糙，具瘤体，背面隆起，中部具纵脊，看似两个平面；腹面较平，中间有一纵向凹下的脐条，黑色；顶端平坦，略凹陷，中央具一略突起的圆形合点；基部尖；种脐区位于基部腹面，凹陷。

(7) 生物学： 多年生草本，高 50～70cm，花、果期 5～8 月。

2.11.3.2 传入可能性评估。

(1) 进入可能性评估： 锯齿大戟生长繁茂，是有毒杂草。随作物种子传播。近年来，随着我国从国外进口麻纺织原料量日益增多，锯齿大戟对我国的威胁越来越大。

(2) 定殖可能性评估： 锯齿大戟的适应性很强，主要分布在北美洲。在我国大部分地区定殖的可能性非常大，对我国也存在很大的危害。

2.11.3.3 扩散可能性评估。一种生物能否扩散，其生活习性是关键因素。锯齿大戟的适应性很强，是有毒杂草。随作物种子传播。因此传入我国会造成大的流行，对我国农业会造成一定的影响。

2.11.3.4 传入后果评估。锯齿大戟为有毒杂草。随作物种子传播。传入我国会造成大的流行，对我国农业会造成一定的影响，一旦锯齿大戟在我国扩散则很难防治，将会严重危害小麦、烟草、棉花、谷物、牧草等作物。锯齿大戟生长繁茂，严重影响作物的生长。对我国的农业形成巨大危害，从而干扰我国经济的发展，并对社会和环境带来一定的负面影响。

2.11.4 总体风险归纳。对我国的农业形成一定危害，一定程度上干扰我国经济的发展，并对社会和环境带来一定的负面影响。

2.11.5 备选方案的提出。强化大规模检测的力度，加强进口商品的产地检疫，边境口岸应对货物、包装材料、运输工具、邮件、垃圾、乘客行李等严格检疫。国内应做好随时防治锯齿大戟的准备。

2.11.6 就总体风险征求有关专家和管理者的意见。

2.11.7 评估报告的产生。

2.11.8 对风险评估报告进行评价，征求有关专家的意见。

2.11.9 风险管理。

2.11.9.1 我国目前的 APL。我国已建立起较为完备的防治有害生物的机构体系，如各级检验检疫机构、植保站，并具备了大批的专家和工作人员。首先加强入境检疫力度，提高检疫人员的业务能力，争取做到拒之于国门之外；其次提高各级检疫站和植保人员的业务水平，随时发现随时防治，并及早通报疫情。

2.11.9.2 备选方案的可行性评估。切实可行。

2.11.9.3 建议的检疫措施。

（1）产地调查：在锯齿大戟生长期，根据其形态特征进行鉴别。

（2）室内检验（目检）：对调运的旱作种子进行抽样检查，每个样品不少于 1kg，按照锯齿大戟种子特征鉴别，计算混杂率。

（3）在锯齿大戟发生地区，应调换没有锯齿大戟混杂的种子播种。有锯齿大戟发生的地方，可在开花时将它销毁，连续进行 2～3 年，即可根除。

对进口麻纺织原料等产品实施检疫检测，严格按标准执行。

2.11.9.4 征求意见。

2.11.9.5 原始管理报告。

2.11.10 PRA 报告。

2.11.11 在实施检疫措施之后，应当监督其有效性，如有必要应对检疫措施进行评价，并随时更新。

2.11.12 风险交流。应将中国关心的有害生物名单及其风险管理措施建议等内容向输出国提供。进行风险评估的专家可参加双边座谈，以便制定有关条款。中国政府应及时向相应进口商通报输出国疫情，引导其进口方向。

2.12 美丽猪屎豆

2.12.1 由输出国提出要求，由国家质量监督检验检疫总局列入计划，并要求输出国提供有关的材料，包括随该商品传带的有害生物名单以及产地进行有关的官方防治措施。

2.12.2 潜在的检疫性有害生物的确立。

2.12.2.1 整理有害生物的完整名单。

2.12.2.2 提出会随该商品传带的有害生物名单。

2.12.2.3 确定中国关心的潜在的检疫性有害生物名单。

2.12.3 对潜在的检疫性有害杂草美丽猪屎豆的风险评估。

2.12.3.1 概述。

(1) 学名：*Crotalaria spectabilis* Roth。

(2) 英文名：showy pattlebox。

(3) 分类地位：豆科（Fagaceae），猪屎豆属（*Crotalaria*）。

(4) 分布：美国、加拿大等国家有分布。我国尚无分布记载。

(5) 危害部位或传播途径：主要危害小麦、玉米、大豆、牧草等；是一种有毒植物，对家畜和家禽有毒害作用。随作物种子传播。

(6) 形态特征：茎直立，高2.0～2.5m，茎、枝被密毛；单叶互生，长圆形，顶部最宽，向基部渐窄，上表面光滑，下表面有紧附毛，上部叶片长3～6cm，宽0.4～1.0cm，下部叶片长2～3cm，宽0.6～1.5cm。头状花序；花冠亮黄色；花柄基部具显著苞叶，长7～12mm，宽5～9mm。荚果2.5～5cm长，膨胀圆柱状，成熟时变黑褐色至黑色，种子分开，摇动时哗哗作响；种子肾形，扁平，暗褐色，长4～5mm，宽3～3.8mm；表面颗粒质，两侧面中部具弧形凹陷区；胚根长为子叶的1/2以上，根尖近黑色，与子叶分开并弯抵种脐；种脐位于腹面凹入处，椭圆形，为胚根所覆盖；种瘤位于种脐下方，微隆起，两侧各有一浅色亮区。

(7) 生物学特性：一年生草本，多生于田间、路旁、荒地。

2.12.3.2 传入可能性评估。

(1) 进入可能性评估：美丽猪屎豆生长繁茂，随作物种子传播。近年来，随着我国从澳大利亚、美国进口棉花等农产品日益增多，美丽猪屎豆对我国的威胁越来越大。

(2) 定殖可能性评估：美丽猪屎豆的适应性很强，主要分布在澳大利亚、美国。在我国大部分地区定殖的可能性非常大，对我国也存在很大的危害。

2.12.3.3 扩散可能性评估。一种生物能否扩散，其生活习性是关键因素。美丽猪屎豆的适应性很强，随作物种子传播，因此传入我国会造成大的流行，对我国农业会造成一定的影响。

2.12.3.4 传入后果评估。美丽猪屎豆干、鲜植株全株都对动物有毒害，种子毒性尤大，所含毒素为单猪屎豆碱。鸡、马、牛、猪对美丽猪屎豆毒性敏感，羊、骡、狗敏感程度稍轻。鸡摄食80粒种子几天至几周内死亡，病症包括腹泻、贫血、羽毛凌乱、精神萎靡。鹌鹑易受毒害，火鸡耐性较高。马主要表现为动作失调、脑袋低垂、无目的漫游、具攻击性。牛中毒有急性、中性、慢性3种症状，表现有血性腹泻、黄疸、皮毛粗糙、浮肿、动作失调、虚弱。猪一般会因突然胃出血而死亡，或贫血、腹水、毛发脱落、动作失调。该毒目前尚无疗方。

美丽猪屎豆是一种有毒植物，对家畜和家禽有毒害作用，传入我国会造成大的流行，对我国农业会造成一定的影响，一旦美丽猪屎豆在我国扩散则很难防治，将会严重危害烟草、棉花、谷物、牧草等作物。美丽猪屎豆生长繁茂，严重影响作物的生长。随作物种子传播，对我国的农业形成巨大危害，从而干扰我国经济的发展，并对社会和环境带来一定的负面影响。

2.12.4　总体风险归纳。美丽猪屎豆是一种有毒植物，对家畜和家禽有毒害作用。随作物种子传播。对我国的农业形成一定危害，一定程度上干扰我国经济的发展，并对社会和环境带来一定的负面影响。

2.12.5　备选方案的提出。强化大规模检测的力度，加强进口商品的产地检疫，边境口岸应对货物、包装材料、运输工具、邮件、垃圾、乘客行李等严格检疫。国内应做好随时防治美丽猪屎豆的准备。

2.12.6　就总体风险征求有关专家和管理者的意见。

2.12.7　评估报告的产生。

2.12.8　对风险评估报告进行评价，征求有关专家的意见。

2.12.9　风险管理。

2.12.9.1　我国目前的APL。我国已建立起较为完备的防治有害生物的机构体系，如各级检验检疫机构、植保站，并具备了大批的专家和工作人员。首先加强入境检疫力度，提高检疫人员的业务能力，争取做到拒之于国门之外；其次提高各级检疫站和植保人员的业务水平，随时发现随时防治，并及早通报疫情。

2.12.9.2　备选方案的可行性评估。切实可行。

2.12.9.3　建议的检疫措施。

（1）**产地调查**：在美丽猪屎豆生长期，根据其形态特征进行鉴别。

（2）**室内检验**（目检）：对调运的旱作种子进行抽样检查，每个样品不少于1kg，按照美丽猪屎豆种子特征鉴别，计算混杂率。

（3）在美丽猪屎豆发生地区，应调换没有美丽猪屎豆混杂的种子播种。有美丽猪屎豆发生的地方，可在开花时将它销毁，连续进行2～3年，即可根除。

对进口麻纺织原料等产品实施检疫检测，严格按标准执行。

2.12.9.4　征求意见。

2.12.9.5　原始管理报告。

2.12.10　PRA报告。

2.12.11　在实施检疫措施之后，应当监督其有效性，如有必要应对检疫措施进行评价，并随时更新。

2.12.12　风险交流。应将中国关心的有害生物名单及其风险管理措施建议等内容向输出国提供。进行风险评估的专家可参加双边座谈，以便制定有关条款。中国政府应及时向相应进口商通报输出国疫情，引导其进口方向。

2.13　南方三棘果

2.13.1　由输出国提出要求，由国家质量监督检验检疫总局列入计划，并要求输出国提供有关的材料，包括随该商品传带的有害生物名单以及产地进行有关的官方防治措施。

2.13.2　潜在的检疫性有害生物的确立。

2.13.2.1　整理有害生物的完整名单。

2.13.2.2　提出会随该商品传带的有害生物名单。

2.13.2.3 确定中国关心的潜在的检疫性有害生物名单。

2.13.3 对潜在的检疫性有害杂草南方三棘果的风险评估。

2.13.3.1 概述。

（1）学名： *Emex australis* Steinh.。

（2）别名： 刺酸模、三刺果。

（3）英文名： doublegee，spiny emex，three-corner Jack。

（4）分类地位： 蓼科（Polygonaceae），刺酸模属（*Emex*）。

（5）分布： 原产南非，1830年进入澳大利亚，现大洋洲和美国有分布。

（6）危害部位或传播途径： 危害牧场及旱地作物。果具有三棘，尖锐，能刺伤人、畜及车胎。随作物种子及运输工具和皮毛传播，通过带刺果实传播。

（7）形态特征： 小坚果包在坚硬的筒状宿存花被内，花被三棱三面，灰色、褐色至红褐色，长7mm，宽5mm（不包括刺）；3枚外轮花被顶端斜伸或平展成3个粗大而尖锐的直刺，背面中部具粗棱，粗棱两侧凹陷，有的凹陷内具1～2个点状坑；内轮3枚花被片顶端合拢成锥形，基部向内骤缩，棱两侧深深凹入，最下端有时残存果柄。生于田间、路旁和荒地。

（8）生物学特性： 一年生草本，高30～40cm，花、果期6～8月。

2.13.3.2 传入可能性评估。

（1）进入可能性评估： 南方三棘果生长能力强，分布广，随作物种子传播。近年来，随着我国从国外进口麻纺织原料量日益增多，南方三棘果对我国的威胁越来越大。

（2）定殖可能性评估： 南方三棘果的适应性很强，分布在南非、肯尼亚、罗得西亚、地中海沿岸、澳大利亚、新西兰、夏威夷、美国。在我国大部分地区定殖的可能性非常大，对我国也存在很大的危害。

2.13.3.3 扩散可能性评估。一种生物能否扩散，其生活习性是关键因素。南方三棘果的适应性很强，分布广，因此传入我国会造成大的流行，对我国农业会造成一定的影响。

2.13.3.4 传入后果评估。果实带刺，对牲畜有伤害。南方三棘果传入我国会造成大的流行，对我国农业会造成一定的影响，一旦南方三棘果在我国扩散，将会严重危害小麦、烟草、棉花、谷物、牧草等作物。南方三棘果生长能力强，果具三棘，尖锐，能刺伤人、畜及车胎。随作物种子及运输工具和皮毛传播。对我国的农业形成巨大危害，从而干扰我国经济的发展，并对社会和环境带来一定的负面影响。

2.13.4 总体风险归纳。对我国的农业形成巨大危害，从而干扰我国经济的发展，并对社会和环境带来一定的负面影响。

2.13.5 备选方案的提出。强化大规模检测的力度，加强进口商品的产地检疫，边境口岸应对货物、包装材料、运输工具、邮件、垃圾、乘客行李等严格检疫。国内应做好随时防治南方三棘果的准备。

2.13.6 就总体风险征求有关专家和管理者的意见。

2.13.7 评估报告的产生。

2.13.8 对风险评估报告进行评价，征求有关专家的意见。

2.13.9　风险管理。

2.13.9.1　我国目前的APL。我国已建立起较为完备的防治有害生物的机构体系，如各级检验检疫机构、植保站，并具备了大批的专家和工作人员。首先加强入境检疫力度，提高检疫人员的业务能力，争取做到拒之于国门之外；其次提高各级检疫站和植保人员的业务水平，随时发现随时防治，并及早通报疫情。

2.13.9.2　备选方案的可行性评估。切实可行。

2.13.9.3　建议的检疫措施。

（1）产地调查：在南方三棘果生长期，根据其形态特征进行鉴别。

（2）室内检验（目检）：对调运的旱作种子进行抽样检查，每个样品不少于1kg，按照南方三棘果种子特征鉴别，计算混杂率。

（3）在南方三棘果发生地区，应调换没有南方三棘果混杂的种子播种。有南方三棘果发生的地方，可在开花时将它销毁，连续进行2～3年，即可根除。

对进口麻纺织原料等产品实施检疫检测，严格按标准执行。

2.13.9.4　征求意见。

2.13.9.5　原始管理报告。

2.13.10　PRA报告。

2.13.11　在实施检疫措施之后，应当监督其有效性，如有必要应对检疫措施进行评价，并随时更新。

2.13.12　风险交流。应将中国关心的有害生物名单及其风险管理措施建议等内容向输出国提供。进行风险评估的专家可参加双边座谈，以便制定有关条款。中国政府应及时向相应进口商通报输出国疫情，引导其进口方向。

2.14　欧洲山萝卜

2.14.1　由输出国提出要求，由国家质量监督检验检疫总局列入计划，并要求输出国提供有关的材料，包括随该商品传带的有害生物名单以及产地进行有关的官方防治措施。

2.14.2　潜在的检疫性有害生物的确立。

2.14.2.1　整理有害生物的完整名单。

2.14.2.2　提出会随该商品传带的有害生物名单。

2.14.2.3　确定中国关心的潜在的检疫性有害生物名单。

2.14.3　对潜在的检疫性有害杂草欧洲山萝卜的风险评估。

2.14.3.1　概述。

（1）学名：*Knautia arvensis*（L.）Coult.。

（2）英文名：field scabious。

（3）分类地位：川续断科（Dipsacaceae），山萝卜属（*Knautia*）。

（4）分布：分布于欧洲、高加索地区和西伯利亚，北美洲也有。

（5）危害部位或传播途径：可侵入果园、旱作地危害栽培植物。多年生，难防治；随作物种子传播。

（6）形态特征：瘦果矩圆状椭圆形，扁四面体，2 中棱，2 边棱，淡黄绿至灰黄绿，长 6mm，宽 2.8mm，表面密被白色长柔毛，因磨损毛常变疏或无；每面近顶部中间隆起成脊，脊两侧各具一深凹；顶端平截，中央突出近球形的脐褥；果脐位于脐褥中央，内陷。生于草原、牧场和荒地。

（7）生物学特性：多年生草本，高 60～80cm，花、果期 8～10 月。

2.14.3.2 传入可能性评估。

（1）进入可能性评估：欧洲山萝卜生长能力强，分布广，随作物种子传播。近年来，随着我国从国外进口麻纺织原料量日益增多，欧洲山萝卜对我国的威胁越来越大。

（2）定殖可能性评估：欧洲山萝卜的适应性很强，主要分布在欧洲及高加索地区。在我国大部分地区定殖的可能性非常大，对我国也存在很大的危害。

2.14.3.3 扩散可能性评估。一种生物能否扩散，其生活习性是关键因素。欧洲山萝卜的适应性很强，分布广，因此传入我国会造成大的流行，对我国农业会造成一定的影响。

2.14.3.4 传入后果评估。欧洲山萝卜属田间害草，与作物争夺水肥、光照。欧洲山萝卜传入我国会造成大的流行，对我国农业会造成一定的影响，一旦欧洲山萝卜在我国扩散，将会严重危害小麦、烟草、棉花、谷物、牧草等作物。欧洲山萝卜生长能力强，多年生，难防治。随作物种子传播。对我国的农业形成巨大危害，从而干扰我国经济的发展，并对社会和环境带来一定的负面影响。

2.14.4 总体风险归纳。欧洲山萝卜生长能力强，严重影响作物的生长。对我国的农业形成巨大危害，从而干扰我国经济的发展，并对社会和环境带来一定的负面影响。

2.14.5 备选方案的提出。强化大规模检测的力度，加强进口商品的产地检疫，边境口岸应对货物、包装材料、运输工具、邮件、垃圾、乘客行李等严格检疫。国内应做好随时防治欧洲山萝卜的准备。

2.14.6 就总体风险征求有关专家和管理者的意见。

2.14.7 评估报告的产生。

2.14.8 对风险评估报告进行评价，征求有关专家的意见。

2.14.9 风险管理。

2.14.9.1 我国目前的 APL。我国已建立起较为完备的防治有害生物的机构体系，如各级检验检疫机构、植保站，并具备了大批的专家和工作人员。首先加强入境检疫力度，提高检疫人员的业务能力，争取做到拒之于国门之外；其次提高各级检疫站和植保人员的业务水平，随时发现随时防治，并及早通报疫情。

2.14.9.2 备选方案的可行性评估。切实可行。

2.14.9.3 建议的检疫措施。

（1）产地调查：在欧洲山萝卜生长期，根据其形态特征进行鉴别。

（2）室内检验（目检）：对调运的旱作种子进行抽样检查，每个样品不少于 1kg，按照欧洲山萝卜种子特征鉴别，计算混杂率。

（3）在欧洲山萝卜发生地区，应调换没有欧洲山萝卜混杂的种子播种。有欧洲山萝卜发生的地方，可在开花时将它销毁，连续进行 2～3 年，即可根除。

对进口麻纺织原料等产品实施检疫检测，严格按标准执行。

2.14.9.4　征求意见。

2.14.9.5　原始管理报告。

2.14.10　PRA 报告。

2.14.11　在实施检疫措施之后，应当监督其有效性，如有必要应对检疫措施进行评价，并随时更新。

2.14.12　风险交流。应将中国关心的有害生物名单及其风险管理措施建议等内容向输出国提供。进行风险评估的专家可参加双边座谈，以便制定有关条款。中国政府应及时向相应进口商通报输出国疫情，引导其进口方向。

2.15　三裂叶豚草

2.15.1　由输出国提出要求，由国家质量监督检验检疫总局列入计划，并要求输出国提供有关的材料，包括随该商品传带的有害生物名单以及产地进行有关的官方防治措施。

2.15.2　潜在的检疫性有害生物的确立。

2.15.2.1　整理有害生物的完整名单。

2.15.2.2　提出会随该商品传带的有害生物名单。

2.15.2.3　确定中国关心的潜在的检疫性有害生物名单。

2.15.3　对潜在的检疫性有害杂草三裂叶豚草的风险评估。

2.15.3.1　概述。

（1）学名： *Ambrosia trifida* Linn.。

（2）别名： 大破布草。

（3）异名： *Ambrosia integrifolia* Nuhl.。

（4）英文名： commen rag-weed。

（5）分类地位： 菊科（Asteraceae），豚草属（*Ambrosia*）。

（6）分布： 广布世界大部分地区，已知分布的国家及地区有亚洲的缅甸、马来西亚、越南、印度、巴基斯坦、菲律宾、日本、中国；非洲的埃及、毛里求斯；欧洲的法国、德国、意大利、瑞士、奥地利、瑞典、匈牙利、俄罗斯；美洲的加拿大、美国、墨西哥、古巴、牙买加、危地马拉、阿根廷、玻利维亚、巴拉圭、秘鲁、智利、巴西；大洋洲的澳大利亚。在我国主要分布在吉林、辽宁、北京、天津、浙江等地。

（7）危害部位或传播途径： 可向农田、果园、城镇、绿化带、公路和铁路沿线入侵，混生于大麻、洋麻、玉米、大豆、向日葵等谷类作物田间。常混于大麻、洋麻、玉米、大豆、向日葵等谷类种子中传播，可随种用材料及其他物件的运输而传播至远方；种子可借水流传播，亦可为鸟类、牲畜携带传播。

（8）形态特征： 一年生粗壮草本，高 50～120cm，有时可达 170cm，有分枝，被糙毛，有时近无毛；叶对生，有时互生，具叶柄，下部叶 3～5 裂，上部叶 3 裂或有时不裂，裂片卵状披针形，顶端急尖或渐尖，边缘有锐锯齿，有 3 基出脉，粗糙，叶上表面深绿色，下表面灰绿色，两面被短糙伏毛；叶柄长 2～3.5cm，被疏短糙毛，基部膨大，边缘有窄翅，被长缘毛。雄头状花序多数，圆形，径约5mm，有长2～3mm的细花序梗，下垂，在枝端密集成总状花序；总苞浅碟形，绿色；总苞片结合，外面有3肋，边缘有圆齿，被疏短糙毛；花托无托片，具白色长柔毛，每个头状花序有20～25个不育的小花，小花黄色，长1～2mm；花冠钟形，上端5裂，外面有5紫色条纹；花药离生，卵圆形；花柱不分裂，顶端膨大成画笔状；雌头状花序在雄头状花序下面，上部的叶状苞片的腋部聚作团伞状，具一个无被能育的雌花；总苞倒卵形，长6～8mm，宽4～5mm，顶端具圆锥状短嘴，嘴部以下有5～7肋，每肋顶端有瘤或尖刺，无毛；花柱2深裂，丝状，上伸出总苞的嘴部之外。瘦果倒卵形，无毛，藏于木质的总苞内；总苞表面浅黄色、淡灰褐色或褐色，有时有红褐色斑点；顶端中央的圆锥状短嘴形成粗短的锥状喙，周围的5～7个瘤或尖刺形成钝的短喙，向下延伸为较明显的圆形宽棱，棱间又有较不明显的棱和皱纹。三裂叶豚草的花序与豚草相似，但雄花的总状花序较长（长30cm），雌花序较大（直径为2～4mm），花托裸露；假果也较豚草稍大。

（9）生物学特性：同豚草。

2.15.3.2 传入可能性评估。

（1）进入可能性评估：三裂叶豚草分布广，近年来，随着我国从国外进口麻纺织原料量日益增多，三裂叶豚草对我国的威胁越来越大。

（2）定殖可能性评估：三裂叶豚草的适应性很强，分布广，现分布于美国、加拿大、墨西哥、俄罗斯、德国、瑞士、瑞典和日本。在我国大部分地区定殖的可能性非常大，对我国也存在很大的危害。

2.15.3.3 扩散可能性评估。一种生物能否扩散，其生活习性是关键因素。三裂叶豚草的适应性很强，分布广，因此传入我国会造成大的流行，对我国农业会造成一定的影响。

2.15.3.4 传入后果评估。三裂叶豚草是人类健康和作物生产的危险性杂草，被许多国家列为检疫对象。由于该草的花粉中含有水溶性蛋白，与人接触可迅速释放，引起过敏性变态反应，它是秋季花粉过敏症的主要致病原。每年8～9月，大量花粉在空气中飞扬，当花粉密度达每立方米40～50粒时，人们吸入后就会感染，症状是咳嗽、流涕、哮喘、眼鼻奇痒或出现皮炎。每年同期复发，病情逐年加重，严重的会并发肺气肿、肺心病乃至死亡。在美国、加拿大及欧洲使上千万人致病受害，有的地方人群发病率高达30%。美国花粉年产量大约有100万t，花粉过敏症患者1 460万人，年治疗费高达6亿美元。沈阳地区是我国三裂叶豚草发生严重地区之一，沈阳市空气中花粉的含量1987年是1983年的3.8倍，人群发病率为1.52%。三裂叶豚草已变成为一种世界性的公害。该草大约在20世纪30年代传入我国，经过一个较长时期的适应期，近10年正以异常态势迅速蔓延，向农田、果园、城镇、绿化带、公路和铁路沿线入侵，表现出顽强的生命力和竞争力。有些地段布满了该草群落，成为优势种取代了当地杂草。随着该草在一些地区的蔓延，该草的花粉对空气的污染越来越严重。因此，该草不但影响农业生产，还威胁人类健康，影响旅游业的发展。三裂叶豚草混生于大麻、洋麻、玉米、大豆、向日葵等谷类作物田间，侵入农田后，每667m^{2}产量降低20～30kg，甚至使玉米不能形成雌穗，造成无收。俄罗斯传入此草后，造成大面积农田草荒。为了防治该草，俄罗斯投入了巨大的人力和物力，组织调查和防治，虽经多年努力，至今该草仍是重点防治对象之一。

三裂叶豚草植株高大，严重影响作物生长。传入我国会造成大的流行，对我国农业会造成一定的影响，一旦三裂叶豚草在我国扩散则很难防治，将会严重危害小麦、大豆、玉米、棉花等作物。花粉能引起人患皮炎和枯草热病。对我国的农业形成巨大危害，从而干扰我国经济的发展，并对社会和环境带来一定的负面影响。

2.15.4　总体风险归纳。三裂叶豚草生长繁茂，严重影响作物的生长。对我国的农业形成一定危害，一定程度上干扰我国经济的发展，并对社会和环境带来一定的负面影响。

2.15.5　备选方案的提出。强化大规模检测的力度，加强进口商品的产地检疫，边境口岸应对货物、包装材料、运输工具、邮件、垃圾、乘客行李等严格检疫。国内应做好随时防治三裂叶豚草的准备。

2.15.6　就总体风险征求有关专家和管理者的意见。

2.15.7　评估报告的产生。

2.15.8　对风险评估报告进行评价，征求有关专家的意见。

2.15.9　风险管理。

2.15.9.1　我国目前的APL。我国已建立起较为完备的防治有害生物的机构体系，如各级检验检疫机构、植保站，并具备了大批的专家和工作人员。首先加强入境检疫力度，提高检疫人员的业务能力，争取做到拒之于国门之外；其次提高各级检疫站和植保人员的业务水平，随时发现随时防治，并及早通报疫情。

2.15.9.2　备选方案的可行性评估。切实可行。

2.15.9.3　建议的检疫措施。

（1）**产地调查：** 在三裂叶豚草出苗期和开花期，根据三裂叶豚草的形态和花序特征进行鉴别。

（2）**室内检验**（目检）：三裂叶豚草种子能混杂于所有的作物中，特别是大麻、洋麻、玉米、大豆、中耕作物和禾谷类作物。对调运的旱作种子进行抽样检查，每个样品不少于1kg，按照三裂叶豚草子粒特征鉴别，计算混杂率。

（3）凡从国外进口的粮食或引进的种子，以及国内各地调运的旱地作物种子，要严格检疫，混有三裂叶豚草的种子不能播种，应集中处理并销毁，杜绝传播。

（4）在三裂叶豚草发生地区，应调换没有三裂叶豚草混杂的种子播种。

（5）利用耕作措施消灭田间三裂叶豚草，如实行秋季深耕（耕深25～30cm）、挖掘多年生三裂叶豚草的根蘖、播种前进行耕耙、中耕及经常人工除草都能收到一定的防除效果。

对进口麻纺织原料等产品实施检疫检测，严格按标准执行。

2.15.9.4　征求意见。

2.15.9.5　原始管理报告。

2.15.10　PRA报告。

2.15.11　在实施检疫措施之后，应当监督其有效性，如有必要应对检疫措施进行评价，并随时更新。

2.15.12　风险交流。应将中国关心的有害生物名单及其风险管理措施建议等内容向输出国提供。进行风险评估的专家可参加双边座谈，以便制定有关条款。中国政府应及时向相应进口商通报输出国疫情，引导其进口方向。

2.16 提琴叶牵牛花

2.16.1 由输出国提出要求，由国家质量监督检验检疫总局列入计划，并要求输出国提供有关的材料，包括随该商品传带的有害生物名单以及产地进行有关的官方防治措施。

2.16.2 潜在的检疫性有害生物的确立。

2.16.2.1 整理有害生物的完整名单。

2.16.2.2 提出会随该商品传带的有害生物名单。

2.16.2.3 确定中国关心的潜在的检疫性有害生物名单。

2.16.3 对潜在的检疫性有害杂草提琴叶牵牛花的风险评估。

2.16.3.1 概述。

（1）学名：*Ipomoea pandurata*（L.）G. F. W. Mey.。

（2）英文名：wild potato-vine，wild sweet-potato-vine。

（3）分类地位：旋花科（Convolvulaceae），牵牛花属（*Ipomoea*）。

（4）分布：起源于美国，分布于北美洲的加拿大和美国。

（5）危害部位或传播途径：对湿地植物有危害。通过种子传播；繁殖迅速，缠绕作物，招致减产及收割困难；混杂农产品中进行传播。

（6）形态特征：多年生藤本植物，具块状储藏根，垂直，长可达50cm；茎长达数米，分枝或不分枝，无毛或有毛；叶互生，心形，边缘锯齿或全缘，叶上表面绿色，下表面浅绿色，长15cm，宽11cm，无毛或有毛，叶柄长9cm。聚伞花序腋生，2～10朵小花，花梗2cm，无毛，花冠白色，花瓣内部底侧为暗红色；雄蕊5枚，不均等，贴生于花管中，花丝长2cm，顶端无毛，基部稍微膨胀，有毛，花药为白色或粉红色，长8mm；子房上位，绿色，圆锥形，长1～2mm，2腔，2个卵子；中轴胎座，子房底部有绿色的蜜腺；柱头宽2～3mm，变干后为棕色；萼片5，不等长，分离，相互重叠，有皱褶，最大的长2.5cm，宽1.6cm，光滑无毛，椭圆形或卵圆形，紫色。蒴果具2～4粒浅褐色种子，表面有毛。

（7）生物学特性：为多年生藤本植物，生长在潮湿的土壤中，多生于丛林、荒地、路边、铁路边；花期5～9月。

2.16.3.2 传入可能性评估。

（1）进入可能性评估：提琴叶牵牛花生长能力强，繁殖迅速，缠绕作物，招致减产及收割困难，混杂于农产品中进行传播。近年来，随着我国从国外进口麻纺织原料量日益增多，提琴叶牵牛花对我国的威胁越来越大。

（2）定殖可能性评估：提琴叶牵牛花的适应性很强，主要分布在美国和加拿大。在我国大部分地区定殖的可能性非常大，对我国也存在很大的危害。

2.16.3.3 扩散可能性评估。一种生物能否扩散，其生活习性是关键因素。提琴叶牵牛花的适应性很强，分布广，因此传入我国会造成大的流行，对我国农业会造成一定的影响。

2.16.3.4 传入后果评估。提琴叶牵牛花传入我国会造成大的流行，对我国农业会造成一定的影响，一旦提琴叶牵牛花在我国扩散，将会严重危害小麦、烟草、棉花、谷物、牧草、麻类等作物。提琴叶牵牛花生长能力强，繁殖迅速，缠绕作物，招致减产及收割困难，混杂于农产品中进行传播。对我国的农业形成巨大危害，从而干扰我国经济的发展，并对社会和环境带来一定的负面影响。

2.16.4　总体风险归纳。提琴叶牵牛花生长能力强，严重影响作物的生长。对我国的农业形成巨大危害，从而干扰我国经济的发展，并对社会和环境带来一定的负面影响。

2.16.5　备选方案的提出。强化大规模检测的力度，加强进口商品的产地检疫，边境口岸应对货物、包装材料、运输工具、邮件、垃圾、乘客行李等严格检疫。国内应做好随时防治提琴叶牵牛花的准备。

2.16.6　就总体风险征求有关专家和管理者的意见。

2.16.7　评估报告的产生。

2.16.8　对风险评估报告进行评价，征求有关专家的意见。

2.16.9　风险管理。

2.16.9.1　我国目前的APL。我国已建立起较为完备的防治有害生物的机构体系，如各级检验检疫机构、植保站，并具备了大批的专家和工作人员。首先加强入境检疫力度，提高检疫人员的业务能力，争取做到拒之于国门之外；其次提高各级检疫站和植保人员的业务水平，随时发现随时防治，并及早通报疫情。

2.16.9.2　备选方案的可行性评估。切实可行。

2.16.9.3　建议的检疫措施。

（1）**产地调查**：在提琴叶牵牛花生长期，根据其形态特征进行鉴别。

（2）**室内检验**（目检）：对调运的旱作种子进行抽样检查，每个样品不少于1kg，按照提琴叶牵牛花种子特征鉴别，计算混杂率。

（3）在提琴叶牵牛花发生地区，应调换没有提琴叶牵牛花混杂的种子播种。有提琴叶牵牛花发生的地方，可在开花时将它销毁，连续进行2～3年，即可根除。

对进口麻纺织原料等产品实施检疫检测，严格按标准执行。

2.16.9.4　征求意见。

2.16.9.5　原始管理报告。

2.16.10　PRA报告。

2.16.11　在实施检疫措施之后，应当监督其有效性，如有必要应对检疫措施进行评价，并随时更新。

2.16.12　风险交流。应将中国关心的有害生物名单及其风险管理措施建议等内容向输出国提供。进行风险评估的专家可参加双边座谈，以便制定有关条款。中国政府应及时向相应进口商通报输出国疫情，引导其进口方向。

2.17　田蓟

2.17.1　由输出国提出要求，由国家质量监督检验检疫总局列入计划，并要求输出国提供有关的材料，包括随该商品传带的有害生物名单以及产地进行有关的官方防治措施。

2.17.2　潜在的检疫性有害生物的确立。

2.17.2.1 整理有害生物的完整名单。

2.17.2.2 提出会随该商品传带的有害生物名单。

2.17.2.3 确定中国关心的潜在的检疫性有害生物名单。

2.17.3 对潜在的检疫性有害杂草田蓟的风险评估。

2.17.3.1 概述。

（1）学名：*Cirsium arvense*（L.）Scop.。

（2）分布：分布于欧洲、亚洲、美国及加拿大。

（3）危害部位或传播途径：田蓟为田间有害杂草，难根除。随作物种子传播。

2.17.3.2 传入可能性评估。

（1）进入可能性评估：田蓟为田间有害杂草，难根除。随作物种子传播。近年来，随着我国从国外进口麻纺织原料等农产品日益增多，田蓟对我国的威胁越来越大。

（2）定殖可能性评估：田蓟的适应性很强，现分布于欧洲、亚洲、美国及加拿大。在我国大部分地区气候条件都适合该作物生长，定殖的可能性非常大，对我国也存在很大的危害。

2.17.3.3 扩散可能性评估。一种生物能否扩散，其生活习性是关键因素。田蓟的适应性很强，因此传入我国会造成大的流行，对我国农业会造成一定的影响。

2.17.3.4 传入后果评估。田蓟传入我国会造成大的流行，对我国农业会造成一定的影响，一旦田蓟在我国扩散则很难防治，将会严重危害棉花、谷物、小麦等作物。对我国的农业形成巨大危害，从而干扰我国经济的发展，并对社会和环境带来一定的负面影响。

2.17.4 总体风险归纳。对我国的农业形成一定危害，一定程度上干扰我国经济的发展，并对社会和环境带来一定的负面影响。

2.17.5 备选方案的提出。强化大规模检测的力度，加强进口商品的产地检疫，边境口岸应对货物、包装材料、运输工具、邮件、垃圾、乘客行李等严格检疫。国内应做好随时防治田蓟的准备。

2.17.6 就总体风险征求有关专家和管理者的意见。

2.17.7 评估报告的产生。

2.17.8 对风险评估报告进行评价，征求有关专家的意见。

2.17.9 风险管理。

2.17.9.1 我国目前的APL。我国已建立起较为完备的防治有害生物的机构体系，如各级检验检疫机构、植保站，并具备了大批的专家和工作人员。首先加强入境检疫力度，提高检疫人员的业务能力，争取做到拒之于国门之外；其次提高各级检疫站和植保人员的业务水平，随时发现随时防治，并及早通报疫情。

2.17.9.2 备选方案的可行性评估。切实可行。

2.17.9.3 建议的检疫措施。对进口麻纺织原料等产品实施检疫检测，严格按标准执行。

2.17.9.4 征求意见。

2.17.9.5 原始管理报告。

2.17.10 PRA报告。

2.17.11 在实施检疫措施之后，应当监督其有效性，如有必要应对检疫措施进行评价，并随时更新。

2.17.12　风险交流。应将中国关心的有害生物名单及其风险管理措施建议等内容向输出国提供。进行风险评估的专家可参加双边座谈，以便制定有关条款。中国政府应及时向相应进口商通报输出国疫情，引导其进口方向。

2.18　田旋花

2.18.1　由输出国提出要求，由国家质量监督检验检疫总局列入计划，并要求输出国提供有关的材料，包括随该商品传带的有害生物名单以及产地进行有关的官方防治措施。

2.18.2　潜在的检疫性有害生物的确立。

2.18.2.1　整理有害生物的完整名单。

2.18.2.2　提出会随该商品传带的有害生物名单。

2.18.2.3　确定中国关心的潜在的检疫性有害生物名单。

2.18.3　对潜在的检疫性有害杂草田旋花的风险评估。

2.18.3.1　概述。

(1) 学名：*Convolvulus arvensis* L.。

(2) 别名：中国旋花、箭叶旋花、喇叭花、聋子花。

(3) 英文名：field bindweed，European glorybind。

(4) 分类地位：旋花科（Convolvulaceae），旋花属（*Convolvulus*）。

(5) 分布：原产于欧洲南部，现在法国、希腊、德国、波兰、前南斯拉夫、俄罗斯、蒙古、美国、加拿大、阿根廷、澳大利亚、新西兰、巴基斯坦、伊朗、黎巴嫩、日本等热带和亚热带地区也有分布。在我国分布于吉林、黑龙江、河北、河南、陕西、山西、甘肃、宁夏、新疆、内蒙古、山东、四川、西藏等地。

(6) 危害部位或传播途径：为田间有害杂草，难以根除，对小麦、玉米、棉花、大豆、果树等有危害。可通过根茎和种子繁殖、传播，种子可由鸟类和哺乳动物取食进行远距离传播。

(7) 形态识别：根蘖杂草，茎蔓性，长1～3m，下部多分枝；地下具白色横走根；叶互生，有柄；叶片卵状长椭圆形或戟形，长4～5cm，宽2～4cm，具星状毛；花腋生，具细长梗，花冠红色。

2.18.3.2　传入可能性评估。

(1) 进入可能性评估：田旋花为田间根蘖、茎蔓性有害杂草，难以根除；随作物种子传播；生长繁茂，分布广。近年来，田旋花对我国的危害越来越大。

(2) 定殖可能性评估：田旋花的适应性很强，分布广，原产欧洲，现已广布世界各地。在我国主要见于北方各省。

2.18.3.3　扩散可能性评估。一种生物能否扩散，其生活习性是关键因素。田旋花的适应性很强，分布广，对我国农业会造成一定的影响。

2.18.3.4　传入后果评估。田旋花在大发生时，常成片生长，密被地面，缠绕向上，强烈抑制作物生长，造成作物倒伏；它还是小地老虎第一代幼虫的寄主；为田间有害杂草，难以根除；随作物种子传播，难防治，田旋花对小麦、玉米等危害较重。对我国的农业形成巨大危害，从而干扰我国经济的发展，并对社会和环境带来一定的负面影响。

2.18.4 总体风险归纳。对我国的农业形成一定危害，一定程度上干扰我国经济的发展，并对社会和环境带来一定的负面影响。

2.18.5 备选方案的提出。强化大规模检测的力度，加强进口商品的产地检疫，边境口岸应对货物、包装材料、运输工具、邮件、垃圾、乘客行李等严格检疫。

2.18.6 就总体风险征求有关专家和管理者的意见。

2.18.7 评估报告的产生。

2.18.8 对风险评估报告进行评价，征求有关专家的意见。

2.18.9 风险管理。

2.18.9.1 我国目前的APL。我国已建立起较为完备的防治有害生物的机构体系，如各级检验检疫机构、植保站，并具备了大批的专家和工作人员。首先加强入境检疫力度，提高检疫人员的业务能力，争取做到拒之于国门之外；其次提高各级检疫站和植保人员的业务水平，随时发现随时防治，并及早通报疫情。

2.18.9.2 备选方案的可行性评估。切实可行。

2.18.9.3 建议的检疫措施。

(1) **产地调查**：在田旋花生长期，根据其形态特征进行鉴别。

(2) **室内检验**（目检）：对调运的旱作种子进行抽样检查，每个样品不少于1kg，按照田旋花种子特征鉴别，计算混杂率。

(3) 在田旋花发生地区，应调换没有田旋花混杂的种子播种。有田旋花发生的地方，可在开花时将它销毁，连续进行2～3年，即可根除。

对进口麻纺织原料等产品实施检疫检测，严格按标准执行。

2.18.9.4 征求意见。

2.18.9.5 原始管理报告。

2.18.10 PRA报告。

2.18.11 在实施检疫措施之后，应当监督其有效性，如有必要应对检疫措施进行评价，并随时更新。

2.18.12 风险交流。应将中国关心的有害生物名单及其风险管理措施建议等内容向输出国提供。进行风险评估的专家可参加双边座谈，以便制定有关条款。中国政府应及时向相应进口商通报输出国疫情，引导其进口方向。

2.19 豚草

2.19.1 由输出国提出要求，由国家质量监督检验检疫总局列入计划，并要求输出国提供有关的材料，包括随该商品传带的有害生物名单以及产地进行有关的官方防治措施。

2.19.2 潜在的检疫性有害生物的确立。

2.19.2.1 整理有害生物的完整名单。

2.19.2.2　提出会随该商品传带的有害生物名单。

2.19.2.3　确定中国关心的潜在的检疫性有害生物名单。

2.19.3　对潜在的检疫性有害杂草豚草的风险评估。

2.19.3.1　概述。

（1）学名：*Ambrosia artemisiifolia* L.。

（2）别名：艾叶破布草、北美艾。

（3）异名：*Ambrosia elatior* Linn.，*Ambrosia senegalensis* DC.，*Ambrosia umbellata* Moench.。

（4）英文名：common rag-weed。

（5）分类地位：菊科（Asteraceae），豚草属（*Ambrosia*）。

（6）分布：广布世界大部分地区，已知分布的国家及地区有亚洲的缅甸、马来西亚、越南、印度、巴基斯坦、菲律宾、日本；非洲的埃及、毛里求斯；欧洲的法国、德国、意大利、瑞士、奥地利、瑞典、匈牙利、俄罗斯；美洲的加拿大、美国、墨西哥、古巴、牙买加、危地马拉、阿根廷、玻利维亚、巴拉圭、秘鲁、智利、巴西；大洋洲的澳大利亚。在我国主要分布在辽宁、吉林、黑龙江、河北、山东、江苏、浙江、江西、安徽、湖南、湖北。以沈阳、铁岭、丹东、南京、南昌、武汉等市发生严重，形成沈阳—铁岭—丹东、南京—武汉—南昌为发生、传播、蔓延中心。

（7）危害部位或传播途径：可进入小麦、玉米、大豆、麻类、高粱等栽培地；豚草果实常能混杂于所有的作物中，特别是大麻、洋麻、玉米、大豆、中耕作物和禾谷类作物，并通过调运达到传播；生长繁茂，严重影响作物的生长。花粉能引起人患皮炎和枯草热病。随作物种子传播。

（8）形态特征：形态上为一年生草本，高20～250cm；茎直立，具棱，多分枝，绿色或带暗紫色，被白毛；下部（1～5节）叶对生，上部叶互生，叶片三角形，一至三回羽状深裂，裂片条状披针形，两面被白毛或表面无毛，表面绿色，背面灰绿色。头状花序单性，雌雄同株；雄性头状花序有短梗，下垂，50～60个在枝端排列成总状，长达10余cm；每一头状花序直径2～3mm，有雄花10～15朵；花冠淡黄色，长2mm，花粉粒球形，表面有短刺；雌性头状花序无柄，着生于雄花序轴基部的数个叶腋内，单生或数个聚生，每个雌花序下有叶状苞片；总苞倒卵形或倒圆锥形，囊状，顶端有5～8尖齿，内只有1雌花，无花冠与冠毛，花柱2，丝状，伸出总苞外。瘦果倒卵形，包被在坚硬的总苞内。

（9）生物学特性：苗期，豚草种子（果实）的发芽率为91.49%，以入土0.3～1cm的种子出苗率最高、最好、最快，5cm以上的不能出苗；4对真叶以下的苗易受冻害，4对真叶以上的苗抗寒性较强；苗期有明显的向阳性。分枝期实际上是枝、叶形成时期，以株高（纵向）生长为主，当株高生长趋于停滞时，枝叶的形成也就结束了，从4月下旬至7月下旬，共100多d；其生长规律是“两头慢，中间快”，株高的日增长量，前期为0.08～0.44cm，中期在0.9～1.35cm，后期是0.24～0.18cm，株高的增长量是株冠增长量的4.5～5.1倍。花期，雄花为65～70d，雌花为50～55d，这个时期是以株冠（横向）生长为主，从7月末至9月末，株冠的增长速度是株高的5.5～5.8倍；同时，茎、枝也随着迅速增粗，枝条伸长，花器成熟加快。花形成的规律是由上而下，由外向内，逐级逐层地形成，晴天每隔2～3d形成1个层次，阴雨天间隔期延长，转晴后间隔期缩短1～2d，层次增多2层，以加速花的形成。开花习性，雄花有隔日开花的习性，开花的时间在每日的6：00～10：00，7：00～11：00散发花粉和授粉，11：00后闭花；若遇阴雨天气就不开花，转晴后可接连开花2～3d后，又恢复隔日开花习性；每个雄花序每次只开2～5朵小花，共开2～4次。雄花阴雨天不开花的主要原因是由于空气中的湿度大的缘故，所以，在晴天的清晨对雄花喷水或在水中浸泡一下，可完全抑制雄花在当天开花散发花粉。果实成熟期，果实大量成熟的时间是在10月上中旬，成熟期为20d左右；其果实成熟规律与花的形成规律一样，由上而下，由外而内的顺序。豚草的结子量与环境条件密切相关，但一般单株结子量为800～1 200粒，多的可达1.5万～3万粒，少的在500粒以下；每簇雌花中，一级分枝上每簇一般结子4～6粒，二级分枝上和叶腋中每簇结子2～4粒，少的只有1粒；同时，在试验中发现，北向、东向、东北方向每个枝条上的结子量分别比南向、西向、西南方向上枝条的结子量多13.4、13、13.2粒，要增加25%～30%的结子量。据调查，80%以上的豚草种子散落在植株周围8m^2的地表上，不足20%的种子散落在植株四周7m^2的地面上，只有极个别的种子超出上述这个范围。

豚草适应性极广，能适应各种不同肥力、酸碱度土壤，以及不同的温度、光照等自然条件。不论生长在肥土瘦地和酸度重的死黄土、垃圾坑、污泥中，或碱性大的石灰土、石灰渣、石砾、墙缝里及无光照的树荫下，均能正常生长，繁衍后代。再生力极强，茎、节、枝、根都可长出不定根，扦插压条后能形成新的植株，经铲除、切割后剩下的地上残条部分仍可迅速地重发新枝。生育期参差不齐，交错重叠。出苗期从3月中下旬开始一直可延续到10月下旬，历时7个月之久；早、晚熟型豚草生育期相差1个多月。这都是造成生育期不整齐、交错重叠的直接原因。

豚草喜湿怕旱。豚草是浅根系植物，不能吸取土壤深层的水分，深秋旱季普遍出现萎蔫枯凋现象，而长在潮湿处的豚草生长繁茂。抗寒性较强，成株豚草能度过－3～－5℃的寒冬，成为越年生豚草。生长密集成片，由于豚草果实一般散落在植株四周1～1.5m半径的地上，连年如此，便形成密集成片生长的群体。

2.19.3.2 传入可能性评估。

(1) 进入可能性评估： 豚草生长繁茂，分布广，随作物种子传播。近年来，随着我国从国外进口麻纺织原料量日益增多，豚草对我国的威胁越来越大。

(2) 定殖可能性评估： 豚草的适应性很强，分布广，原产北美，现分布于加拿大、墨西哥、美国、古巴、阿根廷、玻利维亚、巴拉圭、秘鲁、巴西、智利、危地马拉、牙买加、奥地利、匈牙利、德国、意大利、法国、瑞士、瑞典、日本、俄罗斯、澳大利亚及毛里求斯。在我国大部分地区定殖的可能性非常大，对我国也存在很大的危害。

2.19.3.3 扩散可能性评估。一种生物能否扩散，其生活习性是关键因素。豚草的适应性很强，分布广，因此传入我国会造成大的流行，对我国农业会造成一定的影响。

2.19.3.4 传入后果评估。豚草吸肥能力和再生能力极强，植株高大粗壮，成群生长，有的刈过5次仍能再生，种子在土壤中可维持生命力4～5年，一旦发生则难于防除。它侵入各种农作物田，如小麦、玉米、大豆、麻类、高粱等。豚草在土壤中消耗的水分几乎超过了禾本科作物的 2 倍，同时在土壤中吸收很多的氮和磷，造成土壤干旱贫瘠，还遮挡阳光，严重影响作物生长。豚草的叶子中含有苦味物质和精油，一旦为乳牛食入可使乳品质量变坏，带有恶臭味。豚草还可传播病虫害，如甘蓝菌核病、向日葵叶斑病和大豆害虫等。

豚草花粉是引发过敏性鼻炎和支气管哮喘等变态反应症的主要病源。有人估计，每株豚草可产生上亿花粉颗粒，花粉颗粒可随空气飘到 600km 以外的地方。加拿大、美国每年有数以百万计的人受到花粉之害。俄罗斯的一些豚草发生地枯草热发病人数占到居民的 1/7。我国沈阳、武汉、南京等地秋季也发现大量花粉过敏病人，表现为哮喘、鼻炎、皮肤过敏等症。在南京地区，张文钦等（1984）将豚草花粉浸出液与南京地区常见的 13 种吸入性过敏原浸出液对 608 例哮喘病人做致喘活性的阳性试验，结果表明，豚草仅次于粉螨，位居第二。在植物过敏原中阳性反应率最高，比法国梧桐高近 5 倍，比雪松高近 3 倍。有关专家认为，豚草花粉是花粉类过敏原中最重要的一种。豚草传入我国会造成大的流行，对我国农业会造成一定的影响，一旦豚草在我国扩散则很难防治，将会严重危害烟草、棉花、谷物、牧草、麻类等作物。豚草生长繁茂，严重影响作物的生长。花粉能引起人患皮炎和枯草热病。对我国的农业形成巨大危害，从而干扰我国经济的发展，并对社会和环境带来一定的负面影响。

2.19.4　总体风险归纳。豚草生长繁茂，严重影响作物的生长。花粉能引起人患皮炎和枯草热病。对我国的农业形成一定危害，一定程度上干扰我国经济的发展，并对社会和环境带来一定的负面影响。

2.19.5　备选方案的提出。强化大规模检测的力度，加强进口商品的产地检疫，边境口岸应对货物、包装材料、运输工具、邮件、垃圾、乘客行李等严格检疫。国内应做好随时防治豚草的准备。

2.19.6　就总体风险征求有关专家和管理者的意见。

2.19.7　评估报告的产生。

2.19.8　对风险评估报告进行评价，征求有关专家的意见。

2.19.9　风险管理。

2.19.9.1　我国目前的 APL。我国已建立起较为完备的防治有害生物的机构体系，如各级检验检疫机构、植保站，并具备了大批的专家和工作人员。首先加强入境检疫力度，提高检疫人员的业务能力，争取做到拒之于国门之外；其次提高各级检疫站和植保人员的业务水平，随时发现随时防治，并及早通报疫情。

2.19.9.2　备选方案的可行性评估。切实可行。

2.19.9.3　建议的检疫措施。

(1) 我国口岸常从美国、加拿大、阿根廷等国进口的小麦、大豆中检出豚草种子。因此，凡由国外进口粮食、引种，必须严格检疫，杜绝传入。主要通过①目检：对调运的旱作种子进行抽样检查，每个样品不少于 1kg，按照豚草子粒特征鉴别，计算混杂率。混有豚草的种子不能播种，应集中处理并销毁，杜绝传播。②产地调查：在豚草出苗期和开花期，根据豚草的形态和花序特征进行鉴别。③在豚草发生地区，应调换没有豚草混杂的种子播种。

(2) 人工、机械防除：农田中的豚草可通过秋耕和春耙进行防除。秋耕把种子埋入土中10cm以下，豚草种子就不能萌发。春季当大量出苗时进行春耙，可消灭大部分豚草幼苗。

(3) 化学防除：采用常规的化学方法防除，虽短时间内见效快，但不仅耗资巨大，而且无选择地大面积滥用除草剂会造成环境污染、残毒和植被退化等一系列不可预测的生态后果。

(4) 生物防治：可从北美引进豚草条纹叶甲（*Zygogramma suturalis* F.），大量繁殖使其蚕食田间的豚草。这种昆虫的特点是：专食性特别强，只吃普通豚草和多年生豚草，且生活史与豚草同步，我国引进后经驯化和安全测试，在释放点防除效果很好，但仍需在广泛的豚草分布区进行安全性及种群稳定性的深入研究。豚草卷蛾原产北美，现广泛分布于北半球，该虫的寄主为普通豚草、三裂叶豚草、银胶菊及一种苍耳。我国从澳大利亚引进该种，研究结果表明豚草卷蛾可在北方安全越冬，野外自然条件下，豚草卷蛾易维持较高的种群数量，用于豚草防除效果较好。但7～8月多雨天气特别是暴雨后卷蛾成虫死亡率很高，且易受赤眼蜂的袭击。

(5) 利用真菌防治：在豚草的天敌中，有一些是真菌生物，如白锈菌（*Albugo tragopogortis*）可以控制豚草的种群规模，田间条件下染病的豚草生物量减少1/10左右，每株种子产量降低95%～100%，种子千粒重从3.16g降为2.28g。

对进口麻纺织原料等产品实施检疫检测，严格按标准执行。

2.19.9.4 征求意见。

2.19.9.5 原始管理报告。

2.19.10 PRA报告。

2.19.11 在实施检疫措施之后，应当监督其有效性，如有必要应对检疫措施进行评价，并随时更新。

2.19.12 风险交流。应将中国关心的有害生物名单及其风险管理措施建议等内容向输出国提供。进行风险评估的专家可参加双边座谈，以便制定有关条款。中国政府应及时向相应进口商通报输出国疫情，引导其进口方向。

2.20 野莴苣

2.20.1 由输出国提出要求，由国家质量监督检验检疫总局列入计划，并要求输出国提供有关的材料，包括随该商品传带的有害生物名单以及产地进行有关的官方防治措施。

2.20.2 潜在的检疫性有害生物的确立。

2.20.2.1 整理有害生物的完整名单。

2.20.2.2 提出会随该商品传带的有害生物名单。

2.20.2.3 确定中国关心的潜在的检疫性有害生物名单。

2.20.3 对潜在的检疫性有害杂草野莴苣的风险评估。

2.20.3.1 概述。

(1) 学名：*Lactuca pulchella* (Pursh.) DC.。

(2) 异名：*Lactuca tatarica*（Pursh.）Breitung.。

(3) 英文名：blue lettuce（blue-flowered lettuce）。

(4) 分类地位：菊科（Asteraceae），莴苣属（*Lactuca*）。

(5) 分布：原产欧洲及西亚，现已传播世界各地，我国以往也有记载。

(6) 危害部位或传播途径：多年生，植株繁茂，影响作物生长，难防治；随作物种子传播；危害菜园、果园、田地、林地的栽培植物；瘦果（种子）传播。

(7) 形态特征：多年生草本，可长至1m高；茎基部具稀疏皮刺，于茎中部以上或基部分枝；叶互生，中、下部叶狭倒卵形至长圆形，常羽状深裂，长3～17cm，宽1～7cm，无柄，基部箭形抱茎；顶生叶卵状披针形或披针形，全缘或仅具稀疏的牙齿状刺。花两性，虫媒；头状花序多数，于茎顶排列成疏松的圆锥状，头状花序具0.5～3cm的长柄，花序长1.2～1.5cm，基部径0.2～0.3（0.4）cm；总苞3层，外层苞片宽短，卵形或卵状披针形，向内苞片渐狭为线形，边缘膜质，长度几乎相等，在果实成熟时总苞开展或反折；头状花序由7～15（35）朵舌状花组成，花冠淡黄色，干后变蓝紫色。瘦果两面扁平，倒披针形，长3～3.5mm，宽约1mm，灰褐色或黄褐色，每面有（5）7～9条纵肋，沿肋条上部有向上直立的白色刺毛，在肋条上或其间散布有深褐色条纹或块状斑纹；喙细长，长5mm左右，冠毛白色，与喙约等长。

(8) 相似种：阿尔泰莴苣（*Lactuca altaica*）与野莴苣的主要区别是叶片披针形或长披针形，有时中部叶羽状深裂或浅裂或缺刻，中脉有稀疏淡黄色硬刺毛；舌状花黄色。

(9) 生物学特性：多年生草本，可长至1m高。一般生长在路旁、菜园、果园、田地、林地和弃耕地中。该植物需要沙质、肥沃、湿润、排水良好的土壤，能在酸性、中性或碱性的土壤上生长，也能在半遮蔽（疏林地）或无遮蔽的地区生长。花期8～9月。

2.20.3.2　传入可能性评估。

(1) 进入可能性评估：野莴苣生长繁茂，分布广，随作物种子传播。近年来，随着我国从国外进口麻纺织原料量日益增多，野莴苣对我国的威胁越来越大。

(2) 定殖可能性评估：野莴苣的适应性很强，主要分布在美国、加拿大及瑞典。在我国大部分地区定殖的可能性非常大，对我国也存在很大的危害。

2.20.3.3　扩散可能性评估。一种生物能否扩散，其生活习性是关键因素。野莴苣多年生，植株繁茂，影响作物生长，难防治。随作物种子传播。因此传入我国会造成大的流行，对我国农业会造成一定的影响。

2.20.3.4　传入后果评估。危害蔬菜、牧草及大田等作物。对动物及人虽然没有特别的毒性报道，但这个属的很多植物含有麻醉剂的成分，特别是开花的时候。植物的乳汁中含有一种叫"lactucarium"的物质，有弱鸦片碱的作用，但不会引起消化紊乱和成瘾。这种植物必须谨慎服用，普通剂量易引起嗜睡，而过多则引起焦虑不安，如果太过量则会导致心脏麻痹而死亡。野莴苣多年生，植株繁茂，影响作物生长，难防治。随作物种子传播。传入我国会造成大的流行，对我国农业会造成一定的影响，一旦野莴苣在我国扩散则很难防治，将会严重危害烟草、棉花、谷物、牧草等作物。对我国的农业形成巨大危害，从而干扰我国经济的发展，并对社会和环境带来一定的负面影响。

2.20.4　总体风险归纳。对我国的农业形成一定危害，一定程度上干扰我国经济的发展，

并对社会和环境带来一定的负面影响。

2.20.5 备选方案的提出。强化大规模检测的力度，加强进口商品的产地检疫，边境口岸应对货物、包装材料、运输工具、邮件、垃圾、乘客行李等严格检疫。

2.20.6 就总体风险征求有关专家和管理者的意见。

2.20.7 评估报告的产生。

2.20.8 对风险评估报告进行评价，征求有关专家的意见。

2.20.9 风险管理。

2.20.9.1 我国目前的APL。我国已建立起较为完备的防治有害生物的机构体系，如各级检验检疫机构、植保站，并具备了大批的专家和工作人员。首先加强入境检疫力度，提高检疫人员的业务能力，争取做到拒之于国门之外；其次提高各级检疫站和植保人员的业务水平，随时发现随时防治，并及早通报疫情。

2.20.9.2 备选方案的可行性评估。切实可行。

2.20.9.3 建议的检疫措施。

(1) **产地调查**：在野莴苣生长期，根据其形态特征进行鉴别。

(2) **室内检验**（目检）：对调运的旱作种子进行抽样检查，每样品不少于1kg，按野莴苣瘦果特征鉴别，计算混杂率。

(3) 深翻耕地，深翻耕可将表层种子埋入10cm以下土层，减少出苗率。

(4) 清除田边、沟渠杂草，田边、沟渠里的杂草种子可通过灌水、风、雨及农事操作带入大田，及时清除这些杂草可有效减少田间杂草发生量。

(5) 多重收割，可有效防止种子产生和成熟。

(6) 通过作物轮作，亦能达到控制杂草的目的。

对进口麻纺织原料等产品实施检疫检测，严格按标准执行。

2.20.9.4 征求意见。

2.20.9.5 原始管理报告。

2.20.10 PRA报告。

2.20.11 在实施检疫措施之后，应当监督其有效性，如有必要应对检疫措施进行评价，并随时更新。

2.20.12 风险交流。应将中国关心的有害生物名单及其风险管理措施建议等内容向输出国提供。进行风险评估的专家可参加双边座谈，以便制定有关条款。中国政府应及时向相应进口商通报输出国疫情，引导其进口方向。

2.21 意大利苍耳

2.21.1 由输出国提出要求，由国家质量监督检验检疫总局列入计划，并要求输出国提供有关的材料，包括随该商品传带的有害生物名单以及产地进行有关的官方防治措施。

2.21.2 潜在的检疫性有害生物的确立。

2.21.2.1 整理有害生物的完整名单。

2.21.2.2 提出会随该商品传带的有害生物名单。

2.21.2.3　确定中国关心的潜在的检疫性有害生物名单。

2.21.3　对潜在的检疫性有害杂草意大利苍耳的风险评估。

2.21.3.1　概述。

（1）学名： *Xanthium italicum* Moretti。

（2）异名： *Xanthium strumarium* Adventice。

（3）英文名： Italian cocklebur，common cocklebur。

（4）分类地位： 菊科（Asteraceae），苍耳属（*Xanthium*）。

（5）分布： 分布于西半球的南纬45°至北纬50°及东半球的南纬30°至北纬60°。主要分布在加拿大南部、美国、墨西哥、澳大利亚、地中海地区，以及乌克兰也有分布。我国未见记载。

（6）危害部位或传播途径： 主要危害玉米、棉花、大豆等作物。全草有毒，对动物有害。果实黏附在皮毛上影响质量。种子可随作物种子及黏附在皮毛上进行传播。

（7）形态特征： 一年生草本植物，侧根分枝很多，长达2.1m；直根深入地下达1.3m，在缺氧环境中可以发育成很大的气腔；植株高20～150cm，子叶狭长，一般6.0～7.5mm，常宿存于成熟植物体上；茎直立，有脊，粗糙具毛，通常分枝较多，有紫色斑点；叶单生，低位叶常于节部近于对生，高位叶互生，三角状卵形到宽卵形，常呈现有3～5圆裂片，3主脉突出，边缘锯齿状到浅裂；表面有粗糙软毛；叶柄长3～10cm，几与叶片等长。花小，绿色，头状花序单性同株，单性雄蕊或雌蕊，生于近轴面叶柄基部或者小枝上；雄花聚成短的穗状或者总状花序，直径约5mm；多毛的雌花序生于雄花序下方叶腋中，生2花；花粉粒平均直径22～38μm，无黏性，有微弱棘刺，未见昆虫传粉者；繁育系统的特征有近亲繁殖明显，花部排列利于近交，雄花生于雌花枝的顶端，雄花在雌蕊具有受粉能力前1～2d释放花粉。瘦果包于总苞内，总苞椭圆形，中部粗，棕色至棕褐色；总苞内含有2枚卵状长圆形扁而硬的木质刺果，长1～2cm，卵球形，表面覆盖棘刺，内含2个长2.2mm的瘦果，果实表面密布独特的毛，具柄，有直立粗大的倒钩刺，刺和体表无毛或者具有稀少腺毛，顶端具有2条内弯的喙状粗刺，基部具有收缩的总苞柄；果实大小5～8mm×12～15mm。

（8）生物学特性： 一年生草本，多生于田间、路旁、荒地。分布于世界范围内的牧场、耕作地、海滨、河岸、湿润草地、沙滩等处，少见于山区。与一年生植物竞争激烈，但是对草皮植物等多年生植物则较差。本植物耐阴性差，很少大面积成片分布，多年生植物对其生长压力很大。夜间温度高于35℃，能明显抑制花芽形成；土壤溶液pH 5.2～8.0都可耐受，并可长期忍受盐碱以及频繁的水涝环境。结果数目为500～2 300个/株，7～9月成熟。

2.21.3.2　传入可能性评估。

（1）进入可能性评估： 意大利苍耳生长能力强，分布广，种子可随作物种子及黏附在皮毛上进行传播。近年来，随着我国从国外进口麻纺织原料量日益增多，意大利苍耳对我国的威胁越来越大。

（2）定殖可能性评估： 意大利苍耳的适应性很强，主要分布在澳大利亚、孟加拉国、智利、美拉尼西亚、美国、加拿大、墨西哥等地。在我国大部分地区定殖的可能性非常大，对我国也存在很大的危害。

2.21.3.3 扩散可能性评估。一种生物能否扩散，其生活习性是关键因素。意大利苍耳的适应性很强，分布广，因此传入我国会造成大的流行，对我国农业会造成一定的影响。

2.21.3.4 传入后果评估。本种生长很快，与作物争夺生存空间，广布于玉米田、棉花田、大豆田等农田、荒地里，部分棉田，豆类作物受害较为严重，8%的本种植物覆盖率能使作物减产达到60%。意大利苍耳能与茄科作物在成花临界期竞争阳光，植株较高的作物对意大利苍耳的抗性较好。刺果能减少羊毛产量；幼苗对猪有毒；用半致死量意大利苍耳提取物（CAT）处理（13.5mg/kg）雄鼠，临床征象研究包括中毒、疾病进程、致死性、身体表观伤害、肝脏和肾脏的组织病理特征。

意大利苍耳传入我国会造成大的流行，对我国农业会造成一定的影响，一旦意大利苍耳在我国扩散，将会严重危害小麦、烟草、棉花、谷物、牧草、麻类等作物。意大利苍耳生长能力强，全草有毒，对动物有害。果实黏附在皮毛上影响质量。种子可随作物种子及黏附在皮毛上进行传播。对我国的农业形成巨大危害，从而干扰我国经济的发展，并对社会和环境带来一定的负面影响。

2.21.4 总体风险归纳。全草有毒，对动物有害。果实黏附在皮毛上影响质量。种子可随作物种子及黏附在皮毛上进行传播。对我国的农业形成巨大危害，从而干扰我国经济的发展，并对社会和环境带来一定的负面影响。

2.21.5 备选方案的提出。强化大规模检测的力度，加强进口商品的产地检疫，边境口岸应对货物、包装材料、运输工具、邮件、垃圾、乘客行李等严格检疫。国内应做好随时防治意大利苍耳的准备。

2.21.6 就总体风险征求有关专家和管理者的意见。

2.21.7 评估报告的产生。

2.21.8 对风险评估报告进行评价，征求有关专家的意见。

2.21.9 风险管理。

2.21.9.1 我国目前的APL。我国已建立起较为完备的防治有害生物的机构体系，如各级检验检疫机构、植保站，并具备了大批的专家和工作人员。首先加强入境检疫力度，提高检疫人员的业务能力，争取做到拒之于国门之外；其次提高各级检疫站和植保人员的业务水平，随时发现随时防治，并及早通报疫情。

2.21.9.2 备选方案的可行性评估。切实可行。

2.21.9.3 建议的检疫措施。

（1）**产地调查：** 在生长期，根据意大利苍耳各种形态的特征进行鉴别。

（2）**室内检验：** ①目检。对从国外进口的植物种子和国内调运的种子进行抽样检查，每个样品不少于1kg，按照各种意大利苍耳种子特征用解剖镜进行鉴别，计算混杂率。②筛检。对按规定所检种子进行过筛检查，并按意大利苍耳种子的各种特征用解剖镜进行鉴别，计算混杂率。

（3）凡从国外进口的粮食或引进种子，以及国内各地调运的旱地作物种子，要严格检疫，混有意大利苍耳种子不能播种，应集中处理并销毁，杜绝传播。

（4）在意大利苍耳发生地区，应调换没有意大利苍耳混杂的种子播种。采收作物种子时进行田间选择，选出的种子要单独脱粒和贮藏。有意大利苍耳发生的农田，可在其开花前彻底将它销毁，连续进行 2～3 年，即可根除。

对进口麻纺织原料等产品实施检疫检测，严格按标准执行。

2.21.9.4　征求意见。

2.21.9.5　原始管理报告。

2.21.10　PRA 报告。

2.21.11　在实施检疫措施之后，应当监督其有效性，如有必要应对检疫措施进行评价，并随时更新。

2.21.12　风险交流。应将中国关心的有害生物名单及其风险管理措施建议等内容向输出国提供。进行风险评估的专家可参加双边座谈，以便制定有关条款。中国政府应及时向相应进口商通报输出国疫情，引导其进口方向。

2.22　银毛龙葵

2.22.1　由输出国提出要求，由国家质量监督检验检疫总局列入计划，并要求输出国提供有关的材料，包括随该商品传带的有害生物名单以及产地进行有关的官方防治措施。

2.22.2　潜在的检疫性有害生物的确立。

2.22.2.1　整理有害生物的完整名单。

2.22.2.2　提出会随该商品传带的有害生物名单。

2.22.2.3　确定中国关心的潜在的检疫性有害生物名单。

2.22.3　对潜在的检疫性有害杂草银毛龙葵的风险评估。

2.22.3.1　概述。

（1）学名： *Solanum elaeagnifolium* Cav.。

（2）英文名： silverleaf nightshade。

（3）分类地位： 茄科（Solanaceae），茄属（*Solanum*）。

（4）分布： 原产于南北美洲，现被认为其能适应不同的气候带，1909 年第一次记录出现于澳大利亚墨尔本北，现已遍布各大洲。在维多利亚，银毛龙葵分布于年降水量在 300～560mm 的许多地区。目前在美国、墨西哥、阿根廷、巴西、智利、印度、南非、澳大利亚均有分布。

（5）危害部位或传播途径： 多年生，难防治。全株有毒，可引起牲畜中毒。随作物种子传播，常侵入麦田和牧场。种子传播或由其多年生的根进行营养繁殖，根的各个部分都能形成枝芽，1cm 左右的根就可成活；种子还可由风、水、机械、鸟类、动物（或内部或外部）携带传播，大约 10%的种子经绵羊的消化道也可保持活力；带有成熟果实的死亡植株，种子从母体脱落后，常由风传播。

（6）形态特征： 银毛龙葵是一种直立多年生灌木状草本，高 30～80cm；茎直立，分枝，覆盖着许多细长的橘色刺，茎表面有稠密的银白色绒毛；叶互生，长 2.5～10cm，宽 1～2cm，边缘常呈扇形，叶脉上常具刺。花紫色，偶尔白色，通常直径在 2.5cm 左右，有的可到 4.0cm，具 5 个联合的花瓣形成的花冠和 5 个黄色的花药。果实为光滑的球状浆果，直径在1.0～1.5cm，绿色带暗条纹，成熟时呈黄色带橘色斑点；种子轻且圆，平滑，暗棕色，直径在2.5～4mm，每个果实中大约有75粒种子。

(7) 生物学特性：多年生草本，10～11月可从根上进行营养繁殖。植物在11月或12月到翌年4月开花、结果。死亡的茎上带有浆果，通常会保留几个月。种子秋季萌发，幼小的植株在几个月内就可形成庞大的根系。根深，分枝多，垂直和水平的根一般超过2m。银毛龙葵经常与 *Solanum esuriale* Lindl. 相混淆，后者具椭圆形的叶片、浅黄绿色的果实、短而粗的花药，且通常无刺。银毛龙葵生命力极强，即使经过收割仍会重新生长出来，甚至处在收割后2～3周干燥环境下仍不能阻止花的形成。

2.22.3.2 传入可能性评估。

(1) 进入可能性评估：银毛龙葵多年生，难防治。全株有毒，可引起牲畜中毒。生长繁茂，分布广，随作物种子传播。近年来，随着我国从国外进口麻纺织原料量日益增多，银毛龙葵对我国的威胁越来越大。

(2) 定殖可能性评估：银毛龙葵的适应性很强，分布广，现分布于美国、墨西哥、阿根廷、巴西、智利、印度、南非、澳大利亚。在我国大部分地区定殖的可能性非常大，对我国也存在很大的危害。

2.22.3.3 扩散可能性评估。一种生物能否扩散，其生活习性是关键因素。银毛龙葵的适应性很强，分布广，因此传入我国会造成大的流行，对我国农业会造成一定的影响。

2.22.3.4 传入后果评估。银毛龙葵在桉树林保护区、古尔本保护区等是一种地区性禁止杂草，必须销毁或将其控制在一定范围内。银毛龙葵常与其他植物争夺水和养分，是耕地和牧场的主要杂草。

银毛龙葵植物各部分，尤其是成熟果实对动物有毒，常有家畜因此而受损失，牛比绵羊更易受影响，但山羊不受影响。中毒迹象为流涎、鼻音失控、呼吸困难、浮肿、颤抖、粪便稀松。银毛龙葵传入我国会造成大的流行，对我国农业会造成一定的影响，一旦银毛龙葵在我国扩散则很难防治，将会严重危害烟草、棉花、谷物、牧草等作物。随作物种子传播，生长繁茂，严重影响作物的生长，对我国的农业形成巨大危害，从而干扰我国经济的发展，并对社会和环境带来一定的负面影响。

2.22.4 总体风险归纳。多年生，难防治。全株有毒，可引起牲畜中毒。随作物种子传播。对我国的农业形成一定危害，一定程度上干扰我国经济的发展，并对社会和环境带来一定的负面影响。

2.22.5 备选方案的提出。强化大规模检测的力度，加强进口商品的产地检疫，边境口岸应对货物、包装材料、运输工具、邮件、垃圾、乘客行李等严格检疫。国内应做好随时防治银毛龙葵的准备。

2.22.6 就总体风险征求有关专家和管理者的意见。

2.22.7 评估报告的产生。

2.22.8 对风险评估报告进行评价，征求有关专家的意见。

2.22.9 风险管理。

2.22.9.1 我国目前的APL。我国已建立起较为完备的防治有害生物的机构体系，如各级检验检疫机构、植保站，并具备了大批的专家和工作人员。首先加强入境检疫力度，提高检疫人员的业务能力，争取做到拒之于国门之外；其次提高各级检疫站和植保人员的业务水平，随时发现随时防治，并及早通报疫情。

2.22.9.2　备选方案的可行性评估。切实可行。

2.22.9.3　建议的检疫措施。

（1）在生长期或开花期，到可能生长地进行踏查，根据该植物的形态特征进行鉴别，确定种类，记载混杂情况和混杂率。对进出口和国内调运的种子进行抽样检查。种子每个样品不少于1kg，检验是否带有该检疫杂草的种子。

（2）对银毛龙葵传播地需用机械工具进行彻底清除，一旦发现银毛龙葵出现立即对其进行处理；避免让牲畜吃银毛龙葵的果实，因为会增加种子传播的机会；家畜离开银毛龙葵传播地后需隔离6～7d，以防止种子通过消化道传播；耕种不是一种有效的方法，因为银毛龙葵具有发达的根系，耕种在某种方面上还促进了银毛龙葵种子的传播；银毛龙葵可通过交叉收割然后耕种而暂时得到治理；不要在银毛龙葵盛行之时进行耕种，深翻可以防止花和种子的形成。

（3）竞争性牧草可对银毛龙葵的生长产生影响，尤其是生命力强、夏季生长的植物，如紫花苜蓿。

（4）可使用下列除草剂除去牧场的银毛龙葵：2,4－D三异丙醇胺盐＋毒莠定；2,4－D乙醇酯；2,4－D异丁基酯；2,4－D异辛基酯；草甘膦异丙胺盐。连续几年使用，可彻底铲除土地上的银毛龙葵。

（5）1980年维多利亚发现了一种叶片线虫，其对银毛龙葵有防治作用。

对进口麻纺织原料等产品实施检疫检测，严格按标准执行。

2.22.9.4　征求意见。

2.22.9.5　原始管理报告。

2.22.10　PRA报告。

2.22.11　在实施检疫措施之后，应当监督其有效性，如有必要应对检疫措施进行评价，并随时更新。

2.22.12　风险交流。应将中国关心的有害生物名单及其风险管理措施建议等内容向输出国提供。进行风险评估的专家可参加双边座谈，以便制定有关条款。中国政府应及时向相应进口商通报输出国疫情，引导其进口方向。

2.23　疣果匙荠

2.23.1　由输出国提出要求，由国家质量监督检验检疫总局列入计划，并要求输出国提供有关的材料，包括随该商品传带的有害生物名单以及产地进行有关的官方防治措施。

2.23.2　潜在的检疫性有害生物的确立。

2.23.2.1　整理有害生物的完整名单。

2.23.2.2　提出会随该商品传带的有害生物名单。

2.23.2.3　确定中国关心的潜在的检疫性有害生物名单。

2.23.3　对潜在的检疫性有害杂草疣果匙荠的风险评估。

2.23.3.1 概述。

（1）学名： *Bunias orientalis* L.。

（2）分布： 分布于欧洲中部、南部和东部，亚洲西部。

（3）危害部位或传播途径： 为田间有害杂草。随作物种子传播。

2.23.3.2 传入可能性评估。

（1）进入可能性评估： 疣果匙荠生长能力强，分布广，随作物种子传播。近年来，随着我国从国外进口麻纺织原料量日益增多，疣果匙荠对我国的威胁越来越大。

（2）定殖可能性评估： 疣果匙荠的适应性很强，分布在欧洲中部、南部和东部，亚洲西部。在我国大部分地区定殖的可能性非常大，对我国也存在很大的危害。

2.23.3.3 扩散可能性评估。一种生物能否扩散，其生活习性是关键因素。疣果匙荠的适应性很强，分布广，因此传入我国会造成大的流行，对我国农业会造成一定的影响。

2.23.3.4 传入后果评估。疣果匙荠传入我国会造成大的流行，对我国农业会造成一定的影响，一旦疣果匙荠在我国扩散，将会严重危害小麦、烟草、棉花、谷物、牧草、麻类等作物。疣果匙荠生长能力强，严重影响作物的生长。对我国的农业形成巨大危害，从而干扰我国经济的发展，并对社会和环境带来一定的负面影响。

2.23.4 总体风险归纳。疣果匙荠生长能力强，严重影响作物的生长。对我国的农业形成巨大危害，从而干扰我国经济的发展，并对社会和环境带来一定的负面影响。

2.23.5 备选方案的提出。强化大规模检测的力度，加强进口商品的产地检疫，边境口岸应对货物、包装材料、运输工具、邮件、垃圾、乘客行李等严格检疫。国内应做好随时防治疣果匙荠的准备。

2.23.6 就总体风险征求有关专家和管理者的意见。

2.23.7 评估报告的产生。

2.23.8 对风险评估报告进行评价，征求有关专家的意见。

2.23.9 风险管理。

2.23.9.1 我国目前的APL。我国已建立起较为完备的防治有害生物的机构体系，如各级检验检疫机构、植保站，并具备了大批的专家和工作人员。首先加强入境检疫力度，提高检疫人员的业务能力，争取做到拒之于国门之外；其次提高各级检疫站和植保人员的业务水平，随时发现随时防治，并及早通报疫情。

2.23.9.2 备选方案的可行性评估。切实可行。

2.23.9.3 建议的检疫措施。对进口麻纺织原料等产品实施检疫检测，严格按标准执行。

2.23.9.4 征求意见。

2.23.9.5 原始管理报告。

2.23.10 PRA报告。

2.23.11 在实施检疫措施之后，应当监督其有效性，如有必要应对检疫措施进行评价，并随时更新。

2.23.12 风险交流。应将中国关心的有害生物名单及其风险管理措施建议等内容向输出国提供。进行风险评估的专家可参加双边座谈，以便制定有关条款。中国政府应及时向相应进口商通报输出国疫情，引导其进口方向。

2.24　菟丝子属

2.24.1　由输出国提出要求，由国家质量监督检验检疫总局列入计划，并要求输出国提供有关的材料，包括随该商品传带的有害生物名单以及产地进行有关的官方防治措施。

2.24.2　潜在的检疫性有害生物的确立。

2.24.2.1　整理有害生物的完整名单。

2.24.2.2　提出会随该商品传带的有害生物名单。

2.24.2.3　确定中国关心的潜在的检疫性有害生物名单。

2.24.3　对潜在的检疫性有害杂草菟丝子属的风险评估。

2.24.3.1　概述。

（1）学名：*Cuscuta* spp.。

（2）英文名：dodder。

（3）分类地位：菟丝子科（Cuscutaceae），菟丝子属（*Cuscuta*）。

（4）分布：原产于美洲，现广泛分布于全世界温暖地区，包括亚洲的伊朗、朝鲜、日本、蒙古及东南亚地区，欧洲的俄罗斯，大洋洲的澳大利亚。在我国分布于黑龙江、吉林、辽宁、河北、山西、陕西、宁夏、甘肃、内蒙古、新疆、山东、江苏、安徽、河南、浙江、福建、四川、云南、湖南、湖北。

（5）危害对象：据报道，在美国、俄罗斯及欧亚许多国家的甜菜、洋葱、果树、黄瓜、紫花苜蓿、胡椒、番茄等都受到菟丝子的严重危害。菟丝子常寄生在豆科、菊科、蓼科、苋科、藜科等多种植物上，常侵害胡麻、苎麻、花生、马铃薯和豆科牧草等旱地作物。

（6）传播途径：菟丝子主要是以种子进行传播扩散。菟丝子种子小而多，寿命长，易混杂在农作物、商品粮以及种子或饲料中作远距离传播；缠绕在寄主上的菟丝子片断也能随寄主远征，蔓延繁殖。

（7）形态特征：菟丝子系一年生寄生性草本。茎纤细，直径仅1mm，黄色至橙黄色，左旋缠绕，叶退化。花簇生节处，外有膜质苞片包被；花萼杯状，5裂，外部具脊；花冠白色，长为花萼的2倍，顶端5裂，裂片三角状卵形，向外反折；雄蕊5，花丝短，着生花冠裂口部；花冠内侧生5鳞片，鳞片近长圆形，边缘细裂成长流苏状；子房2室，每室有2个胚珠；花柱2，柱头头状。蒴果近球形，直径约3mm，成熟时全部被宿存的花冠包住，盖裂；每果种子2～4粒，卵形，淡褐色，长1～1.5mm，宽1～1.2mm，表面粗糙，有头屑状附属物；种脐线形，位于腹面的一端。

2.24.3.2　进入可能性评估。

（1）进入可能性评估：菟丝子主要是以种子进行传播扩散。菟丝子种子小而多，寿命长，易混杂在农作物、商品粮以及种子或饲料中作远距离传播。缠绕在寄主上的菟丝子片断也能随寄主远征，蔓延繁殖。近年来，随着我国从国外进口麻纺织原料等农产品日益增多，菟丝子属对我国的威胁越来越大。

（2）定殖可能性评估：菟丝子属的适应性很强，分布广。原产于美洲，现广泛分布于全世界温暖地区。对我国也存在很大的危害。

2.24.3.3 扩散可能性评估。一种生物能否扩散，其生活习性是关键因素。菟丝子属的适应性很强，分布广。菟丝子是恶性寄生杂草，本身无根无叶，借助特殊器官——吸盘吸取寄主植物的营养。菟丝子除寄生草本植物外，还能寄生藤本植物和木本植物。对禾本科植物如水稻、芦苇和百合科植物如葱等也能寄生和危害。菟丝子不仅吸取栽培作物的汁液营养而使栽培植物营养消耗殆尽，而且还缠绕在作物的周围，造成大批植物的死亡。菟丝子主要以种子繁殖，在自然条件下，种子萌发与寄主植物的生长具有同步节律性。当寄主进入生长季节时，菟丝子种子也开始萌发和寄生生长。在环境条件不适宜萌发时，种子休眠，在土壤中多年仍有生活力。菟丝子种子萌发后，长出细长的茎缠绕寄主，自种子萌发出土到缠绕上寄主约需3d；缠绕上寄主以后与寄主建立起寄生关系约需1周，此时下部即干枯而与土壤分离；从长出新苗到现蕾需1个月以上，现蕾到开花约10d，自开花到果实成熟需要20d左右。因此，菟丝子从出土到种子成熟需80～90d。菟丝子从茎的下部逐渐向上现蕾、开花、结果、成熟，同一株菟丝子上的开花结果的时间不一致，早开花的种子已经成熟，迟开花的还在结实，结果时间很长，数量多，1株菟丝子能结数千粒种子。菟丝子也能进行营养繁殖，一般离体的活菟丝子茎再与寄主植物接触，仍能缠绕，长出吸器，再次与寄主植物建立寄生关系，吸收寄主的营养，继续迅速蔓生。

2.24.3.4 传入后果评估。菟丝子常寄生在豆科、菊科、蓼科、苋科、藜科等多种植物上，它是大豆产区的恶性杂草，对旱地作物胡麻、苎麻、花生、马铃薯和豆科牧草也有较大危害。菟丝子种子在大豆幼苗出土后陆续萌发，缠绕在大豆或杂草上，反复分枝，在一个生长季节内能形成巨大的株丛，使大豆成片枯黄，可使大豆减产20%～50%甚至颗粒无收。菟丝子也常寄生在观赏植物上。据报道，在美国、俄罗斯及欧亚许多国家的甜菜、洋葱、黄瓜、紫花苜蓿、胡椒、番茄及果树等都受到菟丝子的严重危害。菟丝子主要是以种子进行传播扩散。菟丝子种子小而多，寿命长，易混杂在农作物、商品粮以及种子或饲料中作远距离传播。缠绕在寄主上的菟丝子片断也能随寄主远征，蔓延繁殖。对我国的农业形成巨大危害，从而干扰我国经济的发展，并对社会和环境带来一定的负面影响。

2.24.4 总体风险归纳。对我国的农业形成一定危害，一定程度上干扰我国经济的发展，并对社会和环境带来一定的负面影响。

2.24.5 备选方案的提出。应严格施行检疫。菟丝子属杂草种类繁多，对农作物的危害也极大。应强化大规模检测的力度，加强进口商品的产地检疫，边境口岸应对货物、包装材料、运输工具、邮件、垃圾、乘客行李等严格检疫。国内应做好随时防治菟丝子属的准备。

2.24.6 就总体风险征求有关专家和管理者的意见。

2.24.7 评估报告的产生。

2.24.8 对风险评估报告进行评价，征求有关专家的意见。

2.24.9 风险管理。

2.24.9.1 我国目前的APL。我国已建立起较为完备的防治有害生物的机构体系，如各级检验检疫机构、植保站，并具备了大批的专家和工作人员。首先加强入境检疫力度，提高检疫人员的业务能力，争取做到拒之于国门之外；其次提高各级检疫站和植保人员的业

务水平，随时发现随时防治，并及早通报疫情。

2.24.9.2　备选方案的可行性评估。切实可行。

2.24.9.3　建议的检疫措施。

（1）**产地调查**：在生长期，根据各种菟丝子形态特征进行鉴别。

（2）**室内检验**：①目检。对从国外进口的植物种子和国内调运的种子进行抽样检查，每个样品不少于1kg，按照各种菟丝子种子特征用解剖镜进行鉴别，计算混杂率；对调运的苗木等带茎叶材料及所带土壤，也必须严格仔细地进行检验，可用肉眼或放大镜直接检查。②筛检。对按规定所检种子进行过筛检查，并按各种菟丝子种子特征用解剖镜进行鉴别，计算混杂率；如检查种子与菟丝子种子大小相似的，可采取相对密度法、滑动法检验，并用解剖镜按各种种子的特征进行鉴别，计算混杂率。

（3）**隔离种植鉴定**：如不能鉴定到种，可以通过隔离种植，根据花果的特征进行鉴定。

（4）如发现有菟丝子混杂，可用合适的筛子过筛清除混杂在调运种子中的菟丝子种子，将筛下的菟丝子作销毁处理。

（5）在大豆出苗后，结合中耕除草，拔除并烧毁被菟丝子缠绕的植株。用玉米、高粱、谷子等作物与大豆轮作，防除效果很好。亚麻不能连作，应建立留种区，严格防止菟丝子混杂。

（6）用除草剂拉索、毒草胺等对菟丝子进行防除，有一定的防治效果，胺草磷、地乐胺防治大豆田中的菟丝子有高效，同时能防除大豆苗期的其他杂草，消灭桥梁寄主。

对进口麻纺织原料等产品实施检疫检测，严格按标准执行。

2.24.9.4　征求意见。

2.24.9.5　原始管理报告。

2.24.10　PRA报告。

2.24.11　在实施检疫措施之后，应当监督其有效性，如有必要应对检疫措施进行评价，并随时更新。

2.24.12　风险交流。应将中国关心的有害生物名单及其风险管理措施建议等内容向输出国提供。进行风险评估的专家可参加双边座谈，以便制定有关条款。中国政府应及时向相应进口商通报输出国疫情，引导其进口方向。

3　进境麻类中病害的风险分析

3.1　番茄斑萎病毒

3.1.1　由输出国提出要求，由国家质量监督检验检疫总局列入计划，并要求输出国提供有关的材料，包括随该商品传带的有害生物名单以及产地进行有关的官方防治措施。

3.1.2　潜在的检疫性有害生物的确立。

3.1.2.1　整理有害生物的完整名单。

3.1.2.2　提出会随该商品传带的有害生物名单。

3.1.2.3 确定中国关心的潜在的检疫性有害生物名单。

3.1.3 对潜在的检疫性有害生物番茄斑萎病毒的风险评估。

3.1.3.1 概述。

（1）学名： *Tomato spotted wilt virus*。

（2）异名： 番茄斑萎病毒群（tomato spotted wilt virus group），番茄斑萎病毒（*Tomato spotted wilt virus*），凤梨黄斑病毒（Pineapple yellow spot virus），落花生环斑病毒（Groundnut ringspot virus），绿豆曲叶病毒（Mung bean leaf curl virus），大丽花病毒（Dahlia ringspot virus），大丽花黄色环斑病毒（Dahlia yellow ringspot virus），西瓜银斑病毒（Watermelon silver mottle virus）。

（3）英文名： tomato spotted wilt virus。

（4）分布： 主要分布在欧洲的比利时、保加利亚、克罗地亚、捷克、丹麦、芬兰、法国、德国、希腊、克里特岛、匈牙利、爱尔兰、意大利、西西里岛、立陶宛、马耳他、摩尔达维亚、荷兰、挪威、波兰、葡萄牙、罗马尼亚、俄罗斯、斯洛伐克、西班牙、加那利群岛、瑞典、瑞士、乌克兰、英国、前南斯拉夫；亚洲的阿富汗、亚美尼亚、阿塞拜疆、中国、塞浦路斯、印度、以色列、日本、马来西亚、尼泊尔、巴基斯坦、沙特阿拉伯、斯里兰卡、泰国、土耳其、乌兹别克；非洲的阿尔及利亚、刚果、埃及、利比亚、马达加斯加、毛里求斯、摩洛哥、尼日尔、尼日利亚、塞内加尔、南非、苏丹、坦桑尼亚、突尼斯、乌干达、津巴布韦；美洲的加拿大、墨西哥、美国（包括夏威夷）；大洋洲的澳大利亚、加罗林群岛、新西兰、巴布亚新几内亚。

（5）寄主： 主要寄主有矮牵牛、百日菊、报春花、菜豆、蚕豆、大豆、大绣球、灯笼果、番木瓜、番茄、凤仙花、孤挺花、假酸浆、金甲豆、菊、辣椒、落花生、马铃薯、马蹄莲、曼陀罗、三生烟、酸浆属一种、豌豆、西瓜、香豌豆、向日葵、烟草、菽麻、瓜叶菊、甜菜。

（6）危害部位或传播途径： 种子或苗木可传毒，蓟马可传毒。番茄斑萎病毒容易通过介体进行自然传播（OEPP/EPPO，1989），也可以随寄主植物（盆栽或种植材料）进行国际传播，特别是这些寄主带有介体时，更容易传播该病毒。

①介体传播：由牧草虫 *Thrips tabaci*、*Frankliniella schultzei*、*F. occidentalia* 和 *F. fusca*（Sakimura，1961，1962；Best，1968）传播。由幼虫获毒而非成虫，但仅由成虫传播。然而仅由幼虫期喂养在感染植物上的成虫传播（Bald 和 Samuel，1931），报道对 *T. tabaci* 的最短获毒期是 15min，后期（接种）是 4～10d，依赖于介体品种。

②摩擦接种：摩擦接种在瓜叶菊和番茄中，感染率达 96%（Jones，1944），但 Crowley（1957）仅发现 1%感染；病毒明显由甲壳携带而非胚芽；种传未见报道。

3.1.3.2 传入可能性评估。

（1）进入可能性评估： 番茄斑萎病毒寄主多，分布广。近年来，随着我国从国外进口麻纺织原料等农产品日益增多，番茄斑萎病毒对我国的威胁越来越大。

（2）定殖可能性评估： 番茄斑萎病毒的适应性很强，分布广。现主要分布在阿富汗、阿尔巴尼亚、阿根廷、奥地利、澳大利亚、比利时、保加利亚、玻利维亚、巴西、加拿大、瑞士、科特迪瓦、智利、捷克、斯洛伐克、塞浦路斯、德国、丹麦、埃及、法国、英国、希腊、圭亚那、爱尔兰、印度、意大利、牙买加、日本、马达加斯加、毛里求斯、墨西哥、荷兰、挪威、新西兰、巴布亚新几内亚、波多黎各、瑞典、俄罗斯、坦桑尼亚、乌干达、美国、乌拉圭、前南斯拉夫、南非，我国亦有分布。

3.1.3.3　扩散可能性评估。一种生物能否扩散，其生活习性是关键因素。番茄斑萎病毒的适应性很强，分布广，因此传入我国会造成大的流行，对我国农业会造成一定的影响。

3.1.3.4　传入后果评估。通过参考经济上重要的蔬菜、观赏植物和生产作物的部分品种描述症状，番茄斑萎病毒能在相同的寄主品种上，因栽培植物、年限、营养和环境条件的变化诱导多种症状。番茄斑萎病毒分离物通常生物学性质不同。作为不同的分离物在分子和血清学性质上或是相同或是轻微差异，极少阐述这些生物学性质。其他番茄斑萎病毒种引起的症状与番茄斑萎病毒引起的症状并无主要区别。最大的注意力应用于借助独一无二的症状来区分番茄斑萎病毒种。茄果类蔬菜的接种可能导致缺陷型的干扰 RNAs 的产生。这些 RNAs 由 L RNA 中的缺失形成，包括这些 DI RNAs 的分离物症状减轻（Resende 等，1991b；Inoue-Nagata 等，1997），并且较少由牧草虫传播（Nagata 等，1998）。番茄斑萎病毒传入我国会造成大的流行，对我国农业会造成一定的影响，一旦番茄斑萎病毒在我国扩散则很难防治，将会严重危害矮牵牛、百日菊、报春花、菜豆、蚕豆、大豆、大绣球、灯笼果、番木瓜、番茄、凤仙花、孤挺花、假酸浆、金甲豆、菊、辣椒、落花生、马铃薯、马蹄莲、曼陀罗、三生烟、酸浆属一种、豌豆、西瓜、香豌豆、向日葵、烟草、蓖麻、瓜叶菊、甜菜。种子或苗木可传毒，蓟马可传毒。对我国的农业形成巨大危害，从而干扰我国经济的发展，并对社会和环境带来一定的负面影响。

3.1.4　总体风险归纳。对我国的农业形成一定危害，一定程度上干扰我国经济的发展，并对社会和环境带来一定的负面影响。

3.1.5　备选方案的提出。强化大规模检测的力度，加强进口商品的产地检疫，边境口岸应对货物、包装材料、运输工具、邮件、垃圾、乘客行李等严格检疫。

3.1.6　就总体风险征求有关专家和管理者的意见。

3.1.7　评估报告的产生。

3.1.8　对风险评估报告进行评价，征求有关专家的意见。

3.1.9　风险管理。

3.1.9.1　我国目前的 APL。我国已建立起较为完备的防治有害生物的机构体系，如各级检验检疫机构、植保站，并具备了大批的专家和工作人员。首先加强入境检疫力度，提高检疫人员的业务能力，争取做到拒之于国门之外；其次提高各级检疫站和植保人员的业务水平，随时发现随时防治，并及早通报疫情。

3.1.9.2　备选方案的可行性评估。切实可行。

3.1.9.3　建议的检疫措施。

（1）番茄斑萎病毒能够通过汁液接种侵染诊断寄主（Ie，1970）。矮牵牛是最常见的实验寄主之一，在适宜条件下，接种 2～4d 后便出现局部褐色斑。该品种作为温室中带毒蚜虫存在与否的指示性植物（Allen 和 Matteoni，1991）。该品种的叶盘成功用于在传播研究中（Wijkamp 等，1993）。*Nicotiana benthamiana*、*N. clevelandii*、*N. glutinosa*、*N. rustica* 和 *N. tabacum* 经常显示从小到大局部坏死或伴随着系统侵染的环状坏死。然后，第一个症状是发展为色斑、花叶或坏死的叶脉萎黄病，或植株死亡（*N. benthamiana* 和 *N. clevelandii*）。损伤的数量及其大小、类型和系统症状的严重度均依赖于病毒分离物。也许 *N. benthamiana* 是最感病的品种。有时 *Datura stramonium* 是首选的诊断寄主。与烟草花叶病毒共侵染的植物材料必须用 *N. glutinosa* 测试，而与 PVY 共侵染的则用 *D. stramonium* 测试。在接种 *Cucumis sativus* 后 4～5d，子叶显示带有坏死中心的变色损害。某些分离物在真叶上出现坏死损害。接种幼嫩植株更为有效，接种老植株存在一定困难，但如果使用加入还原剂（如亚硫酸钠）的中性磷酸缓冲液可以大大提高接种的成功率。人们推荐，不是在植物中保持病毒，而是通过在－70℃染病植物材料的保存，以防止其他病毒的共侵染、突变株的（缺陷型干扰分离物）产生和牧草虫传播性的丧失。

（2）利用核衣壳部分制备的针对大部分种的抗血清，现在很有效。这些抗血清非常特异，极易区分不同的种。由于病毒很难纯化，难以制备针对完整病毒的高质量抗血清。对于来自染病植物（Gonsalves 和 Trujillo，1986；Resende 等，1991a）和牧草虫（Cho 等，1988；Wijkamp 等，1993；Aramburu 等，1996）的抽提物，ELISA 是最常用的血清学实验。利用由核衣壳蛋白制备的多克隆抗体，ELISA 双抗体夹心直接法可以分别测出番茄斑萎病毒的不同株系（Sherwood 等，1989；Huguenot 等 1990；Wang 和 Gonsalves，1990；Law 和 Moyer，1990）。当用不同类型的 ELISA 检测时，使用一个且相同的抗血清的反应中番茄斑萎病毒无大变化（Adam 等，1996）。番茄斑萎病毒对不同抗血清的各种 ELISA 反应差异很大（de Avila 等，1990；Law 和 Moyer，1990；Wangt 和 Gonsalves，1990）。

（3）目前还没有直接的防治措施，只能通过防治蓟马介体或采取适当检疫措施而进行。苗床要相对隔离，温室内外没有杂草，四周不宜种植感病植物，以减少蓟马数量和控制感染源。定期监测温室中蓟马，植株一旦发病，立即铲除。细网眼的网状物对于隔离牧草虫可能很有用（Lacasa 等，1994）。栽培后的温室应该有规则地且周期性地检查。作物中的牧草虫的存在应该使用黄色黏性卡监控。如果作物中出现病害，染病植物应该铲除并立即摧毁，并且用抗牧草虫的杀虫剂处理房子。类似的预防措施应该在大田中执行。在田间，除了采取以上的防治措施之外，还可使用化学防治措施（Bournier，1990），但如果反复使用同一种杀虫剂，*F. occidentalis* 会产生抗性（OEPP/EPPO，1989）。因此，要更换使用不同的杀虫剂。观赏寄主（菊花、天竺葵）的无病毒证明方案的应用使得现在番茄斑萎病毒成为检测的最重要病毒之一（OEPP/EPPO，1992）。在一些国家，应用生物方法和综合防治措施控制温室内的蓟马，收到很好的效果（Bennison，1988；Bonde，1989；Gillespie，1989；Ramakers 等，1989；Trottin-Caudal 和 Grasselly，1989）。在美国路易斯安那，番茄和辣椒用铝膜覆盖可减少 33%～68%的蓟马，番茄斑萎病毒的发病率下降 60%～78%（Greenough 等，1990）。这些结果支持牧草虫成虫扩散期间和寻求寄主期间为主要传播期的常规观点，说明了番茄和落花生中番茄斑萎病毒病的发生率（Camann 等，1995）也可能在大部分作物中存在。有关该病毒和介体之间的关系，以及应用化学方法防治番茄斑萎病毒发生的研究报道很少。Yudin 等人（1990）提出了该病害疫情预测和管理模式，它为受害莴苣提供了早期管理和防治的办法。

（4）对温室中的感病寄主植物，应定期检测病毒，并严格防治介体。铲除染病植物，尤其是发生率低的时候，可防止病害进一步扩展。这一实践的应用依赖于作物及其年限，和侵染是否在作物中扩散的问题。一般情况下，严重受害的作物应当铲除，并种植抗病的植物材料。收获后温室中所有植物残留物都应消除，使用健康种植材料。去除或铲除带有牧草虫的严重染病作物后，土壤必须消毒。从染病蛹中产生的带毒成虫会对新的作物形成威胁。

对进口麻纺织原料等产品实施检疫检测，严格按标准执行。

3.1.9.4　征求意见。

3.1.9.5　原始管理报告。

3.1.10　PRA 报告。

3.1.11　在实施检疫措施之后，应当监督其有效性，如有必要应对检疫措施进行评价，并随时更新。

3.1.12　风险交流。应将中国关心的有害生物名单及其风险管理措施建议等内容向输出国提供。进行风险评估的专家可参加双边座谈，以便制定有关条款。中国政府应及时向相应进口商通报输出国疫情，引导其进口方向。

3.2　豇豆花叶病毒

3.2.1　由输出国提出要求，由国家质量监督检验检疫总局列入计划，并要求输出国提供有关的材料，包括随该商品传带的有害生物名单以及产地进行有关的官方防治措施。

3.2.2　潜在的检疫性有害生物的确立。

3.2.2.1　整理有害生物的完整名单。

3.2.2.2　提出会随该商品传带的有害生物名单。

3.2.2.3　确定中国关心的潜在的检疫性有害生物名单。

3.2.3　对潜在的检疫性有害生物豇豆花叶病毒的风险评估。

3.2.3.1　概述。

（1）学名： *Cowpea mosaic virus*。

（2）异名： 豇豆黄花叶病毒（Cowpea yellow mosaic virus）。

（3）英文名： cowpea mosaic virus。

（4）分类地位： 豇豆花叶病毒属（典型株系为 SB 株系）寄主范围很窄，在豆科植物以外就很少有其他寄主，几乎所有寄主都在接种叶上出现坏死和褪绿斑。不同的豇豆品种在症状反应和症状严重程度上有很大差别，免疫、耐病和高感都有出现。在感病寄主上的症状可以从几近看不见的褪绿斑驳到明显的花叶和叶片畸形，并导致生长弱小。

（5）分布： 分布于南美、古巴、日本、肯尼亚、尼日利亚、荷兰、苏里南、特利尼达和多巴哥、坦桑尼亚、美国。

（6）寄主： 寄主有百日菊、大豆、落花生、眉豆、菽麻、豇豆等。

（7）危害部位或传播途径： 种子、叶甲可传。

①介体传播：可通过甲虫的口器传播。在非洲，金花甲虫是一种有效的传毒甲虫（Chant，1959；Bock，1971）。但是，*Paraluperodes quaternus*（Chrysomelidae）和

Nematocerus acerbus（Curculionidae）也能传毒（Whitney 和 Gilmer，1974）。在苏里南和古巴，*Ceratoma variegata* 和 *C. ruciformis* 被认为是一种传毒介体（van Hoof，1963；Kvicala 等，1970）。Jansen 和 Staples（1971）列举了 *C. trifurcata*、*Diabrotica balteata*、*D. undecimpunctata howardi*、*D. virgifera* 和 *Acalymma vittatum*（所有金花科甲虫）均为传毒介体。甲虫持毒期可达 1～2d 甚至超过 8d（Chant，1959；Jansen 和 Staples，1971），传播效率和侵染持久力与饲养介体的数量有关（Jansen 和 Staples，1971）。在甲虫的排泄物中的病毒也具有侵染力（Kvicala 等，1970）。Whitney 和 Gilmer（1974）报道病毒还可以通过两种蓟马［枕丝蓟马（*Sericothrips occipitalis*）和丝带蓟马（*Taniothrips sjostedt*）］和两种蝗虫（*Cantotops spissus* 和 *Zonocerus variegatus*）传播。

②种传：在尼日利亚，Gilmer、Whitney 和 Williams（1974）报道种子传毒率达1%～5%。

3.2.3.2 传入可能性评估。

（1）进入可能性评估：豇豆花叶病毒寄主多，主要有百日菊、大豆、落花生、眉豆、菽麻、豇豆等，分布广。近年来，随着我国从国外进口麻纺织原料等农产品日益增多，豇豆花叶病毒对我国的威胁越来越大。

（2）定殖可能性评估：豇豆花叶病毒的适应性很强，分布广，现主要分布在南美、古巴、日本、肯尼亚、尼日利亚、荷兰、苏里南、特利尼达和多巴哥、坦桑尼亚、美国。在我国大部分地区定殖的可能性非常大，对我国也存在很大的危害。

3.2.3.3 扩散可能性评估。一种生物能否扩散，其生活习性是关键因素。豇豆花叶病毒的适应性很强，分布广，因此传入我国会造成大的流行，对我国农业会造成一定的影响。

3.2.3.4 传入后果评估。豇豆花叶病毒传入我国会造成大的流行，对我国农业会造成一定的影响，一旦豇豆花叶病毒在我国扩散则很难防治，将会严重危害百日菊、大豆、落花生、眉豆、菽麻、豇豆等。种子、叶甲可传毒。对我国的农业形成巨大危害，从而干扰我国经济的发展，并对社会和环境带来一定的负面影响。

3.2.4 总体风险归纳。对我国的农业形成一定危害，一定程度上干扰我国经济的发展，并对社会和环境带来一定的负面影响。

3.2.5 备选方案的提出。强化大规模检测的力度，加强进口商品的产地检疫，边境口岸应对货物、包装材料、运输工具、邮件、垃圾、乘客行李等严格检疫。国内应做好随时防治豇豆花叶病毒的准备。

3.2.6 就总体风险征求有关专家和管理者的意见。

3.2.7 评估报告的产生。

3.2.8 对风险评估报告进行评价，征求有关专家的意见。

3.2.9 风险管理。

3.2.9.1 我国目前的 APL。我国已建立起较为完备的防治有害生物的机构体系，如各级检验检疫机构、植保站，并具备了大批的专家和工作人员。首先加强入境检疫力度，提高检疫人员的业务能力，争取做到拒之于国门之外；其次提高各级检疫站和植保人员的业务水平，随时发现随时防治，并及早通报疫情。

3.2.9.2 备选方案的可行性评估。切实可行。

3.2.9.3　建议的检疫措施。在菜豆（*Vigna* spp.）上引起花叶病，导致叶片变小、花的数目减少，产量减少达95%，但晚期侵染比早期侵染对产量的影响要小（Chant，1960）。

对进口麻纺织原料等产品实施检疫检测，严格按标准执行。

3.2.9.4　征求意见。

3.2.9.5　原始管理报告。

3.2.10　PRA报告。

3.2.11　在实施检疫措施之后，应当监督其有效性，如有必要应对检疫措施进行评价，并随时更新。

3.2.12　风险交流。应将中国关心的有害生物名单及其风险管理措施建议等内容向输出国提供。进行风险评估的专家可参加双边座谈，以便制定有关条款。中国政府应及时向相应进口商通报输出国疫情，引导其进口方向。

3.3　棉花卷叶病毒

3.3.1　由输出国提出要求，由国家质量监督检验检疫总局列入计划，并要求输出国提供有关的材料，包括随该商品传带的有害生物名单以及产地进行有关的官方防治措施。

3.3.2　潜在的检疫性有害生物的确立。

3.3.2.1　整理有害生物的完整名单。

3.3.2.2　提出会随该商品传带的有害生物名单。

3.3.2.3　确定中国关心的潜在的检疫性有害生物名单。

3.3.3　对潜在的检疫性有害生物棉花卷叶病毒的风险评估。

3.3.3.1　概述。

（1）学名： *Cotton leaf curl virus*。

（2）分布： 分布于印度、巴基斯坦、苏丹、尼日利亚、中东、墨西哥、美国。

（3）寄主： 主要寄主有苘麻、棉、番茄、烟草、豆类、柑橘。

（4）危害部位或传播途径： 苗木、粉虱均可传毒。

3.3.3.2　传入可能性评估。

（1）进入可能性评估： 棉花卷叶病毒寄主多，分布广。近年来，随着我国从国外进口麻纺织原料等农产品日益增多，棉花卷叶病毒对我国的威胁越来越大。

（2）定殖可能性评估： 棉花卷叶病毒的适应性很强，分布广，现主要分布在印度、巴基斯坦、苏丹、尼日利亚、中东、墨西哥、美国。在我国大部分地区定殖的可能性非常大，对我国也存在很大的危害。

3.3.3.3　扩散可能性评估。一种生物能否扩散，其生活习性是关键因素。棉花卷叶病毒的适应性很强，分布广，因此传入我国会造成大的流行，对我国农业会造成一定的影响。

3.3.3.4　传入后果评估。棉花卷叶病毒传入我国会造成大的流行，对我国农业会造成一定的影响，一旦棉花卷叶病毒在我国扩散则很难防治，将会严重危害苘麻、棉、番茄、烟草、豆类、柑橘。苗木、粉虱可传毒。对我国的农业形成巨大危害，从而干扰我国经济的发展，并对社会和环境带来一定的负面影响。

3.3.4 总体风险归纳。对我国的农业形成一定危害，一定程度上干扰我国经济的发展，并对社会和环境带来一定的负面影响。

3.3.5 备选方案的提出。强化大规模检测的力度，加强进口商品的产地检疫，边境口岸应对货物、包装材料、运输工具、邮件、垃圾、乘客行李等严格检疫。国内应做好随时防治棉花卷叶病毒的准备。

3.3.6 就总体风险征求有关专家和管理者的意见。

3.3.7 评估报告的产生。

3.3.8 对风险评估报告进行评价，征求有关专家的意见。

3.3.9 风险管理。

3.3.9.1 我国目前的 APL。我国已建立起较为完备的防治有害生物的机构体系，如各级检验检疫机构、植保站，并具备了大批的专家和工作人员。首先加强入境检疫力度，提高检疫人员的业务能力，争取做到拒之于国门之外；其次提高各级检疫站和植保人员的业务水平，随时发现随时防治，并及早通报疫情。

3.3.9.2 备选方案的可行性评估。切实可行。

3.3.9.3 建议的检疫措施。对进口麻纺织原料等产品实施检疫检测，严格按标准执行。

3.3.9.4 征求意见。

3.3.9.5 原始管理报告。

3.3.10 PRA 报告。

3.3.11 在实施检疫措施之后，应当监督其有效性，如有必要应对检疫措施进行评价，并随时更新。

3.3.12 风险交流。应将中国关心的有害生物名单及其风险管理措施建议等内容向输出国提供。进行风险评估的专家可参加双边座谈，以便制定有关条款。中国政府应及时向相应进口商通报输出国疫情，引导其进口方向。

3.4 三叶草胡麻斑病菌

3.4.1 由输出国提出要求，由国家质量监督检验检疫总局列入计划，并要求输出国提供有关的材料，包括随该商品传带的有害生物名单以及产地进行有关的官方防治措施。

3.4.2 潜在的检疫性有害生物的确立。

3.4.2.1 整理有害生物的完整名单。

3.4.2.2 提出会随该商品传带的有害生物名单。

3.4.2.3 确定中国关心的潜在的检疫性有害生物名单。

3.4.3 对潜在的检疫性有害生物三叶草胡麻斑病菌的风险评估。

3.4.3.1 概述。

（1）学名： *Leptosphaerulina trifolii*（Rostr.）Petr.。

（2）异名： *Leptosphaerulina briosiana*（Pollich）Graham & Luttr，*Sphaerulina trifolii* Rostrup，*Pleosphaerulina arachidis* Khokhryakov。

（3）英文名： leaf spot，halo spot，pepper spot，brown leaf spot，pseudoplea leaf spot，pepper spot。

（4）分类地位：真菌界（Fungi），子囊菌门（Ascomycota），盘菌亚门（Pezizomycotina），座囊菌纲（Dothideomycetes），格孢腔菌目（Pleosporales），格孢腔菌科（Pleosporaceae），小光壳属（*Leptosphaerulina*）。

（5）分布：国外广泛分布。我国主要分布在吉林。

（6）寄主：寄主有三叶草、苜蓿、十字花科、豆科、禾本科、茄科、大戟科。

（7）危害部位或传播途径：种子传毒。

（8）形态特征：该病通常有几个名称，包括胡麻斑病、叶斑病、褐叶菌病等，美国、加拿大及欧洲和亚洲的部分地区一般都用"胡麻斑菌病"（pepper spot）这个称法。黑褐色直径约1mm的小病斑大量产生，整个叶片看起来像是撒了黑色胡椒粉，病斑的周围逐渐变黄及叶片最终枯萎。该病在凉爽而多雨的条件下严重发生。在老病斑上形成黑色小粒（子囊果）。该种致病生物体与紫花苜蓿胡麻病菌是不同的。

（9）生物学特性：这种真菌在死亡的叶片上越夏，并且于晚秋或早春时期扩展。气生的子囊孢子是唯一的接种体，还没有发现分生孢子阶段。凉爽潮湿的气候条件有利于该病害的发展。低温高湿是诱发该病的重要条件，特别在那些夏天比较凉爽且湿度较大的地区其破坏力更大。处于幼苗期的植物最容易感染，尤其是那些刈割后刚长出的新苗。现在已证实致病的病原体 *Leptosphaerulina trifolii*（Rostr.）Petr. 没有显著易分辨的无性繁殖阶段，它是以菌丝体或假囊壳的形式寄居于土壤表面被感染的叶子上越冬。叶面上的子囊果会产生囊孢子，光线对囊孢子的产生具有决定性作用，在暗处几乎不会产生囊孢子。生成的囊孢子被释放出来后随风传播，当环境条件成熟时就会感染易感组织。北方的春季、初夏和秋季以及南方的冬至期都是该病的典型发病期。在环境温度达到22～25℃，同时叶面有游离水存在时孢子就可以萌芽。孢子可直接通过受体的表皮侵入到组织内。在菌丝侵入前组织也能被感染，表明真菌在组织内产生了有毒代谢物。在最适宜的温度（20℃）和湿度下该病的发病率会大大增加。

3.4.3.2　传入可能性评估。

（1）进入可能性评估：三叶草胡麻斑病菌寄主多，主要有三叶草、苜蓿、十字花科、豆科、禾本科、茄科、大戟科，分布广。近年来，随着我国从国外进口麻纺织原料等农产品日益增多，三叶草胡麻斑病菌对我国的威胁越来越大。

（2）定殖可能性评估：三叶草胡麻斑病菌的适应性很强，分布广。对我国也存在很大的危害。

3.4.3.3　扩散可能性评估。一种生物能否扩散，其生活习性是关键因素。三叶草胡麻斑病菌的适应性很强，分布广，我国有分布，如果在我国造成大的流行，对我国农业会造成一定的影响。

3.4.3.4　传入后果评估。三叶草胡麻斑病菌传入我国会造成大的流行，对我国农业会造成一定的影响，一旦三叶草胡麻斑病菌在我国扩散则很难防治，将会严重危害三叶草、苜蓿、十字花科、豆科、禾本科、茄科、大戟科。传播途径是种子传毒。对我国的农业形成巨大危害，从而干扰我国经济的发展，并对社会和环境带来一定的负面影响。

3.4.4　总体风险归纳。对我国的农业形成一定危害，一定程度上干扰我国经济的发展，

并对社会和环境带来一定的负面影响。

3.4.5 备选方案的提出。强化大规模检测的力度，加强进口商品的产地检疫，边境口岸应对货物、包装材料、运输工具、邮件、垃圾、乘客行李等严格检疫。国内应做好随时防治三叶草胡麻斑病菌的准备。

3.4.6 就总体风险征求有关专家和管理者的意见。

3.4.7 评估报告的产生。

3.4.8 对风险评估报告进行评价，征求有关专家的意见。

3.4.9 风险管理。

3.4.9.1 我国目前的APL。我国已建立起较为完备的防治有害生物的机构体系，如各级检验检疫机构、植保站，并具备了大批的专家和工作人员。首先加强入境检疫力度，提高检疫人员的业务能力，争取做到拒之于国门之外；其次提高各级检疫站和植保人员的业务水平，随时发现随时防治，并及早通报疫情。

3.4.9.2 备选方案的可行性评估。切实可行。

3.4.9.3 建议的检疫措施。

（1）危害症状观察和实验病菌分离培养形态鉴定。

（2）使用一些一定程度上表现出抗性的栽培品种，尽可能提早收割时间，以及适当使用杀真菌剂。

对进口麻纺织原料等产品实施检疫检测，严格按标准执行。

3.4.9.4 征求意见。

3.4.9.5 原始管理报告。

3.4.10 PRA报告。

3.4.11 在实施检疫措施之后，应当监督其有效性，如有必要应对检疫措施进行评价，并随时更新。

3.4.12 风险交流。应将中国关心的有害生物名单及其风险管理措施建议等内容向输出国提供。进行风险评估的专家可参加双边座谈，以便制定有关条款。中国政府应及时向相应进口商通报输出国疫情，引导其进口方向。

3.5 豌豆早枯病毒

3.5.1 由输出国提出要求，由国家质量监督检验检疫总局列入计划，并要求输出国提供有关的材料，包括随该商品传带的有害生物名单以及产地进行有关的官方防治措施。

3.5.2 潜在的检疫性有害生物的确立。

3.5.2.1 整理有害生物的完整名单。

3.5.2.2 提出会随该商品传带的有害生物名单。

3.5.2.3 确定中国关心的潜在的检疫性有害生物名单。

3.5.3 对潜在的检疫性有害生物豌豆早枯病毒的风险评估。

3.5.3.1 概述。

（1）学名：*Pea early-browning virus*。

（2）分布：分布于比利时、荷兰、法国、英国、爱尔兰、墨西哥。

（3）寄主：寄主有菜豆、蚕豆、金甲豆、落花生、深红三叶草、豌豆、亚麻、苜蓿、荠菜、绛车轴草、大豆、甜菜、番茄、黄瓜、西葫芦等。

（4）危害部位或传播途径：种子传毒，线虫可在田间传播。

3.5.3.2　传入可能性评估。

（1）进入可能性评估：豌豆早枯病毒寄主多，主要有菜豆、蚕豆、金甲豆、落花生、深红三叶草、豌豆、亚麻、苜蓿、荠菜、绛车轴草、大豆、甜菜、番茄、黄瓜、西葫芦等，分布广。近年来，随着我国从国外进口麻纺织原料等农产品日益增多，豌豆早枯病毒对我国的威胁越来越大。

（2）定殖可能性评估：豌豆早枯病毒的适应性很强，分布广，现主要分布在比利时、荷兰、法国、英国、爱尔兰、墨西哥。在我国大部分地区定殖的可能性非常大，对我国也存在很大的危害。

3.5.3.3　扩散可能性评估。一种生物能否扩散，其生活习性是关键因素。豌豆早枯病毒的适应性很强，分布广，因此传入我国会造成大的流行，对我国农业会造成一定的影响。

3.5.3.4　传入后果评估。豌豆早枯病毒传入我国会造成大的流行，对我国农业会造成一定的影响，一旦豌豆早枯病毒在我国扩散则很难防治，将会严重危害菜豆、蚕豆、金甲豆、落花生、深红三叶草、豌豆、亚麻、苜蓿、荠菜、绛车轴草、大豆、甜菜、番茄、黄瓜、西葫芦等。种子传毒，线虫可在田间传播。对我国的农业形成巨大危害，从而干扰我国经济的发展，并对社会和环境带来一定的负面影响。

3.5.4　总体风险归纳。对我国的农业形成一定危害，一定程度上干扰我国经济的发展，并对社会和环境带来一定的负面影响。

3.5.5　备选方案的提出。强化大规模检测的力度，加强进口商品的产地检疫，边境口岸应对货物、包装材料、运输工具、邮件、垃圾、乘客行李等严格检疫。国内应做好随时防治豌豆早枯病毒的准备。

3.5.6　就总体风险征求有关专家和管理者的意见。

3.5.7　评估报告的产生。

3.5.8　对风险评估报告进行评价，征求有关专家的意见。

3.5.9　风险管理。

3.5.9.1　我国目前的APL。我国已建立起较为完备的防治有害生物的机构体系，如各级检验检疫机构、植保站，并具备了大批的专家和工作人员。首先加强入境检疫力度，提高检疫人员的业务能力，争取做到拒之于国门之外；其次提高各级检疫站和植保人员的业务水平，随时发现随时防治，并及早通报疫情。

3.5.9.2　备选方案的可行性评估。切实可行。

3.5.9.3　建议的检疫措施。对进口麻纺织原料等产品实施检疫检测，严格按标准执行。

3.5.9.4　征求意见。

3.5.9.5　原始管理报告。

3.5.10　PRA报告。

3.5.11　在实施检疫措施之后，应当监督其有效性，如有必要应对检疫措施进行评价，并随时更新。

3.5.12 风险交流。应将中国关心的有害生物名单及其风险管理措施建议等内容向输出国提供。进行风险评估的专家可参加双边座谈，以便制定有关条款。中国政府应及时向相应进口商通报输出国疫情，引导其进口方向。

3.6 橡胶白根病菌

3.6.1 由输出国提出要求，由国家质量监督检验检疫总局列入计划，并要求输出国提供有关的材料，包括随该商品传带的有害生物名单以及产地进行有关的官方防治措施。

3.6.2 潜在的检疫性有害生物的确立。

3.6.2.1 整理有害生物的完整名单。

3.6.2.2 提出会随该商品传带的有害生物名单。

3.6.2.3 确定中国关心的潜在的检疫性有害生物名单。

3.6.3 对潜在的检疫性有害生物橡胶白根病菌的风险评估。

3.6.3.1 概述。

（1）学名： *Rigidoporus lignosus*（Klotzsch）Imaz.。

（2）异名： *Fomes lignosus*（Klotzsch）Bres.，*Fomes auberianus*（Mont.）Murrill，*Leptoporus lignosus*（Klotzsch）R. Heim，*Rigidoporus microsporus*（Sw.）Overeem，*Polyporus lignosus* Klotzsch，*Rigidoporus microsporus*（Sw.）Overeem，*Fomes semitostus* Berk.，*Oxyporus auberianus*（Mont.）Kreisel。

（3）英文名： white root disease of rubber，white thread，root rot disease。

（4）分类地位： 担子菌亚门（Basidiomycota），层锈菌纲（Hymenomycetes），非褶菌目（Aphyllophorales），硬孔菌属（*Rigidoporus*）。

（5）分布： 分布于安哥拉、喀麦隆、科特迪瓦、尼日利亚、塞拉利昂、乌干达、刚果（金）、中非、刚果（布）、达荷美、埃塞俄比亚、加蓬、缅甸、印度、印度尼西亚、马来西亚、菲律宾、斯里兰卡、泰国、越南、哥斯达黎加、危地马拉、特立尼达和多巴哥、阿根廷、巴西、圭亚那、秘鲁、墨西哥、新赫布里底群岛、巴布亚新几内亚。

（6）寄主： 寄主有橡胶属、可可、槟榔、咖啡、芒果、椰子、木棉属、樟树、印度麻、番荔枝、菠萝蜜、人心果、银合欢、越南蒲葵、鱼藤。

（7）危害部位或传播途径： 病残体传毒。

（8）形态特征： 白根病菌侵染破坏侧根和须根；早期症状为叶片褪绿变黄，开始时只出现在一些枝条中，最后发展到整个树冠；叶片由于缺乏光照变得向下弯曲，而正常的叶片呈船形。由于严重的病害，一些树的花和果在成熟季节里变成棕黄色直到枝条和树死亡。白根病通过根表面的菌丝区别于其他根的病害，在生长的根尖有特别的白色真菌菌丝占据许多枝条，紧密地附在根的表面，在潮湿的天气条件下，病害发展到树干上。子实体是较大的有皱纹的橘子皮状的表面，亮色外围，表面呈淡橘色。子实体通常产生在病树上、腐烂的根或树桩上。子实体无柄，单生或复生，革质，长径8.2～8.6cm，短径5.1～5.3cm，上表面橙黄色或黄褐色，具轮纹，并有放射性沟纹，有黄白色边缘，下表面橙黄色，厚 1～2mm；横切面上层菌肉白色，厚 2～3mm；下层管孔橙色，厚 1～2mm。担子棒状，无色，大小平均 4.04μm×17.66μm（3.96～6.27μm×9.9～23.1μm）；担孢子无色，圆形或椭圆形，顶端较尖，有一油点，担孢子大小平均 4.66μm×5.15μm。菌丝无色透明，平均宽 4.12μm（3.3～5.16μm）。病根上生长有网状菌索，菌索先端扁平、白色，后端呈圆形、黄褐色，菌索直径 0.6cm，组成菌索的菌丝平均宽 2.31μm（1.98～3.96μm），培养的菌丝白色，在培养基上生长的具轮纹，特别是先端更明显，菌丝宽度平均 3.05μm（2.64～4.29μm）。

(9) 生物学特性：病原体的主要来源是感染过的木头和留下来埋在土里的根。幼龄橡胶在与病原物接触的时候被感染，病菌扩展到根颈和其他侧根。随着橡胶树的成熟和侧根的交叉，白根病沿着成行的树一株一株地传播。子实体产生的孢子也传播病害。堆积在根的伤口上或树桩的切口上的孢子成为新的病源。

3.6.3.2　传入可能性评估。

(1) 进入可能性评估：橡胶白根病菌寄主多，主要有橡胶属、可可、槟榔、咖啡、芒果、椰子、木棉属、樟树、印度麻、番荔枝、菠萝蜜、人心果、银合欢、越南蒲葵、鱼藤。分布广。近年来，随着我国从国外进口麻纺织原料等农产品日益增多，橡胶白根病菌对我国的威胁越来越大。

(2) 定殖可能性评估：橡胶白根病菌的适应性很强，分布广，现主要分布在安哥拉、喀麦隆、科特迪瓦、尼日利亚、塞拉利昂、乌干达、刚果（金）、中非、刚果（布）、达荷美、埃塞俄比亚、加蓬、缅甸、印度、印度尼西亚、马来西亚、菲律宾、斯里兰卡、泰国、越南、哥斯达黎加、危地马拉、特立尼达和多巴哥、阿根廷、巴西、圭亚那、秘鲁、墨西哥、新赫布里底群岛、巴布亚新几内亚。在我国大部分地区定殖的可能性非常大，对我国也存在很大的危害。

3.6.3.3　扩散可能性评估。一种生物能否扩散，其生活习性是关键因素。橡胶白根病菌的适应性很强，分布广，因此传入我国会造成大的流行，对我国农业会造成一定的影响。

3.6.3.4　传入后果评估。橡胶白根病菌有很广的寄主范围，包括多数树木和园艺植物。白根病的影响，通常在种过橡胶树的地方比此前种其他树的地方严重。橡胶白根病菌传入我国会造成大的流行，对我国农业会造成一定的影响，一旦橡胶白根病菌在我国扩散则很难防治，将会严重危害橡胶属、可可、槟榔、咖啡、芒果、椰子、木棉属、樟树、印度麻、番荔枝、菠萝蜜、人心果、银合欢、越南蒲葵、鱼藤。通过病残体传播病毒。对我国的农业形成巨大危害，从而干扰我国经济的发展，并对社会和环境带来一定的负面影响。

3.6.4　总体风险归纳。对我国的农业形成一定危害，一定程度上干扰我国经济的发展，并对社会和环境带来一定的负面影响。

3.6.5　备选方案的提出。强化大规模检测的力度，加强进口商品的产地检疫，边境口岸应对货物、包装材料、运输工具、邮件、垃圾、乘客行李等严格检疫。国内应做好随时防治橡胶白根病菌的准备。

3.6.6　就总体风险征求有关专家和管理者的意见。

3.6.7　评估报告的产生。

3.6.8　对风险评估报告进行评价，征求有关专家的意见。

3.6.9 风险管理。

3.6.9.1 我国目前的APL。我国已建立起较为完备的防治有害生物的机构体系，如各级检验检疫机构、植保站，并具备了大批的专家和工作人员。首先加强入境检疫力度，提高检疫人员的业务能力，争取做到拒之于国门之外；其次提高各级检疫站和植保人员的业务水平，随时发现随时防治，并及早通报疫情。

3.6.9.2 备选方案的可行性评估。切实可行。

3.6.9.3 建议的检疫措施。

（1）田间检查树基部菌索的存在，也可检查在叶片上的症状。病害综合防治主要是在老橡胶地的清除期间减少病原体的来源。在不成熟的橡胶地里用杀菌剂，在成熟的橡胶地里挖沟渠。清除老橡胶地可以通过彻底的机械方法清除树、树桩和埋在地下的树根，根可用耙子和犁来清除，通常这些都是要烧掉的，因为树和根能被孢子感染，任何留下来的树和树根都将增加病害的影响。完全的机械清除成本高，为了减少占用空间，老橡胶树锯后或卖掉或就地烧掉。树桩能被孢子感染，砍倒以后，尽可能早一点用药剂处理树桩，树桩将会在两年内腐烂掉。

（2）白根病的常规处理为挖开土壤，暴露出根颈和侧根，接着切除病部，并施用保护性杀菌剂；对病树邻近未染病的健康树也用同样的方式暴露根颈和侧根，用根颈保护剂作预防性处理；还在病树两侧开隔离沟作防止白根病蔓延的附加预防措施。推行这些作业虽然有效，但费工和费钱。一般用淋灌法施用杀菌剂，即在处理树的根颈周围挖一半径5～8cm、深8～10cm的浅沟，将参试杀菌剂水溶液逐渐倾注到橡胶树根颈部使药液流向菌丝体，待药液渗入土中后封埋浅沟。

处理的效果取决于施用杀菌剂时的病害严重度、杀菌剂的用量和剂型以及病害检查方法和频率。根颈部染病程度对处理效果至关重要。当病害侵染发展超过严重阶段，出现浅黄色叶片时，杀菌剂一般都无效；相反，侵染严重但尚未超过严重阶段时施用7.5mL敌力脱、15～20g粉锈宁或20mL三唑醇；侵染轻微至中度时施用10g粉锈宁、10mL三唑醇或705mL敌力脱都能挽救这类病树。根颈检查处理的病树比树叶检查的更有效，因为根颈检查能在较早阶段查出病害，而靠树叶检查发现的大多数病树已不可挽救，其侵染已发展到极其严重的阶段。

病树处理后6～10个月有少数出现病害再侵染，但再用前次的杀菌剂用量处理能成功地控制再侵染。如果已用杀菌剂处理了病树，对其周围的健康植株则无须进行预防性处理。经过处理的病树愈后约9个月恢复正常生长。

对进口麻纺织原料等产品实施检疫检测，严格按标准执行。

3.6.9.4 征求意见。

3.6.9.5 原始管理报告。

3.6.10 PRA报告。

3.6.11 在实施检疫措施之后，应当监督其有效性，如有必要应对检疫措施进行评价，并随时更新。

3.6.12 风险交流。应将中国关心的有害生物名单及其风险管理措施建议等内容向输出国提供。进行风险评估的专家可参加双边座谈，以便制定有关条款。中国政府应及时向相应

进口商通报输出国疫情，引导其进口方向。

3.7　亚麻变褐病菌

3.7.1　由输出国提出要求，由国家质量监督检验检疫总局列入计划，并要求输出国提供有关的材料，包括随该商品传带的有害生物名单以及产地进行有关的官方防治措施。

3.7.2　潜在的检疫性有害生物的确立。

3.7.2.1　整理有害生物的完整名单。

3.7.2.2　提出会随该商品传带的有害生物名单。

3.7.2.3　确定中国关心的潜在的检疫性有害生物名单。

3.7.3　对潜在的检疫性有害生物亚麻变褐病菌的风险评估。

3.7.3.1　概述。

（1）学名： *Discosphaerina fulvida* （Sanderson）Sivan.。

（2）分布： 分布于肯尼亚、南非、日本、俄罗斯、澳大利亚、新西兰、比利时、英国、丹麦、德国、法国、荷兰、保加利亚、捷克、斯洛伐克、匈牙利、爱尔兰、意大利、波兰、瑞典、加拿大、美国、中国（吉林）。

（3）寄主： 寄主有亚麻、棉。

（4）传播途径： 种子传播。

3.7.3.2　传入可能性评估。

（1）进入可能性评估： 亚麻变褐病菌主要危害亚麻、棉，分布广。近年来，随着我国从国外进口麻纺织原料等农产品日益增多，亚麻变褐病菌对我国的威胁越来越大。

（2）定殖可能性评估： 亚麻变褐病菌的适应性很强，分布广，现主要分布在肯尼亚、南非、日本、俄罗斯、澳大利亚、新西兰、比利时、英国、丹麦、德国、法国、荷兰、保加利亚、捷克、斯洛伐克、匈牙利、爱尔兰、意大利、波兰、瑞典、加拿大、美国、中国（吉林）。在我国大部分地区定殖的可能性非常大，对我国也存在很大的危害。

3.7.3.3　扩散可能性评估。一种生物能否扩散，其生活习性是关键因素。亚麻变褐病菌的适应性很强，分布广，因此传入我国会造成大的流行，对我国农业会造成一定的影响。

3.7.3.4　传入后果评估。亚麻变褐病菌传入我国会造成大的流行，对我国农业会造成一定的影响，一旦亚麻变褐病菌在我国扩散则很难防治，将会严重危害亚麻、棉。通过种子传播。对我国的农业形成巨大危害，从而干扰我国经济的发展，并对社会和环境带来一定的负面影响。

3.7.4　总体风险归纳。对我国的农业形成一定危害，一定程度上干扰我国经济的发展，并对社会和环境带来一定的负面影响。

3.7.5　备选方案的提出。强化大规模检测的力度，加强进口商品的产地检疫，边境口岸应对货物、包装材料、运输工具、邮件、垃圾、乘客行李等严格检疫。国内应做好随时防治亚麻变褐病菌的准备。

3.7.6　就总体风险征求有关专家和管理者的意见。

3.7.7　评估报告的产生。

3.7.8 对风险评估报告进行评价，征求有关专家的意见。

3.7.9 风险管理。

3.7.9.1 我国目前的APL。我国已建立起较为完备的防治有害生物的机构体系，如各级检验检疫机构、植保站，并具备了大批的专家和工作人员。首先加强入境检疫力度，提高检疫人员的业务能力，争取做到拒之于国门之外；其次提高各级检疫站和植保人员的业务水平，随时发现随时防治，并及早通报疫情。

3.7.9.2 备选方案的可行性评估。切实可行。

3.7.9.3 建议的检疫措施。对进口麻纺织原料等产品实施检疫检测，严格按标准执行。

3.7.9.4 征求意见。

3.7.9.5 原始管理报告。

3.7.10 PRA报告。

3.7.11 在实施检疫措施之后，应当监督其有效性，如有必要应对检疫措施进行评价，并随时更新。

3.7.12 风险交流。应将中国关心的有害生物名单及其风险管理措施建议等内容向输出国提供。进行风险评估的专家可参加双边座谈，以便制定有关条款。中国政府应及时向相应进口商通报输出国疫情，引导其进口方向。

3.8 亚麻褐斑病菌

3.8.1 由输出国提出要求，由国家质量监督检验检疫总局列入计划，并要求输出国提供有关的材料，包括随该商品传带的有害生物名单以及产地进行有关的官方防治措施。

3.8.2 潜在的检疫性有害生物的确立。

3.8.2.1 整理有害生物的完整名单。

3.8.2.2 提出会随该商品传带的有害生物名单。

3.8.2.3 确定中国关心的潜在的检疫性有害生物名单。

3.8.3 对潜在的检疫性有害生物亚麻褐斑病菌的风险评估。

3.8.3.1 概述。

(1) 学名： *Mycosphaerella linicola* Naumov。

(2) 分布： 分布于比利时、希腊、匈牙利、意大利、保加利亚、德国、捷克、斯洛伐克、法国、罗马尼亚、俄罗斯、前南斯拉夫、中国、土耳其、埃塞俄比亚、肯尼亚、摩洛哥、坦桑尼亚、突尼斯、加拿大、墨西哥、美国、阿根廷、巴西、秘鲁、乌拉圭、澳大利亚、新西兰。

(3) 寄主： 亚麻属。

(4) 传播途径： 土壤、种子传播。

3.8.3.2 传入可能性评估。

(1) 进入可能性评估： 亚麻褐斑病菌主要危害亚麻属，分布广。近年来，随着我国从国外进口麻纺织原料等农产品日益增多，亚麻褐斑病菌对我国的威胁越来越大。

(2) 定殖可能性评估： 亚麻褐斑病菌的适应性很强，分布广，现主要分布在比利时、希腊、匈牙利、意大利、保加利亚、德国、捷克、斯洛伐克、法国、罗马尼亚、俄罗斯、前南斯拉夫、中国、土耳其、埃塞俄比亚、肯尼亚、摩洛哥、坦桑尼亚、突尼斯、加拿大、墨西哥、美国、阿根廷、巴西、秘鲁、乌拉圭、澳大利亚、新西兰。在我国大部分地区定殖的可能性非常大，对我国也存在很大的危害。

3.8.3.3　扩散可能性评估。一种生物能否扩散，其生活习性是关键因素。亚麻褐斑病菌的适应性很强，分布广，因此传入我国会造成大的流行，对我国农业会造成一定的影响。

3.8.3.4　传入后果评估。亚麻褐斑病菌传入我国会造成大的流行，对我国农业会造成一定的影响，一旦亚麻褐斑病菌在我国扩散则很难防治，将会主要危害亚麻属，传播途径有土壤、种子传播。对我国的农业形成巨大危害，从而干扰我国经济的发展，并对社会和环境带来一定的负面影响。

3.8.4　总体风险归纳。对我国的农业形成一定危害，一定程度上干扰我国经济的发展，并对社会和环境带来一定的负面影响。

3.8.5　备选方案的提出。强化大规模检测的力度，加强进口商品的产地检疫，边境口岸应对货物、包装材料、运输工具、邮件、垃圾、乘客行李等严格检疫。国内应做好随时防治亚麻褐斑病菌的准备。

3.8.6　就总体风险征求有关专家和管理者的意见。

3.8.7　评估报告的产生。

3.8.8　对风险评估报告进行评价，征求有关专家的意见。

3.8.9　风险管理。

3.8.9.1　我国目前的 APL。我国已建立起较为完备的防治有害生物的机构体系，如各级检验检疫机构、植保站，并具备了大批的专家和工作人员。首先加强入境检疫力度，提高检疫人员的业务能力，争取做到拒之于国门之外；其次提高各级检疫站和植保人员的业务水平，随时发现随时防治，并及早通报疫情。

3.8.9.2　备选方案的可行性评估。切实可行。

3.8.9.3　建议的检疫措施。对进口麻纺织原料等产品实施检疫检测，严格按标准执行。

3.8.9.4　征求意见。

3.8.9.5　原始管理报告。

3.8.10　PRA 报告。

3.8.11　在实施检疫措施之后，应当监督其有效性，如有必要应对检疫措施进行评价，并随时更新。

3.8.12　风险交流。应将中国关心的有害生物名单及其风险管理措施建议等内容向输出国提供。进行风险评估的专家可参加双边座谈，以便制定有关条款。中国政府应及时向相应进口商通报输出国疫情，引导其进口方向。

3.9　亚麻疫病菌

3.9.1　由输出国提出要求，由国家质量监督检验检疫总局列入计划，并要求输出国提供有关的材料，包括随该商品传带的有害生物名单以及产地进行有关的官方防治措施。

3.9.2 潜在的检疫性有害生物的确立。

3.9.2.1 整理有害生物的完整名单。

3.9.2.2 提出会随该商品传带的有害生物名单。

3.9.2.3 确定中国关心的潜在的检疫性有害生物名单。

3.9.3 对潜在的检疫性有害生物亚麻疫病菌的风险评估。

3.9.3.1 概述

(1) 学名： *Alternaria linicola* Groves & Skolko。

(2) 异名： *Alternaria lini*。

(3) 英文名： brown stem blight，seedling blight，flax。

(4) 分类地位： 真菌界（Fungi），子囊菌门（Ascomycota），盘菌亚门（Pezizomycotina），座囊菌纲（Dothideomycetes），格孢腔菌目（Pleosporales），格孢腔菌科（Pleosporaceae），链格孢属（*Alternaria*）。

(5) 分布： 分布于欧洲、印度。

(6) 寄主： 亚麻。

(7) 危害部位或传播途径： 种子传播病菌。播种侵染的种子，能降低出苗率，引起产量损失。如果在冷湿时期播种，损失更大。

(8) 形态特征： 亚麻疫病是由亚麻生链格孢菌（*Alternaria linicola*）引起的。真菌在麦芽培养基上产生辐射状棉花似的、稍微同心带的菌落，10 d 达 6～7cm。菌丝体颜色向菌落中心从深橄榄灰色到苍白橄榄灰色；背面，亚麻生链格孢菌菌落颜色特征是黑色；黑色埋生的菌丝体辐射状；菌丝分隔，分枝透明到灰白橄榄色，直径 4～7μm；分生孢子梗苍白橄榄褐，分隔，单生，直径 5～8μm，长度变化大；分生孢子光滑，细长，橄榄褐色，大小 150～300μm×17～24μm，具有 7～10 个隔膜，在隔膜处稍微缢缩，顶端逐渐变细长，常有分叉的喙；分生孢子单生，不成链。

(9) 生物学特性： 亚麻疫病在一些地区已被作为主要的病原菌，能严重降低一些种子的出苗率。亚麻疫病菌进入作为成熟蒴果的种子壳外层，通过蒴果柄和壁侵染种子，病原菌以厚壁的休眠菌丝存在。气生的孢子和作物残体在病害传播中很少起主要作用。产生在土壤表面病残体上的分生孢子增加了侵染苗的发病率。当侵染的种子播种后开始萌发，种子壳外层吸收水分变成胶体，包埋于蒴果中的菌丝被激活。如果条件冷湿，出来的苗生长很慢，菌丝侵染苗根茎组织。在严重的条件下苗猝倒。

3.9.3.2 传入可能性评估。

(1) 进入可能性评估： 亚麻疫病菌主要危害亚麻。近年来，随着我国从国外进口麻纺织类等农产品日益增多，亚麻疫病菌对我国的威胁越来越大。

(2) 定殖可能性评估： 亚麻疫病菌的适应性很强，现主要分布在欧洲、印度。在我国大部分地区定殖的可能性非常大，对我国也存在很大的危害。

3.9.3.3 扩散可能性评估。一种生物能否扩散，其生活习性是关键因素。亚麻疫病菌的适应性很强，分布广，因此传入我国会造成大的流行，对我国农业会造成一定的影响。

3.9.3.4 传入后果评估。受害植株在子叶和下部叶片上病斑褐色，在一些植物的茎基部上病斑砖红色，苗矮化，整个植株倒伏，根系减少，茎皮变色，根膨大。亚麻疫病菌传入我国会造成大的流行，对我国农业会造成一定的影响，一旦亚麻疫病菌在我国扩散则很难防治，将会严重危害多数植物，主要危害亚麻。对我国的农业形成一定的危害，并对社会和环境带来一定的负面影响。

3.9.4　总体风险归纳。对我国的农业形成一定的危害，并对社会和环境带来一定的负面影响。

3.9.5　备选方案的提出。强化大规模检测的力度，加强进口商品的产地检疫，边境口岸应对货物、包装材料、运输工具、邮件、垃圾、乘客行李等严格检疫。国内应做好随时防治亚麻疫病菌的准备。

3.9.6　就总体风险征求有关专家和管理者的意见。

3.9.7　评估报告的产生。

3.9.8　对风险评估报告进行评价，征求有关专家的意见。

3.9.9　风险管理。

3.9.9.1　我国目前的APL。我国已建立起较为完备的防治有害生物的机构体系，如各级检验检疫机构、植保站，并具备了大批的专家和工作人员。首先加强入境检疫力度，提高检疫人员的业务能力，争取做到拒之于国门之外；其次提高各级检疫站和植保人员的业务水平，随时发现随时防治，并及早通报疫情。

3.9.9.2　备选方案的可行性评估。切实可行。

3.9.9.3　建议的检疫措施。

（1）采用Cappelli（1993）冷冻吸水纸培养法检查种子带菌效果最好。

（2）种子处理是控制病害存在最有效的措施。最有效的药剂是prochloraz，但容易产生抗性。

（3）应用生物防治技术防治病害。

对进口麻纺织原料等产品实施检疫检测，严格按标准执行。

3.9.9.4　征求意见。

3.9.9.5　原始管理报告。

3.9.10　PRA报告。

3.9.11　在实施检疫措施之后，应当监督其有效性，如有必要应对检疫措施进行评价，并随时更新。

3.9.12　风险交流。应将中国关心的有害生物名单及其风险管理措施建议等内容向输出国提供。进行风险评估的专家可参加双边座谈，以便制定有关条款。中国政府应及时向相应进口商通报输出国疫情，引导其进口方向。

3.10　油棕苗疫病菌

3.10.1　由输出国提出要求，由国家质量监督检验检疫总局列入计划，并要求输出国提供有关的材料，包括随该商品传带的有害生物名单以及产地进行有关的官方防治措施。

3.10.2　潜在的检疫性有害生物的确立。

3.10.2.1　整理有害生物的完整名单。

3.10.2.2 提出会随该商品传带的有害生物名单。

3.10.2.3 确定中国关心的潜在的检疫性有害生物名单。

3.10.3 对潜在的检疫性有害生物油棕苗疫病菌的风险评估。

3.10.3.1 概述。

(1) 学名： *Pythium splendens* Braun。

(2) 分布： 分布于尼日利亚、科特迪瓦、马达加斯加、坦桑尼亚、南非、越南、老挝、柬埔寨、新加坡、澳大利亚、斐济、新喀里多尼亚、法国、德国、意大利、荷兰、葡萄牙、美国、中美洲和西印度群岛。

(3) 寄主： 寄主有芦荟属、菠萝、秋海棠属、木豆、洋刀豆、辣椒属、番木瓜、菊属、酸橙、锦紫苏属、黄瓜、兰属、花叶万年青、油棕、老鹳草属、向日葵、大麦、番薯、莴苣、麝香百合、亚麻、木薯、紫苜蓿、草木樨属、烟草、天竺葵属、绿豆、菜豆、湿地松、胡椒、豌豆、洋梨、萝卜、甘蔗、菠菜、车轴草属、小麦、蚕豆、小豇豆、玉米等。

(4) 传播途径： 土壤、繁殖材料传播。

3.10.3.2 传入可能性评估。

(1) 进入可能性评估： 油棕苗疫病菌寄主多，主要有芦荟属、菠萝、秋海棠属、木豆、洋刀豆、辣椒属、番木瓜、菊属、酸橙、锦紫苏属、黄瓜、兰属、花叶万年青、油棕、老鹳草属、向日葵、大麦、番薯、莴苣、麝香百合、亚麻、木薯、紫苜蓿、草木樨属、烟草、天竺葵属、绿豆、菜豆、湿地松、胡椒、豌豆、洋梨、萝卜、甘蔗、菠菜、车轴草属、小麦、蚕豆、小豇豆、玉米等。分布广。近年来，随着我国从国外进口麻纺织原料等农产品日益增多，油棕苗疫病菌对我国的威胁越来越大。

(2) 定殖可能性评估： 油棕苗疫病菌的适应性很强，分布广，现主要分布在尼日利亚、科特迪瓦、马达加斯加、坦桑尼亚、南非、越南、老挝、柬埔寨、新加坡、澳大利亚、斐济、新喀里多尼亚、法国、德国、意大利、荷兰、葡萄牙、美国、中美洲和西印度群岛。在我国大部分地区定殖的可能性非常大，对我国也存在很大的危害。

3.10.3.3 扩散可能性评估。一种生物能否扩散，其生活习性是关键因素。油棕苗疫病菌的适应性很强，分布广，因此传入我国会造成大的流行，对我国农业会造成一定的影响。

3.10.3.4 传入后果评估。油棕苗疫病菌传入我国会造成大的流行，对我国农业会造成一定的影响，一旦油棕苗疫病菌在我国扩散则很难防治，将会严重危害芦荟属、菠萝、秋海棠属、木豆、洋刀豆、辣椒属、番木瓜、菊属、酸橙、锦紫苏属、黄瓜、兰属、花叶万年青、油棕、老鹳草属、向日葵、大麦、番薯、莴苣、麝香百合、亚麻、木薯、紫苜蓿、草木樨属、烟草、天竺葵属、绿豆、菜豆、湿地松、胡椒、豌豆、洋梨、萝卜、甘蔗、菠菜、车轴草属、小麦、蚕豆、小豇豆、玉米等。通过土壤、繁殖材料传播。对我国的农业形成巨大危害，从而干扰我国经济的发展，并对社会和环境带来一定的负面影响。

3.10.4 总体风险归纳。对我国的农业形成一定危害，一定程度上干扰我国经济的发展，并对社会和环境带来一定的负面影响。

3.10.5 备选方案的提出。强化大规模检测的力度，加强进口商品的产地检疫，边境口岸应对货物、包装材料、运输工具、邮件、垃圾、乘客行李等严格检疫。国内应做好随时防治油棕苗疫病菌的准备。

3.10.6 就总体风险征求有关专家和管理者的意见。

3.10.7 评估报告的产生。

3.10.8 对风险评估报告进行评价，征求有关专家的意见。

3.10.9 风险管理。

3.10.9.1 我国目前的APL。我国已建立起较为完备的防治有害生物的机构体系，如各级检验检疫机构、植保站，并具备了大批的专家和工作人员。首先加强入境检疫力度，提高检疫人员的业务能力，争取做到拒之于国门之外；其次提高各级检疫站和植保人员的业务水平，随时发现随时防治，并及早通报疫情。

3.10.9.2 备选方案的可行性评估。切实可行。

3.10.9.3 建议的检疫措施。对进口麻纺织原料等产品实施检疫检测，严格按标准执行。

3.10.9.4 征求意见。

3.10.9.5 原始管理报告。

3.10.10 PRA报告。

3.10.11 在实施检疫措施之后，应当监督其有效性，如有必要应对检疫措施进行评价，并随时更新。

3.10.12 风险交流。应将中国关心的有害生物名单及其风险管理措施建议等内容向输出国提供。进行风险评估的专家可参加双边座谈，以便制定有关条款。中国政府应及时向相应进口商通报输出国疫情，引导其进口方向。

4　进境麻类中虫害的风险分析

4.1　拉美斑潜蝇

4.1.1 由输出国提出要求，由国家质量监督检验检疫总局列入计划，并要求输出国提供有关的材料，包括随该商品传带的有害生物名单以及产地进行有关的官方防治措施。

4.1.2 潜在的检疫性有害生物的确立。

4.1.2.1 整理有害生物的完整名单。

4.1.2.2 提出会随该商品传带的有害生物名单。

4.1.2.3 确定中国关心的潜在的检疫性有害生物名单。

4.1.3 对潜在的检疫性有害生物拉美斑潜蝇的风险评估。

4.1.3.1 概述。

(1) 学名： *Liriomyza huidobrensis* (Blanchard)。

(2) 异名： *Agromyza huidobrensis* Blanchard，*Liriomyza cucumifoliae* Blanchard，*Liriomyza langei* Frick，*Liriomyza dianthi* Frick。

(3) 英文名： serpentine leaf miner，pea leaf miner，South American leaf miner。

(4) 别名： 拉美甜菜斑潜蝇、拉美豌豆斑潜蝇。

(5) 分类地位： 双翅目 (Diptera)，潜蝇科 (Agromyzidae)。

(6) 分布：分布于美国、墨西哥、中美洲、加勒比海地区、阿根廷、巴西、智利、秘鲁、委内瑞拉、欧洲，我国昆明也有分布。

(7) 寄主：主要有苋菜、甜菜、菠菜、莴苣、蒜、甜瓜、菜豆、豌豆、蚕豆、洋葱、亚麻、番茄、马铃薯、辣椒、旱芹、大丽花、石竹花、石头花和报春花等。

(8) 危害部位或传播途径：以幼虫蛀叶片；成虫能有限地飞行。随寄主进行长距离扩散，切花也有传带该虫扩散的危险；应注意到瓶插菊花足以使该虫完成生活周期。

(9) 形态特征：成虫小，黑灰色，身体结实，体长 1.3～2.3mm，翅展 1.3～2.3mm。雌虫较雄虫稍大。卵 0.2～0.3mm×0.10～0.15mm 大小，米色且稍透明。幼虫长达 3.25mm，初龄幼虫刚羽化时无色，以后变为浅橙黄色，末龄幼虫为橙黄色；后胸气门形成一个新月形，其上有 6～9 个孔。蛹卵形，腹部稍扁平，大小为 1.3～2.3mm×0.5～0.75mm，蛹颜色变化很大。

(10) 生物学特性：成虫的羽化高峰出现在上午，雄虫一般比雌虫早羽化。羽化 24h 后交配，一次交配所产的卵可育。雌虫在叶面上拉出刻点，产生的伤口用作取食或产卵的位点；取食造成的刻点毁坏大量的细胞，肉眼可清晰地见到取食刻点。三叶草斑潜蝇（*L. trifolii*）和美洲斑潜蝇（*L. sativae*）拉出的刻点大约 15%含有可见卵；雄虫不能在叶面上拉出刻点，但见到雄虫在雌虫拉出的刻点上取食。雄虫和雌虫都能取食稀释的蜂蜜，并且都能从花上取食花蜜。卵产于叶表皮下，产卵的数量依温度和寄主而异。卵孵化期与温度有关，一般为 2～5d；幼虫的发育历期也与温度和寄主植物有关，但平均温度高于 34℃时为 4～7d。在加利福尼亚，当日最高温度达 40℃时种群的数量下降。拉美斑潜蝇在叶片中化蛹，而其他种斑潜蝇通常在叶片外化蛹，或在叶面上或土壤表层化蛹。高湿和干旱对化蛹都有不利的影响。在温度为 20～30℃时，成虫化蛹 7～14d 后羽化，低温时羽化时间延迟。在美国南部，可能周年都能繁殖，第一代成虫出现高峰在 4 月。在加利福尼亚，拉美斑潜蝇完成生活周期在夏季需 17～30d，在冬季需 50～65d；斑潜蝇成虫平均成活 15～30d，雌虫寿命一般较雄虫长。

4.1.3.2 传入可能性评估。

(1) 进入可能性评估：拉美斑潜蝇寄主多，主要有苋菜、甜菜、菠菜、莴苣、蒜、甜瓜、菜豆、豌豆、蚕豆、洋葱、亚麻、番茄、马铃薯、辣椒、旱芹、大丽花、石竹花、石头花和报春花等，分布广。近年来，随着我国从国外进口麻纺织原料等农产品日益增多，拉美斑潜蝇对我国的威胁越来越大。

(2) 定殖可能性评估：拉美斑潜蝇的适应性很强，分布广，现主要分布在美国、墨西哥、中美洲、加勒比海地区、阿根廷、巴西、智利、秘鲁、委内瑞拉、欧洲。在我国部分地区已经定殖，对我国存在很大的危害。

4.1.3.3 扩散可能性评估。一种生物能否扩散，其生活习性是关键因素。拉美斑潜蝇的适应性很强，分布广，因此传入我国会造成大的流行，对我国农业会造成一定的影响。

4.1.3.4 传入后果评估。该虫危害大量的温室观赏植物，同时也危害蔬菜作物。在 EPPO 地区，拉美斑潜蝇危害菊花、报春花、马鞭草属、莴苣、菜豆、黄瓜、旱芹。危害是由幼虫潜入叶片和叶梗引起的。被害植株因叶绿素细胞损害，其光合作用大为下降，被害严重的叶片会脱落，茎受风吹刮，花和果实形成伤疤。在叶的栅栏组织上看不见的幼虫坑道及成虫的产卵刻点可进一步降低作物的价值。在植物幼株和苗上，潜叶蝇会推迟植物的发育从而导致植物损失。

拉美斑潜蝇传入我国会造成大的流行，对我国农业会造成一定的影响，一旦拉美斑潜蝇在我国扩散则很难防治，将会严重危害苋菜、甜菜、菠菜、莴苣、蒜、甜瓜、菜豆、豌豆、蚕豆、洋葱、亚麻、番茄、马铃薯、辣椒、旱芹、大丽花、石竹花、石头花和报春花等。以幼虫蛀叶片。对我国的农业形成巨大危害，从而干扰我国经济的发展，并对社会和环境带来一定的负面影响。

4.1.4 总体风险归纳。对我国的农业形成一定危害，一定程度上干扰我国经济的发展，并对社会和环境带来一定的负面影响。

4.1.5 备选方案的提出。强化大规模检测的力度，加强进口商品的产地检疫，边境口岸应对货物、包装材料、运输工具、邮件、垃圾、乘客行李等严格检疫。

4.1.6 就总体风险征求有关专家和管理者的意见。

4.1.7 评估报告的产生。

4.1.8 对风险评估报告进行评价，征求有关专家的意见。

4.1.9 风险管理。

4.1.9.1 我国目前的APL。我国已建立起较为完备的防治有害生物的机构体系，如各级检验检疫机构、植保站，并具备了大批的专家和工作人员。首先加强入境检疫力度，提高检疫人员的业务能力，争取做到拒之于国门之外；其次提高各级检疫站和植保人员的业务水平，随时发现随时防治，并及早通报疫情。

4.1.9.2 备选方案的可行性评估。切实可行。

4.1.9.3 建议的检疫措施。

（1）拉美斑潜蝇的取食刻点呈白色小刻点，直径为0.13～0.15mm。产卵刻点较小(0.05mm)，且均匀圆滑。潜道通常为白色带有潮湿的黑斑和坏死的褐色区。这些坑道典型的症状是蛇形，紧密盘绕，形态不规则，随着幼虫的成熟坑道变宽。

（2）有些农药，特别是菊酯类农药对拉美斑潜蝇是有效的，但潜叶蝇的抗性有时使防治困难。

（3）天敌可周期性地抑制潜叶蝇的种群。

（4）在0℃的条件下冷藏几周可杀死其各虫态。但刚产的卵是最具抗性的虫态，故推荐被感染的观赏植物拔出后保持在温室正常的环境中3～4d以使卵孵化为幼虫。随后在0℃的条件下冷藏1～2周，可全部杀死叶潜蝇的幼虫。

对进口麻纺织原料等产品实施检疫检测，严格按标准执行。

4.1.9.4 征求意见。

4.1.9.5 原始管理报告。

4.1.10 PRA报告。

4.1.11 在实施检疫措施之后，应当监督其有效性，如有必要应对检疫措施进行评价，并随时更新。

4.1.12 风险交流。应将中国关心的有害生物名单及其风险管理措施建议等内容向输出国提供。进行风险评估的专家可参加双边座谈，以便制定有关条款。中国政府应及时向相应

进口商通报输出国疫情，引导其进口方向。

4.2 尼日兰粉蚧

4.2.1 由输出国提出要求，由国家质量监督检验检疫总局列入计划，并要求输出国提供有关的材料，包括随该商品传带的有害生物名单以及产地进行有关的官方防治措施。

4.2.2 潜在的检疫性有害生物的确立。

4.2.2.1 整理有害生物的完整名单。

4.2.2.2 提出会随该商品传带的有害生物名单。

4.2.2.3 确定中国关心的潜在的检疫性有害生物名单。

4.2.3 对潜在的检疫性有害生物尼日兰粉蚧的风险评估。

4.2.3.1 概述。

（1）学名： *Planococcoides njalensis*（Laing）。

（2）异名： *Pseudococcus njalensis* Laing，*Pseudococcus exitiabilis* Laing。

（3）英文名： west African cocoa mealybug。

（4）分类地位： 同翅目（Homoptera），粉虱科（Pseudococcidae）。

（5）分布： 分布于塞拉利昂、达荷美、多哥、加纳、几内亚、科技迪瓦、利比里亚、尼日利亚、刚果（金）、喀麦隆、圣多美和普林西比。

（6）寄主： 寄主有可可、蛇藤、心叶山麻秆、腰果、菠萝、番荔枝、面包树、阿开木、铁刀木、爪哇木棉、咖啡、可拉、刺桐、榕树、大叶非洲楝、厚皮树、罗菲拉树、大叶帽柱木、巴奇豆、油梨、罂粟、番石榴、单瓣苹婆、刺毛苹婆、神秘果、酸豆、柚木、油瓢、榄仁树、几内亚山黄麻、密生斑鸠菊、牡荆等。

（7）危害部位： 危害茎、叶和果实。

4.2.3.2 传入可能性评估。

（1）进入可能性评估： 尼日兰粉蚧寄主多，主要有可可、蛇藤、心叶山麻秆、腰果、菠萝、番荔枝、面包树、阿开木、铁刀木、爪哇木棉、咖啡、可拉、刺桐、榕树、大叶非洲楝、厚皮树、罗菲拉树、大叶帽柱木、巴奇豆、油梨、罂粟、番石榴、单瓣苹婆、刺毛苹婆、神秘果、酸豆、柚木、油瓢、榄仁树、几内亚山黄麻、密生斑鸠菊、牡荆等，分布广。近年来，随着我国从国外进口麻纺织原料等农产品日益增多，尼日兰粉蚧对我国的威胁越来越大。

（2）定殖可能性评估： 尼日兰粉蚧的适应性很强，分布广。现主要分布在塞拉利昂、达荷美、多哥、加纳、几内亚、科特迪瓦、利比里亚、尼日利亚、刚果（金）、喀麦隆、圣多美和普林西比。在我国大部分地区定殖的可能性非常大，对我国也存在很大的危害。

4.2.3.3 扩散可能性评估。一种生物能否扩散，其生活习性是关键因素。尼日兰粉蚧的适应性很强，分布广，因此传入我国会造成大的流行，对我国农业会造成一定的影响。

4.2.3.4 传入后果评估。尼日兰粉蚧传入我国会造成大的流行，对我国农业会造成一定的影响，一旦尼日兰粉蚧在我国扩散则很难防治，将会严重危害可可、蛇藤、心叶山麻秆、腰果、菠萝、番荔枝、面包树、阿开木、铁刀木、爪哇木棉、咖啡、可拉、刺桐、榕树、大叶非洲楝、厚皮树、罗菲拉树、大叶帽柱木、巴奇豆、油梨、罂粟、番石榴、单瓣苹婆、刺毛苹婆、神秘果、酸豆、柚木、油瓢、榄仁树、几内亚山黄麻、密生斑鸠菊、牡荆等。危害茎、叶和果实。对我国的农业形成巨大危害，从而干扰我国经济的发展，并对社会和环境带来一定的负面影响。

4.2.4　总体风险归纳。对我国的农业形成一定危害，一定程度上干扰我国经济的发展，并对社会和环境带来一定的负面影响。

4.2.5　备选方案的提出。强化大规模检测的力度，加强进口商品的产地检疫，边境口岸应对货物、包装材料、运输工具、邮件、垃圾、乘客行李等严格检疫。国内应做好随时防治尼日兰粉蚧的准备。

4.2.6　就总体风险征求有关专家和管理者的意见。

4.2.7　评估报告的产生。

4.2.8　对风险评估报告进行评价，征求有关专家的意见。

4.2.9　风险管理。

4.2.9.1　我国目前的 APL。我国已建立起较为完备的防治有害生物的机构体系，如各级检验检疫机构、植保站，并具备了大批的专家和工作人员。首先加强入境检疫力度，提高检疫人员的业务能力，争取做到拒之于国门之外；其次提高各级检疫站和植保人员的业务水平，随时发现随时防治，并及早通报疫情。

4.2.9.2　备选方案的可行性评估。切实可行。

4.2.9.3　建议的检疫措施。对进口麻纺织原料等产品实施检疫检测，严格按标准执行。

4.2.9.4　征求意见。

4.2.9.5　原始管理报告。

4.2.10　PRA 报告。

4.2.11　在实施检疫措施之后，应当监督其有效性，如有必要应对检疫措施进行评价，并随时更新。

4.2.12　风险交流。应将中国关心的有害生物名单及其风险管理措施建议等内容向输出国提供。进行风险评估的专家可参加双边座谈，以便制定有关条款。中国政府应及时向相应进口商通报输出国疫情，引导其进口方向。

4.3　亚麻黄卷蛾

4.3.1　由输出国提出要求，由国家质量监督检验检疫总局列入计划，并要求输出国提供有关的材料，包括随该商品传带的有害生物名单以及产地进行有关的官方防治措施。

4.3.2　潜在的检疫性有害生物的确立。

4.3.2.1　整理有害生物的完整名单。

4.3.2.2　提出会随该商品传带的有害生物名单。

4.3.2.3　确定中国关心的潜在的检疫性有害生物名单。

4.3.3 对潜在的检疫性有害生物亚麻黄卷蛾的风险评估。

4.3.3.1 概述。

(1) 学名：*Archips podanus* Scopoli。

(2) 异名：*Cacoecia podana* Scopoli，*Archippus podanus* Scopoli，*Phalaena podana* Scopoli，*Tortrix podana* Scopoli。

(3) 英文名：great brown twist moth，fruit tree tortrix moth。

(4) 分类地位：鳞翅目（Lepidoptera），卷蛾科（Tortricidae）。

(5) 分布：分布于英国、荷兰、奥地利、德国、瑞士、前南斯拉夫、意大利、匈牙利、保加利亚、法国、捷克、斯洛伐克、波兰、土耳其、乌克兰、立陶宛、俄罗斯、日本、朝鲜、加拿大。

(6) 寄主：主要寄主有温榅桲、苹果、欧洲梨，次要寄主有樱桃、李、黑醋栗、黑刺莓、覆盆子、蛇麻草。

(7) 危害部位或传播途径：对苹果、梨树的危害主要是第一代幼虫，它们在夏天和秋天取食成长中的果实。幼虫引起的损害特征是损害处有细小、无规则、带有白色粪便物的沉淀物的浅坑。初龄幼虫取食成长的果实或叶和果实之间的部分，老熟幼虫取食更大的、连续的果皮及果肉，这使得产品的质量降低。收获时，幼虫被带入贮藏库与果实一同贮藏，可以继续取食。在春天，幼虫损害生长中的芽，在叶片及花上织网，这是3龄幼虫存在的迹象。不借助细致的实验室检查，要识别出确定的种是困难的。亚麻黄卷蛾和苹果叶蛾幼虫不易分辨。对叶片的危害一般不产生严重的后果。4、5月间越冬幼虫对幼果进行危害，这种早期的危害后来会愈合，在果实上留下不规则的软疤。

(8) 形态特征：成虫翅面有明显的图案，使其易于识别；雌虫明显比雄虫个体大，翅展20～28mm，且可通过斑纹来识别；雌虫翅面有紫色、黄色、褐色，密布着深色的翅脉的网络，后翅淡褐色，边缘橘红色；雄虫翅展19～23mm，前翅紫赭色，紫色占2/3，基部斑点深红褐色，后翅灰色，顶端混杂橘色。卵长0.6～0.7mm，扁平，近圆形，绿色，卵产于叶表面，有时也产在成长的果实上，20～50粒成排聚集在一起。幼虫长14～22mm，头黑褐色，前胸盾板褐色，前缘和内缘颜色更深，足黑褐至黑色，肛上板和腹部黄绿色，肛上板有黑色毛片，颜色较外壳淡。蛹长9～14mm，颜色从深褐色到黑褐色。

(9) 生物学特性：亚麻黄卷蛾在欧洲北部及中部1年发生1代，但有时若气候适合可发生2代。成虫在6～9月活动，它们飞行高峰出现在7月。卵产在叶片上，约50粒聚集在一起，被具保护作用的蜡层覆盖，3周后卵孵化。1龄幼虫吐丝于近叶脉的叶片下面，并开始取食，几天后，开始蜕皮并生活于叶片间。亚麻黄卷蛾以3龄幼虫越冬，如果成虫羽化和产卵的时间提前，偶尔也会以2龄幼虫越冬，越冬时隐藏于芽或叶片与小树枝之间。大多数幼虫在春天完成整个发育过程。越冬幼虫在3月末或4月初开始活动，并钻入已开放的芽内，迅速蜕皮进入4龄。再一次蜕皮后，亚麻黄卷蛾开始危害花，通常还危害果实。5～6月，6龄和7龄幼虫倾向于在叶簇间生活，每只虫均将2片或更多叶片网织在一起并隐藏于其间。幼虫在此化蛹，并在约3周后羽化为成虫。

4.3.3.2 传入可能性评估。

(1) 进入可能性评估：亚麻黄卷蛾寄主多，主要有苹果、梨、李、樱桃、杏、胡桃、桃、黑莓、玫瑰、葡萄等，分布广。近年来，随着我国从国外进口麻纺织原料等农产品日益增多，亚麻黄卷蛾对我国的威胁越来越大。

（2）定殖可能性评估： 亚麻黄卷蛾的适应性很强，分布广，现主要分布在英国、荷兰、奥地利、德国、瑞士、前南斯拉夫、意大利、匈牙利、保加利亚、法国、捷克、斯洛伐克、波兰、土耳其、乌克兰、立陶宛、俄罗斯、日本、朝鲜、加拿大。在我国大部分地区定殖的可能性非常大，对我国也存在很大的危害。

4.3.3.3　扩散可能性评估。一种生物能否扩散，其生活习性是关键因素。亚麻黄卷蛾的适应性很强，分布广，因此传入我国会造成大的流行，对我国农业会造成一定的影响。

4.3.3.4　传入后果评估。在英国，亚麻黄卷蛾是分布最为广泛的、在苹果上第二重要的卷蛾害虫。Hey 和 Massee（1934）曾调查过 16 个遭受卷蛾危害的苹果园，其中 10 个在 East Malling 研究站，6 个在 Kent 州的其他商业果园，发现平均有 12%（2%～34%）的果园受卷蛾的危害，而收集到的 85%的幼虫是亚麻黄卷蛾。然而，该虫的危害性自从出现了现代的杀虫剂之后有所降低。

亚麻黄卷蛾传入我国会造成大的流行，对我国农业会造成一定的影响，一旦亚麻黄卷蛾在我国扩散则很难防治，将会严重危害苹果、梨、李、樱桃、杏、胡桃、桃、黑莓、玫瑰、葡萄等。幼虫危害叶、芽、花和果实。对我国的农业形成巨大危害，从而干扰我国经济的发展，并对社会和环境带来一定的负面影响。

4.3.4　总体风险归纳。对我国的农业形成一定危害，一定程度上干扰我国经济的发展，并对社会和环境带来一定的负面影响。

4.3.5　备选方案的提出。强化大规模检测的力度，加强进口商品的产地检疫，边境口岸应对货物、包装材料、运输工具、邮件、垃圾、乘客行李等严格检疫。国内应做好随时防治亚麻黄卷蛾的准备。

4.3.6　就总体风险征求有关专家和管理者的意见。

4.3.7　评估报告的产生。

4.3.8　对风险评估报告进行评价，征求有关专家的意见。

4.3.9　风险管理。

4.3.9.1　我国目前的 APL。我国已建立起较为完备的防治有害生物的机构体系，如各级检验检疫机构、植保站，并具备了大批的专家和工作人员。首先加强入境检疫力度，提高检疫人员的业务能力，争取做到拒之于国门之外；其次提高各级检疫站和植保人员的业务水平，随时发现随时防治，并及早通报疫情。

4.3.9.2　备选方案的可行性评估。切实可行。

4.3.9.3　建议的检疫措施。

（1）寄生于果实上的卵只在亚麻黄卷蛾密度高时才可见。Pralya 等建议至少需要观察 8 株树（每实验组）的卵量，才能达到 70%的可靠水平。卵块颜色与叶色相似，很难被发现。亚麻黄卷蛾主要通过外激素的引诱来发现和定位，外激素使用 1∶1 的顺-11-tetradecenyl 和反-11-tetradecenyl 的混合物。幼虫虫口数通过计算卷叶数目来确定，这一步要认真计算，这样以后在实验室中才能对取得的样品正确鉴别，使后面的成虫期数据更准确。

（2）防治水平参差不齐，从 1980 年开始，用含 Bt 的喷药方式取代了广谱杀虫剂在果园中的应用。尽管特殊 granuloviruses 的喷药被用来很好地控制苹果蠹蛾及棉褐带卷蛾，它们具很好的选择性，但对亚麻黄卷蛾无明显影响。

(3) 在英国，亚麻黄卷蛾通过喷 organophosphorus carbamate、除虫菊酯类杀虫剂及 diflubenzuron 得以控制，通过性激素诱导来选择不同的防治时间。除几丁质综合抑制剂 diflubenzuron，其他杀虫剂均被应用于卵孵化期，应用的时间是在用性激素捕捉到成虫后的 10～14d，对于 diflubenzuron，由于防治开始时就应喷射，因此产卵处有残余。用于控制苹果蠹蛾的广谱杀虫剂的延缓使用保证了飞行在苹果蠹蛾后的亚麻黄卷蛾被有效地防治，在苹果蠹蛾不是主要问题时，一种针对亚麻黄卷蛾的特殊方法被使用。在杀虫剂经常使用的果园，亚麻黄卷蛾造成的损失很少超过 1%。

(4) 昆虫生长调节剂是防治亚麻黄卷蛾的有效工具，并广泛应用于许多欧洲国家。

(5) Ritter 和 Persoons (1975) 证明亚麻黄卷蛾的性激素是顺-11-tetradeceny1 和反-11-tetradeceny1 的混合物，自那时起，激素被应用于不同监控技术和破坏交配过程上。

对进口麻纺织原料等产品实施检疫检测，严格按标准执行。

4.3.9.4 征求意见。

4.3.9.5 原始管理报告。

4.3.10 PRA 报告。

4.3.11 在实施检疫措施之后，应当监督其有效性，如有必要应对检疫措施进行评价，并随时更新。

4.3.12 风险交流。应将中国关心的有害生物名单及其风险管理措施建议等内容向输出国提供。进行风险评估的专家可参加双边座谈，以便制定有关条款。中国政府应及时向相应进口商通报输出国疫情，引导其进口方向。

4.4 烟粉虱

4.4.1 由输出国提出要求，由国家质量监督检验检疫总局列入计划，并要求输出国提供有关的材料，包括随该商品传带的有害生物名单以及产地进行有关的官方防治措施。

4.4.2 潜在的检疫性有害生物的确立。

4.4.2.1 整理有害生物的完整名单。

4.4.2.2 提出会随该商品传带的有害生物名单。

4.4.2.3 确定中国关心的潜在的检疫性有害生物名单。

4.4.3 对潜在的检疫性有害生物烟粉虱的风险评估。

4.4.3.1 概述。

(1) 学名： *Bemisia tabaci* (Gennadius)。

(2) 异名： *Bemisia gossypiperda* Misra。

(3) 英文名： cotton whitefly，sweet potato whitefly，tobacco whitefly。

(4) 别名： 棉粉虱、甘薯粉虱。

(5) 分类地位： 同翅目 (Homoptera)，粉虱科 (Pseudococcidae)。

(6) 分布： 烟粉虱在南美洲、欧洲、非洲、亚洲、大洋洲的很多国家和地区都有分布，我国的烟粉虱分布于广东、广西、海南、福建、云南、上海、浙江、江西、湖北、四川、陕西、北京、台湾等13个省（自治区、直辖市），近年在新疆、河北、天津、山东、山西等地也已发现。

（7）危害对象：主要有棉花、番薯、木薯、十字花科、葫芦科、豆科、茄科、锦葵科等。成、若虫刺吸植物汁液，受害叶褪绿萎蔫或枯死。烟粉虱已是美国、巴西、以色列、埃及、意大利、法国、泰国、印度等国家棉花、蔬菜和观赏植物的主要害虫之一。烟粉虱是热带国家大田作物的主要害虫，危害棉花、烟草、番茄、甘薯和木薯。现已变为世界许多地区的温室害虫，特别是番茄、辣椒、一品红、木芙蓉属、扶朗花属。此外，烟粉虱寄主范围广泛，许多科植物都是其寄主（菊科、旋花科、十字花科、葫芦科、大戟科、豆科、锦葵科、茄科等）。

（8）传播途径：成虫不能有效地飞行，但可随气流传播，因身体小，可被风带到距离相当远的地方。各虫态都能随寄主植物的繁殖材料和切花传播。国际的一品红贸易被认为是在EPPO地区传播该虫的主要途径。

（9）形态特征：成虫长约1mm，雄虫较雌虫稍小，身体和2对翅上有粉状蜡质分泌物，白色至浅黄色。用成虫的特征区分虫种很困难，但烟粉虱的翅比温室粉虱的翅更靠近身体。卵梨形，长约0.2mm。蛹扁平，不规则卵圆形，长0.7mm；在光叶上的围蛹无背刚毛，如叶片多毛，则围蛹背部有2～8根长的背刚毛；空的围蛹用于区别温室中的烟粉虱和温室粉虱；温室粉虱的围蛹卵形，侧面观边缘较直，并具12根大而粗的刚毛；烟粉虱围蛹为不规则卵圆形，侧面倾斜，刚毛较短、较细，数量不定。在围蛹的后部，烟粉虱有尾部钩槽（温室粉虱无），伸出唇舌的端部大约长是宽的2倍；相反，温室粉虱伸出唇舌具小裂叶，宽大于长。

（10）生物学特性：卵产在叶背面，宽头与叶面接触，垂直立在叶面，它们被一个柄固定，同许多其他粉虱一样，柄被雌虫插于叶组织的细缝中，不插入气孔。卵初期白色，但渐渐变为褐色。30℃时5～9d后孵化，但像许多害虫一样，其发育速率很大程度上依赖于寄主、温度和湿度。若虫孵化时扁平，卵介壳形，取食前仅从卵的位点移动很短的距离；在若虫的4个龄期内它不再移动；前3个若虫期每龄24d；第4龄幼虫称为围蛹，长约0.7mm，持续约6d，这个虫期蜕皮变为成虫。成虫通过蛹壳上的孔羽化，开始从其腹部的腺体分泌蜡质，洒粉前用几分钟的时间伸展翅膀。羽化12h后交配，成虫一生交配数次。雌虫寿命平均为60d，雄虫的寿命一般较短，仅9～17d。雌虫一生中产卵可达160粒，每组卵在雌虫周围形成拱形。

（11）生活习性：亚热带年生长10～12个重叠世代，几乎月月出现一次种群高峰，每代15～40d，夏季卵期3d，冬季33d。若虫3龄，9～84d，伪蛹2～8d。成虫产卵期2～18d。每雌产卵120粒左右。卵多产在植株中部嫩叶上。成虫喜欢无风温暖天气，有趋黄性，气温低于12℃停止发育，14.5℃开始产卵，气温21～33℃，随气温升高，产卵量增加，高于40℃成虫死亡。相对湿度低于60%成虫停止产卵或死去。暴风雨能抑制其大发生，非灌溉区或浇水次数少的作物受害重。

4.4.3.2　传入可能性评估。

（1）进入可能性评估：烟粉虱是热带和亚热带地区的主要害虫之一。20世纪80年代以前，主要是在一些产棉国如苏丹、埃及、印度、巴西、伊朗、土耳其、美国等国家的棉花上造成一定损失。在我国台湾、云南也有危害棉花的记录。80 年代以后，除了棉花，在蔬菜和花卉上也发现了此虫的危害，如也门的西瓜、墨西哥的番茄、印度的豆类、日本的花卉一品红遭受此虫的危害都十分严重。烟粉虱食性杂，寄主广泛，危害严重时可造成绝收。从 Gennadius 1889 年描述该种到 1985 年近 100 年间，全世界关于该种的研究文章约为 830 篇；而从 1985 年到 1998 年的 10 余年间，关于烟粉虱的研究文章猛增至约 3 150 篇。由此可见，烟粉虱的发生和危害已引起了全世界科学工作者的关注。目前，烟粉虱已是美国、巴西、以色列、埃及、意大利、法国、泰国、印度等国家棉花、蔬菜和观赏植物的主要害虫之一。

（2）定殖可能性评估：烟粉虱在南美洲、欧洲、非洲、亚洲、大洋洲的很多国家和地区都有分布，有证据表明烟粉虱起源于亚洲、非洲或是中东。

4.4.3.3 扩散可能性评估。一种生物能否扩散，其生物学特性是关键因素。其在亚热带年生 10～12 个重叠世代，几乎月月出现一次种群高峰，每代 15～40d，夏季卵期 3d，冬季 33d。若虫 3 龄，9～84d，伪蛹 2～8d。成虫产卵期 2～18d。每雌产卵 120 粒左右。卵多产在植株中部嫩叶上。成虫喜欢无风温暖天气，有趋黄性，气温低于 12℃停止发育，14.5℃开始产卵，气温 21～33℃，随气温升高，产卵量增加，高于 40℃成虫死亡。相对湿度低于 60%成虫停止产卵或死去。暴风雨能抑制其大发生，非灌溉区或浇水次数少的作物受害重。烟粉虱进入我国将会迅速扩散。

4.4.3.4 传入后果评估。烟粉虱已知是世界温暖地区棉花及热带和亚热带作物上的次要害虫，迄今已很容易用农药防治。但 1981 年在美国加利福尼亚该虫导致番茄、莴苣和棉花的累计损失估计达 1 亿美元。成虫和若虫在叶面上取食引起叶面出现褪绿斑点。依据叶受害程度，除叶脉附近区域，这些斑点可能成煤烟色直到整叶变黄，随之脱落。若虫取食产生的蜜露覆盖叶表面，当有烟霉形成时会降低叶片的光合作用。蜜露也能使花变色，如是棉花，会影响加工的棉绒。严重危害时，植株的高度、节间数量、产量和品质会受影响。烟粉虱还是约 60 种植物病毒的媒介昆虫，最重要的植物病毒如棉花卷叶病毒、非洲木薯花叶病毒、番茄黄化花叶病毒、烟草卷叶病毒、马铃薯卷叶病毒、蚕豆金色花叶病毒、番茄黄化卷叶病毒、黄瓜脉黄病毒。近年来，粉虱种群数量出现了明显的变化，不论南北，烟粉虱都有暴发之势。全国 10 余个省（自治区、直辖市）均有不同程度发生，其危害呈上升趋势，严重时可达 7 成以上。一旦烟粉虱在我国定殖扩散，将会严重危害棉花、烟草、番茄、番薯、木薯、十字花科、葫芦科、豆科、锦葵科等多种植物。

4.4.4 总体风险归纳。对我国的农业形成一定危害，一定程度上干扰我国经济的发展，并对社会和环境带来一定的负面影响。

4.4.5 备选方案的提出。强化大规模检测的力度，加强进口商品的产地检疫，边境口岸应对货物、包装材料、运输工具、邮件、垃圾、乘客行李等严格检疫。国内应做好随时防治烟粉虱的准备。

4.4.6 就总体风险征求有关专家和管理者的意见。

4.4.7 评估报告的产生。

4.4.8 对风险评估报告进行评价，征求有关专家的意见。

4.4.9　风险管理。

4.4.9.1　我国目前的 APL。我国已建立起较为完备的防治有害生物的机构体系，如各级检验检疫机构、植保站，并具备了大批的专家和工作人员。首先加强入境检疫力度，提高检疫人员的业务能力，争取做到拒之于国门之外；其次提高各级检疫站和植保人员的业务水平，随时发现随时防治，并及早通报疫情。

4.4.9.2　备选方案的可行性评估。切实可行。

4.4.9.3　建议的检疫措施。

（1）田间监测被害植株叶片上有众多的褪绿斑点，这些斑点也会被蜜露和烟霉遮盖。在叶片的背面能见到白色的粉蚧。摇动植物时，可见小的白色成虫不安地振动翅膀，随后很快重新定位。这些被害特征与温室白粉虱（*Trialeurodes vaporariorum*）被害特征无明显区别。

（2）烟粉虱在棉花田中用农药很容易防治，但最近，由于对农药产生抗性，在北美洲、加勒比和中东地区的防治正成为难题，在温室中防治该虫更困难。

（3）在瑞典用粉虱丽蚜小蜂（*Encarsia formosa*）和蚧轮枝孢菌（*Verticillium lecanii*）防治烟粉虱已取得成功。

对进口麻纺织原料等产品实施检疫检测，严格按标准执行。

4.4.9.4　征求意见。

4.4.9.5　原始管理报告。

4.4.10　PRA 报告。

4.4.11　在实施检疫措施之后，应当监督其有效性，如有必要应对检疫措施进行评价，并随时更新。

4.4.12　风险交流。应将中国关心的有害生物名单及其风险管理措施建议等内容向输出国提供。进行风险评估的专家可参加双边座谈，以便制定有关条款。中国政府应及时向相应进口商通报输出国疫情，引导其进口方向。

第三篇　进境蚕丝风险分析

1　引言

蚕丝发源于我国，栽桑、养蚕、织绸等生产技术历史悠久。早在公元前2 000多年的历史文物中就有各种记载。1958年，在浙江省吴兴县钱山漾发掘的新石器时代遗址中也发现有4 700年前的绸片、丝线、丝带等丝织品。另外，在殷商时代的甲骨文中已有“蚕”“桑”“丝”的字样。1971年，在发掘湖南省长沙马王堆西汉墓中出土的丝织品等更是织造精致、花样繁多。这些出土文物皆说明我国的蚕丝业已有5 000余年的悠久历史。我国是丝绸大国，驰名中外、举世闻名的“丝绸之路”早在公元5世纪就从陕西省西安，西经甘肃、新疆越过帕米尔高原，再经中亚细亚到地中海东岸，然后远到欧洲诸国。最早的缫丝方法是浸茧于热汤中，以手抽丝再卷于丝框上。周代才制成极简单的缫丝工具。元、明时期，出现煮丝、烘丝等装置。清代手工制丝已经很普遍，1928年全国已有丝厂182家，为旧中国时代缫丝工业的兴盛时期。我国是传统的出口国家，近年来蚕丝也开始有少量进口。

对进口蚕丝的风险分析，也参照羊毛等进口商品的情况简单分析如下：由于蚕丝的加工过程相对规范等原因，对蚕丝的风险分析仅根据我国的一类、二类传染病情况分析。

进境蚕丝的危害因素确定时，采用以下标准和原则。

(1) 农业部规定的《一、二、三类动物疫病病种名录》所列的疫病病原体。

(2) 国外新发现并对农牧渔业生产和人体健康有潜在威胁的动物传染病和寄生虫病病原体。

(3) 列入国家控制或消灭的动物传染病和寄生虫病病原体。

2　风险分析过程

风险分析是艺术和科学的统一。风险分析专家必须具有广博的知识面、流行病学和统计学的知识和技能；必须收集各方面的资料信息；在医学、兽医学领域，必须获得各种疫病的发病机理及流行病学的详尽资料，然后对这些数据和资料进行定性或定量风险分析，找出减少风险的措施。

2.1　风险确定

风险确定是风险分析的第一步，也是关键的一步，如果一个特定的风险没有确定，就不可能找出减少该风险的措施。许多检疫的失败都可以归结于甄别风险的失败，而不是风险评估和风险管理的失败。

2.2　风险评估

风险因素确定以后，就需要对所存在的风险进行评估。这一步要解决的问题是：在不采取任何措施的情况下，引进某种动物或动物产品，引起进口国动物发生某种动物疫病的风险有多大；采取一系列风险减少措施以后，进口某种动物或动物产品使进口国动物发生某种疫病的风险有多大。这一阶段最重要的就是科学地、合理地收集所有有关信息和资料，对所存在的风险因素进行评估，找出减少风险的措施，得出进口某种动物或动物产品使进口国动物发生某种疫病的风险概率，为决策者提供科学的依据。风险评估分为定性风险评估、定量风险评估和半定量风险评估 3 种方法。

2.3　风险管理

风险管理是通过对各种风险因素进行科学的、严谨的分析而做出正确决定的过程。风险管理可适用于各种情况，比如对已发生了意外结果的地方进行风险管理，或对各种风险都清楚的地方进行风险管理。一种好的风险管理模式包括建立风险管理程序、识别风险、分析风险、评估风险、处理风险和对风险管理系统的执行情况进行检查和总结。

2.4　风险交流

风险交流的过程是将风险评估和风险管理的结果同决策者和公众进行交流。适当的风险交流是必要的，这可将官方的政策向进出口商进行解释，使其经常意识到进口存在的风险，而不仅仅是进口利润。风险交流必须是一个双向程序，它涉及的进出口商必须经官方认可并有单位的详细地址。

风险交流是风险分析过程的最后一步，但在整个过程中所涉及的所有部门应该进行很好的交流。现在很多国家，公众对“专家”持有怀疑态度，因此尽早开展风险交流，可使公众理解和尊重风险分析的结果。

3　风险评估及管理

3.1　炭疽病

3.1.1　概述

炭疽病（anthrax）是由炭疽芽孢杆菌引起哺乳动物（包括人类）的一种急性、非接触性传染病。以败血症、快速死亡为基本特征。所有哺乳动物都是易感的，但不同品种之间有一定的差异性，易感的程度依次是绵羊、牛、山羊、鹿、水牛、马、猪、犬和猫。对于草食动物，则发病急、死亡快，而猪则要2周才会死亡。禽类抵抗力较强，一些吃腐肉的鸟类可能会因吃食感染组织而感染此病或传播此病。冷血动物对本病有一定的抵抗力。

3.1.2 病原

炭疽病是由炭疽杆菌引起的一种人畜共患的急性、热性、败血性传染病。当该菌形成芽孢后，对外界环境有坚强的抵抗力，它能在毛织物中生存30年左右。所有大陆都有分布和发生。炭疽杆菌为革兰氏阳性粗大杆菌，长5～10μm，宽1～3μm，两端平切，排列如竹节，无鞭毛，不能运动。在人及动物体内有荚膜，在体外不适宜条件下形成芽孢。本菌繁殖体的抵抗力与一般细菌相同，其芽孢抵抗力很强，在土壤中可存活数十年，在皮毛制品中可生存90年。煮沸40min、140℃干热3h、加高压蒸汽10min、20%漂白粉和石灰乳浸泡2d、5%石炭酸24h才能将其杀灭。在普通琼脂肉汤培养基上生长良好。该菌的致病力较强。

炭疽杆菌主要有4种抗原：①荚膜多肽抗原，有抗吞噬作用。②菌体多糖抗原，有种特异性。③芽孢抗原。④保护性抗原，为一种蛋白质，是炭疽毒素的组成部分。有毒株产生的毒素有3种：除保护性抗原外，还有水肿毒素、致死因子。

3.1.3 地理分布及危害

炭疽病是危害人类和家畜的一种古老的疫病，在所有大陆都有分布和发生，但大多流行区域是热带和亚热带地区，其广泛分布于亚洲、非洲和南美洲地区，常常引起人的感染和死亡，因此本病有重要的社会、政治影响和重要的公共卫生意义。中国仅有局部地区零星发病。患病动物常表现突然高热、可视黏膜发绀、骤然死亡和天然孔出血。

3.1.4 流行病学特点

传染源主要为患病的草食动物，如牛、羊、马、骆驼等，其次是猪和犬，它们可因吞食染菌食物而得病。人直接或间接接触其分泌物及排泄物可感染。炭疽病人的痰、粪便及病灶渗出物具有传染性。可以经皮肤黏膜伤口直接接触病菌而致病。病菌的毒力很强，可直接侵袭完整皮肤；还可以经呼吸道吸入带炭疽芽孢的尘埃、飞沫等而致病，经消化道摄入被污染的食物或饮用水等而感染。通过蚕丝可能带毒传播，人群普遍易感，但多见于农牧民，兽医，屠宰、皮毛加工及实验室人员。发病与否与人体的抵抗力有密切关系。在动物和人群间发病有一定关系，造成家畜流行的诸因素也与人群中流行的因素有关。本病世界各地均有发生，夏秋季节发病多。

3.1.5 传入评估

由于炭疽杆菌芽孢对外界环境有坚强的抵抗力，同时它对人和各种家畜都有一定危害，特别是草食动物最为易感，如马、牛、绵羊、山羊等。该菌自身的特性决定了它定殖后在易感动物间的传播是必然的，并将长期存在。

3.1.6 发生评估

通过进口蚕丝传播该病还未见报道，通过进口蚕丝发生该病的可能性很小。

3.1.7　后果评估

由于炭疽杆菌的芽孢对外界环境抵抗力极强，在中国该病仅在少数地区零星发生，许多地区已完全消灭此病，因而当该病传入后不仅破坏了原有的防疫体系，病原在一些被消灭的地区重新传入后更加难以消灭，不仅严重威胁人和家畜的健康安全，也会给生态环境带来潜在的隐患。

3.1.8　风险预测

对进口蚕丝不加限制，炭疽杆菌传入的可能性很低，但一旦传入并定殖，则潜在的隐患难以量化，需进行风险管理。

3.1.9　风险管理

OIE对炭疽病检疫有明确的要求，并且要求输出国出具国际卫生证书。

3.1.10　与中国保护水平相适应的风险管理措施

（1）进口蚕丝必须是来自没有因炭疽病而受到隔离检疫的地区。

（2）蚕丝保存在无炭疽病流行的地区。

3.2　微粒子病

3.2.1　概述

蚕微粒子病是一种毁灭性的传染病，是蚕种生产中的首要蚕病。蚕微粒子病是病原性微孢子虫因食下传染和胚种传染，使家蚕感染发病的一种毁灭性蚕病。

3.2.2　病原

病原是蓖麻蚕微粒子孢子（nosema ricini naegeli），其发育周期在小蚕体内约为7d、在大蚕体内约为5d、在蛹体内约为8d。成熟孢子为椭圆形、长椭圆形、卵圆形。

3.2.3　地理分布及危害

世界养蚕国家均将微粒子病列为检疫对象，1986年我国已将该病列为口岸检疫对象。

3.2.4　流行病学特点

传染途径有食下传染和胚种传染两种。传染源主要是蚕沙、病蚕尸体、病蛹、病蛾及其鳞毛。本病能与柞蚕、樗蚕、天蚕、山蚕、斜纹夜盗蛾、黄褐蛱蝶的微粒子病互相传染；但蓖麻夜蛾及灰带毒蛾不易感染。蓖麻蚕患有微粒子病时，卵失去固有的卵色、易剥落、卵粒分散、病蛾产卵量较少；产卵后不久，卵面凹陷、孵化不齐。幼虫病重时，发育极慢、体瘦小。蚕熟时，病蚕侧卧或吐水、不吐丝、死笼率高。死后尸体不腐烂，不发臭，多出现死蛹、半羽化蛹或不羽化蛹。

3.2.5 传入评估

没有证据证明通过进口蚕丝能够传播该病。

3.2.6 发生评估

通过进口蚕丝传播该病的可能性不大。

3.2.7 后果评估

通过蚕丝传播该病的可能性不大，但一旦该病流行，造成的危害将会很大。

3.2.8 风险预测

通过进口蚕丝传播该病的可能性不大，无需进行风险分析。

3.2.9 风险管理

世界养蚕国家都把微粒子病列为检疫对象。

3.2.10 与中国保护水平相适应的风险管理措施

在我国该病被定为二类病，早在1986年我国已将该病列为口岸检疫对象。

4 中国目前有关防范和降低进境动物疫病风险的管理

中国政府目前通过有关防范和降低措施成功地防止了国外某些疫病的传入，保护了中国畜牧业的生产安全和人的身体健康。

4.1 审批

为防止蚕丝生产国重大疫情的传入，国家质量监督检验检疫总局和各直属局根据《中华人民共和国进出境动植物检疫法》的要求，同时根据世界动物卫生组织各国的疫情通报和中国对蚕丝生产国疫情的了解作出能否进口蚕丝的决定。

4.2 退回和销毁处理

在进口国发生动物疫情或在进境蚕丝中发现有关中国限制进境的病原时，出入境检验检疫机构和国家相关的农牧管理部门为防止国外动物疫情传入，发布公告禁止来自疫区的蚕丝入境，对来自疫区的蚕丝或检出带有中国限制入境病原的蚕丝作退回或销毁处理。

4.3 防疫处理

为防止国外疫情传入，在进境蚕丝到达口岸时，对进境蚕丝进行外包装消毒处理，同时对储存仓库运输工具进行消毒处理。建立有效的防疫设施，包括存放地进出车辆、人员、工作服消毒和外包装废弃物处理的设施。

4.4　存放和加工过程监督管理

根据《中华人民共和国进出境动植物检疫法》的要求，对生产加工企业和存放地进行监督管理，防止违反《中华人民共和国进出境动植物检疫法》行为的发生，建立健全卫生防疫制度和蚕丝的出入库登记制度，监督加工企业严格执行国家有关部门的规定和企业制定的防疫制度；监督加工企业严格按照规定对包装材料、加工废料进行无害化处理；监督加工企业严格执行国家有关规定的污水处理标准。

4.5　污水和废弃物处理

根据《中华人民共和国进出境动植物检疫法》的要求，出入境检验检疫机构对可以进境蚕丝的生产、加工企业排放的污水实施监督检查，以防止蚕丝输出国的有害因子传入中国；同时，出入境检验检疫机构还有权督促蚕丝生产加工企业对外包装、下脚料进行无害化处理。对于违反上述要求的企业，视情况依据《中华人民共和国进出境动植物检疫法》等法律法规作出相应的处理。

第四篇　进境羊毛风险分析

1　引言

羊毛是纺织生产的重要原料，近年来，我国毛纺织工业快速发展，国内羊毛原料供不应求，每年要从国际市场购进大量羊毛。20 世纪 70 年代以来，我国年进口量由原来的 5 万 t 增加到 30 万 t 以上，在国际贸易中，我国已步入进口羊毛大国的行列。

我国是羊毛纤维及其制品的生产大国，在世界贸易中占有重要份额。羊毛已成为我国的大宗进口商品。随着世界经济的不断发展，贸易与交往日益频繁，对动植物检疫工作提出了更高的要求，如何减少卫生及动植物检疫对贸易所产生的消极影响，不断适应和促进贸易交往的发展，成为各国检疫工作者所关心的重要课题。国际"期望制定一个有规律和有纪律的多边框架，指导动植物检疫措施的制定、采用和实施"。因此，增强国际检疫协调成为动植物检疫的方向。进境风险性分析是建立检疫性程序的依据的关键，因此受到各国的重视。

动物和动物产品的国际贸易有很大的特殊性和复杂性。

一方面，很多国家期望通过引进优良畜禽品种来提高动物的生产性能和质量，促进畜牧业及相关产业的快速发展；通过引进动物产品来满足人们的生活需求。但在引进动物及其产品的同时，不可避免地伴随着动物疫病传入的风险。决策部门在制定进口政策时，不得不把这种风险置于优先考虑的位置，因为一旦传入动物疫病，特别是传入世界动物卫生组织（OIE）公布的 A 类疫病或国外动物疫病，它所造成的损失要比引进动物及其产品所产生的效益大得多。所以，科学决策事关重大，风险分析正是为科学决策提供依据的一种重要方法。

另一方面，有些国家为了维护本国的利益，也以动物疫病为借口，制定苛刻的检疫技术标准，限制甚至禁止别国的动物及其产品进口。动物及其产品的贸易禁运已成为潜在贸易壁垒之一。为保证动物及其产品的国际贸易公平合理地进行，世界贸易组织（WTO）和世界动物卫生组织（OIE）分别在其《动植物卫生检疫措施协议》和《国际动物卫生法典》等重要文件中要求对进口动物进行风险分析。可见，风险分析不仅是科学决策的需要，也是使动物检疫工作符合国际惯例的要求。

2　风险分析过程

风险分析是艺术和科学的统一。风险分析专家必须具有广博的知识面、流行病学和统

计学的知识和技能；必须收集各方面的资料信息；在医学、兽医学领域，必须获得各种疫病的发病机理及流行病学的详尽资料，然后对这些数据和资料进行定性或定量风险分析，找出减少风险的措施。

2.1　风险确定

风险确定是风险分析的第一步，也是很关键的一步。如果一个特定的风险没有确定，就不可能找出减少该风险的措施。许多检疫的失败都可以归结于甄别风险的失败，而不是风险评估和风险管理的失败。

2.2　风险评估

风险因素确定以后，就需要对所存在的风险进行评估。这一步要解决的问题是：在不采取任何措施的情况下，引进某种动物或动物产品，引起进口国动物发生某种动物疫病的风险有多大；采取一系列风险减少措施以后，进口某种动物或动物产品使进口国动物发生某种疫病的风险有多大。这一阶段最重要的就是科学地、合理地收集所有有关信息和资料，对所存在的风险因素进行评估，找出减少风险的措施，得出进口某种动物或动物产品使进口国动物发生某种疫病的风险概率，为决策者提供科学的依据。风险评估分为定性风险评估、定量风险评估和半定量风险评估 3 种方法。

2.3　风险管理

风险管理是通过对各种风险因素进行科学、严谨的分析而做出正确决定的过程。风险管理可适用于各种情况，比如对已发生了意外结果的地方进行风险管理，或对各种风险都清楚的地方进行风险管理。一种好的风险管理模式包括建立风险管理程序、识别风险、分析风险、评估风险、处理风险和对风险管理系统的执行情况进行检查和总结。

2.4　风险交流

风险交流的过程是将风险评估和风险管理的结果同决策者和公众进行交流。适当的风险交流是必要的，这可将官方的政策向进出口商进行解释，使其经常意识到进口存在的风险，而不仅仅是进口利润。风险交流必须是一个双向程序，它涉及的进出口商必须经官方认可并有单位的详细地址。

风险交流是风险分析过程的最后一步，但在整个过程中所涉及的所有部门都应该进行很好的交流。现在很多国家，公众对“专家”持有怀疑态度，因此尽早开展风险交流，可使公众理解和尊重风险分析的结果。

3 风险因素确定

3.1 确定致病因素的原则和标准

3.1.1 进境羊毛风险分析的考虑因素

3.1.1.1 商品因素

进境风险分析的商品因素包括进境的原毛、水洗毛、洗净毛、炭化毛等。

3.1.1.2 国家因素

由于每一个国家动物疫病的发生、发展各不相同，因此所有可能经进境羊毛将疫病传入我国的羊毛输出国都是考虑的重点，主要有以下国家和地区：澳大利亚、新西兰、乌拉圭、阿根廷、秘鲁、英国、美国、南非（非洲大陆）、法国、我国周边国家（主要指印度、俄罗斯等）等，羊毛运输途经国或地区也应尽可能考虑。

3.1.1.3 其他因素

运输方式、包装种类、储存方法、检疫措施等。

3.1.2 国内外有关政策法规

3.1.2.1 动物及产品贸易的国际法规

SPS协定规定，世界动物卫生组织（OIE）有权制定动物卫生防疫法规，提出有关动物及产品的国际贸易方面的准则和建议。世界动物卫生组织出版了一本关于风险分析方面的指导性法规——《国际动物卫生法典》，它的主要原则是要求贸易双方作出尽可能详细的动物卫生保障，为保证促进动物和产品的国际贸易发展服务，避免国际贸易中动物疫病的传播风险。国际动物检疫的政策法规还包括一些中国政府与其他国家签署的动物检疫方面的双边条约或检疫条款等。

《国际动物卫生法典》对动物疫病的分类如下：

（1）A类：是一类烈性传染病，能在世界范围内迅速流行，对社会经济及公共卫生产生严重的后果，对动物及产品的国际贸易产生重要影响。

（2）B类：是能在一定区域内对社会经济、公共卫生产生重要影响，并对动物产品的国际性贸易产生一定影响的传染病。

3.1.2.2 中国现行的检疫法规

《中华人民共和国动物防疫法》是目前中国国内有关动物防疫主要的法律法规。《中华人民共和国进出境动植物检疫法》（以下简称《检疫法》）、《中华人民共和国进出境动植物检疫法实施条例》和相关的法规、公告等是中国政府对进出境动植物实施检疫的法律基础，其中规定了中国官方检疫人员依照法律规定行使登船、登车、登机实施检疫；进入港口、机场、车站、邮局以及检疫物存放、加工、养殖、种植场所实施检疫，并依照规定采样；根据需要，进入有关生产、仓库等场所，进行疫情监测、调查和检疫监督管理；查阅、复制、摘录与检疫物有关的运行日志、货运单、合同、发票及其他单证。农业部负责全国范围内动物疫病防制、监测和消灭工作，对外来疫病的防制由农业部和国家出入境检验检疫局共同承担。当某国发生中国限制进境的动物疫病流行时，农业部和国家出入境检验检疫局有权发布公告，禁止与流行疫病有关的任何货物入境。

3.1.3 危害因素的确定

与国际上竞争对手相比，中国的养羊业由于良好的卫生状况和独特的地理环境，对养羊业有严重危害的致病性因子并不多，因此在对进境羊毛的危害因素确定时，采用以下标准和原则。

3.1.3.1 农业部规定的《一、二、三类动物疫病病种名录》所列的疫病病原体。

3.1.3.2 国外新发现并对农牧渔业生产和人体健康有潜在威胁的动物传染病和寄生虫病病原体。

3.1.3.3 列入国家控制或消灭的动物传染病和寄生虫病病原体。

3.1.3.4 对农牧渔业生产和人体健康及生态环境可能造成危害或负面影响的有毒有害和生物活性物质。

3.1.3.5 世界动物卫生组织（OIE）列出的A类和B类疫病。

3.1.3.6 有证据证明能够通过羊毛传播的疫病。

3.2 致病因素的评估

羊毛作为一种特殊的商品，是一种不经任何卫生环节加工就可以交易的动物产品，任何外来致病性因子都可能存在，因而使其携带疫情复杂、难以预测且不易确定。有些羊毛甚至可能夹带粪便和土壤等禁止进境物，机械采毛易混入皮屑和血凝块，在现场查验中却难以发现，而这些常常是致病性因子最可能存在的地方。对进境羊毛所携带的危害因素进行风险分析的依据是：危害因素在中国目前还不存在（或没有过报道）或仅在局部存在；对人有较严重的危害；有严重的政治或经济影响；已经消灭或在某些地区得到控制；对畜牧业有严重危害等。

对和羊有关的疫病（包括可能经羊毛传播的疫病）流行的特点分析如表4－1，同时也列出世界各主要羊毛生产国近5年来与羊有关疫病的发生情况（表4－2）。

表4－1 羊有关疫病（包括可能经羊毛传播的疫病）**流行的特点分析**

	病名	传播途径	流行及控制	风险评估
A类	口蹄疫	可以通过羊毛传播	世界性流行	重点防疫需风险评估
	水疱性口炎	不完全清楚	不存在	重点防疫需风险评估
	牛瘟	可以通过羊毛传播	已经完全消灭	重点防疫需风险评估
	小反刍兽疫	能通过羊毛传播	从未有过报道	重点防疫需风险评估
	蓝舌病	没有证据说明通过羊毛传播	局部地区有分布	重点防疫需风险评估
	绵羊痘和山羊痘	能够通过羊毛传播	零星发生或地方性流行，用疫苗控制	重点防疫需风险评估
	裂谷热	没有证据证明通过羊毛传播	从未有过报道	重点防疫需风险评估

（续）

	病　名	传播途径	流行及控制	风险评估
B类	炭疽病	能够通过羊毛传播	偶尔零星发生，用疫苗进行控制	重点防疫需风险评估
	狂犬病	没有证据证明通过羊毛传播	零星发生，疫苗控制	重点防疫需风险评估
	伪狂犬病	没有证据证明通过羊毛传播本病，但本病原对外界抵抗力较强	疫苗控制	重点防疫需风险评估
	副结核病	可以通过羊毛传播	地方流行性	重点防疫需风险评估
	布鲁氏菌病	可以通过羊毛传播	地方流行性	重点防疫需风险评估
	牛海绵状脑病	没有证据证明可以通过羊毛传播	从未有过报道	重点防疫需风险评估
	痒病	没有证据证明通过羊毛传播	从未有过报道	重点防疫需风险评估
	钩端螺旋体病	没有证据证明通过羊毛传播	存在	无需风险评估
	新大陆蝇蛆和旧大陆蝇蛆病	不能通过羊毛传播	存在	无需风险评估
	棘球蚴病	可以通过羊毛传播	存在	无需风险评估
	山羊关节炎-脑炎	没有证据证明通过羊毛传播	局部散发	需风险评估
	梅迪-维斯纳病	没有证据证明通过羊毛传播	有过报道	需风险评估
	绵羊肺腺瘤病	没有证据证明通过羊毛传播	局部分布	需风险评估
	衣原体病	没有证据证明通过羊毛传播	地方性流行	需风险评估
	Q热	可以通过羊毛传播	局部分布	需风险评估
	沙门氏菌病	可以通过羊毛传播	存在	无需风险评估
	接触传染性无乳症	可以通过羊毛传播	存在	无需风险评估
	山羊传染性胸膜肺炎	可以通过羊毛传播	存在	无需风险评估
	新水病	没有证据证明通过羊毛传播	局部分布	需风险分析
	内罗毕病	没有证据证明通过羊毛传播	局部分布	需风险分析
其他	边界病	没有证据证明通过羊毛传播	局部分布	需风险分析
	羊脓疱性皮炎	能通过羊毛传播	局部分布	需风险分析
	日本脑炎	不能通过羊毛传播	有分布	无需风险分析
	大肠杆菌病	可以通过羊毛传播	存在	无需风险分析
	结核病	到目前为止没有这方面的报道	存在，发现后淘汰	需风险分析
	小肠结肠炎耶尔赞氏菌病	不能通过羊毛传播	存在	无需风险分析
	巴氏杆菌病	不通过羊毛传播	存在	无需风险分析
	土拉菌病	通过羊毛传播	存在	无需风险分析
	弯杆菌病	通过羊毛传播	存在	无需风险分析
	坏死杆菌病	通过羊毛传播	存在	无需风险分析

（续）

	病　　名	传播途径	流行及控制	风险评估
其他	葡萄球菌病	通过羊毛传播	存在	无需风险分析
	链球菌病	通过羊毛传播	存在	无需风险分析
	羊梭菌病	通过羊毛传播	存在	无需风险分析
	李斯特杆菌病	通过羊毛传播	存在	无需风险分析
	棒状杆菌病	不通过羊毛传播	存在	无需风险分析
	真菌性疾病	通过羊毛传播	存在	无需风险分析

表 4－2　世界各主要羊毛生产国近五年来与羊类有关疫病的发生情况

国家	1998 年	1999 年	2000 年	2001 年	2002 年	2003 年
澳大利亚	日本脑炎	—	—	—	疯牛病	—
新西兰	—	—	—	—	支原体病	—
乌拉圭	—	—	口蹄疫	口蹄疫	—	—
阿根廷	痒病、Q 热、疯牛病	Q 热	口蹄疫	口蹄疫	口蹄疫、蓝舌病	—
秘鲁	—	口蹄疫	—	—	—	—
英国	—	—	—	疯牛病、口蹄疫	口蹄疫	—
美国	水疱性口炎	水疱性口炎	—	—	—	—
南非	口蹄疫	裂谷热	—	—	—	—
法国	狂犬病	—	—	疯牛病、口蹄疫	疯牛病、狂犬病	—
印度	—	—	—	口蹄疫	—	—
俄罗斯	山羊痘和绵羊痘	—	口蹄疫	—	—	绵羊和山羊痘
蒙古	—	—	口蹄疫	口蹄疫	—	—

3.3　风险性羊病名单的确定

首先是以世界动物卫生组织公布与羊有关的 A 类和 B 类动物传染病作为重点防疫对象，同时顾及中国有关动物疫病的防制法规和由农业部制定公布的动物一、二、三类与羊有关的疫病和某些地方重点防疫的疫病。

以下是这些疫病的名称。

3.3.1　A 类

口蹄疫、水疱性口炎、牛瘟、绵羊痘与山羊痘、蓝舌病、小反刍兽疫、裂谷热病等。

3.3.2　B 类

炭疽病、副结核病、布鲁氏菌病、狂犬病、绵羊痒病、棘球蚴病、钩端螺旋体病、伪狂犬病、山羊关节炎-脑炎、梅迪-维斯纳病、心水病、Q热、内罗毕病、肺腺瘤病等。

3.4 风险描述

3.4.1 对出入境的相关国家进行风险分析。

3.4.2 对风险性疫病，从以下几个方面进行讨论。

3.4.2.1 概述

对疫病进行简单描述。

3.4.2.2 病原

对疫病致病病原进行简单描述。

3.4.2.3 地理分布及危害

对疫病的世界性分布情况进行描述；对疫病的危害程度进行简单的描述。

3.4.2.4 流行病学特点

对致病病原的自然宿主进行描述及对疫病的流行特点、规律、传播特点及媒介进行描述，尤其侧重与该病相关的检疫风险的评估。

3.4.2.5 传入评估

（1）从以下几个可能的方面对疫病进行评估：①原产国是否存在病原。②生产国农场是否存在病原。③羊毛中是否存在病原。④病原是否可以在农场内或农场间传播。

（2）对病原传入、定居并传播的可能性，尽可能用以下术语（词语）描述。

①高（high）：事件很可能会发生。

②中等/度（moderate）：事件有发生的可能性。

③低（low）：事件不大可能发生。

④很低（very low）：事件发生的可能性很小。

⑤可忽略（negligible）：事件发生的概率极低。

3.4.2.6 发生评估

对疫病发生的可能性进行描述。

3.4.2.7 后果评估

后果评估是指对由于病原生物的侵入对养羊业和相关畜产品造成的不利影响给予描述。经济影响一般是指动物死亡或产品损失、限制进出、出口市场丢失、国家赔偿、控制措施造成的生产损失。环境影响通常是指对本地物种的不利影响。对疫病发生的后果及潜在的危害进行描述。应该注意到在某些情况下接受发病疫区可极大降低发病带来的不利影响。但在疫区划分条件上有许多不定的因素，有些贸易伙伴接受，有些根本不接受。最明显的例子是1998年澳大利亚发生新城疫，少数国家根本不接受在一个国家内任何水平的疫区，有些接受，但对疫区的大小以及有效期的时间有不同的意见。例如：大约一半的澳大利亚出口市场不接受低于整个新南威尔士州水平的疫区。

下面术语用于描述在一个连续的范围内可能出现的不利影响的程度及出现后果的可能性。

（1）极端严重（extreme）：是指某些疫病的传入并发生后，可能对整个国家的经济活动或社会生活造成严重影响。这种影响可能会持续一段很长的时间，并且对环境构成严重甚至是不可逆的破坏或对人类健康构成严重威胁。

（2）严重（serious）：是指某些疫病的侵入可能带来严重的生物性（如高致病率或高死亡率，感染动物产生严重的病理变化）或社会性后果。这种影响可能会持续较长时间并且不容易对该病采取立即有效的控制或扑灭措施。这些疫病可能在国家主要工业水平或相当水平上造成严重的经济影响。并且，它们可能会对环境造成严重破坏或对人类健康构成很大威胁。

（3）中等（medium）：是指某些疫病的侵入带来的生物影响不显著。这些疫病只是在企业、地区或工业部门水平上带来一定的经济损失，而不是对整个工业造成经济损失。这些疫病容易控制或扑灭，而且造成的损失或影响也是暂时的。它们可能会影响环境，但这种影响并不严重而且是可恢复的。

（4）温和（mild）：是指某些疫病的侵入造成的生物影响比较温和，易于控制或扑灭。这些疫病可能在企业或地方水平上对经济有一定的影响，但在工业水平上造成的损失可以忽略不计。对环境的影响几乎没有，有也是暂时性的。

（5）可忽略（insignificant）：是指某些疫病没有任何生物性影响，是一过性的且很容易控制或扑灭。在单个企业水平上的经济影响从低到中等，从地区水平上看几乎没有任何影响。环境的影响可以忽略。

3.4.2.8　风险预测

传入、定殖以及传播的可能性和造成后果之间的关系是决定是否采取专门风险管理措施的关键。对一些有严重甚至极端严重后果的疫病，只要疫病进入的风险高于可忽略的保护水平，就不允许进口；对一些造成中等后果的疫病，风险高于很低的保护水平，不允许进口；对造成后果温和的疫病，风险不应高于低保护水平。对造成后果可忽略的疫病，不用考虑任何进口风险。

风险评估是指在不采取任何风险管理的基础上对可能存在的危险进行充分的评估。我们确定了以下规则（表 4－3）：根据输入疫病的风险来确定中国合理的保护水平情况。如果这种风险超过中国合理的保护水平（用“不接受”表示），接下去是考虑是否或如何采取管理措施降低疫病传入的风险达到中国合理的保护水平（用“接受”表示），允许进口。

表 4－3　根据输入疫病的风险来确定中国合理的保护水平情况

后果程度	传入可能性发生				
	高	中等	低	很低	可忽略
可忽略	接受	接受	接受	接受	接受
温和	不接受	不接受	接受	接受	接受
中等	不接受	不接受	不接受	接受	接受
严重	不接受	不接受	不接受	不接受	接受
极端严重	不接受	不接受	不接受	不接受	接受

3.4.2.9 风险管理

风险分析提供了一系列风险管理措施，主要是根据评估的风险大小以及疫病流行特点制定的。最常用的是世界动物卫生组织《国际动物卫生法典》，如果这些措施都不能满足本国的适当的保护水平，就根据实际情况制定专门的管理措施。风险管理措施见表4-4。

表4-4 风险管理措施

病　　名	传入的可能性	定居并传播的可能性	在中国定居后造成的后果	不加限制是否可接受	风险管理措施
口蹄疫	中等	高	极端严重	不能	只从无口蹄疫的国家或地区进口羊毛
水疱性口炎	可忽略	很低	严重	能	无特殊要求
牛瘟	低	高	极端严重	不能	不从疫区进口羊毛
小反刍兽疫	低	高	严重	不能	只从无小反刍兽疫的国家或地区进口羊毛
蓝舌病	可忽略	高	中等	能	无特殊要求
绵羊痘与山羊痘	高	高	中等	不能	不从疫区进口羊毛（包括洗净毛和毛条等产品）
裂谷热	中等	中等	严重	不能	不从疫区进口羊毛
炭疽病	高	中等	严重	不能	不从有该病发生地进口羊毛
狂犬病	低	高	中等	能	无特殊要求
伪狂犬病	低	高	中等—严重	不能	只从无伪狂犬病流行的国家或地区进口羊毛
副结核病	低	中等	中等	不能	不从疫区进口羊毛
布鲁氏菌病	中等	中等	严重	不能	只从无布鲁氏菌病的国家或地区进口羊毛
牛海绵状脑炎	可忽略	极低	极端严重	能	无特殊要求
痒病	可忽略	很低	极端严重	能	无特殊要求
山羊关节炎-脑炎	很低	中等	中等	能	无特殊要求
梅迪-维斯纳病	低	中等	严重	不能	不从疫区进口羊毛
绵羊肺腺瘤	低	低	严重	不能	不从疫区进口羊毛
衣原体病	很低	高	温和	能	无特别要求
Q热	高	中等	严重	不能	只从无Q热的国家或地区进口羊毛
心水病	低	高	严重	不能	只从无心水病的国家或地区进口羊毛
内罗毕病	低	低	严重	不能	从无内罗毕病的国家或地区进口羊毛
边界病	可忽略	中等	中度	能	无特别要求
羊脓疱性皮炎	高	中等	中等	不能	从无羊脓疱性皮炎流行的国家或地区进口羊毛
结核病	低	高	中等	不能	禁止从有该病流行的国家地区进口羊毛

3.4.2.10　与中国保护水平相适应的风险管理措施

简单描述与中国保护水平相适应的风险管理措施。

4　风险评估及管理

4.1　A 类疫病的风险分析

4.1.1　口蹄疫

4.1.1.1　概述

口蹄疫（foot and mouth disease，FMD）是家畜最严重的传染病之一，是由口蹄疫病毒引起偶蹄兽的一种多呈急性、热性、高度接触性传染病，广泛影响各种家畜和野生的偶蹄动物，如牛、羊、猪、羊驼、骆驼等偶蹄动物。主要表现为口、鼻、蹄和乳头形成水疱和糜烂，而羊感染后则表现为亚临床症状。人和非偶蹄动物也可感染，但感染后症状较轻。世界动物卫生组织《国际动物卫生法典》规定口蹄疫的潜伏期为 14d。

4.1.1.2　病原

口蹄疫是世界上最重要的动物传染病之一，严重影响国际贸易，因此既是一种经济性疫病，又是一种政治性疫病，所以被世界动物卫生组织列为 A 类动物传染病之首。猪是其繁殖扩增宿主。口蹄疫病毒经空气进行传播时，猪是重要的传播源。

口蹄疫病毒属微（小）RNA 病毒科（*Plcornaviridae*）、口疮病毒属（*Aphtovirus*）。该病毒有 7 种血清型，60 多种血清亚型。该病毒对酸、碱敏感，在 pH 4～6 之间病毒性质稳定，pH 高于 11 或低于 4 时，所有毒株均可被灭活。4℃下，该病毒有感染性。有机物可对病毒的灭活产生保护作用。在 0℃以下时，病毒非常稳定。病毒粒子悬液在 20℃左右，经 8～10 周仍具有感染性。在 37℃时，感染性可持续 10d 以上；高于 37℃，病毒粒子可被迅速灭活。

4.1.1.3　地理分布及危害

口蹄疫呈世界性分布，特别是近年流行十分严重，除澳大利亚和新西兰及北美洲的一些国家外，非洲、东欧、亚洲及南美洲的许多国家都有口蹄疫发生，至今仍呈地方性流行。中国周边地区尽管口蹄疫十分严重，到目前为止还没有从周边地区传入该病。口蹄疫是烈性传染病，发病率几乎达 100%，被世界动物卫生组织列为 A 类家畜传染病之首。该病程一般呈良性经过，死亡率只有 2%～3%，犊牛和仔猪为恶性病型，死亡率可达 50%～70%，但主要经济损失并非来自动物死亡，而是来自患病期间动物肉和奶的生产停止，病后肉、奶产量减少，种用价值丧失。由于该病传染性极强，对病畜和怀疑处于潜伏期的同种动物必须紧急处理，对疫点周围广大范围须隔离封锁，禁止动物移动和畜产品调运上市。口蹄疫的自然感染主要发生于偶蹄兽，尤以黄牛（奶牛）最易感，其次为水牛、牦牛、猪，再次为绵羊、山羊、骆驼等。野生偶蹄兽也能感染和致病，猫、犬等动物可以人工感染。其中，牛、猪发病最严重。

4.1.1.4　流行病学特点

呼吸道是反刍动物感染该病的主要途径。很少量的病毒粒子就可以引发感染。呼吸道感染也是猪感染的一条重要途径，但与反刍动物相比，猪更容易经口感染。发病动物通过破溃的皮肤及水疱液、排泄物、分泌物、呼出气等向外扩散，污染饲料、水、空气、用具等。

发病动物通过呼吸道排出大量病毒。甚至在临床症状出现前4d就开始排毒，一直到水疱症状出现，即体内抗体产生后4～6d，才停止排毒。另外，大多数康复动物都是病毒携带者。污染物或动物产品都可以造成感染，另外人员在羊群之间的活动也可造成该病的传播。

牧区的病羊在流行病学上的作用值得重视。由于患病期症状轻微，易被忽略，因此在羊群中成为长期的传染源。羊、牛等成为隐性带毒者。畜产品如皮毛、肉品、奶制品等，另外饲料、草场、饮水、交通工具、饲养管理工具等均有可能成为传染源。

4.1.1.5 传入评估

口蹄疫病毒已经证明可以通过皮毛传播，而且已经有通过皮毛传染给人和其他易感动物的例子。从最近英国发现第一例口蹄疫感染的家畜开始，口蹄疫正以迅雷不及掩耳的速度在传播，目前已经证实的感染病毒的国家数量已经超过20家，并且数量还在迅速扩大。南美、东亚、东南亚、欧洲大陆以外国家、中东等国家和地区也开始遭受口蹄疫的侵害，出现不同程度的损失。联合国粮农组织官员于2001年3月14日已经发出警告，强调口蹄疫已成为全球性威胁，并敦促世界各国采取更严格的预防措施。我国的香港和台湾地区，以及邻近的韩国、日本、印度、蒙古、原独联体国家都纷纷“中弹”。我国政府已经多次发出通知，采取一切措施，把口蹄疫拒之国门以外。

口蹄疫传播方式很复杂，在此讨论与羊毛有关的传播可能。通过感染动物和易感动物的直接接触引起动物间的传播，和农场内部局部传播，而人、犬、鸟、啮齿动物等引起传播的方式比较简单。研究人员还发现病毒通过气溶胶在感染动物与易感动物间的传播，已经证实这是远距离传播的主要方式，且气溶胶传播难以控制，最近在欧洲暴发的口蹄疫则可能是通过旅游者在疫区与非疫区之间的传播引起的。运载过感染动物和动物产品的车辆可能成为口蹄疫传染源，因此对来自疫区或经过疫区的运输工具消毒和清洗显得十分必要。对于上述传播可能，来自疫区的打包羊毛和运输工具完全有可能成为传染源，如果羊毛中夹杂有感染动物的粪尿，则传播是肯定的。通过羊毛传播的可能性很高。

4.1.1.6 发生评估

口蹄疫病毒能够通过羊毛传播的事实已得到证实，同时也已被各国兽医部门所接受。当每升空气中含一个病毒粒子时，猪和羊30min可吸入足够感染量的病毒，牛则只需2min，一头感染的猪一天可以排出的气源性病毒粒子足以使500头猪、7头反刍动物经口感染。中国传统的高密度的畜牧业可使侵入口蹄疫病毒迅速传播并流行。通过羊毛可以传播该病。

4.1.1.7 后果评估

口蹄疫被公认为是破坏性最大的动物传染病之一，尤其是在一些畜牧业发达的地区。口蹄疫病毒一旦发生，造成的后果十分严重，并且要在短时间内将这种疫病完全根除代价很高。口蹄疫一旦发生带来的直接后果是我国主要的海外市场将会被封锁，包括牛、羊、猪、牛肉、猪肉以及部分羊肉市场。很难对口蹄疫侵入造成的经济影响作出具体量化。疫病的暴发规模及对疫病控制措施的反应等不确定因素，使得很难对其所造成的经济损失作出简单的估算。传入该病造成很高的损失。

4.1.1.8　风险预测

不加限制进口羊毛引入口蹄疫的可能性很低，但是该病毒一旦传入产生的后果非常严重，需要进行风险管理。

4.1.1.9　风险管理

世界动物卫生组织发布的《国际动物卫生法典》明确提出有关反刍动物的毛、绒等卫生要求，目的就是为了防止口蹄疫疫区的扩大。

4.1.1.10　与中国保护水平相适应的风险管理措施

（1）严格按照世界动物卫生组织规定的国际动物卫生要求出具证明。

（2）进境羊毛必须是来自6个月内无口蹄疫发生的国家和地区（包括过境的国家或地区），具体还必须包括以下产品：①所有未经任何加工的原毛。②只经初加工的产品（产品与原料在同一环境中），如洗净毛。

（3）口蹄疫疫区周边地区和国家的羊毛，限制在入境口岸就地加工。

（4）其他已经炭化或制条的产品可以进口。

4.1.2　水疱性口炎

4.1.2.1　概述

本病是由弹状病毒属的水疱病毒引起的一种疫病，主要表现为发热和口腔黏膜、舌头上皮、乳头、足底冠状垫出现水疱。该病原的宿主谱很宽，能感染牛、猪、马及包括人和啮齿类动物在内的大多数温血动物，同时可以感染冷血动物，甚至于植物也可以感染本病。世界动物卫生组织《国际动物卫生法典》规定该病的潜伏期为21d。

4.1.2.2　病原

水疱性口炎（vesicular stomatitis，VS）又名鼻疮、口疮、伪口疮、烂舌症、牛及马的口腔溃疡等。本病是马、牛、羊、猪的一种病毒性疫病。其特征为口腔黏膜、乳头皮肤及蹄冠皮肤出现水疱及糜烂，很少发生死亡。

水疱性口炎病毒属弹状病毒科（*Rhabdoviridae*）、水疱性病毒属（*Vesiculovirus*），是一类无囊膜的RNA病毒。该病毒有两种血清型，即印第安纳（Indiana，IN）型和新泽西（New Jersey，N J）型。其中，新泽西型是引起美国水疱性口炎病暴发的主要病原。由于该病毒可引起多种动物发病，并能造成重大的经济损失，以及该病与口蹄疫的鉴别诊断方面的重要性，因此水疱性口炎被世界动物卫生组织列为A类病。

4.1.2.3　地理分布及危害

水疱性口炎病主要分布于美国东南部、中美洲、委内瑞拉、哥伦比亚、厄瓜多尔等地。在南美，巴西南部、阿根廷北部地区曾暴发过该病。在美国，除流行区以外，主要是沿密西西比河谷和西南部各州，每隔几年都要流行一次或零星发生。法国和南非也曾有过报道。

该病分为两个血清型：新泽西型和印第安纳型，感染的同群动物90%以上出现临床症状，几乎所有动物产生抗体。本病通常在气候温和的地区流行，媒介昆虫和动物的运动可导致本病的传播。印第安纳型通过吸血白蛉传播。本病传播速度很快，在一周之内能感染大多数动物，传播途径尚不清楚，可能是皮肤或呼吸道。

4.1.2.4 流行病学特点

水疱性口炎常呈地方性，有规律地流行和扩散。一般间隔10d或更长。流行往往有季节性，夏初开始，夏中期为高峰直到初秋。最常见牛、羊和马的严重流行。病毒对外界具有相当强的抵抗力。干痂暴露于夏季日光下经30～60d开始丧失其传染性，在地面上经过秋冬，第二年春天仍有传染性。干燥病料在冰箱内保存3年以上仍有传染性。对温度较为敏感。

对于水疱性口炎病毒的生态学研究还不很清楚。比如，病毒在自然界中存在于何处，如何保存自己，它是怎样从一个动物传给另一个动物的，以及怎样传播到健康的畜群中的。从某些昆虫体内曾分离到该病毒。破溃的皮肤黏膜污染的牧草被认为是病毒感染的主要途径。非叮咬性蝇类也是该病传播的一条重要途径。该病毒在正常环境中感染力可持续几天。污染的取奶工具等也可以造成感染。潜伏期一般为2～3d，随后出现发热，并在舌头、口腔黏膜、蹄冠、趾间皮肤、嘴（马除外）或乳头附近出现细小的水疱症状。水疱可能会接合在一起，然后很快破溃，如果没有第二次感染发生，留下的伤口一般在10d左右痊愈。水疱的发展往往伴随有大量的唾液、厌食、瘸腿等症状。乳头的损伤往往由于严重的乳房炎等并发症变得更加复杂。但该病的死亡率并不高。

4.1.2.5 传入评估

该病一旦侵入，定殖并传播的可能性很低。人们对该病的流行病学不清楚，甚至对传播该病的媒介生物的范围以及媒介生物在该病传播流行中的意义等尚不清楚。几乎没有任何信息可以用来量化预测该病定殖及传播的风险。1916年，该病确实从美国传入欧洲，但最终该病没有定殖下来。尽管目前国际动物贸易频繁，除了这一次例外，没有任何证据表明该病在美洲大陆以外的地区定殖。因此，水疱性口炎病定殖、传播的风险很低。

4.1.2.6 发生评估

水疱性口炎病定殖、传播的风险很低。

4.1.2.7 后果评估

该病一旦侵入，将会对中国畜牧业带来严重的后果。该病对流行地区造成的经济损失巨大。1995年美国暴发该病，由于贸易限制造成的经济损失以及生产性损失（包括动物死亡、奶制品生产量下降、确定并杀掉感染动物以及动物进出口的限制）等，据估计直接经济损失达1 436万美元。水疱性口炎病与口蹄疫鉴别诊断方面有重要意义，因此该病一旦在中国定殖，所造成的直接后果将是：所有的牲畜及其产品将被停止出口，至少要到口蹄疫的可能性被排除以后。由于水疱性口炎病的传播机制知之甚少，因此，很难预测紧急控制或扑灭措施的效果如何并且很难确定该病所造成的最终影响。

4.1.2.8 风险预测

不加限制进口羊毛带入水疱性口炎病的可能性几乎不存在。

4.1.2.9 风险管理

世界动物卫生组织在《国际动物卫生法典》中没有就进口动物产品作任何限制性的要求，无需进行风险管理。

4.1.2.10　与中国保护水平相适应的风险管理措施

与中国保护水平相适应的风险管理措施无。

4.1.3　牛瘟

4.1.3.1　概述

牛瘟（rinderpest，RP）又名牛疫（cattle plague）、东方牛疫（oriental cattle plague）、烂肠瘟等，是由牛瘟病毒引起的反刍动物的一种急性传染病，主要危害黄牛、水牛。该病的主要特点是炎症和黏膜坏死。对易感动物有很高的致死率。世界动物卫生组织《国际动物卫生法典》规定该病的潜伏期为21d。

4.1.3.2　病原

牛瘟病毒属副黏病毒科（*Paramyxoviridae*）、麻疹病毒属（*Morbilivirus*）。该属中还包括麻疹病毒、犬瘟热病毒、马腺疫病毒及小反刍兽疫病毒等。这些病毒有相似的理化性质，在血清型上也有一定的相关性。牛瘟病毒只有一种血清型，但在不同毒株的致病力方面变化很大。

牛瘟病毒性质不稳定，在干燥的分泌排泄物中只能存活几天，且不能在动物的尸体中存活。该病毒对热敏感，在56℃病毒粒子可被迅速灭活。在pH 2～9之间，病毒性质稳定。该病毒有荚膜，因此可通过含有脂溶剂的灭菌药物将其灭活。

4.1.3.3　地理分布及危害

本病毒主要存在于巴基斯坦、印度、斯里兰卡等国。该病是一种古老的传染病，曾给养牛业带来毁灭性的打击，在公元7世纪的100年中，欧洲约有2亿头牛死于牛瘟。1920年，印度运往巴西的感染瘤牛（zebu cattle）经比利时过境时引起牛瘟暴发，因此促成世界动物卫生组织的建立。

亚洲被认为是牛瘟的起源地，至今仍在非洲一些地区、中东及东南亚等地流行。通过接种疫苗等防疫措施，印度牛瘟的发生率和地理分布范围已有明显的减少。尽管在印度支那等边缘地区仍有潜在感染的可能性，但从总体上说，东南亚和东亚地区的牛瘟已基本被消灭。1956年以前，中国大陆曾大规模流行，在政府的支持下，经过科研工作者的努力，成功地研制出了牛瘟疫苗，并有效地控制了疫情，到1956年，中国宣布在全国范围内消灭牛瘟。本病西半球只发生过一次，即1921年发生于巴西，该地曾进口瘤牛，在发病还不到1 000头时就开始扑杀，共宰杀大约2 000头已经感染的牛。

4.1.3.4　流行病学特点

尽管该病的自然宿主为牛及偶蹄兽目的其他成员，牛属动物最易感，如黄牛、奶牛、水牛、瘤牛、牦牛等，但其他家畜如猪、羊、骆驼等也可感染发病。许多野兽如猪、鹿、长颈鹿、羚羊、角马等均易感。

患牛瘟的病牛是主要传染源，在感染牛向外排出病毒时尿中最多，任何污染病牛的血、尿、粪、鼻分泌物和汗都是传染源。本病在牛之间大多是由于病牛与健康牛直接接触引起的，亚临床感染的绵羊与山羊可以将本病传染给牛；受感染的猪可通过直接接触将该病传给其他猪或牛。牛瘟常与战乱相联系，1987年，斯里兰卡在40多年没有牛瘟的情况下，因部队带来的感染山羊在驻地进行贸易而引发牛瘟；1991 年因海湾战争，将牛瘟从伊拉克传入土耳其。

4.1.3.5 传入评估

牛瘟通常是经过直接接触传播的。动物一般经呼吸感染。尽管牛瘟病毒对外界环境的抵抗力不强，但该病毒由于可通过风源传播，因此该病毒传播距离很远，有时甚至可达 100m 以上。没有报道证实该病可以通过动物产品感染，甚至在一些牛瘟流行的国家，除牛以外的动物产品携带牛瘟病毒的可能性都不大。某些呈地方流行性的国家，当地羊带毒的可能性中等。

4.1.3.6 发生评估

没有证据证明该病毒能通过羊毛传播。

4.1.3.7 后果评估

牛瘟一旦侵入将会给中国带来巨大的经济损失并可能导致严重的社会后果，在这方面中国已有深刻教训。有研究报告指出控制牛瘟侵入造成的经济损失与控制口蹄疫侵入的损失相当。直接的深远的影响将是养牛业，将会波及大量的肉类出口甚至可能也会影响到其他的动物产品。应在尽量短的时间内，制定并实施对疫病的控制扑灭措施。尽管发病牛有很高的死亡率，但要在短时间内控制并防止疫病进一步扩散也并非很难。因此由于牛的发病和死亡造成的直接损失远远小于直接或间接用于控制疫病的费用。

中国于 1956 年消灭此病并到目前一直未发生过此病，目前在养牛业不接种任何防治该病的疫苗，对中国来说牛对此病没有任何免疫力，因而该病一旦传入并定殖，养牛业必将遭受毁灭性的打击，不仅因此可能带来巨大的经济损失，同时现有的防疫体系也将完全崩溃。

4.1.3.8 风险预测

通过羊毛可以将该病病原传入的可能性低。一旦输出羊毛的牧场有此病存在时，通过羊毛贸易传入此病是可能的，但由于该病病原的抵抗力脆弱，因此传入的可能性低。该病病原在中国有较广泛的寄生宿主谱（猪、牛、羊），因此一旦传入，定殖并发生传播是可能的。不加限制进口羊毛传入该病的可能性低，但一旦传入后果极端严重。

4.1.3.9 风险管理

世界动物卫生组织在《国际动物卫生法典》中将此病列入 A 类病，并就对反刍动物和猪的绒毛、粗毛、鬃毛等有明确的限制性要求，要求出具国际卫生证书，并证明：

（1）按照世界动物卫生组织的《国际动物卫生法典》规定的要求程序加工处理，确保杀灭牛瘟病毒。

（2）加工后采取必要的措施防止产品接触潜在的病毒源。

4.1.3.10 与中国保护水平相适应的风险管理措施

（1）不从该病的发生地进口任何未经加工的羊毛。

（2）进口羊毛（包括初加工产品）不允许从疫区过境。

（3）能确保初加工产品（如洗净毛、炭化毛、毛条等）未接触任何牛瘟病毒源，可以考虑进口。

4.1.4　小反刍兽疫

4.1.4.1　概述

小反刍兽疫（pestedes petits ruminants，PPR）又名小反刍兽假性牛瘟、肺肠炎、口炎肺肠炎复合症，是由小反刍兽疫病毒引起的急性传染病，主要感染小反刍兽动物，以发热、口炎、腹泻、肺炎为特征。世界动物卫生组织《国际动物卫生法典》规定该病的潜伏期为21d。

4.1.4.2　病原

小反刍兽疫病毒属于副黏病毒科、麻疹病毒属，病原对外界的抵抗力强，可以通过羊毛传播本病。主要分布于非洲和阿拉伯半岛。

4.1.4.3　地理分布及危害

本病仅限于非洲和阿拉伯半岛，在中国、大洋洲、欧洲、美洲都未发生过。本病发病率高达100%，严重暴发时死亡率高达100%，轻度发生时死亡率不超过50%，幼年动物发病严重，发病率和死亡率都很高。

4.1.4.4　流行病学特点

本病是以高度接触性传播方式传播的，感染动物的分泌物和排泄物也可以造成其他动物的感染。

4.1.4.5　传入评估

有证据证明该病可以通过羊毛传播，特别是以绵羊和山羊为主要感染对象，并迅速在感染动物体内定殖，随着病毒在体内定殖和易感动物增加时就会引起流行。

4.1.4.6　发生评估

可以通过羊毛传播该病。

4.1.4.7　后果评估

中国从未发生过小反刍兽疫，因此该病的传入必将给中国的养羊业以严重打击，造成的后果难以量化。

4.1.4.8　风险预测

不加限制进口羊毛，小反刍兽疫定殖可能性较高，病毒一旦定殖引起的后果极为严重，需对该病进行风险管理。

4.1.4.9　风险管理

世界动物卫生组织有明确的关于从小反刍兽疫感染国家进口小反刍动物绒毛、粗毛及其他毛发的限制要求。目的就是限制小反刍兽疫的扩散。世界动物卫生组织《国际动物卫生法典》规定该病要求出具国际卫生证书，证明这些产品：①来自非小反刍兽疫感染区饲养的动物；或②在出口国兽医行政管理部门监控和批准的场所加工，确保杀灭小反刍兽疫病毒。

4.1.4.10　与中国保护水平相适应的风险管理措施

必须限制从感染区进口羊毛，这些动物包括绵羊和山羊等。具体包括：

（1）不从疫区进口任何未经加工的羊毛。

（2）对途经疫区的羊毛在口岸就近加工处理。

（3）在出口国兽医行政管理部门监控和批准的场所加工，确保杀灭小反刍兽疫病毒的产品，如洗净毛、炭化毛、毛条可以进口。

4.1.5 蓝舌病

4.1.5.1 概述

蓝舌病（blue tongue，BT 或 BLU）是反刍动物的一种以昆虫为传播媒介的病毒性传染病，主要发生于绵羊，其临床症状特征为发热、消瘦，口、鼻和胃肠黏膜溃疡变化及跛行。由于病羊，特别是羔羊长期发育不良、死亡、胎儿畸形、羊毛的破坏，造成的经济损失很大。本病最早在1876年发现于南非的绵羊，1906年被定名为蓝舌病，1943年发现于牛。本病分布很广，很多国家均有本病存在，1979年我国云南首次确定绵羊蓝舌病，1990年甘肃又从黄牛分离出蓝舌病病毒。世界动物卫生组织《国际动物卫生法典》规定该病的潜伏期为60d。

4.1.5.2 病原

蓝舌病病毒属于呼肠孤病毒科、环状病毒属，为一种双股 RNA 病毒，呈20面体对称。已知病毒有24个血清型，各型之间无交互免疫力；血清型的地区分布不同，例如非洲有9个，中东有6个，美国有6个，澳大利亚有4个。还可能出现新的血清型。易在鸡胚卵黄囊或血管内繁殖，羊肾、犊牛肾、胎牛肾、小鼠肾原代细胞和继代细胞都能培养增殖，并产生蚀斑或细胞病变。病毒存在于病畜血液和各器官中，在康复畜体内存在达4～5个月之久。病毒抵抗力很强，在50%甘油中可存活多年，病毒对3%氢氧化钠溶液很敏感。

4.1.5.3 地理分布及危害

一般认为，南纬35°到北纬40°之间的地区都可能有蓝舌病的存在，已报道发生或发现的蓝舌病国家主要有非洲的南非、尼日利亚等；亚洲的塞浦路斯、土耳其、巴勒斯坦、巴基斯坦、印度、马来西亚、日本、中国等；欧洲的葡萄牙、希腊、西班牙等；美洲的美国、加拿大、中美洲各国、巴西等；大洋洲的澳大利亚等。

危害表现主要有以下几方面。

（1）感染强毒株后，发病死亡，死亡率可达60%～70%，一般为20%～30%，1956年葡萄牙和西班牙发生的蓝舌病死亡绵羊17.9万只。

（2）动物感染病毒后，虽不死亡，但生产性能下降，饲料回报率低。

（3）影响动物及产品的贸易。

（4）有蓝舌病的国家出口反刍动物及种用材料，则要接受进口国提出的严格的检疫条件，为此需要花费大量的检疫费用。

4.1.5.4 流行病学特点

主要侵害绵羊，也可感染其他反刍动物，如牛（隐性感染）等。特别是羔羊易感，长期发育不良，死亡，羊毛的质量受到影响。蓝舌病最先发生于南非，并在很长时间内只发生于非洲大陆。一般认为，从南纬35°到北纬40°之间的地区都有可能有蓝舌病存在。而事实上许多国家发现了蓝舌病病毒抗体，但未发现任何病例。蓝舌病病毒主要感染绵羊，所有品种都可感染，但有年龄的差异性。本病毒在库蠓唾液腺内存活、增殖和增强毒力后，经库蠓叮咬感染健康牛、羊。1岁左右的绵羊最易感，哺乳的羔羊有一定的抵抗力，牛和山羊的易感性较低。绵羊是临诊病状表现最严重的动物。本病多发生于湿热的夏季和早秋，特别多见于池塘、河流多的低洼地区。本病常呈地方流行性，接触传染性很强，主要通过空气、飞沫经呼吸道传染。本病的传播主要与吸血昆虫库蠓有关。易感动物对口腔传播有很强的抵抗力，发病动物的分泌物和排泄物内病毒含量极低，不会引起蓝舌病传播，其产品如肉、奶、毛等也不会导致蓝舌病的传播。

4.1.5.5　传入评估

本病的传播主要以库蠓为传播媒介。被污染的羊毛不能传播本病，除非羊毛中有活的库蠓虫或幼虫存在。

4.1.5.6　发生评估

病毒存在于病畜血液和各器官中，在康复畜体内存在达4～5个月之久。病毒抵抗力很强，在50%甘油中可存活多年，病毒对3%氢氧化钠溶液很敏感。由此分析该病毒可随羊毛的出口运输而世界性分布传播。我国有数量众多的羊群，皆为易感动物，一旦传入我国，发病的可能性极大。

4.1.5.7　后果评估

我国已发现该病，但已采取了可靠的措施控制本病的发生和传播。但是本病一旦发生，会造成严重的地方流行，给地方的畜牧业造成严重的后果，如不采取果断的措施，也会造成严重的经济损失，进而危及羊毛纺织业的发展。

4.1.5.8　风险预测

如不加限制，本病一旦传入我国并在我国流行，产生的潜在后果也是很严重的。

4.1.5.9　风险管理

世界动物卫生组织在《国际动物卫生法典》中没有专门就动物产品提出限制性要求。

4.1.5.10　与中国保护水平相适应的风险管理措施

与中国保护水平相适应的风险管理措施无。

4.1.6　绵羊痘与山羊痘

4.1.6.1　概述

绵羊痘（sheep pox，SP）是绵羊的一种最典型和严重的急性、热性、接触性传染病，特征为无毛或少毛的皮肤上和某些部位的黏膜发生痘疹，初期为丘疹后变为水疱，接着变为红斑，结痂脱落后愈合。本病在养羊地区传染快、发病率高，常造成重大的经济损失。痘病是由病毒引起畜禽和人的一种急性、热性、接触性传染病，特征是在皮肤和黏膜上发生丘疹和痘疹。

山羊痘（goat pox，GP）仅发生于山羊，在自然情况下，一般只有零星发病，本病主要影响山羊的生产性能。

世界动物卫生组织《国际动物卫生法典》规定该病的潜伏期为21d。

4.1.6.2　病原

绵羊痘与山羊痘是属于痘病毒科的病毒，对外界抵抗力强，绵羊或山羊及产品的贸易是该病重要的传播方式，该病在亚洲和非洲的主要绵羊生产国都有分布。中国在许多地区已成功地消灭了该病，该病被列入中国一类动物疫病病种名录。

痘病毒（pox virus），属于痘病毒科、脊椎动物痘病毒亚科，为RNA型病毒。病毒呈砖形或圆形，有囊膜，在感染细胞内形成核内或胞质内包涵体。各种动物的痘病毒虽然在形态结构、化学组成上相似，但对宿主的感染性严格专一，一般不互相传染。病毒对热、直射日光、常用消毒药敏感，58℃ 5min、0.5%福尔马林数分钟内可将其杀死。但耐受干燥，在干燥的痂皮内可存活6～8周。绵羊痘由绵羊痘毒引起，特征是皮肤和黏膜上发生特异性的痘疹。病绵羊和带毒绵羊通过痘浆、痂皮及黏膜分泌物等散毒，是本病的主要传染源。病毒主要经呼吸道感染，也可通过损伤的皮肤黏膜感染。饲养管理人员、护理用具、毛皮、饲料、垫草和外寄生虫都可成为本病的传播媒介。不同品种、性别、年龄的绵羊均易感，但细毛羊比粗毛羊易感，羔羊比成年羊容易感染。

本病主要在冬末春初流行，饲养管理不良及环境恶劣可促进本病的发生及加重病情。

4.1.6.3　地理分布及危害

大多数绵羊和山羊生产国都有流行。非洲的阿尔及利亚、乍得、埃塞俄比亚、肯尼亚、利比亚、马里、摩洛哥、尼日利亚、塞内加尔、突尼斯和埃及均有报道。亚洲的阿富汗、印度、巴基斯坦、土耳其、伊朗、伊拉克、以色列、约旦、科威特、黎巴嫩、尼泊尔和沙特阿拉伯也发生过此病，此外希腊、瑞典和意大利也发生过本病。本病的死亡率高，羔羊的发病致死率高达100%，妊娠母羊发生流产，多数羊在发生羊痘后失去生产力，使养羊业遭受巨大损失。

绵羊痘与山羊痘在中国仅局部地区有分布，疫苗免疫已得到较好控制，但在中国大部地区还没有分布，因而这些病在任何一口岸传入都会给当地乃至整个中国的养羊业带来巨大的威胁。

4.1.6.4　流行病学特点

本病病原为山羊痘病毒，多发生于1～3月龄羔羊，成年羊很少发生。死亡率20%～50%，羔羊的发病致死率高达100%。初发生于个别羊，以后逐渐蔓延全群。本病主要通过呼吸道感染，病毒也可以通过受伤的皮肤或黏膜进入机体。饲养人员、护理用具、皮毛产品、饲料、垫草和外寄生虫都可能成为传播媒介。

4.1.6.5　传入评估

该病病原是一种痘病毒，对外界抵抗力相当强，研究表明，饲养人员、护理用具、皮毛产品等都有可能成为传染源。

4.1.6.6　发生评估

不加限制进口羊毛，传入该病的可能性较高。能够通过羊毛进行传播。

4.1.6.7　后果评估

由于中国许多地区已成功地消灭了本病，因此该病一旦重新传入，会在原来消灭此病的地区重新形成暴发或流行。而要消灭此病将需要重新投入更大的人力、物力和财力，并要重新建立新的防疫体系。

4.1.6.8　风险预测

不加限制进口羊毛，传入该病的可能性较高，病毒一旦传入后果较为严重，需对该病进行风险管理。

4.1.6.9　风险管理

世界动物卫生组织有明确的关于从绵羊痘与山羊痘感染国家进口（绵羊或山羊）毛或绒时的限制要求。世界动物卫生组织《国际动物卫生法典》规定该病要求出具国际卫生证书，证明这些产品：①来自未曾在该病感染区饲养过的动物；或②在出口国兽医行政管理部门监控和批准的场所加工，确保杀灭该病病毒。

4.1.6.10　与中国保护水平相适应的风险管理措施

（1）不允许进口疫区羊毛。

（2）对途经疫区的羊毛在口岸加工处理。

（3）经出口兽医行政管理部门控制或批准的加工场所内加工处理，能确保杀灭绵羊痘与山羊痘病毒加工后的产品（包括洗净毛、炭化毛、毛条）。

4.1.7　裂谷热

4.1.7.1　概述

裂谷热（rift valley fever，RVF）是一种由裂谷热病毒引起的急性、发热性动物源性疫病（本来在动物间流行，但偶然情况下引起人类发病）。主要经蚊叮咬或通过接触染疫动物传播给人，多发生于雨季。病毒性出血热可导致动物和人的严重疫病，引起严重的公共卫生问题和因牲畜减少而导致的经济下降问题。世界动物卫生组织《国际动物卫生法典》规定该病的潜伏期为30d。

4.1.7.2　病原

该病病原属于布尼亚病毒科、白蛉热病毒属，为RNA病毒。本病在家畜中传播一般需依赖媒介昆虫（主要是库蚊），否则传播不很明显，但对人的危害大多数是因为接触感染动物的组织、血液、分泌物或排泄物造成的。由于此病对人危害十分严重，被世界动物卫生组织列入A类疫病。在流行区，根据流行病学和临床资料可以作出临床诊断。可采取几种方法确诊急性裂谷热，包括血清学试验（如ELISA）可检测针对病毒的特异的IgM。在病毒血症期间或尸检组织采取各种方法包括培养病毒（细胞培养或动物接种）、检测抗原和PCR检测病毒基因。

实验发现抗病毒药病毒唑（ribavirin）能抑制病毒生长，但临床上尚未有评价。大多数裂谷热病例症状轻微，病程短，因此不需要特别治疗。严重病例，治疗原则是支持、对症疗法。

4.1.7.3　地理分布及危害

20世纪初即发现在肯尼亚等地的羊群中流行。

1930年，科学家Daubney等在肯尼亚的裂谷（rift valley）的一次绵羊疫病暴发调查中首次分离到裂谷热病毒。

1950—1951年，肯尼亚动物间大暴发裂谷热，估计1万只羊死亡。

1977—1978年，曾在中东埃及尼罗河三角洲和山谷中首次出现大批人群和家畜（牛、羊、骆驼、山羊等）感染，约600人死亡。

1987年，首次在西非流行，与建造塞内加尔河工程导致下游地区洪水泛滥、改变了动物和人类间的相互作用，从而使病毒传播给人类有关。

1997—1998 年，曾在肯尼亚和索马里暴发。

2000 年 9 月份，裂谷热疫情首次出现在非洲以外地区，沙特阿拉伯（南部的加赞地区）和也门报告确诊病例。据世界卫生组织介绍：至 10 月 9 日，也门卫生部报告发病 321 例，死亡 32 例，病死率为 10%；沙特阿拉伯卫生部报告 291 例中，死亡 64 例。在原来没有该病的阿拉伯半岛发生了流行，这直接威胁到邻近的亚洲及欧洲地区。

人感染病毒 2～6d 后，突然出现流感样疫病表现，发热、头痛、肌肉痛、背痛，一些病人可发展为颈硬、畏光和呕吐，在早期，这类病人可能被误诊为脑膜炎。持续 4～7d，在针对感染的免疫反应 IgM 和 IgG 抗体可以检测到后，病毒血症消失。人类染上裂谷热病毒后病死率通常较低，但每当洪水季节来临，在肯尼亚和索马里等非洲国家则会有数百人死于该病。

大多数病例表现相对轻微，少部分病例发展为极为严重疫病，可有以下症状之一：眼病（0.5%～2%）、脑膜脑炎或出血热（小于 1%）。眼病（特征性表现为视网膜病损）通常在第一症状出现后 1～3 周内起病，当病存在视网膜中区时，将会出现一定程度的永久性视力减退。其他综合征表现为急性神经系统疫病、脑膜脑炎，一般在 1～3 周内出现。仅有眼病或脑膜脑炎时不容易发生死亡。

裂谷热可表现为出血热，起病后 2～4d，病人出现严重肝病，伴有黄疸和出血现象，如呕血、便血、进行性紫癜（皮肤出血引起的皮疹）、牙龈出血。伴随裂谷热出血热综合征的病人可保持病毒血症长达 10d，出血病例病死率大约为 50%。大多数死亡发生于出血热病例。在不同的流行病学文献中，总的病死率差异很大，但均小于 1%。

4.1.7.4　流行病学特点

裂谷热主要通过蚊子叮咬在动物间（牛、羊、骆驼、山羊等）流行，但也可以由蚊虫叮咬或接触受到感染的动物血液、体液或器官（照顾、宰杀受染动物，摄入生奶等）而传播到人，通过接种（如皮肤破损或通过被污染的小刀的伤口）或吸入气溶胶感染，气溶胶吸入传播可导致实验室感染。

许多种蚊子可能是裂谷热的媒介，伊蚊和库蚊是动物病流行的主要媒介，不同地区不同蚊种被证明是优势媒介。在不同地方，泰氏库蚊（*Culex theileri*）、尖音库蚊（*Culex pipiens*）、叮马伊蚊（*Aedes caballus*）、曼氏伊蚊（*Aedes mcintoshi*）、金腹浆足蚊（*Eratmopedites chrysogaster*）等曾被发现是主要媒介。此外，不同蚊子在裂谷热病毒传播方面起不同作用。伊蚊可以从感染动物身上吸血获得病毒，能经卵传播（病毒从感染的母体通过卵传给后代），因此新一代蚊子可以从卵中获得感染。在干燥条件下，蚊卵可存活几年。其间，幼虫孳生地被雨水冲击，如在雨季卵孵化，蚊子数量增加，在吸血时将病毒传给动物，这是自然界长久保存病毒的机制。

该病毒具有很广泛的脊椎动物感染谱。绵羊、山羊、牛、水牛、骆驼和人是主要感染者。在这些动物中，绵羊发病最为严重，其次是山羊；其他的敏感动物有驴、啮齿动物、犬和猫。该病不依赖媒介，在动物间传播不明显，与之相比大多数人的感染是接触过感染动物的组织、血液、分泌物和排泄物造成的。在动物间传播主要依赖蚊子。

4.1.7.5　传入评估

没有证据证明可以通过羊毛传播，但被污染的羊毛能否传播应该值得重视。

4.1.7.6 发生评估

由于该病毒抵抗力较强，因此认为传入的可能性也较大，同时中国也存在相关媒介昆虫，因而传入后极易形成定殖和传播。而该病原对人也可以直接形成侵害，即使在没有媒介昆虫的情况下，也可以使该病传入并在人群中传播。

4.1.7.7 后果评估

由于该病的媒介昆虫生活范围非常之广，一旦传入很难根除。同时，对人的危害也是相当的严重，因此该病引起的不仅仅是经济上损失，更会造成社会的负面影响。

4.1.7.8 风险预测

不加限制进口羊毛传入该病的可能性中等，且一旦定殖，后果非常严重，需要风险管理。

4.1.7.9 风险管理

由于中国从未发生过此病，所以一旦从被污染的羊毛传入，对与羊毛接触的相关人员的危害就会较大，有媒介昆虫存在时，则有可能引起该病的传播。因此尽管世界动物卫生组织没有对来自疫区的动物产品加以限制，对中国来说禁止进口疫区的羊毛是必要的。

（1）加强卫生宣教，提高对裂谷热疫情的了解。

（2）在疫区免疫易感动物是控制本病流行的办法。

（3）灭蚊防蚊，控制、降低蚊媒密度，能有效预防感染，控制疫情传播蔓延。

（4）加强对传染源的管理，对病人严格实行隔离治疗。

4.1.7.10 与中国保护水平相适应的风险管理措施

（1）不从疫区进口任何未经加工过的羊毛。

（2）其他经加工过的羊毛，如洗净毛、炭化毛、毛条等可以进境。

4.1.8 牛肺疫

4.1.8.1 概述

牛肺疫也称牛传染性胸膜肺炎（pleuropneumonia contagiosa bovum），是由支原体所致牛的一种特殊的传染性肺炎，以纤维素性胸膜肺炎为主要特征。世界动物卫生组织《国际动物卫生法典》规定该病的潜伏期为 6 个月。

4.1.8.2 病原

病原体为丝状支原体丝状亚种（*Mycoplasma mycoides* subsp. *mycoides*），是属于支原体科（Mycoplasmataceae）、支原体属（*Mycoplasma*）的微生物。过去经常用的名称为类胸膜肺炎微生物。支原体极其多形，可呈球菌样、丝状、螺旋体与颗粒状。细胞的基本形状以球菌样为主，革兰氏染色阴性。本菌在加有血清的肉汤琼脂上可生长成典型菌落。接种小鼠、大鼠、豚鼠、家兔及仓鼠，在正常情况下不感染，若将支原体混悬于琼脂胶或黏蛋白则常可使之感染。鸡胚接种也可感染。

支原体对外界环境因素抵抗力不强。暴露在空气中，特别在直射日光下，几小时即失去毒力。干燥、高温都可使其迅速死亡，培养物冻干可保存毒力数年，对化学消毒药抵抗力不强，对青霉素和磺胺类药物、龙胆紫则有抵抗力。

4.1.8.3 地理分布及危害

本病曾在许多国家的牛群中引起巨大损失。目前在非洲、拉丁美洲、大洋洲和亚洲还有一些国家存在本病。新中国成立前，我国东北、内蒙古和西北一些地区时有本病发生和流行。新中国成立后，由于成功地研制出了有效的牛肺疫弱毒疫苗，再结合严格的综合性防治措施，所以已于1996年宣布在全国范围内消灭了此病。

4.1.8.4 流行病学特点

在自然条件下主要侵害牛类，包括黄牛、牦牛、犏牛、奶牛等，其中3～7岁多发，犊牛少见，本病在我国西北、东北、内蒙古和西藏部分地区曾有过流行，造成很大损失；目前在亚洲、非洲和拉丁美洲仍有流行。病牛和带菌牛是本病的主要传染来源。牛肺疫主要通过呼吸道感染，也可经消化道或生殖道感染。本病多呈散发性流行，常年可发生，但以冬春两季多发。非疫区常因引进带菌牛而呈暴发性流行；老疫区因牛对本病具有不同程度的抵抗力，所以发病缓慢，通常呈亚急性或慢性经过，往往呈散发性。

4.1.8.5 传入评估

没有证据证明能够通过羊毛进行传播。

4.1.8.6 发生评估

通过羊毛进行传播的可能性不大。

4.1.8.7 后果评估

通过羊毛进行传播的可能性不大，但造成的后果对养牛业危害很大，病原定殖后根除困难、花费很大。

4.1.8.8 风险预测

通过羊毛进行传播的可能性不大，无需进行风险管理。

4.1.8.9 风险管理

世界动物卫生组织把该病列为A类疫病，《国际动物卫生法典》没有针对该病对进口羊毛等产品提出相关要求。

4.1.8.10 与中国保护水平相适应的风险管理措施

与中国保护水平相适应的风险管理措施无。

4.2 B类疫病的风险分析

4.2.1 炭疽病

4.2.1.1 概述

炭疽病（anthrax）是由炭疽芽孢杆菌引起哺乳动物（包括人类）的一种急性、非接触性传染病。以败血症、快速死亡为基本特征。所有哺乳动物都是易感的，但不同品种之间有一定的差异性，易感染程度依次是绵羊、牛、山羊、鹿、水牛、马、猪、犬和猫。对于草食动物，则发病急、死亡快，而猪则要2周才会死亡。禽类抵抗力较强，一些食腐肉的鸟类可能会通过吃食感染组织而感染此病和/或传播此病。冷血动物对本病有一定的抵抗力。世界动物卫生组织在《国际动物卫生法典》中规定该病的潜伏期为20d。本病在全国范围内都应为法定申报疫病。

4.2.1.2 病原

炭疽病是由炭疽杆菌引起的一种人畜共患的急性、热性、败血性传染病。当该菌形成芽孢后，对外界环境有坚强的抵抗力，它能在皮张、毛发及毛织物中生存 30 年。所有大陆都有分布和发生。炭疽杆菌为革兰氏阳性粗大杆菌，长 5～10μm，宽 1～3μm，两端平切，排列如竹节，无鞭毛，不能运动。在人及动物体内有荚膜，在体外不适宜条件下形成芽孢。本菌繁殖体的抵抗力同一般细菌，其芽孢抵抗力很强，在土壤中可存活数十年，在皮毛制品中可生存 90 年。煮沸 40min、140℃干热 3h、高压蒸汽 10min、20％漂白粉和石灰乳浸泡 2d、5％石炭酸 24h 才能将其杀灭。在普通琼脂肉汤培养基上生长良好。

炭疽杆菌主要有 4 种抗原：①荚膜多肽抗原，有抗吞噬作用。②菌体多糖抗原，有种特异性。③芽孢抗原。④保护性抗原，为一种蛋白质，是炭疽毒素的组成部分。由毒株产生的毒素有 3 种，除保护性抗原外，还有水肿毒素、致死因子。

4.2.1.3 地理分布及危害

炭疽病是危害人类和家畜的一种古老的疫病，在所有大陆都有分布和发生，但大多流行区域是热带和亚热带地区，其广泛分布于亚洲、非洲和南美洲，常常引起人的感染和死亡，因此本病有重要的社会、政治影响和重要的公共卫生意义。中国仅有局部地区零星发病。患病动物常表现突然高热、可视黏膜发绀、骤然死亡和天然孔出血。

4.2.1.4 流行病学特点

传染源主要为患病的草食动物，如牛、羊、马、骆驼等，其次是猪和犬，它们可因吞食染菌食物而得病。人直接或间接接触其分泌物及排泄物可感染。炭疽病人的痰、粪便及病灶渗出物具有传染性。可以经皮肤、黏膜伤口直接接触病菌而致病。病菌毒力强，可直接侵袭完整皮肤；还可以经呼吸道吸入带炭疽芽孢的尘埃、飞沫等而致病；经消化道摄入被污染的食物或饮用水等而感染。人群普遍易感，但多见于农牧民，兽医，屠宰、皮毛加工及实验室人员。发病与否与人体的抵抗力有密切关系。

在动物和人群间发病有一定关系，造成家畜流行的诸因素也与人群中流行的因素有关。本病世界各地均有发生，夏秋季节发病多。

4.2.1.5 传入评估

由于炭疽杆菌芽孢对外界环境有坚强的抵抗力，同时它对人和各种家畜都有一定危害，特别是草食动物最为易感，如马、牛、绵羊、山羊等。该菌的自身特性决定了它定殖后在易感动物间的传播是必然的，并将长期存在。

4.2.1.6 发生评估

羊毛作为传播媒介已被证实，是仅次于动物肉类和饲料的传播媒介。羊毛传入该病病原，首先威胁的是从事有关羊毛加工的人员，其次是对环境的污染，影响加工企业所在地的畜牧业生产。

4.2.1.7 后果评估

由于炭疽杆菌的芽孢对外界环境抵抗力极强，在中国该病仅在少数地区零星发生，许多地区已完全消灭此病，因而当该病传入后不仅破坏了原有的防疫体系，该病原在一些被消灭的地区重新传入后更加难以消灭，不仅严重威胁人和家畜的健康安全，也会给生态环境带来潜在的隐患。

4.2.1.8 风险预测

对进口羊毛不加限制，炭疽杆菌传入的可能性比较低。但一旦传入并定殖，则潜在的隐患难以量化，需进行风险管理。

4.2.1.9 风险管理

世界动物卫生组织针对该病对进口羊毛没有明确的要求，但该病危害大，要严防，要确保羊毛输出国能够做到：

（1）动物及动物产品原产国家执行能够保证发现炭疽病疫情，对炭疽病发生的饲养场进行有效的检疫，且能够执行完全销毁炭疽病畜的程序。

（2）进行过能够杀死炭疽杆菌芽孢的处理。

4.2.1.10 与中国保护水平相适应的风险管理措施

（1）进口羊毛必须是来自健康动物和没有因炭疽病而受到隔离检疫的地区。

（2）羊毛保存在无炭疽病流行的地区。

（3）除禁止羊毛进口外，同时也包括如洗净毛、炭化毛、毛条等产品在内。

4.2.2 狂犬病

4.2.2.1 概述

狂犬病（rabies）是由弹状病毒科、狂犬病病毒属的狂犬病病毒引起的，一种引起温血动物患病，死亡率高达100%的病毒性疫病。该病毒传播方式单一、潜伏期不定。临床表现为特有的恐水、怕风、恐惧不安、咽肌痉挛、进行性瘫痪等。

4.2.2.2 病原

狂犬病又名恐水症，是由狂犬病病毒所致。人狂犬病通常由病兽以咬伤方式传染给人。本病是以侵犯中枢神经系统为主的急性传染病。病死率几乎达到100%。狂犬病病毒形似子弹，属弹状病毒科（*Rhabdoviridae*），一端圆、另一端扁平，大小约75μm×180μm，病毒中心为单股负链RNA，外绕以蛋白质衣壳，表面有脂蛋白包膜，包膜上有由糖蛋白G组成的刺突，具免疫原性，能诱生中和抗体，且具有血凝集，能凝集雏鸡、鹅等红细胞。病毒易被紫外线、季铵化合物、碘酒、高锰酸钾、酒精、甲醛等灭活，加热100℃ 2min可被灭活。耐低温，－70℃或冻干后0～4℃中能存活数年。在中性甘油中室温下可保存病毒数周。病毒传代细胞常用地鼠肾细胞（BHl－21）、人二倍体细胞。从自然条件下感染的人或动物体内分离到的病毒称野毒株或街毒株（street strain），特点为致病力强，自脑外途径接种后，易侵入脑组织和唾液腺内繁殖，潜伏期较长。

4.2.2.3 地理分布及危害

本病仅在澳大利亚、新西兰、英国、日本、爱尔兰、葡萄牙、新加坡、马来西亚、巴布亚新几内亚及太平洋岛屿没有发生，其他国家均有发生或流行。目前中国局部地区呈零星的偶发性。人和动物对该病都易感，自然界许多野生动物都可以感染，尤其是犬科动物，常成为病毒的宿主和人畜狂犬病的传染源；无症状和顿挫型感染的动物长期通过唾液排毒，成为人畜主要的传染源。本病主要由患病动物咬伤后引起感染。

4.2.2.4 流行病学特点

狂犬病本来是一种动物传染病，自然界里的一些野生动物，如狐狸、狼、黄鼠狼、獾、浣熊、猴、鹿等都能感染，家畜如犬、猫、牛、马、羊、猪、骡、驴等也都能感染。但是，和人类关系最密切的还是犬，人的狂犬病主要还是犬传播的，占90%以上；其次是猫，被猫抓伤致狂犬病的人并不少见，并随着养猫数量的增加而增多。

疯犬或其他疯动物，在出现狂躁症状之前数天，其唾液中即已含有大量病毒。如果被患狂犬病的动物咬伤或抓伤了皮肤、黏膜，病毒就会随唾液侵入伤口，先在伤口周围繁殖，当病毒繁殖到一定数量时，就沿着周围神经向大脑侵入。病毒走到脊髓背侧神经根，便开始大量繁殖，并侵入脊髓的有关节段，很快布满整个中枢神经系统。病毒侵入中枢神经系统后，还要沿着传出神经传播，最终可到达许多脏器中，如心、肺、肝、肾、肌肉等，使这些脏器发生病变。故狂犬病的症状特别严重，一旦发病，死亡率几乎100%。

4.2.2.5　传入评估

本病传播方式单一，通过皮肤或黏膜的创伤而感染。没有任何证据证明该病可以通过羊毛传播。

4.2.2.6　发生评估

没有任何报道证明羊毛可以传播狂犬病。该病的主要感染途径是感染动物咬伤其他动物。有理由相信在该病的毒血症期可能会有病毒随分泌物污染羊毛，但是当出现这种明显症状时，通常是迅速死亡。狂犬病病毒在羊毛中存在的可能性很低，通过羊毛感染或传播的可能性也极低。一旦饲养场中发生狂犬病，该病在畜群中传播的可能性也不会很高。该病从原发病的养殖场传播的条件是感染动物迁移和运动，尤其是在该病没有症状之前，不会发生相互感染和传播。因此，病原侵入且能定殖在养殖场传播的可能性极低。

4.2.2.7　后果评估

狂犬病定居并传播造成的经济及社会后果被认为中等。同时，在中国有对该病免疫力相当强的疫苗进行保护，但是考虑到该病的潜伏期长、死亡率100%等特点，对该病的侵入的主要措施是在尽量短时间内消灭该病。对畜产品的进口贸易没有大的影响。

4.2.2.8　风险预测

该病的病原出现在羊毛中的可能性很低。即使羊毛中有病原存在，其传染给其他动物的可能性也很低。羊毛作为传播因素在疫病的整个流行环节中可以忽略不计。该病定居后的后果中等，不需要专门的风险管理措施。

4.2.2.9　风险管理

世界动物卫生组织的《国际动物卫生法典》中没有在进口动物产品中对狂犬病进行特别的要求。

4.2.2.10　与中国保护水平相适应的风险管理措施

与中国保护水平相适应的风险管理措施无。

4.2.3　伪狂犬病

4.2.3.1　概述

伪狂犬病（pseudorabies）是由疱疹病毒引起的一种烈性传染病，主要感染呼吸道和神经组织及生殖系统。病分布广泛，可以危害多种哺乳动物，给养猪业常带来重大的经济损失。临床上除猪以外，其他哺乳动物主要表现为皮肤奇痒，故又称疯痒病。猪是病毒的储存宿主，是主要的传染源，通过鼻液、唾液、尿液、乳汁和阴道分泌物排出病毒。猫多数病例是通过污染的食物和捕食鼠类感染。每当冬、春季节野鼠移居室内时，本病的发生也随之增多。因为鼠类也是储存宿主和传播媒介。此病也能感染人类，虽多不引起死亡，但威胁人类健康，故应加以重视。

4.2.3.2 病原

本病病原是猪疱疹病毒Ⅱ型，具有疱疹病毒共有的一般形态特征，双股DNA病毒。该病毒对外环境的抵抗力较强，在24℃条件下，病毒在污染的稻草、喂食器以及其他污染物上至少可存活10d，在寒冷的条件下可以存活46d以上，绵羊、山羊是易感动物，同时死亡率100%。该病原主要引起脑膜炎、呼吸系统疫病以及生殖性紊乱等症状。猪是已知的唯一病毒储存宿主，是其他动物的感染源，该病毒对许多种动物易感。该病毒只有一种血清型，但毒株毒力变化很大。除澳大利亚外都有分布和发生。

4.2.3.3 地理分布及危害

除澳大利亚外大多数国家都发生过流行或地方性流行。中国也有本病的报道，主要依靠疫苗预防。本病在欧洲流行时常造成灾难性的损失。本病对猪的损失最为严重。本病病原是疱疹病毒科成员，其特点就是难以消灭。

4.2.3.4 流行病学特点

主要是以呼吸道感染为主，气溶胶也可以传播该病。

4.2.3.5 传入评估

没有证据证明该病能通过羊毛传播，但该病病原抵抗力较强，污染的环境及污染物是可以传播该病的。

4.2.3.6 发生评估

自然感染主要是通过呼吸道途径，口腔和鼻腔分泌物中以及呼出的气体中都含有该病毒。甚至注射疫苗以后，动物仍有潜在的感染性，尤其是当它们受到应激性刺激，如分娩等时，可以间歇性排出病毒。大部分的暴发和流行都是由于易感猪群中引进感染猪造成的。但是，也有越来越多的证据表明该病毒可以通过风源在农场之间传播，甚至在相距40km以上的两个农场，尤其是在一些猪和其他动物饲养密集的地区。通过污染的羊毛传入伪狂犬病的可能性低，但定殖并传播的可能性很高。

4.2.3.7 后果评估

伪狂犬病（AD）的毒株不同造成的经济损失也不一样。值得注意的是损失的严重性在不同的年份都有很大变化。在新西兰北部岛屿，没有造成显著的直接经济损失的伪狂犬病已有过报道。另一方面，美国政府启动了耗资巨大的州-联邦-企业组成的伪狂犬病扑灭项目，该项目在20世纪80年代后期正式实施。伪狂犬病每年给美国带来的经济损失，据估算可达3 000万美元以上。加拿大在1995年对伪狂犬病作过一次风险评估，把伪狂犬病侵入对生产者和工业造成的损失定为中等到高。该病一旦传入中国，将会带来严重的经济及社会后果。该病一旦定殖下来，会给中国原来已消灭和控制该病的地区的防疫工作增加难度，同时对养羊业、养牛业及养猪业的影响将是巨大的、长期的。现行的针对伪狂犬病传入的政策是利用检疫、控制动物进出、屠宰阳性动物、疫苗免疫以及消毒等措施。这些措施将极大地干扰正常的社会、经济活动，也将影响到中国畜产品的出口市场。

4.2.3.8　风险预测

不加限制地进口羊毛传入伪狂犬病的可能性低。一旦定殖后，造成的潜在后果中等到严重，因此风险管理措施是需要的。

4.2.3.9　风险管理

世界动物卫生组织《国际动物卫生法典》中没有关于进口反刍动物产品管理措施的章节。

4.2.3.10　与中国保护水平相适应的风险管理措施

（1）不从伪狂犬病疫区进口任何未经加工的羊毛。

（2）对洗净毛、炭化毛、毛条可以考虑进口。

4.2.4　副结核病

4.2.4.1　概述

副结核病（paratuberculosis ）是由副结核分支杆菌引起的牛、绵羊和鹿的一种慢性、通常是致死性的传染病，易感动物主要表现为消瘦。

4.2.4.2　病原

该病是由副结核分支杆菌引起的慢性消耗性疫病，该病病原可通过淋巴结屏障而进入其他器官，副结核分支杆菌对外界环境抵抗力较强，在污染的牧场或肥料中可存活数月至1年。

4.2.4.3　地理分布及危害

世界各地均有该病的分布和发生，以养牛业发达国家最为严重。本病是不易被觉察的慢性传染病，感染地区畜群死亡率可达2%～10%，严重感染时感染率可升至25%，此病很难根除，对畜牧业造成的损失不易引起人们的注意，但常常超过其他某些传染病。

4.2.4.4　流行病学特点

该病常局限于感染动物的小肠、局部淋巴结和肝、脾。

4.2.4.5　传入评估

该病病原可以通过污染的羊毛传入。

4.2.4.6　发生评估

该病存在于世界各国，中国在养牛业较发达的地区有分布，而在养牛业欠发达的地区极少分布。由于中国养羊业相对密度较高，在本病传入后，一旦定殖传播的可能性较高。该病呈世界性分布，特别是以养牛业发达的国家最为严重。

4.2.4.7　后果评估

本病随羊毛传入的概率很低，而中国又有该病的存在，即使该病在中国定殖，后果也不是很严重。

4.2.4.8　风险预测

不加限制进口羊毛传入该病的可能性较低，一旦传入将造成的后果认为是中等，同时考虑到中国存在该病，因此无需进行风险管理。

4.2.4.9　风险管理

世界动物卫生组织的《国际动物卫生法典》也没有专门对进口反刍动物产品风险管理

的要求。

4.2.4.10　与中国保护水平相适应的风险管理措施

即使羊毛中含有该病病原，在中国进口口岸经检疫处理也可将本病病原杀死，无需对副结核病进行专门的风险管理。

4.2.5　布鲁氏菌病

4.2.5.1　概述

布鲁氏菌病（brucellosis）简称布病，是由细菌引起的急性或慢性人畜共患病。特征是生殖器官、胎膜发炎，引起流产、不育、睾丸炎。布鲁氏菌病是重要的人畜共患病，布鲁氏菌属分羊布鲁氏菌、牛布鲁氏菌和猪布鲁氏菌，该病是慢性传染病，多种动物和禽类均对布鲁氏菌病有不同程度的易感性，但自然界可以引起羊、牛、猪发病，以羊最为严重，且可以传染给人。这里布鲁氏菌病包括引起绵羊附睾炎的羊布鲁氏菌及引起山羊和绵羊布鲁氏菌病的其他布鲁氏菌。

4.2.5.2　病原

这里指能够引起布鲁氏菌病症状的一类布鲁氏菌，该菌对物理和化学因子较敏感，但对寒冷抵抗力较强。该传播途径复杂，但主要通过消化道感染，其次是交配方式和皮肤黏膜，吸血昆虫的叮咬也可以传播本病。除澳大利亚和新西兰外其他各国都有分布。

布鲁氏菌（brucella），为细小的球杆菌，无芽孢，无鞭毛，有毒力的菌株有时形成很薄的荚膜，革兰氏阴性。常用的染色方法是柯氏染色，即将本菌染成红色，将其他细菌染成蓝色或绿色。

布鲁氏菌属共分 6 个种，分别是羊布鲁氏菌、猪布鲁氏菌、牛布鲁氏菌、犬布鲁氏菌、沙林鼠布鲁氏菌和绵羊布鲁氏菌。羊布鲁氏菌主要感染绵羊、山羊，也能感染牛、猪、鹿、骆驼等；猪布鲁氏菌主要感染猪，也能感染鹿、牛和羊；牛布鲁氏菌主要感染牛、马、犬，也能感染水牛、羊和鹿；其他 3 种布鲁氏菌除感染本种动物外，对其他动物致病力很弱或无致病力。

本菌对自然因素的抵抗力较强。在患病动物内脏、乳汁内、毛皮上能存活 4 个月左右。对阳光、热力及一般消毒药的抵抗力较弱。对链霉素、氯霉素、庆大霉素、卡那霉素及四环素等敏感。

4.2.5.3　地理分布及危害

布鲁氏菌病发生于世界各地的大多数国家。该病流行于南美、东南亚、美国、欧洲等地，但加拿大、英国、德国、爱尔兰、荷兰以及新西兰没有该病流行。自从 1994 年丹麦暴发该病以后，尚未见有关该病暴发的报道。羊布鲁氏菌病主见于南欧、中东、非洲、南美洲等地的绵羊和山羊群，牛极少发生，澳大利亚、新西兰等国没有该病。羊布鲁氏菌病在流行的国家主要引起繁殖障碍，且比其他种的布鲁氏菌病难以控制，该病传入中国会对非疫区的动物生产产生严重不良影响。母羊以流产为主要特征，山羊流产率为 50%～90%，绵羊可达 40%，中国国内有零星分布，呈地方性流行。

4.2.5.4　流行病学特点

此病通常通过饲喂分娩或流产物和子宫分泌物污染的饲料传播；另外交配以及人工授

精也可以传播本病。反刍动物与猪一样，出现细菌血症之后，布鲁氏菌定居于生殖道细胞上。感染动物主要表现生殖障碍问题，包括流产、不孕、繁殖障碍等，并伴随有脓肿、瘸腿以及后肢瘫痪等症状。病畜和带菌动物是重要的传染源，受感染的妊娠母畜是最危险的传染源，其在流产或分娩时将大量的布鲁氏菌随胎儿、羊水、胎衣排出，污染周围环境，流产后的阴道分泌物和乳汁中均含有布鲁氏菌。感染后患睾丸炎的公畜精囊中也有本菌存在。传播途径主要是消化道，但经皮肤、黏膜的感染也有一定的重要性。通过交配可相互感染。此外本病还可以通过吸血昆虫叮咬传播。

4.2.5.5　传入评估

有证据证明羊布鲁氏菌病完全可以通过羊毛传播，且羊类布鲁氏菌病比猪和牛布鲁氏菌病具有更广泛的危害性，感染动物谱比其他布鲁氏菌更广泛。

4.2.5.6　发生评估

本病的传播主要是通过污染物传播的，该病在中国少数地区也有分布，大多数牧区已经消灭此病。本病通过羊毛传入的可能性中等，同时由于该病对哺乳动物有一定致病性，因此传入后在中国定殖的可能性较高。

4.2.5.7　后果评估

由于中国许多牧区已经消灭此病，因此此病一旦传入，将破坏现有的防疫体系，更重要的是将严重影响中国活动物的出口。考虑到对人和家畜引起的危害比较严重，引起的经济损失和社会影响也较大，因此认为该病传入后后果严重。布鲁氏菌病传播后造成的经济及社会后果属中等水平。该病具有低发病率以及地区性流行的特点，因此只对出口动物和动物产品市场有一定的影响。该病一旦传入，可以不采取干扰活动很大的扑灭措施，但应控制国内动物的调运，直到该病被彻底根除，这些措施无疑会在地区水平上带来一定的社会经济的不利影响。

4.2.5.8　风险预测

不加限制进口羊毛传入本病的概率中等，一旦该病传入，危害较大，需进行风险管理。

4.2.5.9　风险管理

尽管世界动物卫生组织没有专门对带有该病的反刍动物产品进行特别的规定，但考虑其可对人和家畜造成健康威胁和经济损失，故应进行专门风险管理措施。

4.2.5.10　与中国保护水平相适应的风险管理措施

（1）不从疫区进口任何未经加工过的羊毛。

（2）允许初加工产品进口，如洗净毛、炭化毛、毛条等。

4.2.6　痒病

4.2.6.1　概述

痒病（scrapie）也叫震颤病、摇摆病，是侵害绵羊和山羊中枢神经系统的一种潜隐性、退行性疫病。该病是一种由非常规的病原引起、感染人类和一些动物的一组具有传染性的亚急性海绵状脑变的原型。该病病原是一种朊病毒，现有的消毒剂对该病病原都没有作用，且该病病原不引起体液和细胞免疫，没有任何血清学方法能够在出现临床症状前作出诊断。

4.2.6.2 病原

目前认为该病是痒病样纤维引起的，最终导致感染动物脑组织形成海绵状空洞。该病病原对外界环境抵抗力极强，目前所有化学消毒剂和传统的物理消毒方法均对其无效，到目前认为该病病原灭活温度最低需 600℃，而目前人们对该病的传播机理还不完全清楚。该病主要分布于欧洲和美洲，其他各洲极少分布。

4.2.6.3 地理分布及危害

已报道发生过痒病的国家有英国、冰岛、加拿大、美国、挪威、印度、匈牙利、南非、肯尼亚、德国、意大利、巴西、也门、瑞典、塞浦路斯、日本、奥地利、比利时、哥伦比亚、捷克、斯洛伐克、爱尔兰、黎巴嫩、荷兰、瑞士和阿联酋等国家。澳大利亚和新西兰于 1952 年发生痒病，但由于采取严格措施，故成功消灭了痒病。而牛海绵状脑病，在欧洲、美洲等许多国家有分布。

4.2.6.4 流行病学特点

绵羊痒病主要发生于成年绵羊，偶尔发生于山羊，发病年龄一般在 2～4 岁，以 3 岁半的发病率最高，既可垂直传播又可水平传播，潜伏期一般为 1～5 年，发病率在 4%左右，但有时可高达 30%以上。1983 年，四川省从英国进口的羊中曾出现绵羊痒病症状。农业部与四川省有关部门立即组成联合工作组，迅速扑杀、焚烧这批进口羊、后代羊及与其有密切接触史的羊。至今，我国境内未再发现这种病状。尽管目前普遍认为痒病是一种传染病，但发病和自然传播机理尚不清楚。痒病可在无关联的绵羊间水平传播，患羊不仅可以通过接触将痒病传播给绵羊和山羊，而且可以通过垂直传播将该病传播给后代。消化道很可能是自然感染痒病的门户，同时胎盘中可以查到病原的存在，而在粪便、唾液、尿、初乳中查不到病原，由此可见胎盘在痒病传播中起着重要的作用。现在人们认为牛海绵状脑病发生是由于含有痒病病原的骨粉进入反刍动物的食物链引起的。

4.2.6.5 传入评估

目前认为含有痒病或牛海绵状脑病病原的肉骨粉是引起该病的唯一途径。没有证据证明该病可以通过羊毛传播该病。

4.2.6.6 发生评估

世界动物卫生组织和世界卫生组织认为进口羊毛不应加以任何限制。事实上通过进口羊毛传入痒病几乎是不可能的。

4.2.6.7 后果评估

该病传染性强、危害性大的特性极不利于人类和动物的保健，并且越来越引起人类的恐慌和关注。如果痒病传入中国，将导致中国所有的牛、羊产品无法走出国门，中国对外声称无痒病的证书也将无效。值得注意的是痒病在英国每年可造成 10%～20%的损失，到目前为止，尚没有一个国家能够完成一个有效的扑灭地方性痒病的方案，加拿大和美国所采取的控制方案已经被证实，但费用高，且难以实施。

4.2.6.8 风险预测

不加限制进口羊毛传入该病的可能性几乎不存在，也没有任何证据证明进口羊毛可传入这两种疫病，无需进行风险管理。

4.2.6.9　风险管理

世界动物卫生组织也详细阐述了进口来自牛海绵状脑病国家的皮毛，不应有任何限制要求，对痒病限制性要求未作任何阐述。

4.2.6.10　与中国保护水平相适应的风险管理措施

痒病与中国保护水平相适应的风险管理措施无。除 1983 年中国四川进口的英国边区莱斯特羊发生痒病并被彻底消灭外，中国境内从未发现有痒病病例，因此通过羊痒病这一环节诱发牛海绵状脑病发生的可能性不存在。

即使不慎传入痒病，也不可能在中国造成暴发，原因是：①单位面积羊只密度（0.316 01只/hm^2）很低，只相当于英国羊只密度（1.772 只/hm^2）的 5/28，这给羊痒病的迅速传播形成了相对不利的地域性障碍；②羊的品种结构主要以地方品种为主（占 56.68%），对羊痒病的易感性相对较低；③1 岁以上绵羊存栏量所占比重相对较低（只相当于美国的1/3，英国的 1/2)，这形成了不利于羊痒病流行的生物学屏障。

中国牛群品种结构主要以黄牛和水牛为主（占 93.61%），奶牛只占整个牛群的极少部分（占 3.2%），而成年奶牛比例更小，仅占 1.4%左右。在这 1.4%左右的成年奶牛中，有 68.71%分布在占全国草地面积总量 33%左右的广大牧区，饲养方式以放牧为主。因此，中国牛群发生和流行 BSE 的相对风险极小，至多只相当于美国的 1/7，英国的 1/17。

4.2.7　山羊关节炎-脑炎

4.2.7.1　概述

山羊关节炎-脑炎（caprine arthritis-encephalitis，CAE）是由山羊关节炎-脑炎病毒引起山羊的一种慢性病毒性传染病，临诊特征是成年羊为慢性多发性关节炎，间或伴发间质性肺炎或间质性乳房炎，羔羊常呈现脑脊髓炎病状。

4.2.7.2　病原

山羊病毒性关节炎-脑炎病毒（caprine arthritis-encephalitis virus）属于反转病毒科、慢病毒属，病毒形态结构和生物特性与梅迪-维斯纳病毒相似，含有单股 RNA，病毒粒子直径 80～100nm。该病病原是有囊膜的 RNA 病毒，对环境抵抗力很弱。感染此病的羊群生产性能下降不太明显，经济损失一般。以发达国家的奶山羊发病居多。

4.2.7.3　地理分布及危害

本病广泛分布于发达国家，特别是北美大陆、欧洲大陆，非洲和南美洲也有广泛分布，亚洲主要分布于日本、以色列。中国地方山羊对本病的抵抗力比较明显。发展中国家的山羊极少发生本病，发达国家奶山羊感染率高达 60%，临床发病率仅为 9%～38%。

4.2.7.4　流行病学特点

病毒经乳汁感染羔羊，被污染的饲草、饲料、饮水等可成为传播媒介。感染途径以消化道为主。在自然条件下，只在山羊间互相传染发病，绵羊不感染。呼吸道感染和医疗器械接种传播本病的可能性不能排除。感染本病的羊只，在良好的饲养管理条件下，常不出现病状或病状不明显，只有通过血清学检查才能发现。

4.2.7.5 传入评估

羊毛中带有该病病原的可能性不大，因而通过羊毛传入本病的可能性很低。

4.2.7.6 发生评估

本病传播主要是羔羊吸吮含病毒的常乳或初乳而水平传播，其次通过污染水、饲料经消化道传播。但是易感染羊与感染羊经长期密切接触半数以上需12个月左右，一小部分2个月内也能发生此病。山羊关节炎-脑炎在中国部分地区有分布，除非引种，其他渠道传入本病的可能性很低，传入后定殖也需一定的时间，传播也是在有限的范围内。

4.2.7.7 后果评估

中国目前的养殖规模和生产方式在该病传入并定殖后的后果不是很明显。

4.2.7.8 风险预测

不加限制进口羊毛传入该病的可能性很低，一旦传入所造成的后果认为是中等，考虑到中国存在此病，无需对该病进行专门的风险管理。

4.2.7.9 风险管理

世界动物卫生组织的《国际动物卫生法典》中也没有专门毛类或其他动物产品的限制要求。

4.2.7.10 与中国保护水平相适应的风险管理措施

与中国保护水平相适应的风险管理措施无。

4.2.8 梅迪-维斯纳病

4.2.8.1 概述

梅迪-维斯纳病（Maedi-Visna disease，MVD）是由梅迪-维斯纳病毒引起的绵羊的一种慢性病毒病，其特征是病程缓慢、进行性消瘦和呼吸困难。发病过程中不表现发热症状。

4.2.8.2 病原

梅迪-维斯纳病是成年绵羊的一种不表现发热病状的接触性传染病。临诊特征是经过一段漫长的潜伏期之后，表现间质性肺炎或脑膜炎，病羊衰弱、消瘦，最后终归死亡。

梅迪和维斯纳原来是用来描述绵羊的两种临诊表现不同的慢性增生性传染病，梅迪是一种增进性间质性肺炎，维斯纳则是一种脑膜炎，这两个名称来源于冰岛语，梅迪（Maedi）意为呼吸困难，维斯纳（Visna）意为耗损。本病在冰岛流行时，起初被认为是两种不同的疫病，当确定了病因后，则认为梅迪和维斯纳是由特性基本相同的病毒引起，但具有不同病理组织学和临诊病状的疫病。

梅迪-维斯纳病毒（Maedi-Visna virus），是两种在许多方面具有共同特性的病毒，在分类上被列入反转病毒科、慢病毒属，含有单股RNA。pH 7.2～9.2时最为稳定，pH 4.2时10min内被灭活。于－50℃冷藏可存活数月，4℃存活4个月，37℃存活24h，50℃只存活15min。

4.2.8.3 地理分布及危害

梅迪-维斯纳主要是绵羊的一种疫病。本病发生于所有品种的绵羊，无性别的差异。本病多见于2岁以上的成年绵羊，自然感染是吸进了病羊所排出的含病毒的飞沫和病羊与健康羊直接接触传染，也可能经胎盘和乳汁而垂直传染。吸血昆虫也可能成为传播者。

本病最早发现于南非（1915）绵羊中，以后在荷兰（1918）、美国（1923）、冰岛（1939）、法国（1942）、印度（1965）、匈牙利（1973）、加拿大（1979）等国均有报道，多为进口绵羊之后发生。

1966、1967年我国从澳大利亚、英国、新西兰进口的边区莱斯特成年羊中出现一种以呼吸道障碍为主的疫病，病羊逐渐消瘦，衰竭死亡。其临床症状和剖检变化与梅迪病相似。1984年用美国的抗体和抗原检测，在从澳大利亚和新西兰引进的边区莱斯特绵羊及其后代中检出了梅迪-维斯纳病毒抗体，并于1985年分离出了病毒。中国在1985年从引进的绵羊后代中分离出了梅迪-维斯纳病毒。该病的传入主要对绵羊的繁育和改良、绵羊及其产品的贸易造成严重影响。

4.2.8.4　流行病学特点

本病多见于2岁以上的成年绵羊，一年四季均可发生。自然感染是吸进了病羊所排出的含病毒的飞沫和病羊与健康羊直接接触传染，也可能经胎盘和乳汁而垂直传染。吸血昆虫也可能成为传播者，易感绵羊经肺内注射病羊肺细胞的分泌物（或血液），也能实验性感染。

本病多呈散发，发病率因地域而异。潜伏期为2年或更长。

4.2.8.5　传入评估

没有任何证据证明羊毛可以传播该病。

4.2.8.6　发生评估

羊毛中带有该病病原的可能性不大，因而通过羊毛传入本病的可能性很低。

4.2.8.7　后果评估

中国有该病的分布，但仅局限于引种的少部分地区，因此一旦传入，危害十分显著，常造成严重的经济损失。1935年，冰岛曾广泛流行此病，由于没有有效的药物治疗，造成10万多只羊死亡，为控制消灭此病，冰岛又扑杀了65万余只羊，给冰岛带来了巨大的经济损失。而此病的传入，从原发饲养场扩散出去的可能性很大，因此中国将为此重新建立和改变目前防疫体系，且在中国目前高密度饲养的情况下不仅影响绵羊的繁殖和改良，对绵羊产品的贸易也将造成严重的损失，且市场占有率下降，经济指标难以量化。

4.2.8.8　风险预测

不加限制进口羊毛传入该病的可能性很小，但一旦传入并定殖，将造成严重的后果，需进行风险管理。

4.2.8.9　风险管理

世界动物卫生组织没有专门针对此病在反刍动物产品中作出限制性的要求。考虑到此病传入的严重后果，应实施风险管理。

4.2.8.10　与中国保护水平相适应的风险管理措施

（1）禁止来自疫区的任何未经加工的羊毛入境。

（2）允许经初加工过的产品如洗净毛、炭化毛、毛条进境。

4.2.9 绵羊肺腺瘤

4.2.9.1 概述

绵羊肺腺瘤病（sheep pulmonary adenomatosis，SPA ）是一种由反转录病毒引起的慢性、传染性绵羊肺部肿瘤病，其特征是病的潜伏期长，病羊肺部形成腺体样肿瘤。

4.2.9.2 病原

该病病原是一种反转录病毒，单股 RNA。主要感染绵羊，山羊有一定的抵抗力。感染羊将肺内含病毒的大量分泌物排至外界环境或污染草料等，经呼吸道传播给其他容易感染的羊，拥挤和密闭的环境有助于本病的传播。当本病在某一地区或某一牧场发生后，很难彻底消灭。该病呈世界性分布，但主要分布于欧洲。

4.2.9.3 地理分布及危害

绵羊肺腺瘤病在世界范围内均有报道，本病主要呈地方性散发，在英国、德国、法国、荷兰、意大利、希腊、以色列、保加利亚、土耳其、俄罗斯、南非、秘鲁、印度和中国新疆等地均有报道。特别是在苏格兰呈顽固的地方性散发，年发病率为 20%左右，死亡率高达 100%。山羊对本病有一定的抵抗力。

4.2.9.4 流行病学特点

本病可以经呼吸系统传播。感染动物肺内肿瘤发展到一定阶段时，肺内大量出现分泌物，病羊通过采食和呼吸将病毒随悬滴或飞沫排至外界环境或污染草料，被容易感染的羊吸入而感染。

4.2.9.5 传入评估

没有报道证明该病可以经羊毛传播。

4.2.9.6 发生评估

羊毛中含有传染性的病毒可能性不大，因此通过羊毛传入本病的可能性也较小。

4.2.9.7 后果评估

在中国仅在个别地区分布，因此本病一旦传入，并从原发专场向外扩散，常会导致严重的经济损失，且该病一旦发生，控制和消灭极为困难，一般发病率在 20%左右，死亡率高达 100%，因此危害十分严重。

4.2.9.8 风险预测

不加限制进口羊毛传入该病的可能性较小，但一旦传入，则后果严重，需实施风险管理。

4.2.9.9 风险管理

世界动物卫生组织没有在《国际动物卫生法典》中明确对动物产品提出限制性要求。

4.2.9.10 与中国保护水平相适应的风险管理措施

（1）不从疫区进口任何未经加工的羊毛。

（2）允许洗净毛、炭化毛、毛条等进口。

4.2.10 牛海绵状脑病

4.2.10.1 概述

牛海绵状脑病（bovine spongiform encephalopathy，BSE）亦即“疯牛病”，以潜伏

期长，病情逐渐加重，主要表现行为反常、运动失调、轻瘫、体重减轻、脑灰质海绵状水肿和神经元空泡形成为特征。病牛终归死亡。

4.2.10.2　病原

关于牛海绵状脑病病原，科学家们至今尚未达成共识。目前普遍倾向于朊蛋白学说，该学说由美国加州大学 Prusiner 教授所倡导，认为这种病是由一种叫 PrP 的蛋白异常变构所致，无需 DNA 或 RNA 的参与，致病因子朊蛋白就可以传染复制，BSE 是因“痒病相似病原”跨越了“种属屏障”引起牛感染所致。1986 年 Well 首次从 BSE 病牛脑乳剂中分离出痒病相关纤维（SAF），经对发病牛的 SAF 的氨基酸分析，确认其与来源于痒病羊的是同一性的。BSE 朊病毒在病牛体内的分布仅局限于牛脑、颈部脊髓、脊髓末端和视网膜等处。

4.2.10.3　地理分布及危害

本病首次发现于苏格兰（1985），以后爱尔兰、美国、加拿大、瑞士、葡萄牙、法国和德国等也有发生。英国的牛海绵状脑病流行最为严重，至 1997 年累计确诊达 168 578 例，涉及 33 000 多个牛群。初步认为是牛吃食了污染绵羊痒病或牛海绵状脑病的骨肉粉（高蛋白补充饲料）而发病的。由于同时还发现了一些怀疑由于吃食了病牛肉奶产品而被感染的人类海绵状脑病（新型克-雅氏病）患者，因而引发了一场震动世界的轩然大波。欧盟国家以及美、亚、非洲等包括我国在内的 30 多个国家已先后禁止英国牛及其产品的进口。

4.2.10.4　流行病学特点

牛海绵状脑病是一种慢性致死性中枢神经系统变性病。类似的疫病也发生于人和其他动物，在人类有克-雅氏病（Creutzfeldt-Jakob disease，CJD）、库鲁病（Kuru）、格斯斯氏综合征（Gerstmann-Sträussler-Scheinker disease，GSS）、致死性家族性失眠症（fatal-familial insomnia，FFI）及幼儿海绵状脑病（alpers disease）；在动物有羊瘙痒病（scrapie）、传染性水貂脑病（TME）、猫科海绵状脑病及麋鹿慢性衰弱病。1996 年 3 月，英国卫生部、农渔食品部和有关专家顾问委员会向英国政府汇报人类新型克-雅氏病可能与疯牛病的传染有关。本病与痒病有一定的相关性。现在人们认为牛海绵状脑病发生是由于含有痒病病原的骨粉进入反刍动物的食物链引起的。1985 年 4 月，医学家们在英国首先发现了一种新病，专家们对这一世界始发病例进行组织病理学检查，并于 1986 年 11 月将该病定名为牛海绵状脑病，首次在英国报刊上报道。10 年来，这种病迅速蔓延，英国每年有成千上万头牛患这种神经错乱、痴呆、不久死亡的病。此外，这种病还波及世界其他国家，如法国、爱尔兰、加拿大、丹麦、葡萄牙、瑞士、阿曼和德国。据考察发现，这些国家有的是因为进口英国牛肉引起的。病牛脑组织呈海绵状病变，出现步态不稳、平衡失调、瘙痒、烦躁不安等症状，在 14～90d 内死亡。专家们普遍认为疯牛病起源于羊痒病，是给牛喂了含有羊痒病因子的反刍动物蛋白饲料所致。牛海绵状脑病的病程一般为 14～90d，潜伏期长达 4～6 年。这种病多发生在 4 岁左右的成年牛身上。其症状不尽相同，多数病牛中枢神经系统出现变化，行为反常，烦躁不安，对声音和触摸，尤其是对头部触摸过分敏感，步态不稳，经常乱踢以至摔倒、抽搐。发病初期无上述症状，后期出现强直性痉挛，粪便坚硬，两耳对称性活动困难，心搏缓慢（平均 50 次/min），呼吸频率增快，体重下降，极度消瘦，以至死亡。经解剖发现，病牛中枢神经系统的脑灰质部分形成海绵状空泡，脑干灰质两侧呈对称性病变，神经纤维网有中等数量的不连续的卵形和球形空洞，神经细胞肿胀成气球状，细胞质变窄。另外，还有明显的神经细胞变性及坏死。

4.2.10.5　传入评估

目前认为含有痒病或牛海绵状脑病病原的肉骨粉是引起该病的唯一途径。没有证据证明可以通过羊毛传播该病。

4.2.10.6　发生评估

世界动物卫生组织和世界卫生组织认为进口羊毛不应加以任何限制。事实上通过进口羊毛传入这两种病几乎是不可能的。

4.2.10.7　后果评估

该病传染性强、危害性大的特性极不利于人类和动物的保健，并且越来越引起人类的恐慌和关注。如果牛海绵状脑病传入中国，将导致中国所有的牛、羊产品无法走出国门，中国的对外声称无牛海绵状脑病的证书也将无效。值得注意的是牛海绵状脑病在英国每年造成10%～20%的损失，到目前为止，尚没有一个国家能够完成一个有效的扑灭地方性牛海绵状脑病的方案，加拿大和美国所采取的控制方案已经被证实，但费用高且难以实施。

4.2.10.8　风险预测

不加限制进口羊毛皮传入该病的可能几乎不存在，也没有任何证据证明进口羊毛皮可传入这两种疫病，无需进行风险管理。

4.2.10.9　风险管理

世界动物卫生组织详细阐述了进口来自牛海绵状脑病国家的皮毛，不应有任何限制要求，对痒病限制性要求未作任何阐述。

4.2.10.10　与中国保护水平相适应的风险管理措施

与中国保护水平相适应的风险管理的参考措施如下。

2003年5月22日，农业部和国家质检总局联合发出防止疯牛病从加拿大传入我国的紧急通知。由于加拿大发生一例疯牛病，为防止该病传入我国，保护畜牧业生产安全和人体健康，我国采取以下措施：

（1）将加拿大列入发生疯牛病国家名录，从即日起，禁止从加拿大进口牛、牛胚胎、牛精液、牛肉类产品及其制品、反刍动物源性饲料。两部门将密切配合，做好检疫、防疫和监督工作，严防疯牛病传入我国。

（2）将立即对近年来从加拿大进口的牛（包括胚胎）及其后代（包括杂交后代）进行重点监测，发现异常情况立即报告。对疑似病例要立即采样进行诊断确诊。质检总局将密切关注加拿大疯牛病疫情的发展和相关贸易国家采取的措施，切实采取措施，防止疯牛病传入我国。

由于我国政府及时做了周密的防范工作，截至目前，在我国境内没有疯牛病发生。目前认为该病原是痒病样纤维引起的，最终导致感染动物脑组织形成海绵状空洞。该病病原对外界环境抵抗力极强，目前所有化学消毒剂和传统的物理消毒方法均对其无效，到目前认为该病病原灭活温度最低需 600℃，而目前人们对该病的传播机理还不完全清楚。该病主要分布于欧洲和美洲，其他各洲极少分布。

4.2.11　Q 热

4.2.11.1　概述

Q 热（Q-fever）是由伯纳特立克次氏体（rickettsia burneti，coxiella burneti）引起的急性自然疫源性疫病。临床以突然起病，发热，乏力，头痛，肌痛与间质性肺炎，无皮疹为特征。1937 年 Derrick 在澳大利亚的昆士兰发现该病并首先对其加以描述，因当时原因不明，故称该病为 Q 热。该病是能使人和多种动物感染而产生发热的一种疫病，在人能引起流感样症状、肉芽肿肝炎和心内膜炎，在牛、绵羊和山羊能诱发流产。

4.2.11.2　病原

伯纳特立克次氏体（Q 热立克次氏体）的基本特征与其他立克次氏体相同，但有如下特点：①具有过滤性；②多在宿主细胞空泡内繁殖；③不含有与变形杆菌 X 株起交叉反应的 X 凝集原；④对实验室动物一般不显急性中毒反应；⑤对理化因素抵抗力强。在干燥沙土中 4～6℃可存活 7～9 个月，－56℃能活数年，加热 60～70℃ 30～60min 才能将其灭活。抗原分为两相。初次从动物或壁虱分离的立克次氏体具有Ⅰ相抗原（表面抗原，毒力抗原）；经鸡胚卵黄囊多次传代后成为Ⅱ相抗原（毒力减低），但经动物或蜱传代后又可逆转为Ⅰ相抗原。两相抗原在补体结合试验、凝集试验、吞噬试验、间接血凝试验及免疫荧光试验中的反应性均有差别。

4.2.11.3　地理分布及危害

Q 热呈世界性分布和发生，中国分布也十分广泛，已有 10 多个省、直辖市、自治区存在本病。Q 热病原通过病畜或分泌物感染人类，可引起人体温升高、呼吸道炎症。

4.2.11.4　流行病学特点

Q 热的流行与输入感染家畜有直接的关系。感染的动物通过胎盘、乳汁和粪便排出病原；蜱通过叮咬感染动物的血液使病原在其体腔、消化道上皮细胞和唾液内繁殖，再经过叮咬或排出病原经由破损皮肤感染动物。家畜是主要传染源，如牛、羊、马、骡、犬等，次为野啮齿类动物，飞禽（鸽、鹅、火鸡等）及爬虫类动物。有些地区家畜感染率为 20％～80％，受染动物外观健康，而分泌物、排泄物以及胎盘、羊水中均含有 Q 热立克次氏体。患者通常并非传染源，但病人血、痰中均可分离出 Q 热立克次氏体，曾有住院病人引起院内感染的报道，故应予以重视。动物间通过蜱传播，人通过呼吸道、接触、消化道传播。

4.2.11.5　传入评估

本病病原对外界抵抗力很强，通过羊毛可以传播该病。

4.2.11.6　发生评估

由于该病病原有较广泛的寄生宿主谱，而该病通过羊毛传入的可能性又很大，因此一旦传入将长期存在。

4.2.11.7　后果评估

由于中国从来未有过发生 Q 热的报道，因此该病一旦传入将引起严重的后果，对人和家畜健康存在严重的威胁，且动物生产性能下降、市场占有率下降、产品出口困难等，经济指标难以量化。

4.2.11.8 风险预测

不加限制进口羊毛，传入Q热的可能性较高，后果严重，需进行风险管理。

4.2.11.9 风险管理

世界动物卫生组织只讲述可食用性感染材料感染的可能而进行风险分析，没有专门对其他动物产品作限制性要求。

4.2.11.10 与中国保护水平相适应的风险管理措施

（1）不从疫区进口任何未经加工过的羊毛。

（2）允许初加工产品进口，如洗净毛、炭化毛、毛条等。

4.2.12 心水病

4.2.12.1 概述

心水病（heartwater）也叫牛羊胸水病、脑水病或黑胆病，是由立克次氏体引起的绵羊、山羊、牛以及其他反刍动物的一种以蜱为媒介的急性、热性、败血性传染病。以高热、浆膜腔积水（如心包积水）、消化道炎症和神经症状为主要特征。

4.2.12.2 病原

该病病原属于立克次氏体科的反刍兽考德里氏体，存在于感染动物血管内皮细胞的细胞质中。它对外界抵抗力不强，必须依赖吸血昆虫进行传播。

4.2.12.3 地理分布及危害

本病主要分布于撒哈拉大沙漠以南地区的大部分非洲国家和突尼斯，加勒比海群岛也有该病的报道，原因是上述地区存在传播该病的彩色钝眼蜱。该病被认为是非洲牛、绵羊、山羊以及其他反刍动物最严重的传染病之一，急性病例死亡率高，一旦出现疫病则预后不良。

4.2.12.4 流行病学特点

心水病仅由钝眼属蜱传播，它们广泛存在于非洲、加勒比海群岛。同时，北美的斑点钝眼蜱和长延钝眼蜱也具有传播该病的能力。钝眼蜱是三宿主蜱，完成一个生活周期在5个月至4年时间，病原只能感染幼虫或若虫期的钝眼蜱，在若虫期和成虫期传播，所以有很长时间的传播性；它不能通过卵传播。钝眼蜱具有多宿主性，寄生于各种家禽、野生有蹄动物、小哺乳动物、爬行动物和两栖动物。在非洲，心水病对外来品种的牛、羊引起严重疫病，而当地品种病情较轻。

4.2.12.5 传入评估

没有证据证明该病可以通过羊毛传播。

4.2.12.6 发生评估

由于该病在传播环节上必须依赖吸血昆虫才能完成其基本的生活周期，因此通过羊毛传入该病的可能性很低。尽管该病通过羊毛传入的可能性很低，但一旦传入，中国的吸血昆虫——蜱在该病生活史中的作用如何，还有待于进一步研究和观察。

4.2.12.7　后果评估

一旦该病能够通过羊毛传入，并通过中国目前现有的吸血昆虫完成其生活史中必要的寄生环节，则该病在中国引起的后果是严重的，将给中国反刍动物养殖业以沉重的打击，生产性能严重下降，市场占有率也随之下降，动物及产品出口受阻。

4.2.12.8　风险预测

尽管不加限制进口羊毛传入该病的可能性很低，但鉴于此病传入后的严重后果，需进行风险管理。

4.2.12.9　风险管理

世界动物卫生组织在《国际动物卫生法典》中没有就动物产品作任何限制性的要求。

4.2.12.10　与中国保护水平相适应的风险管理措施

（1）禁止进口该病流行国家或地区的任何未经加工的羊毛。

（2）允许初加工产品进口，如洗净毛、炭化毛、毛条等，同时对这些产品作严格的杀虫处理。

4.2.13　内罗毕病

4.2.13.1　概述

内罗毕病（nairobi-sheep-disease）病毒属于布尼亚科病毒科，是已知对绵羊和山羊致病性最强的病毒，该病是经蜱传播的绵羊和山羊的病毒病，特征是发热和胃肠炎。人也容易感染，但很少感染。

4.2.13.2　病原

该病病原属于布尼亚病毒科、甘贾姆组病毒，主要分布在非洲，是已知对绵羊和山羊致病性最强的病毒，由棕蜱（具尾扇头蜱）经卵传播，感染卵孵出的蜱也可传播本病。羊感染后死亡率高达30%～90%。

4.2.13.3　地理分布及危害

本病主要分布在肯尼亚、乌干达、坦桑尼亚、索马里、埃塞俄比亚等。绵羊一旦感染，死亡率达30%～90%，山羊发病较轻，但也有报道称死亡率高达80%。

4.2.13.4　流行病学特点

本病经粪尿排出的病毒不具有接触传播的特性，主要依靠棕蜱（具尾扇头蜱）经卵传播，感染的卵孵出后也具有传播性，病毒在蜱体内可以存活2.5年，其他扇头蜱属和钝头蜱属也可能传播本病。

4.2.13.5　传入评估

没有证据证明该病可以通过羊毛传播。

4.2.13.6　发生评估

该病通过羊毛传入的可能性很低，即使传入该病，能否在中国定殖尚不清楚。

4.2.13.7　后果评估

由于对该病的生活史中需要的棕蜱能否在中国生存，以满足该病病原完成生活周期的机理尚不清楚，同时由于几乎没有任何信息可以用来量化预测该病定殖及传播的风险，只是考虑到该病可导致较高的死亡率，因而认为该病引起的后果是十分严重的。

4.2.13.8 风险预测

不加限制进口羊毛，传入该病的可能性很低，但该病导致的严重后果，有必要进行风险管理。

4.2.13.9 风险管理

该病被世界动物卫生组织列入B类疫病，世界动物卫生组织没有针对此病对进口动物产品提出任何要求。

4.2.13.10 与中国保护水平相适应的风险管理措施

（1）不从该病流行季节进口任何未经加工的羊毛。

（2）允许初加工产品进口，如洗净毛、炭化毛、毛条等，但在进口口岸必须进行严格的杀虫处理。

4.2.14 边界病

4.2.14.1 概述

边界病（border-disease，BD）因首次发现于英格兰和威尔士的边界地区而得名，又称羔羊被毛颤抖病，是由边界病病毒引起的新生羔羊以身体多毛、生长不良和神经异常为主要特征的一种先天性传染病。

4.2.14.2 病原

该病病原是披膜病毒科、瘟病毒属、有囊膜的病毒，对外界环境抵抗力十分脆弱。易感动物绵羊、山羊、牛、猪，绵羊是自然宿主，本病主要是垂直传播，成年感染动物繁殖力下降、流产；羔羊主要表现发育不良和畸形，多见断奶羊死亡。主要分布于大洋洲、北美洲和欧洲。

4.2.14.3 地理分布及危害

本病呈世界性分布，大多数饲养绵羊的国家都有本病的报道。主要发生于新西兰、美国、澳大利亚、英国、德国、加拿大、匈牙利、意大利、希腊、荷兰、法国、挪威等国家。边界病病毒有免疫抑制作用，怀孕期感染病毒后，无论胎儿是否具有免疫应答能力，病毒均可在体内的各种组织中持续存在而成为病毒的携带者和疫病的传染源。被感染的羔羊在生长成熟的几年内，仍具有对后代的感染性，子宫和卵巢或睾丸生殖细胞中存在病毒，可经胎盘和精液发生垂直传播。感染了边界病的成年羊，主要表现繁殖力下降和流产。羔羊表现为发育不良和畸形，多见断奶羊死亡。

4.2.14.4 流行病学特点

边界病病毒属于瘟病毒属成员，自然宿主主要是绵羊、山羊，对牛和猪也有感染性。病毒主要存在于流产胎儿、胎膜、羊水及持续感染动物的分泌物和排泄物中，动物可通过吸入和食入而感染本病。垂直感染是本病传播的重要途径之一。

4.2.14.5 传入评估

没有证据证明该病可以通过羊毛传播。

4.2.14.6 发生评估

通过羊毛传入本病的可能性几乎不存在，认为通过羊毛传播该病的可能性几乎忽略不计。即使传入造成的损失也是有限的。

4.2.14.7　后果评估

通过羊毛传入的可能性极小，即使能够定殖并传播，仅对繁殖性能有所影响，认为造成后果中等。

4.2.14.8　风险预测

不加限制进口羊毛，传入该病的可能性极小，考虑到中国部分地区存在此病，无需风险管理。

4.2.14.9　风险管理

由于该病的影响极小，世界动物卫生组织未将该病列入国际动物卫生法典。

4.2.14.10　与中国保护水平相适应的风险管理措施

与中国保护水平相适应的风险管理措施无。

4.2.15　羊脓疱性皮炎

4.2.15.1　概述

羊脓疱性皮炎又名羊传染性脓疱或“口疮”，是绵羊和山羊的一种病毒性传染病，在羔羊多为群发。特征是口唇等处皮肤和黏膜形成丘疹、脓疱、溃疡和结成疣状厚痂。本病病原对外界抵抗力极强，能从12年后的干痂皮中分离出病毒。任何被污染的材料都可能传播该病。

4.2.15.2　病原

羊脓疱性皮炎病毒属副痘病毒属，对外界环境有相当强的抵抗力，病理材料夏季暴露在阳光下直射30～60d传染性才消失。该病只危害绵羊和山羊，造成感染动物生产性能急剧下降。

4.2.15.3　地理分布及危害

世界各地都有分布和发生，主要危害羔羊和未获得免疫力的羊。该病一般不直接引起死亡，常由于影响采食或继发感染而死亡。

4.2.15.4　流行病学特点

本病多发于气候干燥的秋季，无性别和品种的差异性。自然感染主要是由于购入病羊或疫区畜产品而传入，同时该病也可以传染给人，因此被感染的人也能传播该病。

4.2.15.5　传入评估

可以通过羊毛传播该病。

4.2.15.6　发生评估

通过羊毛传入该病的可能性较大，该病对外界环境抵抗力较强，传入后通过原发饲养场向外扩散的可能性也较大。

4.2.15.7　后果评估

中国许多地区已经控制并消灭此病，因此如果该病重新传入这些地区，将考虑改变和重新建立新的防疫体系。同时，此病对羊的生产性能有较严重的影响（非规模化养殖不是十分明显），因而认为该病传入后后果是比较严重的。

4.2.15.8　风险预测

不加限制进口羊毛传入该病的可能性较大，后果也较为严重，需进行风险管理。

4.2.15.9 风险管理

此病没有被世界动物卫生组织列入《国际动物卫生法典》，也没有其他专门针对羊脓疱性皮炎的限制性要求。针对中国部分地区已成功消灭此病，因此禁止来自该病流行的国家或地区羊毛进境。

4.2.15.10 与中国保护水平相适应的风险管理措施

（1）禁止该病流行的国家或地区的任何未经加工的羊毛输入。

（2）其他羊毛初加工产品也限制进境，如洗净毛、炭化毛、毛条等。

4.2.16 结核病

4.2.16.1 概述

结核病（tuberculosis，TB）是由结核分支杆菌引起的人和其他动物的一种慢性传染病，该病病原主要分3型：即牛型、禽型和人型，此外还有冷血动物型、鼠型及非洲型。本病可侵害多种动物，据报道约有50多种哺乳动物、25种禽类可患病，在家畜中，牛最为易感，结核病也见于猪和家禽；绵羊和山羊较少发病；罕见于单蹄兽。其病理特点是在多种器官形成肉芽肿和干酪样、钙化结节的病变。

4.2.16.2 病原

该病病原是结核分支杆菌，它可以引起多种动物包括人在内的慢性疫病，本菌不产生芽孢和荚膜，也不能运动，革兰氏染色阳性。结核菌具有蜡质，一旦着色，虽经酸处理也不能使之脱色，所以又称抗酸性菌。结核杆菌不含内毒素，也不产生外毒素和侵袭性酶类，其致病机理与菌体成分有关，结核杆菌的细胞壁所含类脂约占细胞壁干重的60%，其含量与细菌毒力密切相关，含量越高，毒力越强。该病呈世界性分布，主要分布于奶牛业比较发达的国家。结核分支杆菌按其致病力可分为3种类型，即人型、牛型和禽型，三者有交叉感染现象。牛型主要侵害牛，其次是人、猪、马、绵羊、山羊等。人型结核杆菌细长而稍弯曲，牛型略短而粗，禽型小而粗且略具多形性，平均长度1.5～5μm，宽0.2～0.5μm，两端钝圆，无芽孢和荚膜，无鞭毛，不运动，革兰氏染色阳性。因其具抗酸染色特性，故又称为抗酸性分支杆菌。结核杆菌对干燥抵抗力强，将带菌的痰置于干燥处310d后接种于豚鼠仍能发生结核。该菌不耐湿热，在65℃ 30min、70℃ 10min、100℃下立即死亡，阳光直射2h死亡，5%碳酸或来苏儿24h、4%福尔马林12h方能被杀死。

4.2.16.3 地理分布及危害

结核病曾广泛流行于世界各国，以奶牛业发达国家最为严重。由于各国政府都十分重视结核病的防治，一些国家在该病的控制方面取得了很大的成就，已有效控制和消灭了此病。尽管如此，此病仍在一些国家和地区呈地方性散发和流行。由于该病感染初期主要表现渐进性消瘦等其他慢性病的症状，在临床上不易被发现，从而造成感染动物不断增加，生产性能下降，因而造成的经济损失是巨大的，特别是在养牛业的损失更为惊人，患病动物寿命明显缩短，奶产量显著减少，常常不能怀孕。如果本病未被有效控制，其病死率可达10%～20%。在执行本病的防治措施时，要花费很大的人力和物力。

4.2.16.4 流行病学特点

该病病原对环境的生存能力较强，对干燥和湿冷的抵抗力强，在水中可存活5个月，土壤中可存活 7 个月，而对热的抵抗力差。结核分支杆菌在机体内分布于全身各器官内，在自然界中，一般存在于污染的畜舍、空气、饲料、畜舍用具以及工作人员的靴鞋等处，本菌主要经呼吸道和消化道使健康动物感染，此外交配也可以感染。饲草、饲料被污染后通过消化道感染也是一个重要的途径；犊牛感染主要是通过吮吸带菌的奶引起的。病畜是本病的主要传染来源。据报道，约 50 种哺乳动物、25 种禽类可患本病；在家畜中牛最易感，特别是奶牛，其次是黄牛、牦牛、水牛。牛结核主要由牛型结核杆菌引起，也可由人型结核杆菌引起。本病主要通过被污染的空气经呼吸道感染，或者通过被污染的饲料、饮水和乳汁经消化道感染。交配感染亦属可能。本病一年四季均可发生。

4.2.16.5　传入评估

没有证据证明该病可以通过羊毛传播。

4.2.16.6　发生评估

尽管该病病原对外界抵抗力较强，但由于该病绵羊与山羊很少发生，因此认为该病通过羊毛传入的可能性较低。同时，该病病原有很广的动物寄生谱，因而一旦传入，定殖并传播的可能性也较高。

4.2.16.7　后果评估

该病是中国政府历来十分重视的控制性疫病，许多饲养场都已消灭此病，因此此病一旦通过羊毛传入，不仅可以威胁与羊毛接触相关人员的健康与安全，同时更会威胁到没有阳性动物的饲养场，饲养场内的动物生产性能将会明显下降，动物产品的市场将显著减少。

4.2.16.8　风险预测

不加限制进口羊毛传入的可能性较低，但一旦传入对人的健康与畜牧业生产安全造成的后果较为严重，需要进行风险管理。

4.2.16.9　风险管理

此病被世界动物卫生组织列入《国际动物卫生法典》，但仅对动物及肉制品有一定限制性要求，对其他动物产品没有加以限制。针对中国部分地区已成功消灭此病，因此禁止来自该病流行的国家或地区羊毛进境。

4.2.16.10　与中国保护水平相适应的风险管理措施

禁止该病流行的国家或地区的任何未经加工的羊毛输入。

4.2.17　棘球蚴病

4.2.17.1　概述

棘球蚴病（echinococcosis hydatidosis）也称包虫病，是由寄生于犬的细粒棘球绦虫等数种棘球绦虫的幼虫（棘球蚴）寄生在牛、羊、人等多种哺乳动物的脏器内而引起的一种危害极大的人兽共患寄生虫病。主要见于草地放牧的牛、羊等。

危害大的主要是细粒棘球绦虫，又称包生绦虫。该虫寄生于犬科动物小肠内，幼虫（称棘球蚴或包虫）可寄生于人和多种食草动物（主要为家畜）的组织器官内，与多房棘球绦虫一起均能引起棘球蚴病。

4.2.17.2　病原

在犬小肠内的棘球绦虫很细小，长2～6mm，由1个头节和3～4个节片构成，最后1个体节较大，内含多量虫卵。含有孕节或虫卵的粪便排出体外，污染饲料、饮水或草场，牛、羊、猪、人食入这种体节或虫卵即被感染。虫卵在动物或人这些中间宿主的胃肠内脱去外膜，游离出来的六钩蚴钻入肠壁，随血流散布全身，并在肝、肺、肾、心等器官内停留下来慢慢发育，形成棘球蚴囊泡。犬属动物如吞食了这些有棘球蚴寄生的器官，每一个头节便在小肠内发育成为一条成虫。棘球蚴囊泡有3种，即单房囊、无头囊和多房囊棘球蚴。前者多见于绵羊和猪，囊泡呈球形或不规则形，大小不等，由豌豆大到人头大，与周围组织有明显界限，触摸有波动感，囊壁紧张，有一定弹性，囊内充满无色透明液体；在牛，有时可见到一种无头节的棘球蚴，称为无头囊棘球蚴。多房囊棘球蚴多发生于牛，几乎全位于肝脏，有时也见于猪；这种棘球蚴特征是囊泡小，成群密集，呈葡萄串状，囊内仅含黄色蜂蜜样胶状物而无头节。在牛，偶尔可见到人型棘球蚴，从囊泡壁上向囊内或囊外可以生出带有头节的小囊泡（子囊泡），在子囊泡壁内又生出小囊泡（孙囊泡），因而一个棘球蚴能生出许多子囊泡和孙囊泡。

4.2.17.3　地理分布及危害

在我国主要分布在新疆、青海、甘肃、宁夏、西藏和内蒙古6省、自治区，其次有陕西、河北、山西和四川西部地区。流行因素主要为虫卵对环境的污染，人与家畜和环境的密切接触，病畜内脏喂犬或乱抛等。

4.2.17.4　流行病学特点

牛采食时吃到犬排出的细粒棘球绦虫的孕卵节片或虫卵后，卵内的六钩蚴在消化道逸出，钻入肠壁，随血液和淋巴散布到身体各处发育成棘球蚴。牛肺部寄生棘球蚴时，会出现长期慢性呼吸困难和微弱的咳嗽。肝被寄生时，肝增大时，腹右侧膨大，病牛营养失调，反刍无力，常臌气，消瘦，虚弱。成虫寄生在犬、狼等犬科动物小肠内。孕节和虫卵随犬等的粪便排出体外。人、羊、牛、骆驼等中间宿主误食虫卵而导致感染，主要引起肝、肺、腹腔和脑等部位的包虫病。

4.2.17.5　传入评估

目前通过羊毛传播该病还未见报道。但该病在我国有分布，且危害人，传播的可能性不大。

4.2.17.6　发生评估

没有证据证明能通过羊毛传播该病。

4.2.17.7　后果评估

该病一旦传入引起的危害很大，将对中国养殖业造成不可估量的损失。

4.2.17.8　风险预测

不加限制进口羊毛传入该病的可能性很低，考虑到中国已有该病的分布，无需进行风险管理。

4.2.17.9　风险管理

世界动物卫生组织也没有在《国际动物卫生法典》中对动物产品进行专门性的限制要求。

4.2.17.10 与中国保护水平相适应的风险管理措施

与中国保护水平相适应的风险管理措施无。

4.2.18 钩端螺旋体病

4.2.18.1 概述

钩端螺旋体病（leptospirosis）是人畜共患的传染病。少数病例呈急性经过，表现为发热、黄疸、血红蛋白尿、黏膜和皮肤坏死；多数病例呈隐性感染，无明显临床症状。

4.2.18.2 病原

钩端螺旋体体形细长，宽 0.1μm，长达 6～20μm，呈螺旋状，依靠轴丝运动；对外界抵抗力不大，干燥、阳光和各种消毒药都可将其杀死。

4.2.18.3 地理分布及危害

世界各地都有发生和分布，在我国也有分布。钩端螺旋体是人畜共患的传染病，要严防其传播。

4.2.18.4 流行病学特点

钩端螺旋体存在于患病或带菌动物体内，主要从尿和粪便排出，污染水源、草场和饲料，经消化道传染健康动物。本病一般是由鼠类传播的，吸血昆虫也起传递作用。本病以夏、秋两季多发，呈地方性流行。潜伏期 2～20d。

4.2.18.5 传入评估

目前通过羊毛传播该病还未见报道。传播的可能性不大。

4.2.18.6 发生评估

没有证据证明能通过羊毛传播该病。

4.2.18.7 后果评估

该病在我国有分布，且危害人类健康，一旦传入引起的危害很大，将对中国养殖业造成不可估量的损失。

4.2.18.8 风险预测

不加限制进口羊毛传入该病的可能性很低，一旦传入影响也较温和，考虑到中国已有该病的分布，无需进行风险管理。

4.2.18.9 风险管理

世界动物卫生组织也没有在《国际动物卫生法典》中对动物产品进行专门性的限制要求。

4.2.18.10 与中国保护水平相适应的风险管理措施

与中国保护水平相适应的风险管理措施无。

4.2.19 衣原体病

4.2.19.1 概述

衣原体病（enzooticabortion of ewes ）又名羊衣原体性流产，是由鹦鹉热衣原体引起的一种传染病，以发热、流产、死产和产下生命力不强的弱羔为特征。

4.2.19.2 病原

羊衣原体病的病原是鹦鹉热衣原体典型成员之一，抵抗力不强，对热敏感。自然界中易感动物主要通过感染动物的分泌物或排泄物污染饲料、牧草、水源等，经消化道传染，有的也经交配感染。欧洲、新西兰、美国、中国都有该病的报道。

4.2.19.3 地理分布及危害

本病由 Stamp 等于 1949 年在苏格兰发现，之后在英国、德国、法国、匈牙利、罗马尼亚、保加利亚、意大利、土耳其、塞浦路斯、新西兰、美国等都有发生本病的报道。中国 1981 年确诊有本病存在，主要分布于甘肃、内蒙古、青海、新疆，在新区感染率可达 20%～30%，发病率高的羊群流产率高达 60%。在疫区的羊群中其阳性率为 20%～30%，个别羊群可达 60%以上。

4.2.19.4 流行病学特点

本病传播主要由病羊从胎盘、胎儿和子宫分泌物排出大量衣原体，污染饲料和饮水，经消化道使健康羊感染，也可以由污染的尘埃和散布在空气中的飞沫经呼吸道感染。

4.2.19.5 传入评估

没有证据证明羊毛可以传播本病。

4.2.19.6 发生评估

本病对外界环境的抵抗力不强，通过羊毛传入该病的可能性较低，而该病一旦通过羊毛传入，通过原发饲养场扩散的可能性较大。

4.2.19.7 后果评估

羊衣原体在中国存在，且临床表现温和，对生产性能影响不大，因此认为该病传入并传播的后果较为温和。

4.2.19.8 风险预测

不加限制进口羊毛传入该病的可能性很低，一旦传入，影响也较温和，考虑到中国已有该病的分布，无需进行风险管理。

4.2.19.9 风险管理

世界动物卫生组织没有在《国际动物卫生法典》中对动物产品进行专门性的限制要求。

4.2.19.10 与中国保护水平相适应的风险管理措施

与中国保护水平相适应的风险管理措施无。

4.2.20 利什曼病

4.2.20.1 概述

利什曼病（leishmanisis）是由利什曼原虫引起的人畜共患病，在节肢动物及哺乳动物之间传播。该病发生于 80 多个国家，估计患者数超过 1 500 万，每年新发病例为 40 多万。对于人类疱疹病毒（艾滋病 HIV）感染者来说，利什曼原虫可能是一种条件性致病的寄生虫。

4.2.20.2 病原

利什曼原虫是细胞内寄生原虫，属于动基体目、锥虫科。该属中许多种均可感染哺乳动物。利什曼原虫分类最常用的方法之一是做同工酶免疫电泳。利什曼原虫为异种寄生，一生需要 2 个宿主。它有 3 种不同形态：无鞭毛体、前鞭毛体和副鞭毛体。无鞭毛体多在脊椎动物宿主细胞中，含有动基粒。前鞭毛体和副鞭毛体多存在于蛉肠道及培养基。前鞭毛体在无脊椎动物媒介中最为常见，呈梭形，前端有一根鞭毛。副鞭毛体是前两者的过渡形式。

4.2.20.3　地理分布及危害

自1993年以来，利什曼病在非洲、亚洲、欧洲、北美洲和南美洲等地区的88个国家蔓延，有3.5亿人受到此病的威胁。据统计，目前全球有1 200万利什曼病患者；每年新增150万～200万患者，其中仅有60万人登记。

4.2.20.4　流行病学特点

利什曼病是人畜共患病。在大多数情况下，某特定种类的利什曼原虫不止感染一种动物宿主，很难确定一个特定的宿主。在地中海盆地，多是由婴儿利什曼原虫引起的，犬为主要宿主。在北美，为数众多的野生和家养动物，包括犬、猫、马、驴等，均可作为宿主。在得克萨斯州，皮肤利什曼病呈地方性流行。白蛉是公认的利什曼原虫传染的媒介。白蛉在夜间活动，通过叮咬哺乳动物吸血生存。只有雌性白蛉吸血，利于产卵。白蛉在温暖的季节较为常见。在适宜的条件下，它的生命周期为41～58d。雌虫可产卵100个左右，需1～2周孵出。幼虫需要适宜的温度，避光，以及有机物才能发育成熟。白蛉叮咬已感染的脊椎动物，无鞭毛体进入白蛉体内，从无鞭毛体转变为前鞭毛体，这个过程需要24～48h。利什曼原虫多寄生在白蛉肠道内。在肠内繁殖后，前鞭毛体迁移至白蛉的食管和咽内。白蛉再次叮咬后，前鞭毛体进入脊椎动物体内。它们停留于细胞外环境，并激活补体导致中性粒细胞及巨噬细胞聚集。多数前鞭毛体被中性粒细胞吞噬破坏，部分前鞭毛体被吞噬细胞吞噬后，脱去鞭毛，在细胞内形成无鞭毛体，以两分裂增殖，导致巨噬细胞破裂。

4.2.20.5　传入评估

目前通过羊毛传播该病还未见报道。传播的可能性不大。

4.2.20.6　发生评估

没有证据证明能通过羊毛传播该病。

4.2.20.7　后果评估

该病在我国有分布，且危害人，一旦传入引起的危害很大，将对我国人民生活造成一定混乱和危害。

4.2.20.8　风险预测

不加限制进口羊毛传入该病的可能性很低，考虑到中国已有该病的分布，无需进行风险管理。

4.2.20.9　风险管理

世界动物卫生组织没有在《国际动物卫生法典》中对动物产品进行专门性的限制要求。

4.2.20.10　与中国保护水平相适应的风险管理措施

与中国保护水平相适应的风险管理措施无。

4.3　其他类疫病的风险分析

4.3.1　羊梭菌性疫病

4.3.1.1　概述

羊梭菌性疫病是由梭状芽孢杆菌属中的微生物引起的一类疫病，包括羊快疫、羊肠毒血症、羊猝狙、羊黑疫、羔羊痢疾等病。这一类疫病在临诊上有不少相似之处，容易混淆。这些疫病都能造成急性死亡，对养羊业危害很大。

(1) 羊肠毒血症：主要是绵羊的一种急性毒血症，是D型魏氏梭菌在羊肠道中大量繁殖，产生毒素所致。死后肾组织易于软化，因此又常称此病为软肾病。本病在临诊病状上类似于羊快疫，故又称类快疫。

(2) 羊猝狙：是由C型魏氏梭菌所引起的一种毒血症，以急性死亡、腹膜炎或溃疡性肠炎为特征。

(3) 羊黑疫：又称传染性坏死性肝炎，是由B型诺维氏梭菌引起的绵羊、山羊的一种急性高度致死性毒血症。本病以肝实质发生坏死性病灶为特征。

(4) 羔羊痢疾：是初生羔羊的一种急性毒血症，以剧烈腹泻和小肠发生溃疡为特征。本病常使羔羊发生大批死亡，给养羊业带来重大损失。

4.3.1.2 病原

(1) 羊快疫：病原是腐败梭菌，当取病羊血液或脏器做涂片镜检时，能发现单独存在及两三个相连的粗大杆菌，并可见其中一部分已形成卵圆形膨大的中央或偏端芽孢。本菌能产生4种毒素，α毒素是一种卵磷脂酶，具有坏死、溶血和致死作用；β毒素是一种脱氧核糖核酸酶，具有杀白细胞作用；γ毒素是一种透明质酸酶；δ毒素是一种溶血素。

(2) 羊肠毒血症：病原是魏氏梭菌，又称产气荚膜杆菌，为厌气性粗大杆菌，革兰氏阳性，无鞭毛，不能运动，在动物体内能形成荚膜，芽孢位于菌体中央。一般消毒药均易杀死本菌繁殖体，但芽孢抵抗力较强，在95℃下需3.5h方可将其杀死。本菌能产生强烈的外毒素，具有酶活性，不耐热，有抗原性，用化学药物处理可变为类毒素。一般消毒药物均能杀死腐败梭菌的繁殖体，但芽孢的抵抗力很强，3%福尔马林能迅速杀死芽孢。亦可应用30%的漂白粉、3%～5%的氢氧化钠进行消毒。

(3) 羊猝狙：病原是魏氏梭菌，又称为产气荚膜杆菌，分类上属于梭菌属。本菌革兰氏染色阳性，在动物体内可形成荚膜，芽孢位于菌体中央。本菌可产生α、β、ε、ι等多种外毒素，依据毒素-抗毒素中和试验可将魏氏梭菌分为A、B、C、D、E 5个毒素型。

(4) 羊黑疫：病原是诺维氏梭菌，和羊快疫、羊肠毒血症、羊猝狙的病原一样，同属于梭状芽孢杆菌属。本菌为革兰氏阳性大杆菌，严格厌氧，能形成芽孢，不产生荚膜，具周身鞭毛，能运动。本菌分为A、B、C三型。

根据本菌产生的外毒素，通常分为A、B、C 3型。A型菌主要产生α、β、γ、δ 4种外毒素；B型菌主要产生α、β、η、ξ、θ 5种外毒素；C型菌不产生外毒素，一般认为无病原学意义。羔羊病疫病原为B型魏氏梭菌。

4.3.1.3 地理分布及危害

羊猝狙在百余年前就出现于北欧一些国家，在苏格兰被称为“Braxy”。在冰岛称为“Bradsot”，都是“急死”之意。本病现已遍及世界各地。羊猝狙最先发现于英国，1931年McEwen和Robert将其命名为“Struck”。本病在美国和前苏联也曾经发生过。这一类疫病在临床上有不少相似之处，容易混淆。这些疫病都造成急性死亡，对养羊业危害很大。

4.3.1.4　流行病学特点

（1）羊快疫： 绵羊发病较为多见，山羊也可感染，但发病较少。发病羊年龄多在6～18个月，腐败梭菌广泛存在于低洼草地、熟耕地、沼泽地以及人畜粪便中，感染途径一般是消化道。

（2）羊肠毒血症： D型魏氏梭菌为土壤常在菌，也存在于污水中，羊只采食被病原菌芽孢污染的饲料与饮水时，芽孢便随之进入羊的消化道，其中大部分被胃里的酸杀死，一小部分存活者进入肠道。羊肠毒血症的发生具有明显的季节性和条件性。本病多呈散发，绵羊发生较多，山羊较少。3～13月龄的羊最容易发病，发病的羊多为膘情较好的。

（3）羊猝狙： 发生于成年绵羊，以1～2岁的绵羊发病较多。常见于低洼、沼泽地区，多发生于冬、春季节，常呈地方性流行。

（4）羊黑疫： 本病能使1岁以上的绵羊发病，以3～4岁、营养好的绵羊多发，山羊也可患病，牛偶可感染。实验动物以豚鼠最为敏感，家兔、小鼠易感性较低。诺维氏梭菌广泛存在于自然界特别是土壤之中，羊采食被芽孢体污染的饲草后，芽孢由胃肠壁经目前尚未阐明的途径进入肝脏。当羊感染肝片吸虫时，肝片吸虫幼虫游走损害肝脏使其氧化-还原电位降低，存在于该处的诺维氏梭菌芽孢即获适宜的条件，迅速生长繁殖，产生毒素，进入血液循环，引起毒血症，导致急性休克而死亡。本病主要发生于低洼、潮湿地区，以春、夏季节多发，发病常与肝片吸虫的感染侵袭密切相关。

4.3.1.5　传入评估

目前通过羊毛传播该病还不清楚。

4.3.1.6　发生评估

没有证据证明能通过羊毛传播该病。

4.3.1.7　后果评估

该病一旦传入引起的危害很大，将对中国养殖业造成不可估量的损失。

4.3.1.8　风险预测

不加限制进口羊毛传入该病的可能性很低，一旦传入影响也较温和，考虑到中国已有该病的分布，无需进行风险管理。

4.3.1.9　风险管理

世界动物卫生组织没有在《国际动物卫生法典》中对动物产品进行专门性的限制要求。

4.3.1.10　与中国保护水平相适应的风险管理措施

与中国保护水平相适应的风险管理措施无。

5　中国目前有关防范和降低进境动物疫病风险的管理

中国政府目前通过有关防范和降低措施成功地防止了国外某些疫病的传入，如口蹄疫、牛海绵状脑病、痒病、水疱性口炎等，保护了中国畜牧业的生产安全和人的身体健康。

5.1 审批

为防止羊毛生产国重大疫情的传入，国家出入境检验检疫局和各直属局根据《中华人民共和国进出境动植物检疫法》的要求，同时根据世界动物卫生组织的各成员疫情通报和中国对羊毛生产国疫情的了解作出能否进口羊毛的决定。

5.2 退回和销毁处理

在进口国发生动物疫情或在进境羊毛中发现有关中国限制进境的病原时，出入境检验检疫机构和国家相关的农牧管理部门为防止国外的动物疫情的传入，发布公告禁止来自疫区的羊毛入境，对来自疫区的羊毛或检出带有中国限制入境病原的羊毛作退回或销毁处理。

5.3 防疫处理

为防止国外疫情传入，在进境羊毛到达口岸时，对进境羊毛进行外包装消毒处理，同时对储存仓库运输工具进行消毒处理。建立有效的防疫设施，包括存放地进出车辆、人员、工作服消毒和外包装废弃物处理的设施。

5.4 存放和加工过程监督管理

根据《中华人民共和国进出境动植物检疫法》的要求，对生产加工企业和存放地进行监督管理，防止违反《中华人民共和国进出境动植物检疫法》行为的发生，建立健全卫生防疫制度和羊毛的出入库登记制度，监督加工企业严格执行国家有关部门的规定和企业制定的防疫制度；监督加工企业严格执行规定对包装材料、加工废料进行无害化处理；监督加工企业严格执行国家有关规定的污水处理标准。

5.5 污水和废弃物处理

根据《中华人民共和国进出境动植物检疫法》的要求，出入境检验检疫机构对可以进境羊毛的生产、加工企业排放的污水实施监督检查，以防止羊毛输出国的有害因子传入中国；同时，出入境检验检疫机构还有权督促羊毛生产加工企业对外包装、下脚料进行无害化处理。对于违反上述要求的企业，视情况依据《中华人民共和国进出境动植物检疫法》等法律法规作出相应的处理。

第五篇　进境牦牛毛风险分析

1　引言

牦牛（*Bos grunniens*）是生活在高寒草原上特有的牛种。在海拔 3 000～6 000m 的高寒草原上，地势高峻、气候严寒、空气稀薄、牧草稀疏矮小，自然生态环境十分严峻，而牦牛是唯一能够充分利用高山草场自然资源的牛种。在全年放牧不加补饲、冬春无棚圈的极其粗放条件下，能为人们提供肉、奶、皮、绒毛及役用。

世界上有牦牛 1 330 万头，主要分布在我国的青藏高原、蒙古人民共和国的西南部、吉尔吉斯共和国的阿尔泰山区、阿富汗和巴基斯坦的东北部、印度的北部，以及尼泊尔、不丹等国家和地区，以我国牦牛头数最多，约有 1 243 万头，占世界牦牛头数的 85%以上，蒙古国有 70 万头，吉尔吉斯共和国有 13.6 万头，印度有 8 万头，其他国家头数较少。我国牦牛头数占全国养牛总数的 18%左右，绝大部分分布在青藏高原，青海省最多，为 446 万头；西藏有 368 万头；四川有 310 万头；甘肃有 80 万头；新疆有 16 万头；云南有 5 万头。国外无论哪个国家对牦牛均以藏语的发音命名，称为雅克。为了适应生态环境，牛在躯体结构上相应发生了某些变化，如牦牛的心脏发达、每搏血液输出量大、血液循环快，以满足机体在寒冷条件下对热量的需要。肺也比较重，约占体重的 1.5%，肺活量大，由于呼吸频率的增加，相应增加了氧气含量，以满足机体对氧气的需要。牦牛耐寒怕热，在－30～－40℃仍可照常生活，其全身披覆着浓密、厚实的绒毛，在肩部、胸腹下部和大腿部还密生长毛，以便于保温。皮下组织发达，脂肪易沉积，形成机体的贮能保温层。汗腺发育差，这样可减少体表蒸发散热，降低因严寒而对热能和营养物质的消耗。

2　风险分析过程

风险分析是艺术和科学的统一。风险分析专家必须具有广博的知识面、流行病学和统计学的知识与技能；必须收集各方面的资料信息；在医学、兽医学领域，必须获得各种疫病的发病机理及流行病学的详尽资料，然后对这些数据和资料进行定性或定量风险分析，找出减少风险的措施。

2.1　风险确定

风险确定是风险分析的第一步，也是很关键的一步。如果一个特定的风险没有确定，就不可能找出减少该风险的措施。许多检疫的失败都可以归结于甄别风险的失败，而不是风险评估和风险管理的失败。

2.2 风险评估

风险因素确定以后，就需要对所存在的风险进行评估。这一步要解决的问题是：在不采取任何措施的情况下，引进某种动物或动物产品，引起进口国动物发生某种动物疫病的风险有多大；采取一系列风险减少措施以后，进口某种动物或动物产品使进口国动物发生某种疫病的风险有多大。这一阶段最重要的就是科学地、合理地收集所有有关信息和资料，对所存在的风险因素进行评估，找出减少风险的措施，得出进口某种动物或动物产品使进口国动物发生某种疫病的风险概率，为决策者提供科学的依据。风险评估分为定性风险评估、定量风险评估和半定量风险评估 3 种方法。

2.3 风险管理

风险管理是通过对各种风险因素进行科学、严谨的分析而做出正确决定的过程。风险管理可适用于各种情况，比如对已发生了意外结果的地方进行风险管理；或对各种风险都清楚的地方进行风险管理。一种好的风险管理模式包括建立风险管理程序、识别风险、分析风险、评估风险、处理风险和对风险管理系统的执行情况进行检查和总结。

2.4 风险交流

风险交流的过程是将风险评估和风险管理的结果同决策者和公众进行交流。适当的风险交流是必要的，这可将官方的政策向进出口商进行解释，使其意识到经常进口存在的风险，而不仅仅是进口利润。风险交流必须是一个双向程序，它涉及的进出口商必须经官方认可，并有单位的详细地址。

风险交流是风险分析过程的最后一步，但在整个过程中所涉及的所有部门都应该进行很好的交流。现在很多国家的公众对“专家”持有怀疑态度，因此尽早开展风险交流可使公众理解和尊重风险分析的结果。

3 风险因素确定

3.1 确定致病因素的原则和标准

3.1.1 进境牦牛毛风险分析的考虑因素

3.1.1.1 商品因素

进境风险分析的商品因素包括进境的原毛、水洗毛、洗净毛、炭化毛等。

3.1.1.2 国家因素

由于每一个国家动物疫病的发生、发展各不相同，因此所有可能经进境牦牛毛将疫病传入我国的牦牛毛输出国都是考虑的重点，主要有以下国家和地区：蒙古、吉尔吉斯共和国、印度等，牦牛毛运输途经国或地区也尽可能考虑。

3.1.1.3　其他因素

运输方式、包装种类、储存方法、检疫措施等。

3.1.2　国内外有关政策法规

3.1.2.1　动物及产品贸易的国际法规

SPS协定规定，世界动物卫生组织（OIE）有权制定动物卫生防疫法规，提出有关动物及产品的国际贸易方面的准则和建议。世界动物卫生组织出版了一本关于风险分析方面的指导性法规——《国际动物卫生法典》，它的主要原则是要求贸易双方作出尽可能详细的动物卫生保障，为保证促进动物和产品的国际贸易发展服务，避免国际贸易中动物疫病的传播风险。国际动物检疫的政策法规还包括一些中国政府与其他国家签署的动物检疫方面的双边条约或检疫条款等。

《国际动物卫生法典》对动物疫病的分类如下：

（1）A类：是一类烈性传染病，能在世界范围内迅速流行，对社会经济及公共卫生产生严重的后果，对动物及产品的国际贸易产生重要影响。

（2）B类：是指能在一定区域内对社会经济、公共卫生产生重要影响，并对动物产品的国际性贸易产生一定影响的传染病。

3.1.2.2　中国现行的检疫法规

《中华人民共和国动物防疫法》是目前中国国内有关动物防疫主要的法律法规。《中华人民共和国进出境动植物检疫法》、《中华人民共和国进出境动植物检疫法实施条例》和相关的法规、公告等是中国政府对进出境动植物实施检疫的法律基础，其中规定了中国官方检疫人员依照法律规定行使登船、登车、登机实施检疫；进入港口、机场、车站、邮局以及检疫物存放、加工、养殖、种植场所实施检疫，并依照规定采样；根据需要，进入有关生产、仓库等场所，进行疫情监测、调查和检疫监督管理；查阅、复制、摘录与检疫物有关的运行日志、货运单、合同、发票及其他单证。农业部负责全国范围内动物疫病防制、监测和消灭工作，对外来疫病的防制由农业部和国家出入境检验检疫局共同承担。当某国发生中国限制进境的动物疫病流行时，农业部和国家出入境检验检疫局有权发布公告，禁止与流行疫病有关的任何货物入境。

3.1.3　危害因素的确定

与国际上竞争对手相比，中国的养殖业由于良好的卫生状况和独特的地理环境，对养殖业有严重危害的致病性因子并不很多，因此在对进境牦牛毛的危害因素确定时，采用以下标准和原则。

3.1.3.1　农业部规定的《一、二、三类动物疫病病种名录》所列的疫病病原体。

3.1.3.2　国外新发现并对农牧渔业生产和人体健康有潜在威胁的动物传染病和寄生虫病病原体。

3.1.3.3　列入国家控制或消灭的动物传染病和寄生虫病病原体。

3.1.3.4 对农牧渔业生产和人体健康及生态环境可能造成危害或负面影响的有毒有害和生物活性物质。

3.1.3.5 世界动物卫生组织（OIE）列出的A类和B类疫病。

3.1.3.6 有证据证明能够通过牦牛毛传播的疫病。

3.2 风险性牛病名单的确定

首先是以世界动物卫生组织公布与牛有关的A类和B类动物传染病作为重点分析对象，同时考虑中国有关动物疫病的防治法规和农业部制定公布的动物一、二、三类与牛有关的疫病和某些地方重点防疫的疫病。

以下是这些疫病的名称。

3.2.1 A类

口蹄疫、牛瘟、蓝舌病、小反刍兽疫、裂谷热病等。

3.2.2 B类

炭疽病、副结核病、布鲁氏菌病、狂犬病、魏氏梭菌病、棘球蚴病、钩端螺旋体病、伪狂犬病、Q热、内罗毕病等。

3.3 风险描述

3.3.1 对出入境的相关国家进行风险分析。

3.3.2 对风险性疫病，从以下几个方面进行讨论。

3.3.2.1 概述

对疫病进行简单描述。

3.3.2.2 病原

对疫病致病病原进行简单描述。

3.3.2.3 地理分布及危害

对疫病的世界性分布情况进行描述；对疫病的危害程度进行简单的描述。

3.3.2.4 流行病学特点

对致病病原的自然宿主进行描述及对疫病的流行特点、规律、传播特点及媒介进行描述，尤其侧重与该病相关的检疫风险的评估。

3.3.2.5 传入评估

（1）从以下几个可能的方面对疫病进行评估：①原产国是否存在病原。②生产国农场是否存在病原。③牦牛毛中是否存在病原。④病原是否可以在农场内或农场间传播。

（2）对病原传入、定殖并传播的可能性，尽可能用以下术语（词语）描述。

①高（high）：事件很可能会发生。

②中等/度（moderate）：事件有发生的可能性。

③低（low）：事件不大可能发生。

④很低（very low）：事件发生的可能性很小。

⑤可忽略（negligible）：事件发生的概率极低。

3.3.2.6　发生评估

对疫病发生的可能性进行描述。

3.3.2.7　后果评估

后果评估是指对由于病原生物的侵入对养牛业或畜产品造成的不利影响给予描述。经济影响一般是指动物死亡或产品损失、限制进出、出口市场丢失、国家赔偿、控制措施造成的生产损失。环境影响通常是指对本地物种的不利影响。对疫病发生的后果及潜在的危害进行描述。应该注意到在某些情况下接受发病疫区可极大降低发病带来的不利影响。但在疫区划分条件上有许多不定的因素，有些贸易伙伴接受，有些根本不接受。最明显的例子是最近澳大利亚发生新城疫，少数国家根本不接受在一个国家内任何水平的疫区，有些接受，但对疫区的大小以及有效期的时间有不同的意见。例如：大约一半的澳大利亚出口市场不接受低于整个新南威尔士州水平的疫区。

下面术语用于描述在一个连续的范围内可能出现的不利影响的程度及出现后果的可能性。

（1）极端严重（extreme）：是指某些疫病的传入并发生后，可能对整个国家的经济活动或社会生活造成严重影响。这种影响可能会持续一段很长的时间，并且对环境构成严重甚至是不可逆的破坏或对人类健康构成严重威胁。

（2）严重（serious）：是指某些疫病的侵入可能带来严重的生物性（如高致病率或高死亡率，感染动物产生严重的病理变化）或社会性后果。这种影响可能会持续较长时间并且不容易对该病采取立即有效的控制或扑灭措施。这些疫病可能在国家主要工业水平或相当水平上造成严重的经济影响。并且，它们可能会对环境造成严重破坏或对人类健康构成很大威胁。

（3）中等（medium）：是指某些疫病的侵入带来的生物影响不显著。这些疫病只是在企业、地区或工业部门水平上带来一定的经济损失，而不是对整个工业造成经济损失。这些疫病容易控制或扑灭，而且造成的损失或影响也是暂时的。它们可能会影响环境，但这种影响并不严重而且是可恢复的。

（4）温和（mild）：是指某些疫病的侵入造成的生物影响比较温和，易于控制或扑灭。这些疫病可能在企业或地方水平上对经济有一定的影响，但在工业水平上造成的损失可以忽略不计。对环境的影响几乎没有，有也是暂时性的。

（5）可忽略（insignificant）：是指某些疫病没有任何生物性影响，是一过性的且很容易控制或扑灭。在单个企业水平上的经济影响从低到中等，从地区水平上看几乎没有任何影响。环境的影响可以忽略。

3.3.2.8　风险预测

传入、定殖以及传播的可能性和造成后果之间的关系是决定是否采取专门风险管理措施的关键。对一些有严重甚至极端严重后果的疫病，只要疫病进入的风险高于可忽略的保护水平，就不允许进口；对一些造成中等后果的疫病，风险高于很低的保护水平，不允许进口；对造成后果温和的疫病，风险不应高于低保护水平。对造成后果可忽略的疫病，不用考虑任何进口风险。

风险评估是指在不采取任何风险管理的基础上对可能存在的危险进行充分的评估。我们确定了以下规则（表 5－1），根据输入疫病的风险来确定中国合理的保护水平情况。如果这种风险超过中国合理的保护水平（用“不接受”表示），接下去是考虑是否或如何采取管理措施降低疫病传入的风险达到中国合理的保护水平（用“接受”表示），允许进口。

表 5－1　根据输入疫病的风险来确定中国合理的保护水平情况

发生后果程度	传入可能				
	高	中等	低	很低	可忽略
可忽略	接受	接受	接受	接受	接受
温和	不接受	不接受	接受	接受	接受
中等	不接受	不接受	不接受	接受	接受
严重	不接受	不接受	不接受	不接受	接受
极端严重	不接受	不接受	不接受	不接受	接受

3.3.2.9　风险管理

风险分析提供了一系列风险管理措施，主要是根据评估的风险大小以及疫病流行特点制定的。最常用的是世界动物卫生组织的《国际动物卫生法典》，如果这些措施都不能满足本国的适当的保护水平，就根据实际情况制定专门的管理措施。

3.3.2.10　与中国保护水平相适应的风险管理措施

简单描述与中国保护水平相适应的风险管理措施。

4　风险评估及管理

4.1　A 类疫病的风险分析

4.1.1　口蹄疫

4.1.1.1　概述

口蹄疫（foot and mouth disease，FMD）是家畜最严重的传染病之一，是由口蹄疫病毒引起偶蹄兽的一种多呈急性、热性、高度接触性传染病，广泛影响各种家畜和野生偶蹄动物，如牛、羊、猪、羊驼、骆驼等偶蹄动物。主要表现为口、鼻、蹄和乳头形成水疱和糜烂，而羊感染后则表现为亚临诊症状。人和非偶蹄动物也可感染，但感染后症状较轻。

4.1.1.2　病原

口蹄疫是世界上最重要的动物传染病之一，严重影响国际贸易，因此既是一种经济性疫病，又是一种政治性疫病，所以被世界动物卫生组织列为A类动物传染病之首。猪是其繁殖扩增宿主。该病毒经空气进行传播时，猪是重要的传播源。

口蹄疫病毒属微（小）RNA病毒科（*Plcornaviridae*）、口疮病毒属（*Aphtovirus*）。该病毒有7种血清型，60多种血清亚型。该病毒对酸、碱敏感，pH 4～6时病毒性质稳定，pH高于11或低于4时，所有毒株均可被灭活。有机物可对病毒的灭活产生保护作用。在0℃以下时，病毒非常稳定。病毒粒子悬液在20℃左右，经8～10周仍具有感染性。在37℃时，感染性可持续10d以上；高于37℃，病毒粒子可被迅速灭活。

4.1.1.3　地理分布及危害

口蹄疫呈世界性分布，特别是近年流行十分严重，除澳大利亚和新西兰及北美洲的一些国家外，非洲、东欧、亚洲及南美洲的许多国家都有口蹄疫发生，至今仍呈地方性流行。中国周边地区尽管口蹄疫十分严重，到目前为止还没有从周边地区传入该病。口蹄疫是烈性传染病，发病率几乎达100%，被世界动物卫生组织（OIE）列为A类家畜传染病之首。该病程一般呈良性经过，死亡率只有2%～3%；犊牛和仔猪为恶性病型，死亡率可达50%～70%。但主要经济损失并非来自动物死亡，而是来自患病期间肉和奶的生产停止，病后肉、奶产量减少，种用价值丧失。由于该病传染性极强，对病畜和怀疑处于潜伏期的同种动物必须紧急处理，对疫点周围广大范围须隔离封锁，禁止动物移动和畜产品调运上市。口蹄疫的自然感染主要发生于偶蹄兽，尤以黄牛（奶牛）最易感，其次为水牛、牦牛、猪，再次为绵羊、山羊、骆驼等。野生偶蹄兽也能感染和致病，猫、犬等动物可以人工感染。其中，牛、猪发病最严重。

4.1.1.4　流行病学特点

呼吸道是反刍动物感染该病的主要途径。很少量的病毒粒子就可以引发感染。呼吸道感染也是猪感染的一条重要途径，但与反刍动物相比，猪更容易经口感染。发病动物通过破溃的皮肤及水疱液、排泄物、分泌物、呼出气等向外扩散，污染饲料、水、空气、用具等。

发病动物通过呼吸道排出大量病毒，甚至在临诊症状出现前4d就开始排毒，一直到水疱症状出现，即体内抗体产生后4～6d，才停止排毒。另外，大多数康复动物都是病毒携带者。

牧区的病牛在流行病学上的作用值得重视。由于患病期症状轻微，易被忽略，因此在牛群中成为长期的传染源。羊、牛等成为隐性带毒者。畜产品如皮毛、肉品、奶制品等，以及饲料、草场、饮水、交通工具、饲养管理工具等均有可能成为传染源。

4.1.1.5　传入评估

口蹄疫病毒已经证明可以通过皮毛传播，而且已经有通过皮毛传染给人和其他易感动物的例子。从最近英国发现第一例口蹄疫感染的家畜开始，口蹄疫正以迅雷不及掩耳的速度在传播，目前已经证实的感染病毒的国家数量已经超过20个，并且数量还在迅速扩大。南美、东亚、东南亚、欧洲大陆以外国家、中东等国家和地区也开始遭受口蹄疫的侵害，出现不同程度的损失。联合国粮农组织官员于2001年3月14日已经发出警告，强调口蹄疫已成为全球性威胁，并敦促世界各国采取更严格的预防措施。我国的香港和台湾地区，以及近邻韩国、日本、印度、蒙古、原独联体国家都纷纷“中弹”。我国政府已经多次发出通知，采取一切措施，把口蹄疫拒之国门以外。

口蹄疫传播方式很复杂，在此讨论与牦牛毛有关的传播可能。通过感染动物和易感动物的直接接触引起动物间的传播，和农场内部局部传播，而人、犬、鸟、啮齿类动物等引起传播的方式比较简单。研究人员还发现病毒通过气溶胶在感染动物与易感动物间的传播，已经证实这是远距离传播的主要方式，且气溶胶传播难以控制，在欧洲暴发的口蹄疫则可能是通过旅游者在疫区与非疫区之间的传播引起的。运载过感染动物和动物产品的车辆可能成为口蹄疫传染源，Seller 等试验证实了这一点，因此对来自疫区或经过疫区的运输工具消毒和清洗显得十分必要。对于上述传播可能，来自疫区的牦牛毛和运输工具完全有可能成为传染源，如果牦牛毛中夹杂有感染动物的粪尿，则传播是肯定的。通过进口该商品传播该病的可能性中等。

4.1.1.6 发生评估

口蹄疫病毒没有证据证明能够通过牦牛毛传播。当每升空气中含一个病毒粒子时，猪和羊 30min 可吸入足够感染量的病毒；牛则只需 2min，一头感染的猪一天可以排出的气源性病毒粒子足以使 500 头猪、7 头反刍动物经口感染。中国传统的高密度的畜牧业可使侵入的口蹄疫病毒迅速传播并流行。通过进口该商品传播该病的可能性中等。

4.1.1.7 后果评估

口蹄疫被公认为是破坏性最大的动物传染病之一，尤其是在一些畜牧业发达的地区。口蹄疫疫情一旦发生，造成的后果十分严重，并且要在短时间内将这种疫病完全根除代价很高。口蹄疫一旦发生带来的直接后果是我国主要的海外市场将会被封锁，包括牛、羊、猪、牛肉、猪肉以及部分羊肉市场。很难对口蹄疫侵入造成的经济影响作出具体量化。疫病的暴发规模及对疫病控制措施的反应等不确定因素，使得很难对其所造成的经济损失作出简单的估算。

4.1.1.8 风险预测

不加限制进口牦牛毛引入口蹄疫的可能性很低，但是该病毒一旦传入产生的后果非常严重，需要进行风险管理。

4.1.1.9 风险管理

世界动物卫生组织发布的《国际动物卫生法典》明确提出有关反刍动物的毛、绒等卫生要求，目的就是为了防止口蹄疫疫区的扩大。

4.1.1.10 与中国保护水平相适应的风险管理措施

（1）严格按照世界动物卫生组织规定的国际动物卫生要求出具证明。

（2）进境牦牛毛必须是来自 6 个月内无口蹄疫发生的国家或地区（包括过境的国家或地区），具体还必须包括以下产品：①所有未经任何加工的原毛。②只经初加工的产品（产品与原料在同一环境中），如洗净毛。

（3）口蹄疫疫区周边地区和国家的牦牛毛，限制在入境口岸就地加工。

（4）其他已经炭化或制条的产品可以进口。

4.1.2　水疱性口炎

4.1.2.1　概述

本病是由弹状病毒属的水疱病毒引起的一种疫病，主要表现为发热和口腔黏膜、舌头上皮、乳头、足底冠状垫出现水疱。该病原的宿主谱很宽，能感染牛、猪、马以及包括人和啮齿类动物在内的大多数温血动物，同时可以感染冷血动物。

4.1.2.2　病原

水疱性口炎（vesicular stomatitis，VS）又名鼻疮、口疮、伪口疮、烂舌症、牛及马的口腔溃疡等。本病是马、牛、羊、猪的一种病毒性疫病。其特征为口腔黏膜、乳头皮肤及蹄冠皮肤出现水疱及糜烂，很少发生死亡。

水疱性口炎病毒属弹状病毒科（*Rhabdo viridae*）、水疱性病毒属（*Vesiculovirus*），是一类无囊膜的 RNA 病毒。该病毒有两种血清型，即印第安纳（Indiana，IN）型和新泽西（New Jersey，NJ）型。其中，新泽西型是引起美国水疱性口炎病暴发的主要病原。由于该病毒可引起多种动物发病，并能造成重大的经济损失，以及该病与口蹄疫的鉴别诊断方面的重要性，因此水疱性口炎被世界动物卫生组织列为 A 类病。

4.1.2.3　地理分布及危害

水疱性口炎病主要分布于美国东南部、中美洲、委内瑞拉、哥伦比亚、厄瓜多尔等地。在南美，巴西南部、阿根廷北部地区曾暴发过该病。在美国，除流行区以外，主要是沿密西西比河谷和西南部各州，每隔几年都要流行一次或零星发生。加拿大最北部的 Manitoba 州也发生过该病。法国和南非也曾有过报道。

该病分为两个血清型：新泽西型和印第安纳型，感染的同群动物 90%以上出现临床症状，几乎所有动物产生抗体。本病通常在气候温和的地区流行，媒介昆虫和动物的运动可导致本病的传播。印第安纳型通过吸血白蛉传播。本病传播速度很快，在一周之内能感染大多数动物，传播途径尚不清楚，可能是皮肤或呼吸道。

4.1.2.4　流行病学特点

水疱性口炎病常呈地方性流行，有规律地流行和扩散。一般间隔 10d 或更长。流行往往有季节性，夏初开始，夏中期为高峰直到初秋。最常见牛、羊和马的严重流行。病毒对外界具有相当强的抵抗力。干痂暴露于夏季日光下经 30～60d 开始丧失其传染性，在地面上经过秋冬两季，第二年春天仍有传染性。干燥病料在冰箱内保存 3 年以上仍有传染性。对温度较为敏感。

对于水疱性口炎病毒的生态学研究还不很清楚。破溃的皮肤黏膜污染的牧草被认为是病毒感染的主要途径。非叮咬性蝇类也是该病传播的一条重要途径。该病毒在正常环境中感染力可持续几天。污染的取奶工具等也可以造成感染。潜伏期一般为 2～3d，随后出现发热，并在舌头、口腔黏膜、蹄冠、趾间皮肤、嘴（马除外）或乳头附近出现细小的水疱症状。水疱可能会接合在一起，然后很快破溃，如果没有第二次感染发生，留下的伤口一般在 10d 左右痊愈。水疱的发展往往伴随有大量的唾液、厌食、瘸腿等症状。乳头的损伤往往由于严重的乳房炎等并发症变得更加复杂。但该病的死亡率并不高。

4.1.2.5 传入评估

该病一旦侵入，定殖并传播的可能性很低。人们对该病的流行病学不清楚，甚至对传播该病的媒介生物的范围以及媒介生物在该病传播流行中的意义等尚不清楚。几乎没有任何信息可以用来量化预测该病定殖及传播的风险。1916 年，该病确实从美国传入欧洲，但最终该病没有定殖下来。尽管目前国际动物贸易频繁，除了这一次例外，没有任何证据表明该病在美洲大陆以外的地区定殖。因此，水疱性口炎病定殖、传播的风险很低。

4.1.2.6 发生评估

水疱性口炎病定殖、传播的风险很低。

4.1.2.7 后果评估

该病一旦侵入，将会对中国畜牧业带来严重的后果。该病对流行地区造成的经济损失巨大。1995 年美国暴发该病，由于贸易限制造成的经济损失以及生产性损失（包括：动物死亡、奶制品生产量下降、确定并杀掉感染动物以及动物进出口的限制）等，据估计直接经济损失达 1 436 万美元。水疱性口炎病与口蹄疫鉴别诊断方面有重要意义，因此该病一旦在中国定殖，所造成的直接后果将是：所有的牲畜及其产品将被停止出口，至少要到口蹄疫的可能性被排除以后。由于对水疱性口炎病的传播机制知之甚少，因此，很难预测紧急控制或扑灭措施的效果如何并且很难确定该病所造成的最终影响。

4.1.2.8 风险预测

不加限制进口牦牛毛带入水疱性口炎病的可能性几乎不存在。

4.1.2.9 风险管理

世界动物卫生组织在《国际动物卫生法典》中没有就进口动物产品作任何限制性的要求，无需进行风险管理。

4.1.2.10 与中国保护水平相适应的风险管理措施

与中国保护水平相适应的风险管理措施无。

4.1.3 牛瘟

4.1.3.1 概述

牛瘟（rinderpest，RP）又名牛疫（cattle plague）、东方牛疫（oriental cattle plague）、烂肠瘟等，是由牛瘟病毒引起的反刍动物的一种急性传染病，主要危害黄牛、水牛。该病的主要特点是炎症和黏膜坏死，对易感动物有很高的致死率。

4.1.3.2 病原

牛瘟病毒属副黏病毒科（*Paramyxoviridae*）、麻疹病毒属（*Morbili virus*）。该属中还包括麻疹病毒、犬瘟热病毒、马腺疫病毒以及小反刍兽疫病毒等。这些病毒有相似的理化性质，在血清型上也有一定的相关性。牛瘟病毒只有一种血清型，但在不同毒株的致病力方面变化很大。

牛瘟病毒性质不稳定，在干燥的分泌排泄物中只能存活几天，且不能在动物的尸体中存活。该病毒对热敏感，在 56℃病毒粒子可被迅速灭活。该病毒有荚膜，因此可通过含有脂溶剂的灭菌药物将其灭活。

4.1.3.3　地理分布及危害

本病毒主要存在于巴基斯坦、印度、斯里兰卡等国。该病是一种古老的传染病，曾给养牛业带来毁灭性的打击，在公元7世纪的100年中，欧洲约有2亿头牛死于牛瘟。1920年，印度运往巴西的感染瘤牛经比利时过境时引发牛瘟暴发，因此促成世界动物卫生组织（OIE）的建立。

亚洲被认为是牛瘟的起源地，至今仍在非洲一些地区、中东以及东南亚等地流行。通过接种疫苗等防疫措施，印度牛瘟的发生率和地理分布范围已有明显的减少。尽管在印度支那等边缘地区仍有潜在感染的可能性，但从总体上说，东南亚和东亚地区的牛瘟已基本消灭。1956年以前，中国大陆曾大规模流行，在政府的支持下，经过科研工作者的努力，成功地研制出了牛瘟疫苗，并有效地控制了疫情，到1956年，中国宣布在全国范围内消灭牛瘟。本病西半球只发生过一次，即1921年发生于巴西，该地曾进口瘤牛，在发病还不到1 000头时就开始扑杀，共宰杀大约2 000头已经感染的牛。

4.1.3.4　流行病学特点

尽管该病的自然宿主为牛及偶蹄兽目的其他成员，牛属动物最易感，如黄牛、奶牛、水牛、瘤牛、牦牛等，但其他家畜如猪、羊、骆驼等也可感染发病。许多野兽如猪、鹿、长颈鹿、羚羊、角马等均易感。

牛瘟病牛是主要传染源，在感染牛向外排出病毒时尿中最多，任何污染病牛的血、尿、粪、鼻分泌物和汗都是传染源。本病在牛之间大多是由于病牛与健康牛直接接触引起的，亚临床感染的绵羊与山羊可以将本病传染给牛；受感染的猪可通过直接接触将该病传给其他猪或牛，该病毒可以在猪体内长期存在达36年之久。牛瘟常与战乱相联系，1987年，斯里兰卡在40多年没有牛瘟的情况下，因部队带来的感染山羊在驻地进行贸易而引发牛瘟；1991年因海湾战争，将牛瘟从伊拉克传入土耳其。

4.1.3.5　传入评估

牛瘟通常是经过直接接触传播的。动物一般经呼吸感染。尽管牛瘟病毒对外界环境的抵抗力不强，但该病毒由于可通过风源传播，因此该病毒传播距离很远，有时甚至可达100m以上。没有报道证实该病可以通过动物产品感染，甚至在一些牛瘟流行的国家，除牛以外的动物产品携带牛瘟病毒的可能性都不大。某些呈地方流行性的国家，当地羊带毒的可能性中等。没有证据证明该病毒能通过牦牛毛传播。

4.1.3.6　发生评估

可以通过牦牛毛传播此病。

4.1.3.7　后果评估

牛瘟一旦侵入将会给中国带来巨大的经济损失并可能导致严重的社会后果，在这方面中国已有深刻教训。有研究报告指出控制牛瘟侵入造成的经济损失与控制口蹄疫侵入的损失相当。直接的深远的影响将是养牛业，将会波及大量的肉类出口甚至可能也会影响到其他的动物产品。应在尽短的时间内，制定并实施对疫病的控制扑灭措施。尽管发病牛有很高的死亡率，但要在短时间内控制并防止疫病进一步扩散也并非很难。因此由于牛的发病和死亡造成的直接损失远远小于直接或间接用于控制疫病的费用。

中国于1956年消灭此病并到目前一直未发生过此病，目前在养牛业不接种任何防制该病的疫苗，对中国来说牛对此病没有任何免疫力，因而该病一旦传入并定殖，养牛业必将遭受毁灭性的打击。不仅因此可能带来巨大的经济损失，同时现有的防疫体系也将完全崩溃。通过进口牦牛毛传播该病造成中等到高的损失。

4.1.3.8 风险预测

通过牦牛毛可以将该病病原传入的可能性低。通过牦牛产品贸易传入此病是可能的，但由于该病病原的抵抗力脆弱，因此传入的可能性低。该病病原在中国有较广泛的寄生宿主谱（猪、牛、羊），因此一旦传入，定殖并发生传播是可能的。不加限制进口牦牛毛传入该病的可能性低，但一旦传入后果极端严重。

4.1.3.9 风险管理

世界动物卫生组织在《国际动物卫生法典》中明确将此病列入A类病，并就对反刍动物和猪的绒毛、粗毛、鬃毛等有明确的限制性要求，要求出具国际卫生证书，并证明：

（1）按照世界动物卫生组织的《国际动物卫生法典》规定的要求程序加工处理，确保杀灭牛瘟病毒。

（2）加工后采取必要的措施防止产品接触潜在的传染源。

4.1.3.10 与中国保护水平相适应的风险管理措施

（1）不从该病的发生地进口任何未经加工的牦牛毛。

（2）进口牦牛毛（包括初加工产品）不允许从疫区过境。

（3）能确保初加工产品（如洗净毛、炭化毛、毛条等）未接触任何牛瘟病毒源，可以考虑进口。

4.1.4 小反刍兽疫

4.1.4.1 概述

小反刍兽疫（pestedes - petits - ruminants，PPR）又名小反刍兽假性牛瘟、肺肠炎、口炎肺肠炎复合症，是由小反刍兽疫病毒引起的急性传染病，主要感染小反刍兽动物，以发热、口炎、腹泻、肺炎为特征。

4.1.4.2 病原

小反刍兽疫病毒属于副黏病毒科、麻诊病毒属，病原对外界的抵抗力强。主要分布于非洲和阿拉伯半岛。

4.1.4.3 地理分布及危害

本病仅限于非洲和阿拉伯半岛，在中国、大洋洲、欧洲、美洲都未发生过。本病发病率高达100%，严重暴发时死亡率高达100%，轻度发生时死亡率不超过50%，幼年动物发病严重，发病率和死亡率都很高。

4.1.4.4 流行病学特点

本病是以高度接触性传播方式传播的，感染动物的分泌物和排泄物也可以造成其他动物的感染。

4.1.4.5 传入评估

有证据证明该病可以通过牦牛毛传播，特别是以绵羊和山羊为主要感染对象，并迅速在感染动物体内定殖，随着病毒在体内定殖和易感动物增加时就会引起流行。

4.1.4.6 发生评估

可以通过牦牛毛传播该病。

4.1.4.7 后果评估

中国从未发生过小反刍兽疫，因此该病的传入必将给中国的养殖业以严重打击，造成的后果难以量化。

4.1.4.8 风险预测

不加限制进口牦牛毛造成小反刍兽疫定殖可能性较高，病毒一旦定殖引起的后果极为严重，需对该病进行风险管理。

4.1.4.9 风险管理

世界动物卫生组织有明确的关于从小反刍兽疫感染国家进口小反刍动物绒毛、粗毛及其他毛发的限制要求。目的就是限制小反刍兽疫的扩散。

4.1.4.10 与中国保护水平相适应的风险管理措施

必须限制从感染区进口牦牛毛，具体包括：

（1）不从疫区进口任何未经加工的牦牛毛。

（2）对途经疫区的牦牛毛在口岸就近加工处理。

（3）在出口国兽医行政管理部门监控和批准的场所加工，确保杀灭小反刍兽疫病毒的产品，如洗净毛、炭化毛、毛条可以进口。

4.1.5 蓝舌病

4.1.5.1 概述

蓝舌病（blue tongue，BT 或 BLU）是反刍动物的一种以昆虫为传播媒介的病毒性传染病，主要发生于绵羊，其临床症状特征为发热、消瘦，口、鼻和胃肠黏膜溃疡变化及跛行。本病最早在 1876 年发现于南非的绵羊，1906 年被定名为蓝舌病，1943 年发现于牛。本病分布很广，很多国家均有本病存在，1979 年我国云南首次确定绵羊蓝舌病，1990 年甘肃又从黄牛分离出蓝舌病病毒。

4.1.5.2 病原

蓝舌病病毒属于呼肠孤病毒科、环状病毒属，为一种双股 RNA 病毒，呈 20 面体对称。已知病毒有 24 个血清型，各型之间无交互免疫力；血清型的地区分布不同，例如非洲有 9 个，中东有 6 个，美国有 6 个，澳大利亚有 4 个。还可能出现新的血清型。易在鸡胚卵黄囊或血管内繁殖，羊肾、犊牛肾、胎牛肾、小鼠肾原代细胞和继代细胞都能培养增殖，并产生蚀斑或细胞病变。病毒存在于病畜血液和各器官中，在康复畜体内存在达 4～5 个月之久。病毒抵抗力很强，在 50%甘油中可存活多年，病毒对 3%氢氧化钠溶液很敏感。

4.1.5.3 地理分布及危害

一般认为，南纬 35°到北纬 40°之间的地区都可能有蓝舌病的存在，已报道发生或发现的蓝舌病国家主要有非洲的南非、尼日利亚等；亚洲的塞浦路斯、土耳其、巴勒斯坦、巴基斯坦、印度、马来西亚、日本、中国等；欧洲的葡萄牙、希腊、西班牙等；美洲的美国、加拿大、中美洲各国、巴西等；大洋洲的澳大利亚等。

危害表现以下几方面。

（1）感染强毒株后，发病死亡，死亡率可达60%～70%，一般为20%～30%，1956年葡萄牙和西班牙发生的蓝舌病死亡绵羊17.9万只。

（2）动物感染病毒后，虽不死亡，但生产性能下降，饲料回报率低。

（3）影响动物及产品的贸易。

（4）有蓝舌病的国家出口反刍动物及种用材料，则要接受进口国提出的严格的检疫条件。

4.1.5.4　流行病学特点

主要侵害绵羊，也可感染其他反刍动物，如牛（隐性感染）等。特别是羔羊易感，长期发育不良，死亡，牦牛毛的质量受到影响。蓝舌病最先发生于南非，并在很长时间内只发生于非洲大陆。一般认为，从南纬35°到北纬40°之间的地区都可能有蓝舌病存在。而事实上许多国家发现了蓝舌病病毒抗体，但未发现任何病例。蓝舌病病毒主要感染绵羊，所有品种都可感染，但有年龄的差异性。本病毒在库蠓唾液腺内存活、增殖和增强毒力后，经库蠓叮咬感染健康牛、羊。1岁左右的绵羊最易感，哺乳的羔羊有一定的抵抗力，牛和山羊的易感性较低。绵羊是临诊病状表现最严重的动物。本病多发生于湿热的夏季和早秋，特别多见于池塘、河流多的低洼地区。本病常呈地方流行性，接触传染性很强，主要通过空气-飞沫经呼吸道传染。本病的传播主要与吸血昆虫库蠓有关。易感动物对口腔传播有很强的抵抗力，发病动物的分泌物和排泄物内病毒含量极低，不会引起蓝舌病传播，其产品如肉、奶、毛等也不会导致蓝舌病的传播。

4.1.5.5　传入评估

本病的传播主要以库蠓为传播媒介。被污染的牦牛毛不能传播本病，除非牦牛毛中有活的库蠓虫或幼虫存在。

4.1.5.6　发生评估

病毒存在于病畜血液和各器官中，在康复畜体内存在达4～5个月之久。病毒抵抗力很强，在50%甘油中可存活多年，病毒对3%氢氧化钠溶液很敏感。由此分析该病毒可随牦牛毛的出口运输而世界性分布传播。我国有数量众多的羊群，皆为易感动物，一旦传入我国，发病的可能性极大。

4.1.5.7　后果评估

我国已发现该病，但已采取了可靠的措施控制本病的发生和传播。但是本病一旦发生，会造成严重的地方流行，给地方的畜牧业造成严重的后果，如不采取果断的措施，也会造成严重的经济损失，进而危及牦牛毛纺织业的发展。

4.1.5.8　风险预测

如不加限制，本病一旦传入我国并在我国流行，产生的潜在后果也是很严重的。

4.1.5.9　风险管理

世界动物卫生组织在《国际动物卫生法典》中没有专门就动物产品提出限制性要求。

4.1.5.10　与中国保护水平相适应的风险管理措施

与中国保护水平相适应的风险管理措施无。

4.1.6 裂谷热

4.1.6.1 概述

裂谷热（rift valley fever，RVF）是一种由裂谷热病毒引起的急性、发热性动物源性疫病（本来在动物间流行，但偶然情况下引起人类发病）。主要经蚊叮咬或通过接触染疫动物传播给人，多发生于大雨季节。病毒性出血热可导致动物和人的严重疫病，引起严重的公共卫生问题和因牲畜减少而导致的经济下降问题。

4.1.6.2 病原

该病病原属于布尼亚病毒科、白蛉热病毒属，为RNA病毒。本病在家畜中传播一般需依赖媒介昆虫（主要是库蚊），否则传播不很明显，但对人的危害大多数是因为接触感染动物的组织、血液、分泌物或排泄物造成的。由于此病对人危害十分严重，被世界动物卫生组织列入A类疫病。在流行区，根据流行病学和临床资料可以作出临床诊断。可采取几种方法确诊急性裂谷热，包括血清学试验（如ELISA）可检测针对病毒的特异的IgM。在病毒血症期间或尸检组织采取各种方法包括培养病毒（细胞培养或动物接种）、检测抗原和PCR检测病毒基因。

实验发现抗病毒药病毒唑（ribavirin）能抑制病毒生长，但临床上尚未有评价。大多数裂谷热病例症状轻微，病程短，因此不需要特别治疗。严重病例，治疗原则是支持、对症疗法。

4.1.6.3 地理分布及危害

20世纪初即发现在肯尼亚等地的羊群中流行。

1930年，科学家Daubney等在肯尼亚的裂谷（rift valley）的一次绵羊疫病暴发调查中首次分离到裂谷热病毒。

1950—1951年，肯尼亚动物间大暴发裂谷热，估计1万只羊死亡。

1977—1978年，曾在中东埃及尼罗河三角洲和山谷中首次出现大批人群和家畜（牛、羊、骆驼、山羊等）感染，约600人死亡。

1987年，首次在西非流行，与建造塞内加尔河工程导致下游地区洪水泛滥、改变了动物和人类间的相互作用，从而使病毒传播给人类有关。

1997—1998年，曾在肯尼亚和索马里暴发。

2000年9月份，裂谷热疫情首次出现在非洲以外地区，沙特阿拉伯（南部的加赞地区）和也门报告确诊病例。据世界卫生组织介绍：至10月9日，也门卫生部报告发病321例，死亡32例，病死率为10%；沙特阿拉伯卫生部报告291例中，死亡64例。在原来没有该病的阿拉伯半岛发生了流行，这直接威胁到邻近的亚洲及欧洲地区。

人感染病毒2～6d后，突然出现流感样疫病表现，发热、头痛、肌肉痛、背痛，一些病人可发展为颈硬、畏光和呕吐，在早期，这类病人可能被误诊为脑膜炎。持续4～7d，在针对感染的免疫反应IgM和IgG抗体可以检测到后，病毒血症消失。人类染上裂谷热病毒后病死率通常较低，但每当洪水季节来临，在肯尼亚和索马里等非洲国家则会有数百人死于该病。

大多数病例表现相对轻微，少部分病例发展为极为严重疫病，可有以下症状之一：眼病（0.5%～2%）、脑膜脑炎或出血热（小于1%）。眼病（特征性表现为视网膜病损）通常在第一症状出现后1～3周内起病，当病存在视网膜中区时，将会出现一定程度的永久性视力减退。其他综合征表现为急性神经系统疫病、脑膜脑炎，一般在1～3周内出现。仅有眼病或脑膜脑炎时不容易发生死亡。

裂谷热可表现为出血热，起病后2～4d，病人出现严重肝病，伴黄疸和出血现象，如呕血、便血、进行性紫癜（皮肤出血引起的皮疹），牙龈出血。伴随裂谷热出血热综合征的病人可保持病毒血症长达10d，出血病例病死率大约为50%。大多数死亡发生于出血热病例。在不同的流行病学文献中，总的病死率差异很大，但均小于1%。

4.1.6.4 流行病学特点

裂谷热主要通过蚊子叮咬在动物间（牛、羊、骆驼、山羊等）流行，但也可以由蚊虫叮咬或接触受到感染的动物血液、体液或器官（照顾、宰杀受染动物，摄入生奶等）而传播到人，通过接种（如皮肤破损或通过被污染的小刀的伤口）或吸入气溶胶感染，气溶胶吸入传播可导致实验室感染。

许多种蚊子可能是裂谷热的媒介，伊蚊和库蚊是动物病流行的主要媒介，不同地区不同蚊种被证明是优势媒介。在不同地方，泰氏库蚊、尖音库蚊、叮马伊蚊、曼氏伊蚊、金腹浆足蚊等曾被发现是主要媒介。此外，不同蚊子在裂谷热病毒传播方面起不同作用。伊蚊可以从感染动物身上吸血获得病毒，能经卵传播（病毒从感染的母体通过卵传给后代），因此新一代蚊子可以从卵中获得感染。在干燥条件下，蚊卵可存活几年。其间，幼虫孳生地被雨水冲击，如在雨季卵孵化，蚊子数量增加，在吸血时将病毒传给动物，这是自然界长久保存病毒的机制。

该病毒具有很广泛的脊椎动物感染谱。绵羊、山羊、牛、水牛、骆驼和人是主要感染者。在这些动物中，绵羊发病最为严重，其次是山羊；其他的敏感动物有驴、啮齿类动物、犬和猫。该病不依赖媒介，在动物间传播不明显，与之相比大多数人的感染是接触过感染动物的组织、血液、分泌物和排泄物造成的。在动物间传播主要依赖蚊子。

4.1.6.5 传入评估

没有证据证明可以通过牦牛毛传播，但被污染的牦牛毛能否传播值得重视。

4.1.6.6 发生评估

由于该病毒抵抗力较强，因此认为传入的可能性也较大，同时中国也存在相关媒介昆虫，因而传入后极易形成定殖和传播。而该病原对人也可以直接形成侵害，即使在没有媒介昆虫的情况下，也可以使该病传入并在人群中传播。

4.1.6.7 后果评估

由于该病的媒介昆虫生活范围非常之广，一旦传入很难根除。同时，对人的危害也相当严重，因此该病引起的不仅仅是经济上的损失，更会造成社会的负面影响。

4.1.6.8 风险预测

不加限制进口牦牛毛传入该病的可能性中等，且一旦定殖，后果非常严重，需风险管理。

4.1.6.9 风险管理

由于中国从未发生过此病，所以一旦从被污染的牦牛毛传入，对与牦牛毛接触的相关人员的危害就会较大，有媒介昆虫存在时，则有可能引起该病的传播。因此尽管世界动物卫生组织没有对来自疫区的动物产品加限制，对中国来说禁止进口疫区的牦牛毛是必要的。

（1）加强卫生宣教，提高对裂谷热疫情的认识。

（2）在疫区免疫易感动物是控制本病流行的主要办法。

（3）灭蚊防蚊，控制、降低蚊媒密度，能有效预防感染，控制疫情传播蔓延。

（4）加强传染源的管理，对病人严格实行隔离治疗。

4.1.6.10　与中国保护水平相适应的风险管理措施

（1）不从疫区进口任何未经加工过的牦牛毛。

（2）其他经加工过的牦牛毛，如洗净毛、炭化毛、毛条等可以进境。

4.1.7　牛肺疫

4.1.7.1　概述

牛肺疫（CBPP）又称牛传染性胸膜肺炎，是由丝状支原体引起的一种高度接触性传染病，任何年龄和品种的牛均有易感性。在自然条件下，相关动物包括水牛、牦牛、野牛、无条纹驯鹿均可感染牛肺疫。实验条件下山羊和绵羊也容易感染。本病以发生肺小叶间质淋巴管、结缔组织和肺泡组织的渗出性炎与浆液纤维素性胸膜肺炎为特征。

4.1.7.2　病原

本病病原是丝状支原体丝状亚种 SC 型，由于丝状支原体无细胞壁，只有 3 层结构的细胞膜，故其形态多变：有的呈弧形弯曲的细丝状或呈 S 状，细丝长从约几微米到 150μm；也有的呈球状、环状、星状、半月状、球杆状，含有能通过细菌滤器的小体，球状的直径为 125～250μm。这种多形性和滤过性是本病原体的特征。

丝状支原体在直射阳光下，几小时即失去毒力，在 60℃水中 30min 死亡。对寒冷有抵抗力，在冻结的病肺和淋巴结可存活 1 年以上；真空冻干后，在冰箱中可存活 3～12 年。对消毒剂敏感，0.1%升汞、1%～2%克辽林、2%石炭酸、0.25%来苏儿、10%生石灰、5%漂白粉均能于几分钟内杀灭本菌，但其对青霉素不敏感。

4.1.7.3　地理分布及危害

本病存在的历史较长，曾给世界各国养牛业造成了巨大损失。1703 年在德国和瑞士发生，1735 年在英国已有此病，1861 年传入美国、澳大利亚、南非。本病在非洲广泛发生，1993—1994 年本病流行的国家有：安哥拉、几内亚、尼日利亚、纳米比亚、加纳、尼日尔、科特迪瓦、贝宁、埃塞俄比亚、塞内加尔。1960—1980 年在法国、西班牙均有此病发生。1993—1994 年在西班牙拉里奥哈和马德里等地发生。1992 年 9 月前，在葡萄牙的阿威罗、波尔图、隆塞乌等地区暴发 306 起，1993 年同期则增至 525 起，疫情最为严重。1990 年该病在意大利重新抬头，至 1993 年前三季度暴发 16 起，多发生在其北部的贝加摩地区。20 世纪初，本病传入印度，在亚洲的部分地区有报道。目前已根除此病的国家有：美国（1892）、英国（1898）、南非（1916）、日本（1932）、苏联（1935）、澳大利亚（1967）和中国（1993）。

4.1.7.4 流行病学特点

本病是通过散播病原的病牛或长期排出病原的康复牛而在牛群中传播的。自然情况下，本病潜伏期一般为2～4周，最长可达8个月。病原主要从呼吸道排出，通过飞沫传染；严重病牛也可从尿、乳汁中排菌，污染饲料、饮水。成年牛可通过被尿污染的干草经口感染。牛精液被支原体污染日趋严重，通过人工授精可导致本病传播。无严格检疫制度的活牛贸易、运输、迁徙等环节，对本病传播能起到特别突出的作用。病原起初侵害细支气管，继而侵入肺脏间质，随后又侵入血管和淋巴管系统，取支气管源性和淋巴源性两种途径扩散，进而形成各种病变。

4.1.7.5 传入评估

没有证据证明能够通过牦牛毛进行传播。

4.1.7.6 发生评估

通过牦牛毛进行传播的可能性不大。

4.1.7.7 后果评估

通过牦牛毛进行传播的可能性不大，但造成的后果对养牛业危害很大，病原定殖后根除困难、花费很大。

4.1.7.8 风险预测

通过牦牛毛进行传播的可能性不大，无需进行风险管理。

4.1.7.9 风险管理

世界动物卫生组织《国际动物卫生法典》对牛肺疫的有关规定：无牛肺疫的国家兽医部门可以禁止被认为发生牛肺疫的国家的家养牛或者野牛进境或过境。

4.1.7.10 与中国保护水平相适应的风险管理措施

与中国保护水平相适应的风险管理措施无。

4.2 B类疫病的风险分析

4.2.1 炭疽病

4.2.1.1 概述

炭疽病（anthrax）是由炭疽芽孢杆菌引起哺乳动物（包括人类）的一种急性、非接触性传染病。以败血症、快速死亡为基本特征。所有哺乳动物都是易感的，但不同品种之间有一定的差异性，易感程度依次是绵羊、牛、山羊、鹿、水牛、马、猪、犬和猫。对于草食动物，则发病急、死亡快，而猪则要2周才会死亡。禽类抵抗力较强，一些食腐肉的鸟类可能会通过吃食感染组织而感染此病和/或传播此病。冷血动物对本病有一定的抵抗力。

4.2.1.2 病原

炭疽病是由炭疽杆菌引起的一种人畜共患的急性、热性、败血性传染病。当该菌形成芽孢后，对外界环境有坚强的抵抗力，它能在皮张、毛发及毛织物中生存30年。所有大陆都有分布和发生。炭疽杆菌为革兰氏阳性粗大杆菌，长5～10μm，宽1～3μm，两端平切，排列如竹节，无鞭毛，不能运动。在人及动物体内有荚膜，在体外不适宜条件下形成芽孢。本菌繁殖体的抵抗力同一般细菌，其芽孢抵抗力很强，在土壤中可存活数十年，在皮毛制品中可生存 90 年。煮沸 40min、140℃干热 3h、高压蒸汽 10min、20%漂白粉和石灰乳浸泡 2d、5%石炭酸 24h 才能将其杀灭。在普通琼脂肉汤培养基上生长良好。本菌致病力较强。

炭疽杆菌主要有 4 种抗原：①荚膜多肽抗原，有抗吞噬作用。②菌体多糖抗原，有种特异性。③芽孢抗原。④保护性抗原，为一种蛋白质，是炭疽毒素的组成部分。由毒株产生的毒素有 3 种：除保护性抗原外，还有水肿毒素、致死因子。

4.2.1.3　地理分布及危害

炭疽病是危害人类和家畜的一种古老的疫病，在所有大陆都有分布和发生，但大多流行区域是热带和亚热带地区，其广泛分布于亚洲、非洲和南美洲，常常引起人的感染和死亡，因此本病有重要的社会、政治影响和重要的公共卫生意义。中国仅有局部地区零星发病。患病动物常表现突然高热、可视黏膜发绀、骤然死亡和天然孔出血。羊常表现最急性的，感染后很快发病死亡。

4.2.1.4　流行病学特点

传染源主要为患病的草食动物，如牛、羊、马、骆驼等，其次是猪和犬，它们可因吞食染菌食物而得病。人直接或间接接触其分泌物及排泄物可感染。炭疽病人的痰、粪便及病灶渗出物具有传染性。可以经皮肤、黏膜伤口直接接触病菌而致病。病菌毒力强，可直接侵袭完整皮肤；还可以经呼吸道吸入带炭疽芽孢的尘埃、飞沫等而致病，经消化道摄入被污染的食物或饮用水等而感染。人群普遍易感，但多见于农牧民，兽医，屠宰、皮毛加工及实验室人员。发病与否与人体的抵抗力有密切关系。

在动物和人群间发病有一定关系，造成家畜流行的诸因素也与人群中流行的因素有关。本病世界各地均有发生，夏秋发病多。

4.2.1.5　传入评估

由于炭疽杆菌芽孢对外界环境有坚强的抵抗力，同时它对人和各种家畜都有一定危害，特别是草食动物最为易感，如马、牛、绵羊、山羊等。而猪往往是带菌情况较多，因此炭疽杆菌传入可能性较高，该菌的自身特性决定了它定殖后在易感动物间的传播是必然的，并将长期存在。通过进口牦牛毛传播该病的可能性为中等。

4.2.1.6　发生评估

牦牛毛作为传播媒介已被证实，是仅次于动物肉类和饲料的传播媒介。对于牦牛毛传入该病病原，首先威胁的是从事有关牦牛毛加工的人员，其次是对环境的污染，影响加工企业所在地的畜牧业生产。

4.2.1.7　后果评估

由于炭疽杆菌的芽孢对外界环境抵抗力极强，在中国该病仅在少数地区零星发生，许多地区已完全消灭此病，因而当该病传入后不仅破坏了原有的防疫体系，该病原在一些被消灭的地区重新传入后更加难以消灭，不仅严重威胁人和家畜的健康安全，也会给生态环境带来潜在的隐患。传播该病造成中等到高的损失。

4.2.1.8　风险预测

对进口牦牛毛不加限制，炭疽杆菌传入的可能性比较低，但一旦传入并定殖，则潜在的隐患难以量化，需进行风险管理。

4.2.1.9 风险管理

世界动物卫生组织对炭疽病有明确的要求，并且要求输出国出具国际卫生证书。证书需包含以下内容：

（1）来自在批准的屠宰场屠宰，供人类食用。

（2）动物原产国家执行能够保证发现炭疽病疫情，对炭疽病发生的饲养场进行有效的检疫，且能够完全销毁炭疽病畜的程序。

（3）进行过能够杀死炭疽杆菌芽孢的处理。

4.2.1.10 与中国保护水平相适应的风险管理措施

（1）进口牦牛毛必须是来自健康动物和没有因炭疽病而受到隔离检疫的农场和地区。

（2）牦牛毛保存在无炭疽病流行的地区。

（3）除禁止牦牛毛进口外，同时也包括如洗净毛、炭化毛、毛条等产品在内。

4.2.2 狂犬病

4.2.2.1 概述

狂犬病（rabies）是由弹状病毒科、狂犬病病毒属的狂犬病病毒引起的，一种引起温血动物患病，死亡率高达100％的病毒性疫病。该病毒传播方式单一、潜伏期不定。临床表现为特有的恐水、怕风、恐惧不安、咽肌痉挛、进行性瘫痪等。

4.2.2.2 病原

狂犬病（rabies）又名恐水症（hydrophobia），是由狂犬病病毒所致。人狂犬病通常由病兽以咬伤方式传给人。本病是以侵犯中枢神经系统为主的急性传染病，病死率几乎达100％。狂犬病病毒形似子弹，属弹状病毒科（*Rhabdoviridae*），一端圆、另一端扁平，大小约75μm×180μm，病毒中心为单股负链RNA，外绕以蛋白质衣壳，表面有脂蛋白包膜，包膜上有由糖蛋白G组成的刺突，具免疫原性，能诱生中和抗体，且具有血凝集，能凝集雏鸡、鹅等红细胞。病毒易被紫外线、季铵化合物、碘酒、高锰酸钾、酒精、甲醛等灭活，加热100℃2min可被灭活。耐低温，－70℃或冻干后0～4℃中能存活数年。在中性甘油中室温下可保存病毒数周。病毒传代细胞常用地鼠肾细胞（BH1－21）、人二倍体细胞。从自然条件下感染的人或动物体内分离到的病毒称野毒株或街毒株（street－strain），特点为致病力强，自脑外途径接种后，易侵入脑组织和唾液腺内繁殖，潜伏期较长。

4.2.2.3 地理分布及危害

本病仅在澳大利亚、新西兰、英国、日本、爱尔兰、葡萄牙、新加坡、马来西亚、巴布亚新几内亚及太平洋岛屿没有发生，其他国家均有发生或流行。目前中国局部地区呈零星的偶发性。人和动物对该病都易感，自然界许多野生动物都可以感染，尤其是犬科动物，常成为病毒的宿主和人畜狂犬病的传染源；无症状和顿挫型感染的动物长期通过唾液排毒，成为人畜主要的传染源。本病主要由患病动物咬伤后引起感染，在蝙蝠洞窟中通过气源途径使许多种野生动物感染也有报道。

4.2.2.4　流行病学特点

狂犬病本来是一种动物传染病，自然界里的一些野生动物，如狐狸、狼、黄鼠狼、獾、浣熊、猴、鹿等都能感染，家畜如犬、猫、牛、马、羊、猪、骡、驴等也都能感染。但是，和人类关系最密切的还是犬，人的狂犬病主要还是犬传播的，占90%以上；其次是猫，被猫抓伤致狂犬病的人并不少见，并随着养猫数量的增加而增多。

疯犬或其他疯动物，在出现狂躁症状之前数天，其唾液中即已含有大量病毒。如果被狂犬动物咬伤或抓伤了皮肤、黏膜，病毒就会随唾液侵入伤口，先在伤口周围繁殖，当病毒繁殖到一定数量时，就沿着周围神经向大脑侵入。病毒走到脊髓背侧神经根，便开始大量繁殖，并侵入脊髓的有关节段，很快布满整个中枢神经系统。病毒侵入中枢神经系统后，还要沿着传出神经传播，最终可到达许多脏器中，如心、肺、肝、肾、肌肉等，使这些脏器发生病变。故狂犬病的症状特别严重，一旦发病，死亡率几乎100%。

4.2.2.5　传入评估

本病传播方式单一，通过皮肤或黏膜的创伤而感染。没有任何证据证明该病可以通过牦牛毛传播。通过进口牦牛毛传播该病的可能性可以忽略不计。

4.2.2.6　发生评估

没有任何报道证明牦牛毛可以传播狂犬病。该病的主要感染途径是感染动物咬伤其他动物。有理由相信在该病的毒血症期可能会有病毒随分泌物污染牦牛毛，但是当出现这种明显症状时，通常是迅速死亡。狂犬病病毒在牦牛毛中存在的可能性很低，通过牦牛毛感染或传播的可能性也极低。一旦饲养场中发生狂犬病，该病在畜群中传播的可能性也不会很高。该病从原发病的养殖场传播的条件是感染动物迁移和运动，尤其是在该病没有症状之前，不会发生相互感染和传播。因此，病原侵入且能定殖在养殖场传播的可能性极低。

4.2.2.7　后果评估

狂犬病定居并传播造成的经济及社会后果被认为中等。同时，在中国有对该病免疫力相当强的疫苗进行保护，但是考虑到该病的潜伏期长、死亡率100%等特点，对该病的侵入的主要措施是在尽短时间内消灭该病。对畜产品的进口贸易没有大的影响。

4.2.2.8　风险预测

该病的病原出现在牦牛毛中的可能性很低。即使牦牛毛中有病原存在，其传染给其他动物的可能性也很低。牦牛毛作为传播因素在疫病的整个流行环节中可以忽略不计。该病定居后的后果中等。不需要专门的风险管理措施。

4.2.2.9　风险管理

世界动物卫生组织《国际动物卫生法典》中没有在进口动物产品中对狂犬病进行特别的要求。

4.2.2.10　与中国保护水平相适应的风险管理措施

与中国保护水平相适应的风险管理措施无。

4.2.3　伪狂犬病

4.2.3.1　概述

伪狂犬病（pseudorabies）是由疱疹病毒引起的一种烈性传染病，主要感染呼吸道和神经组织及生殖系统。该病分布广泛，可以危害多种哺乳动物，对养猪业常带来重大的经济损失。临床上除猪以外，其他哺乳动物主要表现为皮肤奇痒，故又称疯痒病。猪是病毒的储存宿主，是主要的传染源，通过鼻液、唾液、尿液、乳汁和阴道分泌物排出病毒。猫多数病例是通过污染的食物和捕食鼠类感染。每当冬、春季节野鼠移居室内时，本病的发生也随之增多。因为鼠类也是储存宿主和传播媒介。此病也能感染人类，虽多不招致死亡，但威胁人类健康，故应加以重视。

4.2.3.2　病原

本病病原是猪疱疹病毒Ⅱ型，具有疱疹病毒共有的一般形态特征，双股DNA病毒。该病毒对外环境的抵抗力较强，在24℃条件下，病毒在污染的稻草、喂食器以及其他污染物上至少可存活10d，在寒冷的条件下可以存活46d以上，绵羊、山羊是易感动物，同时死亡率100%。该病原主要引起脑膜炎、呼吸系统疫病以及生殖机能紊乱等症状。猪是已知的唯一病毒储存宿主，是其他动物的感染源，该病毒对许多种动物易感。该病毒只有一种血清型，但毒株毒力变化很大。

4.2.3.3　地理分布及危害

除澳大利亚外大多数国家都发生过流行或地方性流行。中国也有本病的报道，主要依靠疫苗预防。本病在欧洲流行时常造成灾难性的损失。本病对猪的损失最为严重。本病病原是疱疹病毒科成员，其特点就是难以消灭。

4.2.3.4　流行病学特点

主要是以呼吸道感染为主，气溶胶也可以传播该病。

4.2.3.5　传入评估

没有证据证明该病能通过牦牛毛传播，但该病病原抵抗力较强，污染的环境及污染物可以传播该病。

4.2.3.6　发生评估

自然感染主要是通过呼吸道途径，口腔和鼻腔分泌物以及呼出的气体中都含有该病毒。甚至注射疫苗以后，动物仍有潜在的感染性，尤其是当它们受到应激性刺激，如分娩等时，可以间歇性排出病毒。大部分的暴发和流行都是由于易感猪群中引进感染猪造成的。但是，也有越来越多的证据表明该病毒可以通过风源在农场之间传播，甚至在相距40km以上的两个农场，尤其是在一些猪和其他动物饲养密集的地区。通过污染的牦牛毛传入伪狂犬病的可能性低，但定殖并传播的可能性很高。

4.2.3.7　后果评估

伪狂犬病的毒株不同造成的经济损失也不一样。Gustafson的调查结果表明伪狂犬病每年给美国造成数百万美元的经济损失，但值得注意的是损失的严重性在不同的年份都有很大变化。在新西兰北部岛屿，对没有造成显著的直接经济损失的伪狂犬病已有过报道。另一方面，美国政府启动了耗资巨大的由州-联邦-企业组成的伪狂犬病扑灭项目，该项目在20世纪80年代后期正式实施。伪狂犬病每年给美国带来的经济损失，据估算可达3 000万美元以上。加拿大在1995年对伪狂犬病作过一次风险评估，把伪狂犬病侵入对生产者和工业造成的损失定为中等到高。该病一旦传入中国，将会带来严重的经济及社会后果。该病一旦定殖下来，会给中国原来已消灭和控制该病地区的防疫工作增加难度，同时对养羊业、养牛业及养猪业的影响将是巨大的、长期的。现行的针对伪狂犬病传入的政策是利用检疫、控制动物进出、屠宰阳性动物、疫苗免疫以及消毒等措施。这些措施将极大地干扰正常的社会、经济活动，也将影响到中国畜产品的出口市场。

4.2.3.8　风险预测

不加限制地进口牦牛毛传入伪狂犬病的可能性低。一旦定殖后，造成的潜在后果中等到严重，因此风险管理措施是需要的。

4.2.3.9　风险管理

世界动物卫生组织《国际动物卫生法典》中没有关于进口反刍动物产品管理措施的章节。

4.2.3.10　与中国保护水平相适应的风险管理措施

（1）不从疫区进口任何未经加工的牦牛毛。

（2）对洗净毛、炭化毛、毛条可以考虑进口。

4.2.4　副结核病

4.2.4.1　概述

副结核病（paratuberculosis）是由副结核分支杆菌引起的牛、绵羊和鹿的一种慢性、通常是致死性的传染病，易感动物主要表现为消瘦。

4.2.4.2　病原

该病是由副结核分支杆菌引起的慢性消耗性疾病，该病病原可通过淋巴结屏障而进入其他器官。副结核分支杆菌对外界环境抵抗力较强，在污染的牧场或肥料中可存活数月至1年。

4.2.4.3　地理分布及危害

世界各地均有该病的分布和发生，以养牛业发达国家最为严重。本病是不易被觉察的慢性传染病，感染地区畜群死亡率可达2%～10%，严重感染时感染率可升至25%。此病很难根除，对畜牧业造成的损失不易引起人们的注意，但常常超过其他某些传染病。

4.2.4.4　流行病学特点

该病常局限于感染动物的小肠、局部淋巴结和肝、脾，经牦牛毛传播可能小，目前还没有这方面的资料报道。

4.2.4.5　传入评估

该病病原可以通过污染的牦牛毛传入。

4.2.4.6　发生评估

该病存在于世界各国，中国在养牛业较发达的地区有分布，而在养牛业欠发达的地区极少分布。由于中国养羊业相对密度较高，在本病传入后，一旦定殖传播的可能性较高。该病呈世界性分布，特别是以养牛业发达的国家最为严重。

4.2.4.7　后果评估

本病随牦牛毛传入的概率很低，而中国又有该病的存在，即使该病在中国定殖，后果也不很严重。

4.2.4.8　风险预测

不加限制进口牦牛毛传入该病的可能性较低，一旦传入将造成的后果认为是中等，同时考虑到中国存在该病，因此无需进行风险管理。

4.2.4.9 风险管理

世界动物卫生组织的《国际动物卫生法典》没有专门对进口反刍产品风险管理的要求。

4.2.4.10 与中国保护水平相适应的风险管理措施

即使牦牛毛中含有该病病原，在中国进口口岸经检疫处理也可将本病病原杀死，同时考虑上述因素，无需对副结核病进行专门的风险管理。

4.2.5 布鲁氏菌病

4.2.5.1 概述

布鲁氏菌病（brucellosis）简称布病，是由细菌引起的急性或慢性人畜共患病。特征是生殖器官、胎膜发炎，引起流产、不育、睾丸炎。布鲁氏菌病是重要的人畜共患病，布鲁氏菌属分羊布鲁氏菌、牛布鲁氏菌和猪布鲁氏菌，该病是慢性传染病，多种动物和禽类均对布鲁氏菌病有不同程度的易感性，但自然界可以引起羊、牛、猪发病，以羊最为严重，且可以传染给人。这里布鲁氏菌包括引起绵羊附睾炎的羊布鲁氏菌及引起山羊和绵羊布鲁氏菌病的其他布鲁氏菌。

4.2.5.2 病原

这里指能够引起布鲁氏菌病症状的一类布鲁氏菌，该菌对物理和化学因子较敏感，但对寒冷抵抗力较强。该传播途径复杂，但主要通过消化道感染，其次是交配方式和皮肤、黏膜，吸血昆虫的叮咬也可以传播本病。除澳大利亚和新西兰外其他各国都有分布。

布鲁氏菌（brucella）为细小的球杆菌，无芽孢，无鞭毛，有毒力的菌株有时形成菲薄的荚膜，革兰氏阴性。常用的染色方法是柯氏染色，即将本菌染成红色，将其他细菌染成蓝色或绿色。

布鲁氏菌属共分 6 个种，分别是羊布鲁氏菌、猪布鲁氏菌、牛布鲁氏菌、犬布鲁氏菌、沙林鼠布鲁氏菌和绵羊布鲁氏菌。羊布鲁氏菌主要感染绵羊、山羊，也能感染牛、猪、鹿、骆驼等；猪布鲁氏菌主要感染猪，也能感染鹿、牛和羊；牛布鲁氏菌主要感染牛、马、犬，也能感染水牛、羊和鹿；其他 3 种布鲁氏菌除感染本种动物外，对其他动物致病力很弱或无致病力。

本菌对自然因素的抵抗力较强。在患病动物内脏、乳汁内、毛皮上能存活 4 个月左右。对阳光、热力及一般消毒药的抵抗力较弱。对链霉素、氯霉素、庆大霉素、卡那霉素及四环素等敏感。

4.2.5.3 地理分布及危害

布鲁氏菌病发生于世界各地的大多数国家。该病流行于南美、东南亚、美国、欧洲等地。但加拿大、英国、德国、爱尔兰、荷兰以及新西兰没有该病流行。自从 1994 年丹麦暴发该病以后，尚未见有关该病暴发的报道。羊布鲁氏菌病主见于南欧、中东、非洲、南美洲等地的绵羊和山羊群，牛极少发生，澳大利亚、新西兰等国没有该病。羊布鲁氏菌病在流行的国家主要引起繁殖障碍，且比其他种的布鲁氏菌病难以控制，该病传入中国会对非疫区的动物生产产生严重不良影响。母羊以流产为主要特征，山羊流产率为 50%～90%，绵羊可达 40%，中国国内有零星分布，呈地方性流行。

4.2.5.4 流行病学特点

此病通常通过饲喂分娩或流产物和子宫分泌物污染的饲料传播，另外交配以及人工授精也可以传播本病。反刍兽与猪一样，出现细菌血症之后，布鲁氏菌定居于生殖道细胞上。感染动物主要表现生殖障碍问题，包括流产、不孕、繁殖障碍等，并伴随有脓肿、瘸腿以及后肢瘫痪等症状。病畜和带菌动物是重要的传染源，受感染的妊娠母畜是最危险的传染源，其在流产或分娩时将大量的布鲁氏菌随胎儿、羊水、胎衣排出，污染周围环境，流产后的阴道分泌物和乳汁中均含有布鲁氏菌。感染后患睾丸炎的公畜精囊中也有本菌存在。传播途径主要是消化道，但经皮肤、黏膜的感染也有一定的重要性。通过交配可相互感染。此外本病还可以通过吸血昆虫叮咬传播。

4.2.5.5 传入评估

有证据证明羊布鲁氏菌病完全可以通过牦牛毛传播，且羊布鲁氏菌病比猪和牛布鲁氏菌病具有更广泛的危害性，感染动物谱比其他布鲁氏菌更广泛。

4.2.5.6 发生评估

本病的传播主要是通过污染物传播的，该病在中国少数地区也有分布，大多数牧区已经消灭此病。本病通过牦牛毛传入的可能性中等，同时由于该病对哺乳动物都有一定致病性，因此传入后在中国定殖的可能性较高。

4.2.5.7 后果评估

由于中国许多牧区已经消灭此病，因此此病一旦传入，将破坏现有的防疫体系，更重要的是将严重影响中国活动物的出口。考虑到对人和家畜引起的危害比较严重，引起的经济损失和社会影响也较大，因此认为该病传入后后果严重。布鲁氏菌病传播后造成的经济及社会后果属中等水平。由于该病低发病率以及地区性流行的特点，因此只对出口动物和动物产品市场有一定的影响。该病一旦传入，可以不采取干扰活动很大的扑灭措施，但应控制国内动物的调运，直到该病被彻底根除，这些措施无疑会在地区水平上带来一定的社会经济的不利影响。

4.2.5.8 风险预测

不加限制进口牦牛毛传入本病的概率中等，一旦该病传入，危害较大，需进行风险管理。

4.2.5.9 风险管理

尽管世界动物卫生组织没有专门对包含有该病的反刍动物产品进行特别的规定，但考虑其可对人和家畜造成健康威胁和经济损失，故应进行专门风险管理措施。

4.2.5.10 与中国保护水平相适应的风险管理措施

（1）不从疫区进口任何未经加工过的牦牛毛。

（2）允许初加工产品进口，如洗净毛、炭化毛、毛条等。

4.2.6 牛海绵状脑病

4.2.6.1 概述

牛海绵状脑病（bovine spongiform encephalopathy，BSE）亦即“疯牛病”，以潜伏期长，病情逐渐加重，主要表现行为反常、运动失调、轻瘫、体重减轻、脑灰质海绵状水肿和神经元空泡形成为特征。病牛终归死亡。

4.2.6.2　病原

关于牛海绵状脑病病原，科学家们至今尚未达成共识。目前普遍倾向于朊蛋白学说，该学说由美国加州大学 Prusiner 教授所倡导，认为这种病是由一种叫 PrP 的蛋白异常变构所致，无需 DNA 或 RNA 的参与，致病因子朊蛋白就可以传染复制，牛海绵状脑病是因“痒病相似病原”跨越了“种属屏障”引起牛感染所致。1986 年 Well 首次从牛海绵状脑病病牛脑乳剂中分离出痒病相关纤维（SAF），经对发病牛的 SAF 的氨基酸分析，确认其与来源于痒病羊的是同一性的。牛海绵状脑病朊病毒在病牛体内的分布仅局限于牛脑、颈部脊髓、脊髓末端和视网膜等处。

4.2.6.3　地理分布及危害

本病首次发现于苏格兰（1985），以后爱尔兰、美国、加拿大、瑞士、葡萄牙、法国和德国等也有发生。英国的牛海绵状脑病流行最为严重，至 1997 年累计确诊达 168 578例，涉及 33 000 多个牛群。初步认为是牛吃食了污染牛海绵状脑病的骨肉粉（高蛋白补充饲料）而发病的。由于同时还发现了一些怀疑由于吃食了病牛肉奶产品而被感染的人类海绵状脑病（新型克-雅氏病）患者，因而引发了一场震动世界的轩然大波。欧盟国家以及美洲、亚洲、非洲等包括我国在内的 30 多个国家已先后禁止英国牛及其产品的进口。

4.2.6.4　流行病学特点

牛海绵状脑病是一种慢性致死性中枢神经系统变性病。类似的疫病也发生在人和其他动物，在人类有克-雅氏病（Creutzfeldt - Jakob disease，CJD）、库鲁病（Kuru）、Gerstmann - Straussler - Scheinker 综合征（GSS）、致死性家族性失眠症（fatal familial insomnia，FFI）及幼儿海绵状脑病（alpers disease）；在动物有羊瘙痒病（scrapie）、传染性水貂脑病（TME）、猫科海绵状脑病及麋鹿慢性衰弱病。1996 年 3 月，英国卫生部、农渔食品部和有关专家顾问委员会向英国政府汇报人类新型克-雅氏病可能与疯牛病的传染有关。

现在人们认为牛海绵状脑病发生是由于含有痒病病原骨粉进入反刍动物的食物链引起的。1985 年 4 月，医学家们在英国首先发现了一种新病，专家们对这一世界始发病例进行组织病理学检查，并于 1986 年 11 月将该病定名为牛海绵状脑病，首次在英国报刊上报道。10 年来，这种病迅速蔓延，英国每年有成千上万头牛患这种神经错乱、痴呆、不久死亡的病。此外，这种病还波及世界其他国家，如法国、爱尔兰、加拿大、丹麦、葡萄牙、瑞士、阿曼和德国。据考察发现，这些国家有的是因为进口英国牛肉引起的。

疯牛病病牛脑组织呈海绵状病变，出现步态不稳、平衡失调、瘙痒、烦躁不安等症状，在 14～90d 内死亡。专家们普遍认为疯牛病起源于羊痒病，是给牛喂了含有羊痒病因子的反刍动物蛋白饲料所致。牛海绵状脑病的病程一般为 14～90d，潜伏期长达 4～6 年。这种病多发生在 4 岁左右的成年牛身上。其症状不尽相同，多数病牛中枢神经系统出现变化，行为反常，烦躁不安，对声音和触摸，尤其是对头部触摸过分敏感，步态不稳，经常乱踢以至摔倒、抽搐。发病初期无上述症状，后期出现强直性痉挛，粪便坚硬，两耳对称性活动困难，心搏缓慢（平均 50 次/min），呼吸频率增快，体重下降，极度消瘦，以至死亡。经解剖发现，病牛中枢神经系统的脑灰质部分形成海绵状空泡，脑干灰质两侧呈对称性病变，神经纤维网有中等数量的不连续的卵形和球形空洞，神经细胞肿胀成气球状，细胞质变窄。另外，还有明显的神经细胞变性及坏死。

4.2.6.5　传入评估

目前认为含有牛海绵状脑病病原的肉骨粉是引起该病的唯一途径。没有证据证明可以通过牦牛毛传播该病。通过进口牦牛毛传播该病的可能性可以忽略不计。

4.2.6.6　发生评估

世界动物卫生组织和世界卫生组织认为进口皮毛产品不应加以任何限制。事实上通过进口牦牛毛传入该病几乎是不可能的。

4.2.6.7　后果评估

该病传染性强、危害性大的特性极不利于人类和动物的保健，并且越来越引起人类的恐慌和关注。牛海绵状脑病传入中国，将导致中国所有的牛、羊产品无法走出国门，中国对外声称无痒病和海绵状脑病的证书也将无效。值得注意的是痒病在英国每年造成10%～20%的损失，到目前为止，尚没有一个国家能够完成一个有效的扑灭地方性痒病的方案，加拿大和美国所采取的控制方案已经被证实，但费用高且难以实施。

4.2.6.8　风险预测

不加限制进口牦牛毛传入该病的可能性很小，也没有任何证据证明进口牦牛毛可传入这两种疫病，无需进行风险管理。

4.2.6.9　风险管理

世界动物卫生组织也详细阐述了进口来自牛海绵状脑病国家的皮毛，不应有任何限制要求。

4.2.6.10　与中国保护水平相适应的风险管理措施

与中国保护水平相适应的风险管理的参考措施如下。

2003 年 5 月 22 日，农业部和国家质检总局联合发出防止疯牛病从加拿大传入我国的紧急通知。由于加拿大发生 1 例疯牛病，为防止该病传入我国，保护畜牧业生产安全和人体健康，我国采取以下措施：

（1）将加拿大列入发生疯牛病国家名录，从即日起，禁止从加拿大进口牛、牛胚胎、牛精液、牛肉类产品及其制品、反刍动物源性饲料。两部门将密切配合，做好检疫、防疫和监督工作，严防疯牛病传入我国。

（2）立即对近年来从加拿大进口的牛（包括胚胎）及其后代（包括杂交后代）进行重点监测。发现异常情况立即报告，对疑似病例要立即采样进行诊断确诊。质检总局将密切关注加拿大疯牛病疫情的发展和相关贸易国家采取的措施，切实采取措施，防止疯牛病传入我国。

由于我国政府及时做了周密的防范工作，截至目前，在我国境内没有疯牛病发生。目前认为该病原是痒病样纤维引起的，最终导致感染动物脑组织形成海绵状空洞。该病病原对外界环境抵抗力极强，目前所有化学消毒剂和传统的物理消毒方法均对其无效。到目前认为该病病原灭活温度最低需 600℃，而目前人们对该病的传播机理还不完全清楚。该病主要分布于欧洲和美洲，其他各洲极少分布。

4.2.7 Q热

4.2.7.1 概述

Q热（Q fever）是由伯纳特立克次氏体（rickettsia burneti，coxiella burneti）引起的急性自然疫源性疫病。临床以突然起病，发热，乏力，头痛，肌痛与间质性肺炎，无皮疹为特征。1937年Derrick在澳大利亚的昆士兰发现该病并首先对其加以描述，因当时原因不明，故称该病为Q热。该病是能使人和多种动物感染而产生发热的一种疫病，在人能引起流感样症状、肉芽肿肝炎和心内膜炎，在牛、绵羊和山羊能诱发流产。

4.2.7.2 病原

伯纳特立克次氏体（Q热立克次氏体）的基本特征与其他立克次氏体相同，但有如下特点：①具有滤过性；②多在宿主细胞空泡内繁殖；③不含有与变形杆菌X株起交叉反应的X凝集原；④对实验室动物一般不显急性中毒反应；⑤对理化因素抵抗力强，在干燥沙土中4～6℃可存活7～9个月，－56℃能活数年，加热60～70℃30～60min才能将其灭活。抗原分为两相。初次从动物或壁虱分离的立克次氏体具Ⅰ相抗原（表面抗原，毒力抗原）；经鸡胚卵黄囊多次传代后成为Ⅱ相抗原（毒力减低），但经动物或蜱传代后又可逆转为Ⅰ相抗原。两相抗原在补体结合试验、凝集试验、吞噬试验、间接血凝试验及免疫荧光试验中的反应性均有差别。

4.2.7.3 地理分布及危害

Q热呈世界性分布和发生，中国分布也十分广泛，已有10多个省、直辖市、自治区存在本病。Q热病原通过病畜或分泌物感染人类，可引起人体温升高、呼吸道炎症。

4.2.7.4 流行病学特点

Q热的流行与输入感染家畜有直接的关系。感染的动物通过胎盘、乳汁和粪便排出病原；蜱通过叮咬感染动物的血液使病原在其体腔、消化道上皮细胞和唾液内繁殖，再经过叮咬或排出病原经由破损皮肤感染动物。家畜是主要传染源，如牛、羊、马、骡、犬等，次为野啮齿类动物，飞禽（鸽、鹅、火鸡等）及爬虫类动物。有些地区家畜感染率为20％～80％，受染动物外观健康，而分泌物、排泄物以及胎盘、羊水中均含有Q热立克次氏体。患者通常并非传染源，但病人血、痰中均可分离出Q热立克次氏体，曾有住院病人引起院内感染的报道，故应予以重视。动物间通过蜱传播，人通过呼吸道、接触、消化道传播。

4.2.7.5 传入评估

本病病原对外界抵抗力很强，牦牛毛可以传播该病。

4.2.7.6 发生评估

由于该病病原有较广泛的寄生宿主谱，而该病通过牦牛毛传入的可能性又很大，因此一旦传入将长期存在。

4.2.7.7 后果评估

由于中国从来未有过发生Q热的报道，因此该病一旦传入将引起严重的后果，对人和家畜健康存在严重的威胁，而且动物生产性能下降、市场占有率下降、产品出口困难等，经济指标难以量化。

4.2.7.8 风险预测

不加限制进口牦牛毛，传入Q热的可能性较高，后果严重，需进行风险管理。

4.2.7.9 风险管理

世界动物卫生组织只对可食用性感染材料感染的可能进行风险分析，没有专门对其他动物产品作限制性要求。

4.2.7.10 与中国保护水平相适应的风险管理措施

（1）不从疫区进口任何未经加工过的牦牛毛。

（2）允许初加工产品进口，如洗净毛、炭化毛、毛条等。

4.2.8 牛边虫病

4.2.8.1 概述

牛边虫病（bovine anaplasmosis）也就是无浆体病。

4.2.8.2 病原

病原体以往被认为是巴贝斯虫发育周期上的一部分，故将其归类于原生动物，称为边虫。但后来发现，它的大小、形态、生物学性状等均与立克次氏体相似，加之它缺乏细胞浆，故现将其列入立克次氏体目、无浆体科、无浆体属，所引起的疫病也相应称为无浆体病。

4.2.8.3 地理分布及危害

在我国主要分布在新疆、青海、甘肃、宁夏、西藏和内蒙古6省、自治区。其次分布在陕西、河北、山西和四川西部地区。流行因素主要为虫卵对环境的污染，人与家畜和环境的密切接触，病畜内脏喂犬或乱抛等。

4.2.8.4 流行病学特点

本病一般零星散发或呈地方流行性发生，尤其是在高温季节较多发生，因此要引起注意。本病主要以蜱为传播媒介，除蜱以外的蚊、牛虻、蝇等多种吸血昆虫以及手术用具、器械等消毒不严也能引起该病的传播。各种牛（黄牛、水牛、奶牛）不分年龄、性别均易感染。本地牛或犊牛感染后症状较轻并可耐过，但可成为带菌者（最长可在牛体内存活13～15年）。3岁以上的成年牛特别是外地引进牛呈最急性经过，常常突然死亡。牛感染该病死亡率可达50%。

4.2.8.5 传入评估

目前通过牦牛毛传播该病还未见报道。但该病在我国有分布，传播的可能性很大。

4.2.8.6 发生评估

没有证据证明能通过牦牛毛传播该病。

4.2.8.7 后果评估

该病一旦传入引起的危害很大，对中国养殖业造成一定的损失。

4.2.8.8 风险预测

不加限制进口牦牛毛传入该病的可能性很低，一旦传入影响也较温和，考虑到中国已有该病的分布，无需进行风险管理。

4.2.8.9 风险管理

世界动物卫生组织没有在《国际动物卫生法典》中对动物产品进行专门性的限制要求。

4.2.8.10 与中国保护水平相适应的风险管理措施

与中国保护水平相适应的风险管理措施无。

4.2.9 牛传染性鼻气管炎

4.2.9.1 概述

牛传染性鼻气管炎是由一种疱疹病毒引起的呼吸道传染病。本病多发生于秋、冬季节，通过接触和交配传染，并常有细菌继发危害。自然发病不普遍，表现多不严重。其临床特征是气管炎、结膜炎、脑膜炎、疱疹性外阴道炎和流产。

4.2.9.2 病原

牛传染性鼻气管炎病毒是一种疱疹病毒。病畜及带毒者是主要传染源。

4.2.9.3 地理分布及危害

该病主要引起流产和新生犊牛死亡，因此造成的危害较大。

4.2.9.4 流行病学特点

主要表现为流产和新生犊牛死亡。成年牛的特征是呼吸道型、生殖道型和结膜炎型症状。

4.2.9.5 传入评估

目前通过牦牛毛传播该病还未见报道。但该病在我国有分布，传播的可能性很大。

4.2.9.6 发生评估

没有证据证明能通过牦牛毛传播该病。

4.2.9.7 后果评估

该病一旦传入，引起的危害很大，将对中国养殖业造成一定的损失。

4.2.9.8 风险预测

不加限制进口牦牛毛传入该病的可能性很低，一旦传入影响也较温和，考虑到中国已有该病的分布，无需进行风险管理。

4.2.9.9 风险管理

世界动物卫生组织没有在《国际动物卫生法典》中对动物产品进行专门性的限制要求。

4.2.9.10 与中国保护水平相适应的风险管理措施

与中国保护水平相适应的风险管理措施无。

4.2.10 泰勒焦虫病

4.2.10.1 概述

牛泰勒焦虫病（Theileriosis）是由泰勒焦虫（主要是环形泰勒焦虫）引起的血液原虫病，多发生于1～3岁的牛。

4.2.10.2　病原

病原主要是泰勒焦虫（主要是环形泰勒焦虫）。

4.2.10.3　地理分布及危害

该病主要引起流产和新生犊牛死亡，因此造成的危害较大。

4.2.10.4　流行病学特点

环行泰勒焦虫病的传播者主要是残缘璃眼蜱，它是一种二宿主蜱，主要寄生在牛身上。璃眼蜱传播泰勒焦虫，即幼虫或若虫吸食了带虫的血液后，泰勒焦虫在蜱体发育繁殖，当蜱的下一个发育阶段（成虫）吸血时即可传播本病。泰勒焦虫不能经卵传播。这种蜱在牛圈内生活，因此，本病主要在舍饲条件下发生。

在内蒙古及西北地区，本病于6月份发生，7月份达最高潮，8月份逐渐平息。病死率为16%～60%。在流行地区，1～3岁牛发病者多，患过本病的牛成为带虫者，不再发病，带虫免疫可达2.5～6年，但这种牛是蜱感染的来源。在饲养环境恶劣、使疫过度或其他疫病并发时，可导致复发，且病程比初发严重。

4.2.10.5　传入评估

目前通过牦牛毛传播该病还未见报道。但该病在我国有分布，传播的可能性很大。

4.2.10.6　发生评估

没有证据证明能通过牦牛毛传播该病。

4.2.10.7　后果评估

该病一旦传入引起的危害很大，将对中国养殖业造成一定的损失。

4.2.10.8　风险预测

不加限制进口牦牛毛传入该病的可能性很低，一旦传入影响也较温和，考虑到中国已有该病的分布，无需进行风险管理。

4.2.10.9　风险管理

世界动物卫生组织也没有在《国际动物卫生法典》中对动物产品进行专门性的限制要求。

4.2.10.10　与中国保护水平相适应的风险管理措施

与中国保护水平相适应的风险管理措施无。

4.2.11　钩端螺旋体病

4.2.11.1　概述

钩端螺旋体病（leptospirosis）是由不同型别的致病性钩端螺旋体引起的急性人畜共患传染病。临床表现轻重不一，以起病急骤、高热、剧烈肌痛、结膜充血、弥漫性肺出血、肝肾功能损害为特征，而肺弥漫性出血、肝肾功能衰竭是主要致死原因。

4.2.11.2　病原

钩端螺旋体为细长圆形，呈螺旋状，一端或两端弯曲呈钩状，能活泼运动，用姬姆萨氏染色呈淡紫红色，用镀银染色呈棕黑色。钩端螺旋体在25～30℃的池塘、河流中，能生存3周以上，对热和日光敏感，在干燥环境中容易死亡，不耐酸、碱，常用消毒药能迅速将其杀死。

4.2.11.3　地理分布及危害

该病主要引起流产和新生犊牛死亡，因此造成的危害较大。鼠类和猪是两大传染源，我国南方及西南地区以带菌鼠为主，北方和沿海平原以猪为主。人与疫水接触，如游泳、捕鱼、稻田作业，钩体经皮肤、黏膜进入体内，特别是大雨洪水时带菌的粪尿随水漂流，扩大了钩体的污染面，人们在抗洪防涝时往往形成暴发流行；直接接触传播，在饲养家畜过程中，接触病畜的排泄物、污染物受到感染；消化道传播、吸血节肢动物传播等。病例相对集中于夏秋收稻时或大雨洪水后，在气温较高地区则终年可见。本病患者以青壮年农民多见，其他接触疫水机会多的渔民、矿工、屠宰工及饲养员等，也可得此病。

4.2.11.4　流行病学特点

本病以鼠、猪、犬、牛、羊、猫、家禽为传染源，传播途径主要通过接触带菌动物的尿所污染的水或湿润泥土，经皮肤、黏膜侵入，人群普遍易感，病后可获得较强的同型免疫力。其临床表现形式多样，主要以发热、黄染、血尿、蛋白尿、贫血等为主要症状。每年5～9月为多发季节，全年为散发，牦牛发病率一般在10%以下，病死率不超过30%。草地上的鼠和土犬等野生动物均可能成为钩体的带菌动物。夏秋多发，呈地方性流行。

4.2.11.5　传入评估

目前通过牦牛毛传播该病还未见报道。但该病在我国有分布，传播的可能性很大。

4.2.11.6　发生评估

没有证据证明能通过牦牛毛传播该病。

4.2.11.7　后果评估

该病一旦传入引起的危害很大，将对中国养殖业造成一定的损失。

4.2.11.8　风险预测

不加限制进口牦牛毛传入该病的可能性很低，一旦传入影响也较温和，考虑到中国已有该病的分布，无需进行风险管理。

4.2.11.9　风险管理

世界动物卫生组织也没有在《国际动物卫生法典》中对动物产品进行专门性的限制要求。

4.2.11.10　与中国保护水平相适应的风险管理措施

与中国保护水平相适应的风险管理措施无。

4.2.12　牛结核病

4.2.12.1　概述

牛结核病（bovine tuberculosis）是由结核分支杆菌引起的慢性传染病。人、牛、禽均可发病，家畜中以牛（特别是奶牛）最易感。病畜是传染源。主要经呼吸道感染，也可经消化道感染（见于犊牛）。多年来通过严格的检疫、淘汰措施，我国已能很好地控制该病。

4.2.12.2　病原

结核分支杆菌按其致病力可分为三种类型，即人型、牛型和禽型，三者有交叉感染现象。牛型主要侵害牛，其次是人、猪、马、绵羊、山羊等。人型结核杆菌细长而稍弯曲，牛型略短而粗，禽型小而粗且略具多形性，平均长度 1.5～5μm，宽 0.2～0.5μm，两端钝圆，无芽孢和荚膜，无鞭毛、不运动，革兰氏染色阳性。因其具抗酸染色特性，故又称为抗酸性分支杆菌。结核杆菌对干燥的抵抗力强，将带菌的痰置于干燥处 310d 后接种于豚鼠仍能发生结核。该菌不耐湿热，65℃ 30min、70℃ 10min、100℃立即死亡，在阳光直射 2h、5%碳酸或来苏儿 24h、4%福尔马林 12h 条件下死亡。

4.2.12.3　地理分布及危害

该病不仅引起牛发病，而且危害人，因此造成的危害较大。

4.2.12.4　流行病学特点

病畜是本病的主要传染来源。据报道，约 50 种哺乳动物、25 种禽类可患本病；在家畜中牛最易感，特别是奶牛，其次是黄牛、牦牛、水牛。牛结核病主要由牛型结核杆菌引起，也可由人型结核杆菌引起。本病主要通过被污染的空气，经呼吸道感染；或者通过被污染的饲料、饮水和乳汁，经消化道感染。交配感染亦属可能。本病一年四季均可发生。

4.2.12.5　传入评估

目前通过牦牛毛传播该病还未见报道。但该病在我国有分布，传播的可能性很大。

4.2.12.6　发生评估

没有证据证明能通过牦牛毛传播该病。

4.2.12.7　后果评估

该病一旦传入引起的危害很大，将对中国养殖业造成一定的损失。

4.2.12.8　风险预测

不加限制进口牦牛毛传入该病的可能性很低，一旦传入影响也较温和，考虑到中国已有该病的分布，无需进行风险管理。

4.2.12.9　风险管理

世界动物卫生组织也没有在《国际动物卫生法典》中对动物产品进行专门性的限制要求。

4.2.12.10　与中国保护水平相适应的风险管理措施

与中国保护水平相适应的风险管理措施无。

4.2.13　出血性败血症

4.2.13.1　概述

出血性败血症（haemorrhagic septicaemia）也称牛出败，是由多杀性巴氏杆菌（也有溶血性巴氏杆菌）引起的急性传染病。细菌存在于病畜的全身各组织、体液、分泌物及排泄物中，经呼吸道和消化道感染。

4.2.13.2　病原

多杀性巴氏杆菌是一种细小、两端钝圆的球状短杆菌，多散在、不能运动、不形成芽孢，革兰氏染色阴性；用碱性美蓝着染血片或脏器涂片，呈两极浓染，故又称两极杆菌，两极浓染之染色特性具诊断意义。在干燥空气中仅存活 2～3d，在血液、排泄物或分泌物中可生存 6～10d，但在腐败尸体中可存活 1～6 个月；阳光直射下数分钟死亡，高温立即死亡；一般消毒液均能将其杀死，对磺胺、土霉素敏感。

4.2.13.3 地理分布及危害

本病遍布全世界，各种畜禽均可发病。

4.2.13.4 流行病学特点

本菌为条件病原菌，常存在于健康畜禽的呼吸道，与宿主呈共栖状态。当牛饲养在不卫生的环境中，由于感受风寒、过度疲劳、饥饿等因素使机体抵抗力降低时，该菌乘虚侵入体内，经淋巴液入血液引起败血症。该病主要经消化道感染，其次通过飞沫经呼吸道感染，亦有经皮肤伤口或蚊蝇叮咬而感染的。该病常年可发生，在气温变化大、阴湿寒冷时更易发病，常呈散发性或地方流行性发生。

4.2.13.5 传入评估

目前通过牦牛毛传播该病还未见报道。但该病在我国有分布，传播的可能性很大。

4.2.13.6 发生评估

没有证据证明能通过牦牛毛传播该病。

4.2.13.7 后果评估

该病一旦传入引起的危害很大，将对中国养殖业造成一定的损失。

4.2.13.8 风险预测

不加限制进口牦牛毛传入该病的可能性很低，一旦传入影响也较温和，考虑到中国已有该病的分布，无需进行风险管理。

4.2.13.9 风险管理

世界动物卫生组织也没有在《国际动物卫生法典》中对动物产品进行专门性的限制要求。

4.2.13.10 与中国保护水平相适应的风险管理措施

与中国保护水平相适应的风险管理措施无。

4.2.14 心水病

4.2.14.1 概述

心水病（heartwater）也叫牛羊胸水病、脑水病或黑胆病，是由立克次氏体引起的绵羊、山羊、牛以及其他反刍动物的一种以蜱为媒介的急性、热性、败血性传染病。以高热、浆膜腔积水（如心包积水）、消化道炎症和神经症状为主要特征。

4.2.14.2 病原

该病病原属于立克次氏体科的反刍兽考德里氏体，存在于感染动物血管内皮细胞的细胞质中。它对外界抵抗力不强，必须依赖吸血昆虫进行传播。

4.2.14.3 地理分布及危害

本病主要分布于撒哈拉大沙漠以南地区的大部分非洲国家和突尼斯，加勒比海群岛也有该病的报道，原因是上述地区存在传播该病的彩色钝眼蜱。该病被认为是非洲牛、绵羊、山羊以及其他反刍动物最严重的传染病之一，急性病例死亡率高，一旦出现疫病则预后不良。

4.2.14.4 流行病学特点

心水病仅由钝眼属蜱传播，它们广泛存在于非洲、加勒比海群岛。同时，北美的斑点钝眼蜱和长延钝眼蜱也具有传播该病的能力。钝眼蜱是三宿主蜱，完成一个生活周期在5个月至4年时间，病原只能感染幼虫或若虫期的钝眼蜱，在若虫期和成虫期传播，所以有很长时间的传播性；它不能通过卵传播。钝眼蜱具有多宿主性，寄生于各种家禽、野生有蹄动物、小哺乳动物、爬行动物和两栖动物。在非洲，心水病对外来品种的牛、羊引起严重疫病，而当地品种病情较轻。

4.2.14.5　传入评估

没有证据证明该病可以通过牦牛毛传播。

4.2.14.6　发生评估

由于该病在传播环节上必须依赖吸血昆虫才能完成其基本的生活周期，因此通过牦牛毛传入该病的可能性很低。尽管该病通过牦牛毛传入的可能性很低，但一旦传入，中国的吸血昆虫——蜱在该病生活史中的作用如何，还有待于进一步研究和观察。

4.2.14.7　后果评估

一旦该病能够通过牦牛毛传入，并通过中国目前现有的吸血昆虫完成其生活史中必要的寄生环节，则该病在中国引起的后果是严重的，将给中国反刍动物养殖业以沉重的打击，生产性能严重下降，市场占有率也随之下降，动物及产品出口受阻。

4.2.14.8　风险预测

尽管不加限制进口牦牛毛传入该病的可能性很低，但鉴于此病传入后的严重后果，需进行风险管理。

4.2.14.9　风险管理

世界动物卫生组织在《国际动物卫生法典》中没有就动物产品作任何限制性的要求。

4.2.14.10　与中国保护水平相适应的风险管理措施

（1）禁止进口该病流行国家或地区的任何未经加工的牦牛毛。

（2）允许初加工产品进口，如洗净毛、炭化毛、毛条等，同时对这些产品作严格的杀虫处理。

4.2.15　恶性卡他热

4.2.15.1　概述

恶性卡他热（malignant catarrhal fever）是发生于反刍动物的一种病毒性传染病。黄牛和水牛易受感染；山羊、岩羚羊、绵羊也可发生本病，恶性卡他热这一疫病分布十分广泛，几乎遍布于世界各地。

4.2.15.2　病原

病原为属于疱疹病毒科的恶性卡他热病毒。这种病毒对外界环境的各种因素抵抗力不强，它不能忍受干燥或冷冻。含于血液中的毒素，在室温条件下经过一昼夜就失去活力。

4.2.15.3　地理分布及危害

该病分布在世界大部分地区，主要危害反刍动物，造成的危害较大。

4.2.15.4　流行病学特点

关于恶性卡他热的疫病传播途径有各种说法：多数人指出此病由病牛直接通过接触传给健康的牛；带有病毒而无症状的绵羊也可能是传染本病的病源。有人将恶性卡他热分为最急性型、头眼型、消化道型和慢性型等。各型的病变和症状多有差异，其中头眼型是常见的一种类型，尤其是在非洲流行区。其主要特征是临床上出现高热，动物精神委顿，食欲锐减或拒食、拒饮水。继而见口、鼻有糜烂、坏死与黏稠的化脓性分泌物流出。当鼻内分泌物干涸时则造成鼻道堵塞，出现呼吸困难。此外，尚见眼结膜充血、眼角有黏稠分泌物和形成干痂、角膜混浊等变化，动物先后出现羞明、流泪和视觉模糊等症状。

4.2.15.5 传入评估

没有证据证明该病可以通过牦牛毛传播。

4.2.15.6 发生评估

牦牛毛中带有该病病原的可能性不大，因而通过牦牛毛传入该病的可能性很低。

4.2.15.7 后果评估

一旦该病能够通过牦牛毛传入，在中国引起后果是严重的，将给中国反刍动物养殖业一定的打击，生产性能也会随之严重下降，市场占有率也随之下降，动物及产品出口受阻。

4.2.15.8 风险预测

尽管不加限制进口牦牛毛传入该病的可能性很低，但鉴于此病传入后的严重后果，需进行风险管理。

4.2.15.9 风险管理

世界动物卫生组织在《国际动物卫生法典》中没有就动物产品作任何限制性的要求。

4.2.15.10 与中国保护水平相适应的风险管理措施

（1）禁止从该病流行国家或地区进口任何未经加工的牦牛毛。

（2）允许初加工产品进口，如洗净毛、炭化毛、毛条等，同时对这些产品作严格的杀虫处理。

4.2.16 嗜皮菌病

4.2.16.1 概述

嗜皮菌病（dermatophilosis）是由嗜皮菌属的刚果嗜皮菌引起的，以皮肤表层发生渗出性皮炎，并形成结节为特征的皮肤病。家畜和野生动物都可感染，经常接触病畜的人亦能感染。

4.2.16.2 病原

嗜皮菌革兰氏染色阳性，对青霉素敏感。以青霉素加链霉素联合治疗效果较好。隔离病畜，防止雨淋和蚊蝇叮咬，有助于控制本病。经常接触病畜的兽医、饲养员、挤奶员等应有所防护。

4.2.16.3 地理分布及危害

嗜皮菌病，是由嗜皮菌属的刚果嗜皮菌引起的，以皮肤表层发生渗出性皮炎并形成结节为特征的皮肤病。我国先后在牦牛、水牛、山羊、马等动物中分离到病原菌——刚果嗜皮菌，家畜和野生动物都可感染，经常接触病畜的人亦能感染。1984 年，曾用酶联免疫吸附试验和双向免疫扩散试验检查甘肃、青海、四川、贵州、云南、河南等地的黄牛、水牛和奶牛，其血清中皆有不同程度的嗜皮菌抗体，这说明均有不同程度的嗜皮菌感染。

4.2.16.4　流行病学特点

病畜为传染源，主要为接触传播，也可通过蚊蝇叮咬而传播。传播是由菌丝或孢子的转移而致，特别是孢子具有鞭毛，能游动，易随渗出物或雨水而扩散。当家畜营养不良或患有其他疫病而导致抵抗力低下时，易发生感染，且病情重。嗜皮菌病以牛多发，羊次之，马少发。感染嗜皮菌病的家畜，表现营养不良，被毛粗乱、无光泽，初见皮肤充血，继而形成丘疹，产生浆液性渗出物，形成豆大的结节，结节融合，形成灰白色结痂，凹凸不平呈菜花样。发病多为全身性，但唇、鼻、耳等部位易见。体躯多毛部不易发现。本病一般无体温反应，疫病后期精神沉郁，低头弓背。国外有报道一放牧工人，因挤奶经常接触病牛而感染嗜皮菌，手臂皮肤上出现渗出性皮炎、结节和痂块。人因接触患病鹿亦可出现类似症状。

4.2.16.5　传入评估

没有证据证明该病可以通过牦牛毛传播。

4.2.16.6　发生评估

牦牛毛中带有该病病原的可能性不大，因而通过牦牛毛传入本病的可能性很低。

4.2.16.7　后果评估

一旦该病能够通过牦牛毛传入，在中国会引起严重的后果，将给中国反刍动物养殖业沉重的打击，生产性能和市场占有率也会随之严重下降，动物及产品出口受阻。

4.2.16.8　风险预测

尽管不加限制进口牦牛毛传入该病的可能性很低，但鉴于此病传入后的严重后果，需进行风险管理。

4.2.16.9　风险管理

世界动物卫生组织在《国际动物卫生法典》中没有就动物产品作任何限制性的要求。

4.2.16.10　与中国保护水平相适应的风险管理措施

（1）禁止进口该病流行国家或地区的任何未经加工的牦牛毛。

（2）允许初加工产品进口，如洗净毛、炭化毛、毛条等，同时对这些产品作严格的杀虫处理。

4.2.17　牛囊尾蚴病

4.2.17.1　概述

囊尾蚴病（bovine cysticercosis）又称绦虫蚴病，是指绦虫的幼虫寄生在动物体内所致的寄生虫病，常发生于牧区的牛、羊群中。由于绦虫幼虫寄生时均形成囊泡，故称为囊尾蚴病。

4.2.17.2　病原

在犬小肠内的棘球绦虫很细小，长2～6mm，由1个头节和3～4个节片构成，最后1个体节较大，内含多量虫卵。含有孕节或虫卵的粪便排出体外，污染饲料、饮水或草场，牛、羊、猪、人食入这种体节或虫卵即被感染。虫卵在动物或人这些中间宿主的胃肠内脱去外膜，游离出来的六钩蚴钻入肠壁，随血流散布全身，并在肝、肺、肾、心等器官内停留下来慢慢发育，形成棘球蚴囊泡。犬类动物如吞食了这些有棘球蚴寄生的器官，每一个头节便在小肠内发育成为一条成虫。

4.2.17.3 地理分布及危害

在我国主要分布在新疆、青海、甘肃、宁夏、西藏和内蒙古6省、自治区，其次有陕西、河北、山西和四川西部地区。流行因素主要为虫卵对环境的污染，人与家畜和环境的密切接触，病畜内脏喂犬或乱抛等。

4.2.17.4 流行病学特点

囊尾蚴病也称绦虫蚴病，是指绦虫的幼虫寄生在动物体内所致的寄生虫病，常发生于牧区和农区的牛、羊群中。由于绦虫幼虫寄生时均形成囊泡，故称为囊尾蚴病。牛、羊的囊尾蚴病有3种，即多头蚴、棘球蚴和细颈囊尾蚴。

（1）多头蚴病：多头蚴寄生在脑内形成一乳白色半透明的囊泡（小至豌豆，大到鸡蛋），压迫脑组织，出现神经症状。病羊表现歪头、转圈、沉郁、头抵障碍物等现象。

（2）棘球蚴病：棘球蚴病又名包虫病。棘球蚴寄生于牛、羊的肝、肺、脾、肾等器官表面，形成不规则的圆形隆起，小至豆粒，大似排球。包虫有两种型，①单房型，为含有液体的大囊泡，囊壁上有很多生发囊，每个生发囊含有4个以上的头节。生发囊和头节可从生发膜上脱落而游离于囊液中称棘球砂，此型多见于羊。②多房型，即由棘球蚴囊壁上向囊内、外生长许多的子、孙囊，每个小囊内没有液体也没有头节，此型多发生于牛。

（3）细颈囊尾蚴：细颈囊尾蚴寄生于牛、羊、骆驼、猪等动物的肠系膜、大网膜及肝表面，形成悬挂的囊状水泡，俗称“水铃铛”。囊壁内侧有一白色头节。此种囊虫病见于屠宰动物，临床无明显症状。

3种囊尾蚴均为寄生在犬和其他肉食动物小肠内的3种线虫幼虫。它们的生活史都是线虫的孕卵节片随粪便排出体外，污染环境、饮水、草场。当健康动物采食、饮水时将虫卵吃入，在小肠内卵中的六钩蚴逸出，通过肠壁进入肠系膜血管，随血流播散至全身。多头蚴主要在脑、脊髓中发育生长，经7～8个月形成1个或几个囊虫包囊；棘球蚴是棘球绦虫经血流进入肝脏，再移至肝表面，或流入腹腔植在肠系膜或网膜上形成“水铃铛”。牛、羊的囊虫病都因食入肉食动物的绦虫卵引起，当犬和肉食动物吃了患有囊虫病的牛、羊内脏时，又可患绦虫病，如此反复恶性循环，疫病和危害不绝。此外，人也可以因不注意饮食卫生而感染各种囊尾蚴造成危害，甚至致命。所以，不仅要防治动物的绦虫和囊尾蚴病，而且要积极宣传和执行公共卫生、食品卫生法规，杜绝和减少人畜共患病。

4.2.17.5 传入评估

目前通过牦牛毛传播该病还未见报道。但该病在我国有分布，且危害人，传播的可能性不大。

4.2.17.6 发生评估

没有证据证明能通过牦牛毛传播该病。

4.2.17.7 后果评估

牦牛毛中带有该病病原的可能不大，因而通过牦牛毛传入本病可能性很低。

4.2.17.8 风险预测

不加限制进口牦牛毛传入该病的可能性很低，一旦传入影响也较温和，考虑到中国已有该病的分布，无需进行风险管理。

4.2.17.9　风险管理

世界动物卫生组织也没有在《国际动物卫生法典》中对动物产品进行专门性的限制要求。

4.2.17.10　与中国保护水平相适应的风险管理措施

与中国保护水平相适应的风险管理措施无。

4.2.18　锥虫病

4.2.18.1　概述

锥虫病［trypanosomosis (tsetse borne)］又称苏拉病，是由锥虫属的伊氏锥虫寄生于犬体内引起的。本病的临床特征为进行性消瘦、贫血、黏膜黄染、水肿等。

4.2.18.2　病原

伊氏锥虫为单形型锥虫，长 18～34μm，宽 1～2μm，前端比后端尖，波动膜发达，宽而多皱曲，游离鞭毛长达 6μm。虫体中央有一个椭圆形的核（或称主核），后端有小点状的动基体。脑浆内含有少量空泡；核的染色质颗粒多在核的前端。在姬姆萨氏染色的血片中，虫体的核和动基体呈深红紫色，鞭毛呈红色，波动膜呈粉红色，原生质呈淡蓝色。宿主的红细胞则呈鲜红或粉红，稍带黄色。伊氏锥虫寄生在犬的造血脏器和血液（包括淋巴液）内，以纵分裂法进行繁殖，虻、螫蝇及虱蝇是其主要传播者。伊氏锥虫在虻、螫蝇及虱蝇体内并不进行发育，生存时间亦较短，在螫蝇体内的生存时间为 22h，3h 内有感染力；在虻体内一般生存 33～44h。

4.2.18.3　地理分布及危害

该病主要引起流产和新生犊牛死亡，因此造成的危害较大。

4.2.18.4　流行病学特点

锥虫病每年流行于 6～8 月，特别是 7 月上、中旬为高发期。老疫区由于牛的免疫功能强，故多为带虫者，发病、死亡率约 30%；而从非疫区进入病区的牛，则死亡率可达 60%～92%。潜伏期 14～20d，病程 20d 左右。通过蜱传播。焦虫病的传播过程中，蜱起着特殊的媒介作用。蜱作为焦虫的终末宿主完成焦虫生活史，因此，本病同蜱的繁殖有直接的关系，故多发生在蜱活动的夏秋季节。纯种牛、杂种牛和新引进牛，对本病更易感染。焦虫病的潜伏期一般 15d 左右。

4.2.18.5　传入评估

目前通过牦牛毛传播该病还未见报道。但该病在我国有分布，传播的可能性很大。

4.2.18.6　发生评估

没有证据证明能通过牦牛毛传播该病。

4.2.18.7　后果评估

该病一旦传入引起的危害很大，将对中国养殖业造成一定的损失。

4.2.18.8　风险预测

不加限制进口牦牛毛传入该病的可能性很低，一旦传入影响也较温和，考虑到中国已有该病的分布，无需进行风险管理。

4.2.18.9 风险管理

世界动物卫生组织没有在《国际动物卫生法典》中对动物产品进行专门性的限制要求。

4.2.18.10 与中国保护水平相适应的风险管理措施

与中国保护水平相适应的风险管理措施无。

5 中国目前有关防范和降低进境动物疫病风险的管理

中国政府目前通过有关防范和降低措施成功地防止了国外某些疫病的传入，如口蹄疫、牛海绵状脑病、痒病、水疱性口炎等，保护了中国畜牧业的生产安全和人的身体健康。

5.1 审批

为防止牦牛毛生产国重大疫情的传入，国家出入境检验检疫局和各直属局根据《中华人民共和国进出境动植物检疫法》的要求，同时根据世界动物卫生组织各国疫情通报和中国对牦牛毛生产国疫情的了解作出能否进口牦牛毛的决定。

5.2 退回和销毁处理

在进口国发生动物疫情或在进境牦牛毛中发现有关中国限制进境的病原时，出入境检验检疫机构和国家相关的农牧管理部门为防止国外动物疫情传入，发布公告禁止来自疫区的牦牛毛入境，对来自疫区的牦牛毛或检出带有中国限制入境病原的牦牛毛作退回或销毁处理。

5.3 防疫处理

为防止国外疫情传入，在进境牦牛毛到达口岸时，对进境牦牛毛进行外包装消毒处理，同时对储存仓库运输工具进行消毒处理。建立有效的防疫设施，包括存放地进出车辆、人员、工作服消毒和外包装废弃物处理的设施。

5.4 存放和加工过程监督管理

根据《中华人民共和国进出境动植物检疫法》的要求，对生产加工企业和存放地进行监督管理，防止违反《中华人民共和国进出境动植物检疫法》行为的发生，建立健全卫生防疫制度和牦牛毛的出入库登记制度，监督加工企业严格执行国家有关部门的规定和企业制定的防疫制度；监督加工企业严格按照规定对包装材料、加工废料进行无害化处理；监督加工企业严格执行国家有关规定的污水处理标准。

第六篇　进境驼毛风险分析

1　引言

骆驼在世界上分布很广，主要在亚洲和非洲的北纬 10°～50°、干燥少雨的几个大沙漠境内。饲养骆驼头数比较多的国家有亚洲的印度、蒙古、阿富汗和中国，非洲的苏丹、索马里、埃塞俄比亚、埃及等国；欧洲和大洋洲亦有少量。世界上骆驼头数近年来波动在 1 500万～1 600 万峰，其中非洲 1 200 万～1 300 万峰，亚洲 200 万～300 万峰。分布比较集中的地区是非洲的撒哈拉大沙漠、蒙古的南戈壁和中戈壁省。我国骆驼分布主要在腾格里、巴丹吉林、乌兰察布、塔克拉玛干等沙漠。骆驼分布从草原带向沙漠带逐渐过渡，荒漠化程度越高，沙漠戈壁面积越大，骆驼的数量也越多。

骆驼有两种类型，即单峰驼和双峰驼，前者主要分布在非洲和阿拉伯炎热沙漠区域及印度北部干旱平原，占世界骆驼总数的 90%左右；后者主要分布在亚洲北部寒冷沙漠地区，占 10%左右。两种类型的骆驼体型和生产方向略有不同，单峰驼体重较轻，体格较小，体躯窄而短，四肢较高，蹄盘大，额顶无鬃毛，鬣毛白色只到颈的中部，嗉毛从颈中部开始，到颈下部 1/3 处为止，无肘毛，但从肩脚上部到肘端密生有 10～15 cm 长的卷毛，毛色浅，多为沙土色或灰白色，毛短而稀，产毛量低，其绒很短或无绒。双峰驼体重较重，体格较大，体躯宽而长，颈部比单峰驼要短，四肢稍矮，蹄盘略小；由于体长肢矮，因而驮载和挽曳能力比单峰驼大。在头、颈、前肢和峰顶等处都生有粗长的保护毛，产毛量高，绒量也较多。骆驼夏季前绒毛脱换，有利于散热；秋冬季生长厚密的绒毛，有利于抗寒。骆驼产绒毛，驼绒是很好的纺织原料，轻暖而蓬松，不易结毡。一般绒的含量占产毛量的 70%～80%。从合理利用土地资源方面讲，驼绒的发展潜力很大。例如我国荒漠和半荒漠约有 110 万 hm^2，按平均 26～27 hm^2 地养一峰驼计，可养 400 万峰，而目前仅有 60 万峰。加强选育提高生产性能的潜力也是很大的，如蒙古培育的良种 1 号驼和 2 号驼产毛量可达 181 t，我国也有一些产绒量高的骆驼，有些国家的骆驼产奶量亦高，需要培育优良的驼种，提高质量和产品率。同时，要研究荒漠、半荒漠草原的保护、建设和利用问题，提高这些草场的生产力；要因地制宜确定骆驼的育种方向，开展育种工作，加强科研工作，从能源和土地资源合理利用上，增加畜产品的产量。秘鲁生长的羊驼（paca），这里暂不做分析。

2　风险分析过程

风险分析是艺术和科学的统一。风险分析专家必须具有广博的知识面、流行病学和统

计学的知识和技能；必须收集各方面的资料信息；在医学、兽医学领域，必须获得各种疫病的发病机理及流行病学的详尽资料，然后对这些数据和资料进行定性或定量风险分析，找出减少风险的措施。

2.1 风险确定

风险确定是风险分析的第一步，也是很关键的一步。如果一个特定的风险没有确定，就不可能找出减少该风险的措施。许多检疫的失败都可以归结于甄别风险的失败，而不是风险评估和风险管理的失败。

2.2 风险评估

风险因素确定以后，就需要对所存在的风险进行评估。这一步要解决的问题是：在不采取任何措施的情况下，引进某种动物或动物产品，引起进口国动物发生某种动物疫病的风险有多大；采取一系列风险减少措施以后，进口某种动物或动物产品使进口国动物发生某种疫病的风险有多大。这一阶段最重要的就是科学地、合理地收集所有有关信息和资料，对所存在的风险因素进行评估，找出减少风险的措施，得出进口某种动物或动物产品使进口国动物发生某种疫病的风险概率，为决策者提供科学的依据。风险评估分为定性风险评估、定量风险评估和半定量风险评估3种方法。

2.3 风险管理

风险管理是通过对各种风险因素进行科学、严谨的分析而做出正确决定的过程。风险管理可适用于各种情况，比如对已发生了意外结果的地方进行风险管理；或对各种风险都清楚的地方进行风险管理。一种好的风险管理模式包括建立风险管理程序、识别风险、分析风险、评估风险、处理风险和对风险管理系统的执行情况进行检查和总结。

2.4 风险交流

风险交流的过程是将风险评估和风险管理的结果同决策者和公众进行交流。适当的风险交流是必要的，这可将官方的政策向进出口商进行解释，使其经常意识到进口存在的风险，而不仅仅是进口利润。风险交流必须是一个双向程序，它涉及的进出口商必须经官方认可并有单位的详细地址。

风险交流是风险分析过程的最后一步，但在整个过程中所涉及的所有部门都应该进行很好的交流。现在很多国家，公众对“专家”持有怀疑态度，因此尽早开展风险交流，可使公众理解和尊重风险分析的结果。

3　风险因素确定

3.1　确定致病因素的原则和标准

3.1.1　进境驼毛等风险分析的考虑因素

3.1.1.1　商品因素

进境风险分析的商品因素包括进境的驼毛和其相关制品等。

3.1.1.2　国家因素

由于每一个国家动物疫病的发生、发展各不相同，因此所有可能经进境驼毛等将疫病传入我国的驼毛输出国都是考虑的重点，驼毛等运输途经国或地区也应尽可能考虑。

3.1.1.3　其他因素

运输方式、包装种类、储存方法、检疫措施等。

3.1.2　国内外有关政策法规

3.1.2.1　动物及产品贸易的国际法规

SPS协定规定，世界动物卫生组织有权制定动物卫生防疫法规，提出有关动物及产品的国际贸易方面的准则和建议。世界动物卫生组织出版了一本关于风险分析方面的指导性法规——《国际动物卫生法典》，它的主要原则是要求贸易双方作出尽可能详细的动物卫生保障，为保证促进动物和产品的国际贸易发展服务，避免国际贸易中动物疫病的传播风险。国际动物检疫的政策法规还包括一些中国政府与其他国家签署的动物检疫方面的双边条约或检疫条款等。

《国际动物卫生法典》对动物疫病的分类如下：

（1）A类：是一类烈性传染病，能在世界范围内迅速流行，对社会经济及公共卫生产生严重的后果，对动物及产品的国际贸易产生重要影响。

（2）B类：是能在一定区域内对社会经济、公共卫生产生重要影响，并对动物产品的国际性贸易产生一定影响的传染病。

3.1.2.2　中国现行的检疫法规

《中华人民共和国动物防疫法》是目前中国国内有关动物防疫主要的法律法规。《中华人民共和国进出境动植物检疫法》、《中华人民共和国进出境动植物检疫法实施条例》和相关的法规、公告等是中国政府对进出境动植物实施检疫的法律基础，其中规定了中国官方检疫人员依照法律规定行使登船、登车、登机实施检疫；进入港口、机场、车站、邮局以及检疫物存放、加工、养殖、种植场所实施检疫，并依照规定采样；根据需要，进入有关生产、仓库等场所，进行疫情监测、调查和检疫监督管理；查阅、复制、摘录与检疫物有关的运行日志、货运单、合同、发票及其他单证。农业部负责全国范围内动物疫病防制、监测和消灭工作，对外来疫病的防制由农业部和国家出入境检验检疫局共同承担。当某国发生中国限制进境的动物疫病流行时，农业部和国家出入境检验检疫局有权发布公告，禁止与流行疫病有关的任何货物入境。

3.1.3 危害因素的确定

在对进境驼毛等的危害因素确定时，采用以下标准和原则。

3.1.3.1 农业部规定的《一、二、三类动物疫病病种名录》所列的疫病病原体。

3.1.3.2 国外新发现并对农牧渔业生产和人体健康有潜在威胁的动物传染病和寄生虫病病原体。

3.1.3.3 列入国家控制或消灭的动物传染病和寄生虫病病原体。

3.1.3.4 对农牧渔业生产和人体健康及生态环境可能造成危害或负面影响的有毒有害和生物活性物质。

3.1.3.5 世界动物卫生组织（OIE）列出的A类和B类疫病。

3.1.3.6 有证据证明能够通过驼毛等传播的疫病。

3.2 致病因素的评估

驼毛等作为一种特殊的商品，任何外来致病性因子都可能存在，因而使其携带疫情复杂、难以预测且不易确定。有些驼毛等甚至可能夹带粪便和土壤等禁止进境物，在现场查验中却难以发现，而这些常常是致病性因子最可能存在的地方。对进境驼毛等所携带的危害因素进行风险分析的依据是：危害因素在中国目前还不存在（或没有过报道）；或仅在局部存在；对人有较严重的危害；有严重的政治或经济影响；已经消灭或在某些地区得到控制；对畜牧业有严重危害等。对和骆驼有关的疫病流行的特点分析如表6-1。

表6-1 骆驼有关疫病的流行特点及风险评估

病　名	传播途径	流行及控制	风险评估
口蹄疫	能够通过骆驼传播	地方流行性	高风险，需重点防疫
牛瘟	实验感染表明能够传播	未见报道	高风险，需重点防疫
蓝舌病	有证据证明骆驼能够传播	未见报道	高风险，需重点防疫
炭疽病	能够通过骆驼进行传播	零星散发	中风险，需重点防疫
结核病	骆驼可以感染传播该病	地方性流行	中风险，需重点防疫
副结核病	骆驼可以感染传播该病	地方性流行	中风险，需重点防疫
布鲁氏菌病	骆驼可以感染传播该病	地方性流行	中风险，需重点防疫
狂犬病	骆驼可以感染传播该病	散发、疫苗控制	中风险，需重点防疫
传染性口疮	骆驼可以感染传播该病	地方性流行	中风险，需防疫
马鼻肺炎	骆驼可以感染传播该病	地方性流行	中风险，需防疫
水疱性口炎	骆驼可以感染传播该病	实验感染	中风险，需防疫
沙门氏菌病	骆驼可以感染传播该病	未见报道	中风险，需防疫
链球菌病	骆驼可以感染传播该病	地方性流行	中风险，需防疫
魏氏梭菌病	骆驼可以感染传播该病	地方性流行，防疫控制	中风险，需防疫
钩端螺旋体病	骆驼可以感染传播该病	偶尔发生	中风险，需防疫

（续）

病　名	传播途径	流行及控制	风险评估
弓形虫	骆驼可以感染传播该病	未见报道	低风险
棘球蚴	骆驼可以感染传播该病	疫苗控制	低风险
伪狂犬病	未见报道	散发	低风险
李氏杆菌病	骆驼可以感染传播该病	有报道，驱虫	低风险
类鼻疽	没有证据证明能够感染传播	没有报道	低风险
低风险放线菌病	骆驼可以感染传播该病	偶尔发生	低风险
肝片吸虫病	骆驼可以感染传播该病	有报道，治疗	低风险
肺腺瘤病	骆驼可以感染传播该病	有报道，驱虫	低风险
裂谷热	没有证据证明能感染传播	从未见报道	低风险
Q热	没有证据证明能感染传播	从未见报道	低风险

3.3　风险描述

对风险性疫病，从以下几个方面进行讨论。

3.3.1　概述

对疫病进行简单描述。

3.3.2　病原

对疫病致病病原进行简单描述。

3.3.3　地理分布及危害

对疫病的世界性分布情况进行描述；对疫病的危害程度进行简单的描述。

3.3.4　流行病学特点

对致病病原的自然宿主进行描述及对疫病的流行特点、规律、传播特点及媒介进行描述，尤其侧重与该病相关的检疫风险的评估。

3.3.5　传入评估

3.3.5.1　从以下几个可能的方面对疫病进行评估。

（1）原产国是否存在病原。

（2）生产国农场是否存在病原。

（3）驼毛中是否存在病原。

3.3.5.2　对病原传入、定居并传播的可能性，尽可能用以下术语（词语）描述。

（1）高（high）：事件很可能会发生。

（2）中等/度（moderate）：事件有发生的可能性。

（3）低（low）：事件不大可能发生。
（4）很低（very low）：事件发生的可能性很小。
（5）可忽略（negligible）：事件发生的概率极低。

3.3.6 发生评估

对疫病发生的可能性进行描述。

3.3.7 后果评估

后果评估是指对由于病原生物的侵入对养猪业或畜产品造成的不利影响给予描述。经济影响一般是指动物死亡或产品损失、限制进出、出口市场丢失、国家赔偿、控制措施造成的生产损失。环境影响通常是指对本地物种的不利影响。对疫病发生的后果及潜在的危害进行描述。应该注意到在某些情况下接受发病疫区可极大降低发病带来的不利影响。但在疫区划分条件上有许多不定的因素，有些贸易伙伴接受，有些根本不接受。最明显的例子是澳大利亚发生新城疫，少数国家根本不接受在一个国家内任何水平的疫区，有些接受，但对疫区的大小以及有效期的时间有不同的意见。例如：大约一半的澳大利亚出口市场不接受低于整个新南威尔士州水平的疫区。

3.3.8 风险预测

传入、定殖以及传播的可能性和造成后果之间的关系是决定是否采取专门风险管理措施的关键。对一些有严重甚至极端严重后果的疫病，只要疫病进入的风险高于可忽略的保护水平，就不允许进口；对一些造成中等后果的疫病，风险高于很低的保护水平，不允许进口；对造成后果温和的疫病，风险不应高于低保护水平。对造成后果可忽略的疫病，不用考虑任何进口风险。

3.3.9 风险管理

风险分析提供了一系列风险管理措施，主要是根据评估的风险大小以及疫病流行特点制定的。最常用的是世界动物卫生组织《国际动物卫生法典》，如果这些措施都不能满足本国的适当的保护水平，就根据实际情况制定专门的管理措施。

3.3.10 与中国保护水平相适应的风险管理措施

简单描述与中国保护水平相适应的风险管理措施。

4 风险评估及管理

4.1 A类疫病的风险分析

4.1.1 口蹄疫

4.1.1.1 概述

口蹄疫（foot and mouth disease，FMD）是家畜最严重的传染病之一，是由口蹄疫病毒引起偶蹄兽的一种多呈急性、热性、高度接触性传染病，广泛影响各种家畜和野生偶蹄动物，如牛、羊、猪、羊驼、骆驼等偶蹄动物。主要表现为口、鼻、蹄和乳头形成水疱和糜烂，而羊感染后则表现为亚临诊症状。人和非偶蹄动物也可感染，但感染后症状较轻。

4.1.1.2　病原

口蹄疫是世界上最重要的动物传染病之一，严重影响国际贸易，因此既是一种经济性疫病，又是一种政治性疫病，所以被世界动物卫生组织列为A类动物传染病之首。猪是其繁殖扩增宿主。该病毒经空气进行传播时，猪是重要的传播源。

口蹄疫病毒属微（小）RNA病毒科（*Plcornaviridae*）、口疮病毒属（*Aphtovirus*）。该病毒有7种血清型，60多种血清亚型。该病毒对酸碱敏感，pH 4～6病毒性质稳定，pH高于11或低于4时，所有毒株均可被灭活。有机物可对病毒的灭活产生保护作用。在0℃以下时，病毒非常稳定。病毒粒子悬液在20℃左右，经8～10周仍具有感染性。在37℃时，感染性可持续10 d以上；高于37℃，病毒粒子可被迅速灭活。

4.1.1.3　地理分布及危害

口蹄疫呈世界性分布，特别是近年流行十分严重，除澳大利亚和新西兰及北美洲的一些国家外，非洲、东欧、亚洲及南美洲的许多国家都有口蹄疫发生，至今仍呈地方性流行。中国周边地区尽管口蹄疫十分严重，到目前为止还没有从周边地区传入该病。口蹄疫是烈性传染病，发病率几乎达100%，被世界动物卫生组织（OIE）列为A类家畜传染病之首。该病程一般呈良性经过，死亡率只有2%～3%；恶性病型死亡率可达50%～70%。但主要经济损失并非来自动物死亡，而是来自患病期间的肉和奶的生产停止，病后肉、奶产量减少，种用价值丧失。由于该病传染性极强，对病畜和怀疑处于潜伏期的同种动物必须紧急处理，对疫点周围广大范围须隔离封锁，禁止动物移动和畜产品调运上市。口蹄疫的自然感染主要发生于偶蹄兽，尤以黄牛（奶牛）最易感，其次为水牛、牦牛、猪，再次为绵羊、山羊、骆驼等。野生偶蹄兽也能感染和致病，猫、犬等动物可以人工感染。其中，牛、猪发病最严重。

4.1.1.4　流行病学特点

呼吸道是反刍动物感染该病的主要途径。很少量的病毒粒子就可以引发感染。呼吸道感染也是猪感染的一条重要途径，但与反刍动物相比，猪更容易经口感染。发病动物通过破溃的皮肤及水疱液、排泄物、分泌物、呼出气等向外扩散，污染饲料、水、空气、用具等。

发病动物通过呼吸道排出大量病毒，甚至在临诊症状出现前4 d就开始排毒，一直到水疱症状出现，即体内抗体产生后4～6 d，才停止排毒。另外，大多数康复动物都是病毒携带者，污染物或动物产品都可以造成感染。

由于患病期症状轻微，易被忽略，牛、羊等成为隐性带毒者。畜产品如皮毛、肉品、奶制品等，以及饲料、草场、饮水、交通工具、饲养管理工具等均有可能成为传染源。

4.1.1.5　传入评估

口蹄疫病毒已经证明可以通过皮毛传播，而且已经有通过皮毛传染给人和其他易感动物的例子。从英国发现第一例口蹄疫感染的家畜开始，口蹄疫正以迅雷不及掩耳的速度在传播，目前已经证实的感染病毒的国家数量已经超过20个，并且数量还在迅速扩大。南美、东亚、东南亚、欧洲大陆以外国家、中东等国家和地区也开始遭受口蹄疫的侵害，出现不同程度的损失。联合国粮农组织官员于 2001 年 3 月 14 日已经发出警告，强调口蹄疫已成为全球性威胁，并敦促世界各国采取更严格的预防措施。我国的香港和台湾地区，以及近邻韩国、日本、印度、蒙古、原独联体国家都纷纷“中弹”。我国政府已经多次发出通知，采取一切措施，把口蹄疫拒之国门以外。

口蹄疫传播方式很复杂，在此讨论与驼毛有关的传播可能。通过感染动物和易感动物的直接接触引起动物间的传播，和农场内部局部传播，而人、犬、鸟、啮齿类动物等引起传播的方式比较简单。研究人员还发现病毒通过气溶胶在感染动物与易感动物间的传播，已经证实这是远距离传播的主要方式，且气溶胶传播难以控制，在欧洲暴发的口蹄疫则可能是通过旅游者在疫区与非疫区之间的传播引起的。运载过感染动物和动物产品的车辆可能成为口蹄疫传染源，Seller 等试验证实了这一点，因此对来自疫区或经过疫区的运输工具消毒和清洗显得十分必要。对于上述传播可能，来自疫区的驼毛和运输工具完全有可能成为传染源，如果驼毛中夹杂有感染动物的粪尿，则传播是肯定的。本病通过驼毛传入的可能性很高。

4.1.1.6 发生评估

没有证据证明口蹄疫能够通过驼毛传播。当每升空气中含一个病毒粒子时，猪和羊 30 min 可吸入足够感染量的病毒；牛则只需 2 min，一头感染的猪一天可以排出的气源性病毒粒子足以使 500 头猪、7 头反刍动物经口感染。中国传统的高密度的畜牧业可使侵入口蹄疫迅速传播并流行。

4.1.1.7 后果评估

口蹄疫被公认为是破坏性最大的动物传染病之一，尤其是在一些畜牧业发达的地区。口蹄疫病毒一旦发生，造成的后果十分严重，并且要在短时间内将这种疫病完全根除代价很高。口蹄疫一旦发生带来的直接后果是我国主要的海外市场将会被封锁，包括牛、羊、猪、牛肉、猪肉以及部分羊肉市场。很难对口蹄疫侵入造成的经济影响作出具体量化。疫病的暴发规模及对疫病控制措施的反应等不确定因素，使得很难对其所造成的经济损失作出简单的估算。

4.1.1.8 风险预测

不加限制进口驼毛引入口蹄疫的可能性很低，但是该病毒一旦传入产生的后果非常严重，需要进行风险管理。

4.1.1.9 风险管理

世界动物卫生组织发布的《国际动物卫生法典》明确提出有关反刍动物的毛、绒等卫生要求，目的就是为了防止口蹄疫疫区的扩大。

4.1.1.10 与中国保护水平相适应的风险管理措施

（1）严格按照世界动物卫生组织规定的国际动物卫生要求出具证明。

（2）进境驼毛必须是来自 6 个月内无口蹄疫发生的国家或地区（包括过境的国家或地区），具体还必须包括以下产品：①所有未经任何加工的原毛。②只经初加工的产品（产品与原料在同一环境中），如洗净毛。

（3）口蹄疫疫区周边地区和国家的驼毛，限制在入境口岸就地加工。

4.1.2　水疱性口炎

4.1.2.1　概述

本病是由弹状病毒属的水疱病毒引起的一种疫病，主要表现为发热和口腔黏膜、舌头上皮、乳头、足底冠状垫出现水疱。该病原的宿主谱很宽，能感染牛、猪、马以及包括人和啮齿类动物在内的大多数温血动物，同时可以感染冷血动物，甚至于植物也可以感染本病。

4.1.2.2　病原

水疱性口炎（vesicular stomatitis，VS）又名鼻疮、口疮、伪口疮、烂舌症、牛及马的口溃疡等。本病是马、牛、羊、猪的一种病毒性疫病。其特征为口腔黏膜、乳头皮肤及蹄冠皮肤出现水疱及糜烂，很少发生死亡。

水疱性口炎病毒属弹状病毒科（*Rhabdoviridae*）、水疱性病毒属（*Vesiculo virus*），是一类无囊膜的RNA病毒。该病毒有两种血清型，即印第安纳（Indiana，IN）型和新泽西（New Jersey，NJ）型。其中，新泽西型是引起美国水疱性口炎暴发的主要病原。由于该病毒可引起多种动物发病，并能造成重大的经济损失，以及该病与口蹄疫的鉴别诊断方面的重要性，因此水疱性口炎被世界动物卫生组织列为A类病。

4.1.2.3　地理分布及危害

水疱性口炎主要分布于美国东南部、中美洲、委内瑞拉、哥伦比亚、厄瓜多尔等地。在南美，巴西南部阿根廷北部地区曾暴发过该病。在美国，除流行区以外，主要是沿密西西比河谷和西南部各州，每隔几年都要流行一次或零星发生。加拿大最北部的曼尼托巴省也发生过该病。法国和南非也曾有过报道。

该病分为两个血清型：新泽西型和印第安纳型。感染的同群动物90%以上出现临床症状，几乎所有动物产生抗体。本病通常在气候温和的地区流行，媒介昆虫和动物的运动可导致本病的传播。印第安纳型通过吸血白蛉传播。本病传播速度很快，在一周之内能感染大多数动物，传播途径尚不清楚，可能是皮肤或呼吸道。

4.1.2.4　流行病学特点

水疱性口炎常呈地方性，有规律地流行和扩散。一般间隔10 d或更长。流行往往有季节性，夏初开始，夏中期为高峰直到初秋。最常见牛、羊和马的严重流行。病毒对外界具有相当强的抵抗力。干痂暴露于夏季日光下经30～60 d开始丧失其传染性，在地面上经过秋冬，来春仍有传染性。干燥病料在冰箱内保存3年以上仍有传染性。对温度较为敏感。

对于水疱性口炎病毒的生态学研究还不很清楚。比如，病毒在自然界中存在于何处，如何保存自己，它是怎样从一个动物传给另一个动物的，以及怎样传播到健康的畜群中的。从某些昆虫体内曾分离到该病毒。破溃的皮肤黏膜污染的牧草被认为是病毒感染的主要途径。非叮咬性蝇类也是该病传播的一条重要途径。该病毒在正常环境中感染力可持续几天。污染的取奶工具等也可以造成感染。潜伏期一般为2～3 d，随后出现发热，并在舌头、口腔黏膜、蹄冠、趾间皮肤、嘴（马除外）或乳头附近出现细小的水疱症状。水疱可能会接合在一起，然后很快破溃，如果没有第二次感染发生，留下的伤口一般在10 d左右痊愈。水疱的发展往往伴随有大量的唾液、厌食、瘸腿等症状。乳头的损伤往往由于严重的乳房炎等并发症变得更加复杂。但该病的死亡率并不高。

4.1.2.5 传入评估

该病一旦侵入，定殖并传播的可能性很低。人们对该病的流行病学不清楚，甚至对传播该病的媒介生物的范围以及媒介生物在该病传播流行中的意义等尚不清楚。几乎没有任何信息可以用来量化预测该病定殖及传播的风险。1916年，该病确实从美国传入欧洲，但最终该病没有定殖下来。尽管目前国际动物贸易频繁，除了这一次例外，没有任何证据表明该病在美洲大陆以外的地区定殖。因此，水疱性口炎定殖、传播的风险被认为很低。

4.1.2.6 发生评估

水疱性口炎定殖、传播的风险很低。

4.1.2.7 后果评估

该病一旦侵入，将会对中国畜牧业带来严重的后果。该病对流行地区造成的经济损失巨大。1995年美国暴发该病，由于贸易限制造成的经济损失以及生产性损失（包括：动物死亡、奶制品生产量下降、确定并杀掉感染动物以及动物进出口的限制）等，据估计直接经济损失达1 436万美元。水疱性口炎与口蹄疫鉴别诊断方面有重要意义，因此该病一旦在中国定殖，所造成的直接后果将是：所有的牲畜及其产品将被停止出口，至少要到口蹄疫的可能性被排除以后。由于对水疱性口炎的传播机制知之甚少，因此，很难预测紧急控制或扑灭措施的效果如何，并且很难确定该病所造成的最终影响。

4.1.2.8 风险预测

不加限制进口驼毛带入水疱性口炎的可能性几乎不存在。

4.1.2.9 风险管理

世界动物卫生组织在《国际动物卫生法典》中没有就进口动物产品作任何限制性的要求，无需要进行风险管理。

4.1.2.10 与中国保护水平相适应的风险管理措施

与中国保护水平相适应的风险管理措施无。

4.1.3 牛瘟

4.1.3.1 概述

牛瘟（rinderpest，RP）又名牛疫（cattle plague）、东方牛疫（oriental cattle plague）、烂肠瘟等，是由牛瘟病毒引起的反刍动物的一种急性传染病，主要危害黄牛、水牛。该病的主要特点是炎症和黏膜坏死，对易感动物有很高的致死率。

4.1.3.2 病原

牛瘟病毒属副黏病毒科（*Paramyxoviridae*）、麻疹病毒属（*Morbili virus*）。该属中还包括麻疹病毒、犬瘟热病毒、马腺疫病毒、Hendra病毒以及小反刍兽疫病毒等。这些病毒有相似的理化性质，在血清型上也有一定的相关性。牛瘟病毒只有一种血清型，但在不同毒株的致病力方面变化很大。

牛瘟病毒性质不稳定，在干燥的分泌排泄物中只能存活几天，且不能在动物的尸体中存活。该病毒对热敏感，在56℃病毒粒子可被迅速灭活。在pH2～9之间，病毒性质稳定。该病毒有荚膜，因此可通过含有脂溶剂的灭菌药物将其灭活。

4.1.3.3 地理分布及危害

本病毒主要存在于巴基斯坦、印度、斯里兰卡等国。该病是一种古老的传染病，曾给养牛业带来毁灭性的打击，在公元7世纪的100年中，欧洲约有2亿头牛死于牛瘟。1920年，印度运往巴西的感染瘤牛经比利时过境时引发牛瘟暴发，因此促成世界动物卫生组织（OIE）的建立。

亚洲被认为是牛瘟的起源地，至今仍在非洲一些地区、中东以及东南亚等地流行。通过接种疫苗等防疫措施，印度牛瘟的发生率和地理分布范围已有明显的减少。尽管在印度支那等边缘地区仍有潜在感染的可能性，但从总体上说，东南亚和东亚地区的牛瘟已基本消灭。1956年以前，中国大陆曾大规模流行，在政府的支持下，经过科研工作者的努力，成功地研制出了牛瘟疫苗，并有效地控制了疫情，到1956年，中国宣布在全国范围内消灭牛瘟。本病西半球只发生过一次，即1921年发生于巴西，该地曾进口瘤牛，在发病还不到1 000头时就开始扑杀，共宰杀大约2 000头已经感染的牛。

4.1.3.4 流行病学特点

该病的自然宿主为牛及偶蹄兽目的其他成员。牛属动物最易感，如黄牛、奶牛、水牛、瘤牛、牦牛等，但其他家畜如猪、羊、骆驼等也可感染发病。许多野兽如猪、鹿、长颈鹿、羚羊、角马等均易感。

牛瘟病牛是主要传染源，在感染牛向外排出病毒时尿中最多，任何污染病牛的血、尿、粪、鼻分泌物和汗都是传染源。本病在牛之间大多是由于病牛与健康牛直接接触引起的，亚临床感染的绵羊与山羊可以将本病传染给牛；受感染的猪可通过直接接触将该病传给其他猪或牛，该病毒可以在猪体内长期存在达36年之久。牛瘟常与战乱相联系，1987年，斯里兰卡在40多年没有牛瘟的情况下，因部队带来的感染山羊在驻地进行贸易而引发牛瘟；1991年因海湾战争，将牛瘟从伊拉克传入土耳其。

4.1.3.5 传入评估

牛瘟通常是经过直接接触传播的。动物一般经呼吸感染。尽管牛瘟病毒对外界环境的抵抗力不强，但该病毒由于可通过风源传播，因此该病毒传播距离很远，有时甚至可达100 m以上。没有报道证实该病可以通过动物产品感染，甚至在一些牛瘟流行的国家，除牛以外的动物产品携带牛瘟病毒的可能性都不大。某些呈地方流行性的国家，本病通过驼毛传入的可能性很低。

4.1.3.6 发生评估

没有证据证明该病毒能通过驼毛传播。

4.1.3.7 后果评估

牛瘟一旦侵入将会给中国带来巨大的经济损失并可能导致严重的社会后果，在这方面中国已有深刻教训。有研究报告指出控制牛瘟侵入造成的经济损失与控制口蹄疫侵入的损失相当。直接的深远的影响将是养牛业。将会波及大量的肉类出口甚至可能也会影响到其他的动物产品。应在尽短的时间内，制定并实施对疫病的控制扑灭措施。尽管发病牛有很高的死亡率，但要在短时间内控制并防止疫病进一步扩散也并非很难。因此由于牛的发病和死亡造成的直接损失远远小于直接或间接用于控制疫病的费用。

中国于1956年消灭此病并到目前一直未发生过此病，目前在养牛业不接种任何防制该病的疫苗，对中国来说牛对此病没有任何免疫力，因而该病一旦传入并定殖，养牛业必将遭受毁灭性的打击。不仅因此可能带来巨大的经济损失，同时现有的防疫体系也将完全崩溃。

4.1.3.8 风险预测

通过驼毛可以将该病病原传入的可能性低。通过牦牛产品贸易传入此病是可能的，但由于该病病原的抵抗力脆弱，因此传入的可能性低。该病病原在中国有较广泛的寄生宿主谱（猪、牛、羊），因此一旦传入，定殖并发生传播是可能的。不加限制进口驼毛传入该病的可能性低，但一旦传入后果极端严重。

4.1.3.9 风险管理

世界动物卫生组织在《国际动物卫生法典》中明确将此病列入A类病，并就对反刍动物和猪的绒毛、粗毛、鬃毛等有明确的限制性要求，要求出具国际卫生证书，并证明：

（1）按照世界动物卫生组织《国际动物卫生法典》规定的要求程序加工处理，确保杀灭牛瘟病毒。

（2）加工后采取必要的措施防止产品接触潜在的病毒源。

4.1.3.10 与中国保护水平相适应的风险管理措施

（1）不从该病的发生地进口任何未经加工的驼毛。

（2）进口驼毛（包括初加工产品）不允许从疫区过境。

（3）能确保初加工产品（如洗净毛、炭化毛、毛条等）未接触任何牛瘟病毒源，可以考虑进口。

4.1.4 小反刍兽疫

4.1.4.1 概述

小反刍兽疫（pestedes petits ruminants，PPR）又名小反刍兽假性牛瘟、肺肠炎、口炎肺肠炎复合症，是由小反刍兽疫病毒引起的急性传染病，主要感染小反刍兽动物，以发热、口炎、腹泻、肺炎为特征。

4.1.4.2 病原

小反刍兽疫病毒属于副黏病毒科、麻莎病毒属，病原对外界的抵抗力强，可以通过骆驼毛传播本病。主要分布于非洲和阿拉伯半岛。

4.1.4.3 地理分布及危害

本病仅限于非洲和阿拉伯半岛，在中国、大洋洲、欧洲、美洲都未发生过。本病发病率高达100%，严重暴发时死亡率高达100%，轻度发生时死亡率不超过50%，幼年动物发病严重，发病率和死亡率都很高。

4.1.4.4 流行病学特点

本病是以高度接触性传播方式传播的，感染动物的分泌物和排泄物也可以造成其他动物的感染。

4.1.4.5　传入评估

有证据证明该病可以通过骆驼毛传播，特别是以绵羊和山羊为主要感染对象，并迅速在感染动物体内定殖，随着病毒在体内定殖和易感动物增加时就会引起流行。

4.1.4.6　发生评估

可以通过骆驼毛传播该病。

4.1.4.7　后果评估

中国从未发生过小反刍兽疫，因此该病的传入必将给中国的养殖业以严重打击，造成的后果难以量化。

4.1.4.8　风险预测

不加限制进口骆驼毛小反刍兽疫定殖可能性较高，病毒一旦定殖引起的后果极为严重，需对该病进行风险管理。

4.1.4.9　风险管理

世界动物卫生组织有明确的关于从小反刍兽疫感染国家进口小反刍动物绒毛、粗毛及其他毛发的限制要求。目的就是限制小反刍兽疫的扩散。

4.1.4.10　与中国保护水平相适应的风险管理措施

必须限制从疫病感染区进口骆驼毛，具体包括：

（1）不从疫区进口任何未经加工的骆驼毛。

（2）对途经疫区的骆驼毛在口岸就近加工处理。

（3）在出口国兽医行政管理部门监控和批准的场所加工，确保杀灭小反刍兽疫病毒的产品，如洗净毛、炭化毛、毛条可以进口。

4.1.5　蓝舌病

4.1.5.1　概述

蓝舌病（blue tongue，BT 或 BLU）是反刍动物的一种以昆虫为传播媒介的病毒性传染病，主要发生于绵羊，其临床症状特征为发热、消瘦，口、鼻和胃肠黏膜溃疡变化及跛行。本病最早于 1876 年发现于南非的绵羊，1906 年被定名为蓝舌病，1943 年发现于牛。本病分布很广，很多国家均有本病存在，1979 年我国云南首次确定绵羊蓝舌病，1990 年甘肃又从黄牛分离出蓝舌病病毒。

4.1.5.2　病原

蓝舌病病毒属于呼肠孤病毒科、环状病毒属，为一种双股 RNA 病毒，呈 20 面体对称。已知病毒有 24 个血清型，各型之间无交互免疫力；血清型的地区分布不同，例如非洲有 9 个，中东有 6 个，美国有 6 个，澳大利亚有 4 个，还可能出现新的血清型。易在鸡胚卵黄囊或血管内繁殖，羊肾、犊牛肾、胎牛肾、小鼠肾原代细胞和继代细胞都能培养增殖，并产生蚀斑或细胞病变。病毒存在于病畜血液和各器官中，在康复畜体内存在达 4～5 个月之久。病毒抵抗力很强，在 50%甘油中可存活多年，病毒对 3%氢氧化钠溶液很敏感。

4.1.5.3　地理分布及危害

一般认为，南纬 35°到北纬 40°之间的地区都可能有蓝舌病的存在，已报道发生或发现的蓝舌病国家主要有非洲的南非、尼日利亚等；亚洲的塞浦路斯、土耳其、巴勒斯坦、巴基斯坦、印度、马来西亚、日本、中国等；欧洲的葡萄牙、希腊、西班牙等；美洲的美国、加拿大、中美洲各国、巴西等；大洋洲的澳大利亚等。

危害表现以下几方面。

(1) 感染强毒株后，发病死亡，死亡率可达60%～70%，一般为20%～30%，1956年葡萄牙和西班牙发生的蓝舌病死亡绵羊17.9万只。

(2) 动物感染病毒后，虽不死亡，但生产性能下降，饲料回报率低。

(3) 影响动物及产品的贸易。

(4) 有蓝舌病的国家出口反刍动物及种用材料，则要接受进口国提出的严格的检疫条件。

4.1.5.4 流行病学特点

主要侵害绵羊，也可感染其他反刍动物，如牛（隐性感染）等。特别是幼驼易感，长期发育不良，驼毛的质量受到影响。蓝舌病最先发生于南非，并在很长时间内只发生于非洲大陆。一般认为，从南纬35°到北纬40°之间的地区都有可能有蓝舌病存在。而事实上许多国家发现了蓝舌病病毒抗体，但未发现任何病例。蓝舌病病毒主要感染绵羊，所有品种都可感染，但有年龄的差异性。本病毒在库蠓唾液腺内存活、增殖和增强毒力后，经库蠓叮咬感染健康牛、羊。1岁左右的绵羊最易感，哺乳的羔羊有一定的抵抗力，牛和山羊的易感性较低。绵羊是临诊病状表现最严重的动物。本病多发生于湿热的夏季和早秋，特别多见于池塘、河流多的低洼地区。本病常呈地方性流行，接触传染性很强，主要通过空气—飞沫经呼吸道传染。本病的传播主要与吸血昆虫库蠓有关。易感动物对口腔传播有很强的抵抗力，发病动物的分泌物和排泄物内病毒含量极低，不会引起蓝舌病传播，其产品如肉、奶、毛等也不会导致蓝舌病的传播。

4.1.5.5 传入评估

本病的传播主要以库蠓为传播媒介。被污染的驼毛不能传播本病，除非驼毛中有活的库蠓虫或幼虫存在。本病通过驼毛传入的可能性中等。

4.1.5.6 发生评估

病毒存在于病畜血液和各器官中，在康复畜体内存在达4～5个月之久。病毒抵抗力很强，在50%甘油中可存活多年，病毒对3%氢氧化钠溶液很敏感。由此分析该病毒可随驼毛的出口运输而世界性分布传播。我国有数量众多的羊群，皆为易感动物，一旦传入我国，发病的可能性极大。

4.1.5.7 后果评估

我国已发现该病，但已采取了可靠的措施控制本病的发生和传播。但是本病一旦发生，会造成严重的地方流行，给地方的畜牧业造成严重的后果，如不采取果断的措施，也会造成严重的经济损失，进而危及驼毛纺织业的发展。

4.1.5.8 风险预测

如不加限制，本病一旦传入我国并在我国流行，产生的潜在后果也是很严重的。

4.1.5.9 风险管理

世界动物卫生组织在《国际动物卫生法典》中没有专门就动物产品的限制性要求。

4.1.5.10　与中国保护水平相适应的风险管理措施

与中国保护水平相适应的风险管理措施无。

4.1.6　裂谷热

4.1.6.1　概述

裂谷热（rift valley fever，RVF）是一种由裂谷热病毒引起的急性、发热性动物源性疫病（本来在动物间流行，但偶然情况下引起人类发病）。主要经蚊叮咬或通过接触染疫动物传播给人，多发生于大雨季节。病毒性出血热可能导致动物和人的严重疫病，引起严重的公共卫生问题和因牲畜减少而导致的经济下降问题。

4.1.6.2　病原

该病病原属于布尼亚病毒科、白蛉热病毒属，为 RNA 病毒。本病在家畜中传播一般需依赖媒介昆虫（主要是库蚊），否则传播不很明显，但对人的危害大多数是因为接触感染动物的组织、血液、分泌物或排泄物造成的。由于此病对人危害十分严重，被世界动物卫生组织列入 A 类疫病。在流行区，根据流行病学和临床资料可以作出临床诊断。可采取几种方法确诊急性裂谷热，包括血清学试验（如 ELISA）可检测针对病毒的特异的 IgM。在病毒血症期间或尸检组织采取各种方法包括培养病毒（细胞培养或动物接种）、检测抗原和 PCR 检测病毒基因。

实验发现抗病毒药病毒唑（Ribavirin）能抑制病毒生长，但临床上尚未有评价。大多数裂谷热病例症状轻微，病程短，因此不需要特别治疗。严重病例，治疗原则是支持、对症疗法。

4.1.6.3　地理分布及危害

20 世纪初即发现在肯尼亚等地的羊群中流行。

1930 年，科学家 Daubney 等在肯尼亚的裂谷（rift valley）的一次绵羊疫病暴发调查中首次分离到裂谷热病毒。

1950—1951 年，肯尼亚动物间大暴发裂谷热，估计 1 万只羊死亡。

1977—1978 年，曾在中东埃及尼罗河三角洲和山谷中首次出现大批人群和家畜（牛、羊、骆驼、山羊等）感染，约 600 人死亡。

1987 年，首次在西非流行，与建造塞内加尔河工程导致下游地区洪水泛滥、改变了动物和人类间的相互作用，从而使病毒传播给人类有关。

1997—1998 年，曾在肯尼亚和索马里暴发。

2000 年 9 月份，裂谷热疫情首次出现在非洲以外地区，沙特阿拉伯（南部的加赞地区）和也门报告确诊病例。据世界卫生组织介绍：至 10 月 9 日，也门卫生部报告发病 321 例，死亡 32 例，病死率为 10%；沙特阿拉伯卫生部报告 291 例中，死亡 64 例。在原来没有该病的阿拉伯半岛发生了流行，这直接威胁到邻近的亚洲及欧洲地区。

人感染病毒 2～6 d 后，突然出现流感样疫病表现，发热、头痛、肌肉痛、背痛，一些病人可发展为颈硬、畏光和呕吐，在早期，这类病人可能被误诊为脑膜炎。持续 4～7 d，在针对感染的免疫反应 IgM 和 IgG 抗体可以检测到后，病毒血症消失。人类染上裂谷热病毒后病死率通常较低，但每当洪水季节来临，在肯尼亚和索马里等非洲国家则会有数百人死于该病。

大多数病例表现相对轻微，少部分病例发展为极为严重疫病，可有以下症状之一：眼病（0.5%～2%）、脑膜脑炎或出血热（小于1%）。眼病（特征性表现为视网膜病损）通常在第一症状出现后1～3周内起病，当病存在视网膜中区时，将会出现一定程度的永久性视力减退。其他综合征表现为急性神经系统疫病、脑膜脑炎，一般在1～3周内出现。仅有眼病或脑膜脑炎时不容易发生死亡。

裂谷热可表现为出血热，起病后2～4 d，病人出现严重肝病，伴黄疸和出血现象，如呕血、便血、进行性紫癜（皮肤出血引起的皮疹），牙龈出血。伴随裂谷热出血热综合征的病人可保持病毒血症长达10 d，出血病例病死率大约为50%。大多数死亡发生于出血热病例。在不同的流行病学文献中，总的病死率差异很大，但均小于1%。

4.1.6.4　流行病学特点

裂谷热主要通过蚊子叮咬在动物间（牛、羊、骆驼、山羊等）流行，但也可以由蚊虫叮咬或接触受到感染的动物血液、体液或器官（照顾、宰杀受染动物，摄入生奶等）而传播到人，通过接种（如皮肤破损或通过被污染的小刀的伤口）或吸入气溶胶感染，气溶胶吸入传播可导致实验室感染。

许多种蚊子可能是裂谷热的媒介，伊蚊和库蚊是动物病流行的主要媒介，不同地区不同蚊种被证明是优势媒介。在不同地方，泰氏库蚊、尖音库蚊、叮马伊蚊、曼氏伊蚊、金腹浆足蚊等曾被发现是主要媒介。此外，不同蚊子在裂谷热病毒传播方面起不同作用。伊蚊可以从感染动物身上吸血获得病毒，能经卵传播（病毒从感染的母体通过卵传给后代），因此新一代蚊子可以从卵中获得感染。在干燥条件下，蚊卵可存活几年。其间，幼虫孳生地被雨水冲击，如在雨季卵孵化，蚊子数量增加，在吸血时将病毒传给动物，这是自然界长久保存病毒的机制。

该病毒具有很广泛的脊椎感染谱。绵羊、山羊、牛、水牛、骆驼和人是主要感染者。在这些动物中，绵羊发病最为严重，其次是山羊；其他的敏感动物有驴、啮齿动物、犬和猫。该病不依赖媒介，在动物间传播不明显，与之相比大多数人的感染是接触过感染动物的组织、血液、分泌物和排泄物造成的。在动物间传播主要依赖蚊子。

4.1.6.5　传入评估

没有证据证明可以通过骆驼毛传播，但被污染的骆驼毛能否传播应该值得重视。

4.1.6.6　发生评估

由于该病毒抵抗力较强，因此认为传入的可能性也较大，同时中国也存在相关媒介昆虫，因而传入后极易形成定殖和传播。而该病原对人也可以直接形成侵害，即使在没有媒介昆虫的情况下，也可以使该病传入并在人群中传播。

4.1.6.7　后果评估

由于该病的媒介昆虫生活范围非常之广，一旦传入很难根除。同时，对人的危害也是相当的严重，因此该病引起的不仅仅是经济上损失，更会造成社会的负面影响。

4.1.6.8　风险预测

不加限制进口骆驼毛传入该病的可能性中等，且一旦定殖，后果非常严重，需风险管理。

4.1.6.9　风险管理

由于中国从未发生过此病，所以一旦从被污染的骆驼毛传入，对与骆驼毛接触的相关人员的危害就会较大，有媒介昆虫存在时，则有可能引起该病的传播，因此尽管世界动物卫生组织没有对来自疫区的动物产品加限制，对中国来说禁止进口疫区的骆驼毛是必要的。

（1）加强卫生宣教，提高对裂谷热疫情的认识。

（2）在疫区免疫易感动物。

（3）灭蚊防蚊，控制、降低蚊媒密度，能有效预防感染，控制疫情传播蔓延。

（4）加强传染源的管理，对病人实行严格隔离治疗。

4.1.6.10　与中国保护水平相适应的风险管理措施

（1）不从疫区进口任何未经加工过的骆驼毛。

（2）其他经加工过的骆驼毛，如洗净毛、炭化毛、毛条等可以进境。

4.2　B类疫病的风险分析

4.2.1　炭疽病

4.2.1.1　概述

炭疽病（anthrax）是由炭疽芽孢杆菌引起哺乳动物（包括人类）的一种急性、非接触性传染病。以败血症、快速死亡为基本特征。所有哺乳动物都是易感的，但不同品种之间有一定的差异性，易感染程度依次是绵羊、牛、山羊、鹿、水牛、马、猪、犬和猫。对于草食动物，则发病急、死亡快，而猪则要2周才会死亡。禽类抵抗力较强，一些食腐肉的鸟类可能会通过吃食感染组织而感染此病和/或传播此病。冷血动物对本病有一定的抵抗力。

4.2.1.2　病原

炭疽病是由炭疽杆菌引起的一种人畜共患的急性、热性、败血性传染病。当该菌形成芽孢后，对外界环境有较强的抵抗力，它能在皮张、毛发及毛织物中生存34年。所有大陆都有分布和发生。炭疽杆菌为革兰氏阳性粗大杆菌，长5～10 μm，宽1～3 μm，两端平切，排列如竹节，无鞭毛，不能运动。在人及动物体内有荚膜，在体外不适宜条件下形成芽孢。本菌繁殖体的抵抗力同一般细菌，其芽孢抵抗力很强，在土壤中可存活数十年，在皮毛制品中可生存90年。煮沸40 min、140℃干热3 h、高压蒸汽10 min、20%漂白粉和石灰乳浸泡2 d、5%石炭酸24 h才能将其杀灭。在普通琼脂肉汤培养基上生长良好。本菌致病力较强。

炭疽杆菌主要有4种抗原：①荚膜多肽抗原，有抗吞噬作用。②菌体多糖抗原，有种特异性。③芽孢抗原。④保护性抗原，为一种蛋白质，是炭疽毒素的组成部分。由毒株产生的毒素有3种：除保护性抗原外，还有水肿毒素、致死因子。

4.2.1.3　地理分布及危害

炭疽病是危害人类和家畜的一种古老的疫病，在所有大陆都有分布和发生，但大多流行区域是热带和亚热带地区，其广泛分布于亚洲、非洲和南美洲，常常引起人的感染和死亡，因此本病有重要的社会、政治影响和重要的公共卫生意义。中国仅有局部地区零星发病。患病动物常表现突然高热、可视黏膜发细、骤然死亡和天然孔出血。羊往往是表现最急性的，感染后很快发病死亡。

4.2.1.4 流行病学特点

传染源主要为患病的草食动物，如牛、羊、马、骆驼等，其次是猪和犬，它们可因吞食染菌食物而得病。人直接或间接接触其分泌物及排泄物可感染。炭疽病人的痰、粪便及病灶渗出物具有传染性。可以经皮肤、黏膜伤口直接接触病菌而致病。病菌毒力强，可直接侵袭完整皮肤；还可以经呼吸道吸入带炭疽芽孢的尘埃、飞沫等而致病，经消化道摄入被污染的食物或饮用水等而感染。人群普遍易感，但多见于农牧民，兽医，屠宰、皮毛加工及实验室人员。发病与否与人体的抵抗力有密切关系。

在动物和人群间发病有一定关系，造成家畜流行的诸因素也与人群中流行的因素有关。本病世界各地均有发生，夏秋发病多。

4.2.1.5 传入评估

由于炭疽杆菌芽孢对外界环境有坚强的抵抗力，同时它对人和各种家畜都有一定危害，特别是草食动物最为易感，如马、牛、绵羊、山羊等。而猪往往是带菌情况较多，因此炭疽杆菌传入可能性较高，该菌的自身的特性决定了它定殖后在易感动物间的传播是必然的，并将长期存在。本病通过驼毛传入的可能性中等。

4.2.1.6 发生评估

驼毛作为传播媒介已被证实，是仅次于动物肉类和饲料的传播媒介。对于驼毛传入该病病原，首先威胁的是从事有关驼毛加工的人员，其次是对环境的污染，影响加工企业所在地的畜牧业生产。

4.2.1.7 后果评估

由于炭疽杆菌的芽孢对外界环境抵抗力极强，在中国该病仅在少数地区零星发生，许多地区已完全消灭此病，因而当该病传入后不仅破坏了原有的防疫体系，该病原在一些被消灭的地区重新传入后更加难以消灭，不仅严重威胁人和家畜的健康安全，也会给生态环境带来潜在的隐患。

4.2.1.8 风险预测

对进口驼毛不加限制，炭疽病杆菌传入的可能性比较低，但一旦传入并定殖，则潜在的隐患难以量化，需进行风险管理。

4.2.1.9 风险管理

世界动物卫生组织对炭疽有明确的要求，并且要求输出国出具国际卫生证书。证书需包含以下内容：

（1）来自在批准的屠宰场屠宰，供人类食用。

（2）动物原产国家执行能够保证发现炭疽病疫情，对炭疽病发生的饲养场进行有效的检疫，并且能够完全销毁炭疽病畜的程序。

（3）进行能够杀死炭疽杆菌芽孢的处理。

4.2.1.10 与中国保护水平相适应的风险管理措施

（1）进口驼毛必须是来自健康动物和没有因炭疽病而受到隔离检疫的农场和地区。

（2）驼毛保存在无炭疽病流行的地区。

4.2.2　狂犬病

4.2.2.1　概述

狂犬病（Rabies）是由弹状病毒科、狂犬病病毒属的狂犬病病毒引起的，一种引起温血动物患病，死亡率高达100%的病毒性疫病。该病毒传播方式单一、潜伏期不定。临床表现为特有的恐水、怕风、恐惧不安、咽肌痉挛、进行性瘫痪等。

4.2.2.2　病原

狂犬病又名恐水症，是由狂犬病病毒所致。人狂犬病通常由病兽以咬伤方式传给人。本病是以侵犯中枢神经系统为主的急性传染病。病死率几乎达100%。狂犬病病毒形似子弹，属弹状病毒科，一端圆、另一端扁平，大小约75 μm×180 nm，病毒中心为单股负链RNA，外绕以蛋白质衣壳，表面有脂蛋白包膜，包膜上有由糖蛋白G组成的刺突，具免疫原性，能诱生中和抗体，且具有血凝集，能凝集雏鸡、鹅等红细胞。病毒易被紫外线、季铵化合物、碘酒、高锰酸钾、酒精、甲醛等灭活，加热100℃ 2 min可被灭活。耐低温，−70℃或冻干置。−4℃中能存活数年。在中性甘油中室温下可保存病毒数周。病毒传代细胞常用地鼠肾细胞（BHl-21）、人二倍体细胞。从自然条件下感染的人或动物体内分离得的病毒称野毒株或街毒株（street strain），特点为致病力强，自脑外途径接种后，易侵入脑组织和唾液腺内繁殖，潜伏期较长。

4.2.2.3　地理分布及危害

本病仅在澳大利亚、新西兰、英国、日本、爱尔兰、葡萄牙、新加坡、马来西亚、巴布亚新几内亚及太平洋岛屿没有该病发生，其他国家均有发生或流行。目前中国局部地区呈零星的偶发性。人和动物对该病都易感，自然界许多野生动物都可以感染，尤其是犬科动物，常常成为病毒的宿主和人畜狂犬病的传染源；无症状和顿挫型感染的动物长期通过唾液排毒，成为人畜主要的传染源。本病主要由患病动物咬伤后引起感染。

4.2.2.4　流行病学特点

狂犬病本来是一种动物传染病，自然界里的一些野生动物，如狐狸、狼、黄鼠狼、獾、浣熊、猴、鹿等都能感染，家畜如犬、猫、牛、马、羊、猪、骡、驴等也都能感染。但是，和人类关系最密切的还是犬，人的狂犬病主要还是犬传播的，占90%以上，其次是猫，被猫抓伤致狂犬病的人并不少见，并随着养猫数量的增加而增多。

疯犬或其他疯动物，在出现狂躁症状之前数天，其唾液中即已含有大量病毒。如果被狂犬动物咬伤或抓伤了皮肤、黏膜，病毒就会随唾液侵入伤口，先在伤口周围繁殖，当病毒繁殖到一定数量时，就沿着周围神经向大脑侵入。病毒走到脊髓背侧神经根，便开始大量繁殖，并侵入脊髓的有关节段，很快布满整个中枢神经系统。病毒侵入中枢神经系统后，还要沿着传出神经传播，最终可到达许多脏器中，如心、肺、肝、肾、肌肉等，使这些脏器发生病变。故狂犬病的症状特别严重，一旦发病，死亡率几乎100%。

4.2.2.5　传入评估

本病传播方式单一，通过皮肤或黏膜的创伤而感染。没有任何证据证明该病可以通过驼毛传播。本病通过驼毛传入的可能性可以忽略不计。

4.2.2.6 发生评估

没有任何报道证明驼毛可以传播狂犬病。该病的主要感染途径是感染动物咬伤其他动物。在该病的毒血症期可能会有病毒随分泌物污染驼毛，但是当出现这种明显症状时，通常结果是迅速死亡。狂犬病病毒在驼毛中存在的可能性很低，通过驼毛感染或传播的可能性也极低。一旦饲养场中发生狂犬病，该病在畜群中传播的可能性也不会很高。该病从原发病的养殖场传播的条件是感染动物迁移和运动，尤其是在该病没有症状之前，不会发生相互感染和传播。因此，病原侵入且能定殖在养殖场传播的可能性极低。

4.2.2.7 后果评估

狂犬病定殖并传播造成的经济及社会后果被认为中等。同时，在中国有对该病免疫力相当强的疫苗进行保护，但是考虑到该病的潜伏期长、死亡率100%等特点，对该病的侵入的主要措施是在尽量短的时间内消灭该病。对畜产品的进口贸易没有大的影响。

4.2.2.8 风险预测

该病的病原出现在驼毛中的可能性很低。即使驼毛中有病原存在，其传染给其他动物的可能性也很低。驼毛作为传播因素在疫病的整个流行环节中可以忽略不计。该病定殖后的后果中等。不需要专门的风险管理措施。

4.2.2.9 风险管理

世界动物卫生组织《国际动物卫生法典》中并没有在进口动物产品中对狂犬病进行特别的要求。

4.2.2.10 与中国保护水平相适应的风险管理措施

与中国保护水平相适应的风险管理措施无。

4.2.3 副结核病

4.2.3.1 概述

副结核病（paratuberculosis）是由副结核分支杆菌引起的牛、绵羊和鹿的一种慢性、通常是致死性的传染病，易感动物主要表现为消瘦。

4.2.3.2 病原

该病是由副结核分支杆菌引起的慢性消耗性疫病，该病病原可通过淋巴结屏障而进入其他器官，副结核分支杆菌对外界环境抵抗力较强，在污染的牧场中可存活数月至1年。

4.2.3.3 地理分布及危害

世界各地均有该病的分布和发生，以养牛业发达国家最为严重，本病是不易被觉察的慢性传染病，感染地区畜群死亡率可达2%～10%，严重感染时感染率可升至25%，此病很难根除，对畜牧业造成的损失不易引起人们的注意，但造成的后果常常超过其他某些传染病。

4.2.3.4 流行病学特点

该病常局限于感染动物的小肠、局部淋巴结和肝、脾。

4.2.3.5 传入评估

该病病原可以通过污染的驼毛传入。

4.2.3.6 发生评估

该病存在于世界各国，中国在养牛业较发达的地区有分布，而在养牛业欠发达的地区此病极少分布。由于中国养羊业相对密度较高，在本病传入后，一旦定殖传播的可能性较高。该病呈世界性分布，特别是以养牛业发达的国家最为严重。

4.2.3.7　后果评估

本病随驼毛传入的概率很低，而中国又有该病的存在，即使该病在中国定殖，后果也是不很严重。

4.2.3.8　风险预测

不加限制进口驼毛传入该病的可能性较低，一旦传入将造成的后果认为是中等，同时考虑到中国存在该病，因此无需进行风险管理。

4.2.3.9　风险管理

世界动物卫生组织的《国际动物卫生法典》没有专门对进口反刍动物产品风险管理的要求。

4.2.3.10　与中国保护水平相适应的风险管理措施

即使驼毛中含有该病病原，在中国进口口岸经检疫处理也可将本病病原杀死，同时考虑上述因素，无需对副结核病进行专门的风险管理。

4.2.4　布鲁氏菌病

4.2.4.1　概述

布鲁氏菌病简称布病，是由细菌引起的急性或慢性人畜共患病。特征是生殖器官、胎膜发炎，引起流产、不育、睾丸炎。布鲁氏菌病是重要的人畜共患病，布鲁氏菌属分羊布鲁氏菌、牛布鲁氏菌和猪布鲁氏菌，该病是慢性传染病，多种动物和禽类均对布鲁氏菌病有不同程度的易感性，但自然界可以引起羊、牛、猪发病，以羊最为严重，且可以传染给人。这里布鲁氏菌病包括引起绵羊附睾炎的羊布鲁氏菌及引起山羊和绵羊布鲁氏菌病的其他布鲁氏菌。

4.2.4.2　病原

这里指能够引起布鲁氏菌病症状的一类布鲁氏菌，该菌对物理和化学因子较敏感，但对寒冷抵抗力较强。该传播途径复杂，但主要通过消化道感染，其次是交配方式和皮肤黏膜，吸血昆虫的叮咬也可以传播本病。

布鲁氏菌为细小的球杆菌，无芽孢，无鞭毛，有毒力的菌株有时形成菲薄的荚膜，革兰氏阴性。常用的染色方法是柯氏染色，即将本菌染成红色，将其他细菌染成蓝色或绿色。布鲁氏菌属共分 6 个种，分别是羊布鲁氏菌、猪布鲁氏菌、牛布鲁氏菌、犬布鲁氏菌、沙林鼠布鲁氏菌和绵羊布鲁氏菌。羊布鲁氏菌主要感染绵羊、山羊，也能感染牛、猪、鹿、骆驼等；猪布鲁氏菌主要感染猪，也能感染鹿、牛和羊；牛布鲁氏菌主要感染牛、马、犬，也能感染水牛、羊和鹿；其他 3 种布鲁氏菌除感染本种动物外，对其他动物致病力很弱或无致病力。本菌对自然因素的抵抗力较强。在患病动物内脏、乳汁内、毛皮上能存活 4 个月左右。对阳光、热力及一般消毒药的抵抗力较弱。对链霉素、氯霉素、庆大霉素、卡那霉素及四环素等敏感。

4.2.4.3　地理分布及危害

布鲁氏菌病发生于世界各地的大多数国家。该病流行于南美、东南亚、美国、欧洲等地。但加拿大、英国、德国、爱尔兰、荷兰以及新西兰没有该病流行。自从1994年丹麦暴发该病以后，尚未见有关该病暴发的报道。羊布鲁氏菌病主见于南欧、中东、非洲、南美洲等地的绵羊和山羊群，牛极少发生，澳大利亚、新西兰等国没有该病。羊布鲁氏菌病在流行的国家主要引起繁殖障碍，且比其他种的布鲁氏菌病难以控制，该病传入中国会对非疫区的动物生产产生严重不良影响。

母羊以流产为主要特征，山羊流产率为50％～90％，绵羊可达40％，中国国内有零星分布，呈地方性流行。

4.2.4.4 流行病学特点

此病通常通过饲喂分娩或流产物和子宫分泌物污染的饲料传播，另外交配以及人工授精也可以传播本病。反刍动物与猪一样，出现细菌血症之后，布鲁氏菌定居于生殖道细胞上。感染动物主要表现生殖障碍问题，包括流产、不孕、繁殖障碍等，并伴随有脓肿、瘸腿以及后肢瘫痪等症状。病畜和带菌动物是重要的传染源，受感染的怀孕母畜是最危险的传染源，其在流产或分娩时将大量的布鲁氏菌随胎儿、羊水、胎衣排出，污染周围环境，流产后的阴道分泌物和乳汁中均含有布鲁氏菌。感染后患睾丸炎的公畜精囊中也有本菌存在。传播途径主要是消化道，但经皮肤、结膜的感染也有一定的重要性。通过交配可相互感染。此外本病还可以通过吸血昆虫叮咬传播。

4.2.4.5 传入评估

没有证据证明布鲁氏菌病完全可以通过驼毛传播，引起驼布鲁氏菌病的羊布鲁氏菌具有更广泛的危害性，感染动物谱比其他布鲁氏菌更广泛。

4.2.4.6 发生评估

本病的传播主要是通过污染物传播的，该病在中国少数地区也有分布，大多数牧区已经消灭此病。本病通过驼毛传入的可能性中等，同时由于该病对哺乳动物有一定致病性，因此传入后在中国定殖的可能性较高。

4.2.4.7 后果评估

由于中国许多牧区已经消灭此病，因此此病一旦传入，将破坏现有的防疫体系，更重要的是将严重影响中国活动物的出口。考虑到对人和家畜引起的危害比较严重，引起的经济损失和社会影响也较大，因此认为该病传入后后果严重。布鲁氏菌病传播后造成的经济及社会后果属中等水平。该病发病率低以及地区性流行的特点，因此只对出口动物和动物产品市场有一定的影响。该病一旦传入，可以不采取干扰活动很大的扑灭措施，但应控制国内动物的调运，直到该病被彻底根除，这些措施无疑会在地区水平上带来一定的社会经济的不利影响。

4.2.4.8 风险预测

不加限制进口驼毛传入本病的概率中等，一旦该病传入，危害较大，需进行风险管理。

4.2.4.9 风险管理

尽管世界动物卫生组织没有专门对包含有该病的反刍动物产品进行特别的规定，但考虑其可对人和家畜造成健康威胁和经济损失，故应进行专门风险管理措施。

4.2.4.10　与中国保护水平相适应的风险管理措施

（1）不从疫区进口任何未经加工过的驼毛。

（2）允许初加工产品进口，如洗净毛、炭化毛、毛条等。

4.2.5　牛海绵状脑病

4.2.5.1　概述

牛海绵状脑病（bovine spongiform encephalopathy，BSE）亦即“疯牛病”，以潜伏期长，病情逐渐加重，主要表现行为反常、运动失调、轻瘫、体重减轻、脑灰质海绵状水肿和神经元空泡形成为特征。病牛终归死亡。

4.2.5.2　病原

关于牛海绵状脑病病原，科学家们至今尚未达成共识。目前普遍倾向于朊蛋白学说，该学说由美国加州大学 Prusiner 教授所倡导，认为这种病是由一种叫 PrP 的蛋白异常变构所致，无需 DNA 或 RNA 的参与，致病因子朊蛋白就可以传染复制，牛海绵状脑病是因“痒病相似病原”跨越了“种属屏障”引起牛感染所致。1986 年 Well 首次从牛海绵状脑病病牛脑乳剂中分离出痒病相关纤维（SAF），经对发病牛的 SAF 的氨基酸分析，确认其与来源于痒病羊的是同一性的。牛海绵状脑病朊病毒在病牛体内的分布仅局限于牛脑、颈部脊髓、脊髓末端和视网膜等处。

4.2.5.3　地理分布及危害

本病首次发现于苏格兰（1985），以后爱尔兰、美国、加拿大、瑞士、葡萄牙、法国和德国等也有发生。英国牛海绵状脑病的流行最为严重，至 1997 年累计确诊达 168 578 例，涉及 33 000 多个牛群。初步认为是牛吃食了污染绵羊痒病或牛海绵状脑病的骨肉粉（高蛋白补充饲料）而发病的。由于同时还发现了一些怀疑由于吃食了病牛肉奶产品而被感染的人类海绵状脑病（新型克-雅氏病）患者，因而引发了一场震动世界的轩然大波。欧盟国家以及美、亚、非洲等包括我国在内的 30 多个国家已先后禁止英国牛及其产品的进口。

4.2.5.4　流行病学特点

牛海绵状脑病是一种慢性致死性中枢神经系统变性病。类似的疫病也发生在人和其他动物，在人类有克-雅氏病（Creutzfeldt-Jakob disease，CJD）、库鲁病（Kuru）、格斯斯氏综合征（Gerstmann-Sträussler-Scheinker，GSS）、致死性家族性失眠症（fatal familial insomnia，FFI）及幼儿海绵状脑病（alpers disease）；在动物有羊瘙痒病、传染性水貂脑病、猫科海绵状脑病及麋鹿慢性衰弱病。1996 年 3 月，英国卫生部、农渔食品部和有关专家顾问委员会向英国政府汇报人类新型克-雅氏病可能与疯牛病的传染有关。现在人们认为牛海绵状脑病发生是由于含有痒病病原骨粉进入反刍动物的食物链引起的。1985 年 4 月，医学家们在英国首先发现了一种新病，专家们对这一世界始发病例进行组织病理学检查，并于 1986 年 11 月将该病定名为牛海绵状脑病，首次在英国报刊上报道。10 年来，这种病迅速蔓延，英国每年有成千上万头牛患这种神经错乱、痴呆、不久死亡的病。此外，这种病还波及世界其他国家，如法国、爱尔兰、加拿大、丹麦、葡萄牙、瑞士、阿曼和德国。据考察发现，这些国家有的是因为进口英国牛肉引起的。疯牛病学名牛海绵状脑病，是一种危害牛中枢神经系统的传染性疫病。病牛脑组织呈海绵状病变，出现步态不稳、平衡失调、瘙痒、烦躁不安等症状，在14～90 d内死亡。专家们普遍认为疯牛病起源于羊痒病，是给牛喂了含有羊痒病因子的反刍动物蛋白饲料所致。牛海绵状脑病的病程一般为14～90 d，潜伏期长达4～6年。这种病多发生在4岁左右的成年牛身上。其症状不尽相同，多数病牛中枢神经系统出现变化，行为反常，烦躁不安，对声音和触摸，尤其是对头部触摸过分敏感，步态不稳，经常乱踢以至摔倒、抽搐。发病初期无上述症状，后期出现强直性痉挛，粪便坚硬，两耳对称性活动困难，心搏缓慢（平均50次/min），呼吸频率增快，体重下降，极度消瘦，以至死亡。经解剖发现，病牛中枢神经系统的脑灰质部分形成海绵状空泡，脑干灰质两侧呈对称性病变，神经纤维网有中等数量的不连续的卵形和球形空洞，神经细胞肿胀成气球状，细胞质变窄。另外，还有明显的神经细胞变性及坏死。

4.2.5.5 传入评估

目前认为含有牛海绵状脑病病原的肉骨粉是引起该病的唯一途径。没有证据证明可以通过骆驼毛传播该病。通过进口该商品传播该病的可能性可以忽略不计。

4.2.5.6 发生评估

世界动物卫生组织和世界卫生组织认为进口皮毛产品不应加以任何限制。事实上通过进口骆驼毛传入该病几乎是不可能的。

4.2.5.7 后果评估

该病传染性强、危害性大的特性极不利于人类和动物的保健，并且越来越引起人类的恐慌和关注。牛海绵状脑病传入中国，将导致中国所有的牛、羊产品无法走出国门，中国的对外声称无痒病和海绵状脑病的证书也将无效。值得注意的是痒病在英国每年造成10％～20％的损失，到目前为止，尚没有一个国家能够完成一个有效的扑灭地方性痒病的方案，加拿大和美国所采取的控制方案已经被证实，但费用高且难以实施。

4.2.5.8 风险预测

不加限制进口骆驼毛传入该病的可能很小，也没有任何证据证明进口骆驼毛可传入这两种疫病，需进行风险管理。

4.2.5.9 风险管理

世界动物卫生组织详细阐述了进口来自牛海绵状脑病国家的皮毛，不应有任何限制要求。

4.2.5.10 与中国保护水平相适应的风险管理措施

与中国保护水平相适应的风险管理的参考措施如下。

2003年5月22日，农业部和国家质检总局联合发出防止疯牛病从加拿大传入我国的紧急通知。由于加拿大发生1例疯牛病，为防止该病传入我国，保护畜牧业生产安全和人体健康，我国采取以下措施：

（1）将加拿大列入发生疯牛病国家名录，从即日起，禁止从加拿大进口牛、牛胚胎、牛精液、牛肉类产品及其制品、反刍动物源性饲料。两部门将密切配合，做好检疫、防疫和监督工作，严防疯牛病传入我国。

（2）立即对近年来从加拿大进口的牛（包括胚胎）及其后代（包括杂交后代）进行重

点监测。发现异常情况立即报告，对疑似病例要立即采样进行诊断确诊。质检总局将密切关注加拿大疯牛病疫情的发展和相关贸易国家采取的措施，切实采取措施，防止疯牛病传入我国。由于我国政府及时做了周密的防范工作，截至目前，在我国境内没有疯牛病发生。目前认为该病原是痒病样纤维引起的，最终导致感染动物脑组织形成海绵状空洞。该病病原对外界环境抵抗力极强，目前所有化学消毒剂和传统的物理消毒方法均对其无效，到目前认为该病病原灭活温度最低需 600℃，而目前人们对该病的传播机理还不完全清楚。该病主要分布于欧洲和美洲，其他各洲极少分布。

4.2.6　Q 热

4.2.6.1　概述

Q 热（Q－fever）是由伯纳特立克次氏体（rickettsia burneti，coxiella burneti）引起的急性自然疫源性疫病。临床以突然起病，发热，乏力，头痛，肌痛与间质性肺炎，无皮疹为特征。1937 年 Derrick 在澳大利亚的昆士兰发现该病并首先对其加以描述，因当时原因不明，故称该病为 Q 热。该病是能使人和多种动物感染而产生发热的一种疫病，在人能引起流感样症状、肉芽肿肝炎和心内膜炎，在牛、绵羊和山羊能诱发流产。

4.2.6.2　病原

伯纳特立克次氏体（Q 热立克次氏体）的基本特征与其他立克次氏体相同，但有如下特点：①具有过滤性；②多在宿主细胞空泡内繁殖；③不含有与变形杆菌 X 株起交叉反应的 X 凝集原；④对实验室动物一般不显急性中毒反应；⑤对理化因素抵抗力强。在干燥沙土中 4～6℃可存活 7～9 个月，－56℃能活数年，加热 60～70℃ 30～60 min 才能灭活。抗原分为两相。初次从动物或壁虱分离的立克次氏体具有Ⅰ相抗原（表面抗原，毒力抗原）；经鸡胚卵黄囊多次传代后成为Ⅱ相抗原（毒力减低），但经动物或蜱传代后又可逆转为Ⅰ相抗原。两相抗原在补体结合试验、凝集试验、吞噬试验、间接血凝试验及免疫荧光试验中的反应性均有差别。

4.2.6.3　地理分布及危害

Q 热呈世界性分布和发生，中国分布也十分广泛，已有 10 多个省、直辖市、自治区存在本病。Q 热病原通过病畜或分泌物感染人类，可引起人体温升高、呼吸道炎症。

4.2.6.4　流行病学特点

Q 热的流行与输入感染家畜有直接的关系。感染的动物通过胎盘、乳汁和粪便排出病原；蜱通过叮咬感染动物的血液使病原在其体腔、消化道上皮细胞和唾液内繁殖，再经过叮咬或排出病原经由破损皮肤感染动物。家畜是主要传染源，如牛、羊、马、骡、犬等，其次为野生啮齿类动物，飞禽（鸽、鹅、火鸡等）及爬虫类动物。有些地区家畜感染率为 20%～80%，受感染动物外观健康，而分泌物、排泄物以及胎盘、羊水中均含有 Q 热立克次氏体。患者通常并非传染源，但病人血、痰中均可分离出 Q 热立克次氏体，曾有住院病人引起院内感染的报道，故应予以重视。动物间通过蜱传播，人通过呼吸道、接触、消化道传播。

4.2.6.5　传入评估

本病病原对外界抵抗力很强，骆驼毛可以传播该病。

4.2.6.6 发生评估

由于该病病原有较广泛的寄生宿主谱，而该病通过骆驼毛传入的可能性又很大，因此一旦传入将长期存在。

4.2.6.7 后果评估

由于中国从来未有过发生Q热的报道，因此该病一旦传入将引起严重的后果，对人和家畜健康存在严重的威胁，且动物生产性能下降、市场占有率下降、产品出口困难等，经济损失难以量化。

4.2.6.8 风险预测

不加限制进口骆驼毛，传入Q热的可能性较高，后果严重，需进行风险管理。

4.2.6.9 风险管理

世界动物卫生组织只讲述可食用性感染材料感染的可能而进行风险分析，没有专门性对其他动物产品作限制性要求。

4.2.6.10 与中国保护水平相适应的风险管理措施

（1）不从疫区进口任何未经加工过的骆驼毛。

（2）允许初加工产品进口，如洗净毛、炭化毛、毛条等。

4.2.7 利什曼病

4.2.7.1 概述

利什曼病（Leishmanisis）是由利什曼原虫引起的人畜共患病，在节肢动物及哺乳动物之间传播。

4.2.7.2 病原

利什曼原虫是细胞内寄生原虫，属于动基体目、锥虫科。该属中许多种均可感染哺乳动物。利什曼原虫分类最常用的方法之一是做同工酶免疫电泳。利什曼原虫为异种寄生，一生需要2个宿主。它有3种不同形态：无鞭毛体、前鞭毛体和副鞭毛体。无鞭毛体多在脊椎动物宿主细胞中，含有动基粒。前鞭毛体和副鞭毛体多存在于蛉肠道及培养基。前鞭毛体在无脊椎动物媒介中最为常见，呈梭形，前端有一根鞭毛。副鞭毛体是前两者的过渡形式。

4.2.7.3 地理分布及危害

该病发生于80多个国家，估计患者数超过1 500万，每年新发病例为40多万。对于HIV感染者来说，利什曼原虫可能是一种条件致病的寄生虫。自1993年以来，利什曼病在非洲、亚洲、欧洲、北美和南美等地区的88个国家蔓延，有3.5亿人受到此病的威胁。据统计，目前全球有1 200万利什曼病患者；每年新增150万～200万患者，其中仅有60万人登记。

4.2.7.4 流行病学特点

利什曼病是人畜共患病。在大多数情况下，某特定种类的利什曼原虫不止感染一种动物宿主，很难确定一个特定的宿主。在地中海盆地，多是由婴儿利什曼原虫引起的，犬为主要宿主。犬群中流行感染的可能性高于人的流行。在北美，为数众多的野生和家养动物，包括犬、猫、马、驴等，均可作为宿主。在得克萨斯州，皮肤利什曼病呈地方性流行。白蛉是公认的利什曼原虫传染的媒介。白蛉在夜间活动，通过叮咬哺乳动物吸血生存。只有雌性白蛉吸血，利于产卵。白蛉在温暖的季节较为常见。在适宜的条件下，它的生命周期为41～58 d。雌虫可产卵100个左右，需1～2周孵出。幼虫需要适宜的温度，避光，以及有机物及发育成熟。白蛉叮咬已感染的脊柱动物，无鞭毛体进入白蛉体内，从无鞭毛体转变为前鞭毛体，这个过程需要24～48 h。利什曼原虫多寄生在白蛉肠道内。在肠内繁殖后，前鞭毛体迁移至白蛉的食管和咽内。白蛉再次叮咬后，前鞭毛体进入脊椎动物体内。它们停留于细胞外环境，并激活补体导致中性粒细胞及巨噬细胞聚集。多数前鞭毛体被中性粒细胞吞噬破坏，部分前鞭毛体被吞噬细胞吞噬后，脱去鞭毛，在细胞内形成无鞭毛体，以两分裂增殖，导致巨噬细胞破裂。

4.2.7.5　传入评估

目前通过驼毛传播该病还未见报道。传播的可能性不大。

4.2.7.6　发生评估

没有证据证明能通过驼毛传播该病。

4.2.7.7　后果评估

该病在我国有分布，且危害人，一旦传入引起的危害很大，对我国人民生活造成一定混乱和危害。

4.2.7.8　风险预测

不加限制进口驼毛传入该病的可能性很低，考虑到中国已有该病的分布，无需进行风险管理。

4.2.7.9　风险管理

世界动物卫生组织没有在《国际动物卫生法典》中对动物产品进行专门性的限制要求。

4.2.7.10　与中国保护水平相适应的风险管理措施

与中国保护水平相适应的风险管理措施无。

5　中国目前有关防范和降低进境动物疫病风险的管理

中国政府目前通过有关防范和降低措施成功地防止了国外某些疫病的传入，如口蹄疫、牛海绵状脑病、痒病、水疱性口炎等，保护了中国畜牧业的生产安全和人的身体健康。

5.1　审批

为防止驼毛生产国重大疫情的传入，国家出入境检验检疫局和各直属局根据《中华人民共和国进出境动植物检疫法》的要求，同时根据世界动物卫生组织的各国疫情通报和中国对驼毛生产国疫情的了解作出能否进口驼毛的决定。

5.2　退回和销毁处理

在进口国发生动物疫情或在进境驼毛中发现有关中国限制进境的病原时，出入境检验检疫机构和国家相关的农牧管理部门为防止国外动物疫情传入，发布公告禁止来自疫区的驼毛入境，对来自疫区的驼毛或检出带有中国限制入境病原的驼毛作退回或销毁处理。

5.3 防疫处理

为防止国外疫情传入，在进境驼毛到达口岸时，对进境驼毛进行外包装消毒处理，同时对储存仓库运输工具进行消毒处理。建立有效的防疫设施，包括存放地进出车辆、人员、工作服消毒和外包装废弃物处理的设施。

5.4 存放和加工过程监督管理

根据《中华人民共和国进出境动植物检疫法》的要求，对生产加工企业和存放地进行监督管理，防止违反《中华人民共和国进出境动植物检疫法》的行为发生，建立健全卫生防疫制度和驼毛的出入库登记制度，监督加工企业严格执行国家有关部门的规定和企业制定的防疫制度；监督加工企业严格按照规定对包装材料、加工废料进行无害化处理；监督加工企业严格执行国家有关规定的污水处理标准。

5.5 污水和废弃物处理

根据《中华人民共和国进出境动植物检疫法》的要求，出入境检验检疫机构对可以进境驼毛的生产、加工企业排放的污水实施监督检查，以防止驼毛输出国的有害因子传入中国；同时，出入境检验检疫机构还有权督促驼毛生产加工企业对外包装、下脚料进行无害化处理。对于违反上述要求的企业，视情况依据《中华人民共和国进出境动植物检疫法》等法律法规作出相应的处理。

第七篇　进境兔毛风险分析

1　引言

兔毛是一种特殊纺织原料，用于纺织上还不到 300 年，形成一种产业也才有 100 多年的历史。兔毛织品手感柔软细腻，光泽自然明亮，可以染上各种颜色，穿着舒适，保暖性好。目前，世界兔毛产量在正常情况下，为 12 000t，比山羊绒的产量还要多。中国是兔毛产量最多的国家，年产兔毛 8 000t 左右。智利年产 300～500t；阿根廷年产 300t 左右；捷克斯洛伐克年产 150t；法国 100t；德国 50～80t；英国、美国、日本、西班牙、瑞士、比利时等国也有少量生产。此外，巴西、匈牙利、波兰、朝鲜等国正在发展。安哥拉兔是世界最著名的专门化毛用品种，近 200 年来，安哥拉兔被世界各地引进，经过一些国家精心选育，已形成不同品系，各系具有不同特征。

兔毛分绒毛和粗毛两种，绒毛细软而有弯曲，平均细度 12～131 μm，每厘米有鳞片 1 760个，比山羊绒细，山羊绒平均细度为 14～151 μm，兔毛粗毛的细度为 30～401 μm，每厘米有鳞片 2 000 个。按照中国兔毛收购等级，特级毛长大于 55.1mm，一级为 45.1～55 mm，二级为 35.1～45 mm，三级为 25.1～35 mm；英国的一级毛长大于 76 mm，二级大于 50.4 mm，三级大于 38. 0 mm，德国一级毛虫大于 60 mm，二级为 30～60 mm，三级为 30mm 以下；一般低于山羊绒的长度。兔毛的单纤维断裂强度平均为 1.84 g，低于山羊绒的平均 4.0g，兔毛相对密度为 1.13，低于山羊绒的 1.30，按质量百分比，一般绒毛占 90%以上，粗毛占 10%以下，粗毛含量愈少，品质愈好。兔毛无论绒毛和粗毛都有髓质层，仅少量绒毛无髓；而山羊的绒毛皆无髓质层。由于兔毛纤维中空髓多，所以强度低，不如山羊绒耐磨和结实，但保暖性好。兔毛最大的缺点是纤维表面光滑，纤维间的抱合力差，加以兔毛短而不结实，因此，要采用不同比例的兔毛或棉纶混合才容易纺纱，既可提高其成纱性，又增加了成纱的强度，使织品结实耐用。兔毛织品通透性好，吸湿性强，吸湿率为 52%～60%，而羊毛为20%～33%，棉花为 18.24%，化纤为 0.7%～7.5%，因此穿起来有舒适感，最适合生产运动衫。此外，用于针织女式套衫、内衣裤、围巾、帽子等，既御寒又美观，织品具有膨松、轻软、保暖的特点，成为世界上纺织工业上一种新颖的高档毛纺原料。

2　风险分析过程

风险分析是艺术和科学的统一。风险分析专家必须具有广博的知识面、流行病学和统

计学的知识和技能；必须收集各方面的资料信息；在医学、兽医学领域，必须获得各种疫病的发病机理及流行病学的详尽资料，然后对这些数据和资料进行定性或定量风险分析，找出减少风险的措施。

2.1 风险确定

风险确定是风险分析的第一步，也是很关键的一步，如果一个特定的风险没有确定，就不可能找出减少该风险的措施。许多检疫的失败都可以归结于甄别风险的失败，而不是风险评估和风险管理的失败。

2.2 风险评估

风险因素确定以后，就需要对所存在的风险进行评估。这一步要解决的问题是，在不采取任何措施的情况下，引进某种动物或动物产品，引起进口国动物发生某种动物疫病的风险有多大；采取一系列风险减少措施以后，进口某种动物或动物产品使进口国动物发生某种疫病的风险有多大。这一阶段最重要的就是科学地、合理地收集所有有关信息和资料，对所存在的风险因素进行评估，找出减少风险的措施，得出进口某种动物或动物产品使进口国动物发生某种疫病的风险概率，为决策者提供科学的依据。风险评估分为定性风险评估、定量风险评估和半定量风险评估3种方法。

2.3 风险管理

风险管理是通过对各种风险因素进行科学、严谨的分析而做出正确决定的过程。风险管理可适用于各种情况，比如对已发生了意外结果的地方进行风险管理；或对各种风险都清楚的地方进行风险管理。一种好的风险管理模式包括建立风险管理程序、识别风险、分析风险、评估风险、处理风险和对风险管理系统的执行情况进行检查和总结。

2.4 风险交流

风险交流的过程是将风险评估和风险管理的结果同决策者和公众进行交流。适当的风险交流是必要的，这可将官方的政策向进出口商进行解释，使其经常意识到进口存在的风险，而不仅仅是进口利润。风险交流必须是一个双向程序，它涉及的进出口商必须经官方认可并有单位的详细地址。

风险交流是风险分析过程的最后一步，但在整个过程中所涉及的所有部门都应该进行很好的交流。现在很多国家，公众对“专家”持有怀疑态度，因此尽早开展风险交流，可使公众理解和尊重风险分析的结果。

3　风险因素确定

3.1　确定致病因素的原则和标准

3.1.1　进境兔毛等风险分析的考虑因素

3.1.1.1　商品因素

进境风险分析的商品因素包括进境的兔毛等。

3.1.1.2　国家因素

由于每一个国家动物疫病的发生、发展各不相同，因此所有可能经进境兔毛等将疫病传入我国的兔毛输出国都是考虑的重点，兔毛等运输途经国或地区也应尽可能考虑。

3.1.1.3　其他因素

运输方式、包装种类、储存方法、检疫措施等。

3.1.2　国内外有关政策法规

3.1.2.1　动物及产品贸易的国际法规

SPS协定规定，世界动物卫生组织有权制定动物卫生防疫法规，提出有关动物及产品的国际贸易方面的准则和建议。世界动物卫生组织出版了一本关于风险分析方面的指导性法规——《国际动物卫生法典》，它的主要原则是要求贸易双方作出尽可能详细的动物卫生保障，为保证促进动物和产品的国际贸易发展服务，避免国际贸易中动物疫病的传播风险。国际动物检疫的政策法规还包括一些中国政府与其他国家签署的动物检疫方面的双边条约或检疫条款等。

《国际动物卫生法典》对动物疫病的分类如下：

（1）A类：是一类烈性传染病，能在世界范围内迅速流行，对社会经济及公共卫生产生严重的后果，对动物及产品的国际贸易产生重要影响。

（2）B类：是能在一定区域内对社会经济、公共卫生产生重要影响，并对动物产品的国际性贸易产生一定影响的传染病。

3.1.2.2　中国现行的检疫法规

《中华人民共和国动物防疫法》是目前中国国内有关动物防疫主要的法律法规。《中华人民共和国进出境动植物检疫法》（以下简称《检疫法》）、《中华人民共和国进出境动植物检疫法实施条例》和相关的法规、公告等是中国政府对进出境动植物实施检疫的法律基础。其中规定了中国官方检疫人员依照法律规定行使登船、登车、登机实施检疫；进入港口、机场、车站、邮局以及检疫物存放、加工、养殖、种植场所实施检疫，并依照规定采样；根据需要，进入有关生产、仓库等场所，进行疫情监测、调查和检疫监督管理；查阅、复制、摘录与检疫物有关的运行日志、货运单、合同、发票及其他单证。农业部负责全国范围内动物疫病防治、监测和消灭工作，对外来疫病的防制由农业部和国家出入境检验检疫局共同承担。当某国发生中国限制进境的动物疫病流行时，农业部和国家出入境检验检疫局有权发布公告，禁止与流行疫病有关的任何货物入境。

3.1.3 危害因素的确定

在对进境兔毛等的危害因素确定时，采用以下标准和原则。

3.1.3.1 农业部规定的《一、二、三类动物疫病病种名录》所列的疫病病原体。

3.1.3.2 国外新发现并对农牧渔业生产和人体健康有潜在威胁的动物传染病和寄生虫病病原体。

3.1.3.3 列入国家控制或消灭的动物传染病和寄生虫病病原体。

3.1.3.4 对农牧渔业生产和人体健康及生态环境可能造成危害或负面影响的有毒有害和生物活性物质。

3.1.3.5 世界动物卫生组织（OIE）列出的A类和B类疫病。

3.1.3.6 有证据证明能够通过兔毛等传播的疫病。

3.2 致病因素的评估

兔毛等作为一种特殊的商品，任何外来致病性因子都可能存在，因而其携带疫情复杂、难以预测且不易确定。有些兔毛等甚至可能夹带粪便和土壤等禁止进境物，机械采毛易混入皮屑和血凝块，在现场查验中却难以发现；而这些常常是致病性因子最可能存在的地方。对进境兔毛等所携带的危害因素进行风险分析的依据是：危害因素在中国目前还不存在（或没有过报道）或仅在局部存在；对人有较严重的危害；有严重的政治或经济影响；已经消灭或在某些地区得到控制；对畜牧业有严重危害等。

3.3 风险描述

对风险性疫病从以下几个方面进行讨论。

3.3.1 概述

对疫病进行简单描述。

3.3.2 病原

对疫病致病病原进行简单描述。

3.3.3 地理分布及危害

对疫病的世界性分布情况进行描述；对疫病的危害程度进行简单的描述。

3.3.4 流行病学特点

对致病病原的自然宿主进行描述及对疫病的流行特点、规律、传播特点及媒介进行描述，尤其侧重与该病相关的检疫风险的评估。

3.3.5　传入评估

(1) 从以下几个可能的方面对疫病进行评估。①原产国是否存在病原；②生产国农场是否存在病原；③兔毛中是否存在病原。

(2) 对病原传入、定居并传播的可能性，尽可能用以下术语（词语）描述。

①高（high）：事件很可能会发生。

②中等/度（moderate）：事件有发生的可能性。

③低（low）：事件不大可能发生。

④很低（very low）：事件发生的可能性很小。

⑤可忽略（negligible）：事件发生的概率极低。

3.3.6　发生评估

对疫病发生的可能性进行描述。

3.3.7　后果评估

后果评估是指对由于病原生物的侵入对养猪业或畜产品造成的不利影响给予描述。经济影响一般是指动物死亡或产品损失、限制进出、出口市场丢失、国家赔偿、控制措施造成的生产损失。环境影响通常是指对本地物种的不利影响。对疫病发生的后果及潜在的危害进行描述。应该注意到在某些情况下接受发病疫区可极大降低发病带来的不利影响。但在疫区划分条件上有许多不定的因素；有些贸易伙伴接受，有些根本不接受；最明显的例子是1998年澳大利亚发生新城疫，少数国家根本不接受在一个国家内任何水平的疫区，有些接受，但对疫区的大小以及有效期的时间有不同的意见。例如：大约一半的澳大利亚出口市场不接受低于整个新南威尔士州水平的疫区。

3.3.8　风险预测

传入、定殖以及传播的可能性和造成后果之间的关系是决定是否采取专门风险管理措施的关键。对一些有严重甚至极端严重后果的疫病，只要疫病进入的风险高于可忽略的保护水平，就不允许进口；对一些造成中等后果的疫病，风险高于很低的保护水平，不允许进口；对造成后果温和的疫病，风险不应高于低保护水平；对造成后果可忽略的疫病，不用考虑任何进口风险。

3.3.9　风险管理

风险分析提供了一系列风险管理措施，主要是根据评估的风险大小以及疫病流行特点制定的。最常用的是世界动物卫生组织制定的《国际动物卫生法典》，如果这些措施都不能满足本国的适当的保护水平，就根据实际情况制定专门的管理措施。

3.3.10　与中国保护水平相适应的风险管理措施

简单描述与中国保护水平相适应的风险管理措施。

4 风险评估及管理

4.1 炭疽病

4.1.1 概述

炭疽病（anthrax）是由炭疽芽孢杆菌引起哺乳动物（包括人类）的一种急性、非接触性传染病。以败血症、快速死亡为基本特征。所有哺乳动物都是易感的，但不同品种之间有一定的差异性，易感程度依次是绵羊、牛、山羊、鹿、水牛、马、猪、犬和猫。对于草食动物，则发病急、死亡快，而猪则要两周才会死亡。禽类抵抗力较强，一些食腐肉的鸟类可能会通过吃食感染组织而感染此病和/或传播此病。冷血动物对本病有一定的抵抗力。

4.1.2 病原

炭疽病是由炭疽杆菌引起的一种人畜共患的急性、热性、败血性传染病。当该菌形成芽孢后，对外界环境有坚强的抵抗力，它能在皮张、毛发及毛织物中生存 34 年。所有大陆都有分布和发生。炭疽杆菌为革兰氏阳性粗大杆菌；长 5～10μm；宽 1～3μm；两端平切；排列如竹节；无鞭毛；不能运动。在人及动物体内有荚膜；在体外不适宜条件下形成芽孢。本菌繁殖体的抵抗力同一般细菌，其芽孢抵抗力很强，在土壤中可存活数十年，在皮毛制品中可生存 90 年。煮沸 40min、140℃干热 3h、高压蒸汽 10min、20%漂白粉和石灰乳浸泡 2d、5%石炭酸 24h 才能将其杀灭。在普通琼脂肉汤培养基上生长良好。

炭疽杆菌主要有 4 种抗原：①荚膜多肽抗原，有抗吞噬作用。②菌体多糖抗原，有种特异性。③芽孢抗原。④保护性抗原，为一种蛋白质，是炭疽毒素的组成部分。由毒株产生的毒素有 3 种：除保护性抗原外，还有水肿毒素、致死因子。

4.1.3 地理分布及危害

炭疽病是危害人类和家畜的一种古老的疫病，在所有大陆都有分布和发生，但大多流行区域是热带和亚热带地区，其广泛分布于亚洲、非洲和南美洲，常常引起人的感染和死亡，因此本病有重要的社会、政治影响和重要的公共卫生意义。中国仅有局部地区零星发病，患病动物常表现突然高热、可视黏膜发绀、骤然死亡和天然孔出血。

4.1.4 流行病学特点

传染源主要为患病的草食动物，如牛、羊、马、骆驼等，其次是猪和犬，它们可因吞食染菌食物而得病，人直接或间接接触其分泌物及排泄物可感染。炭疽病人的痰、粪便及病灶渗出物具有传染性。可以经皮肤、黏膜伤口直接接触病菌而致病。病菌毒力强，可直接侵袭完整皮肤，还可以经呼吸道吸入带炭疽芽孢的尘埃、飞沫等而致病，经消化道摄入被污染的食物或饮用水等而感染。人群普遍易感，但多见于农牧民，兽医，屠宰、皮毛加工及实验室人员。发病与否与人体的抵抗力有密切关系。

在动物和人群间发病有一定关系，造成家畜流行的诸因素也与人群中流行的因素有关。本病世界各地均有发生；夏秋两季发病多。

4.1.5　传入评估

由于炭疽杆菌芽孢对外界环境有很强的抵抗力，同时它对人和各种家畜都有一定危害，特别是草食动物最为易感，如马、牛、绵羊、山羊等，而猪往往是带菌情况较多，因此炭疽杆菌传入的可能性较高。该菌的自身特性决定了它定殖后在易感动物间的传播是必然的，并将长期存在。

4.1.6　发生评估

兔毛作为传播媒介已被证实；对于兔毛传入该病病原，首先威胁的是从事有关兔毛加工的人员，其次是对环境的污染，影响加工企业所在地的畜牧业生产。

4.1.7　后果评估

由于炭疽杆菌的芽孢对外界环境抵抗力极强，在中国该病仅在少数地区零星发生，许多地区已完全消灭此病，因而当该病传入后不仅破坏了原有的防疫体系，该病原在一些被消灭的地区重新传入后更加难以消灭，不仅严重威胁人和家畜的健康安全，也会给生态环境带来潜在的隐患。

4.1.8　风险预测

对进口兔毛不加限制，炭疽病杆菌传入的可能性比较低。但一旦传入并定殖，则潜在的隐患难以量化，需进行风险管理。

4.1.9　风险管理

世界动物卫生组织对炭疽有明确的要求，并且要求输出国出具国际卫生证书。证书包含以下内容：

（1）来自在批准的屠宰场屠宰，供人类食用。

（2）动物原产国家执行能够保证发现炭疽病疫情，对炭疽病发生的饲养场进行有效的检疫，且能够完全销毁炭疽病畜的程序。

（3）进行过能够杀死炭疽杆菌芽孢的处理。

4.1.10　与中国保护水平相适应的风险管理措施

（1）进口兔毛必须是来自健康动物和没有因炭疽病而受到隔离检疫的农场和地区。

（2）兔毛保存在无炭疽病流行的地区。

（3）除禁止兔毛进口外，同时也包括如洗净毛、炭化毛、毛条等产品在内。

4.2　土拉杆菌病（野兔热）

4.2.1　概述

本病是许多脊椎动物自然发生的急性、热性、败血性疫病。1911 年，McCoy 在美国加利福尼亚州图莱里城研究鼠疫时，在鼷鼠体内发现本病病原菌。次年与 Chapin 共同于鼷鼠体内初次分离出本菌，因而命名为土拉杆菌。Wherry 与 Iainp 于 1914 年首次证实了沙漠棉尾兔的土拉杆菌病。1919 年 Francis 进行调查研究，才了解此菌和它引起人类疾患的临诊症状的基本知识，并把本病命名为土拉杆菌病。世界动物卫生组织在《国际动物卫生法典》中规定该病的潜伏期为 15d。

4.2.2 病原

土拉杆菌是一种多形态的细菌，在患病动物的血液内呈球状，在培养基上则有球状、杆状、豆状、精子状和丝状等。革兰氏阴性细菌，无鞭毛和荚膜，不形成芽孢。本菌为需氧菌，抵抗力强，在污染的土壤中可存活 75d，在肉品内可存活 133d，在毛皮上可存活 40d。在冰冻组织内，可保存 13 周；在甘油内保存于－14℃，可生活 2 年。60℃以上高温能短时间将其杀死。1%～3%来苏儿、3%～5%石炭酸溶液经 3～5min 可将其杀死。

4.2.3 流行病学

发病动物的种类非常广泛。啮齿类动物如长尾鼠、地鼠等；皮毛兽如野兔、黄鼠、狐狸等；家畜如绵羊、山羊、猪、牛、水牛、马、骆驼、兔、猫、犬等；禽类如鹊、鹰、麻雀、鸽、鸡、鸭、鹅等均可患病，人类亦可感染。细菌传播的方式如下：通过吸血的节肢动物如蜱、蝇、蚤、蚊、虱传播；或借助于污染口器的机械性传播；或细菌在媒介体内增殖后，借助于叮咬或以排泄物污染宿主皮肤的生物学传播。据估计在美国，90%的病人与直接接触兔（首先是沙漠棉尾兔，还有大兔与雪鞋野兔）有关。该病通过摄食而传播，当采食被患病动物的排泄物或产品污染的饲料、饮水，未煮熟的肉和病畜尸体时，可被感染。少见的传播方式是通过吸入粪便、污染的灰尘、被屠宰兔喷出的飞沫中的细菌而传播。本病发生的季节性随地区而不同，这与地区的气候、地势、降雨量等有一定关系，以啮齿类动物及外寄生虫的繁殖寄生情况为转移。有的地方在春末和夏季啮齿类动物繁殖最盛，外寄生虫也在这时最多，所以传播更快、发病最多。在野生啮齿动物中常呈地方性流行，但当繁殖过密或因饥荒、洪水泛滥和其他自然灾害而使其抵抗力降低时，便发生大流行。

4.2.4 传入评估

没有证据证明通过兔毛能够传播该病。

4.2.5 发生评估

通过兔毛传入该病的可能性不大。

4.2.6 后果评估

虽然通过兔毛传播的可能性不大，但一旦该病传入，将造成一定的经济损失。

4.2.7 风险预测

在我国该病为二类病，对兔毛来说，不需要进行风险分析。

4.2.8　风险管理

世界动物卫生组织在《国际动物卫生法典》中没有针对该病对进口兔毛进行限制。

4.2.9　与中国保护水平相适应的风险管理措施

与中国保护水平相适应的风险管理措施无。

4.3　黏液瘤病

4.3.1　概述

黏液瘤病是以眼睑和耳根皮下肿胀为特征，并具有高死亡率的兔传染病。

4.3.2　病原

本病的病原体是一种比较大的病毒，230μm×75μm，为DNA病毒，属于症病毒群。病毒粒子的核心呈两面凹陷的盘状，核心的两边各有一个卵圆形的侧体，最外层是双层结构的套膜。在形态上与牛症病毒不易区别，与兔纤维瘤病毒具有共同的抗原性。病毒可以在鸡胚绒毛尿囊膜上生长繁殖，并呈现上皮增生的病变，鸡胚的头部和颈部也可能发生水肿。病毒也能在兔睾丸、脾和兔胚单层细胞上生长繁殖而出现细胞病变，同时不同毒株在兔肾细胞培养上产生的大小不一的蚀斑对证实毒株之间的区别也是有意义的。病毒在干燥的黏液瘤结节中可以保持毒力达3周之久；在潮湿的环境中8～10℃可以保持毒力3个月，在26～30℃可以保持毒力10d。在室温下，于50%甘油盐水中可存活4个月。在55～66℃下15min内被杀灭。实际消毒时可用2%～4%氢氧化铝溶液、3%甲醛溶液等。

4.3.3　地理分布及危害

1896年Samrelli在乌拉圭首次发现该病，并称之为兔的传染性黏液瘤病。其致病病毒来源于热带森林兔（巴西棉尾兔），可能通过伊蚊传播给家兔。不久即蔓延到南美洲的其他国家，至今那里在家兔中仍呈散发性。在加利福尼亚州南部邻近圣迭戈几个家兔群自然暴发了像黏液瘤病一样的致死性疫病后，才在1930年首次发现于北美。此次暴发是由于从墨西哥进口感染家兔而把病毒输入美国所引起的。现在成了美国西部的地方流行性病，是因为那里的矮林兔是天然的保毒者。1926年把病毒首次引入澳大利亚以控制由欧洲野兔造成的主要兽害，直到1950年才最后在野兔群体中见诸实施，3年后大有成效。10年间，通过遗传上的自然选择已经出现了有抵抗力的兔种，有毒力的黏液瘤毒株对这些兔的死亡率仅为25%，而对无抵抗力的兔种则可达90%。并发生了病毒的遗传性变异，到了第四年显著减毒的毒株代替了有毒力的病毒。自然减毒的病毒将引起病程较长的轻度病例，从而有利于媒介的传播以及病毒在自然界的长期存在。1952年在法国曾造成人工流行，病毒迅速蔓延遍及农村。到1953年底，在比利时、荷兰、德国、卢森堡、西班牙和英国已查出了黏液瘤病。

4.3.4 流行病学

在自然情况下，病毒只能引起兔科动物发病，包括家兔和野兔，如穴兔、欧兔、雪兔、棉尾兔等。病毒存在于病兔全身各处的体液和器官中。有一部分病例，感染是由病兔和健康兔的直接接触，或通过接触病兔的排泄物、污染的饲料、饮水和用具而传播。病毒的主要传播方式是通过节肢动物媒介，刺螯昆虫机械地输送病毒。病毒能在虫体中存活，而病兔则可能成为疫源达1周之久。传播本病的刺螯昆虫主要是伊蚊、按蚊和库蚊，还有蚋、刺蝇，所以在适宜于蚊虫生活和繁殖的季节，此病病例也随着增加，而且相隔很远的地区，虽无与兔的直接接触，也可以同时发生。此外，兔蚤等也能传播疫病。兔蚤从死去的动物身上大批离去或离开活着的动物，这一事实证明，它选择性地有助于毒力强的毒株传播。兔蚤很少受季节影响，而且它的生命期比较长（雌蚊通常生存2～3周，而蚤不缺营养时可存活1年），所以也是有力的保毒疫源。已证明，在处于人工洞穴不接触兔的兔蚤身上黏液瘤病毒可维持105d。虱和寄食姬螯螨也是传病媒介。肉食禽类（如秃鹰和鸦）的爪被病毒污染后也可起散布病毒的作用。人类对黏液瘤病毒没有易感性。

4.3.5 传入评估

没有证据证明通过兔毛能够传播该病。

4.3.6 发生评估

通过兔毛传入该病的可能性不大。

4.3.7 后果评估

虽然通过兔毛传播的可能性不大，但一旦该病传入可以造成一定的经济损失。

4.3.8 风险预测

在我国该病为二类病，对兔毛来说，不需要进行风险分析。

4.3.9 风险管理

世界动物卫生组织在《国际动物卫生法典》中规定进口兔毛时，要求进口国兽医行政管理部门出具国际卫生证书，证明皮毛已经过处理，确保已杀灭黏液瘤病病毒。

4.3.10 与中国保护水平相适应的风险管理措施

与中国保护水平相适应的风险管理措施无。

4.4 兔出血热

4.4.1 概述

兔出血热是一种传播快、病程短、死亡率很高的家兔传染病。世界动物卫生组织《国际动物卫生法典》规定该病的感染期为60d。

4.4.2　病原

经证实，本病是由兔出血症病毒（*Rabbit erhagic disease virus*，REDV）引起的。病毒的成熟颗粒为球形，呈20面体立体对称，直径一般为32～34μm，无囊膜，衣壳由32个壳位所组成。核酸是单股RNA，这种单股RNA基因组由7 437个核苷酸组成，含有一个能编码2 344个氨基酸的开放阅读框架。关于兔出血热病毒的分类，尚未最后定论，曾认为应归属细小病毒科、细小病毒属，同时认为兔出血热病毒及其前身病毒代表一个亚种。兔出血热病毒通过周期性选择而在亚种这一集合群体中出现，可能是由于该亚种某一特殊成员影响某一特定核苷酸的进一步突变而导致产生一种新的具有特殊致病力的病毒所造成。据推测，兔出血热病毒核苷酸的变化影响了一个关键位点，该位点可能在衣壳蛋白中，它能使病毒更有效地结合到兔细胞，特别是肝细胞的表面受体上。在兔出血热病毒的细胞培养方面，已取得成功。国内外所分离的多株病毒试验和琼脂扩散试验都能完全交叉，所制疫苗也都能交叉保护，说明兔出血热病毒只有4个血清型。本病毒能凝集人的O、A、B和AB型红细胞（对人O型红细胞的凝集活性最强），而不能凝集水牛、黄牛、马、驴、绵羊、山羊、猪、鸭、鹅、鸡、豚鼠、大鼠、小鼠、地鼠和兔的红细胞。凝集人红细胞的特性，能被抗血清抑制，反复冻融使血凝价大大下降。病毒存在于病兔血液和各组织中，以肝脏中含毒量最高，其次是肺、脾、肾、肠道及淋巴结。经多种途径（皮下、肌内、腹腔、胸腔注射，滴鼻，口服，皮肤划痕感染）人工感染家兔，都可以使其规律地发病并死亡。据报道，病毒能在乳兔肾细胞上增殖。病毒能刺激兔体，产生血凝抑制（HI）抗体。兔出血热病毒对理化因素有较强的抵抗力，在污染环境中（室温下）可保存135d，30℃可保存64～65d，3%氢氧化钠溶液、1%～2%福尔马林、10%漂白粉溶液经2～3h可杀死病毒。流行病学从一项兔体传代的试验看，90只试验兔发病83只（发病率92.22%），其中死亡74只（致死率89.16%）。这些兔的剖检变化与自然病例相同。人工接种后31～48h，兔体温升高到41℃，比接种前升高1～2℃，能维持6～30h，一般在体温升高后6～36h致死。当体温升高时，白细胞、淋巴细胞显著减少。白细胞明显下降的规律是本病特征性的指标，说明病毒能迅速损害造血器官。脾、淋巴结的淋巴组织处于萎缩状态，说明病毒使造血器官抑制或衰竭。德系长毛兔的易感性比皮肉兔高，3月龄以上家兔的易感性比2月龄以内的高。用兔的原始病料，兔体传代病兔的肝、脾、肾材料，均不能引起小鼠、大鼠、豚鼠、金黄地鼠、雏鸡及雏鹅发病。

4.4.3　地理分布及危害

1984年，在我国某地首次发生了一种来势猛、传播快、病程短、死亡率很高的家兔传染病，有些省市相继报道了该病的流行情况。几年来，意大利、瑞士、匈牙利、法国、德国、英国、前苏联、墨西哥、朝鲜等都有发病记载。对此病俗称"兔瘟"，在调查研究的基础上，初步定名为兔出血热，也有称兔出血性肺炎的等。经国内外兽医工作者的研究，在病原、诊断、免疫、防治等方面都取得了很大进展。

4.4.4 流行病学

从本病流行过程看，2月下旬至3月中旬是暴发期，3月下旬至4月中旬是高峰期，11月下旬至5月上旬是平息期。可见，该病是一种顿挫型的传染病。本病的高峰期正逢冬春交界期间，气候多变，阴雨潮湿，青饲料缺乏，可能是诱发传染的环境因素。本病的易感动物是家兔，没有品种区别，主要侵害3月龄以上的青年或成年兔，未断奶的仔兔一般不发病。本病主要是通过接触传染，除病兔与健康兔直接接触外，人员往来是重要的传播媒介，还有饮水、饲料及环境的污染，配种也能造成传播。在流行后期，耐过而存活的家兔，具有一定的抵抗再感染的能力。

4.4.5 传入评估

没有证据证明通过兔毛能够传播该病。

4.4.6 发生评估

通过兔毛传入该病的可能性不大。

4.4.7 后果评估

虽然通过兔毛传播的可能性不大，但一旦该病传入，将造成一定的经济损失。

4.4.8 风险预测

在我国该病为二类病，对兔毛来说，不需要进行风险分析。

4.4.9 风险管理

世界动物卫生组织在《国际动物卫生法典》中没有对进口兔毛等产品时提出特殊卫生要求。

4.4.10 与中国保护水平相适应的风险管理措施

与中国保护水平相适应的风险管理措施无。

5 中国目前有关防范和降低进境动物疫病风险的管理

中国政府目前通过有关防范和降低措施成功地防止了国外某些疫病的传入，如口蹄疫、牛海绵状脑病、痒病、水疱性口炎等，保护了中国畜牧业的生产安全和人的身体健康。

5.1 审批

为防止兔毛生产国重大疫情的传入，国家出入境检验检疫局和各直属局根据《中华人民共和国进出境动植物检疫法》的要求，同时根据 OIE 的各国疫情通报和中国对兔毛生产国疫情的了解作出能否进口兔毛的决定。

5.2　退回和销毁处理

在进口国发生动物疫情或在进境兔毛中发现有关中国限制进境的病原时，出入境检验检疫机构和国家相关的农牧管理部门为防止国外动物疫情传入，发布公告禁止来自疫区的兔毛入境，对来自疫区的兔毛或检出带有中国限制入境病原的兔毛作退回或销毁处理。

5.3　防疫处理

为防止国外疫情传入，在进境兔毛到达口岸时，对进境兔毛进行外包装消毒处理，同时对储存仓库运输工具进行消毒处理。建立有效的防疫设施，包括存放地进出车辆、人员、工作服消毒和外包装废弃物处理的设施。

5.4　存放和加工过程监督管理

根据《中华人民共和国进出境动植物检疫法》的要求，对生产加工企业和存放地进行监督管理，防止违反《中华人民共和国进出境动植物检疫法》行为的发生，建立健全卫生防疫制度和兔毛的出入库登记制度，监督加工企业严格执行国家有关部门的规定和企业制定的防疫制度；监督加工企业严格按照规定对包装材料、加工废料进行无害化处理；监督加工企业严格执行国家有关规定的污水处理标准。

5.5　污水和废弃物处理

根据《中华人民共和国进出境动植物检疫法》的要求，出入境检验检疫机构对可以进境兔毛的生产、加工企业排放的污水实施监督检查，以防止兔毛输出国的有害因子传入中国，同时，出入境检验检疫机构还有权督促兔毛生产加工企业对外包装、下脚料进行无害化处理。对于违反上述要求的企业，视情况依据《中华人民共和国进出境动植物检疫法》等法律法规作出相应的处理。

第八篇 进境羊绒风险分析

1 引言

羊绒由于产量稀少（仅占世界动物纤维产量的0.2%）、品质优秀、交易中以克论价，所以人们认为是“纤维宝石”，因而又被称为“软黄金”，是一种稀有的资源性产品。由于地理条件的限制，山羊绒只产在极少数的国家。羊绒纤维比羊毛细很多，外层鳞片也比羊毛细密、光滑，因此重量轻、柔软、韧性好，特别适合做羊绒衫，贴身穿着时，轻、软、柔、滑，非常舒适。它的一根根细而弯的纤维，其中含有很多的空气，并形成空气层，可以防御外来冷空气的侵袭。羊绒比羊毛的另一优势就是不缩水，易定型。颜色自然高贵，制成的羊绒衫和羊绒围巾穿着舒适。

我国羊绒的产量和品质在国际上具有垄断的能力。我国是世界上羊绒原料第一生产大国，近年来，我国羊绒及其制品年出口超过4亿美元，在我国整个农产品出口行业占有十分重要的地位。由于羊绒产业直接涉及数以百万计的农牧民和羊绒加工业者的生计，羊绒的出口不仅可以为企业创造良好的效益，而且对农牧民增收具有积极的作用。我国的山羊绒产量1万t左右，占世界总产量的75%左右，而且世界上90%以上的优质山羊绒产于中国。随着世界经济的不断发展，贸易与交往日益频繁，我国近年来也有少量羊绒进口，这也对动植物检疫工作提出了更高的要求。如何减少卫生及动植物检疫对贸易所产生的消极影响，不断适应和促进贸易交往的发展，成为各国检疫工作者所关心的重要课题。国际“期望制定一个有规律和有纪律的多边框架，指导动植物检疫措施的制定、采用和实施”。因此，增强国际检疫协调成为动植物检疫的方向。进境风险性分析是建立检疫性程序的依据的关键，因此受到各国的重视。

2 风险分析过程

风险分析是艺术和科学的统一。风险分析专家必须具有广博的知识面、流行病学和统计学的知识和技能；必须收集各方面的资料信息；在医学、兽医学领域，必须获得各种疫病的发病机理及流行病学的详尽资料，然后对这些数据和资料进行定性或定量风险分析，找出减少风险的措施。

2.1 风险确定

风险确定是风险分析的第一步，也是很关键的一步。如果一个特定的风险没有确定，就不可能找出减少该风险的措施。许多检疫的失败都可以归结于甄别风险的失败，而不是风险评估和风险管理的失败。

2.2　风险评估

风险因素确定以后，就需要对所存在的风险进行评估。这一步要解决的问题是：在不采取任何措施的情况下，引进某种动物或动物产品，引起进口国动物发生某种动物疫病的风险有多大；采取一系列风险减少措施以后，进口某种动物或动物产品使进口国动物发生某种疫病的风险有多大。这一阶段最重要的就是科学地、合理地收集所有有关信息和资料，对所存在的风险因素进行评估，找出减少风险的措施，得出进口某种动物或动物产品使进口国动物发生某种疫病的风险概率，为决策者提供科学的依据。风险评估分为定性风险评估、定量风险评估和半定量风险评估 3 种方法。

2.3　风险管理

风险管理是通过对各种风险因素进行科学的、严谨的分析而做出正确决定的过程。风险管理可适用于各种情况，比如对已发生了意外结果的地方进行风险管理，或对各种风险都清楚的地方进行风险管理。一种好的风险管理模式包括建立风险管理程序、识别风险、分析风险、评估风险、处理风险和对风险管理系统的执行情况进行检查和总结。

2.4　风险交流

风险交流的过程是将风险评估和风险管理的结果同决策者和公众进行交流。适当的风险交流是必要的，这可将官方的政策向进出口商进行解释，使其经常意识到进口存在的风险，而不仅仅是进口利润。风险交流必须是一个双向程序，它涉及的进出口商必须经官方认可并有单位的详细地址。

风险交流是风险分析过程的最后一步，但在整个过程中所涉及的所有部门都应该进行很好的交流。现在很多国家，公众对“专家”持有怀疑态度，因此尽早开展风险交流，可使公众理解和尊重风险分析的结果。

3　风险因素确定

3.1　确定致病因素的原则和标准

3.1.1　进境羊毛风险分析的考虑因素

3.1.1.1　商品因素

进境风险分析的商品因素包括进境的原毛、水洗毛、洗净毛、炭化毛等。

3.1.1.2 国家因素

由于每一个国家动物疫病的发生、发展各不相同，因此所有可能经进境羊毛将疫病传入我国的羊绒输出国都是考虑的重点，主要有以下国家和地区：澳大利亚、新西兰、乌拉圭、阿根廷、秘鲁、英国、美国、南非（非洲大陆）、法国、我国的周边国家（主要指印度、俄罗斯联邦等）等，羊绒运输途经国或地区也应尽可能考虑。

3.1.1.3 其他因素

运输方式、包装种类、储存方法、检疫措施等。

3.1.2 国内外有关政策法规

3.1.2.1 动物及产品贸易的国际法规

SPS协定规定，世界动物卫生组织有权制定动物卫生防疫法规，提出有关动物及产品的国际贸易方面的准则和建议。世界动物卫生组织出版了一本关于风险分析方面的指导性法规——《国际动物卫生法典》，它的主要原则是要求贸易双方作出尽可能详细的动物卫生保障，为保证促进动物和产品的国际贸易发展服务，避免国际贸易中动物疫病的传播风险。国际动物检疫的政策法规还包括一些中国政府与其他国家签署的动物检疫方面的双边条约或检疫条款等。

《国际动物卫生法典》对动物疫病的分类如下：

(1) A类：是一类烈性传染病，能在世界范围内迅速流行，对社会经济及公共卫生产生严重的后果，对动物及产品的国际贸易产生重要影响。

(2) B类：是能在一定区域内对社会经济、公共卫生产生重要影响，并对动物产品的国际性贸易产生一定影响的传染病。

3.1.2.2 中国现行的检疫法规

《中华人民共和国动物防疫法》是目前中国国内有关动物防疫主要的法律法规。《中华人民共和国进出境动植物检疫法》、《中华人民共和国进出境动植物检疫法实施条例》和相关的法规、公告等是中国政府对进出境动植物实施检疫的法律基础，其中规定了中国官方检疫人员依照法律规定行使登船、登车、登机实施检疫；进入港口、机场、车站、邮局以及检疫物存放、加工、养殖、种植场所实施检疫，并依照规定采样；根据需要，进入有关生产、仓库等场所，进行疫情监测、调查和检疫监督管理；查阅、复制、摘录与检疫物有关的运行日志、货运单、合同、发票及其他单证。农业部负责全国范围内动物疫病防制、监测和消灭工作，对外来疫病的防制由农业部和国家出入境检验检疫局共同承担。当某国发生中国限制进境的动物疫病流行时，农业部和国家出入境检验检疫局有权发布公告，禁止与流行疫病有关的任何货物入境。

3.1.3 危害因素的确定

与国际上竞争对手相比，中国的养羊业由于良好的卫生状况和独特的地理环境，对养羊业有严重危害的致病性因子并不很多，因此在对进境羊毛的危害因素确定时，采用以下标准和原则。

3.1.3.1 农业部规定的《一、二、三类动物疫病病种名录》所列的疫病病原体。

3.1.3.2 国外新发现并对农牧渔业生产和人体健康有潜在威胁的动物传染病和寄生虫病病原体。

3.1.3.3 列入国家控制或消灭的动物传染病和寄生虫病病原体。

3.1.3.4 对农牧渔业生产和人体健康及生态环境可能造成危害或负面影响的有毒有害和生物活性物质。

3.1.3.5 世界动物卫生组织（OIE）列出的A类和B类疫病。

3.1.3.6 有证据能够通过羊绒传播的疫病。

3.2 致病因素的评估

羊绒作为一种特殊的商品，一种不经任何卫生环节加工就可以交易的动物产品，任何外来致病性因子都可能存在，因而使其携带疫情复杂、难以预测且不易确定。有些羊绒甚至可能夹带粪便和土壤等禁止进境物，机械采绒易混入皮屑和血凝块，在现场查验中却难以发现，而这些常常是致病性因子最可能存在的地方。对进境羊绒所携带的危害因素进行风险分析的依据是：危害因素在中国目前还不存在（或没有过报道）；或仅在局部存在；对人有较严重的危害；有严重的政治或经济影响；已经消灭或在某些地区得到控制；对畜牧业有严重危害等。

3.3 风险性羊病名单的确定

首先是以世界动物卫生组织公布与羊有关的A类和B类动物传染病作为重点防疫对象，同时顾及中国有关动物疫病的防制法规和由农业部制定公布的动物一、二、三类与羊有关的疫病和某些地方重点防疫的疫病。

以下是这些疫病的名称。

3.3.1 A类

口蹄疫、水疱性口炎、牛瘟、绵羊痘与山羊痘、蓝舌病、小反刍兽疫、裂谷热病等。

3.3.2 B类

炭疽病、副结核病、布鲁氏菌病、狂犬病、绵羊痒病、棘球蚴病、钩端螺旋体病、伪狂犬病、山羊关节炎-脑炎、梅迪-维斯纳病、心水病、Q热、内罗毕病、肺腺瘤病等。

3.4 风险描述

3.4.1 对出入境的相关国家进行风险分析。

3.4.2 对风险性疫病从以下几个方面进行讨论。

3.4.2.1 概述

对疫病进行简单描述。

3.4.2.2 病原

对疫病致病病原进行简单描述。

3.4.2.3 地理分布及危害

对疫病的世界性分布情况进行描述；对疫病的危害程度进行简单的描述。

3.4.2.4 流行病学特点

对致病病原的自然宿主进行描述及对疫病的流行特点、规律、传播特点及媒介进行描述，尤其侧重与该病相关的检疫风险的评估。

3.4.2.5 传入评估

（1）从以下几个可能的方面对疫病进行评估：①原产国是否存在病原。②生产国农场是否存在病原。③羊绒中是否存在病原。④病原是否可以在农场内或农场间传播。

（2）对病原传入、定居并传播的可能性，尽可能用以下术语（词语）描述。

①高（high）：事件很可能会发生。

②中等/度（moderate）：事件有发生的可能性。

③低（low）：事件不大可能发生。

④很低（very low）：事件发生的可能性很小。

⑤可忽略（negligible）：事件发生的概率极低。

3.4.2.6 发生评估

对疫病发生的可能性进行描述。

3.4.2.7 后果评估

后果评估是指对由于病原生物的侵入对养猪业或畜产品造成的不利影响给予描述。经济影响一般是指动物死亡或产品损失、限制进出、出口市场丢失、国家赔偿、控制措施造成的生产损失。环境影响通常是指对本地物种的不利影响。对疫病发生的后果及潜在的危害进行描述。应该注意到在某些情况下接受发病疫区可极大降低发病带来的不利影响。但在疫区划分条件上有许多不定的因素，有些贸易伙伴接受，有些根本不接受。最明显的例子是1998年澳大利亚发生新城疫，少数国家根本不接受在一个国家内任何水平的疫区，有些接受，但对疫区的大小以及有效期的时间有不同的意见。例如：大约一半的澳大利亚出口市场不接受低于整个新南威尔士州水平的疫区。

下面术语用于描述在一个连续的范围内可能出现的不利影响的程度及出现后果的可能性。

（1）极端严重（extreme）：是指某些疫病的传入并发生后，可能对整个国家的经济活动或社会生活造成严重影响。这种影响可能会持续一段很长的时间，并且对环境构成严重甚至是不可逆的破坏或对人类健康构成严重威胁。

（2）严重（serious）：是指某些疫病的侵入可能带来严重的生物性（如高致病率或高死亡率，感染动物产生严重的病理变化）或社会性后果。这种影响可能会持续较长时间并且不容易对该病采取立即有效的控制或扑灭措施。这些疫病可能在国家主要工业水平或相当水平上造成严重的经济影响。并且，它们可能会对环境造成严重破坏或对人类健康构成很大威胁。

(3) 中等 (medium)：是指某些疫病的侵入带来的生物影响不显著。这些疫病只是在企业、地区或工业部门水平上带来一定的经济损失，而不是对整个工业造成经济损失。这些疫病容易控制或扑灭，而且造成的损失或影响也是暂时的。它们可能会影响环境，但这种影响并不严重而且是可恢复的。

(4) 温和 (mild)：是指某些疫病的侵入造成的生物影响比较温和，易于控制或扑灭。这些疫病可能在企业或地方水平上对经济有一定的影响，但在工业水平上造成的损失可以忽略不计。对环境的影响几乎没有，有也是暂时性的。

(5) 可忽略 (insignificant)：是指某些疫病没有任何生物性影响，是一过性的且很容易控制或扑灭。在单个企业水平上的经济影响从低到中等，从地区水平上看几乎没有任何影响。环境的影响可以忽略。

3.4.2.8　风险预测

传入、定殖以及传播的可能性和造成后果之间的关系是决定是否采取专门风险管理措施的关键。对一些有严重甚至极端严重后果的疫病，只要疫病进入的风险高于可忽略的保护水平，就不允许进口；对一些造成中等后果的疫病，风险高于很低的保护水平，不允许进口；对造成后果温和的疫病，风险不应高于低保护水平。对造成后果可忽略的疫病，不用考虑任何进口风险。

风险评估是指在不采取任何风险管理的基础上对可能存在的危险进行充分的评估。我们确定了以下规则（表 8-1），根据输入疫病的风险来确定中国合理的保护水平情况。如果这种风险超过中国合理的保护水平（用“不接受”表示），接下去是考虑是否或如何采取管理措施降低疫病传入的风险达到中国合理的保护水平（用“接受”表示），允许进口。

表 8-1　根据输入疫病的风险来确定中国合理的保护水平情况

发生后果程度	传入可能性				
	高	中等	低	很低	可忽略
可忽略	接受	接受	接受	接受	接受
温和	不接受	不接受	接受	接受	接受
中等	不接受	不接受	不接受	接受	接受
严重	不接受	不接受	不接受	不接受	接受
极端严重	不接受	不接受	不接受	不接受	接受

3.4.2.9　风险管理

风险分析提供了一系列风险管理措施，主要是根据评估的风险大小以及疫病流行特点制定的。最常用的是世界动物卫生组织制定的《国际动物卫生法典》，如果这些措施都不能满足本国的适当的保护水平，就根据实际情况制定专门的管理措施。

3.4.2.10　与中国保护水平相适应的风险管理措施

简单描述与中国保护水平相适应的风险管理措施。

4 风险评估及管理

4.1 A类疫病的风险分析

4.1.1 口蹄疫

4.1.1.1 概述

口蹄疫（foot and mouth disease，FMD）是家畜最严重的传染病之一，是由口蹄疫病毒引起偶蹄兽的一种多呈急性、热性、高度接触性传染病，广泛影响各种家畜和野生的偶蹄动物，如牛、羊、猪、羊驼、骆驼等偶蹄动物。主要表现为口、鼻、蹄和乳头形成水疱和糜烂，而羊感染后则表现为亚临诊症状。人和非偶蹄动物也可感染，但感染后症状较轻。世界动物卫生组织在《国际动物卫生法典》中规定口蹄疫的潜伏期为14d。

4.1.1.2 病原

口蹄疫是世界上最重要的动物传染病之一，严重影响国际贸易，因此既是一种经济性疫病，又是一种政治性疫病，所以被世界动物卫生组织列为A类动物传染病之首。猪是其繁殖扩增宿主。该病毒经空气进行传播时，猪是重要的传播源。

口蹄疫病毒属微（小）RNA病毒科（*Plcornaviridae*）、口疮病毒属（*Aphtovirus*）。该病毒有7种血清型，60多种血清亚型。该病毒对酸、碱敏感，pH 4～6病毒性质稳定，pH高于11或低于4时，所有毒株均可被灭活。4℃下，该病毒有感染性。有机物可对病毒的灭活产生保护作用。在0℃以下时，病毒非常稳定。病毒粒子悬液在20℃左右，经8～10周仍具有感染性。在37℃时，感染性可持续10d以上；高于37℃，病毒粒子可被迅速灭活。

4.1.1.3 地理分布及危害

口蹄疫呈世界性分布，特别是近年流行十分严重，除澳大利亚和新西兰及北美等地外，非洲、东欧、亚洲及南美洲的许多国家都有口蹄疫发生，至今仍呈地方性流行。中国周边地区尽管口蹄疫十分严重，到目前为止还没有从周边地区传入该病。口蹄疫是烈性传染病，发病率几乎达100%，被世界动物卫生组织（OIE）列为A类家畜传染病之首。该病程一般呈良性经过，死亡率只有2%～3%；犊牛和仔猪为恶性病型，死亡率可达50%～70%。但主要经济损失并非来自动物死亡，而是来自患病期间肉和奶的生产停止，病后肉、奶产量减少，种用价值丧失。由于该病传染性极强，对病畜和怀疑处于潜伏期的同种动物必须进行紧急处理，对疫点周围广大范围须隔离封锁，禁止动物移动和畜产品调运上市。口蹄疫的自然感染主要发生于偶蹄兽，尤以黄牛（奶牛）最易感，其次为水牛、牦牛、猪，再次为绵羊、山羊、骆驼等。野生偶蹄兽也能感染和致病，猫、犬等动物可以人工感染。其中，牛、猪发病最严重。

4.1.1.4 流行病学特点

呼吸道是反刍动物感染该病的主要途径。很少量的病毒粒子就可以引发感染。呼吸道感染也是猪感染的一条重要途径，但与反刍动物相比，猪更容易经口感染。发病动物通过破溃的皮肤及水疱液、排泄物、分泌物、呼出气等向外扩散，污染饲料、水、空气、用具等。

发病动物通过呼吸道排出大量病毒，甚至在临诊症状出现前4d就开始排毒，一直到水疱症状出现，即体内抗体产生后4～6d，才停止排毒。另外，大多数康复动物都是病毒携带者。污染物或动物产品都可以造成感染，另外人员在羊群之间的活动也可造成该病的传播。

牧区的病羊在流行病学上的作用值得重视。由于患病期症状轻微，易被忽略，因此在羊群中成为长期的传染源。羊、牛等成为隐性带毒者。畜产品如皮毛、肉品、奶制品等，以及饲料、草场、饮水、交通工具、饲养管理工具等均有可能成为传染源。

4.1.1.5　传入评估

口蹄疫病毒已经证明可以通过羊绒传播。从2007年英国发现第一例口蹄疫感染的家畜开始，口蹄疫正以迅雷不及掩耳的速度传播，目前已经证实感染病毒的国家数量已经超过20个，并且数量还在迅速扩大。南美、东亚、东南亚、欧洲大陆以外的国家、中东等国家和地区也开始遭受口蹄疫的侵害，出现不同程度的损失。联合国粮农组织官员于2001年3月14日已经发出警告，强调口蹄疫已成为全球性威胁，并敦促世界各国采取更严格的预防措施。我国香港和台湾，以及近邻韩国、日本、印度、蒙古、原独联体国家都纷纷“中弹”。我国政府已经多次发出通知，采取一切措施，把口蹄疫拒之国门以外。

口蹄疫传播方式很复杂，在此讨论与羊绒有关的传播可能。通过感染动物和易感动物的直接接触引起动物间的传播，和农场内部局部传播，而人、犬、鸟、啮齿类动物等引起传播的方式比较简单。研究人员还发现病毒通过气溶胶在感染动物与易感动物间的传播，已经证实这是远距离传播的主要方式，且气溶胶传播难以控制，在欧洲暴发的口蹄疫则可能是通过旅游者在疫区与非疫区之间的传播引起的。运载过感染动物和动物产品的车辆可能成为口蹄疫传染源，因此对来自疫区或经过疫区的运输工具消毒和清洗显得十分必要。通过羊绒传播的可能性很高。

4.1.1.6　发生评估

口蹄疫能够通过羊绒传播的事实已得到证实，同时也已被各国兽医部门所接受。当每升空气中含一个病毒粒子时，猪和羊30min可吸入足够感染量的病毒，牛则只需2min，一头感染的猪一天可以排出的气源性病毒粒子足以使500头猪、7头反刍动物经口感染。中国传统的高密度的畜牧业可使侵入口蹄疫迅速传播并流行。

4.1.1.7　后果评估

口蹄疫被公认为是破坏性最大的动物传染病之一，尤其是在一些畜牧业发达的地区。口蹄疫疫情一旦发生，造成的后果十分严重，并且要在短时间内将这种疫病完全根除代价很高。口蹄疫一旦发生带来的直接后果是我国主要的海外市场将会被封锁，包括牛、羊、猪、牛肉、猪肉以及部分羊肉市场。很难对口蹄疫侵入造成的经济影响作出具体量化。疫病的暴发规模及对疫病控制措施的反应等不确定因素，使得很难对其所造成的经济损失作出简单的估算。传入该病造成很高的损失。

4.1.1.8　风险预测

不加限制进口羊绒引入口蹄疫的可能性很低，但是该病一旦传入产生的后果非常严重，需要进行风险管理。

4.1.1.9 风险管理

世界动物卫生组织发布的《国际动物卫生法典》明确提出有关反刍动物的毛、绒等卫生要求，目的就是为了防止口蹄疫疫区的扩大。

4.1.1.10 与中国保护水平相适应的风险管理措施

（1）严格按照世界动物卫生组织规定的国际动物卫生要求出具证明。

（2）进境羊绒必须是来自6个月内无口蹄疫发生的国家和地区（包括过境的国家或地区）。

（3）口蹄疫疫区周边地区和国家的羊绒，限制在入境口岸就地加工。

（4）其他已经炭化或制条的产品可以进口。

4.1.2 水疱性口炎

4.1.2.1 概述

本病是由弹状病毒属的水疱病毒引起的一种疫病，主要表现为发热和口腔黏膜、舌头上皮、乳头、足底冠状垫出现水疱。该病原的宿主谱很宽，能感染牛、猪、马以及包括人和啮齿类动物在内的大多数温血动物，同时可以感染冷血动物，甚至于植物也可以感染本病。世界动物卫生组织在《国际动物卫生法典》中规定该病的潜伏期为21d。

4.1.2.2 病原

水疱性口炎（vesicular stomatitis，VS）又名鼻疮、口疮、伪口疮、烂舌症、牛及马的口腔溃疡等。本病是马、牛、羊、猪的一种病毒性疫病。其特征为口腔黏膜、乳头皮肤及蹄冠皮肤出现水疱及糜烂，很少发生死亡。

水疱性口炎病毒属弹状病毒科（*Rhabdoviridae*）、水疱病毒属（*Vesiculovirus*），是一类无囊膜的RNA病毒。该病毒有两种血清型，即印第安纳（Indiana，IN）型和新泽西（New Jersey，NJ）型。其中，新泽西型是引起美国水疱性口炎病暴发的主要病原。由于该病毒可引起多种动物发病，并能造成重大的经济损失，以及该病与口蹄疫的鉴别诊断方面的重要性，因此水疱性口炎被世界动物卫生组织列为A类病。

4.1.2.3 地理分布及危害

水疱性口炎病主要分布于美国东南部、中美洲、委内瑞拉、哥伦比亚、厄瓜多尔等地。在南美，巴西南部、阿根廷北部地区曾暴发过该病。在美国，除流行区以外，主要是沿密西西比河谷和西南部各州，每隔几年都要流行一次或零星发生。加拿大最北部的Manitoba州也发生过该病。法国和南非也曾有过报道。

该病分为两个血清型：新泽西型和印第安纳型，感染的同群动物90%以上出现临床症状，几乎所有动物产生抗体。本病通常在气候温和的地区流行，媒介昆虫和动物的运动可导致本病的传播。印第安纳型通过吸血白蛉传播。本病传播速度很快，在一周之内能感染大多数动物，传播途径尚不清楚，可能是皮肤或呼吸道。

4.1.2.4 流行病学特点

水疱性口炎常呈地方性，有规律地流行和扩散，一般间隔10d或更长。流行往往有季节性，夏初开始，夏中期为高峰直到初秋。最常见牛、羊和马的严重流行。病毒对外界具有相当强的抵抗力。干痂暴露于夏季日光下经30～60d开始丧失其传染性，在地面上经过秋冬，第二年春仍有传染性。干燥病料在冰箱内保存 3 年以上仍有传染性。对温度较为敏感。

对于水疱性口炎病毒的生态学研究还不很清楚。比如，病毒在自然界中存在于何处，如何保存自己，它是怎样从一个动物传给另一个动物的，以及怎样传播到健康的畜群中的。从某些昆虫体内曾分离到该病毒。破溃的皮肤黏膜污染的牧草被认为是病毒感染的主要途径。非叮咬性蝇类也是该病传播的一条重要途径。该病毒在正常环境中感染力可持续几天。污染的取奶工具等也可以造成感染。潜伏期一般为 2～3d，随后出现发热，并在舌头、口腔黏膜、蹄冠、趾间皮肤、嘴（马除外）或乳头附近出现细小的水疱症状。水疱可能会接合在一起，然后很快破溃，如果没有第二次感染发生，留下的伤口一般在 10d 左右痊愈。水疱的发展往往伴随有大量的唾液、厌食、瘸腿等症状。乳头的损伤往往由于严重的乳房炎等并发症变得更加复杂。但该病的死亡率并不高。

4.1.2.5　传入评估

该病一旦侵入，定殖并传播的可能性很低。人们对该病的流行病学不清楚，甚至对传播该病的媒介生物的范围以及媒介生物在该病传播流行中的意义等尚不清楚。几乎没有任何信息可以用来量化预测该病定殖及传播的风险。1916 年，该病确实从美国传入欧洲，但最终该病没有定殖下来。尽管目前国际动物贸易频繁，除了这一次例外，没有任何证据表明该病在美洲大陆以外的地区定殖。因此，水疱性口炎病定殖、传播的风险很低。

4.1.2.6　发生评估

水疱性口炎病定殖、传播的风险很低。

4.1.2.7　后果评估

该病一旦侵入，将会对中国畜牧业带来严重的后果。该病对流行地区造成的经济损失巨大。1995 年美国暴发该病，由于贸易限制造成的经济损失以及生产性损失（包括：动物死亡、奶制品生产量下降、确定并杀掉感染动物以及动物进出口的限制）等，据估计直接经济损失达 1 436 万美元。水疱性口炎病与口蹄疫鉴别诊断方面有重要意义，因此该病一旦在中国定殖，所造成的直接后果将是：所有的牲畜及其产品将被停止出口，至少要到口蹄疫的可能性被排除以后。由于对水疱性口炎病的传播机制知之甚少，因此，很难预测紧急控制或扑灭措施的效果如何并且很难确定该病所造成的最终影响。

4.1.2.8　风险预测

不加限制进口羊绒带入水疱性口炎病的可能性几乎不存在。

4.1.2.9　风险管理

世界动物卫生组织在《国际动物卫生法典》中没有就进口动物产品作任何限制性的要求，无需进行风险管理。

4.1.2.10　与中国保护水平相适应的风险管理措施

与中国保护水平相适应的风险管理措施无。

4.1.3　牛瘟

4.1.3.1　概述

牛瘟（rinderpest，RP）又名牛疫（cattle plague）、东方牛疫（oriental cattle

plague)、烂肠瘟等，是由牛瘟病毒引起的反刍动物的一种急性传染病，主要危害黄牛、水牛。该病的主要特点是炎症和黏膜坏死。对易感动物有很高的致死率。世界动物卫生组织《国际动物卫生法典》规定该病的潜伏期为21d。

4.1.3.2 病原

牛瘟病毒属副黏病毒科（*Paramyxoviridae*）、麻疹病毒属（*Morbilivirus*）。该属中还包括麻疹病毒、犬瘟热病毒、马腺疫病毒以及小反刍兽疫病毒等。这些病毒有相似的理化性质，在血清型上也有一定的相关性。牛瘟病毒只有一种血清型，但在不同毒株的致病力方面变化很大。

牛瘟病毒性质不稳定，在干燥的分泌排泄物中只能存活几天，且不能在动物的尸体中存活。该病毒对热敏感，在56℃病毒粒子可被迅速灭活。pH 2～9，病毒性质稳定。该病毒有荚膜，因此可通过含有脂溶剂的灭菌药物将其灭活。

4.1.3.3 地理分布及危害

本病毒主要存在于巴基斯坦、印度、斯里兰卡等国。该病是一种古老的传染病，曾给养牛业带来毁灭性的打击，在公元7世纪的100年中，欧洲约有2亿头牛死于牛瘟。1920年，印度运往巴西的感染瘤牛（zebu cattle）经比利时过境时引发牛瘟暴发，因此促成世界动物卫生组织的建立。

亚洲被认为是牛瘟的起源地，至今仍在非洲一些地区、中东以及东南亚等地流行。通过接种疫苗等防疫措施，印度牛瘟的发生率和地理分布范围已有明显的减少。尽管在印度支那等边缘地区仍有潜在感染的可能性，但从总体上说，东南亚和东亚地区的牛瘟已基本被消灭。1956年以前，中国大陆曾大规模流行，在政府的支持下，经过科研工作者的努力，成功地研制出了牛瘟疫苗，并有效地控制了疫情，到1956年，中国宣布在全国范围内消灭牛瘟。本病西半球只发生过一次，即1921年发生于巴西，该地曾经进口瘤牛，在发病还不到1 000头时就开始扑杀，共宰杀大约2 000头已经感染的牛。

4.1.3.4 流行病学特点

尽管该病的自然宿主为牛及偶蹄兽目的其他成员，牛属动物最易感，如黄牛、奶牛、水牛、瘤牛、牦牛等，但其他家畜如猪、羊、骆驼等也可感染发病。许多野兽如猪、鹿、长颈鹿、羚羊、角马等均易感。

牛瘟病牛是主要传染源，在感染牛向外排出病毒时尿中最多，任何污染病牛的血、尿、粪、鼻分泌物和汗都是传染源。本病在牛之间大多是由于病牛与健康牛直接接触引起的，亚临床感染的绵羊与山羊可以将本病传染给牛；受感染的猪可通过直接接触将该病传给其他猪或牛，该病毒可以在猪体内长期存在达36年之久。牛瘟常与战乱相联系，1987年，斯里兰卡在40多年没有牛瘟的情况下，因部队带来的感染山羊在驻地进行贸易而引发牛瘟；1991年因海湾战争，将牛瘟从伊拉克传入土耳其。

4.1.3.5 传入评估

牛瘟通常是经过直接接触传播的。动物一般经呼吸感染。尽管牛瘟病毒对外界环境的抵抗力不强，但该病毒由于可通过风源传播，因此该病毒传播距离很远，有时甚至可达100m以上。没有报道证实该病可以通过动物产品感染，甚至在一些牛瘟流行的国家，除牛以外的动物产品携带牛瘟病毒的可能性都不大。某些呈现地方流行性的国家，当地羊带毒的可能性中等。没有证据证明该病毒能通过羊绒传播。

4.1.3.6　发生评估

可以通过羊绒传播此病。

4.1.3.7　后果评估

牛瘟一旦侵入将会给中国带来巨大的经济损失并可能导致严重的社会后果，在这方面中国已有深刻教训。有研究报告指出控制牛瘟侵入造成的经济损失与控制口蹄疫侵入的损失相当。直接的深远的影响将是养牛业。将会波及大量的肉类出口甚至可能也会影响到其他的动物产品。应在尽短的时间内，制定并实施对疫病的控制扑灭措施。尽管发病牛有很高的死亡率，但要在短时间内控制并防止疫病进一步扩散也并非很难。因此由于牛的发病和死亡造成的直接损失远远小于直接或间接用于控制疫病的费用。

中国于1956年消灭此病并到目前一直未发生过此病，目前在养牛业不接种任何防制该病的疫苗，对中国来说牛对此病没有任何免疫力，因而该病一旦传入并定殖，养牛业必将遭受毁灭性的打击。不仅因此可能带来巨大的经济损失，同时现有的防疫体系也将完全崩溃。

4.1.3.8　风险预测

通过羊绒可以将该病病原传入的可能性低。一旦输出羊绒的牧场有此病存在时，通过羊绒贸易传入此病是可能的，但由于该病病原的抵抗力脆弱，因此传入的可能性低。该病病原在中国有较广泛的寄生宿主谱（猪、牛、羊），因此一旦传入，定殖并发生传播是可能的。不加限制进口羊绒传入该病的可能性低，但一旦传入后果极端严重。

4.1.3.9　风险管理

世界动物卫生组织在《国际动物卫生法典》中明确将此病列入A类病，并就对反刍动物和猪的绒毛、粗毛、鬃毛等有明确的限制性要求，要求出具国际卫生证书，并证明：

（1）按照世界动物卫生组织的《国际动物卫生法典》规定的要求程序加工处理，确保杀灭牛瘟病毒。

（2）加工后采取必要的措施防止产品接触潜在的病毒源。

4.1.3.10　与中国保护水平相适应的风险管理措施

（1）不从该病的发生地进口任何未经加工的羊绒。

（2）进口羊绒（包括初加工产品）不允许从疫区过境。

（3）能确保初加工产品（如洗净毛、炭化毛、毛条等）未接触任何牛瘟病毒源，可以考虑进口。

4.1.4　小反刍兽疫

4.1.4.1　概述

小反刍兽疫（pestedes petits ruminants，PPR）又名小反刍兽假性牛瘟、肺肠炎、口炎肺肠炎复合症，是由小反刍兽疫病毒引起的急性传染病，主要感染小反刍兽动物，以发热、口炎、腹泻、肺炎为特征。世界动物卫生组织《国际动物卫生法典》规定该病的潜伏期为21d。

4.1.4.2 病原

小反刍兽疫病毒属于副黏病毒科、麻疹病毒属，病原对外界的抵抗力强，可以通过羊绒传播本病。主要分布于非洲和阿拉伯半岛。

4.1.4.3 地理分布及危害

本病仅限于非洲和阿拉伯半岛，在中国、大洋洲、欧洲、美洲都未发生过。本病发病率高达100%，严重暴发时死亡率高达100%，轻度发生时死亡率不超过50%，幼年动物发病严重，发病率和死亡率都很高。

4.1.4.4 流行病学特点

本病是以高度接触性传播方式传播的，感染动物的分泌物和排泄物也可以造成其他动物的感染。

4.1.4.5 传入评估

有证据证明该病可以通过羊绒传播，特别是以绵羊和山羊为主要感染对象，并迅速在感染动物体内定殖，随着病毒在体内定殖和易感动物增加时就会引起流行。

4.1.4.6 发生评估

可以通过羊绒传播该病。

4.1.4.7 后果评估

中国从未发生过小反刍兽疫，因此该病的传入必将给中国的养羊业以严重打击，造成的后果难以量化。

4.1.4.8 风险预测

不加限制进口羊绒，小反刍兽疫定殖可能性较高，病毒一旦定殖引起的后果极为严重，需对该病进行风险管理。

4.1.4.9 风险管理

世界动物卫生组织有明确的关于从小反刍兽疫感染国家进口小反刍动物绒毛、粗毛及其他毛发的限制要求。目的就是限制小反刍兽疫的扩散。世界动物卫生组织《国际动物卫生法典》规定该病要求出具国际卫生证书，证明这些产品：①来自非小反刍兽疫感染区饲养的动物；或②在出口国兽医行政管理部门监控和批准的场所加工，确保杀灭小反刍兽疫病毒。

4.1.4.10 与中国保护水平相适应的风险管理措施

必须限制从感染区进口羊绒，这些动物包括绵羊和山羊等。具体包括：

（1）不从疫区进口任何未经加工的羊绒。

（2）对途经疫区的羊绒在口岸就近加工处理。

（3）在出口国兽医行政管理部门监控和批准的场所加工，确保杀灭小反刍兽疫病毒的产品，如洗净毛、炭化毛、毛条可以进口。

4.1.5 蓝舌病

4.1.5.1 概述

蓝舌病（blue tongue，BT、BLU）是反刍动物的一种以昆虫为传播媒介的病毒性传染病，主要发生于绵羊，其临床症状特征为发热、消瘦，口、鼻和胃肠黏膜溃疡变化及跛行。由于病羊，特别是羔羊长期发育不良、死亡、胎儿畸形、羊绒的破坏，造成的经济损失很大。本病最早在1876年发现于南非的绵羊，1906年被定名为蓝舌病，1943年发现于牛。本病分布很广，很多国家均有本病存在。1979年我国云南首次确定绵羊蓝舌病，1990年甘肃又从黄牛分离出蓝舌病病毒。世界动物卫生组织在《国际动物卫生法典》中规定该病的感染期为60d。

4.1.5.2　病原

蓝舌病病毒属于呼肠孤病毒科、环状病毒属，为一种双股RNA病毒，呈20面体对称。已知病毒有24个血清型，各型之间无交互免疫力；血清型的地区分布不同，例如非洲有9个，中东有6个，美国有6个，澳大利亚有4个。还可能出现新的血清型。易在鸡胚卵黄囊或血管内繁殖，羊肾、犊牛肾、胎牛肾、小鼠肾原代细胞和继代细胞都能培养增殖，并产生蚀斑或细胞病变。病毒存在于病畜血液和各器官中，在康复畜体内存在达4～5个月之久。病毒抵抗力很强，在50%甘油中可存活多年，病毒对3%氢氧化钠溶液很敏感。

4.1.5.3　地理分布及危害

一般认为，南纬35°到北纬40°之间的地区都可能有蓝舌病的存在，已报道发生或发现的蓝舌病国家主要有非洲的南非、尼日利亚等；亚洲的塞浦路斯、土耳其、巴勒斯坦、巴基斯坦、印度、马来西亚、日本、中国等；欧洲的葡萄牙、希腊、西班牙等；美洲的美国、加拿大、中美洲各国、巴西等；大洋洲的澳大利亚等。

危害表现在以下几方面。

（1）感染强毒株后，发病死亡，死亡率可达60%～70%，一般为20%～30%，1956年葡萄牙和西班牙发生的蓝舌病死亡绵羊17.9万只。

（2）动物感染病毒后，虽不死亡，但生产性能下降，饲料回报率低。

（3）影响动物及产品的贸易。

（4）有蓝舌病的国家出口反刍动物及种用材料，则要接受进口国提出的严格的检疫条件，为此花费大量的检疫费用。

4.1.5.4　流行病学特点

主要侵害绵羊，也可感染其他反刍动物，如牛（隐性感染）等。特别是羔羊易感，长期发育不良，死亡，羊绒的质量受到影响。蓝舌病最先发生于南非，并在很长时间内只发生于非洲大陆。一般认为，从南纬35°到北纬40°之间的地区都可能有蓝舌病存在。而事实上许多国家发现了蓝舌病病毒抗体，但未发现任何病例。蓝舌病病毒主要感染绵羊，所有品种都可感染，但有年龄的差异性。本病毒在库蠓唾液腺内存活、增殖和增强毒力后，经库蠓叮咬感染健康牛、羊。1岁左右的绵羊最易感，哺乳的羔羊有一定的抵抗力，牛和山羊的易感性较低。绵羊是临诊病状表现最严重的动物。本病多发生于湿热的夏季和早秋，特别多见于池塘、河流多的低洼地区。本病常呈地方流行性，接触传染性很强，主要通过空气、飞沫经呼吸道传染。本病的传播主要与吸血昆虫库蠓有关。易感动物对口腔传播有很强的抵抗力，发病动物的分泌物和排泄物内病毒含量极低，不会引起蓝舌病传播，其产品如肉、奶、毛等也不会导致蓝舌病的传播。

4.1.5.5 传入评估

本病的传播主要以库蠓为传播媒介。被污染的羊绒不能传播本病，除非羊绒中有活的库蠓虫或幼虫存在。

4.1.5.6 发生评估

病毒存在于病畜血液和各器官中，在康复畜体内存在达4～5个月之久。病毒抵抗力很强，在50%甘油中可存活多年，病毒对3%氢氧化钠溶液很敏感。由此分析该病毒可随羊绒的出口运输而世界性分布传播。我国有数量众多的羊群，皆为易感动物，一旦传入我国，发病的可能性极大。

4.1.5.7 后果评估

我国已发现该病，但已采取了可靠的措施控制本病的发生和传播。但是本病一旦发生，会造成严重的地方流行，给地方的畜牧业造成严重的后果。如不采取果断的措施，也会造成严重的经济损失，进而危及羊绒纺织业的发展。

4.1.5.8 风险预测

如不加限制，本病一旦传入我国并在我国流行，产生的潜在后果也是很严重的。

4.1.5.9 风险管理

世界动物卫生组织在《国际动物卫生法典》中没有专门就动物产品的限制性要求。

4.1.5.10 与中国保护水平相适应的风险管理措施

与中国保护水平相适应的风险管理措施无。

4.1.6 绵羊痘与山羊痘

4.1.6.1 概述

绵羊痘（sheep pox，SP）是绵羊的一种最典型和严重的急性、热性、接触性传染病，特征为无毛或是少毛的皮肤上和某些部位的黏膜发生痘疹，初期为丘疹后变为水疱，接着变为红斑，结痂脱落后愈合。本病在养羊地区传染快、发病率高，常造成重大的经济损失。痘病是由病毒引起畜禽和人的一种急性、热性、接触性传染病。特征是在皮肤和黏膜上发生丘疹和痘疹。

山羊痘（goat pox，GP）仅发生于山羊，在自然情况下，一般只有零星发病，本病主要影响山羊的生产性能。

世界动物卫生组织在《国际动物卫生法典》中规定该病的潜伏期为21d。

4.1.6.2 病原

绵羊痘与山羊痘是属于症病毒科的病毒，对外界抵抗力强，绵羊或山羊及产品的贸易是该病重要的传播方式，该病在亚洲和非洲的主要绵羊生产国都有分布。中国在许多地区已成功地消灭了该病，该病被列入中国一类动物疫病病种名录。

痘病毒（pox virus），属于症病毒科、脊椎动物症病毒亚科，为RNA型病毒。病毒呈砖形或圆形，有囊膜，在感染细胞内形成核内或胞质内包涵体。各种动物的症病毒虽然在形态结构、化学组成上相似，但对宿主的感染性严格专一，一般不互相传染。病毒对热、直射日光、常用消毒药敏感，58℃ 5min、0.5%福尔马林数分钟内可将其杀死。但耐受干燥，在干燥的痂皮内可存活6～8周。绵羊痘由绵羊痘毒引起，特征是皮肤和黏膜上发生特异性的痘疹。病绵羊和带毒绵羊通过痘浆、腺瘤液、痂皮及黏膜分泌物等散毒，是本病的主要传染源。病毒主要经呼吸道感染，也可通过损伤的皮肤黏膜感染。饲养管理人员、护理用具、毛皮、饲料、垫草和外寄生虫都可成为本病的传播媒介。不同品种、性别、年龄的绵羊均易感，但细毛羊比粗毛羊易感，羔羊比成年羊容易感染。

本病主要在冬末春初流行，饲养管理不良及环境恶劣可促进本病的发生及加重病情。

4.1.6.3　地理分布及危害

大多数绵羊和山羊生产国都有流行。非洲的阿尔及利亚、乍得、埃塞俄比亚、肯尼亚、利比亚、马里、摩洛哥、尼日利亚、塞内加尔、突尼斯和埃及均有报道。亚洲的阿富汗、印度、巴基斯坦、土耳其、伊朗、伊拉克、以色列、约旦、科威特、黎巴嫩、尼泊尔和沙特阿拉伯也发生过此病，此外希腊、瑞典和意大利也发生过本病。本病的死亡率高，羔羊的发病致死率高达100%，妊娠母羊发生流产，多数羊在发生羊痘后失去生产力，使养羊业遭受巨大损失。

绵羊痘与山羊痘在中国仅局部地区有分布，疫苗免疫已得到较好控制，但在中国大部地区还没有分布，因而这些病在任何一口岸传入都会给当地乃至整个中国的养羊业带来巨大的威胁。

4.1.6.4　流行病学特点

该病病原为山羊痘病毒。多发生于1～3月龄羔羊，成年羊很少发生。死亡率20%～50%，羔羊的发病致死率高达100%。羊痘初发生于个别羊，以后逐渐蔓延全群。本病主要通过呼吸道感染，病毒也可以通过受伤的皮肤或黏膜进入机体。饲养人员、护理用具、皮毛产品、饲料、垫草和外寄生虫都可能成为传播媒介。

4.1.6.5　传入评估

该病病原是一种痘病毒，对外界抵抗力相当强，研究表明，饲养人员、护理用具、皮毛产品等都有可能成为传染源。

4.1.6.6　发生评估

不加限制进口羊绒，传入该病的可能性较高。

4.1.6.7　后果评估

由于中国许多地区已成功地消灭了本病，因此该病一旦重新传入，会在原来消灭此病的地区重新形成暴发或流行。而要消灭此病将重新投入更大的人力、物力和财力，并要重新建立新的防疫体系。

4.1.6.8　风险预测

不加限制进口羊绒，传入该病的可能性较高，病毒一旦传入后果较为严重，需对该病进行风险管理。

4.1.6.9　风险管理

世界动物卫生组织有明确的关于从绵羊痘与山羊痘感染国家进口（绵羊或山羊）毛或绒时的限制要求。世界动物卫生组织在《国际动物卫生法典》中规定该病要求出具国际卫生证书，证明这些产品：①来自未曾在该病感染区饲养过的动物；或②在出口国兽医行政管理部门监控和批准的场所加工，确保杀灭该病病毒。

4.1.6.10 与中国保护水平相适应的风险管理措施

（1）不允许进口疫区羊绒。

（2）对途经疫区的羊绒在口岸加工处理。

（3）经出口国兽医行政管理部门控制或批准的加工场所内加工处理，能确保杀灭绵羊痘与山羊痘病毒加工后的产品（包括洗净毛、炭化毛、毛条）。

4.1.7 裂谷热

4.1.7.1 概述

裂谷热（rift valley fever，RVF）是一种由裂谷热病毒引起的急性、发热性、动物源性疫病（本来在动物间流行，但偶然情况下引起人类发病）。主要经蚊叮咬或通过接触染疫动物传播给人，多发生于雨季。病毒性出血热可导致动物和人的严重疫病，引起严重的公共卫生问题和因牲畜减少而导致的经济下降问题。世界动物卫生组织《国际动物卫生法典》规定该病的潜伏期为30d。

4.1.7.2 病原

该病病原属于布尼亚病毒科、白蛉热病毒属，为RNA病毒。本病在家畜中传播一般需依赖媒介昆虫（主要是库蚊），否则传播不很明显，但对人的危害大多数是因为接触感染动物的组织、血液、分泌物或排泄物造成的。由于此病对人危害十分严重，被世界动物卫生组织列入A类疫病。在流行区，根据流行病学和临床资料可以作出临床诊断。可采取几种方法确诊急性裂谷热，包括血清学试验（如ELISA）可检测针对病毒的特异的IgM。在病毒血症期间或尸检组织采取各种方法包括培养病毒（细胞培养或动物接种）、检测抗原，和PCR检测病毒基因。

实验发现抗病毒药病毒唑能抑制病毒生长，但临床上尚未有评价。大多数裂谷热病例症状轻微，病程短，因此不需要特别治疗。严重病例，治疗原则是支持、对症疗法。

4.1.7.3 地理分布及危害

20世纪初即发现在肯尼亚等地的羊群中流行。

1930年，科学家Daubney等在肯尼亚的裂谷（rift valley）的一次绵羊疫病暴发调查中首次分离到裂谷热病毒。

1950—1951年，肯尼亚动物间大暴发裂谷热，估计1万只羊死亡。

1977—1978年，曾在中东埃及尼罗河三角洲和山谷中首次出现大批人群和家畜（牛、羊、骆驼、山羊等）感染，约600人死亡。

1987年，首次在西非流行，与建造塞内加尔河工程导致下游地区洪水泛滥、改变了动物和人类间的相互作用，从而使病毒传播给人类有关。

1997—1998年，曾在肯尼亚和索马里暴发。

2000年9月份，裂谷热疫情首次出现在非洲以外地区，沙特阿拉伯（南部的加赞地区）和也门报告确诊病例。据世界卫生组织介绍：至10月9日，也门卫生部报告发病321例，死亡32例，病死率为10%；沙特阿拉伯卫生部报告291例中，死亡64例。在原来没有该病的阿拉伯半岛发生了流行，这直接威胁到邻近的亚洲及欧洲地区。

人感染病毒2～6d后，突然出现流感样疫病表现，发热、头痛、肌肉痛、背痛，一些病人可发展为颈硬、畏光和呕吐，在早期，这类病人可能被误诊为脑膜炎。持续4～7d，在针对感染的免疫反应IgM和IgG抗体可以检测到后，病毒血症消失。人类染上裂谷热病毒后病死率通常较低，但每当洪水季节来临，在肯尼亚和索马里等非洲国家则会有数百人死于该病。

大多数病例表现相对轻微，少部分病例发展为极为严重疫病，可有以下症状之一：眼病（0.5%～2%）、脑膜脑炎或出血热（小于1%）。眼病（特征性表现为视网膜病损）通常在第一症状出现后1～3周内起病，当病存在视网膜中区时，将会出现一定程度的永久性视力减退。其他综合征表现为急性神经系统疫病、脑膜脑炎，一般在1～3周内出现。仅有眼病或脑膜脑炎时不容易发生死亡。

裂谷热可表现为出血热，起病后2～4d，病人出现严重肝病，伴有黄疸和出血现象，如呕血、便血、进行性紫癜（皮肤出血引起的皮疹）、牙龈出血。伴随裂谷热出血热综合征的病人可保持病毒血症长达10d，出血病例病死率大约为50%。大多数死亡发生于出血热病例。在不同的流行病学文献中，总的病死率差异很大，但均小于1%。

4.1.7.4　流行病学特点

裂谷热主要通过蚊子叮咬在动物间（牛、羊、骆驼、山羊等）流行，但也可以由蚊虫叮咬或接触受到感染的动物血液、体液或器官（照顾、宰杀受染动物，摄入生奶等）而传播到人，通过接种（如皮肤破损或通过被污染的小刀的伤口）或吸入气溶胶感染，气溶胶吸入传播可导致实验室感染。

许多种蚊子可能是裂谷热的媒介，伊蚊和库蚊是动物病流行的主要媒介。不同地区不同蚊种被证明是优势媒介。在不同地方，泰氏库蚊（*Culex theileri*）、尖音库蚊（*Culex pipiens*）、叮马伊蚊（*Aedes caballus*）、曼氏伊蚊（*Aedes mcintoshi*）、金腹浆足蚊（*Eratmopedites chrysogaster*）、等曾被发现是主要媒介。此外，不同蚊子在裂谷热病毒传播方面起不同作用。伊蚊可以从感染动物身上吸血获得病毒，能经卵传播（病毒从感染的母体通过卵传给后代），因此新一代蚊子可以从卵中获得感染。在干燥条件下，蚊卵可存活几年。其间，幼虫孳生地被雨水冲击，如在雨季卵孵化，蚊子数量增加，在吸血时将病毒传给动物，这是自然界长久保存病毒的机制。

该病毒具有很广泛的感染谱。绵羊、山羊、牛、水牛、骆驼和人是主要感染者。在这些动物中，绵羊发病最为严重，其次是山羊；其他的敏感动物有驴、啮齿类动物、犬和猫。该病不依赖媒介，在动物间传播不明显，与之相比大多数人的感染是接触过感染动物的组织、血液、分泌物和排泄物造成的，在动物间传播主要依赖蚊子。

4.1.7.5　传入评估

没有证据证明可以通过羊绒传播，但被污染的羊绒能否传播应该值得重视。

4.1.7.6　发生评估

由于该病毒抵抗力较强，因此认为传入的可能性也较大，同时中国也存在相关媒介昆虫，因而传入后极易形成定殖和传播。而该病原对人也可以直接形成侵害，即使在没有媒介昆虫的情况下，也可以使该病传入并在人群中传播。

4.1.7.7　后果评估

由于该病的媒介昆虫生活范围非常之广，一旦传入很难根除。同时，对人的危害也是相当严重，因此该病引起的不仅仅是经济上的损失，更会造成社会的负面影响。

4.1.7.8 风险预测

不加限制进口羊绒传入该病的可能性中等，且一旦定殖，后果非常严重，需风险管理。

4.1.7.9 风险管理

由于中国从未发生过此病，所以一旦从被污染的羊绒传入，对与羊绒接触的相关人员的危害就会较大，有媒介昆虫存在时，则有可能引起该病的传播，因此尽管世界动物卫生组织没有对来自疫区的动物产品加以限制，对中国来说禁止进口疫区的羊绒是必要的。

（1）加强卫生宣教，增加对裂谷热疫情的认识。

（2）在疫区免疫易感动物是控制本病流行的主要办法。

（3）灭蚊防蚊，控制、降低蚊媒密度能有效预防感染，控制疫情传播蔓延。

（4）加强传染源的管理，对病人严格实行隔离治疗。

4.1.7.10 与中国保护水平相适应的风险管理措施

不从疫区进口任何未经加工过的羊绒。

4.1.8 牛肺疫

4.1.8.1 概述

牛肺疫也称牛传染性胸膜肺炎（pleuropneumonia contagiosa bovum），是由支原体所致牛的一种特殊的传染性肺炎，以纤维素性胸膜肺炎为主要特征。世界动物卫生组织在《国际动物卫生法典》中规定该病的潜伏期为6个月。

4.1.8.2 病原

病原体为丝状支原体丝状亚种（*Mycoplasma mycoides* subsp. *mycoides*），是属于支原体科（Mycoplasmataceae）、支原体属（*Mycoplasma*）的微生物。过去经常用的名称为类胸膜肺炎微生物（PPLO）。支原体极其多形，可呈球菌样、丝状、螺旋体与颗粒状。细胞的基本形状以球菌样为主，革兰氏染色阴性。本菌在加有血清的肉汤琼脂上可生长成典型菌落。接种小鼠、大鼠、豚鼠、家兔及仓鼠，在正常情况下不感染，若将支原体混悬于琼脂胶或黏蛋白则常可使之感染。鸡胚接种也可感染。

支原体对外界环境因素抵抗力不强。暴露在空气中，特别在直射日光下，几小时即失去毒力。干燥、高温都可使其迅速死亡，但在病肺组织冻结状态，能保持毒力1年以上，培养物冻干可保存毒力数年，对化学消毒药抵抗力不强，对青霉素和磺胺类药物、龙胆紫则有抵抗力。

4.1.8.3 地理分布及危害

本病曾在许多国家的牛群中引起巨大损失。目前在非洲、拉丁美洲、大洋洲和亚洲还有一些国家存在本病。新中国成立前，我国东北、内蒙古和西北一些地区时有本病发生和流行；新中国成立后，由于成功地研制出了有效的牛肺疫弱毒疫苗，再结合严格的综合性防治措施，所以已于1996年宣布在全国范围内消灭了此病。

4.1.8.4 流行病学特点

在自然条件下主要侵害牛类，包括黄牛、牦牛、犏牛、奶牛等，其中3～7岁多发，犊牛少见，本病在我国西北、东北、内蒙古和西藏部分地区曾有过流行，造成很大损失；目前在亚洲、非洲和拉丁美洲仍有流行。病牛和带菌牛是本病的主要传染来源。牛肺疫主要通过呼吸道感染，也可经消化道或生殖道感染。本病多呈散发性流行，常年可发生，但以冬春两季多发。非疫区常因引进带菌牛而呈暴发性流行；老疫区因牛对本病具有不同程度的抵抗力，所以发病缓慢，通常呈亚急性或慢性经过，往往呈散发性。

4.1.8.5　传入评估

没有证据证明能够通过羊绒进行传播。

4.1.8.6　发生评估

通过羊绒进行传播的可能性不大。

4.1.8.7　后果评估

通过羊绒进行传播的可能性不大，但造成的后果对养牛业危害很大，病原定殖后根除困难、花费很大。

4.1.8.8　风险预测

通过羊绒进行传播的可能性不大，无需进行风险管理。

4.1.8.9　风险管理

世界动物卫生组织管理属于 A 类疫病。世界动物卫生组织在《国际动物卫生法典》中没有对进口羊绒等产品的有关该病进行规定。

4.1.8.10　与中国保护水平相适应的风险管理措施

与中国保护水平相适应的风险管理措施无。

4.2　B 类疫病的风险分析

4.2.1　炭疽病

4.2.1.1　概述

炭疽病（anthrax）是由炭疽芽孢杆菌引起哺乳动物（包括人类）的一种急性、非接触性传染病。以败血症、快速死亡为基本特征。所有哺乳动物都是易感的，但不同品种之间有一定的差异性，易感程度依次是绵羊、牛、山羊、鹿、水牛、马、猪、犬和猫。对于草食动物，则发病急、死亡快，而猪则要 2 周才会死亡。禽类抵抗力较强，一些食腐肉的鸟类可能会通过吃食感染组织而感染此病和/或传播此病。冷血动物对本病有一定的抵抗力。世界动物卫生组织在《国际动物卫生法典》中规定该病的潜伏期为 20d。本病在全国范围内都应为法定申报疫病。

4.2.1.2　病原

炭疽病是由炭疽杆菌引起的一种人畜共患的急性、热性、败血性传染病。当该菌形成芽孢后，对外界环境有坚强的抵抗力，它能在皮张、毛发及毛织物中生存 34 年。所有大陆都有分布和发生。炭疽杆菌为革兰氏阳性粗大杆菌，长 5～10μm，宽 1～3μm，两端平切，排列如竹节，无鞭毛，不能运动。在人及动物体内有荚膜，在体外不适宜条件下形成芽孢。本菌繁殖体的抵抗力同一般细菌，其芽孢抵抗力很强，在土壤中可存活数十年，在皮毛制品中可生存 90 年。煮沸 40min、140℃干热 3h、高压蒸汽 10min、20％漂白粉和石灰乳浸泡 2d、5%石炭酸 24h 才能将其杀灭。在普通琼脂肉汤培养基上生长良好。本菌致病力较强。

炭疽杆菌主要有 4 种抗原：①荚膜多肽抗原：有抗吞噬作用。②菌体多糖抗原：有种特异性。③芽孢抗原。④保护性抗原，为一种蛋白质，是炭疽毒素的组成部分。由毒株产生的毒素有 3 种：除保护性抗原外，还有水肿毒素、致死因子。

4.2.1.3　地理分布及危害

炭疽病是危害人类和家畜的一种古老的疫病，在所有大陆都有分布和发生，但大多流行区域是热带和亚热带地区，其广泛分布于亚洲、非洲和南美洲，常常引起人的感染和死亡，因此本病有重要的社会、政治影响和重要的公共卫生意义。中国仅有局部地区零星发病。患病动物常表现突然高热、可视黏膜发绀、骤然死亡和天然孔出血。

4.2.1.4　流行病学特点

传染源主要为患病的草食动物，如牛、羊、马、骆驼等，其次是猪和犬，它们可因吞食染菌食物而得病。人直接或间接接触其分泌物及排泄物可感染。炭疽病人的痰、粪便及病灶渗出物具有传染性。可以经皮肤、黏膜伤口直接接触病菌而致病。病菌毒力强，可直接侵袭完整皮肤；还可以经呼吸道吸入带炭疽芽孢的尘埃、飞沫等而致病；经消化道摄入被污染的食物或饮用水等而感染。人群普遍易感，但多见于农牧民，兽医，屠宰、皮毛加工及实验室人员。发病与否与人体的抵抗力有密切关系。

在动物和人群间发病有一定关系，造成家畜流行的诸因素也与人群中流行的因素有关。本病世界各地均有发生，夏秋两季发病多。

4.2.1.5　传入评估

由于炭疽杆菌芽孢对外界环境有坚强的抵抗力，同时它对人和各种家畜都有一定危害，特别是草食动物最为易感，如马、牛、绵羊、山羊等，而猪往往带菌情况较多，因此炭疽杆菌传入的可能性较高，该菌的自身特性决定了它定殖后在易感动物间的传播是必然的，并将长期存在。

4.2.1.6　发生评估

羊绒作为传播媒介已被证实，是仅次于动物肉类和饲料的传播媒介。羊绒传入该病病原，首先威胁的是从事有关羊绒生产的人员，其次是对环境的污染，影响加工企业所在地的畜牧业生产。

4.2.1.7　后果评估

由于炭疽杆菌的芽孢对外界环境抵抗力极强，在中国该病仅在少数地区零星发生，许多地区已完全消灭此病，因而当该病传入后不仅破坏了原有的防疫体系，该病原在一些被消灭的地区重新传入后更加难以消灭，不仅严重威胁人和家畜的健康安全，也会给生态环境造成潜在的隐患。

4.2.1.8　风险预测

对进口羊绒不加限制，炭疽杆菌传入的可能性比较低，但一旦传入并定殖潜在的隐患难以量化，需进行风险管理。

4.2.1.9　风险管理

世界动物卫生组织针对炭疽病对进口羊绒没有明确的要求，但该病危害大，要严防，要确保羊绒输出国能做到：

（1）执行能够保证发现炭疽病疫情，对炭疽病发生的饲养场进行有效的检疫，且能够完全销毁炭疽病畜的程序。

（2）进行过能够杀死炭疽杆菌芽孢的处理。

4.2.1.10　与中国保护水平相适应的风险管理措施

（1）进口羊绒必须是来自健康动物和没有因炭疽病而受到隔离检疫的地区。

（2）羊绒保存在无炭疽病流行的地区。

（3）除禁止羊绒进口外，同时也包括如洗净毛、炭化毛、毛条等产品在内。

4.2.2　狂犬病

4.2.2.1　概述

狂犬病（rabies）是由弹状病毒科、狂犬病病毒属的狂犬病病毒引起的，一种引起温血动物患病，死亡率高达100%的病毒性疫病。该病毒传播方式单一、潜伏期不定。临床表现为特有的恐水、怕风、恐惧不安、咽肌痉挛、进行性瘫痪等。

4.2.2.2　病原

狂犬病又名恐水症，是由狂犬病毒所致。人狂犬病通常由病兽以咬伤方式传给人。本病是以侵犯中枢神经系统为主的急性传染病，病死率几乎达100%。狂犬病病毒形似子弹，属弹状病毒科（*Rhabdoviridae*），一端圆、另一端扁平，大小约75μm×180μm，病毒中心为单股负链RNA，外绕以蛋白质衣壳，表面有脂蛋白包膜，包膜上有由糖蛋白G组成的刺突，具免疫原性，能诱生中和抗体，且具有血凝集，能凝集雏鸡、鹅等红细胞。病毒易为紫外线、季铵化合物、碘酒、高锰酸钾、酒精、甲醛等灭活，加热100℃ 2min可被灭活。耐低温，－70℃或冻干置0～4℃中能存活数年。病毒在中性甘油中室温下可保存数周。病毒传代细胞常用地鼠肾细胞（BHl－21）、人二倍体细胞。从自然条件下感染的人或动物体内分离得到的病毒称野毒株或街毒株（street strain），特点为致病力强，自脑外途径接种后，易侵入脑组织和唾液腺内繁殖，潜伏期较长。

4.2.2.3　地理分布及危害

本病仅在澳大利亚、新西兰、英国、日本、爱尔兰、葡萄牙、新加坡、马来西亚、巴布亚新几内亚及太平洋岛屿没有发生，其他国家均有发生或流行。目前中国局部地区呈零星的偶发性。人和动物对该病都易感，自然界许多野生动物都可以感染，尤其是犬科动物，常成为病毒的宿主和人畜狂犬病的传染源；无症状和顿挫型感染的动物长期通过唾液排毒，成为人畜主要的传染源。

4.2.2.4　流行病学特点

狂犬病本来是一种动物传染病，自然界里的一些野生动物，如狐狸、狼、黄鼠狼、獾、浣熊、猴、鹿等都能感染，家畜如犬、猫、牛、马、羊、猪、骡、驴等也都能感染。但是，和人类关系最密切的还是犬，人的狂犬病主要还是犬传播的，占90%以上，其次是猫，被猫抓伤致狂犬病的人并不少见，并随着养猫数量的增加而增多。

疯犬或其他疯动物，在出现狂躁症状之前数天，其唾液中即已含有大量病毒。如果被患狂犬病动物咬伤或抓伤了皮肤、黏膜，病毒就会随唾液侵入伤口，先在伤口周围繁殖，当病毒繁殖到一定数量时，就沿着周围神经向大脑侵入。病毒走到脊髓背侧神经根，便开始大量繁殖，并侵入脊髓的有关节段，很快布满整个中枢神经系统。病毒侵入中枢神经系统后，还要沿着传出神经传播，最终可到达许多脏器中，如心、肺、肝、肾、肌肉等，使这些脏器发生病变。故狂犬病的症状特别严重，一旦发病，死亡率几乎100%。

4.2.2.5 传入评估

本病传播方式单一，通过皮肤或黏膜的创伤而感染。没有任何证据证明该病可以通过羊绒传播。

4.2.2.6 发生评估

没有任何报道证明羊绒可以传播狂犬病。该病的主要感染途径是感染动物咬伤其他动物。有理由相信在该病的毒血症期可能会有病毒随分泌物污染羊绒，但是当出现这种明显症状时，通常是迅速死亡。狂犬病病毒在羊绒中存在的可能性很低，通过羊绒感染或传播的可能性也极低。一旦饲养场中发生狂犬病，该病在畜群中传播的可能性也不会很高。该病从原发病的养殖场传播的条件是感染动物迁移和运动，尤其是在该病没有症状之前，不会发生相互感染和传播。因此，病原侵入且能定殖在养殖场传播的可能性极低。

4.2.2.7 后果评估

狂犬病定居并传播造成的经济及社会后果被认为中等。同时，在中国有对该病免疫力相当强的疫苗进行保护，但是考虑到该病的潜伏期长、死亡率100%等特点，对该病侵入的主要措施是在尽短时间内消灭该病。对畜产品的进口贸易没有大的影响。

4.2.2.8 风险预测

该病的病原出现在羊绒中的可能性很低。即使羊绒中有病原存在，其传染给其他动物的可能性也很低。羊绒作为传播因素在疫病的整个流行环节中可以忽略不计。该病定居后的后果中等，不需要专门的风险管理措施。

4.2.2.9 风险管理

世界动物卫生组织在《国际动物卫生法典》中并没有在进口动物产品中对狂犬病进行特别的要求。

4.2.2.10 与中国保护水平相适应的风险管理措施

与中国保护水平相适应的风险管理措施无。

4.2.3 伪狂犬病

4.2.3.1 概述

伪狂犬病（pseudorabies）是由疱疹病毒引起的一种烈性传染病，主要感染呼吸道和神经组织及生殖系统。该病分布广泛，可以危害多种哺乳动物，对养猪业常带来重大的经济损失。临床上除猪以外，其他哺乳动物主要表现为皮肤奇痒，故又称疯痒病。猪是病毒的储存宿主，是主要的传染源，通过鼻液、唾液、尿液、乳汁和阴道分泌物排出病毒。猫多数病例是通过污染的食物和捕食鼠类感染。每当冬、春季节野鼠移居室内时，本病的发生也随之增多。因为鼠类也是储存宿主和传播媒介。此病也能感染人类，虽多不招致死亡，但威胁人类健康，故应加以重视。

4.2.3.2　病原

本病病原是猪疱疹病毒Ⅱ型，具有疱疹病毒共有的一般形态特征，双股DNA病毒。该病毒对外环境的抵抗力较强，在24℃条件下，病毒在污染的稻草、喂食器以及其他污染物上至少可存活10d，在寒冷的条件下可以存活46d以上，绵羊、山羊是易感动物，同时死亡率100%。该病原主要引起脑膜炎、呼吸系统疫病以及生殖机能紊乱等症状。猪是已知的唯一病毒储存宿主，是其他动物的感染源，该病毒对许多种动物易感。该病毒只有一种血清型，但毒株毒力变化很大。

4.2.3.3　地理分布及危害

除澳大利亚外大多数国家都发生过流行或地方性流行。中国也有本病的报道，主要依靠疫苗预防。本病在欧洲流行时常造成灾难性的损失。本病对猪的损失最为严重。本病病原是疱疹病毒科成员，其特点就是难以消灭。

4.2.3.4　流行病学特点

主要是以呼吸道感染为主，气溶胶也可以传播该病。

4.2.3.5　传入评估

没有证据证明该病能通过羊绒传播，但该病病原抵抗力较强，污染的环境及污染物是可以传播该病的。

4.2.3.6　发生评估

自然感染主要是通过呼吸道途径，口腔和鼻腔分泌物中以及呼出的气体中都含有该病毒。甚至注射疫苗以后，动物仍有潜在的感染性，尤其是当它们受到应激性刺激，如分娩等时，可以间歇性排出病毒。大部分的暴发和流行都是由于易感猪群中引进感染猪造成的。但是，也有越来越多的证据表明该病毒可以通过风源在农场之间传播，甚至在相距40km以上的两个农场，尤其是在一些猪和其他动物饲养密集的地区。通过污染的羊绒传入伪狂犬病的可能性低，但定殖并传播的可能性很高。

4.2.3.7　后果评估

伪狂犬病的毒株不同造成的经济损失也不一样。根据Gustafson调查结果伪狂犬病每年给美国造成数百万美元的经济损失，但值得注意的是损失的严重性在不同的年份都有很大变化。在新西兰北部岛屿，没有造成显著的直接经济损失的伪狂犬病已有过报道。另一方面，美国政府启动了耗资巨大的由州-联邦-企业组成的伪狂犬病扑灭项目，该项目在20世纪80年代后期正式实施。伪狂犬病每年给美国带来的经济损失，据估算可达3 000万美元以上。加拿大在1995年对伪狂犬病作过一次风险评估，把伪狂犬病侵入对生产者和工业造成的损失定为中等到高。该病一旦传入中国，将会带来严重的经济及社会后果。该病一旦定殖下来，会给中国原来已消灭和控制该病的地区防疫工作增加难度，同时对养羊业、养牛业及生猪业的影响将是巨大的、长期的。现行的针对伪狂犬病传入的政策是利用检疫、控制动物进出、屠宰阳性动物、疫苗免疫以及消毒等措施。这些措施将极大地干扰正常的社会、经济活动，也将影响到中国畜产品的出口市场。

4.2.3.8　风险预测

不加限制地进口羊绒传入伪狂犬病的可能性低。一旦定殖后，造成的潜在后果中等到严重，因此风险管理措施是需要的。

4.2.3.9 风险管理

世界动物卫生组织在《国际动物卫生法典》中没有关于进口反刍动物产品管理措施的章节。

4.2.3.10 与中国保护水平相适应的风险管理措施

不从伪狂犬病疫区进口任何未经加工的羊绒。

4.2.4 副结核病

4.2.4.1 概述

副结核病（paratuberculosis）是由副结核分支杆菌引起的牛、绵羊和鹿的一种慢性、通常是致死性的传染病，易感动物主要表现为消瘦。

4.2.4.2 病原

该病是由副结核分支杆菌引起的慢性消耗性疾病，该病病原可通过淋巴结屏障而进入其他器官，副结核分支杆菌对外界环境抵抗力较强，在污染的牧场或肥料中可存活数月至一年。

4.2.4.3 地理分布及危害

世界各地均有该病的分布和发生，以养牛业发达国家最为严重。本病是不易被觉察的慢性传染病，感染地区畜群死亡率可达2%～10%，严重感染时感染率可升至25%，此病很难根除，对畜牧业造成的损失不易引起人们的注意，但常常超过其他某些传染病。

4.2.4.4 流行病学特点

该病常局限于感染动物的小肠、局部淋巴结和肝、脾，经羊绒传播的可能性小，目前还没有这方面的资料报道。

4.2.4.5 传入评估

该病病原可以通过污染的羊绒传入。

4.2.4.6 发生评估

该病存在于世界各国，中国在养牛业较发达的地区有分布，而在养牛业欠发达的地区此病极少分布。由于中国养羊业相对密度较高，在本病传入后，一旦定殖传播的可能性较高。该病呈世界性分布，特别是以养牛业发达的国家最为严重。

4.2.4.7 后果评估

本病随羊绒传入的概率很低，而中国又有该病的存在，即使该病在中国定殖，后果也不很严重。

4.2.4.8 风险预测

不加限制进口羊绒传入该病的可能性较低，一旦传入将造成的后果认为是中等，同时考虑到中国存在该病，因此无需进行风险管理。

4.2.4.9 风险管理

世界动物卫生组织在《国际动物卫生法典》中也没有专门对进口反刍产品风险管理的要求。

4.2.4.10 与中国保护水平相适应的风险管理措施

即使羊绒中含有该病病原，在中国进口口岸经检疫处理也可将本病病原杀死，同时考虑上述因素，无需对副结核进行专门的风险管理。

4.2.5 布鲁氏菌病

4.2.5.1 概述

山羊和绵羊布鲁氏菌病（包括绵羊附睾炎）[Caprine and ovine brucellosis（*Include ovine epididymitis*）] 简称布病，是由细菌引起的急性或慢性人畜共患病。特征是生殖器官、胎膜发炎，引起流产、不育、睾丸炎。布鲁氏菌病是重要的人畜共患病，布鲁氏菌属分羊布鲁氏菌、牛布鲁氏菌和猪布鲁氏菌，该病是慢性传染病，多种动物和禽类均对布鲁氏菌病有不同程度的易感性，但自然界可以引起羊、牛、猪发病，以羊最为严重，且可以传染给人。这里布鲁氏菌包括引起绵羊附睾炎的羊布鲁氏菌及引起山羊和绵羊布鲁氏菌病的其他布鲁氏菌。

4.2.5.2 病原

这里指能够引起布鲁氏菌病症状的一类布鲁氏菌，该菌对物理和化学因子较敏感，但对寒冷抵抗力较强。该传播途径复杂，但主要通过消化道感染，其次是交配方式和皮肤黏膜，吸血昆虫的叮咬也可以传播本病。除澳大利亚和新西兰外其他各国都有分布。

布鲁氏菌（Brucella），为细小的球杆菌，无芽孢，无鞭毛，有毒力的菌株有时形成菲薄的荚膜，革兰氏阴性。常用的染色方法是柯氏染色，即将本菌染成红色，将其他细菌染成蓝色或绿色。

布鲁氏菌属共分 6 个种，分别是羊布鲁氏菌、猪布鲁氏菌、牛布鲁氏菌、犬布鲁氏菌、沙林鼠布鲁氏菌和绵羊布鲁氏菌。羊布鲁氏菌主要感染绵羊、山羊，也能感染牛、猪、鹿、骆驼等；猪布鲁氏菌主要感染猪，也能感染鹿、牛和羊；牛布鲁氏菌主要感染牛、马、犬，也能感染水牛、羊和鹿；其他 3 种布鲁氏菌除感染本种动物外，对其他动物致病力很弱或无致病力。

本菌对自然因素的抵抗力较强。在患病动物内脏、乳汁内、毛皮上能存活 4 个月左右。对阳光、热力及一般消毒药的抵抗力较弱。对链霉素、氯霉素、庆大霉素、卡那霉素及四环素等敏感。

4.2.5.3 地理分布及危害

布鲁氏菌病发生于世界各地的大多数国家。该病流行于南美、东南亚、美国、欧洲等地，但加拿大、英国、德国、爱尔兰、荷兰以及新西兰没有该病流行。自从 1994 年丹麦暴发该病以后，尚未见有关该病暴发的报道。羊布鲁氏菌病主见于南欧、中东、非洲、南美洲等地的绵羊和山羊群，牛极少发生，澳大利亚、新西兰等国没有该病。羊布鲁氏菌病在流行的国家主要引起繁殖障碍，且比其他种的布鲁氏菌病难以控制，该病传入中国会对非疫区的动物生产产生严重不良影响。母羊以流产为主要特征，山羊流产率为 50%～90%，绵羊可达 40%，中国国内有零星分布，呈地方性流行。

4.2.5.4 流行病学特点

此病通常通过饲喂经分娩或流产物和子宫分泌物污染的饲料传播；另外交配以及人工授精也可以传播本病。反刍动物与猪一样，出现细菌血症之后，布鲁氏菌定居于性生殖道细胞上。感染动物主要表现生殖障碍问题，包括流产、不孕、繁殖障碍等，并伴随有脓肿、瘸腿以及后肢瘫痪等症状。病畜和带菌动物是重要的传染源，受感染的妊娠母畜是最危险的传染源，其在流产或分娩时将大量的布鲁氏菌随胎儿、羊水、胎衣排出，污染周围环境，流产后的阴道分泌物和乳汁中均含有布鲁氏菌。感染后患睾丸炎的公畜精囊中也有本菌存在。传播途径主要是消化道，但经皮肤、黏膜的感染也有一定的重要性。通过交配可相互感染。此外本病还可以通过吸血昆虫叮咬传播。

4.2.5.5 传入评估

有证据证明羊布鲁氏菌病完全可以通过羊绒传播，且羊布鲁氏菌病比猪和牛布鲁氏菌病具有更广泛的危害性。

4.2.5.6 发生评估

本病的传播主要是通过污染物传播的，该病在中国少数地区也有分布，大多数牧区已经消灭此病。本病通过羊绒传入的可能性中等，同时由于该病对哺乳动物都有一定致病性，因此传入后在中国定殖的可能性较高。

4.2.5.7 后果评估

由于中国许多牧区已经消灭此病，因此此病一旦传入，将破坏现有的防疫体系，更重要的是将严重影响中国活动物的出口。考虑到对人和家畜引起的危害比较严重，引起的经济损失和社会影响也较大，因此认为该病传入后果严重。布鲁氏菌病传播后造成的经济及社会后果属中等水平。该病低发病率以及地区性流行的特点，因此只对出口动物和动物产品市场有一定的影响。该病一旦传入，可以不采取干扰活动很大的扑灭措施，但应控制国内动物的调运，直到该病被彻底根除，这些措施无疑会在地区水平上带来一定的社会经济的不利影响。

4.2.5.8 风险预测

不加限制进口羊绒传入本病的概率中等，一旦该病传入，危害较大，需进行风险管理。

4.2.5.9 风险管理

尽管世界动物卫生组织没有专门对包含有该病的反刍动物产品进行特别的规定，但考虑其可对人和家畜造成健康威胁和经济损失，故应进行专门风险管理措施。

4.2.5.10 与中国保护水平相适应的风险管理措施

（1）不从疫区进口任何未经加工过的羊绒。

（2）允许初加工产品进口，如洗净毛、炭化毛、毛条等。

4.2.6 痒病

4.2.6.1 概述

痒病（scrapie）也叫震颤病、摇摆病，是侵害绵羊和山羊中枢神经系统的一种潜隐性、退行性疫病。该病是一种由非常规的病原引起、感染人类和一些动物的一组具有传染性的亚急性海绵状脑变的原型。该病病原是一种朊病毒，现有的消毒剂对该病病原都没有作用，且该病病原不引起体液和细胞免疫，没有任何血清学方法能够在临床症状前作出诊断。

4.2.6.2　病原

目前认为该病是痒病样纤维引起的，最终导致感染动物脑组织形成海绵状空洞。该病病原对外界环境抵抗力极强，目前所有化学消毒剂和传统的物理消毒方法均对其无效，到目前认为该病病原灭活温度最低需600℃，而目前人们对该病的传播机理还不完全清楚。该病主要分布于欧洲和美洲，其他各洲极少分布。

4.2.6.3　地理分布及危害

已报道发生过痒病的国家有英国、冰岛、加拿大、美国、挪威、印度、匈牙利、南非、肯尼亚、德国、意大利、巴西、也门、瑞典、塞浦路斯、日本、奥地利、比利时、哥伦比亚、捷克、斯洛伐克、爱尔兰、黎巴嫩、荷兰、瑞士和阿联酋等国家。澳大利亚和新西兰于1952年发生痒病，但由于采取严格措施，故成功消灭了痒病。而牛海绵状脑病，在欧洲、美洲等许多国家有分布。

4.2.6.4　流行病学特点

绵羊痒病主要发生于成年绵羊，偶尔发生于山羊，发病年龄一般在2～4岁，以3岁半的发病率最高，既可垂直传播又可水平传播，潜伏期一般为1～5年，发病率在4%左右，但有时可高达30%以上。1983年，四川省从英国进口的羊中曾出现绵羊痒病症状。农业部与四川省有关部门立即组成联合工作组，迅速扑杀、焚烧这批进口羊、后代羊及其与之有密切接触史的羊。至今，我国境内未再发现这种病状。尽管目前普遍认为痒病是一种传染病，但发病和自然传播机理尚不清楚。痒病可在无关联的绵羊间水平传播，患病羊不仅可以通过接触将痒病传播给绵羊和山羊，而且可以通过垂直传播将该病传播给后代。消化道很可能是自然感染痒病的门户，同时胎盘中可以查到病原的存在，而在粪便、唾液、尿、初乳中查不到病原，由此可见胎盘在痒病传播中起着重要的作用。现在人们认为牛海绵状脑病发生是由于含有痒病病原的骨粉进入反刍动物的食物链引起的。

4.2.6.5　传入评估

目前认为含有痒病或牛海绵状脑病病原的肉骨粉是引起该病的唯一途径。没有证据证明该病可以通过羊绒传播该病。

4.2.6.6　发生评估

世界动物卫生组织和世界卫生组织认为进口皮毛产品不应加以任何限制。事实上通过进口羊绒传入这两种病几乎是不可能的。

4.2.6.7　后果评估

该病传染性强、危害性大的特性极不利于人类和动物的保健，并且越来越引起人类的恐慌和关注。如果痒病传入中国，将导致中国所有的牛、羊产品无法走出国门，中国对外声称无痒病的证书也将无效。值得注意的是痒病在英国每年可造成10%～20%的损失，到目前为止，尚没有一个国家能够完成一个有效的扑灭地方性痒病的方案，加拿大和美国所采取的控制方案已经被证实，但费用高，且难以实施。

4.2.6.8　风险预测

不加限制进口羊绒传入该病的可能几乎不存在，也没有任何证据证明进口羊绒可传入这两种疫病，无需进行风险管理。

4.2.6.9 风险管理

世界动物卫生组织也详细阐述了进口来自牛海绵状脑病国家的皮毛，不应有任何限制要求，对痒病限制性要求未作任何阐述。

4.2.6.10 与中国保护水平相适应的风险管理措施

痒病与中国保护水平相适应的风险管理措施无。除 1983 年中国四川进口的英国边区莱斯特羊发生痒病并被彻底消灭外，中国境内从未发现有痒病病例，因此通过羊痒病这一环节诱发牛海绵状脑病发生的可能性不存在。

即使不慎传入痒病，也不可能在中国造成暴发，原因是：①单位面积羊只密度（0.316 01 只/hm^2）很低，只相当于英国羊只密度（1.772 只/hm^2）的 1/5.6，这给羊痒病的迅速传播形成了相对不利的地域性障碍；②羊的品种结构主要以地方品种为主（占 56.68%），对羊痒病的易感性相对较低；③1 岁以上绵羊存栏量所占比重相对较低（只相当于美国的 1/3，英国的 1/2），这形成了不利于羊痒病流行的生物学屏障。

中国牛群品种结构主要以黄牛和水牛为主（占 93.61%），奶牛只占整个牛群的极少部分（占 3.2%），而成年奶牛比例更小，仅占 1.4%左右。在这 1.4%左右的成年奶牛中，有 68.71%分布在占全国草地面积总量 33%左右的广大牧区，饲养方式以放牧为主。因此，中国牛群发生和流行 BSE 的相对风险极小，至多只相当于美国的 1/7，英国的 1/17。

4.2.7 山羊关节炎-脑炎

4.2.7.1 概述

山羊关节炎-脑炎（caprine arthritis encephalitis，CAE）是由山羊关节炎-脑炎病毒引起山羊的一种慢性病毒性传染病，临诊特征是成年羊为慢性多发性关节炎，间或伴发间质性肺炎或间质性乳房炎，羔羊常呈现脑脊髓炎病状。

4.2.7.2 病原

山羊关节炎-脑炎病毒，属于反转录病毒科、慢病毒属，病毒形态结构和生物特性与梅迪-维斯纳病毒相似，含有单股 RNA，病毒粒子直径 80～100 nm。该病病原是有囊膜的 RNA 病毒，对环境抵抗力很弱。感染此病的羊群生产性能下降不太明显，经济损失一般。以发达国家的奶山羊发病居多。

4.2.7.3 地理分布及危害

本病广泛分布于发达国家，特别是北美大陆、欧洲大陆，非洲和南美洲也有广泛分布，亚洲主要分布于日本、以色列。中国地方山羊对本病的抵抗力比较明显。发展中国家的本土山羊极少发生本病，发达国家奶山羊感染率高达 60%，临诊发病率仅为 9%～38%。

4.2.7.4 流行病学特点

病毒经乳汁感染羔羊，被污染的饲草、饲料、饮水等可成为传播媒介。感染途径以消化道为主。在自然条件下，只在山羊间互相传染发病，绵羊不感染。呼吸道感染和医疗器械接种传播本病的可能性不能排除。感染本病的羊只，在良好的饲养管理条件下，常不出现病状或病状不明显，只有通过血清学检查才能发现。

4.2.7.5 传入评估

羊绒中带有该病病原的可能性不大，因而通过羊绒传入本病的可能性很低。

4.2.7.6 发生评估

本病传播主要是羔羊吸吮含病毒的常乳或初乳而水平传播，其次通过污染水、饲料经消化道传播。但是容易感染的羊与感染的羊通过长期密切地接触半数以上需 12 个月左右，一小部分 2 个月内也能发生此病。山羊关节炎-脑炎在中国部分地区有分布，除非引种，其他渠道传入本病的可能性很低，传入后定殖也需一定的时间，传播也是在有限的范围内。

4.2.7.7 后果评估

中国目前的养殖规模和生产方式在该病传入并定殖的后果不是很明显。

4.2.7.8 风险预测

不加限制进口羊绒传入该病的可能性很低，一旦传入所造成后果认为是中等，考虑到中国存在此病，无需对该病进行专门的风险管理。

4.2.7.9 风险管理

世界动物卫生组织在《国际动物卫生法典》中也没有专门对毛类或其他动物产品的限制要求。

4.2.7.10 与中国保护水平相适应的风险管理措施

与中国保护水平相适应的风险管理措施无。

4.2.8 梅迪-维斯纳病

4.2.8.1 概述

梅迪-维斯纳病（Maedi - Visna disease，MVD）是由梅迪-维斯纳病毒引起绵羊的一种慢性病毒病，其特征是病程缓慢、进行性消瘦和呼吸困难。发病过程中不表现发热症状。

4.2.8.2 病原

梅迪-维斯纳病是成年绵羊的一种不表现发热病状的接触性传染病。临诊特征是经过一段漫长的潜伏期之后，表现间质性肺炎或脑膜炎，病羊衰弱、消瘦，最后终归死亡。

梅迪和维斯纳本来是用于描述绵羊两种临诊表现不同的慢性增生性传染病，“梅迪”是一种增进性间质性肺炎，“维斯纳”则是一种脑膜炎，这两个名称来源于冰岛语，梅迪（Maedi）意为呼吸困难，维斯纳（Visna）意为耗损。本病在冰岛流行时，起初被认为是两种不同的疫病，当确定了病因后，则认为梅迪和维斯纳是由特性基本相同的病毒引起，但具有不同病理组织学和临诊病状的疫病。

梅迪-维斯纳病毒（Maedi - Visna virus），是两种在许多方面具有共同特性的病毒，在分类上被列入反转病毒科、慢病毒属，含有单股 RNA，成熟的病毒粒子直径大，对乙醚、氯仿、乙醇、间位过碘酸盐和胰酶及乙醇敏感。pH 7.2～9.2 时最为稳定，pH 4.2 时 10min 内被灭活。于－50℃冷藏可存活数月，4℃存活 4 个月，37℃存活 24h，50℃只存活 15min。

4.2.8.3 地理分布及危害

梅迪-维斯纳病主要是绵羊的一种疫病。本病发生于所有品种的绵羊，无性别的差异。本病多见于2岁以上的成年绵羊，自然感染是吸进了病羊所排出的含病毒的飞沫和病羊与健康的羊直接接触传染，也可能经胎盘和乳汁而垂直传染。吸血昆虫也可能成为传播者。

本病最早发现于南非（1915）绵羊中，以后在荷兰（1918）、美国（1923）、冰岛（1939）、法国（1942）、印度（1965）、匈牙利（1973）、加拿大（1979）等国均有报道，多为进口绵羊之后发生。

于1966、1967年，我国从澳大利亚、英国、新西兰进口的边区莱斯特成年羊中出现一种以呼吸道障碍为主的疫病，病羊逐渐消瘦，衰竭死亡。其临诊症状和剖检变化与梅迪病相似。1984年用美国的抗体和抗原检测，在从澳大利亚和新西兰引进的边区莱斯特绵羊及其后代中检出了梅迪-维斯纳病毒抗体，并于1985年分离出了病毒。中国在1985年从引进的绵羊后代中分离出了梅迪-维斯纳病毒。该病的传入主要对绵羊的繁育和改良、绵羊及其产品的贸易造成严重影响。

4.2.8.4 流行病学特点

本病多见于2岁以上的成年绵羊，一年四季均可发生。自然感染是吸进了病羊所排出的含病毒的飞沫和病羊与健康羊直接接触传染，也可能经胎盘和乳汁而垂直传染。吸血昆虫也可能成为传播者，易感绵羊经肺内注射病羊肺细胞的分泌物（或血液），也能实验性感染。本病多呈散发，发病率因地域而异。潜伏期为2年或更长。

4.2.8.5 传入评估

没有任何证据证明羊绒可以传播该病。

4.2.8.6 发生评估

羊绒中带有该病病原的可能性不大，因而通过羊绒传入本病的可能性很低。

4.2.8.7 后果评估

中国有该病的分布，但仅局限于引种的少部分地区，因此一旦传入，危害十分显著，常造成严重的经济损失。1935年，冰岛曾广泛流行此病，由于没有有效的药物治疗，造成10万多只羊死亡，为控制消灭此病，冰岛又扑杀了65万余只羊，给冰岛带来了巨大的经济损失。而此病的传入，从原发饲养场扩散出去的可能性很大，因此中国将为此重新建立和改变目前防疫体系，且在中国目前高密度饲养的情况下不仅影响绵羊的繁殖和改良，对绵羊产品的贸易也将造成严重的损失，且市场占有率下降，经济指标难以量化。

4.2.8.8 风险预测

不加限制进口羊绒传入该病的可能性很小，但一旦传入并定殖，将造成严重的后果，需进行风险管理。

4.2.8.9 风险管理

世界动物卫生组织没有专门针对此病在反刍动物产品中的限制性的要求。考虑到此病传入的严重后果，应实施风险管理。

4.2.8.10 与中国保护水平相适应的风险管理措施

（1）禁止来自疫区的任何未经加工的羊绒入境。

（2）允许经初加工过的产品如洗净毛、炭化毛、毛条进境。

4.2.9 绵羊肺腺瘤

4.2.9.1 概述

绵羊肺腺瘤病（sheep pulmonary adenomatosis，SPA）是一种由反转录病毒引起的慢性、传染性绵羊肺部肿瘤病，其特征是病的潜伏期长，病羊肺部形成腺体样肿瘤。

4.2.9.2 病原

该病病原是一种反转录病毒，单股RNA。主要感染绵羊，山羊有一定的抵抗力。感染羊将肺内含病毒的分泌物排至外界环境或污染草料等，经呼吸道传播给其他容易感染的羊，拥挤和密闭的环境有助于本病的传播。当本病在某一地区或某一牧场发生后，很难彻底消灭。该病呈世界性分布，但主要分布于欧洲。

4.2.9.3 地理分布及危害

绵羊肺腺瘤病在世界范围内均有报道，本病主要呈地方性散发，在英国、德国、法国、荷兰、意大利、希腊、以色列、保加利亚、土耳其、俄罗斯、南非、秘鲁、印度和中国新疆等地均有报道。特别是在苏格兰呈顽固的地方性散发，年发病率为20%左右，死亡率高达100%。山羊对本病有一定的抵抗力。

4.2.9.4 流行病学特点

本病可以经呼吸系统传播。感染动物肺内肿瘤发展到一定阶段时，肺内大量出现分泌物，病羊通过采食和呼吸将病毒伴随悬滴或者飞沫排至外界环境或污染草料，被易感羊吸入而感染。

4.2.9.5 传入评估

没有报道证明该病可以经羊绒传播。

4.2.9.6 发生评估

羊绒中含有传染性的病毒可能性不大，因此通过羊绒传入本病的可能性也较小。

4.2.9.7 后果评估

在中国仅在个别地区分布，因此本病一旦传入，并从原发专场向外扩散，常会导致严重的经济损失，且该病一旦发生，控制和消灭极为困难，一般发病率在20%左右，死亡率高达100%，因此危害十分严重。

4.2.9.8 风险预测

不加限制进口羊绒传入该病的可能性较小，但一旦传入，则后果严重，需实施风险管理。

4.2.9.9 风险管理

世界动物卫生组织没有在《国际动物卫生法典》中明确对动物产品的限制性要求。

4.2.9.10 与中国保护水平相适应的风险管理措施

（1）不从疫区进口任何未经加工的羊绒。

（2）允许洗净毛、炭化毛、毛条等进口。

4.2.10 牛海绵状脑病

4.2.10.1 概述

牛海绵状脑病（bovine spongiform encephalopathy，BSE）亦即“疯牛病”，以潜伏

期长，病情逐渐加重，主要表现行为反常、运动失调、轻瘫、体重减轻、脑灰质海绵状水肿和神经元空泡形成为特征。病牛终归死亡。

4.2.10.2　病原

关于牛海绵状脑病病原，科学家们至今尚未达成共识。目前普遍倾向于朊蛋白学说，该学说由美国加州大学 Prusiner 教授所倡导，认为这种病是由一种叫 PrP 的蛋白异常变构所致，无需 DNA 或 RNA 的参与，致病因子朊蛋白就可以传染复制，牛海绵状脑病是因“痒病相似病原”跨越了“种属屏障”引起牛感染所致。1986 年 Well 首次从牛海绵状脑病病牛脑乳剂中分离出痒病相关纤维（SAF），经对发病牛的 SAF 的氨基酸分析，确认其与来源于痒病羊是同一性的。牛海绵状脑病朊病毒在病牛体内的分布仅局限于牛脑、颈部脊髓、脊髓末端和视网膜等处。

4.2.10.3　地理分布及危害

本病首次发现于苏格兰（1985），以后爱尔兰、美国、加拿大、瑞士、葡萄牙、法国和德国等也有发生。英国牛海绵状脑病的流行最为严重，至 1997 年累计确诊达 168 578 例，涉及 33 000 多个牛群。初步认为是牛吃食了污染绵羊痒病或牛海绵状脑病的骨肉粉（高蛋白补充饲料）而发病的。由于同时还发现了一些怀疑由于吃食了病牛肉奶产品而被感染的人类海绵状脑病（新型克-雅氏病）患者，因而引发了一场震惊世界的轩然大波。欧盟国家以及美、亚、非洲以及包括我国在内的 30 多个国家已先后禁止英国牛及其产品的进口。

4.2.10.4　流行病学特点

牛海绵状脑病是一种慢性致死性中枢神经系统变性病，类似的疫病也发生于人和其他动物，在人类有克-雅氏病（Creutzfeldt - Jakob disease，CJD）、库鲁病（Kuru）、格斯斯氏综合征（Gerstmann - Sträussler - Scheinker disease，GSS）、致死性家族性失眠症（fatal familial insomnia，FFI）及幼儿海绵状脑病（alpers disease）；在动物有羊瘙痒病（scrapie）、传染性水貂脑病（TME）、猫科海绵状脑病及麋鹿慢性衰弱病。1996 年 3 月，英国卫生部、农渔食品部和有关专家顾问委员会向英国政府汇报人类新型克-雅氏病可能与疯牛病的传染有关。本病与痒病有一定的相关性。现在人们认为牛海绵状脑病发生是由于含有痒病病原的骨粉进入反刍动物的食物链引起的。1985 年 4 月，医学家们在英国首先发现了一种新病，专家们对这一世界始发病例进行组织病理学检查，并于 1986 年 11 月将该病定名为牛海绵状脑病，首次在英国报刊上报道。10 年来，这种病迅速蔓延，英国每年有成千上万头牛患这种神经错乱、痴呆、不久死亡的病。此外，这种病还波及世界其他国家，如法国、爱尔兰、加拿大、丹麦、葡萄牙、瑞士、阿曼和德国。据考察发现，这些国家有的是因为进口英国牛肉引起的。

病牛脑组织呈海绵状病变，出现步态不稳、平衡失调、瘙痒、烦躁不安等症状，14～90d 内死亡。专家们普遍认为疯牛病起源于羊痒病，是给牛喂了含有羊痒病因子的反刍动物蛋白饲料所致。牛海绵状脑病的病程一般为 14～90d，潜伏期长达 4～6 年。这种病多发生在 4 岁左右的成年牛身上。其症状不尽相同，多数病牛中枢神经系统出现变化，行为反常，烦躁不安，对声音和触摸，尤其是对头部触摸过分敏感，步态不稳，经常乱踢以至摔倒、抽搐。发病初期没有上述症状，后期出现强直性痉挛，粪便坚硬，两耳对称性活动困难，心搏缓慢（平均 50 次/min），呼吸频率增快，体重下降，极度消瘦，以至死亡。经解剖发现，病牛中枢神经系统的脑灰质部分形成海绵状空泡，脑干灰质两侧呈对称性病变，神经纤维网有中等数量的不连续的卵形和球形空洞，神经细胞肿胀成气球状，细胞质变窄。另外，还有明显的神经细胞变性及坏死。

4.2.10.5　传入评估

目前认为含有痒病或牛海绵状脑病病原的肉骨粉是引起该病的唯一途径。没有证据证明可以通过羊绒传播该病。

4.2.10.6　发生评估

世界动物卫生组织和世界卫生组织认为进口皮毛产品不应加以任何限制。事实上通过进口羊绒传入这两种病几乎是不可能的。

4.2.10.7　后果评估

该病传染性强、危害性大的特性极不利于人类和动物的保健，并且越来越引起人类的恐慌和关注。如果牛海绵状脑病传入中国，将导致中国所有的牛、羊产品无法走出国门，中国对外声称无牛海绵状脑病的证书也将无效。值得注意的是牛海绵状脑病在英国每年造成 10%～20%的损失，到目前为止，尚没有一个国家能够完成一个有效的扑灭地方性牛海绵状脑病的方案，加拿大和美国所采取的控制方案已经被证实，但费用高且难以实施。

4.2.10.8　风险预测

不加限制进口羊绒传入该病的可能几乎不存在，也没有任何证据证明进口羊绒可传入这两种疫病，无需风险管理。

4.2.10.9　风险管理

世界动物卫生组织也详细阐述了进口来自牛海绵状脑病国家的皮毛，不应有任何限制要求，对痒病限制性要求未作任何阐述。

4.2.10.10　与中国保护水平相适应的风险管理措施

与中国保护水平相适应的风险管理的参考措施如下。

2003 年 5 月 22 日，农业部和国家质检总局联合发出防止疯牛病从加拿大传入我国的紧急通知。由于加拿大发生一例疯牛病，为防止该病传入我国，保护畜牧业生产安全和人体健康，我国采取以下措施：

（1）将加拿大列入发生疯牛病国家名录，从即日起，禁止从加拿大进口牛、牛胚胎、牛精液、牛肉类产品及其制品、反刍动物源性饲料。两部门将密切配合，做好检疫、防疫和监督工作，严防疯牛病传入我国。

（2）将立即对近年来从加拿大进口的牛（包括胚胎）及其后代（包括杂交后代）进行重点监测。发现异常情况立即报告，对疑似病例要立即采样进行诊断确诊。质检总局将密切关注加拿大疯牛病疫情的发展和相关贸易国家采取的措施，切实采取措施，防止疯牛病传入我国。

由于我国政府及时做了周密的防范工作，截至目前，在我国境内没有疯牛病发生。目前认为该病原是痒病样纤维引起的，最终导致感染动物脑组织形成海绵状空洞。该病病原对外界环境抵抗力极强，目前所有化学消毒剂和传统的物理消毒方法均对其无效，到目前认为该病病原灭活温度最低需 600℃，而目前人们对该病的传播机理还不完全清楚。该病主要分布于欧洲和美洲，其他各洲极少分布。

4.2.11 Q 热

4.2.11.1 概述

Q 热（Q-fever）是由伯纳特立克次氏体（rickettsia burneti，coxiella burneti）引起的急性自然疫源性疫病。临床以突然起病，发热，乏力，头痛，肌痛与间质性肺炎，无皮疹为特征。1937 年 Derrick 在澳大利亚的昆士兰（Queensland）发现该病并首先对其加以描述，因当时原因不明，故称该病为 Q 热。该病是能使人和多种动物感染而产生发热的一种疫病，在人能引起流感样症状、肉芽肿肝炎和心内膜炎，在牛、绵羊和山羊能诱发流产。

4.2.11.2 病原

伯纳特立克次氏体（Q 热立克次氏体）的基本特征与其他立克次氏体相同，但有如下特点：①具有滤过性；②多在宿主细胞空泡内繁殖；③不含有与变形杆菌 X 株起交叉反应的 X 凝集原；④对实验室动物一般不显急性中毒反应；⑤对理化因素抵抗力强。在干燥沙土中 4～6℃可存活 7～9 个月，－56℃能活数年，加热 60～70℃ 30～60min 才能将其灭活。抗原分为两相。初次从动物或壁虱分离的立克次氏体具Ⅰ相抗原（表面抗原，毒力抗原）；经鸡胚卵黄囊多次传代后成为Ⅱ相抗原（毒力减低），但经动物或蜱传代后又可逆转为Ⅰ相抗原。两相抗原在补体结合试验、凝集试验、吞噬试验、间接血凝试验及免疫荧光试验中的反应性均有差别。

4.2.11.3 地理分布及危害

Q 热呈世界性分布和发生，中国分布也十分广泛，已有 10 多个省、直辖市、自治区存在本病。Q 热病原通过病畜或分泌物感染人类，可引起人体温升高、呼吸道炎症。

4.2.11.4 流行病学特点

Q 热的流行与输入感染家畜有直接的关系。感染的动物通过胎盘、乳汁和粪便排出病原；蜱通过叮咬感染动物的血液使病原在其体腔、消化道上皮细胞和唾液内繁殖，再经过叮咬或排出病原经由破损皮肤感染动物。家畜是主要传染源，如牛、羊、马、骡、犬等，次为野啮齿类动物，飞禽（鸽、鹅、火鸡等）及爬虫类动物。有些地区家畜感染率为 20%～80%，受染动物外观健康，而分泌物、排泄物以及胎盘、羊水中均含有 Q 热立克次氏体。患者通常并非传染源，但病人血、痰中均可分离出 Q 热立克次氏体，曾有住院病人引起院内感染的报道，故应予以重视。动物间通过蜱传播，人通过呼吸道、接触、消化道传播。

4.2.11.5 传入评估

本病病原对外界抵抗力很强，羊绒可以传播该病。

4.2.11.6 发生评估

由于该病病原有较广泛的寄生宿主谱，而该病通过羊绒传入的可能性又很大，因此一旦传入将长期存在。

4.2.11.7 后果评估

由于中国从来未有过发生Q热的报道，因此该病一旦传入将引起严重的后果，对人和家畜健康存在严重的威胁，且动物生产性能下降、市场占有率下降、产品出口困难等，经济指标难以量化。

4.2.11.8 风险预测

不加限制进口羊绒，传入Q热的可能性较高，后果严重，需进行风险管理。

4.2.11.9 风险管理

世界动物卫生组织只讲述可食用性感染材料感染的可能而进行风险分析，没有专门性对其他动物产品作限制性要求。

4.2.11.10 与中国保护水平相适应的风险管理措施

（1）不从疫区进口任何未经加工过的羊绒。

（2）允许初加工产品进口，如洗净毛、炭化毛、毛条等。

4.2.12 心水病

4.2.12.1 概述

心水病（heartwater）也叫牛羊胸水病、脑水病或黑胆病，是由立克次氏体引起的绵羊、山羊、牛以及其他反刍动物的一种以蜱为媒介的急性、热性、败血性传染病。以高热、浆膜腔积水（如心包积水）、消化道炎症和神经症状为主要特征。

4.2.12.2 病原

该病病原属于立克次氏体科的反刍兽考德里氏体，存在于感染动物血管内皮细胞的细胞质中。它对外界抵抗力不强，必须依赖吸血昆虫进行传播。

4.2.12.3 地理分布及危害

本病主要分布于撒哈拉大沙漠以南地区的大部分非洲国家和突尼斯，加勒比海群岛也有该病的报道，原因是上述地区存在传播该病的彩色钝眼蜱。该病被认为是非洲牛、绵羊、山羊以及其他反刍动物最严重的传染病之一，急性病例死亡率高，一旦出现疫病则预后不良。

4.2.12.4 流行病学特点

心水病仅由钝眼属蜱传播，它们广泛存在于非洲、加勒比海群岛。同时，北美的斑点钝眼蜱和长延钝眼蜱也具有传播该病的能力。钝眼蜱是三宿主蜱，完成一个生活周期在5个月至4年时间，病原只能感染幼虫或若虫期的钝眼蜱，在若虫期和成虫期传播，所以有很长时间的传播性；它不能通过卵传播。钝眼蜱具有多宿主性，寄生于各种家禽、野生有蹄动物、小哺乳动物、爬行动物和两栖动物。在非洲，心水病对外来品种的牛、羊引起严重疫病，而当地品种病情较轻。

4.2.12.5 传入评估

没有证据证明该病可以通过羊绒传播。

4.2.12.6 发生评估

由于该病在传播环节上必须依赖吸血昆虫才能完成其基本的生活周期，因此通过羊绒传入该病的可能性很低。尽管该病通过羊绒传入的可能性很低，但一旦传入，中国的吸血昆虫——蜱在该病生活史中的作用如何，还有待于进一步研究和观察。

4.2.12.7 后果评估

一旦该病能够通过羊绒传入，并通过中国目前现有的吸血昆虫完成其生活史中必要的寄生环节，则该病在中国引起的后果是严重的，将给中国反刍动物养殖业以沉重的打击，生产性能严重下降，市场占有率也随之下降，动物及产品出口受阻。

4.2.12.8 风险预测

尽管不加限制进口羊绒传入该病的可能性很低，但鉴于此病传入后的严重后果，需进行风险管理。

4.2.12.9 风险管理

世界动物卫生组织在《国际动物卫生法典》中没有就动物产品作任何限制性的要求。

4.2.12.10 与中国保护水平相适应的风险管理措施

（1）禁止进口该病流行国家或地区的任何未经加工的羊绒。

（2）允许初加工产品进口，如洗净毛、炭化毛、毛条等，同时对这些产品作严格的杀虫处理。

4.2.13 内罗毕病

4.2.13.1 概述

内罗毕病（Nairobi sheep disease ）病毒属于布尼亚病毒科，是已知对绵羊和山羊致病性最强的病毒，该病是经蜱传播的绵羊和山羊的病毒病，特征是发热和胃肠炎。人也易感，但很少感染。

4.2.13.2 病原

该病病原属于布尼亚病毒科、甘贾姆组病毒，主要分布在非洲，是已知对绵羊和山羊致病性最强的病毒，由棕蜱（具尾扇头蜱）经卵传播，感染卵孵出的蜱也可传播本病。羊感染后死亡率高达30%～90%。

4.2.13.3 地理分布及危害

本病主要分布在肯尼亚、乌干达、坦桑尼亚、索马里、埃塞俄比亚等。绵羊一旦感染死亡率达30%～90%，山羊发病较轻，但也有报道称死亡率高达80%。

4.2.13.4 流行病学特点

本病经粪尿排出的病毒不具有接触传播的特性，主要依靠棕蜱（具尾扇头蜱）经卵传播，感染的卵孵出后也具有传播性，病毒在蜱体内可以存活2.5年，其他扇头蜱属和钝头蜱属也可能传播本病。

4.2.13.5 传入评估

没有证据证明该病可以通过羊绒传播。

4.2.13.6 发生评估

该病通过羊绒传入的可能性很低，即使传入该病，能否在中国定殖尚不清楚。

4.2.13.7 后果评估

由于对该病的生活史中需要的棕蜱能否在中国生存，以满足该病病原完成生活周期的机理尚不清楚，同时由于几乎没有任何信息可以用来量化预测该病定殖及传播的风险，只是考虑到该病可导致较高的死亡率，因而认为该病引起的后果是十分严重的。

4.2.13.8　风险预测

不加限制进口羊绒，传入该病的可能性很低，但该病导致的严重后果，有必要进行风险管理。

4.2.13.9　风险管理

该病虽被世界动物卫生组织列入B类疫病，但世界动物卫生组织并没有就对此病进行专门的要求。

4.2.13.10　与中国保护水平相适应的风险管理措施

（1）不在该病流行季节进口任何未经加工的羊绒。

（2）允许初加工产品进口，如洗净毛、炭化毛、毛条等，但在进口口岸必须经严格的杀虫处理。

4.2.14　边界病

4.2.14.1　概述

边界病（border disease，BD）因首次发现于英格兰和威尔士的边界地区而得名，又称羔羊被毛颤抖病，是由边界病病毒引起的新生羔羊以身体多毛、生长不良和神经异常为主要特征的一种先天性传染病。

4.2.14.2　病原

该病病原是披膜病毒科、瘟病毒属、有囊膜的病毒，对外界环境抵抗力十分脆弱。易感动物绵羊、山羊、牛和猪，绵羊是自然宿主，本病主要是垂直传播，成年感染动物繁殖力下降、流产；羔羊主要是表现发育不良和畸形，多见断奶羊死亡。主要分布于大洋洲、北美洲和欧洲。

4.2.14.3　地理分布及危害

本病呈世界性分布，大多数饲养绵羊的国家都有本病的报道。主要发生于新西兰、美国、澳大利亚、英国、德国、加拿大、匈牙利、意大利、希腊、荷兰、法国、挪威等国家。边界病病毒有免疫抑制作用，怀孕期感染病毒后，无论胎儿是否具有免疫应答能力，病毒均可在体内的各种组织中持续存在而成为病毒的携带者和疫病的传染源。被感染的羔羊在生长成熟的几年内，仍具有对后代的感染性，子宫和卵巢或睾丸生殖细胞中存在病毒，可经胎盘和精液发生垂直传播。感染了边界病的成年羊，主要表现繁殖力下降和流产。羔羊表现为发育不良和畸形，以断奶羊死亡多见。

4.2.14.4　流行病学特点

边界病病毒属于瘟病毒属成员，自然宿主主要是绵羊、山羊，对牛和猪也有感染性。病毒主要存在于流产胎儿、胎膜、羊水及持续感染动物的分泌物和排泄物中，动物可通过吸入和食入而感染本病。垂直感染是本病传播的重要途径之一。

4.2.14.5　传入评估

没有证据证明该病可以通过羊绒传播。

4.2.14.6　发生评估

通过羊绒传入本病的可能性几乎不存在，认为通过羊绒传播该病的可能性几乎忽略不计。即使传入造成的损失也认为是有限的。

4.2.14.7 后果评估

通过羊绒传入的可能性极小，即使能够定殖并传播，仅对繁殖性能有所影响，造成后果中等。

4.2.14.8 风险预测

不加限制进口羊绒，传入该病的可能性极小，考虑到中国部分地区存在此病，无需进行风险管理。

4.2.14.9 风险管理

由于该病的影响极小，世界动物卫生组织未将该病列入《国际动物卫生法典》。

4.2.14.10 与中国保护水平相适应的风险管理措施

与中国保护水平相适应的风险管理措施无。

4.2.15 羊脓疱性皮炎

4.2.15.1 概述

羊脓疱性皮炎又名羊传染性脓疱或“口疮”，是绵羊和山羊的一种病毒性传染病，在羔羊多为群发。特征是口唇等处皮肤和黏膜形成丘疹、脓疱、溃疡和结成疵状厚痂。本病病原对外界抵抗力极强，能从12年后的干痂皮中分离出病毒。任何被污染的材料都可能传播该病。

4.2.15.2 病原

羊脓疱性皮炎病毒属副痘病毒属，对外环境有相当强的抵抗力，病理材料在夏季暴露在阳光下直射30～60d传染性才消失。该病只危害绵羊和山羊，造成感染动物生产性能急剧下降。该病呈世界性分布。

4.2.15.3 地理分布及危害

世界各地都有分布和发生，主要危害羔羊和未获得免疫力的羊。该病一般不直接引起死亡，常由于影响采食或继发感染而死。

4.2.15.4 流行病学特点

本病多发于气候干燥的秋季，无性别和品种的差异性。自然感染主要是由于购入病羊或疫区畜产品而传入，同时该病也可以传染给人，因此被感染的人也能传播该病。

4.2.15.5 传入评估

可以通过羊绒传播该病。

4.2.15.6 发生评估

通过羊绒传入该病的可能性较大，该病对外界环境抵抗力较强，传入后通过原发饲养场向外扩散的可能性也较大。

4.2.15.7 后果评估

中国许多地区已经控制并消灭此病，因此如果该病重新传入这些地区，将考虑改变和重新建立新的防疫体系。同时，此病对羊的生产性能有较严重的影响（非规模化养殖不是十分明显），因而认为该病传入后后果是比较严重的。

4.2.15.8　风险预测

不加限制进口羊绒传入该病的可能性较大，后果也较为严重，需进行风险管理。

4.2.15.9　风险管理

此病没有被世界动物卫生组织列入《国际动物卫生法典》，也没有其他专门针对羊脓疱性皮炎的限制性要求。针对中国部分地区已成功消灭此病，因此禁止来自该病流行的国家或地区羊绒进境。

4.2.15.10　与中国保护水平相适应的风险管理措施

（1）禁止该病流行的国家或地区的任何未经加工的羊绒输入。

（2）其他羊绒初加工产品也限制进境，如洗净毛、炭化毛、毛条等。

4.2.16　结核病

4.2.16.1　概述

结核病（tuberculosis，TB）是由结核分支杆菌引起的人和其他动物的一种慢性传染病，该病病原主要分 3 型，即：牛型、禽型和人型，此外还有冷血动物型、鼠型及非洲型。本病可侵害多种动物，据报道约有 50 多种哺乳动物、25 种禽类可患病，在家畜中，牛最为易感，结核病也见于猪和家禽；绵羊和山羊较少发病；罕见于单蹄兽。其病理特点是在多种器官形成肉芽肿和干酪样、钙化结节的病变。

4.2.16.2　病原

该病病原是结核分支杆菌，它可以引起多种动物包括人在内的慢性疫病，本菌不产生芽孢和荚膜，也不能运动，革兰氏染色阳性。结核菌具有蜡质，一旦着色，虽经酸处理也不能使之脱色，所以又称抗酸性菌。结核杆菌不含内毒素，也不产生外毒素和侵袭性酶类，其致病机理与菌体成分有关，结核杆菌的细胞壁所含类脂约占细胞壁干重的 60%，其含量与细菌毒力密切相关，含量越高，毒力越强。该病呈世界性分布，主要分布于奶牛业较为发达的国家。结核分支杆菌按其致病力可分为 3 种类型，即人型、牛型和禽型，三者有交叉感染现象。牛型主要侵害牛，其次是人、猪、马、绵羊、山羊等。人型结核杆菌细长而稍弯曲，牛型略短而粗，禽型小而粗且略具多形性，平均长度 5～15μm，宽 0.2～0.5μm，两端钝圆，无芽孢和荚膜，无鞭毛，不运动，革兰氏染色阳性。因其具抗酸染色特性，故又称为抗酸性分支杆菌。结核杆菌对干燥抵抗力强，将带菌的痰置于干燥处 310d 后接种于豚鼠仍能发生结核。该菌不耐湿热，在 65℃ 30min、70℃ 10min、100℃立即死亡，阳光直射 2h 死亡，5%碳酸或来苏儿 24h、4%福尔马林 12h 方能被杀死。

4.2.16.3　地理分布及危害

结核病曾广泛流行于世界各国，以奶牛业发达国家最为严重。由于各国政府都十分重视结核病的防制，一些国家在该病的控制方面取得了很大的成就，已有效控制和消灭了此病。尽管如此，此病仍在一些国家和地区呈地方性散发和流行。由于该病感染初期主要表现渐进性消瘦等其他慢性病的症状，在临诊上不易发现，从而造成感染动物不断增加，生产性能下降，因而造成的经济损失是巨大的，特别是在养牛业的损失更为惊人，患病动物寿命明显缩短，奶产量显著减少，常常不能怀孕。如果本病未被有效控制，其病死率可达 10%～20%。在执行本病的防制措施时，要花费很大的人力和物力。

4.2.16.4 流行病学特点

该病病原对环境的生存能力较强，对干燥和湿冷的抵抗力强，在水中可存活5个月，土壤中可存活7个月，而对热的抵抗力差。结核分支杆菌在机体内分布于全身各器官内，在自然界中，一般存在于污染的畜舍、空气、饲料、畜舍用具以及工作人员的靴鞋等处，本菌主要经呼吸道和消化道使健康动物感染，此外交配也可以感染。饲草、饲料被污染后通过消化道感染也是一个重要的途径；犊牛感染主要是通过吮吸带菌的奶引起的。病畜是本病的主要传染来源。据报道，约50种哺乳动物、25种禽类可患本病；在家畜中牛最易感，特别是奶牛，其次是黄牛、牦牛、水牛。牛结核病主要由牛型结核杆菌引起，也可由人型结核杆菌引起。本病主要通过被污染的空气经呼吸道感染，或者通过被污染的饲料、饮水和乳汁经消化道感染。交配感染亦属可能。本病一年四季均可发生。

4.2.16.5 传入评估

是否能通过羊绒传播该病，到目前为止还没有这方面的报道。

4.2.16.6 发生评估

尽管该病病原对外界抵抗力较强，但由于该病绵羊与山羊很少发生，因此认为该病通过羊绒传入的可能性较低。同时，该病病原有很广的动物寄生谱，因而一旦传入，定殖并传播的可能性也较高。

4.2.16.7 后果评估

该病是中国政府历来十分重视的控制性疫病，许多饲养场都已消灭此病，因此此病一旦通过羊绒传入，不仅可以威胁与羊绒接触相关人员的健康与安全，同时更会威胁到没有阳性动物的饲养场，饲养场内的动物生产性能将会明显下降，动物产品的市场将显著减少。

4.2.16.8 风险预测

不加限制进口羊绒传入的可能性较低，但一旦传入对人的健康与畜牧业生产安全造成的后果较为严重，需进行风险管理。

4.2.16.9 风险管理

此病被世界动物卫生组织列入《国际动物卫生法典》，但仅对动物及肉制品有一定限制性要求，对其他动物产品没有加以限制。针对中国部分地区已成功消灭此病，因此禁止来自该病流行的国家或地区羊绒进境。

4.2.16.10 与中国保护水平相适应的风险管理措施

禁止该病流行的国家或地区的任何未经加工的羊绒输入。

4.2.17 棘球蚴病

4.2.17.1 概述

棘球蚴病（echinococcosis hydatidosis）也称包虫病，是由寄生于犬的细粒棘球绦虫等数种棘球绦虫的幼虫（棘球蚴）寄生在牛、羊、人等多种哺乳动物的脏器内而引起的一种危害极大的人兽共患寄生虫病。主要见于草地放牧的牛、羊等。

危害大的主要是细粒棘球绦虫，又称包生绦虫。该虫寄生于犬科动物小肠内，幼虫（称棘球蚴或包虫）可寄生于人和多种食草动物（主要为家畜）的组织器官内，与多房棘球绦虫一起均能引起包虫病。

4.2.17.2　病原

在犬小肠内的棘球绦虫很细小，长 2～6mm，由 1 个头节和 3～4 个节片构成，最后 1 个体节较大，内含多量虫卵。含有孕节或虫卵的粪便排出体外，污染饲料、饮水或草场，牛、羊、猪、人食入这种体节或虫卵即被感染。虫卵在动物或人这些中间宿主的胃肠内脱去外膜，游离出来的六钩蚴钻入肠壁，随血流散布全身，并在肝、肺、肾、心等器官内停留下来慢慢发育，形成棘球蚴囊泡。犬属动物如吞食了这些有棘球蚴寄生的器官，每一个头节便在小肠内发育成为一条成虫。棘球蚴囊泡有 3 种，即单房囊、无头囊和多房囊棘球蚴。前者多见于绵羊和猪，囊泡呈球形或不规则形，大小不等，由豌豆大到人头大，与周围组织有明显界限，触摸有波动感，囊壁紧张，有一定弹性，囊内充满无色透明液体；在牛有时可见到一种无头节的棘球蚴，称为无头囊棘球蚴。多房囊棘球蚴多发生于牛，几乎全位于肝脏，有时也见于猪；这种棘球蚴特征是囊泡小，成群密集，呈葡萄串状，囊内仅含黄色蜂蜜样胶状物而无头节。在牛，偶尔可见到人型棘球蚴，从囊泡壁上向囊内或囊外可以生出带有头节的小囊泡（子囊泡），在子囊泡壁内又生出小囊泡（孙囊泡），因而一个棘球蚴能生出许多子囊泡和孙囊泡。

4.2.17.3　地理分布及危害

在我国主要分布在新疆、青海、甘肃、宁夏、西藏和内蒙古 6 省、自治区。其次有陕西、河北、山西和四川西部地区。流行因素主要为虫卵对环境的污染，人与家畜和环境的密切接触，病畜内脏喂犬或乱抛等。

4.2.17.4　流行病学特点

牛采食时吃到犬排出的细粒棘球绦虫的孕卵节片或虫卵后，卵内的六钩蚴在消化道逸出，钻入肠壁，随血液和淋巴散布到身体各处发育成棘球蚴。牛肺部寄生棘球蚴时，会出现长期慢性呼吸困难和微弱的咳嗽。肝被寄生时，肝增大时，腹右侧膨大，病牛营养失调，反刍无力，常臌气，消瘦，虚弱。成虫寄生在犬、狼等犬科动物小肠内，孕节和虫卵随犬等的粪便排出体外，人、羊、牛、骆驼等中间宿主误食虫卵而导致感染，主要引起肝、肺、腹腔和脑等部位的包虫病。

4.2.17.5　传入评估

目前通过羊绒传播该病还未见报道。该病在我国有分布，且危害人，但传播的可能性不大。

4.2.17.6　发生评估

没有证据证明能通过羊绒传播该病。

4.2.17.7　后果评估

该病一旦传入引起的危害很大，将对中国养殖业造成不可估量的损失。

4.2.17.8　风险预测

不加限制进口羊绒传入该病的可能性很低，一旦传入影响也较温和，考虑到中国已有该病的分布，无需进行风险管理。

4.2.17.9　风险管理

世界动物卫生组织没有在《国际动物卫生法典》中对动物产品进行专门性的限制要求。

4.2.17.10 与中国保护水平相适应的风险管理措施

与中国保护水平相适应的风险管理措施无。

4.2.18 钩端螺旋体病

4.2.18.1 概述

钩端螺旋体病（leptospirosis）是人畜共患的传染病。少数病例呈急性经过，表现为发热、黄疸、血红蛋白尿、黏膜和皮肤坏死；多数病例呈隐性感染，无明显临床症状。

4.2.18.2 病原

钩端螺旋体体形细长，宽 0.1μm ，长达 6～20μm，呈螺旋状，依靠轴丝运动；对外界抵抗力不大，干燥、阳光和各种消毒药都可将其杀死。

4.2.18.3 地理分布及危害

世界各地都有发生和分布，在我国也有分布。钩端螺旋体病是人畜共患的传染病，要严防其传播。

4.2.18.4 流行病学特点

钩端螺旋体存在于患病或带菌动物体内，主要从尿和粪便排出，污染水源、草场和饲料，经消化道传染健康动物。本病一般是由鼠类传播的，吸血昆虫也起传递作用。本病以夏、秋季多发，呈地方性流行。潜伏期 2～20d。

4.2.18.5 传入评估

目前通过羊绒传播该病还未见报道。传播的可能性不大。

4.2.18.6 发生评估

没有证据证明能通过羊绒传播该病。

4.2.18.7 后果评估

该病在我国有分布，且危害人，一旦传入引起的危害很大，将对中国养殖业造成不可估量的损失。

4.2.18.8 风险预测

不加限制进口羊绒传入该病的可能性很低，一旦传入影响也较温和，考虑到中国已有该病的分布，无需进行风险管理。

4.2.18.9 风险管理

世界动物卫生组织也没有在《国际动物卫生法典》中对动物产品进行专门性的限制要求。

4.2.18.10 与中国保护水平相适应的风险管理措施

与中国保护水平相适应的风险管理措施无。

4.2.19 衣原体病

4.2.19.1 概述

衣原体病（enzooticabortion of ewes）又名羊衣原体性流产，是由鹦鹉热衣原体引起的一种传染病，以发热、流产、死产和产下生命力不强的弱羔为特征。

4.2.19.2　病原

羊衣原体病的病原是鹦鹉热衣原体典型成员之一，抵抗力不强，对热敏感。自然界中易感动物主要通过感染动物的分泌物或排泄物污染饲料、牧草、水源等，经消化道传染，有的也经交配感染。欧洲、新西兰、美国、中国都有该病的报道。

4.2.19.3　地理分布及危害

本病由 Stamp 等于 1949 年在苏格兰发现，之后在英国、德国、法国、匈牙利、罗马尼亚、保加利亚、意大利、土耳其、塞浦路斯、新西兰、美国等都有发生本病的报道。中国 1981 年确诊有本病存在，主要分布于甘肃、内蒙古、青海、新疆，在新区感染率可达 20%～30%，发病率高的羊群流产率高达 60%。在疫区的羊群中其阳性率为 20%～30%，个别羊群可达 60%以上。

4.2.19.4　流行病学特点

本病传播主要由病羊从胎盘、胎儿和子宫分泌物排出大量衣原体，污染饲料和饮水，经消化道使健康羊感染，也可以由污染的尘埃和散布在空气中的飞沫经呼吸道感染。

4.2.19.5　传入评估

没有证据证明羊绒可以传播本病。

4.2.19.6　发生评估

本病对外界环境的抵抗力不强，通过羊绒传入该病的可能性较低，而该病一旦通过羊绒传入，通过原发饲养场扩散的可能性较大。

4.2.19.7　后果评估

羊衣原体病在中国存在，且临诊表现温和，对生产性能影响不大，因此认为该病传入并传播的后果较为温和。

4.2.19.8　风险预测

不加限制进口羊绒传入该病的可能性很低，一旦传入，影响也较温和，考虑到中国已有该病的分布，无需进行风险管理。

4.2.19.9　风险管理

世界动物卫生组织没有在《国际动物卫生法典》中对动物产品进行专门性的限制要求。

4.2.19.10　与中国保护水平相适应的风险管理措施

与中国保护水平相适应的风险管理措施无。

4.2.20　利什曼病

4.2.20.1　概述

利什曼病（Leishmanisis）是由利什曼原虫引起的人畜共患病，在节肢动物及哺乳动物之间传播。该病发生于 80 多个国家，估计患者数超过 1 500 万，每年新发病例为 40 多万。对于人类疱疹病毒（艾滋病 HIV）感染者来说，利什曼原虫可能是一种条件致病的寄生虫。

4.2.20.2　病原

利什曼原虫是细胞内寄生原虫，属于动基体目、锥虫科。该属中许多种均可感染哺乳动物。利什曼原虫分类最常用的方法之一是做同工酶免疫电泳。利什曼原虫为异种寄生，一生需要 2 个宿主。它有 3 种不同形态：无鞭毛体、前鞭毛体和副鞭毛体。无鞭毛体多在脊椎动物宿主细胞中，含有动基粒。前鞭毛体和副鞭毛体多存在于蛉肠道及培养基。前鞭毛体在无脊椎动物媒介中最为常见，呈梭形，前端有一根鞭毛。副鞭毛体是前两者的过渡形式。

4.2.20.3　地理分布及危害

自 1993 年以来，利什曼病在非洲、亚洲、欧洲、北美和南美等地区的 88 个国家蔓延，有 3.5 亿人受到此病的威胁。据统计，目前全球有 1 200 万利什曼病患者；每年新增 150 万～200 万患者，其中仅有 60 万人登记。

4.2.20.4　流行病学特点

利什曼病是人畜共患病。在大多数情况下，某特定种类的利什曼原虫不止感染一种动物宿主，很难确定一个特定的宿主。在地中海盆地，多是由婴儿利什曼原虫引起的，犬为主要宿主。犬中感染的流行高于人的流行。在北美，为数众多的野生和家养动物，包括犬、猫、马、驴等，均可作为宿主。在得克萨斯州，皮肤利什曼病呈地方性流行。白蛉是公认的利什曼原虫传染的媒介。白蛉在夜间活动，通过叮咬哺乳动物吸血生存。只有雌性白蛉吸血，利于产卵。白蛉在温暖的季节较为常见。在适宜的条件下，它的生命周期为 41～58d。雌虫可产卵 100 个左右，需 1～2 周孵出。幼虫需要适宜的温度，避光，以及有机物及发育成熟。白蛉叮咬已感染的脊柱动物，无鞭毛体进入白蛉体内，从无鞭毛体转变为前鞭毛体，这个过程需要 24～48h。利什曼原虫多寄生在白蛉肠道内。在肠内繁殖后，前鞭毛体迁移至白蛉的食道和咽内。白蛉再次叮咬后，前鞭毛体进入脊椎动物体内。它们停留于细胞外环境，并激活补体导致中性粒细胞及巨噬细胞聚集。多数前鞭毛体被中性粒细胞吞噬破坏，部分前鞭毛体被吞噬细胞吞噬后，脱去鞭毛，在细胞内形成无鞭毛体，以两分裂增殖，导致巨噬细胞破裂。

4.2.20.5　传入评估

目前通过羊绒传播该病还未见报道。传播的可能性不大。

4.2.20.6　发生评估

没有证据证明能通过羊绒传播该病。

4.2.20.7　后果评估

该病在我国有分布，且危害人，一旦传入引起的危害很大，将对我国人民生活造成一定混乱和危害。

4.2.20.8　风险预测

不加限制进口羊绒传入该病的可能性很低，考虑到中国已有该病的分布，无需进行风险管理。

4.2.20.9　风险管理

世界动物卫生组织也没有在《国际动物卫生法典》中对动物产品进行专门性的限制要求。

4.2.20.10　与中国保护水平相适应的风险管理措施

与中国保护水平相适应的风险管理措施无。

4.3　其他类疫病的风险分析

4.3.1　羊梭菌性疫病

4.3.1.1　概述

羊梭菌性疫病是由梭状芽孢杆菌属中的微生物引起的一类疫病，包括羊快疫、羊肠毒血症、羊猝狙、羊黑疫、羔羊痢疾等病。这一类疫病在临诊上有不少相似之处，容易混淆。这些疫病都能造成急性死亡，对养羊业危害很大。

（1）羊肠毒血症： 主要是绵羊的一种急性毒血症，是D型魏氏梭菌在羊肠道中大量繁殖，产生毒素所致。死后肾组织易于软化，因此又常称此病为软肾病。本病在临诊病状上类似于羊快疫，故又称类快疫。

（2）羊猝狙： 是由C型魏氏梭菌所引起的一种毒血症，以急性死亡、腹膜炎或溃疡性肠炎为特征。

（3）羊黑疫： 又称传染性坏死性肝炎，是由B型诺维氏梭菌引起绵羊、山羊的一种急性高度致死性毒血症。本病以肝实质发生坏死性病灶为特征。

（4）羔羊痢疾： 是初生羔羊的一种急性毒血症，以剧烈腹泻和小肠发生溃疡为特征。本病常使羔羊发生大批死亡，给养羊业带来重大损失。

4.3.1.2　病原

（1）羊快疫： 病原是腐败梭菌，当取病羊血液或脏器做涂片镜检时，能发现单独存在及两三个相连的粗大杆菌，并可见其中一部分已形成卵圆形膨大的中央或偏端芽孢。本菌能产生4种毒素，α毒素是一种卵磷脂酶，具有坏死、溶血和致死作用；β毒素是一种脱氧核糖核酸酶，具有杀白细胞作用；γ毒素是一种透明质酸酶；δ毒素是一种溶血素。

（2）羊肠毒血症： 病原是魏氏梭菌，又称产气荚膜杆菌，为厌气性粗大杆菌，革兰氏染色阳性，无鞭毛，不能运动，在动物体内能形成荚膜，芽孢位于菌体中央。一般消毒药均易杀死本菌繁殖体，但芽孢抵抗力较强，在95℃下需3.5h方可将其杀死。本菌能产生强烈的外毒素，具有酶活性，不耐热，有抗原性，用化学药物处理可变为类毒素。一般消毒药物均能杀死腐败梭菌的繁殖体，但芽孢的抵抗力很强，3%福尔马林能迅速杀死芽孢。亦可应用30%的漂白粉、3%～5%的氢氧化钠进行消毒。

（3）羊猝狙： 魏氏梭菌又称为产气荚膜杆菌，分类上属于梭菌属。本菌革兰氏染色阳性，在动物体内可形成荚膜，芽孢位于菌体中央。本菌可产生α、β、ε、ι等多种外毒素，依据毒素-抗毒素中和试验可将魏氏梭菌分为A、B、C、D、E 5个毒素型。

（4）羊黑疫： 病原是诺维氏梭菌，和羊快疫、羊肠毒血症、羊猝狙的病原一样，同属于梭状芽孢杆菌属。本菌为革兰氏阳性大杆菌，严格厌氧，能形成芽孢，不产生荚膜，具周身鞭毛，能运动。本菌分为A、B、C型。

诺维氏梭菌分类上属于梭菌属，为革兰氏阳性的大杆菌。本菌严格厌氧，可形成芽孢，不产生荚膜，具有周身鞭毛，能够运动。根据本菌产生的外毒素，通常分为A、

B、C 3 型。A 型菌主要产生 α、β、γ、δ 4 种外毒素；B 型菌主要产生 α、β、η、ξ、θ 5 种外毒素；C 型菌不产生外毒素，一般认为无病原学意义。羔羊病病原为 B 型魏氏梭苗。

4.3.1.3 地理分布及危害

羊猝狙在百余年前就出现于北欧一些国家，在苏格兰被称为“Braxy”，在冰岛被称为“Bradsot”，都是“急死”之意。该病现已遍及世界各地。羊猝狙最先发现于英国，1931 年 McEwen 和 Robert 将其命名为“Struck”。该病在美国和前苏联也曾经发生过。这一类疫病在临诊上有不少相似之处，容易混淆。这些疫病都造成急性死亡，对养羊业危害很大。

4.3.1.4 流行病学特点

(1) 羊快疫：绵羊发病较为多见，山羊也可感染，但发病较少。发病羊年龄多在 6～18 个月，腐败梭菌广泛存在于低洼草地、熟耕地、沼泽地以及人畜粪便中，感染途径一般是消化道。

(2) 羊肠毒血症：D 型魏氏梭菌为土壤常在菌，也存在于污水中，羊只采食被病原菌芽孢污染的饲料与饮水时，芽孢便随之进入羊的消化道，其中大部分被胃里的酸杀死，一小部分存活者进入肠道。羊肠毒血症的发生具有明显的季节性和条件性。本病多呈散发，绵羊发生较多，山羊较少。3～13 月龄的羊最容易发病，发病的羊多为膘情较好的。

(3) 羊猝狙：发生于成年绵羊，以 1～2 岁的绵羊发病较多。常见于低洼、沼泽地区，多发生于冬、春季节，常呈地方性流行。

(4) 羊黑疫：本病能使 1 岁以上的绵羊发病，以 3～4 岁、营养好的绵羊多发，山羊也可患病，牛偶可感染。实验动物以豚鼠最为敏感，家兔、小鼠易感性较低。诺维氏梭菌广泛存在于自然界特别是土壤之中，羊采食被芽孢体污染的饲草后，芽孢由胃肠壁经目前尚未阐明的途径进入肝脏。当羊感染肝片吸虫时，肝片吸虫幼虫游走损害肝脏使其氧化—还原电位降低，存在于该处的诺维氏梭菌芽孢即获得适宜的条件，迅速生长繁殖，产生毒素，进入血液循环，引起毒血症，导致急性休克而死亡。本病主要发生于低洼、潮湿地区，以春、夏季节多发，发病常与肝片吸虫的感染侵袭密切相关。

4.3.1.5 传入评估

目前通过羊绒传播该病还不清楚。

4.3.1.6 发生评估

没有证据证明能通过羊绒传播该病。

4.3.1.7 后果评估

该病一旦传入引起的危害很大，将对中国养殖业造成不可估量的损失。

4.3.1.8 风险预测

不加限制进口羊绒传入该病的可能性很低，一旦传入影响也较温和，考虑到中国已有该病的分布，无需进行风险管理。

4.3.1.9　风险管理

世界动物卫生组织没有在《国际动物卫生法典》中对动物产品进行专门性的限制要求。

4.3.1.10　与中国保护水平相适应的风险管理措施

与中国保护水平相适应的风险管理措施无。

5　中国目前有关防范和降低进境动物疫病风险的管理

中国政府目前通过有关防范和降低措施成功地防止了国外某些疫病的传入，如口蹄疫、牛海绵状脑病、痒病、水疱性口炎等，保护了中国畜牧业的生产安全和人的身体健康。

5.1　审批

为防止羊绒生产国重大疫情的传入，国家出入境检验检疫局和各直属局根据《中华人民共和国进出境动植物检疫法》的要求，同时根据世界动物卫生组织的各成员方疫情通报和中国对羊绒生产国疫情的了解作出能否进口羊绒的决定。

5.2　退回和销毁处理

在进口国发生动物疫情或在进境羊绒中发现有关中国限制进境的病原时，出入境检验检疫机构和国家相关的农牧管理部门为防止国外动物疫情传入，发布公告禁止来自疫区的羊绒入境，对来自疫区的羊绒或检出带有中国限制入境病原的羊绒作退回或销毁处理。

5.3　防疫处理

为防止国外疫情传入，在进境羊绒到达口岸时，对进境羊绒进行外包装消毒处理，同时对储存仓库运输工具进行消毒处理。建立有效的防疫设施，包括存放地进出车辆、人员、工作服消毒和外包装废弃物处理的设施。

5.4　存放和加工过程监督管理

根据《中华人民共和国进出境动植物检疫法》的要求，对生产加工企业和存放地进行监督管理，防止违反《中华人民共和国进出境动植物检疫法》行为的发生，建立健全卫生防疫制度和羊绒的出入库登记制度，监督加工企业严格执行国家有关部门的规定和企业制定的防疫制度；监督加工企业严格执行规定，对包装材料、加工废料进行无害化处理；监督加工企业严格执行国家有关规定的污水处理标准。

5.5 污水和废弃物处理

根据《中华人民共和国进出境动植物检疫法》的要求，出入境检验检疫机构对可以进境羊绒的生产、加工企业排放的污水实施监督检查，以防止绒毛输出国的有害因子传入中国；同时，出入境检验检疫机构还有权督促羊绒生产加工企业对外包装、下脚料进行无害化处理。对于违反上述要求的企业，视情况依据《中华人民共和国进出境动植物检疫法》等法律法规作出相应的处理。

第九篇　进境羽绒风险分析

1　引言

我国羽绒资源丰富，随着改革开放的发展，进出境的羽毛、羽绒及其制品也逐步增多，同时我国也是羽绒及其制品的生产和出口大国，年出口量占世界市场贸易量的一半以上。羽绒行业多年来在出口创汇、解决就业、提高人民生活水平和质量等方面作出了巨大贡献。

由于羽毛绒具有轻、软、暖的特点，人类很早以前就用鸟类羽毛、羽绒制成羽绒制品和装饰品，为人类自身服务。有关资料显示：某些发达国家的羽绒制品普及率已达到较高水平，如日本的羽绒被普及率已达到67%。我国是羽毛、羽绒资源极其丰富的国家，羽绒加工利用及贸易有悠久的历史。我国羽绒加工业从无到有，从手工作业逐渐发展为机械化和自动化；从完全为外商所操纵，到实现由我国自主经营；从出口原料为主，到原料、制品并重，羽绒加工工业有了很大发展。我国的羽绒资源主要是鹅、鸭毛绒，按其颜色不同分为灰鸭毛绒、白鸭毛绒、灰鹅毛绒和白鹅毛绒。主要产地为长江流域和珠江流域等水网密布、气候温暖的地方。其他地区也有分布，如东北产的白鹅绒，由于其绒朵大、颜色洁白，故属白鹅绒中的上品。羽绒中还包括少量野生水禽的毛、绒，但数量很少，特别是近来不少野生水禽由于数量越来越少，故被列入国家保护动物。世界上一些国家也出于动物保护的原因而拒绝进口野生水禽羽毛，因而使野生水禽羽毛绒的数量更为稀少。

我国羽绒及其制品也面临国际市场的激烈竞争。近年来，匈牙利、波兰等东欧国家及日本、我国台湾省的羽绒及其制品的加工能力和出口量都有大幅度提高，对我国的同类产品构成了威胁。随着世界环境保护和追求“健康生活”浪潮的掀起，世界各国，尤其是欧美发达国家也对包括羽绒制品在内的纺织品提出了环保和卫生要求。一些国家和国际组织提出了“生态纺织品”的概念，并制定了相应的标准。目前，以环保和安全卫生为由的贸易壁垒正在加剧。所有这些都对我国出口羽绒制品提出了新的挑战。

最近几年，我国进口羽毛、羽绒及其制品逐步增多，据中国海关2003年1～7月统计，从上海口岸进口的美国羽毛和羽绒同比上年分别增加289倍和56.6倍。对此类商品的检验检疫也逐步规范。

2　风险分析过程

风险分析是艺术和科学的统一。风险分析专家必须具有广博的知识面、流行病学和统

计学的知识和技能；必须收集各方面的资料信息；在医学、兽医学领域，必须获得各种疫病的发病机理及流行病学的详尽资料，然后对这些数据和资料进行定性或定量风险分析，找出减少风险的措施。

2.1 风险确定

风险确定是风险分析的第一步，也是很关键的一步，如果一个特定的风险没有确定，就不可能找出减少该风险的措施。许多检疫的失败都可以归结于甄别风险的失败，而不是风险评估和风险管理的失败。

2.2 风险评估

风险因素确定以后，就需要对所存在的风险进行评估。这一步要解决的问题是：在不采取任何措施的情况下，引进某种动物或动物产品，引起进口国动物发生某种动物疫病的风险有多大；采取一系列风险减少措施以后，进口某种动物或动物产品使进口国动物发生某种疫病的风险有多大。这一阶段最重要的就是科学地、合理地收集所有有关信息和资料，对所存在的风险因素进行评估，找出减少风险的措施，得出进口某种动物或动物产品使进口国动物发生某种疫病的风险概率，为决策者提供科学的依据。风险评估分为定性风险评估、定量风险评估和半定量风险评估 3 种方法。

2.3 风险管理

风险管理是通过对各种风险因素进行科学的、严谨的分析而做出正确决定的过程。风险管理可适用于各种情况，比如对已发生了意外结果的地方进行风险管理，或对各种风险都清楚的地方进行风险管理。一种好的风险管理模式包括建立风险管理程序、识别风险、分析风险、评估风险、处理风险和对风险管理系统的执行情况进行检查和总结。

2.4 风险交流

风险交流的过程是将风险评估和风险管理的结果同决策者和公众进行交流。适当的风险交流是必要的，这可将官方的政策向进出口商进行解释，使其经常意识到进口存在的风险，而不仅仅是进口利润。风险交流必须是一个双向程序，它涉及的进出口商必须经官方认可并有单位的详细地址。

风险交流是风险分析过程的最后一步，但在整个过程中所涉及的所有部门都应该进行很好的交流。现在很多国家，公众对“专家”持有怀疑态度，因此尽早开展风险交流，可使公众理解和尊重风险分析的结果。

3　风险因素确定

3.1　确定致病因素的原则和标准

3.1.1　进境羽毛、羽绒等风险分析的考虑因素

3.1.1.1　商品因素

进境风险分析的商品因素包括进境的羽毛、羽绒（包括野生禽类羽毛、带有羽毛或羽绒的鸟皮及鸟体的其他部分）等。

3.1.1.2　国家因素

由于每一个国家动物疫病的发生、发展各不相同，因此所有可能经进境羽绒等将疫病传入我国的羽绒输出国都是考虑的重点，羽毛、羽绒等运输途经国或地区也应尽可能考虑。

3.1.1.3　其他因素

运输方式、包装种类、储存方法、检疫措施等。

3.1.2　国内外有关政策法规

3.1.2.1　动物及产品贸易的国际法规

SPS协定规定，世界动物卫生组织有权制定动物卫生防疫法规，提出有关动物及产品的国际贸易方面的准则和建议。世界动物卫生组织出版了一本关于风险分析方面的指导性法规——《国际动物卫生法典》，它的主要原则是要求贸易双方作出尽可能详细的动物卫生保障，为保证促进动物和产品的国际贸易发展服务，避免国际贸易中动物疫病的传播风险。国际动物检疫的政策法规还包括一些中国政府与其他国家签署的动物检疫方面的双边条约或检疫条款等。

《国际动物卫生法典》对动物疫病分类如下：

（1）A类：是一类烈性传染病，能在世界范围内迅速流行，对社会经济及公共卫生产生严重的后果，对动物及产品的国际贸易产生重要影响。

（2）B类：是能在一定区域内对社会经济、公共卫生产生重要影响，并对动物产品的国际性贸易产生一定影响的传染病。

3.1.2.2　中国现行的检疫法规

《中华人民共和国动物防疫法》是目前中国国内有关动物防疫主要的法律法规。《中华人民共和国进出境动植物检疫法》（以下简称《检疫法》）、《中华人民共和国进出境动植物检疫法实施条例》和相关的法规、公告等是中国政府对进出境动植物实施检疫的法律基础，其中规定了中国官方检疫人员依照法律规定行使登船、登车、登机实施检疫；进入港口、机场、车站、邮局以及检疫物存放、加工、养殖、种植场所实施检疫，并依照规定采样；根据需要，进入有关生产、仓库等场所，进行疫情监测、调查和检疫监督管理；查阅、复制、摘录与检疫物有关的运行日志、货运单、合同、发票及其他单证。农业部负责全国范围内动物疫病防制、监测和消灭工作，对外来疫病的防制由农业部和国家出入境检

验检疫局共同承担。当某国发生中国限制进境的动物疫病流行时，农业部和国家出入境检验检疫局有权发布公告，禁止与流行疫病有关的任何货物入境。

3.1.3 危害因素的确定

在对进境羽毛、羽绒等的危害因素确定时，采用以下标准和原则。

3.1.3.1 农业部规定的《一、二、三类动物疫病病种名录》所列的疫病病原体。

3.1.3.2 国外新发现并对农牧渔业生产和人体健康有潜在威胁的动物传染病和寄生虫病病原体。

3.1.3.3 列入国家控制或消灭的动物传染病和寄生虫病病原体。

3.1.3.4 对农牧渔业生产和人体健康及生态环境可能造成危害或负面影响的有毒有害和生物活性物质。

3.1.3.5 世界动物卫生组织（OIE）列出的A类和B类疫病。

3.1.3.6 有证据证明能够通过羽毛、羽绒等传播的疫病。

3.2 致病因素的评估

羽毛、羽绒等作为一种特殊的商品，任何外来致病性因子都可能存在，因而使其携带的疫情复杂、难以预测且不易确定。有些羽毛、羽绒等甚至可能夹带粪便和土壤等禁止进境物，在现场查验中却难以发现，而这些常常是致病性因子最可能存在的地方。对进境羽毛、羽绒等所携带的危害因素进行风险分析的依据是：危害因素在中国目前还不存在（或没有过报道）或仅在局部存在；对人有较严重的危害；有严重的政治或经济影响；已经消灭或在某些地区得到控制；对畜牧业有严重危害等。

3.3 风险描述

对风险性疫病从以下几个方面进行讨论。

3.3.1 概述

对疫病进行简单描述。

3.3.2 病原

对疫病致病病原进行简单描述。

3.3.3 地理分布及危害

对疫病的世界性分布情况进行描述；对疫病的危害程度进行简单的描述。

3.3.4 流行病学特点

对致病病原的自然宿主进行描述及对疫病的流行特点、规律、传播特点及媒介进行描述，尤其侧重于与该病相关的检疫风险的评估。

3.3.5 传入评估

（1）从以下几个可能的方面对疫病进行评估：①原产国是否存在病原。②生产国农场是否存在病原。③羽毛、羽绒等中是否存在病原。

（2）对病原传入、定殖并传播的可能性，尽可能用以下术语（词语）**描述。**

①高（high）：事件很可能会发生。

②中等/度（moderate）：事件有发生的可能性。

③低（low）：事件不大可能发生。

④很低（very low）：事件发生的可能性很小。

⑤可忽略（negligible）：事件发生的概率极低。

3.3.6 发生评估

对疫病发生的可能性进行描述。

3.3.7 后果评估

后果评估是指由于病原生物的侵入对养禽业或相关畜产品造成的不利影响给予描述。经济影响一般是指动物死亡或产品损失、限制进出、出口市场丢失、国家赔偿、控制措施造成的生产损失。环境的影响通常是指对本地物种的不利影响。对疫病发生的后果及潜在的危害进行描述。应该注意到在某些情况下接受发病疫区可极大地降低发病带来的不利影响。但在疫区划分条件上有许多不定的因素，有些贸易伙伴接受，有些根本不接受。最明显的例子是1998年澳大利亚发生新城疫，少数国家根本不接受在一个国家内任何水平的疫区，有些接受，但对疫区的大小以及有效期的时间有不同的意见。例如：大约一半的澳大利亚出口市场不接受低于整个新南威尔士州水平的疫区。

下面术语用于描述在一个连续的范围内可能出现的不利影响的程度及出现后果的可能性。

（1）极端严重（extreme）**：**是指某些疫病的传入并发生后，可能对整个国家的经济活动或社会生活造成严重影响。这种影响可能会持续一段很长的时间，并且对环境构成严重甚至是不可逆的破坏或对人类健康构成严重威胁。

（2）严重（serious）**：**是指某些疫病的侵入可能带来严重的生物性（如高致病率或高死亡率，感染动物产生严重的病理变化）或社会性后果。这种影响可能会持续较长时间并且不容易对该病采取立即有效的控制或扑灭措施。这些疫病可能在国家主要工业水平或相当水平上造成严重的经济影响。并且，它们可能会对环境造成严重破坏或对人类健康构成很大威胁。

（3）中等（medium）**：**是指某些疫病的侵入带来的生物影响不显著。这些疫病只是会在企业、地区或工业水平上带来一定的经济损失，而不是对整个工业造成经济损失。这些疫病容易控制或扑灭，而且造成的损失或影响也是暂时的。它们可能会影响环境，但这种影响并不严重而且是可恢复的。

(4) 温和 (mild)：是指某些疫病的侵入造成的生物影响比较温和，易于控制或扑灭。这些疫病可能在企业或地方水平上对经济有一定的影响，但在工业水平上造成的损失可以忽略不计。对环境的影响几乎没有，有也是暂时性的。

(5) 可忽略 (insignificant)：是指某些疫病没有任何生物性影响，是一过性的且很容易控制或扑灭。在单个企业水平上的经济影响从低到中等，从地区水平上看几乎没有任何影响。环境的影响可以忽略。

3.3.8 风险预测

传入、定殖以及传播的可能性和造成后果之间的关系是决定是否采取专门风险管理措施的关键。对一些有严重甚至极端严重后果的疫病，只要疫病进入的风险高于可忽略的保护水平，就不允许进口；对一些造成中等后果的疫病，风险高于很低的保护水平，不允许进口；对造成后果温和的疫病，风险不应高于最低保护水平。对造成后果可忽略的疫病，不用考虑任何进口风险。

风险评估是指在不采取任何风险管理的基础上对可能存在的危险进行充分的评估。我们确定了以下规则（表 9-1）。如果这种风险超过中国合理的保护水平（用“不接受”表示），接下去是考虑是否或是如何采取管理措施降低疫病传入的风险达到中国合理的保护水平（用“接受”表示），允许进口。

表 9-1 根据输入疫病的风险来确定中国合理的保护水平情况

传入可能性	发生后果程度				
	高	中等	低	很低	可忽略
可忽略	接受	接受	接受	接受	接受
温和	不接受	不接受	接受	接受	接受
中等	不接受	不接受	不接受	接受	接受
严重	不接受	不接受	不接受	不接受	接受
极端严重	不接受	不接受	不接受	不接受	接受

3.3.9 风险管理

风险分析提供了一系列风险管理措施，主要是根据评估的风险大小以及疫病流行特点制定的。最常用的是世界动物卫生组织的《国际动物卫生法典》，如果这些措施都不能满足本国适当的保护水平，就根据实际情况制定专门的管理措施。

3.3.10 与中国保护水平相适应的风险管理措施

与中国保护水平相适应的风险管理措施的简单描述。

4　风险评估及管理

4.1　A类疫病的风险分析

4.1.1　禽流感

4.1.1.1　概述

禽流感（AI）是由A型流感病毒（avian influenza virus type A）中的任何一型引起的一种感染综合征，又称真性鸡瘟、欧洲鸡瘟。世界动物卫生组织在《国际动物卫生法典》中规定该病的潜伏期为21d。

4.1.1.2　病原

A型流感病毒属正黏病毒科（*Orthomyxoviridae*）、正黏病毒属中的病毒。该病毒的核酸型为单股RNA，病毒粒子一般为球形，直径为80～120nm，但也常有同样直径的丝状形式，长短不一。病毒粒子表面有长10～12nm的密集钉状物或纤突覆盖，病毒囊膜内有螺旋形核衣壳。两种不同形状的表面钉状物是血凝素（HA）和神经氨酸酶（NA）。HA和NA是病毒表面的主要糖蛋白，具有种（亚型）的特异性和多变性，在病毒感染过程中起着重要作用。HA是决定病毒致病性的主要抗原成分，能诱发感染宿主产生具有保护作用的中和抗体，而NA诱发的对应抗体无病毒中和作用，但可减少病毒增殖和改变病程。流感病毒的基因组极易发生变异，其中以编码HA的基因的突变率最高，其次为NA基因。迄今已知有16种HA和10种NA，不同的HA和NA之间可能发生不同形式的随机组合，从而构成许许多多不同的亚型。据报道现已发现的流感病毒亚型至少有80多种，其中绝大多数属非致病性或低致病性，高致病性亚型主要是含H5和H7的毒株。所有毒株均易在鸡胚以及鸡和猴的肾组织培养中生长，有些毒株也能在家兔、公牛和人的细胞培养中生长。在组织培养中能引起血细胞吸附，并常产生病变。大多数毒株能在鸡胚成纤维细胞培养中产生蚀斑。有些毒株在鸡、鸽或人的细胞培养中培养之后，对鸡的毒力减弱。病毒粒子在不同基质中的密度为1.19～1.25g/mL。通常在56℃经30min灭活；某些毒株需要50min才能灭活；加入鱼精蛋白、明矾、磷酸钙在－5℃用25%～35%甲醇处理使其沉淀后，仍保持活性。甲醛可破坏病毒的活性；肥皂、去污剂和氧化剂也能破坏其活性。冻干后在－70℃可存活2年。感染的组织置于50%甘油盐水中在0℃可保持活性数月。在干燥的灰尘中可保持活性14d。1997年我国香港禽流感致人死亡，是有史以来人类受禽流感病毒直接攻击的首次事例，受到世人普遍关注，也促使科学家们对其机理从分子水平上进行探索研究。世界卫生组织公布的最新资料显示，2003年12月底至2005年10月，有118人感染禽流感，其中61人死亡。R. Webster等（1998）1997年4月对我国香港数千只鸡死亡的H5N1鸡体分离株进行了基因序列分析，发现该毒株与H5N1人体分离株（即A/HK/156/97）的关系非常密切，不同的是鸡源H5N1的HA切割位点附近有一个糖基化位点，而A/HK/156/97的HA切割位点附近无此糖基化位点，他们认为这一关键位点的改变极大地影响了病毒与人类细胞结合的能力，可能是H5N1病毒得以感染人的重要原因。

4.1.1.3 地理分布及危害

本病目前在世界上许多国家和地区都有发生，给养禽业造成了巨大的经济损失。1978年首次发现于意大利，1955年证实由A型流感病毒引起。流感病毒有若干亚型，禽流感病毒至少有6个亚型。1983年一株H5N2的流感病毒侵入宾夕法尼亚州的鸡群造成大流行，扑杀花费竟高达6 000万美元。2003年禽流感在亚洲肆虐之后，又蔓延至欧洲诸国。面对日益严峻的形势，多国纷纷推出防范新举措，一场全球防疫战已经打响。

4.1.1.4 流行病学特点

禽流感在家禽中以鸡和火鸡的易感性最高，其次是珍珠鸡、野鸡和孔雀。鸭、鹅、鸽、鹧鸪也能感染。感染禽从呼吸道、结膜和粪便中排出病毒。因此，可能的传播方式有感染禽和易感禽的直接接触和包括气溶胶或暴露于病毒污染的间接接触两种。因为感染禽能从粪便中排出大量病毒，所以，被病毒污染的任何物品，如鸟粪和哺乳动物、饲料、水、设备、物资、笼具、衣物、运输车辆和昆虫等，都易传播疫病。本病一年四季均能发生，但冬春季节多发，夏秋季节零星发生。气候突变、冷刺激，饲料中营养物质缺乏均能促进该病的发生。

4.1.1.5 传入评估

我国最近几年进口羽毛、羽绒及其制品增多，从疫区进口该商品可以传播该病。

4.1.1.6 发生评估

通过未经严格处理的羽毛、羽绒可以传播该病。

4.1.1.7 后果评估

通过羽毛、羽绒进行该病的传播的可能性不大，但一旦传入造成的危害巨大，已经引起各国的注意。

4.1.1.8 风险预测

不加限制地进口羽毛、羽绒，可以传播该病。

4.1.1.9 风险管理

世界动物卫生组织规定该病为A类病，需要进行风险分析。

4.1.1.10 与中国保护水平相适应的风险管理措施

（1）我国规定该病为一类病，严禁从疫区进口未经严格加工或加工不合格的羽绒、羽毛等产品。

（2）进口羽毛、羽绒严禁经过该病疫区。

4.1.2 新城疫

4.1.2.1 概述

鸡新城疫（ND）又称亚洲鸡瘟，是由禽副流感病毒型新城疫病毒（NDV）引起的一种主要侵害鸡、火鸡、野禽及观赏鸟类的高度接触传染性、致死性疫病。家禽发病后的主要特征是呼吸困难，下痢，伴有神经症状，成鸡严重产蛋下降，黏膜和浆膜出血，感染率和致死率高。世界动物卫生组织在《国际动物卫生法典》中规定该病的潜伏期为21d。

4.1.2.2 病原

鸡新城疫病毒（NDV）属于副黏病毒科、副黏病毒属，核酸为单链RNA。成熟的病毒粒子呈球形，直径为120～300nm，由螺旋形对称盘绕的核衣壳和囊膜组成。囊膜表面有放射状排列的纤突，含有刺激宿主产生血凝抑制和病毒中和抗体的抗原成分。

鸡新城疫病毒血凝素可凝集人、鸡、豚鼠和小鼠的红细胞。溶血素可溶解鸡、绵羊及人O型红细胞。病毒感染一般要经过吸附、穿入、脱衣壳、生物合成、装配及释出等6个阶段。在感染发生时，病毒吸附和穿入细胞是关键的两个阶段。鸡是新城疫病毒最适合的实验动物和自然宿主。病毒存在于病鸡的所有组织器官、体液、分泌物和排泄物中，其中以脑、脾、肺含毒量最高，以骨髓保留毒素时间最长。

新城疫病毒在室温条件下可存活1周左右，在56℃存活30～90min，4℃可存活1年，－20℃可存活10年以上。一般消毒药均对新城疫病毒有杀灭作用。

4.1.2.3　地理分布及危害

本病1926年首次发现于印度尼西亚，同年发现于英国新城，根据发现地名而命名为新城疫。本病分布于世界各地，1928年我国已有本病的记载，1935年我国有些地区流行，死亡率很高，是严重危害养鸡业的重要疫病之一，造成经济损失很大。在《国际动物卫生法典》中，本病与高致病性禽流感同属A类病，因此世界各国对本病的发生和流行均高度重视。

4.1.2.4　流行病学特点

新城疫病毒可感染50个鸟目中27个目、240种以上的禽类，但主要发生于鸡和火鸡。珍珠鸡、雉也有易感性。鸽、鹌鹑、鹦鹉、麻雀、乌鸦、喜鹊、孔雀、天鹅以及人也可感染。水禽对本病有抵抗力。

本病主要传染源是病鸡和带毒鸡的粪便及口腔黏液。被病毒污染的饲料、饮水和尘土经消化道、呼吸道或结膜传染易感鸡是主要的传播方式。空气和饮水传播，人、器械、车辆、饲料、垫料（稻壳等）、种蛋、幼雏、昆虫、鼠类的机械携带，以及带毒的鸽、麻雀的传播对本病都具有重要的流行病学意义。

本病一年四季均可发生，以冬春寒冷季节较易流行。不同年龄、品种和性别的鸡均能感染，但幼雏的发病率和死亡率明显高于大龄鸡。纯种鸡比杂交鸡易感，死亡率也高。某些土种鸡和观赏鸟（如虎皮鹦鹉）对本病有相当抵抗力，常呈隐性或慢性感染，成为重要的病毒携带者和散播者。

4.1.2.5　传入评估

我国最近几年进口羽毛、羽绒及其制品增多，从疫区进口该商品可以传播该病。

4.1.2.6　发生评估

通过未经严格处理的羽毛、羽绒传播该病的可能性不大。

4.1.2.7　后果评估

通过羽毛、羽绒传播该病的可能性不大，但一旦传入，造成的危害巨大，已经引起各国的注意。

4.1.2.8　风险预测

不加限制地进口羽毛、羽绒，可以传播该病。

4.1.2.9　风险管理

世界动物卫生组织规定该病为A类病，由于该病鸭、鹅等不易感，但鸭、鹅可以带毒传播，所以该病在羽绒等传入的可能性很大，需要进行风险分析。世界动物卫生组织对此也有明确的规定，进口羽毛和羽绒时要求进口国兽医行政管理部门出具国际卫生证书，证明已经过处理，确保已杀灭新城疫病毒。

4.1.2.10　与中国保护水平相适应的风险管理措施

（1）我国规定该病为一类病，严禁从疫区进口未经严格加工或加工不合格的羽绒、羽毛等产品。

（2）进口羽毛、羽绒严禁经过该病疫区。

4.2　B类疫病的风险分析

4.2.1　炭疽病

4.2.1.1　概述

炭疽病（anthrax）是由炭疽芽孢杆菌引起哺乳动物（包括人类）的一种急性、非接触性传染病。以败血症、快速死亡为基本特征。所有哺乳动物都是易感的，但不同品种之间有一定的差异性，易感程度依次是绵羊、牛、山羊、鹿、水牛、马、猪、犬和猫。对于草食动物，则发病急、死亡快，而猪则要2周才会死亡。禽类抵抗力较强，一些食腐肉的鸟类可能会通过吃食感染组织而感染此病或传播此病。冷血动物对本病有一定的抵抗力。

4.2.1.2　病原

炭疽病是由炭疽杆菌引起的一种人畜共患的急性、热性、败血性传染病。当该菌形成芽孢后，对外界环境有坚强的抵抗力，它能在皮张、毛发及毛织物中生存34年。所有大陆都有分布和发生。炭疽杆菌为革兰氏阳性粗大杆菌，长5～10μm，宽1～3μm，两端平切，排列如竹节，无鞭毛，不能运动。在人及动物体内有荚膜，在体外不适宜条件下形成芽孢。本菌繁殖体的抵抗力同一般细菌，其芽孢抵抗力很强，在土壤中可存活数十年，在皮毛制品中可生存90年。煮沸40min、140℃干热3h、高压蒸汽10min、20%漂白粉和石灰乳浸泡2d、5%石炭酸24h才能将其杀灭。在普通琼脂肉汤培养基上生长良好。本菌致病力较强。

炭疽杆菌主要有4种抗原：①荚膜多肽抗原，有抗吞噬作用。②菌体多糖抗原，有种特异性。③芽孢抗原。④保护性抗原，为一种蛋白质，是炭疽毒素的组成部分。由毒株产生的毒素有3种：除保护性抗原外，还有水肿毒素、致死因子。

4.2.1.3　地理分布及危害

炭疽病是危害人类和家畜的一种古老的疫病，在所有大陆都有分布和发生，但大多流行区域是热带和亚热带地区，其广泛分布于亚洲、非洲和印第安次大陆地区，常常引起人的感染和死亡，因此本病有重要的社会、政治影响和重要的公共卫生意义。中国仅有局部地区零星发病。患病动物常表现突然高热、可视黏膜发绀、骤然死亡和天然孔出血。

4.2.1.4　流行病学特点

传染源主要为患病的草食动物，如牛、羊、马、骆驼等，其次是猪和犬，它们可因吞食染菌食物而得病。人直接或间接接触其分泌物及排泄物可感染。炭疽病人的痰、粪便及病灶渗出物具有传染性。可以经皮肤、黏膜伤口直接接触病菌而致病。病菌毒力强，可直接侵袭完整皮肤；还可以经呼吸道吸入带炭疽芽孢的尘埃、飞沫等而致病；经消化道摄入被污染的食物或饮用水等而感染。人群普遍易感，但多见于农牧民，兽医，屠宰、皮毛加工及实验室人员。发病与否与人体的抵抗力有密切关系。

在动物和人群间发病有一定关系，造成家畜流行的诸因素也与人群中流行的因素有关。本病世界各地均有发生，夏秋季节发病多。

4.2.1.5　传入评估

由于炭疽杆菌芽孢对外界环境有坚强的抵抗力，同时它对人和各种家畜都有一定危害，特别是草食动物最为易感，如马、牛、绵羊、山羊等，而猪往往是带菌情况较多，因此炭疽杆菌传入的可能性较高。该菌的自身特性决定了它定殖后在易感动物间的传播是必然的，并将长期存在。

4.2.1.6　发生评估

通过进口羽绒传播该病还未见报道，羊毛作为传播媒介已被证实，是仅次于动物肉类和饲料的传播媒介。

4.2.1.7　后果评估

由于炭疽杆菌的芽孢对外界环境抵抗力极强，在中国该病仅在少数地区零星发生，许多地区已完全消灭此病，因而当该病传入后不仅破坏了原有的防疫体系，而且该病原在一些被消灭的地区重新传入后更加难以消灭，不仅严重威胁人和家畜的健康安全，也会给生态环境带来潜在的隐患。

4.2.1.8　风险预测

对进口羽绒不加限制，炭疽杆菌传入的可能性比较低，但一旦传入并定殖，则潜在的隐患难以量化，需进行风险管理。

4.2.1.9　风险管理

世界动物卫生组织对炭疽病有明确的要求，并且要求输出国出具国际卫生证书。证书包含以下内容：

（1）在批准的屠宰场屠宰，供人类食用。

（2）动物及动物产品原产国家执行能够保证发现炭疽病疫情，对炭疽病发生的饲养场进行有效的检疫，且能够完全销毁炭疽病畜的程序。

（3）进行过能够杀死炭疽杆菌芽孢的处理。

4.2.1.10　与中国保护水平相适应的风险管理措施

（1）进口羽毛、羽绒必须是来自健康动物和没有因炭疽病而受到隔离检疫的地区。

（2）羽毛、羽绒保存在无炭疽病流行的地区。

4.2.2　鸭病毒性肝炎

4.2.2.1　概述

鸭病毒性肝炎是小鸭的一种传播迅速和高度致死的病毒性传染病，其特征是病程短促，临诊表现角弓反张，病变主要为肝脏肿大并有出血斑点。世界动物卫生组织在《国际动物卫生法典》中规定该病的潜伏期为7d。

4.2.2.2 病原

病原为鸭肝炎病毒（duck hepatitis virus）。病毒大小为20～40nm，属于小核糖核酸病毒科、肠道病毒属。该病毒不凝集禽和哺乳动物红细胞。病毒有3个血清型，即Ⅰ、Ⅱ、Ⅲ型，有明显差异，各型之间无交叉免疫性。此病毒不能与人和犬的病毒性肝炎的康复血清发生中和反应，与鸭乙型肝炎病毒也没有亲缘关系。病毒能在9日龄鸡胚尿囊腔中繁殖，10%～60%的鸡胚在接种后5～6d死亡，表现发育不良或出血水肿。病毒在鸡胚上连续传代20～26代后，对新孵出的雏鸭失去致病力。此种鸡胚适应毒在鸭胚成纤维细胞上培养，可产生细胞病变。鸭胚肝或肾原代细胞可用来培养鸭肝炎病毒。

病毒对外界的抵抗力很强，对氯仿、乙醚、胰蛋白酶都有抵抗力；在56℃加热60min仍可存活，但加热至62℃ 30min可以灭活，在37℃中能抵抗2%来苏儿作用1h和0.1%福尔马林8h，病毒在1%福尔马林或2%氢氧化钠中2h（15～20℃）、在2%的漂白粉溶液中3h、5%碘制剂中均可被灭活。在自然环境中，病毒可在污染的孵化器育雏室中存活10周，在阴湿处粪便中存活37d以上，在4℃存活2年以上，在－20℃则可长达9年。

4.2.2.3 地理分布及危害

本病最先在美国发现，并首次用鸡胚分离到病毒。其后在英国、加拿大、德国等许多养鸭国家陆续发现本病。

本病常给养鸭厂造成重大的经济损失。

4.2.2.4 流行病学特点

自然条件下本病主要发生于3周龄以下雏鸭，成年鸭可感染而不发病，但可通过粪便排毒，污染环境而感染易感小鸭。人工感染1日龄和1周龄的雏火鸡、雏鹅，能够出现本病的症状，并能从雏火鸡肝脏中分离到病毒。

本病的传播主要通过接触病鸭或被污染的人员、工具、饲料、垫料、饮水等，经消化道和呼吸道感染。在野外和舍饲条件下，本病可迅速传给鸭群中的全部易感小鸭，表明它具有极强的传染性。野生水禽可能成为带毒者，鸭舍中的鼠类也可能散播本病毒，病愈鸭仍可通过粪便排毒1～2个月。尚无证据表明本病毒可经蛋传播。在出雏机内污染本病毒，可使雏鸭在出壳后24h内就发生死亡。

本病一年四季均可发生，饲养管理不当、鸭舍内温度过高、密度太大、卫生条件差、缺乏维生素和矿物质都能促使本病的发生。

4.2.2.5 传入评估

我国最近几年进口羽毛、羽绒及其制品增多，从疫区进口该商品可以传播该病。

4.2.2.6 发生评估

通过未经严格处理的羽毛、羽绒可以传播该病。

4.2.2.7 后果评估

通过羽毛、羽绒传播该病的可能性不大，但一旦传入，造成的危害巨大，已经引起各国的注意。

4.2.2.8 风险预测

不加限制地进口羽毛、羽绒，可以传播该病。

4.2.2.9　风险管理

世界动物卫生组织在《国际动物卫生法典》中没有对该病在进口羽绒中加以限制。但该病病毒存活力很强，通过羽毛、羽绒可以传播该病，需要进行风险分析。

4.2.2.10　与中国保护水平相适应的风险管理措施

（1）我国将该病列为二类病，检验检疫类别目录有明确规定，严禁从疫区进口未经严格处理的羽绒、羽毛等。

（2）进口羽毛、羽绒严禁经过该病疫区。

4.2.3　禽痘

4.2.3.1　概述

禽痘是家禽和鸟类的一种缓慢扩散、接触性传染病。特征是在无毛或少毛的皮肤上有痘疹，或在口腔、咽喉部黏膜上形成白色结节。

4.2.3.2　病原

禽痘病毒属于痘病毒科（*Poxviridae*）、禽痘病毒属（*Avipoxvirus*），这个属的代表种为鸡痘病毒。禽痘病毒科各属成员的形态一致，在感染真皮上皮和胚绒毛尿囊膜外胚层中，成熟的病毒呈砖形或卵圆形，大小为 250nm×354nm，其基因组为线状的双股 DNA。病毒可在感染细胞的胞质中增殖并形成包涵体，此包涵体内有无数更小的颗粒，称为原质小体，每个原质小体都具有致病性。每个包涵体平均重量为 6.1×10^{-7} mg，其中 50%为可提取的脂质，含蛋白质为 7.69×10^{-8} mg，平均 DNA 含量为 6.64×10^{-9}mg。

鸡痘病毒能在 10～12 胚龄的鸡胚或纤维细胞上生长繁殖，并产生特异性病变，细胞先变圆，继之变性和坏死。用鸡胚绒毛尿囊膜复制病毒，在接种痘病毒后的第六天，在鸡胚绒毛尿囊膜上形成一种致密的局灶性或弥漫性的痘斑，灰白色，坚实，厚约 5mm，中央为一灰死区。

病毒大量存在于病禽的皮肤和黏膜病灶中，病毒对外界自然因素的抵抗力相当强，上皮细胞屑片和痘结节中的病毒可抗干燥数年之久，阳光照射数周仍可保持活力，－15℃下保存多年仍有致病性。病毒对乙醚有抵抗力，在 1%氢氧化钾溶液、50℃ 30min 或 60℃ 8min 可被灭活。胰蛋白酶不能消化 DNA 或病毒粒子，在腐败环境中，病毒很快死亡。

4.2.3.3　地理分布及危害

本病广泛分布于世界各地，特别是在大型鸡场中，更易流行。本病可使病禽生长迟缓，产蛋减少。如果并发其他传染病，寄生虫病，以及卫生条件、营养状况不良时，也可引起大批死亡，尤其是对雏鸡，将造成更严重的损失。

4.2.3.4　流行病学特点

本病主要发生于鸡和火鸡，鸽有时也可发生，鸭、鹅的易感性低。各种年龄、性别和品种的鸡都能感染，但以雏鸡和中雏最常发病，雏鸡死亡多。本病一年四季中都能发生，秋冬两季最易流行，一般在秋季和冬初发生皮肤型鸡痘较多，在冬季则以黏膜型（白喉型）鸡痘为多。病鸡脱落和破散的痘痂，是散布病毒的主要形式。它主要通过皮肤或黏膜的伤口感染，不能经健康皮肤感染，亦不能经口感染。库蚊、疟蚊和按蚊等吸血昆虫在传播本病中起着重要的作用。蚊虫吸吮过病灶部的血液之后即带毒，带毒的时间可长达10～

30d，其间易感染的鸡经带毒的蚊虫刺吮后而传染，这是夏秋季节流行鸡痘的主要传播途径。打架、啄毛、交配等造成外伤，鸡群过分拥挤、通风不良、鸡舍阴暗潮湿、体外寄生虫、营养不良、缺乏维生素及饲养管理太差等，均可促使本病发生和加剧病情。如有传染性鼻炎、慢性呼吸道病等并发感染，可造成大批死亡。

4.2.3.5 传入评估

我国最近几年进口羽毛、羽绒及其制品增多，从疫区进口该商品传播该病的可能性不大。

4.2.3.6 发生评估

通过未经严格处理的羽毛、羽绒传播该病的可能性不大。

4.2.3.7 后果评估

通过羽毛、羽绒传播该病的可能性不大，但一旦传入，能够造成一定的危害。

4.2.3.8 风险预测

不加限制地进口羽毛、羽绒，可以传播该病。

4.2.3.9 风险管理

该病鸭、鹅的易感性低，不需要进行风险分析。

4.2.3.10 与中国保护水平相适应的风险管理措施

我国视该病为二类病，严禁从疫区进口未经严格加工或加工不合格的羽绒、羽毛等产品。

4.2.4 禽白血病

4.2.4.1 概述

禽白血病是由禽C型反转录病毒群的病毒引起的禽类多种肿瘤性疫病的统称，主要是淋巴细胞性白血病，其次是成红细胞性白血病、成髓细胞性白血病。此外，还可引起骨髓细胞瘤、结缔组织瘤、上皮肿瘤、内皮肿瘤等。大多数肿瘤侵害造血系统，少数侵害其他组织。

4.2.4.2 病原

禽白血病病毒属于反转录病毒科、禽C型反转录病毒群。禽白血病病毒与肉瘤病毒紧密相关，因此统称为禽白血病/肉瘤病毒。本群病毒内部是直径35～45nm的电子密度大的核心，外面是中层膜和外层膜，整个病毒粒子直径80～120nm，平均为90nm。禽白血病病毒的多数毒株能在11～12日龄鸡胚中良好生长，可在绒毛尿囊膜产生增生性痘斑。腹腔或其他途径接种1～14日龄易感雏鸡，可引起鸡发病。多数禽白血病病毒可在鸡胚成纤维细胞培养物内生长，通常不产生任何明显细胞病变，但可用抵抗力诱发因子试验（RIF）来检查病毒的存在。白血病/肉瘤病毒对脂溶剂和去污剂敏感，对热的抵抗力弱。病毒材料需保存在－60℃以下，在－20℃很快失活。本群病毒在pH 5～9稳定。

4.2.4.3 地理分布及危害

本病在世界各地都有存在，大多数鸡群均可感染病毒，但出现临诊症状的鸡数量较少。本病在经济上造成的影响主要表现在两个方面：一是通常在鸡群造成1%～2%的死亡率，偶见高达20%以上者；二是引起诸多生产性能下降，尤其是产蛋量和蛋质下降。

4.2.4.4　流行病学特点

本病在自然情况下只有鸡能感染。不同品种或品系的鸡对病毒感染和肿瘤发生的抵抗力差异很大。母鸡的易感性比公鸡高，多发生在18周龄以上的鸡，呈慢性经过，病死率为5%～6%。

传染源是病鸡和带毒鸡。有病毒血症的母鸡，其整个生殖系统都有病毒繁殖，以输卵管的病毒浓度最高，特别是蛋白分泌部，因此其产出的鸡蛋常带毒，孵出的雏鸡也带毒。这种先天性感染的雏鸡常有免疫耐受现象，它不产生抗肿瘤病毒抗体，长期带毒排毒，成为重要传染源。后天接触感染的雏鸡带毒排毒现象与接触感染时雏鸡的年龄有很大关系。雏鸡在2周龄以内感染这种病毒，发病率和感染率很高，残存母鸡产下的蛋带毒率也很高。4～8周龄雏鸡感染后发病率和死亡率大大降低，其产下的蛋也不带毒。10周龄以上的鸡感染后不发病，产下的蛋也不带毒。

在自然条件下，本病主要以垂直传播方式进行传播，也可水平传播，但比较缓慢，多数情况下接触传播被认为是不重要的。本病的感染虽很广泛，但临诊病例的发生率相当低，一般多为散发。饲料中维生素缺乏、内分泌失调等因素可促进本病的发生。

4.2.4.5　传入评估

我国最近几年进口羽毛、羽绒及其制品增多，从疫区进口该商品传播该病的可能性不大。

4.2.4.6　发生评估

通过未经严格处理的羽毛、羽绒可以传播该病。

4.2.4.7　后果评估

通过羽毛、羽绒传播该病的可能性不大，但一旦传入，对养殖业，尤其是对养鸡业造成的危害巨大，已经引起各国的注意。

4.2.4.8　风险预测

不加限制地进口羽毛、羽绒，可以传播该病。

4.2.4.9　风险管理

该病主要引起鸡感染，不需要进行风险分析。

4.2.4.10　与中国保护水平相适应的风险管理措施

我国视该病为二类病，严禁从疫区进口未经严格加工或加工不合格的羽绒、羽毛等产品。

4.2.5　马立克氏病

4.2.5.1　概述

鸡马立克氏病（Mareks disease，MD）是由鸡疱疹病毒引起鸡的一种最常见的淋巴细胞增生性疫病，以外周神经、虹膜、皮肤、肌肉和各内脏器官的淋巴样细胞浸润、增生和肿瘤形成为特征。本病具有传播速度快、传播面积广、潜伏期长（1～6个月不等）等特点。患急性内脏型鸡马立克氏病的鸡群淘汰及死亡率高达8%～30%，严重发病的鸡群可造成全群覆灭。世界动物卫生组织在《国际动物卫生法典》中规定该病的潜伏期为4个月。

4.2.5.2　病原

引起鸡马立克氏病的疱疹病毒是一种嗜淋巴性的细胞结合病毒。此病原以下列两种形式存在于病鸡体内：①没有发育成熟的细胞结合毒，也称为不完全病毒或裸体病毒。主要存在于病鸡血液中的白细胞内及肿瘤病变组织细胞中，与细胞共存亡。该病毒只有一层核衣壳，病鸡死亡后，由于细胞的死亡，病毒很快灭活。②成熟型病毒，也称为完全病毒。该病毒有囊膜，存在于病鸡的羽毛囊上皮细胞及脱落的皮屑中，可从上皮细胞中游离出来，为非细胞结合毒。由于这种病毒有2～3层核衣壳，所以对外界环境有很强的抵抗力，此种病毒广泛存在于自然界，病毒随尘埃飞扬经呼吸道而传播，对雏鸡有很强的感染力。

4.2.5.3　地理分布及危害

本病在世界各主要养鸡国家和地区均有流行，在我国也是经济意义上最重要的禽病之一，给我国养鸡生产造成严重威胁和巨大的经济损失。

4.2.5.4　流行病学特点

本病的自然宿主是鸡，火鸡、野鸡、珍珠鸡、鸭、鹅、鸽、金丝雀、鹌鹑、天鹅等也见有报道。鸡马立克氏病不感染哺乳动物，也没有感染人的报道。

马立克氏病感染率和死亡率与鸡的性别、年龄、品种（遗传）有关。初生雏鸡对马立克氏病强毒最易感染。经测定证明：1日龄雏鸡的易感性比14日龄或24日龄雏鸡大1 000～10 000倍不等（不同品种鸡易感性有差异）。母鸡比公鸡对本病毒更易感染；肉鸡、蛋鸡均易感染；不同品种鸡感染后发病率不同，例如我国的竹丝鸡、北京油鸡、乌骨鸡、广西广东的三黄鸡等较易感染。本地土种鸡感染后发病率较高，有时可造成全群覆灭。将同一剂量的病毒接种于不同品系鸡，其发病率可达12%～85%。

本病主要经呼吸道传染，感染本病的病鸡可排毒、散毒，而且接种过鸡马立克氏病火鸡疱疹病毒的鸡只，体内仍可复制强毒，并可排毒污染环境，这是不同日龄鸡养在一起造成传染的原因。鸡马立克氏病病毒不经蛋内传染。当成熟型的病毒从羽毛囊上皮细胞及脱落皮屑中散落到鸡舍后，常同尘土、粉尘混合在一起在空气中到处传播，再加上此种病毒对外界环境的抵抗力，就更增加了危害性，成为气雾感染的来源。在严重马立克氏病病毒污染的环境中，小鸡在出壳后张口呼吸的第一口空气中，感染马立克氏病病毒的危险性将大大增加。此外，在炎热季节吸血昆虫如蚊子等也可通过血液传播病毒。

4.2.5.5　传入评估

我国最近几年进口羽毛、羽绒及其制品增多，从疫区进口该商品传播该病的可能性不大。

4.2.5.6　发生评估

通过未经严格处理的羽毛、羽绒传播该病的可能性不大。

4.2.5.7　后果评估

通过羽毛、羽绒传播该病的可能性不大，但一旦传入，能够造成一定的危害。

4.2.5.8　风险预测

不加限制地进口羽毛、羽绒，传播该病的可能性不大。

4.2.5.9　风险管理

世界动物卫生组织在《国际动物卫生法典》中规定进口羽毛和绒毛时，要求进口国兽医行政管理部门出具国际卫生证书，证明已经过处理，确保已杀灭马立克氏病病毒。

4.2.5.10　与中国保护水平相适应的风险管理措施

我国视该病为二类病，严禁从疫区进口未经严格加工或加工不合格的羽绒、羽毛等产品。

4.2.6　禽霍乱

4.2.6.1　概述

禽霍乱又名禽巴氏杆菌病，是各种家禽的一种急性、败血性传染病，所以又称禽出血性败血病，简称“禽出败”。由于病禽常常发生剧烈的下痢症状，故通称为禽霍乱。

4.2.6.2　病原

病原体为禽巴氏杆菌，多杀性巴氏杆菌是革兰氏阴性、不运动、不形成芽孢的杆菌，对物理化学因子的抵抗力不强，易被一般消毒药、阳光和干燥条件而杀死。在组织、血液涂片中，用姬姆萨氏或石炭酸复红染色后，两端着色深，中间着色浅，呈现明显的两极着色。病禽的内脏、血液、粪便和嘴里的黏液都含有大量病菌，由这些物质所污染的饲料、饮水、土壤等可传染给健康家禽。

4.2.6.3　地理分布及危害

该病呈世界性分布，是严重危害养禽业的重要细菌性传染病之一。

4.2.6.4　流行病学特点

各种家禽（如鸡、鸭、鹅、火鸡）和多种野鸟（如麻雀、啄木鸟等）都可感染本病，一般在中禽和成禽中多发。在鸡以育成鸡和成年产蛋鸡多发，鸡只营养状况良好、高产鸡易发。病鸡、康复鸡或健康带菌鸡是本病的主要传染来源，尤其是慢性病鸡留在鸡群中，往往是本病复发或新鸡群暴发本病的传染来源。病禽的排泄物和分泌物中含有大量细菌，能污染饲料、饮水、用具和场地，一般通过消化道和呼吸道传染，也可通过吸血昆虫和损伤皮肤、黏膜等而感染。本病的发生一般无明显的季节性，但以冷热交替、气候剧变、闷热、潮湿、多雨的时期发生较多，常呈地方流行性。禽群的饲养管理不良、阴雨潮湿以及禽舍通风不良等因素，能促进本病的发生和流行。常发地区该病流行缓慢。

4.2.6.5　传入评估

我国最近几年进口羽毛、羽绒及其制品增多，从疫区进口该商品传播该病的可能性不大。

4.2.6.6　发生评估

通过未经严格处理的羽毛、羽绒传播该病的可能性不大。

4.2.6.7　后果评估

通过羽毛、羽绒传播该病的可能性不大，但一旦传入，能够造成一定的危害。

4.2.6.8 风险预测

不加限制地进口羽毛、羽绒，传播该病的可能性不大。

4.2.6.9 风险管理

世界动物卫生组织在《国际动物卫生法典》中对动物产品没有进行专门性的限制要求。

4.2.6.10 与中国保护水平相适应的风险管理措施

我国视该病为二类病，严禁从疫区进口未经严格加工或加工不合格的羽绒、羽毛等产品。

4.2.7 禽结核病

4.2.7.1 概述

禽结核病是由禽结核杆菌引起的一种慢性传染病。特征是引起鸡组织器官形成肉芽肿和干酪样钙化结节。

4.2.7.2 病原

禽结核杆菌属于抗酸菌类，普遍呈杆状，两端钝圆，也可见到棍棒样的、弯曲的和钩形的菌体，长约 13μm，不形成芽孢和荚膜，无运动力。结核杆菌为专性需氧菌，对营养要求严格。最适合生长温度为 39～45℃，最适 pH 为 6.8～7.2。生长速度缓慢，一般需要1～2周才开始生长，3～4 周方能旺盛发育。病菌对外界环境的抵抗力很强，在干燥的分泌物中能够数月不死。在土壤和粪便中，病菌能够生存 7～12 个月，有的实验甚至长达 4 年以上。本菌细胞壁中含有大量脂类，对外界因素的抵抗力强，特别对干燥的抵抗力尤为强大；对热、紫外线较敏感，60℃ 30min 死亡；对化学消毒药物的抵抗力较强，对低浓度的结晶紫和孔雀绿有抵抗力，因此分离本菌时可用 2%～4%的氢氧化钠、3%的盐酸或 6%的硫酸处理病料，在培养基内加孔雀绿等染料以抑制杂菌生长。初次分离本菌，需特殊固体培养基，培养基内有无甘油均可适应其生长。但如果培养基中含有甘油则可形成较大的菌落。

4.2.7.3 地理分布及危害

该病呈世界性分布，是严重危害养禽业的重要细菌性传染病之一。

4.2.7.4 流行病学特点

所有的鸟类都可被分支杆菌感染，家禽中以鸡最敏感，火鸡、鸭、鹅和鸽子也都可患结核病，但都不严重，其他鸟类如麻雀、乌鸦、孔雀和猫头鹰等也曾有结核病的报道，但是一般少见。各品种的不同年龄的家禽都可以感染，因为禽结核病的病程发展缓慢，早期无明显的临诊症状，故老龄禽中，特别是淘汰、屠宰的禽中发现较多。尽管老龄禽比幼龄者严重，但在幼龄鸡中也可见到严重的开放性的结核病，这种小鸡是传播强毒的重要来源。病鸡肺空洞形成，气管和肠道的溃疡性结核病变，可排出大量禽分支杆菌，是结核病的第一传播来源。排泄物中的分支杆菌污染周围环境，如土壤、垫草、用具、禽舍以及饲料、水，被健康鸡摄食后，即可发生感染。卵巢和产道的结核病变，也可使鸡蛋带菌，因此，在本病传播上也有一定作用。其他环境条件，如鸡群的饲养管理、密闭式鸡舍、气候、运输工具等也可促进本病的发生和发展。

结核病的传染途径主要是经呼吸道和消化道传染。前者由于病禽咳嗽、喷嚏，将分泌物中的分支杆菌散布于空气，或造成气溶胶，使分支杆菌在空中飞散而造成空气感染或叫飞沫传染。后者则是病禽的分泌物、粪便污染饲料、水，被健康禽吃进而引起传染。污染受精蛋可使鸡胚传染。此外，还可发生皮肤伤口传染。病禽与其他哺乳动物一起饲养，也可传给其他哺乳动物，如牛、猪、羊等。野禽患病后可把结核病传播给健康家禽。人也可机械地把分支杆菌带到一个无病的鸡舍。

4.2.7.5　传入评估

我国最近几年进口羽毛、羽绒及其制品增多，但从疫区进口该商品传播该病的可能性不大。

4.2.7.6　发生评估

通过未经严格处理的羽毛、羽绒传播该病的可能性不大。

4.2.7.7　后果评估

通过羽毛、羽绒传播该病的可能性不大，但一旦传入，能够造成一定的危害。

4.2.7.8　风险预测

不加限制地进口羽毛、羽绒，传播该病的可能性不大。

4.2.7.9　风险管理

世界动物卫生组织在《国际动物卫生法典》中对动物产品没有进行专门性的限制要求。

4.2.7.10　与中国保护水平相适应的风险管理措施

严禁从疫区进口未经严格加工或加工不合格的羽绒、羽毛等产品。

4.2.8　禽衣原体病

4.2.8.1　概述

禽衣原体病是由鹦鹉衣原体引起的禽类的一种接触性传染病。

4.2.8.2　病原

衣原体是一类具有滤过性、严格细胞内寄生，并有独特发育周期，以二等分裂繁殖和形成包涵体的革兰氏阴性原核细胞型微生物。衣原体是一类介于立克次氏体与病毒之间的微生物。衣原体归于衣原体目（Chlamydiale）、衣原体科（Chlamydiaceae）、衣原体属（*Chlamydia*）。属下现有 4 个种：沙眼衣原体、肺炎衣原体、牛羊衣原体和鹦鹉衣原体。其中鹦鹉衣原体包括许多不同的生物变种和血清型。衣原体在宿主细胞内生长繁殖时，有独特的发育周期，不同发育阶段的衣原体在形态、大小和染色特性上有差异。在形态上可分为个体形态和集团形态两类。个体形态又有大、小两种。一种是小而致密的，称为原体（elementary body，EB），另一类是大而疏松的，称作网状体（reticulate body，RB）。包涵体是衣原体在细胞空泡内繁殖过程中所形成的集团形态。它内含无数子代原体和正在分裂增殖的网状体。鹦鹉衣原体在细胞内可出现多个包涵体，成熟的包涵体经姬姆萨染色呈深紫色，革兰氏阴性。在 4 种衣原体中，只有沙眼衣原体的包涵体内含糖原，碘液染色时呈阴性，即显深褐色。衣原体对理化因素的抵抗力不强，对热较敏感（56℃ 5min、37℃ 48h 和 22℃ 12d 均失去活力），一般消毒剂（如 70%酒精、碘酊溶液、3%过氧化氢等)、脂溶剂和去污剂可在几分钟内破坏其活性。鸡胚卵黄囊或小鼠体内具感染性的原生小体，在－20℃下可保存若干年，用频率超过100Hz的超声波或去氧胆酸钠处理能将其破坏。

4.2.8.3 地理分布及危害

该病呈世界性分布，是严重危害养禽业的重要性传染病。

4.2.8.4 流行病学特点

鹦鹉衣原体的宿主范围十分广泛，鸽是衣原体最经常的储主。家禽中常受感染发病的是火鸡、鸭和鸽。鸡一般对鹦鹉衣原体具有较强的抵抗力。患病或感染畜禽可通过血液、鼻腔分泌物、粪便、尿、乳汁及流产胎儿、胎衣和羊水大量排出病原体，污染水源和饲料等。健康畜禽可经消化道、呼吸道、眼结膜、伤口和交配等途径感染衣原体，吸入有感染性的尘埃是衣原体感染的主要途径。吸血昆虫（如蝇、蜱、虱等）可促进衣原体在动物之间的迅速传播。由于吸入的衣原体的数量和感染菌株的毒力不同，自然感染潜伏期也不同。用强毒株实验感染火鸡，5～10d出现临诊症状。一般来说，幼龄家禽比成年易感，易出现临诊症状，死亡率也高。

4.2.8.5 传入评估

我国最近几年进口羽毛、羽绒及其制品增多，但从疫区进口该商品传播该病的可能性不大。

4.2.8.6 发生评估

通过未经严格处理的羽毛、羽绒传播该病的可能性不大。

4.2.8.7 后果评估

通过羽毛、羽绒传播该病的可能性不大，但一旦传入，能够造成一定的危害。

4.2.8.8 风险预测

不加限制地进口羽毛、羽绒，传播该病的可能性不大。

4.2.8.9 风险管理

世界动物卫生组织在《国际动物卫生法典》中对动物产品没有进行专门性的限制要求。

4.2.8.10 与中国保护水平相适应的风险管理措施

严禁从疫区进口未经严格加工或加工不合格的羽绒、羽毛等产品。

4.2.9 鸭瘟

4.2.9.1 概述

鸭瘟又名鸭病毒性肠炎（duck virus enteritis)，是鸭、鹅、雁的一种急性、败血性传染病。鸭感染发病后，表现为体温升高，脚软，下痢，流泪和部分病鸭头颈部肿大，食道黏膜有小出血点，并有黄褐色假膜覆盖或溃疡，泄殖腔黏膜充血、出血、水肿和坏死。

4.2.9.2 病原

鸭瘟的病原是鸭瘟病毒（*duck plague virus*）属于疱疹病毒科（*Herpesviridae*)、疱疹病毒属（*Herpesvirus*）中的滤过性的病毒。病毒粒子呈球形，直径为120～180nm，有囊膜，病毒核酸型为DNA。病毒在病鸭体内分散于各种内脏器官、血液、分泌物和排泄物中，其中以肝、肺、脑含毒量最高。本病毒对禽类和哺乳动物的红细胞没有凝集现象，毒株间在毒力上有差异，但免疫原性相似。病毒能在9～12胚龄的鸭胚绒毛尿囊上生长，初次分离时，多数鸭胚在接种后5～9d死亡，继代之后可提前在4～6d死亡。死亡的鸭胚全身呈现水肿、出血，绒毛尿囊膜有灰白色坏死点，肝脏有坏死灶。此病毒也能适应于鹅胚，但不能直接适应于鸡胚。只有在鸭胚或鹅胚中继代后，再转入鸡胚中，才能生长繁殖，并将鸡胚致死。此外，病毒还能在鸭胚、鹅胚和鸡胚成纤维单层细胞上生长，并可引起细胞病变，最初几代病变不明显，但继代几次后，可在接种后的24～40h出现明显的病变，细胞透明度下降，胞质颗粒增多、浓缩，细胞变圆，最后脱落。据报告，有时还可在胞核内看到嗜酸性的颗粒状包涵体。经过鸡胚或细胞连续传代到一定代次后，可减弱病毒对鸭的致病力，但保持有免疫原性，所以可用此法来研制鸭瘟弱毒疫苗。病毒对外界抵抗力不强，温热和一般消毒剂能很快将其杀死；夏季在直接阳光照射下，9h后毒力消失；病毒在56℃下10min即被杀死；在污染的禽舍内（4～20℃）可存活5d；对低温抵抗力较强，在－5～－7℃经3个月毒力不减弱，对乙醚和氯仿敏感，5%生石灰作用30min亦可被灭活。在－10～－20℃约经1年仍有致病力。

4.2.9.3　地理分布及危害

早在1923年荷兰已有鸭瘟流行，以后发生于印度、比利时、意大利、英国、法国、德国和加拿大，1967年在美国东海岸流行，我国1957年首次报道本病发生。

本病传播迅速，发病率和病死率都很高，严重地威胁养鸭业的发展。

4.2.9.4　流行病学特点

本病主要发生于4～20日龄雏鸭，成年鸭有抵抗力，鸡和鹅不能自然发病。病鸭和带毒鸭是主要传染源，主要通过消化道和呼吸道感染。饲养管理不良，缺乏维生素和矿物质，鸭舍潮湿、拥挤，均可促使本病发生。本病发生于孵化雏鸭的季节，一旦发生，在雏鸭群中传播很快，发病率可达100%。本病毒主要感染鸭和鹅。

4.2.9.5　传入评估

我国最近几年进口羽毛、羽绒及其制品增多，从疫区进口该商品可以传播该病。

4.2.9.6　发生评估

通过未经严格处理的羽毛、羽绒可以传播该病。

4.2.9.7　后果评估

通过羽毛、羽绒传播该病的可能性不大，但一旦传入，造成的危害巨大，已经引起各国的注意。

4.2.9.8　风险预测

不加限制地进口羽毛、羽绒，可以传播该病。

4.2.9.9　风险管理

该病主要引起鸭、鹅感染，需要进行风险分析。

4.2.9.10　与中国保护水平相适应的风险管理措施

（1）我国视该病为一类病，严禁从疫区进口未经严格处理的羽绒、羽毛等。

（2）进口羽毛、羽绒严禁经过疫区。

4.2.10　传染性支气管炎

4.2.10.1　概述

传染性支气管炎是鸡的一种急性、高度接触性的呼吸道疫病。以咳嗽，打喷嚏，雏鸡流鼻液，产蛋鸡产蛋量减少，呼吸道黏膜呈浆液性、卡他性炎症为特征。

4.2.10.2　病原

传染性支气管炎病毒属于冠状病毒科、冠状病毒属。该病毒具有多形性，但多数呈圆形，大小80～120nm。病毒有囊膜，表面有杆状纤突，长约20nm，在蔗糖溶液中的浮密度1.15～1.18g/mL。病毒粒子含有3种病毒特异性蛋白：衣壳蛋白（N）、膜蛋白（M）和纤突蛋白（S）。S蛋白位于病毒粒子表面，是由相同物质的量的 S_1 和 S_2 两部分组成，S_1 为形成突起的主要部分。S_1 糖蛋白能诱导机体产生特异性中和抗体、血凝抑制抗体和与病毒的组织嗜性有关。由于 S_1 基因易通过点突变、插入、缺失和基因重组等途径发生变异，而产生新的血清型的病毒，所以传染性支气管炎病毒血清型较多。目前报道过的至少有27个不同的血清型。病毒能在10～11日龄的鸡胚中生长，自然病例病毒初次接种鸡胚，多数鸡胚能存活，少数生长迟缓。但随着继代次数的增加，对鸡胚的毒力增强，至第十代时，可在接种后的第十天引起80%的鸡胚死亡。大多数病毒株在56℃ 15min失去活力，但对低温的抵抗力很强，在－20℃时可存活7年。一般消毒剂，如1%来苏儿、1%石炭酸、0.1%高锰酸钾、1%福尔马林及70%酒精等均能在3～5min内将其杀死。病毒在室温中能抵抗1%盐酸（pH 2）、1%石炭酸和1%氢氧化钠1h，而在pH 7.8时最为稳定。

4.2.10.3　地理分布及危害

该病呈世界性分布，是危害养禽业的重要性传染病。

4.2.10.4　流行病学特点

本病仅发生于鸡，其他家禽均不感染。各种年龄的鸡都可发病，但雏鸡最为严重，死亡率也高，一般以40日龄以内的鸡多发。本病主要经呼吸道传染，病毒从呼吸道排毒，通过空气的飞沫传给易感染的鸡。也可通过被污染的饲料、饮水及饲养用具经消化道感染。本病一年四季均能发生，但以冬春季节多发。鸡群拥挤、过热、过冷、通风不良、温度过低、缺乏维生素和矿物质，以及饲料供应不足或配合不当，均可促使本病的发生。

4.2.10.5　传入评估

我国最近几年进口羽毛、羽绒及其制品增多，但鸭、鹅不易感，从疫区进口该商品传播该病的可能几乎不存在。

4.2.10.6　发生评估

通过羽毛、羽绒传播该病的可能几乎不存在。

4.2.10.7　后果评估

通过羽毛、羽绒传播该病的可能性不大，但一旦传入，将造成一定的损失。

4.2.10.8　风险预测

不加限制地进口羽毛、羽绒，可以传播该病。

4.2.10.9　风险管理

世界动物卫生组织对该病没有特别明确的规定，无需进行风险管理。

4.2.10.10　与中国保护水平相适应的风险管理措施

严禁从疫区进口未经严格处理的羽绒、羽毛等。进口的羽毛、羽绒严禁经过疫区。

4.2.11　传染性喉气管炎

4.2.11.1　概述

传染性喉气管炎是由传染性喉气管炎病毒（infectious laryngotracheitis virus）引起的一种急性呼吸道传染病。本病的特征是呼吸困难、咳嗽和咳出含有血液的渗出物。剖检时可见喉头、气管黏膜肿胀、出血和糜烂，在病的早期患部细胞可形成核内包涵体。

4.2.11.2　病原

传染性喉气管炎病毒属疱疹病毒科（*Herpetoviridae*）、疱疹病毒属（*Herpesvirus*）的一个成员。病毒粒子呈球形，为20面体立体对称，核衣壳由162个壳粒组成，在细胞内呈散在或结晶状排列。中心部分由DNA组成，外有一层含脂质的囊膜，完整的病毒粒子直径为195～250nm。该病毒只有一个血清型，但有强毒株和弱毒株之分。病毒主要存在于病鸡的气管及其渗出物中，肝、脾和血液中较少见。接种于鸡胚绒毛尿囊膜，病毒可生长繁殖，并使鸡胚在接种后2～12d死亡，胚体变小，绒毛尿囊膜增生和坏死，形成灰白色的斑块病灶。病毒易在鸡胚细胞培养上生长，引起核染色质变位和核仁变圆，胞质融合，成为多核巨细胞；病毒还可在鸡白细胞培养上生长，引起以出现多核巨细胞为特征的细胞病变。病毒对外界环境因素的抵抗力中等，55℃ 10～15min，直射阳光7h，普通消毒剂如3%来苏儿、1%火碱12min都可将病毒杀死。病禽尸体内的病毒存活时间较长，在－18℃条件下能存活7个月以上。冻干后，－20～－60℃条件下能长期存活。经乙醚处理24h后，失去传染性。

4.2.11.3　地理分布及危害

该病呈世界性分布，是危害养禽业的重要性传染病。

4.2.11.4　流行病学特点

在自然条件下，本病主要侵害鸡，虽然各种年龄的鸡均可感染，但以成年鸡的症状最为特征。病鸡及康复后的带毒鸡是主要传染源，经上呼吸道及眼内传染。易感鸡群与接种了疫苗的鸡作较长时间的接触，也可感染发病。被呼吸器官及鼻腔排出的分泌物污染的垫草、饲料、饮水和用具可成为传播媒介。人及野生动物的活动也可机械传播。种蛋蛋内及蛋壳上的病毒不能传播，因为被感染的鸡胚在出壳前均已死亡。本病一年四季都能发生，但以冬春季节多见。鸡群拥挤、通风不良、饲养管理不善、维生素A缺乏、寄生虫感染等，均可促进本病的发生。此病在同群鸡传播速度快，群间传播速度较慢，常呈地方流行性。本病感染率高，但致死率较低。

4.2.11.5　传入评估

我国最近几年进口羽毛、羽绒及其制品增多，但鸭、鹅不易感，从疫区进口该商品传播该病的可能性不大。

4.2.11.6　发生评估

通过羽毛、羽绒传播该病的可能性不大。

4.2.11.7 后果评估

通过羽毛、羽绒传播该病的可能性不大，但一旦传入，将造成一定的损失。

4.2.11.8 风险预测

不加限制地进口羽毛、羽绒，可以传播该病。

4.2.11.9 风险管理

世界动物卫生组织对此也没有特别明确的规定，无需进行风险管理。

4.2.11.10 与中国保护水平相适应的风险管理措施

严禁从疫区进口未经严格处理的羽绒、羽毛等。进口的羽毛、羽绒严禁经过疫区。

4.2.12 禽沙门氏菌病

4.2.12.1 概述

禽沙门氏菌病是一个概括性术语，指由沙门氏菌属中的任何一个或多个成员所引起禽类的一大群急性或慢性疫病。沙门氏菌属是庞大的肠杆菌科的一个成员，沙门氏菌属包括2 100多个血清型。在自然界中，家禽构成了沙门氏菌最大的单独贮存宿主。在所有动物中，最常报道的沙门氏菌来源于家禽和禽产品。本属中两种为宿主特异的，不能运动的成员——鸡白痢沙门氏菌和鸡沙门氏菌分别为鸡白痢和禽伤寒的病原。副伤寒沙门氏菌能运动，常常感染或在肠道定居，包括人类在内的非常广泛的温血和冷血动物，禽群的感染非常普遍。但很少发展成急性全身性感染，只有处在应激条件下的幼禽除外。诱发禽副伤寒的沙门氏菌能广泛地感染各种动物和人类，因此在公共卫生上有重要性。人类沙门氏菌感染和食物中毒也常常来源于副伤寒的禽类、蛋品等。随着家禽产业的飞速发展，由于禽沙门氏菌病的广泛散播，已使它成为家禽最为重要的蛋媒细菌病之一。由于这类感染不受国际边界的影响，加之很少有不易感宿主，因而全国范围的控制规划遇到了许多障碍。

（1）鸡白痢：是由鸡白痢沙门氏菌引起的鸡的传染病。本病特征为幼雏感染后常呈急性败血症，发病率和死亡率都高，成年鸡感染后，多呈慢性或隐性带菌，可随粪便排出，因卵巢带菌，故严重影响孵化率和雏鸡成活率。

（2）禽伤寒：是由鸡伤寒沙门氏菌引起青年鸡、成年鸡的一种急性或慢性传染病，以肝肿大、呈青铜色和下痢为特征。

（3）禽副伤寒（paratyphus avium）**：**本病为各种家畜、家禽和人的共患病，对人可引起食物中毒，广义上称为副伤寒。

4.2.12.2 病原

鸡白痢指由鸡白痢沙门氏菌引起的禽类感染。鸡白痢沙门氏菌具有高度宿主适应性。本菌为两端稍圆的细长杆菌［（0.3～0.5）μm×（1～2.5）μm］，对一般碱性苯胺染料着色良好，革兰氏阴性。细菌常单个存在，很少见到两菌以上的长链。在涂片中偶尔可见到丝状和大型细菌。本菌不能运动，不液化明胶，不产生色素，无芽孢，无荚膜，兼性厌氧。分离培养时应尽量避免使用选择性培养基，因为某些菌株特别敏感。沙门氏菌在下列培养基中生长良好，如营养肉汤或琼脂平板。在普通琼脂、麦康凯培养基上生长，形成圆形、光滑、无色呈半透明、露珠样的小菌落。在外界环境中有一定的抵抗力，常用消毒药可将其杀死。

鸡伤寒病原为鸡伤寒沙门氏菌（或称鸡沙门氏菌），为较短而粗的杆状，长1.0～

2.0μm，直径约1.5μm。常单独但偶尔也成对存在。染色时两端比中间着色略深，革兰氏阴性，不形成芽孢，无荚膜，无运动力。鸡沙门氏菌易在pH 7.2的牛肉膏或浸液琼脂等培养基上生长，形成蓝灰色、湿润、圆形的小菌落，需氧或兼性厌氧。在37℃生长最佳。本菌在硒酸盐和四硫黄酸钠肉汤等选择培养基上以及在麦康凯、SS、亮绿琼脂等鉴别培养基上都能生长。本菌抵抗力较差，60℃ 10min内即被杀死。0.1%浓度的石炭酸、0.01%的升汞、1%的高锰酸钾都能在3min内将其杀死，2%的福尔马林可在1min内将其杀死。

禽副伤寒在世界范围内，从12种禽中报道的副伤寒病原菌有90个型。副伤寒群中的细菌都是革兰氏阴性、不产生芽孢及荚膜的细菌，在血清学上具有相关性。大小一般为（0.4～0.6）μm×（1～3）μm，但偶尔也形成短丝状。常靠周鞭毛运动，但在自然条件下，也可遇到无鞭毛或有鞭毛而不能运动的变种。副伤寒沙门氏菌为兼性厌氧菌，在牛肉汁和牛肉浸液琼脂以及肉汤培养基中容易首次分离培养成功（除粪便外的其他样本）。副伤寒沙门氏菌生长需要简单并能在种类繁多的培养基中生长。本菌对热及多种消毒剂敏感。在自然条件下很易生存和繁殖，成为本病易于传播的一个重要因素，在垫料、饲料中副伤寒沙门氏菌可生存数月、数年。

4.2.12.3　地理分布及危害

该病呈世界性分布，是危害养禽业的重要性传染病。

4.2.12.4　流行病学特点

鸡白痢对各种品种的鸡均有易感性，以2～3周龄以内雏鸡的发病率与病死率为最高，呈流行性。随着日龄的增加，鸡的抵抗力也增强。成年鸡感染常呈慢性或隐性经过。火鸡对本病有易感性，但次于鸡。鸭、雏鹅、珠鸡、野鸡、鹌鹑、麻雀、欧洲莺和鸽也有自然发病的报告。芙蓉鸟、红鸠、金丝雀和乌鸦则无易感性。一向存在本病的鸡场，雏鸡的发病率在20%～40%，但新传入发病的鸡场，其发病率显著增高，甚至有时高达100%，病死率也比老疫区高。本病可经蛋垂直传播，也可水平传播。

鸡、火鸡、珠鸡、孔雀、雉对鸡伤寒病易感，主要发生于成年鸡和3周龄以上的青年鸡，3周龄以下的鸡偶尔可发病。潜伏期为4～5d，病程大约为5d。病鸡和带菌鸡，其粪便内含有大量病菌，可污染土壤、饲料、饮水、用具、装饲料的麻袋、车辆等。本病主要通过消化道和眼结膜而传播感染，也可经蛋垂直传播给下一代。本病一般呈散发性，较少呈全群暴发。

禽副伤寒对大多数种类的温血和冷血动物都易染。在家禽中，副伤寒感染最常见于鸡和火鸡。常在孵化后2周之内感染发病，6～10d达最高峰。呈地方流行性，病死率从很低到10%～20%不等，严重者高达80%以上。1月龄以上的家禽有较强的抵抗力，一般不引起死亡。成年禽往往不表现临诊症状。火鸡的副伤寒感染，可偶尔经卵巢直接传递，卵感染率低。鸡经卵巢直接传递并不常见，在产蛋过程中蛋壳被粪便污染或在产出后被污染，对本病的传播具有极为重要的影响。感染鸡的粪便是最常见的病菌来源。

4.2.12.5　传入评估

我国最近几年进口羽毛、羽绒及其制品增多，但鸭、鹅不易感，从疫区进口该商品传播该病的可能性不大。

4.2.12.6　发生评估

通过羽毛、羽绒可以传播该病的可能性不大。

4.2.12.7　后果评估

通过羽毛、羽绒传播该病的可能性不大，传入可以造成一定的损失。

4.2.12.8　风险预测

不加限制地进口羽毛、羽绒，可以传播该病。

4.2.12.9　风险管理

世界动物卫生组织对此没有特别明确的规定，无需进行风险管理。

4.2.12.10　与中国保护水平相适应的风险管理措施

严禁从疫区进口未经严格处理的羽绒、羽毛等。进口的羽毛、羽绒严禁经过疫区。

4.2.13　鸡传染性法氏囊病

4.2.13.1　概述

鸡传染性法氏囊病（甘布罗病）[infectious bursal disease（gumboro disease），IBD]是由病毒引起的一种主要危害雏鸡的免疫抑制性传染病。本病最早是 Cosgrove 于 1957 年在美国特拉华州甘布罗镇的肉鸡群中发现的，故又称甘布罗病。根据本病有肾小管变性等严重的肾脏病变，曾命名为“禽肾病”。1970 年 Hitchner 提议，为避免一病多名引起的混乱，统一称之为鸡传染性法氏囊病。本病对鸭、鹅等不易感。

4.2.13.2　病原

鸡传染性法氏囊病病毒属于双 RNA 病毒科。电镜观察表明 IBDV 有两种不同大小的颗粒，大颗粒约 60nm，小颗粒约 20nm，均为 20 面体立体对称结构。病毒粒子无囊膜，仅由核酸和衣壳组成。核酸为双股双节段 RNA，衣壳由一层 32 个壳粒按 5：3：2 对称形式排列构成。病鸡舍中的病毒可存活 100d 以上。病毒耐热，耐阳光及紫外线照射。56℃加热 5h 仍存活，60℃可存活 0.5h，70℃则迅速灭活。病毒耐酸不耐碱，pH 2.0 经 1h 不被灭活，pH 12 则受抑制。病毒对乙醚和氯仿不敏感。3%的甲酚皂溶液、0.2%的过氧乙酸、2%的次氯酸钠、5%的漂白粉、3%的石炭酸、3%福尔马林、0.1%的升汞溶液可在 30min 内灭活病毒。

4.2.13.3　地理分布及危害

该病呈世界性分布，是危害养禽业的重要性传染病。

4.2.13.4　流行病学特点

IBDV 的自然宿主仅为雏鸡和火鸡。从鸡分离的传染性法氏囊病病毒只感染鸡，感染火鸡不发病，但能引起抗体产生。同样，从火鸡分离的病毒仅能使火鸡感染，而不感染鸡。不同品种的鸡均有易感性。传染性法氏囊病病毒母源抗体阴性的鸡可于 1 周龄内感染发病，有母源抗体的鸡多在母源抗体下降至较低水平时感染发病。3～6 周龄的鸡最易感。也有 15 周龄以上鸡发病的报道。本病全年均可发生，无明显季节性。病鸡的粪便中含有大量病毒，病鸡是主要传染源。鸡可通过直接接触传播或经污染了传染性法氏囊病病毒的饲料、饮水、垫料、尘埃、用具、车辆、人员、衣物等间接传播，老鼠和甲虫等也可间接传播。有人从蚊子体内分离出一株病毒，被认为是一株传染性法氏囊病病毒自然弱毒，由此说明媒介昆虫可能参与本病的传播。本病毒不仅可通过消化道和呼吸道感染，还可通过污染了病毒的蛋壳传播，但未有证据表明经卵传播。另外，经眼结膜也可传播。本病一般发病率高（可达 100%）而死亡率不高（多为 5%左右，也可达 20%～30%），卫生条件差而伴发其他疫病时死亡率可升至40%以上，在雏鸡甚至可达80%以上。本病的另一流行病学特点是发生本病的鸡场，常常出现新城疫、马立克氏病等疫苗接种的免疫失败，这种免疫抑制现象常使发病率和死亡率急剧上升。传染性法氏囊病病毒产生的免疫抑制程度随感染鸡的日龄不同而异，初生雏鸡感染传染性法氏囊病病毒最为严重，可使法氏囊发生坏死性的不可逆病变。1周龄后或传染性法氏囊病病毒母源抗体消失后而感染IBDV的鸡，其影响有所减轻。

4.2.13.5　传入评估

我国最近几年进口羽毛、羽绒及其制品增多，但鸭、鹅不易感，从疫区进口该商品传播该病的可能性不大。

4.2.13.6　发生评估

通过羽毛、羽绒传播该病的可能性不大。

4.2.13.7　后果评估

通过羽毛、羽绒传播该病的可能性不大，但一旦传入，将造成一定的损失。

4.2.13.8　风险预测

不加限制地进口羽毛、羽绒，可以传播该病。

4.2.13.9　风险管理

世界动物卫生组织对此也没有特别明确的规定，无需进行风险管理。

4.2.13.10　与中国保护水平相适应的风险管理措施

严禁从疫区进口未经严格处理的羽绒、羽毛等。进口的羽毛、羽绒严禁经过疫区。

4.3　其他类疫病的风险分析

4.3.1　小鹅瘟

4.3.1.1　概述

小鹅瘟是由细小病毒引起的雏鹅与雏番鸭的一种急性或亚急性的高度致死性传染病。特征为精神委顿，食欲废绝，严重腹泻和有时出现神经症状。病变特征主要为渗出性肠炎，小肠黏膜表层大片坏死脱落，与渗出物凝成假膜状，形成栓子阻塞肠腔。

4.3.1.2　病原

病原为鹅细小病毒（goose parvovirus），属细小病毒科、细小病毒属。病毒为球形，无囊膜，直径为20～40nm，是一种单链DNA病毒，对哺乳动物和禽细胞无血凝作用，但能凝集黄牛精子。国内外分离到的毒株抗原性基本相同，而与哺乳动物的细小病毒没有抗原关系。该病毒经65℃ 3h滴度不受影响，在pH 3.0溶液中37℃条件下耐受1h以上，对氯仿、乙醚和多种消毒剂不敏感，能抵抗胰酶的作用。病毒存在于病雏的肠道及其内容物，心血，肝、脾、肾和脑中，首次分离宜用12～15胚龄的鹅胚或番鸭胚，一般经5～7d死亡。典型病变为绒毛尿囊膜水肿，胚体全身性充血、出血和水肿，心肌变性呈白色，肝脏出现变性或坏死、呈黄褐色，鹅胚和番鸭胚适应毒可稳定在3～5d致死，胚适应毒能引起鸭胚致死，也可在鹅、鸭胚成纤维细胞上生长，3～5d内引起明显细胞病变，经H.E.染色镜检，可见到合胞体和核内嗜酸性包涵体。

4.3.1.3 地理分布及危害

该病呈世界性分布，是危害养禽业的重要性传染病。

4.3.1.4 流行病学特点

本病仅发生于鹅与番鸭，其他禽类均无易感性。本病的发生及其危害程度与日龄密切相关，主要侵害 5～25 日龄的雏鹅与雏番鸭。10 日龄以内发病率和死亡率可达 95%～100%，以后随日龄增大而逐渐减少。1 月龄以上较少发病，成年禽可带毒排毒而不发病。病雏及带毒成年禽是本病的传染源。在自然情况下，与病禽直接接触或采食被污染的饲料、饮水是本病传播的主要途径。本病毒还可附着于蛋壳上，通过蛋将病毒传给孵化器中易感雏鹅和雏番鸭造成本病的垂直传播。当年留种鹅群的免疫状态对后代雏鹅的发病率和成活率有显著影响。如果种鹅都是经患病后痊愈或经无症状感染而获得坚强免疫力的，其后代则有较强的母源抗体保护，因此可抵抗天然或人工感染而不发生小鹅瘟。如果种鹅群由不同年龄的母鹅组成，而有些年龄段的母鹅未曾免疫，则其后代还会发生不同程度的疫病危害。

4.3.1.5 传入评估

我国最近几年进口羽毛、羽绒及其制品增多，但我国存在该病，从疫区进口该商品传播该病的可能性很大。

4.3.1.6 发生评估

通过羽毛、羽绒可以传播该病。

4.3.1.7 后果评估

通过羽毛、羽绒可以传播该病，传入可以造成一定的损失。

4.3.1.8 风险预测

不加限制地进口羽毛、羽绒，可以传播该病。

4.3.1.9 风险管理

世界动物卫生组织对此也没有特别明确的规定，无需进行风险管理。

4.3.1.10 与中国保护水平相适应的风险管理措施

严禁从疫区进口未经严格处理的羽绒、羽毛等。进口的羽毛、羽绒严禁经过疫区。

5 中国目前有关防范和降低进境动物疫病风险的管理

中国政府目前通过有关防范和降低措施成功地防止了国外某些疫病的传入，如口蹄疫、牛海绵状脑病、痒病、水疱性口炎等，保护了中国畜牧业的生产安全和人的身体健康。

5.1 审批

为防止羽绒生产国重大疫情的传入，国家出入境检验检疫局和各直属局根据《中华人民共和国进出境动植物检疫法》的要求，同时根据世界动物卫生组织各国的疫情通报和中国对羽绒生产国疫情的了解作出能否进口羽绒的决定。

5.2　退回和销毁处理

在进口国发生动物疫情或在进境羽绒中发现有关中国限制进境的病原时，出入境检验检疫机构和国家相关的农牧管理部门为防止国外动物疫情传入，发布公告禁止来自疫区的羽绒入境，对来自疫区的羽绒或检出带有中国限制入境病原的羽绒作退回或销毁处理。

5.3　防疫处理

为防止国外疫情传入，在进境羽绒到达口岸时，对进境羽绒进行外包装消毒处理，同时对储存仓库、运输工具进行消毒处理。建立有效的防疫设施，包括存放地进出车辆、人员、工作服消毒和外包装废弃物处理的设施。

5.4　存放和加工过程监督管理

根据《中华人民共和国进出境动植物检疫法》的要求，对生产加工企业和存放地进行监督管理，防止违反《中华人民共和国进出境动植物检疫法》行为的发生，建立健全卫生防疫制度和羽绒的出入库登记制度，监督加工企业严格执行国家有关部门的规定和企业制定的防疫制度；监督加工企业严格按照规定对包装材料、加工废料进行无害化处理；监督加工企业严格执行国家有关规定的污水处理标准。

5.5　污水和废弃物处理

根据《中华人民共和国进出境动植物检疫法》的要求，出入境检验检疫机构对可以进境羽绒的生产、加工企业排放的污水实施监督检查，以防止羽绒输出国的有害因子传入中国；同时，出入境检验检疫机构还有权督促羽绒生产加工企业对外包装、下脚料进行无害化处理。对于违反上述要求的企业，视情况依据《中华人民共和国进出境动植物检疫法》等法律法规作出相应的处理。

第十篇　进境毛皮风险分析

1　引言

毛皮的种类比较多，情况也比较复杂，加之限于人力、能力等因素，我们这里只对进口羊毛皮作风险分析。羊毛皮主要分为春羔皮、剪毛羔皮和绵羊毛皮3种。在较大的生皮货源地，生皮及时运到接收地点后，即在鲜皮分选修剪台上进行严格的分级。首先，将生皮肉面朝上平铺于分级机前，分级机对生皮的皮形、刀伤、料洞、肋骨及草子情况进行扫描。修剪头部、阴囊及小腿部位。然后叠皮张，检查羊毛草子、污渍等问题。分级机根据这些特征决定羊毛皮是否适合于羊毛皮加工之用，质量好且干净的羊毛属于加工级。加工级羊毛皮大多通过转鼓盐渍来进行防腐处理；有刀伤、肋骨或羊毛有草子等而达不到加工级要求的羊毛皮通过转鼓盐渍处理；存在着一定缺陷的不太好的毛皮通过风干处理。事实上，转鼓盐渍加工级和风干非加工级的毛皮质量差别并不大。转鼓盐渍皮在盐渍后再次分级，这次分级更侧重于羊毛支数、密度及毛长等情况。二次检验时，将加工级毛皮细分。加工级羊毛皮分为两类，一类是烟毛业用的，这里，羊毛质量是首要的，皮板质量居于次要地位；另一类是羊毛皮加工业用的，羊毛的等级、密度和皮板质量同等重要。

羊是中国很普通的一种畜产动物，分布广泛，数量众多，主要分为山羊和绵羊两大品种，一般都是牧养或圈养，也有许多零星分布于农村地区，目前总存栏数为1.5亿～2亿只，其中以宁夏、内蒙古、东北、青海、甘肃五大牧区为主，其他地区也有不同程度的分布。

尽管中国羊毛皮的资源丰富，但仍不能满足中国皮革工业发展的需要，每年都要进口大量的生皮。70%以上的澳洲绵羊毛皮都被输送到中国进行加工。优质原料皮，在中国仍有很大的市场。

2000年生皮进口金额中，仍以牛皮进口金额最多，占生皮进口总额的76.6%，同比增长62%；绵羊毛皮占20.7%，同比增长51%；山羊板皮占0.4%，同比增长25%；猪皮占1.7%，同比增长52%；其他生皮占0.6%，同比增长80%。2000年皮革进口金额中，牛皮革进口金额占皮革进口总额比重最大，占75.4%，同比增长15%；绵羊毛皮革占15.6%，同比增长62%；山羊毛皮革占2.8%，同比增长41%。2000年中国绵羊毛皮进口额前五位国家及地区中，第一位为澳大利亚，占绵羊毛皮进口总额的59.9%，同比增长113%；新西兰占15.7%，同比增长75%；英国占7.7%，同比增长25%；法国占4.9%，同比增长913%；哈萨克斯坦占3.4%，同比增长52%。前五位进口额合计占绵羊毛皮进口总额的91.6%，同比增长66%。2000年中国山羊板皮进口额前五位的国家及地区，依次为：蒙古占山羊板皮进口总额的 46.8%，同比增长 243%；澳大利亚占 17.1%，同比增长 1 058%；哈萨克斯坦占 12.6%，同比下降 44%；土耳其占 7.6%，上年没有从该国进口；吉尔吉斯共和国占 6%，同比增长 208%；前五位进口额合计占山羊板皮进口总额的 90.1%，同比增长 128%。2000 年中国绵羊毛皮革进口额前五位国家和地区，第一位是韩国，占绵羊毛皮革进口额的 59.7%，同比增长 53%；意大利占 24%，同比增长 125%；印度占 3.2%，同比增长 8%；前五位进口额合计占绵羊毛皮革进口总额的 91.7%，同比增长 65%。

2　风险分析过程

风险分析是艺术和科学的统一。风险分析专家必须具有广博的知识面、流行病学和统计学的知识与技能；必须收集各方面的资料信息；在医学、兽医学领域，必须获得各种疫病的发病机理及流行病学的详尽资料，然后对这些数据和资料进行定性或定量风险分析，找出减少风险的措施。

2.1　风险确定

风险确定是风险分析的第一步，也是很关键的一步。如果一个特定的风险没有确定，就不可能找出减少该风险的措施。许多检疫的失败都可以归结于甄别风险的失败，而不是风险评估和风险管理的失败。

2.2　风险评估

风险因素确定以后，就需要对所存在的风险进行评估。这一步要解决的问题是：在不采取任何措施的情况下，引进某种动物或动物产品，引起进口国动物发生某种动物疫病的风险有多大；采取一系列风险减少措施以后，进口某种动物或动物产品使进口国动物发生某种疫病的风险有多大。这一阶段最重要的就是科学地、合理地收集所有有关信息和资料，对所存在的风险因素进行评估，找出减少风险的措施，得出进口某种动物或动物产品使进口国动物发生某种疫病的风险概率，为决策者提供科学的依据。风险评估分为定性风险评估、定量风险评估和半定量风险评估 3 种方法。

2.3　风险管理

风险管理是通过对各种风险因素进行科学、严谨的分析而做出正确决定的过程。风险管理可适用于各种情况，比如对已发生了意外结果的地方进行风险管理；或对各种风险都清楚的地方进行风险管理。一种好的风险管理模式包括建立风险管理程序、识别风险、分析风险、评估风险、处理风险和对风险管理系统的执行情况进行检查和总结。

2.4 风险交流

风险交流的过程是将风险评估和风险管理的结果同决策者和公众进行交流。适当的风险交流是必要的，这可将官方的政策向进出口商进行解释，使其意识到经常进口存在的风险，而不仅仅是进口利润。风险交流必须是一个双向程序，它涉及的进出口商必须经官方认可，并有单位的详细地址。

风险交流是风险分析过程的最后一步，但在整个过程中所涉及的所有部门都应该进行很好的交流。现在很多国家，公众对“专家”持有怀疑态度，因此尽早开展风险交流，可使公众理解和尊重风险分析的结果。

3 风险因素确定

3.1 确定致病因素的原则和标准

3.1.1 进境羊毛皮等风险分析的考虑因素

3.1.1.1 商品因素

进境风险分析的商品因素包括进境的羊毛皮等。

3.1.1.2 国家因素

由于每一个国家动物疫病的发生、发展各不相同，因此所有可能经进境羊毛皮等将疫病传入我国的羊毛皮输出国都是考虑的重点，羊毛皮等运输途经国或地区也应尽可能考虑。

3.1.1.3 其他因素

运输方式、包装种类、储存方法、检疫措施等。

3.1.2 国内外有关政策法规

3.1.2.1 动物及产品贸易的国际法规

SPS协定规定，世界动物卫生组织（OIE）有权制定动物卫生防疫法规，提出有关动物及产品的国际贸易方面的准则和建议。世界动物卫生组织出版了一本关于风险分析方面的指导性法规——《国际动物卫生法典》，它的主要原则是要求贸易双方作出尽可能详细的动物卫生保障，为保证促进动物和产品的国际贸易发展服务，避免国际贸易中动物疫病的传播风险。国际动物检疫的政策法规还包括一些中国政府与其他国家签署的动物检疫方面的双边条约或检疫条款等。

《国际动物卫生法典》对动物疫病的分类如下：

（1）A类：是一类烈性传染病，能在世界范围内迅速流行，对社会经济及公共卫生产生严重的后果，对动物及产品的国际贸易产生重要影响。

（2）B类：是能在一定区域内对社会经济、公共卫生产生重要影响，并对动物产品的国际性贸易产生一定影响的传染病。

3.1.2.2　中国现行的检疫法规

《中华人民共和国动物防疫法》是目前中国国内有关动物防疫主要的法律法规。《中华人民共和国进出境动植物检疫法》(以下简称《检疫法》)、《中华人民共和国进出境动植物检疫法实施条例》和相关的法规、公告等都是中国政府对进出境动植物实施检疫的法律基础，其中规定了中国官方检疫人员依照法律规定行使登船、登车、登机实施检疫；进入港口、机场、车站、邮局以及检疫物存放、加工、养殖、种植场所实施检疫，并依照规定采样；根据需要，进入有关生产、仓库等场所，进行疫情监测、调查和检疫监督管理；查阅、复制、摘录与检疫物有关的运行日志、货运单、合同、发票及其他单证。农业部负责全国范围内动物疫病防制、监测和消灭工作，对外来疫病的防制由农业部和国家出入境检验检疫局共同承担。当某国发生中国限制进境的动物疫病流行时，农业部和国家出入境检验检疫局有权发布公告，禁止与流行疫病有关的任何货物入境。

3.1.3　危害因素的确定

在对进境羊毛皮等的危害因素确定时，采用以下标准和原则。

3.1.3.1　我国农业部规定的《一、二、三类动物疫病病种名录》所列的疫病病原体。

3.1.3.2　国外新发现并对农牧渔业生产和人体健康有潜在威胁的动物传染病和寄生虫病病原体。

3.1.3.3　列入国家控制或消灭的动物传染病和寄生虫病病原体。

3.1.3.4　对农牧渔业生产和人体健康及生态环境可能造成危害或负面影响的有毒有害和生物活性物质。

3.1.3.5　世界动物卫生组织（OIE）列出的 A 类和 B 类疫病。

3.1.3.6　有证据能够证明通过羊毛皮等传播的疫病。

3.2　致病因素的评估

羊毛皮等作为一种特殊的商品，任何外来致病性因子都可能存在，因而使其具有携带疫情复杂、难以预测且不易确定的特点。有些羊毛皮等甚至可能夹带粪便和土壤等禁止进境物，机械采毛容易混入皮屑和血凝块，在现场查验中却难以发现，而这些常常是致病性因子最可能存在的地方。对进境羊毛皮等所携带的危害因素进行风险分析的依据是：危害因素在中国目前还不存在（或没有过报道）；或仅在局部存在；对人有较严重的危害；有严重的政治或经济影响；已经消灭或在某些地区得到控制；对畜牧业有严重危害等。

3.3　风险描述

对风险性疫病，从以下几个方面进行讨论。

3.3.1　概述

对疫病进行简单描述。

3.3.2 病原

对疫病致病病原进行简单描述。

3.3.3 地理分布及危害

对疫病的世界性分布情况进行描述；对疫病的危害程度进行简单的描述。

3.3.4 流行病学特点

对致病病原的自然宿主进行描述及对疫病的流行特点、规律、传播特点及媒介进行描述，尤其侧重与该病相关的检疫风险的评估。

3.3.5 传入评估

3.3.5.1 从以下几个可能的方面对疫病进行评估：①原产国是否存在病原。②生产国农场是否存在病原。③羊毛皮等中是否存在病原。

3.3.5.2 对病原传入、定居并传播的可能性，尽可能用以下术语（词语）描述。

（1）高（high）：事件很可能会发生。

（2）中等/度（moderate）：事件有发生的可能性。

（3）低（low）：事件不大可能发生。

（4）很低（very low）：事件发生的可能性很小。

（5）可忽略（negligible）：事件发生的概率极低。

3.3.6 发生评估

对疫病发生的可能性进行描述。

3.3.7 后果评估

后果评估是指对由于病原生物的侵入对养殖业或畜产品造成的不利影响给予描述。经济影响一般是指动物死亡或产品损失、限制进出、出口市场丢失、国家赔偿、控制措施造成的生产损失。环境影响通常是指对本地物种的不利影响。对疫病发生的后果及潜在的危害进行描述。应该注意到在某些情况下接受发病疫区，可大大降低发病带来的不利影响。但在疫区划分条件上有许多不定的因素，有些贸易伙伴接受，有些根本不接受。最明显的例子是1998年澳大利亚发生新城疫，少数国家根本不接受在一个国家内任何水平的疫区，有些接受，但对疫区的大小以及有效期的时间有不同的意见。例如：大约一半的澳大利亚出口市场不接受低于整个新南威尔士州水平的疫区。

3.3.8 风险预测

传入、定殖以及传播的可能性和造成后果之间的关系是决定是否采取专门风险管理措施的关键。对一些有严重甚至极端严重后果的疫病，只要疫病进入的风险高于可忽略的保护水平，就不允许进口；对一些造成中等后果的疫病，风险高于很低的保护水平，不允许进口；对造成后果温和的疫病，风险不应高于低的保护水平。对造成后果可忽略的疫病，不用考虑任何进口风险。

3.3.9　风险管理

风险分析提供了一系列风险管理措施，主要是根据评估的风险大小以及疫病流行特点制定的。最常用的是 OIE 制定的《国际动物卫生法典》；如果这些措施都不能满足本国的适当的保护水平，就根据实际情况制定专门的管理措施。

3.3.10　与中国保护水平相适应的风险管理措施

与中国保护水平相适应的风险管理措施的简单描述。

4　风险评估及管理

4.1　A 类疫病的风险分析

4.1.1　口蹄疫

4.1.1.1　概述

口蹄疫（foot and mouth disease，FMD）是家畜最严重的传染病之一，是由口蹄疫病毒引起偶蹄兽的一种多呈急性、热性、高度接触性传染病，广泛影响各种家畜和野生偶蹄动物，如牛、羊、猪、羊驼、骆驼等偶蹄动物。主要表现为口、鼻、蹄和乳头形成水疱和糜烂，而羊感染后则表现为亚临诊症状。人和非偶蹄动物也可感染，但感染后症状较轻。

4.1.1.2　病原

口蹄疫是世界上最重要的动物传染病之一，严重影响国际贸易，因此既是一种经济性疫病，又是一种政治性疫病，所以被 OIE 列为 A 类动物传染病之首。猪是其繁殖扩增宿主。该病毒经空气进行传播时，猪是重要的传播源。

口蹄疫病毒属微（小）RNA 病毒科（*Plcornaviridae*）、口疮病毒属（*Aphtovirus*）。该病毒有 7 种血清型，60 多种血清亚型。该病毒对酸、碱敏感，pH 4～6 时病毒性质稳定，pH 高于 11 或低于 4 时，所有毒株均可被灭活。4℃下，该病毒有感染性。有机物可对病毒的灭活产生保护作用。在 0℃以下时，病毒非常稳定。病毒粒子悬液在 20℃左右，经 8～10 周仍具有感染性。在 37℃时，感染性可以持续 10d 以上；高于 37℃，病毒粒子可被迅速灭活。

4.1.1.3　地理分布及危害

口蹄疫呈世界性分布，特别是近年流行十分严重，除澳大利亚和新西兰及北美洲的一些国家外，非洲、东欧、亚洲及南美洲的许多国家都有口蹄疫发生，至今仍呈地方性流行。中国周边地区尽管口蹄疫十分严重，到目前为止还没有从周边地区传入该病。口蹄疫是烈性传染病，发病率几乎达 100%，被世界动物卫生组织（OIE）列为 A 类家畜传染病之首。该病程一般呈良性经过，死亡率只有 2%～3%；犊牛和仔猪为恶性病型，死亡率可达50%～70%。但主要经济损失并非来自动物死亡，而是来自患病期间肉和奶的生产停止，病后肉、奶产量减少，种用价值丧失。由于该病传染性极强，对病畜和怀疑处于潜伏期的同种动物必须紧急处理，对疫点周围广大范围须隔离封锁，禁止动物移动和畜产品调运上市。口蹄疫的自然感染主要发生于偶蹄兽，尤以黄牛（奶牛）最易感染，其次为水牛、牦牛、猪，再次为绵羊、山羊、骆驼等。野生偶蹄兽也能感染和致病，猫、犬等动物可以人工感染。其中，牛、猪发病最严重。

4.1.1.4 流行病学特点

呼吸道是反刍动物感染该病的主要途径。很少量的病毒粒子就可以引发感染。呼吸道感染也是猪感染的一条重要途径，但与反刍动物相比，猪更容易经口感染。发病动物通过破溃的皮肤及水疱液、排泄物、分泌物、呼出气等向外扩散，污染饲料、水、空气、用具等。

发病动物通过呼吸道排出大量病毒，甚至在临诊症状出现前4d就开始排毒，一直到水疱症状出现，即体内抗体产生后4～6d，才停止排毒。另外，大多数康复动物都是病毒携带者。污染物或动物产品都可以造成感染，另外人员在羊群之间的活动也可造成该病的传播。

牧区的病羊在流行病学上的作用值得重视。由于患病期症状轻微，易被忽略，因此在羊群中成为长期的传染源。羊、牛等成为隐性带毒者。畜产品如皮毛、肉品、奶制品等，以及饲料、草场、饮水、交通工具、饲养管理工具等均有可能成为传染源。

4.1.1.5 传入评估

口蹄疫病毒已经证明可以通过皮毛传播，而且已经有通过皮毛传染给人和其他易感染动物的例子。从2001年英国发现第一例口蹄疫感染的家畜开始，口蹄疫正以迅雷不及掩耳的速度在传播，目前已经证实的感染病毒的国家数量已经超过20个，并且数量还在迅速扩大。南美、东亚、东南亚、欧洲大陆以外国家、中东等国家和地区也开始遭受口蹄疫的侵害，出现不同程度的损失。联合国粮农组织官员于2001年3月14日已经发出警告，强调口蹄疫已成为全球性威胁，并敦促世界各国采取更严格的预防措施。我国的香港和台湾地区，以及近邻韩国、日本、印度、蒙古、原独联体国家都纷纷“中弹”。我国政府已经多次发出通知，采取一切措施，把口蹄疫拒之国门以外。

口蹄疫传播方式很复杂，在此讨论与羊毛皮有关的传播可能。通过感染动物和易感染动物的直接接触引起动物间的传播，和农场内部局部传播，而人、犬、鸟、啮齿类动物等引起传播的方式比较简单。研究人员还发现病毒通过气溶胶在感染动物与易感染动物间的传播，已经证实这是远距离传播的主要方式，且气溶胶传播难以控制，2001年在欧洲暴发的口蹄疫则可能是通过旅游者在疫区与非疫区之间的传播引起的。运载过感染动物和动物产品的车辆可能成为口蹄疫传染源，Seller等试验证实了这一点，因此对来自疫区或经过疫区的运输工具消毒和清洗显得十分必要。对于上述传播可能，来自疫区的打包羊毛皮和运输工具完全有可能成为传染源，如果羊毛皮中夹杂有感染动物的粪尿，则传播是肯定的。

4.1.1.6　发生评估

口蹄疫病毒能够通过羊毛皮传播的事实已得到证实，同时也已被各国兽医部门所接受。当每升空气中含一个病毒粒子时，猪和羊 30min 可吸入足够感染量的病毒，牛则只需 2min，一头感染的猪一天可以排出的气源性病毒粒子足以使 500 头猪、7 头反刍动物经口感染。中国传统的高密度的畜牧业可使侵入口蹄疫病毒迅速传播并流行。

4.1.1.7　后果评估

口蹄疫被公认为是破坏性最大的动物传染病之一，尤其是在一些畜牧业发达的地区。口蹄疫疫情一旦发生，造成的后果十分严重，并且要在短时间内将这种疫病完全根除代价很高。口蹄疫一旦发生带来的直接后果是我国主要的海外市场将会被封锁，包括牛、羊、猪、牛肉、猪肉以及部分羊肉市场。很难对口蹄疫侵入造成的经济影响作出具体量化。疫病的暴发规模及对疫病控制措施的反应等不确定因素，使得很难对其所造成的经济损失作出简单的估算。

4.1.1.8　风险预测

不加限制进口羊毛皮引入口蹄疫的可能性很低，但是该病毒一旦传入产生的后果非常严重，需要进行风险管理。

4.1.1.9　风险管理

世界动物卫生组织发布的《国际动物卫生法典》中明确提出有关反刍动物的毛、绒、皮张等卫生要求，目的就是为了防止口蹄疫疫区的扩大。

4.1.1.10　与中国保护水平相适应的风险管理措施

（1）严格按照世界动物卫生组织规定的国际动物卫生要求出具证明。

（2）进境羊毛皮必须是来自 6 个月内无口蹄疫发生的国家或地区（包括过境的国家或地区），具体还必须包括以下产品：①所有未经任何加工的毛皮。②只经初加工的产品（产品与原料在同一环境中）。

（3）口蹄疫疫区周边地区和国家的羊毛皮，限制在入境口岸就地加工。

4.1.2　水疱性口炎

4.1.2.1　概述

本病是由弹状病毒属的水疱病毒引起的一种疫病，主要表现为发热和口腔黏膜、舌头上皮、乳头、足底冠状垫出现水疱。该病原的宿主谱很宽，能感染牛、猪、马以及包括人和啮齿类动物在内的大多数温血动物，同时可以感染冷血动物，甚至于植物也可以感染本病。世界动物卫生组织在《国际动物卫生法典》中规定该病的潜伏期为 21d。

4.1.2.2　病原

水疱性口炎（vesicular stomatitis，VS）又名鼻疮、口疮、伪口疮、烂舌症、牛及马的口腔溃疡等。本病是马、牛、羊、猪的一种病毒性疫病。其特征为口腔黏膜、乳头皮肤及蹄冠皮肤出现水疱及糜烂，很少发生死亡。

水疱性口炎病毒属弹状病毒科（*Rhabdoviridae*）、水疱性病毒属（*Vesiculovirus*），是一类无囊膜的 RNA 病毒。该病毒有两种血清型，即印第安纳（Indiana，IN）型和新泽西（New Jersey，NJ）型。其中，新泽西型是引起美国水疱性口炎病暴发的主要病原。

由于该病毒可引起多种动物发病，并能造成重大的经济损失，以及该病与口蹄疫的鉴别诊断方面的重要性，因此水疱性口炎被世界动物卫生组织列为A类病。

4.1.2.3 地理分布及危害

水疱性口炎病主要分布于中美洲、美国东南部、委内瑞拉、哥伦比亚、厄瓜多尔等地。在南美，巴西南部、阿根廷北部地区曾暴发过该病。在美国，除流行区以外，主要是沿密西西比河谷和西南部各州，每隔几年都要流行一次或零星发生。法国和南非也曾有过报道。

该病分为两个血清型：新泽西型和印第安纳型，感染的同群动物90%以上出现临诊症状，几乎所有动物产生抗体。本病通常在气候温和的地区流行，媒介昆虫和动物的运动可导致本病的传播。本病传播速度很快，在一周之内能感染大多数动物，传播途径尚不清楚，可能是皮肤或呼吸道。

4.1.2.4 流行病学特点

水疱性口炎常呈地方性，有规律地流行和扩散。一般间隔10d或更长。流行往往有季节性，夏初开始，夏中期为高峰直到初秋。最常见牛、羊和马的严重流行。病毒对外界具有相当强的抵抗力。干痂暴露于夏季日光下经30～60d开始丧失其传染性，在地面上经过秋冬，第二年春天仍有传染性。干燥病料在冰箱内保存3年以上仍有传染性。对温度较为敏感。

对于水疱性口炎病毒的生态学研究还不很清楚。比如，病毒在自然界中存在于何处，如何保存自己，它是怎样从一个动物传给另一个动物的，以及怎样传播到健康的畜群中的。从某些昆虫体内曾分离到该病毒。破溃的皮肤黏膜污染的牧草被认为是病毒感染的主要途径。非叮咬性蝇类也是该病传播的一条重要途径。该病毒在正常环境中感染力可持续几天。污染的取奶工具等也可以造成感染。潜伏期一般为2～3d，随后出现发热，并在舌头、口腔黏膜、蹄冠、趾间皮肤、嘴（马除外）或乳头附近出现细小的水疱症状。水疱可能会接合在一起，然后很快破溃，如果没有第二次感染发生，留下的伤口一般在10d左右痊愈。水疱的发展往往伴随有大量的唾液、厌食、瘸腿等症状。乳头的损伤往往由于严重的乳房炎等并发症变得更加复杂。但该病的死亡率并不高。

4.1.2.5 传入评估

该病一旦侵入，定殖并传播的可能性很低。人们对该病的流行病学不清楚，甚至对传播该病的媒介生物的范围以及媒介生物在该病传播流行中的意义等尚不清楚。几乎没有任何信息可以用来量化预测该病定殖及传播的风险。1916年，该病确实从美国传入欧洲，但最终该病没有定殖下来。尽管目前国际动物贸易频繁，除了这一次例外，没有任何证据表明该病在美洲大陆以外的地区定殖。因此，水疱性口炎病定殖、传播的风险很低。

4.1.2.6 发生评估

水疱性口炎病定殖、传播的风险很低。

4.1.2.7 后果评估

该病一旦侵入，将会对中国畜牧业带来严重的后果。该病对流行地区造成的经济损失巨大。1995年美国暴发该病，由于贸易限制造成的经济损失以及生产性损失（包括：动物死亡、奶制品生产量下降、确定并杀掉感染动物以及动物进出口的限制）等，据估计直接经济损失达 1 436 万美元。水疱性口炎病与口蹄疫鉴别诊断方面有重要意义，因此该病一旦在中国定殖，所造成的直接后果将是：所有的牲畜及其产品将被停止出口，至少要到口蹄疫的可能性被排除以后。由于对水疱性口炎病的传播机制知之甚少，因此，很难预测紧急控制或扑灭措施的效果如何并且很难确定该病所造成的最终影响。

4.1.2.8　风险预测

不加限制进口羊毛皮带入水疱性口炎病的可能性几乎不存在。

4.1.2.9　风险管理

世界动物卫生组织在《国际动物卫生法典》中没有就进口动物产品作任何限制性的要求，无需进行风险管理。

4.1.2.10　与中国保护水平相适应的风险管理措施

与中国保护水平相适应的风险管理措施无。

4.1.3　牛瘟

4.1.3.1　概述

牛瘟（rinderpest，RP）又名牛疫（cattle plague）、东方牛疫（oriental cattle plague）、烂肠瘟等，是由牛瘟病毒引起的反刍动物的一种急性传染病，主要危害黄牛、水牛。该病的主要特点是炎症和黏膜坏死。对易感染动物有很高的致死率。世界动物卫生组织在《国际动物卫生法典》中规定该病的潜伏期为 21d。

4.1.3.2　病原

牛瘟病毒属副黏病毒科（*Paramyxoviridae*）、麻疹病毒属（*Morbilivirus*）。该属中还包括麻疹病毒、犬瘟热病毒、马腺疫病毒以及小反刍兽疫病毒等。这些病毒有相似的理化性质，在血清型上也有一定的相关性。牛瘟病毒只有一种血清型，但在不同毒株的致病力方面变化很大。

牛瘟病毒性质不稳定，在干燥的分泌排泄物中只能存活几天，且不能在动物的尸体中存活。该病毒对热敏感，在 56℃病毒粒子可被迅速灭活。pH 2～9，病毒性质稳定。该病毒有荚膜，因此可通过含有脂溶剂的灭菌药物将其灭活。

4.1.3.3　地理分布及危害

本病毒主要存在于巴基斯坦、印度、斯里兰卡等国。该病是一种古老的传染病，曾给养牛业带来毁灭性的打击，在公元 7 世纪的 100 年中，欧洲约有 2 亿头牛死于牛瘟。1920 年，印度运往巴西的感染瘤牛经比利时过境时引发牛瘟暴发，因此促成世界动物卫生组织的建立。

亚洲被认为是牛瘟的起源地，至今仍在非洲一些地区、中东以及东南亚等地流行。通过接种疫苗等防疫措施，印度牛瘟的发生率和地理分布范围已有明显的减少。尽管在印度支那等边缘地区仍有潜在感染的可能性，但从总体上说，东南亚和东亚地区的牛瘟已基本消灭。1956 年以前，中国大陆曾大规模流行，在政府的支持下，经过科研工作者的努力，成功地研制出了牛瘟疫苗，并有效地控制了疫情，到 1956 年，中国宣布在全国范围内消灭了牛瘟。本病在西半球只发生过一次，即 1921 年发生于巴西，该地曾进口瘤牛，在发病还不到 1 000 头时就开始扑杀，共宰杀大约 2 000 头已经感染的牛。

4.1.3.4 流行病学特点

尽管该病的自然宿主为牛及偶蹄兽目的其他成员，牛属动物最易感，如黄牛、奶牛、水牛、瘤牛、牦牛等，但其他家畜如猪、羊、骆驼等也可感染发病。许多野兽如猪、鹿、长颈鹿、羚羊、角马等均易感。

牛瘟病牛是主要传染源，感染牛向外排出的尿中病毒最多，病牛的血、尿、粪、鼻分泌物和汗液都是传染源。本病在牛之间大多是由于病牛与健康牛的直接接触而引起的，亚临诊感染的绵羊与山羊可以将本病传染给牛；受感染的猪可通过直接接触将该病传给其他猪或牛。牛瘟常与战乱相联系，1987 年，斯里兰卡在 40 多年没有牛瘟的情况下，因部队带来的感染山羊在驻地进行贸易而引发牛瘟；1991 年因海湾战争，将牛瘟从伊拉克传入土耳其。

4.1.3.5 传入评估

牛瘟通常是经过直接接触传播的。动物一般经呼吸感染。尽管牛瘟病毒对外界环境的抵抗力不强，但该病毒由于可通过风源传播，因此该病毒传播距离很远，有时甚至可达 100m 以上。没有报道证实该病可以通过动物产品感染，甚至在一些牛瘟流行的国家，除牛以外的动物产品携带牛瘟病毒的可能性都不大。某些呈地方性流行的国家，当地的羊带毒的可能性中等。

4.1.3.6 发生评估

没有证据证明该病毒能通过羊毛皮传播。

4.1.3.7 后果评估

牛瘟一旦侵入将会给中国带来巨大的经济损失并可能导致严重的社会后果，在这方面中国已有深刻教训。有研究报告指出控制牛瘟侵入造成的经济损失与控制口蹄疫侵入的损失相当。直接深远的影响将是养牛业。将会波及大量的肉类出口甚至可能也会影响到其他的动物产品。应在尽量短的时间内，制定并实施对疫病的控制扑灭措施。尽管发病牛有很高的死亡率，但要在短时间内控制并防止疫病进一步扩散也并非很难。因此由于牛的发病和死亡造成的直接损失远远小于直接或间接用于控制疫病的费用。

中国于 1956 年消灭此病并到目前一直未发生过此病，目前在养牛业不接种任何防治该病的疫苗，对中国来说，牛类对此病没有任何免疫力，因而该病一旦传入并定殖，养牛业必将遭受毁灭性的打击。不仅因此可能带来巨大的经济损失，同时现有的防疫体系也将完全崩溃。

4.1.3.8 风险预测

通过羊毛皮将该病病原传入的可能性低。一旦输出羊毛皮的牧场有此病存在时，通过羊毛皮贸易传入此病是可能的，但由于该病病原的抵抗力脆弱，因此传入的可能性低。该病病原在中国有较广泛的寄生宿主谱（猪、牛、羊），因此一旦传入，定殖并发生传播是可能的。不加限制进口羊毛皮传入该病的可能性低，但一旦传入后果极端严重。

4.1.3.9 风险管理

世界动物卫生组织在《国际动物卫生法典》中明确将此病列入 A 类病，并就对反刍动物和猪的绒毛、粗毛、鬃毛、生革、生皮张等有明确的限制性要求，要求出具国际卫生证书，并证明：

（1）按照世界动物卫生组织的《国际动物卫生法典》要求程序加工处理，确保杀灭牛瘟病毒。

（2）加工后采取必要的措施防止产品接触潜在的传染源。

4.1.3.10　与中国保护水平相适应的风险管理措施

（1）不从该病的发生地进口任何未经加工的羊毛皮。

（2）进口羊毛皮（包括初加工产品）不允许从疫区过境。

4.1.4　小反刍兽疫

4.1.4.1　概述

小反刍兽疫（pestedes petits ruminants，PPR）又名小反刍兽假性牛瘟、肺肠炎、口炎肺肠炎复合症，是由小反刍兽疫病毒引起的急性传染病，主要感染小反刍兽动物，以发热、口炎、腹泻、肺炎为特征。

4.1.4.2　病原

小反刍兽疫病毒属于副黏病毒科、麻疹病毒属，病原对外界的抵抗力强，可以通过羊毛皮传播本病。

4.1.4.3　地理分布及危害

主要分布于非洲和阿拉伯半岛。在中国、大洋洲、欧洲、美洲都未发生过。本病发病率高达100%，严重暴发时死亡率高达100%，轻度发生时死亡率不超过50%，幼年动物发病严重，发病率和死亡率都很高。

4.1.4.4　流行病学特点

本病是以高度接触性传播方式传播的，感染动物的分泌物和排泄物也可以造成其他动物的感染。

4.1.4.5　传入评估

有证据证明该病可以通过羊毛皮传播，特别是以绵羊和山羊为主要感染对象，并迅速在感染动物体内定殖，随着病毒在体内定殖和易感染动物增加时就会引起流行。

4.1.4.6　发生评估

可以通过羊毛皮传播该病。

4.1.4.7　后果评估

中国从未发生过小反刍兽疫，因此该病的传入必将给中国的养羊业以沉重打击，造成的后果难以量化。

4.1.4.8　风险预测

不加限制进口羊毛皮，小反刍兽疫病毒定殖可能性较高，病毒一旦定殖引起的后果极为严重，需对该病进行风险管理。

4.1.4.9　风险管理

世界动物卫生组织有明确的关于从感染小反刍兽疫的国家进口小反刍动物绒毛、粗毛、皮张及其他毛发的限制要求。目的就是限制小反刍兽疫病毒的扩散。

4.1.4.10　与中国保护水平相适应的风险管理措施

必须限制从感染地区进口羊毛皮，这些动物包括绵羊和山羊等。具体包括：

（1）不从疫区进口任何未经加工的羊毛皮。

（2）对途经疫区的羊毛皮在口岸就近加工处理。

（3）在出口国兽医行政管理部门监控和批准的场所加工，确保杀灭小反刍兽疫病毒的产品可以进口。

4.1.5　蓝舌病

4.1.5.1　概述

蓝舌病（blue tongue，BT 或 BLU）是反刍动物的一种以昆虫为传播媒介的病毒性传染病。主要发生于绵羊，其临诊症状特征为发热，消瘦，口、鼻和胃肠黏膜溃疡变化及跛行。由于该病引起羔羊长期发育不良、死亡、胎儿畸形、羊毛皮的破坏，造成的经济损失很大。本病最早在 1876 年发现于南非的绵羊，1906 年被定名为蓝舌病，1943 年发现于牛。本病分布很广，很多国家均有本病存在，1979 年我国云南首次确定绵羊蓝舌病，1990 年甘肃又从黄牛分离出蓝舌病病毒。

4.1.5.2　病原

蓝舌病病毒属于呼肠孤病毒科、环状病毒属，为一种双股 RNA 病毒，呈 20 面体对称。已知病毒有 24 个血清型，各型之间无交互免疫力；血清型的地区分布不同，例如非洲有 9 个、中东有 6 个、美国有 6 个、澳大利亚有 4 个。还可能出现新的血清型。易在鸡胚卵黄囊或血管内繁殖，羊肾、犊牛肾、胎牛肾、小鼠肾原代细胞和继代细胞都能培养增殖，并产生蚀斑或细胞病变。病毒存在于病畜血液和各器官中，在康复畜体内存在达 4～5 个月之久。病毒抵抗力很强，在 50％甘油中可存活多年，病毒对 3％氢氧化钠溶液很敏感。

4.1.5.3　地理分布及危害

一般认为，南纬 35°到北纬 40°之间的地区都可能有蓝舌病的存在，已报道发生或发现的蓝舌病国家主要有非洲的南非、尼日利亚等；亚洲的塞浦路斯、土耳其、巴勒斯坦、巴基斯坦、印度、马来西亚、日本、中国等；欧洲的葡萄牙、希腊、西班牙等；美洲的美国、加拿大、中美洲各国、巴西等；大洋洲的澳大利亚等。

危害表现在以下几方面。

（1）感染强毒株后，发病死亡，死亡率可达 60％～70％，一般为 20％～30％，1956 年葡萄牙和西班牙发生的蓝舌病死亡绵羊 17.9 万只。

（2）动物感染病毒后，虽不死亡，但生产性能下降，饲料回报率低。

（3）影响动物及其产品的贸易。

（4）有蓝舌病的国家出口反刍动物及种用材料，则要接受进口国提出的严格的检疫条件，为此需要花费大量的检疫费用。

4.1.5.4　流行病学特点

主要侵害绵羊，也可感染其他反刍动物，如牛（隐性感染）等。特别是羔羊易感，长期发育不良、死亡、羊毛皮的质量受到影响。蓝舌病最先发生于南非，并在很长时间内只发生于非洲大陆。一般认为，从南纬 35°到北纬 40°之间的地区都可能有蓝舌病存在。而事实上许多国家发现了蓝舌病病毒抗体，但未发现任何病例。蓝舌病病毒主要感染绵羊，所有品种都可感染，但有年龄的差异性。本病毒在库蠓唾液腺内存活、增殖和增强毒力后，经库蠓叮咬感染健康牛、羊。1岁左右的绵羊最易感，哺乳的羔羊有一定的抵抗力，牛和山羊的易感性较低。绵羊是临诊病状表现最严重的动物。本病多发生于湿热的夏季和早秋，特别多见于池塘、河流多的低洼地区。本病常呈地方流行性，接触传染性很强，主要通过空气、飞沫经呼吸道传染。本病的传播主要与吸血昆虫库蠓有关。易感染动物对口腔传播有很强的抵抗力，发病动物的分泌物和排泄物内病毒含量极低，不会引起蓝舌病传播，其产品如肉、奶、毛等也不会导致蓝舌病的传播。

4.1.5.5　传入评估

本病的传播主要以库蠓为传播媒介。被污染的羊毛皮不能传播本病，除非羊毛皮中有活的库蠓虫或幼虫存在。

4.1.5.6　发生评估

病毒存在于病畜血液和各器官中，康复畜体内存在达4～5个月之久。病毒抵抗力很强，在50%甘油中可存活多年，病毒对3%氢氧化钠溶液很敏感。由此分析该病毒可随羊毛皮的出口运输而世界性分布传播。我国有数量众多的羊群，皆为易感染动物，一旦该病传入我国，发病的可能性极大。

4.1.5.7　后果评估

我国已发现该病，但已采取了可靠的措施控制本病的发生和传播。但是该病一旦发生，会造成严重的地方流行，给地方的畜牧业造成严重的后果，如不采取果断的措施，也会造成严重的经济损失，进而危及羊毛皮纺织业的发展。

4.1.5.8　风险预测

如不加限制，本病一旦传入我国并在我国流行，产生的潜在后果是很严重的。

4.1.5.9　风险管理

世界动物卫生组织在《国际动物卫生法典》中针对蓝舌病没有专门对动物产品提出限制性要求。

4.1.5.10　与中国保护水平相适应的风险管理措施

与中国保护水平相适应的风险管理措施无。

4.1.6　绵羊痘与山羊痘

4.1.6.1　概述

绵羊痘（sheep pox，SP）是绵羊的一种最典型和严重的急性、热性、接触性传染病，特征为无毛或少毛的皮肤上和某些部位的黏膜发生痘疹，初期为丘疹后变为水疱，接着变为红斑，结痂脱落后愈合。本病在养羊地区传染快、发病率高，常造成重大的经济损失。痘病是由病毒引起畜禽和人的一种急性、热性、接触性传染病。特征是在皮肤和黏膜上发生丘疹和痘疹。

山羊痘（goat pox，GP）仅发生于山羊，在自然情况下，一般只有零星发病，本病主要影响山羊的生产性能。

4.1.6.2　病原

绵羊痘与山羊痘是属于痘病毒科的病毒，对外界抵抗力强，绵羊或山羊及产品的贸易是该病重要的传播方式，该病在亚洲和非洲的主要绵羊生产国都有分布。中国在许多地区已成功地消灭了该病，该病被列入中国一类动物疫病名录。

痘病毒（pox virus）属于症病毒科、脊椎动物症病毒亚科，为 RNA 型病毒。病毒呈砖形或圆形，有囊膜，在感染细胞内形成核内或细胞质内包涵体。各种动物的症病毒虽然在形态结构、化学组成上相似，但对宿主的感染性严格专一，一般不互相传染。病毒对热、直射日光、常用消毒药敏感，58℃ 5min、0.5%福尔马林数分钟内可将其杀死。但耐受干燥，在干燥的痂皮内可存活 6～8 周。绵羊痘由绵羊痘毒引起，特征是皮肤和黏膜上发生特异性的痘疹。病绵羊和带毒绵羊通过痘浆、痂皮及黏膜分泌物等散播毒素，是本病的主要传染源。病毒主要经呼吸道感染，也可通过损伤的皮肤黏膜感染。饲养管理人员、护理用具、毛皮、饲料、垫草和外寄生虫都可以成为本病的传播媒介。不同品种、性别、年龄的绵羊均易感，但细毛羊比粗毛羊容易感染，羔羊比成年羊更容易感染。

本病主要在冬末春初流行，饲养管理不良及环境恶劣可促进本病的发生及加重病情。

4.1.6.3　地理分布及危害

大多数绵羊和山羊生产国都有流行。非洲的阿尔及利亚、乍得、埃塞俄比亚、肯尼亚、利比亚、马里、摩洛哥、尼日利亚、塞内加尔、突尼斯和埃及均有报道。亚洲的阿富汗、印度、巴基斯坦、土耳其、伊朗、伊拉克、以色列、约旦、科威特、黎巴嫩、尼泊尔和沙特阿拉伯也发生过此病，此外希腊、瑞典和意大利也发生过本病。本病的死亡率高，羔羊的发病致死率高达 100%，妊娠母羊发生流产，多数羊在发生该病症后失去生产力，使养羊业遭受巨大损失。

绵羊痘与山羊痘在中国仅局部地区有分布，疫苗免疫已得到较好控制，但在中国大部地区还没有分布，因而这些病在任何一口岸传入都会给当地乃至整个中国的养羊业带来巨大的威胁。

4.1.6.4　流行病学特点

本病病原为山羊痘病毒，多发生于 1～3 月龄羔羊，成年羊很少发生。死亡率 20%～50%，羔羊的发病致死率高达 100%。病症初发生于个别羊，以后逐渐蔓延全群。本病主要通过呼吸道感染，病毒也可以通过受伤的皮肤或黏膜进入机体。饲养人员、护理用具、皮毛产品、饲料、垫草和外寄生虫都可能成为传播媒介。

4.1.6.5　传入评估

该病病原是一种痘病毒，对外界抵抗力相当强，研究表明，饲养人员、护理用具、皮毛产品等都有可能成为传染源。

4.1.6.6　发生评估

不加限制进口羊毛皮，传入该病的可能性较高。能够通过羊毛皮进行传播。

4.1.6.7　后果评估

由于中国许多地区已成功地消灭了本病，因此该病一旦重新传入，会在原来消灭此病的地区重新形成暴发或流行。而要消灭此病将重新投入更大的人力、物力和财力，并要重新建立新的防疫体系。

4.1.6.8　风险预测

不加限制进口羊毛皮，传入该病的可能性较高，病毒一旦传入后果较为严重，需对该病进行风险管理。

4.1.6.9　风险管理

世界动物卫生组织有明确的关于从绵羊痘与山羊痘感染国家进口（绵羊或山羊）皮、毛或绒时的限制要求。

4.1.6.10　与中国保护水平相适应的风险管理措施

（1）不允许进口疫区羊毛皮。

（2）对途经疫区的羊毛皮在口岸加工处理。

（3）经出口兽医行政管理部门控制或批准的加工场所内加工处理，能确保杀灭绵羊痘与山羊痘病毒加工后的产品（包括洗净毛、炭化毛、毛条）。

4.1.7　裂谷热

4.1.7.1　概述

裂谷热（rift valley fever，RVF）是一种由裂谷热病毒引起的急性、发热性动物源性疫病（本来在动物间流行，但偶然情况下引起人类发病）。主要经蚊叮咬或通过接触染疫动物传播给人，多发生于雨季。病毒性出血热可以导致动物和人的严重疫病，引起严重的公共卫生问题和因牲畜减少而导致的经济下降问题。

4.1.7.2　病原

该病病原属于布尼亚病毒科、白蛉热病毒属，为 RNA 病毒。本病在家畜中传播一般需依赖媒介昆虫（主要是库蚊），否则传播不很明显，但对人的危害大多数是因为接触感染动物的组织、血液、分泌物或排泄物造成的。由于此病对人危害十分严重，被世界动物卫生组织列入 A 类疫病。在流行区，根据流行病学和临床资料可以作出临床诊断。可采取几种方法确诊急性裂谷热，包括血清学试验（如 ELISA）可检测针对病毒的特异的 IgM。在病毒血症期间或尸检组织采取各种方法包括培养病毒（细胞培养或动物接种）、检测抗原和 PCR 检测病毒基因。

实验发现抗病毒药病毒唑（ribavirin）能抑制病毒生长，但临床上尚未有评价。大多数裂谷热病例症状轻微，病程短，因此不需要特别治疗。严重病例，治疗原则是支持、对症疗法。

4.1.7.3　地理分布及危害

20 世纪初即发现在肯尼亚等地的羊群中流行。

1930 年，科学家 Daubney 等在肯尼亚的裂谷（rift valley）的一次绵羊疫病暴发调查中首次分离到裂谷热病毒。

1950—1951 年，肯尼亚动物间大暴发裂谷热，估计 1 万只羊死亡。

1977—1978 年，曾在中东埃及尼罗河三角洲和山谷中首次出现大批人群和家畜（牛、羊、骆驼、山羊等）感染，约 600 人死亡。

1987 年，裂谷热首次在西非流行，与建造塞内加尔河工程导致下游地区洪水泛滥、改变了动物和人类间的相互作用，从而使裂谷热病毒传播给人类有关。

1997—1998 年，曾在肯尼亚和索马里暴发。

2000 年 9 月份，裂谷热疫情首次出现在非洲以外地区，沙特阿拉伯（南部的加赞地区）和也门报告确诊病例。据世界卫生组织介绍：至10月9日，也门卫生部报告发病321例，死亡32例，病死率为10%；沙特阿拉伯卫生部报告291例中，死亡64例。在原来没有该病的阿拉伯半岛发生了流行，这直接威胁到邻近的亚洲及欧洲地区。

人感染病毒2～6d后，突然出现流感样疾病表现，发热、头痛、肌肉痛、背痛，一些病人可发展为颈硬、畏光和呕吐，在早期，这类病人可能被误诊为脑膜炎。持续4～7d，在针对感染的免疫反应IgM和IgG抗体可以检测到后，病毒血症消失。人类染上裂谷热病毒后病死率通常较低，但每当洪水季节来临，在肯尼亚和索马里等非洲国家则会有数百人死于该病。

大多数病例表现相对轻微，少部分病例发展为极为严重疾病，可有以下症状之一：眼病（0.5%～2%）、脑膜脑炎或出血热（小于1%）。眼病（特征性表现为视网膜病损）通常在第一症状出现后1～3周内起病，当病存在视网膜中区时，将会出现一定程度的永久性视力减退。其他综合征表现为急性神经系统疾病、脑膜脑炎，一般在1～3周内出现。仅有眼病或脑膜脑炎时不容易发生死亡。

裂谷热还可能表现为出血热，发病后2～4d，病人出现严重肝病，伴有黄疸和出血现象，如呕血、便血、进行性紫癜（皮肤出血引起的皮疹）、牙龈出血。伴随裂谷热出血热综合征的病人可保持病毒血症长达10d，出血病例病死率大约为50%。大多数死亡发生于出血热病例。在不同的流行病学文献中，总的病死率差异很大，但均小于1%。

4.1.7.4 流行病学特点

裂谷热主要通过蚊子叮咬在动物间（牛、羊、骆驼、山羊等）流行，但也可以由蚊虫叮咬或接触受到感染的动物血液、体液或器官（照顾、宰杀受染动物，摄入生奶等）而传播到人，通过接种（如皮肤破损或通过被污染的小刀的伤口）或吸入气溶胶感染，气溶胶吸入传播可导致实验室感染。

许多种蚊子可能是裂谷热的媒介，伊蚊和库蚊是动物病流行的主要媒介，不同地区不同蚊种被证明是优势媒介。在不同地方，泰氏库蚊（*Culex theileri*）、尖音库蚊（*Culex pipiens*）、叮马伊蚊（*Aedes caballus*）、曼氏伊蚊（*Aedes mcintoshi*）、金腹浆足蚊（*Eratmopedites chrysogaster*）等曾被发现是主要媒介。此外，不同蚊子在裂谷热病毒传播方面起不同作用。伊蚊可以从感染动物身上吸血获得病毒，能经卵传播（病毒从感染的母体通过卵传给后代），因此新一代蚊子可以从卵中获得感染。在干燥条件下，蚊卵可存活几年。其间，幼虫孳生地被雨水冲击，如在雨季卵孵化，蚊子数量增加，在吸血时将病毒传给动物，这是自然界长久保存病毒的机制。

该病毒具有很广泛的脊椎动物感染谱。绵羊、山羊、牛、水牛、骆驼和人是主要感染者。在这些动物中，绵羊发病最为严重；其次是山羊；其他的敏感动物有驴、啮齿类动物、犬和猫。该病不依赖媒介，在动物间传播不明显，与之相比大多数人的感染是接触过感染动物的组织、血液、分泌物和排泄物造成的。在动物间传播主要依赖蚊子。

4.1.7.5 传入评估

没有证据证明可以通过羊毛皮传播，但被污染的羊毛皮能否传播应该值得重视。

4.1.7.6 发生评估

由于该病毒抵抗力较强，因此认为传入的可能性也较大，同时中国也存在相关媒介昆虫，因而传入后极易形成定殖和传播。而该病原对人也可以直接形成侵害，即使在没有媒介昆虫的情况下，也可以使该病传入并在人群中传播。

4.1.7.7　后果评估

由于该病的媒介昆虫生活范围非常广，一旦传入很难根除。同时，对人的危害也相当严重，因此该病引起的不仅仅是经济上损失，更会造成社会的负面影响。

4.1.7.8　风险预测

不加限制进口羊毛皮传入该病的可能性中等，且一旦定殖，后果非常严重，需风险管理。

4.1.7.9　风险管理

由于中国从未发生过此病，所以一旦从被污染的羊毛皮传入，对与羊毛皮接触的相关人员的危害就会较大，有媒介昆虫存在时，则有可能引起该病的传播，因此尽管 OIE 没有对来自疫区的动物产品加以限制，对中国来说禁止进口疫区的羊毛皮是必要的。

（1）加强卫生宣教，提高对裂谷热疫情的认识。

（2）在疫区对易感染动物进行免疫是控制本病流行的主要办法。

（3）灭蚊防蚊，控制、降低蚊媒密度能有效预防感染，控制疫情传播蔓延。

（4）加强对传染源的管理，对病人严格实行隔离治疗。

4.1.7.10　与中国保护水平相适应的风险管理措施

（1）不从疫区进口任何未经加工过的羊毛皮。

（2）其他地区经加工过的羊毛皮可以进境。

4.1.8　牛肺疫

4.1.8.1　概述

牛肺疫也称牛传染性胸膜肺炎（pleuropneumonia contagiosa bovum），是由支原体所引起牛的一种特殊的传染性肺炎，以纤维素性胸膜肺炎为主要特征。

4.1.8.2　病原

病原体为丝状支原体丝状亚种（*Mycoplasma mycoides* subsp. *mycoides*），是属于支原体科（Mycoplasmataceae）、支原体属（*Mycoplasma*）的微生物。过去经常用的名称是类胸膜肺炎微生物。支原体极其多形，可呈球菌样、丝状、螺旋体与颗粒状。细胞的基本形状以球菌样为主，革兰氏染色阴性。本菌在加有血清的肉汤琼脂上可生长成典型菌落。接种小鼠、大鼠、豚鼠、家兔及仓鼠，在正常情况下不感染，若将支原体混悬于琼脂或黏蛋白则常可使之感染。鸡胚接种也可感染。

支原体对外界环境因素抵抗力不强。暴露在空气中，特别在直射日光下，几小时即失去毒力。干燥、高温都可使其迅速死亡，将培养物冻干可保存毒力数年，对化学消毒药抵抗力不强，对青霉素和磺胺类药物、龙胆紫则有抵抗力。

4.1.8.3　地理分布及危害

本病曾在许多国家的牛群中引起巨大损失。目前在非洲、拉丁美洲、大洋洲和亚洲还有一些国家存在本病。新中国成立前，我国东北、内蒙古和西北一些地区时有本病发生和流行；新中国成立后，由于成功地研制出了有效的牛肺疫弱毒疫苗，再结合严格的综合性防治措施，我国已于1996年宣布在全国范围内消灭了此病。

4.1.8.4 流行病学特点

在自然条件下主要侵害牛类，包括黄牛、牦牛、犏牛、奶牛等，其中3～7岁多发，犊牛少见，本病在我国西北、东北、内蒙古和西藏部分地区曾有过流行，造成很大损失；目前在亚洲、非洲和拉丁美洲仍有流行。病牛和带菌牛是本病的主要传染来源。牛肺疫主要通过呼吸道感染，也可经消化道或生殖道感染。本病多呈散发性流行，常年可发生，但以冬春两季多发。非疫区常因引进带菌牛而呈暴发性流行；老疫区因牛对本病具有不同程度的抵抗力，所以发病缓慢，通常呈亚急性或慢性经过。

4.1.8.5 传入评估

没有证据证明能够通过羊毛皮进行传播。

4.1.8.6 发生评估

通过羊毛皮进行传播的可能性不大。

4.1.8.7 后果评估

通过羊毛皮进行传播的可能性不大，一旦传入对养牛业危害很大，病原定殖后根除困难、花费很大。

4.1.8.8 风险预测

通过羊毛皮进行传播的可能性不大，无需进行风险管理。

4.1.8.9 风险管理

世界动物卫生组织把该病列为A类疫病。世界动物卫生组织对此没有明确的限制性要求。

4.1.8.10 与中国保护水平相适应的风险管理措施

与中国保护水平相适应的风险管理措施无。

4.2 B类疫病的风险分析

4.2.1 炭疽病

4.2.1.1 概述

炭疽病（anthrax）是由炭疽芽孢杆菌引起哺乳动物（包括人类）的一种急性、非接触性传染病。以败血症、快速死亡为基本特征。所有哺乳动物都是易感的，但不同品种之间有一定的差异性，易感程度依次是绵羊、牛、山羊、鹿、水牛、马、猪、犬和猫。对于草食动物，则发病急、死亡快。而猪则要2周才会死亡。禽类抵抗力较强，一些食腐肉的鸟类可能会通过吃食感染组织而感染此病和/或传播此病。冷血动物对本病有一定的抵抗力。

4.2.1.2 病原

炭疽病是由炭疽杆菌引起的一种人畜共患的急性、热性、败血性传染病。当该菌形成芽孢后，对外界环境有坚强的抵抗力，它能在皮张、毛发及毛织物中生存30年。所有大陆都有分布和发生。炭疽杆菌为革兰氏阳性粗大杆菌，长5～10μm，宽1～3μm，两端平切，排列如竹节，无鞭毛，不能运动。在人及动物体内有荚膜，在体外不适宜条件下形成芽孢。本菌繁殖体的抵抗力同一般细菌，其芽孢抵抗力很强，在土壤中可存活数十年。煮沸 40min、140℃干热 3h、高压蒸汽 10min、20%漂白粉和石灰乳浸泡 2d、5%石炭酸 24h 才能将其杀灭。在普通琼脂肉汤培养基上生长良好。

炭疽杆菌主要有 4 种抗原：①荚膜多肽抗原，有抗吞噬作用。②菌体多糖抗原，有种特异性。③芽孢抗原。④保护性抗原，为一种蛋白质，是炭疽毒素的组成部分。由毒株产生的毒素有 3 种：除保护性抗原外，还有水肿毒素、致死因子。

4.2.1.3　地理分布及危害

炭疽病是危害人类和家畜的一种古老的疫病，在所有大陆都有分布和发生，但大多流行区域是热带和亚热带地区，其广泛分布于亚洲、非洲和印第安次大陆地区，常常引起人的感染和死亡，因此本病有重要的社会、政治影响和重要的公共卫生意义。中国仅有局部地区零星发病。患病动物常表现突然高热、可视黏膜发绀、骤然死亡和天然孔出血。羊常常表现出最急性的，感染后很快发病死亡。

4.2.1.4　流行病学特点

传染源主要为患病的草食动物，如牛、羊、马、骆驼等，其次是猪和犬，它们可因吞食染菌食物而得病。人直接或间接接触其分泌物及排泄物可感染。炭疽病人的痰、粪便及病灶渗出物具有传染性。可以经皮肤、黏膜伤口直接接触病菌而致病；病菌毒力强，可直接侵袭完整皮肤；还可以经呼吸道吸入带炭疽芽孢的尘埃、飞沫等而致病，经消化道摄入被污染的食物或饮用水等而感染。人群普遍易感，但多见于农牧民，兽医，屠宰、皮毛加工及实验室人员。发病与否和人体的抵抗力有密切关系。

在动物和人群间发病有一定关系，造成家畜流行的诸因素也与人群中流行的因素有关。本病世界各地均有发生，夏秋季节发病多。

4.2.1.5　传入评估

由于炭疽杆菌芽孢对外界环境有坚强的抵抗力，同时它对人和各种家畜都有一定危害，特别是草食动物最为易感，如马、牛、绵羊、山羊等。该菌的自身特性决定了它定殖后在易感染动物间的传播是必然的，并将长期存在。

4.2.1.6　发生评估

羊毛皮作为传播媒介已被证实，是仅次于动物肉类和饲料的传播媒介。羊毛皮传入该病病原，首先威胁的是从事有关羊毛皮的人员，其次是对环境的污染，影响加工企业所在地的畜牧业生产。

4.2.1.7　后果评估

由于炭疽杆菌的芽孢对外界环境抵抗力极强，在中国该病仅在少数地区零星发生，许多地区已完全消灭此病，因而当该病传入后不仅破坏了原有的防疫体系，该病原在一些被消灭的地区重新传入后更加难以消灭，不仅严重威胁人和家畜的健康安全，也会给生态环境带来潜在的隐患。

4.2.1.8　风险预测

对进口羊毛皮不加限制，炭疽杆菌传入的可能性比较低。但一旦传入并定殖，则潜在的隐患难以量化，需实施风险管理。

4.2.1.9 风险管理

世界动物卫生组织对炭疽病有明确的要求，并且要求输出国出具国际卫生证书。证书包含以下内容：

(1) 来自在批准的屠宰场屠宰，供人类食用。

(2) 动物原产国家执行能够保证发现炭疽病疫情，对炭疽病发生的饲养场进行有效的检疫，并且能够完全销毁炭疽病畜的程序。

(3) 进行过能够杀死炭疽杆菌芽孢的处理。

4.2.1.10 与中国保护水平相适应的风险管理措施

(1) 进口羊毛皮必须是来自健康动物和没有因炭疽而受到隔离检疫的农场和地区。

(2) 羊毛皮保存在无炭疽病流行的地区。

4.2.2 狂犬病

4.2.2.1 概述

狂犬病（rabies）是由弹状病毒科、狂犬病病毒属的狂犬病病毒引起的，一种引起温血动物患病，死亡率高达100%的病毒性疫病。该病毒传播方式单一、潜伏期不定。临诊表现为特有的恐水、怕风、恐惧不安、咽肌痉挛、进行性瘫痪等。

4.2.2.2 病原

狂犬病又名恐水症，是由狂犬病病毒所致。人狂犬病通常由病兽以咬伤方式传给人。本病是以侵犯中枢神经系统为主的急性传染病。病死率几乎达100%。狂犬病病毒形似子弹，属弹状病毒科（*Rhabdoviridae*），一端圆、另一端扁平，大小约75μm×180μm，病毒中心为单股负链RNA，外绕以蛋白质衣壳，表面有脂蛋白包膜。病毒易被紫外线、季铵化合物、碘酒、高锰酸钾、酒精、甲醛等灭活，加热100℃ 2min可被灭活。耐低温，－70℃或冻干后0～4℃中能存活数年。在中性甘油中室温下可保存病毒数周。病毒传代细胞常用地鼠肾细胞（BH1－21）、人二倍体细胞。从自然条件下感染的人或动物体内分离到的病毒称野毒株或街毒株（street strain），特点为致病力强，自脑外途径接种后，易侵入脑组织和唾液腺内繁殖，潜伏期较长。

4.2.2.3 地理分布及危害

本病仅在澳大利亚、新西兰、英国、日本、爱尔兰、葡萄牙、新加坡、马来西亚、巴布亚新几内亚及太平洋岛屿没有发生，其他国家均有发生或流行。目前中国局部地区呈零星的偶发性。人和动物对该病都易感，自然界许多野生动物都可以感染，尤其是犬科动物，常常成为病毒的宿主和人畜狂犬病的传染源；无症状和顿挫型感染的动物长期通过唾液排毒，成为人畜主要的传染源。本病主要由患病动物咬伤后引起感染。

4.2.2.4 流行病学特点

狂犬病本来是一种动物传染病，自然界里的一些野生动物，如狐狸、狼、黄鼠狼、獾、浣熊、猴、鹿等都能感染，家畜如犬、猫、牛、马、羊、猪、骡、驴等也都能感染。但是，和人类关系最密切的还是犬，人的狂犬病主要还是犬传播的，占90%以上；其次是猫，被猫抓伤致狂犬病的人并不少见，并随着养猫数量的增加而增多。

疯犬或其他疯动物，在出现狂躁症状之前数天，其唾液中即已含有大量病毒。如果被狂犬或疯动物咬伤或抓伤了皮肤、黏膜，病毒就会随唾液侵入伤口，先在伤口周围繁殖，当病毒繁殖到一定数量时，就沿着周围神经向大脑侵入。病毒走到脊髓背侧神经根，便开始大量繁殖，并侵入脊髓的有关节段，很快布满整个中枢神经系统。病毒侵入中枢神经系统后，还要沿着传出神经传播，最终可到达许多脏器，如心、肺、肝、肾、肌肉等，使这些脏器发生病变。故狂犬病的症状特别严重，一旦发病，死亡率几乎100%。

4.2.2.5　传入评估

本病传播方式单一，通过皮肤或黏膜的创伤而感染。没有任何证据证明该病可以通过羊毛皮传播。

4.2.2.6　发生评估

没有任何报道证明羊毛皮可以传播狂犬病。该病的主要感染途径是感染动物咬伤其他动物所致。有理由相信在该病的毒血症期可能会有病毒随分泌物污染羊毛皮，但是当出现这种明显症状时，通常是迅速死亡。狂犬病病毒在羊毛皮中存在的可能性很低，通过羊毛皮感染或传播的可能性也极低。一旦饲养场中发生狂犬病，该病在畜群中传播的可能性也不会很高。该病从原发病的养殖场传播的条件是感染动物迁移和运动，尤其是在该病没有症状之前，不会发生相互感染和传播。因此，病原侵入且能定殖在养殖场传播的可能性极低。

4.2.2.7　后果评估

狂犬病定殖并传播造成的经济及社会后果被认为中等。同时，在中国有对该病免疫力相当强的疫苗进行保护，但是考虑到该病的潜伏期长、死亡率100%等特点，对该病侵入后的主要措施是在尽短时间内消灭该病，对畜产品的进口贸易没有大的影响。

4.2.2.8　风险预测

该病的病原出现在羊毛皮中的可能性很低。即使羊毛皮中有病原存在，其传染给其他动物的可能性也很低。羊毛皮作为传播因素在疫病的整个流行环节中可以忽略不计。该病定殖后的后果中等。不需要专门的风险管理措施。

4.2.2.9　风险管理

世界动物卫生组织在《国际动物卫生法典》中没有在进口动物产品中对狂犬病有特别的要求。

4.2.2.10　与中国保护水平相适应的风险管理措施

与中国保护水平相适应的风险管理措施无。

4.2.3　伪狂犬病

4.2.3.1　概述

伪狂犬病（pseudorabies）是由疱疹病毒引起的一种烈性传染病，主要感染呼吸道和神经组织及生殖系统。该病分布广泛，可以危害多种哺乳动物，给养猪业常带来重大的经济损失。临床上除猪以外，其他哺乳动物主要表现为皮肤奇痒，故又称疯痒病。猪是病毒的储存宿主，是主要的传染源，通过鼻液、唾液、尿液、乳汁和阴道分泌物排出病毒。猫多数病例是通过污染的食物和捕食鼠类感染。每当冬、春季节野鼠移居室内时，本病的发生也随之增多。因为鼠类也是储存宿主和传播媒介。此病也能感染人类，虽多不引起死亡，但威胁人类健康，应加以重视。

4.2.3.2 病原

本病病原是猪疱疹病毒Ⅱ型，具有疱疹病毒共有的一般形态特征，双股DNA病毒。该病毒对外界环境的抵抗力较强，在24℃条件下，病毒在污染的稻草、喂食器以及其他污染物上至少可存活10d，在寒冷的条件下可以存活46d以上，绵羊、山羊是易感染动物，同时死亡率100%。该病原主要引起脑膜炎、呼吸系统疫病以及生殖机能紊乱等症状。猪是已知的唯一病毒储存宿主，是其他动物的感染源，该病毒对许多种动物易感。该病毒只有一种血清型，但毒株毒力变化很大。除澳大利亚外都有分布和发生。

4.2.3.3 地理分布及危害

除澳大利亚外大多数国家都发生过流行或地方性流行。中国也有本病的报道，主要依靠免疫疫苗预防。本病在欧洲流行时常造成灾难性的损失。本病对猪的损失最为严重。本病病原是疱疹病毒科成员，其特点就是难以消灭。

4.2.3.4 流行病学特点

主要是以呼吸道感染为主，气溶胶也可以传播该病。

4.2.3.5 传入评估

没有证据证明该病能通过羊毛皮传播，但该病病原抵抗力较强，污染的环境及污染物是可以传播该病的。

4.2.3.6 发生评估

自然感染主要是通过呼吸道途径，口腔和鼻腔分泌物中以及呼出的气体中都含有该病毒。甚至注射疫苗以后，动物仍有潜在的感染性，尤其是当它们受到应激性刺激，如分娩等时，可以间歇性排出病毒。大部分的暴发和流行都是由于易感猪群中引进感染猪所造成的。但是，也有越来越多的证据表明该病毒可以通过风源在农场之间传播，甚至在相距40km以上的两个农场，尤其是在一些猪和其他动物饲养密集的地区。通过污染的羊毛皮传入伪狂犬病的可能性低，但定殖并传播的可能性很高。

4.2.3.7 后果评估

伪狂犬病病毒的毒株不同造成的经济损失也不一样。值得注意的是损失的严重性在不同的年份都有很大变化。在新西兰北部岛屿，没有造成显著的直接经济损失的伪狂犬病已有过报道。另一方面，美国政府启动了耗资巨大的由州-联邦-企业组成的伪狂犬病扑灭项目，该项目在20世纪80年代后期正式实施。伪狂犬病每年给美国带来的经济损失，据估算可达3 000万美元以上。加拿大在1995年对伪狂犬病作过一次风险评估，把伪狂犬病侵入对生产者和工业造成的损失定为中等到高。该病一旦传入中国，将会带来严重的经济及社会后果。该病一旦定殖下来，会给中国原来已消灭和控制该病的地区的防疫工作增加难度，同时对养羊业、养牛业及养猪业的影响将是巨大的、长期的。现行的针对伪狂犬病传入的政策是利用检疫、控制动物进出、屠宰阳性动物、疫苗免疫以及消毒等措施。这些措施将极大地干扰正常的社会、经济活动，也将影响到中国畜产品的出口市场。

4.2.3.8 风险预测

不加限制地进口羊毛皮传入伪狂犬病的可能性低。一旦定殖后，造成的潜在后果中等到严重，因此风险管理措施是需要的。

4.2.3.9　风险管理

世界动物卫生组织在《国际动物卫生法典》中没有关于进口反刍动物产品管理措施的章节。

4.2.3.10　与中国保护水平相适应的风险管理措施

不从伪狂犬病疫区进口任何未经加工的羊毛皮。

4.2.4　副结核病

4.2.4.1　概述

副结核病（paratuberculosis）是由副结核分支杆菌引起的牛、绵羊和鹿的一种慢性、通常是致死性的传染病，易感染动物临诊症状主要表现为消瘦。

4.2.4.2　病原

该病是由副结核分支杆菌引起的慢性消耗性疫病，该病病原可通过淋巴结屏障而进入其他器官。副结核分支杆菌对外界环境抵抗力较强，在污染的牧场或肥料中可存活数月至1年。

4.2.4.3　地理分布及危害

世界各地均有该病的分布和发生，以养牛业发达国家最为严重。本病是不易被觉察的慢性传染病，感染地区畜群死亡率可达2%～10%，严重感染时感染率可升至25%。此病很难根除，对畜牧业造成的损失不易引起人们的注意，但常常超过其他某些传染病。

4.2.4.4　流行病学特点

该病常局限于感染动物的小肠、局部淋巴结和肝、脾。

4.2.4.5　传入评估

该病病原可以通过污染的羊毛皮传入。

4.2.4.6　发生评估

该病存在于世界各国，中国在养牛业较为发达的地区有分布，而在养牛业尚未发达的地区极少分布。由于中国养羊业相对密度较高，在本病传入后，一旦定殖传播的可能性较高。该病呈世界性分布，特别是以养牛业发达的国家最为严重。

4.2.4.7　后果评估

本病随羊毛皮传入的概率很低，而中国又有该病的存在，即使该病在中国定殖，后果也不是很严重。

4.2.4.8　风险预测

不加限制进口羊毛皮传入该病的可能性较低，一旦传入将造成的后果认为是中等，同时考虑到中国存在该病，因此无需实施风险管理。

4.2.4.9　风险管理

世界动物卫生组织在《国际动物卫生法典》中也没有专门对进口反刍动物产品风险管理的要求。

4.2.4.10　与中国保护水平相适应的风险管理措施

即使羊毛皮中含有该病病原，在中国进口口岸经检疫处理也可将本病病原杀死，无需对副结核病进行专门的风险管理。

4.2.5 布鲁氏菌病

4.2.5.1 概述

布鲁氏菌病简称布病（brucellosis），是由细菌引起的急性或慢性人畜共患病。特征是生殖器官、胎膜发炎，引起流产、不育、睾丸炎。布鲁氏菌病是重要的人畜共患病，布鲁氏菌属分羊布鲁氏菌、牛布鲁氏菌和猪布鲁氏菌，该病是慢性传染病，多种动物和禽类均对布鲁氏菌病有不同程度的易感性，但自然界可以引起羊、牛、猪发病，以羊最为严重，且可以传染给人。这里布鲁氏菌病包括引起绵羊附睾炎的羊布鲁氏菌及引起山羊和绵羊布鲁氏菌病的其他布鲁氏菌。

4.2.5.2 病原

这里指能够引起布鲁氏菌病症状的一类布鲁氏菌，该菌对物理和化学因子较敏感，但对寒冷抵抗力较强。该传播途径复杂，但主要通过消化道感染，其次是交配方式和皮肤、黏膜，吸血昆虫的叮咬也可以传播本病。除澳大利亚和新西兰外其他各国都有分布。

布鲁氏菌（brucella）为细小的球杆菌、无芽孢、无鞭毛，有毒力的菌株有时形成很薄的荚膜、革兰氏阴性。常用的染色方法是柯氏染色，即将本菌染成红色，将其他细菌染成蓝色或绿色。

布鲁氏菌属共分 6 个种，分别是羊布鲁氏菌、猪布鲁氏菌、牛布鲁氏菌、犬布鲁氏菌、沙林鼠布鲁氏菌和绵羊布鲁氏菌。羊布鲁氏菌主要感染绵羊、山羊，也能感染牛、猪、鹿、骆驼等；猪布鲁氏菌主要感染猪，也能感染鹿、牛和羊；牛布鲁氏菌主要感染牛、马、犬，也能感染水牛、羊和鹿；其他 3 种布鲁氏菌除感染本种动物外，对其他动物致病力很弱或无致病力。

本菌对自然因素的抵抗力较强。在患病动物内脏、乳汁、毛皮上能存活 4 个月左右。对阳光、热力及一般消毒药的抵抗力较弱。对链霉素、氯霉素、庆大霉素、卡那霉素及四环素等敏感。

4.2.5.3 地理分布及危害

布鲁氏菌病发生于世界各地的大多数国家。该病流行于南美、东南亚、美国、欧洲等地。但加拿大、英国、德国、爱尔兰、荷兰以及新西兰没有该病流行。自从 1994 年丹麦暴发该病以后，尚未见有关该病暴发的报道。羊布鲁氏菌病主见于南欧、中东、非洲、南美洲等地的绵羊和山羊群，牛极少发生，澳大利亚、新西兰等国没有该病。羊布鲁氏菌病在流行的国家主要引起繁殖障碍，且比其他种的布鲁氏菌病难以控制，该病传入中国会对非疫区的动物生产产生严重不良影响。羊以流产为主要特征，山羊流产率为 50%～90%，绵羊可达 40%，中国国内有零星分布，呈地方性流行。

4.2.5.4 流行病学特点

此病通常通过饲喂被分娩或流产物和子宫分泌物污染的饲料而传播；另外交配以及人工授精也可以传播本病。反刍动物与猪一样，出现细菌血症之后，布鲁氏菌定居于生殖道的细胞上。感染动物主要表现生殖障碍问题，包括流产、不孕、繁殖障碍等，并伴随有脓肿、瘸腿以及后肢瘫痪等症状。病畜和带菌动物是重要的传染源，受感染的母畜是最危险的传染源，在流产或分娩时将大量的布鲁氏菌随胎儿、羊水、胎衣排出，感染周围环境，产后的阴道分泌物和乳汁中均含有布鲁氏菌。感染后患睾丸炎的公畜精囊中也有本菌存在。传播途径主要是消化道，但经皮肤、黏膜的感染也有一定的重要性。通过交配可相互感染。此外本病还可以通过吸血昆虫叮咬传播。

4.2.5.5　传入评估

有证据证明羊布鲁氏菌病完全可以通过羊毛皮传播，羊布鲁氏菌病比猪和牛布鲁氏菌病具有更广泛的危害性。

4.2.5.6　发生评估

本病的传播主要是通过污染物传播的，在中国少数地区也有分布，多数牧区已经消灭此病。该病通过羊毛皮传入的可能性中等，由于该病对哺乳动物都有一定致病性，此病传入后在中国定殖的可能性较高。

4.2.5.7　后果评估

由于中国许多牧区已经消灭此病，此病一旦传入，破坏现有的防疫体系，重要的是将严重影响中国活动物的出口。考虑到对人和家畜引起的危害比较严重，引起的经济损失和社会影响也较大，因此认为该病传入后后果严重。布鲁氏菌病传播后造成的经济及社会后果属中等水平。由于该病低发病率以及地区性流行的特点，因此只对出口动物和动物产品市场有一定的影响。该病一旦传入，可以不采取干扰活动很大的扑灭措施，但应控制国内动物的调运，直到该病被彻底根除，这些措施无疑会在地区水平上带来一定的社会经济的不利影响。

4.2.5.8　风险预测

不加限制进口羊毛皮传入本病的概率中等，一旦该病传入，危害较大，需进行风险管理。

4.2.5.9　风险管理

尽管世界动物卫生组织没有专门对带有该病的反刍动物产品进行特别的规定，考虑其可对人和家畜造成健康威胁和经济损失，故要进行专门风险管理措施。

4.2.5.10　与中国保护水平相适应的风险管理措施

（1）不从疫区进口任何未经加工过的羊毛皮。

（2）允许初加工品进口，如洗净毛、炭化毛、毛条等。

4.2.6　痒病

4.2.6.1　概述

痒病（scrapie）也叫震颤病、摇摆病，是侵害绵羊和山羊中枢神经系统的一种潜隐性、退行性疾病。该病是一种由非常规的病原引起、感染人类和一些动物的一组具有传染性的亚急性海绵状脑变的原型。该病病原是一种朊病毒，现有的消毒剂对该病病原都没有作用，且该病病原不引起体液和细胞免疫，没有任何血清学方法能够在出现临诊症状前作出诊断。

4.2.6.2　病原

目前认为该病是痒病样纤维引起的，最终导致感染动物脑组织形成海绵状空洞。该病病原对外界环境抵抗力极强，目前所有化学消毒剂和传统的物理消毒方法均对其无效，到目前认为该病病原灭活温度最低需 600℃，而目前人们对该病的传播机理还不完全清楚。该病主要分布于欧洲和美洲，其他各洲极少分布。

4.2.6.3　地理分布及危害

已报道发生过痒病的国家有：英国、冰岛、加拿大、美国、挪威、印度、匈牙利、南非、肯尼亚、德国、意大利、巴西、也门、瑞典、塞浦路斯、日本、奥地利、比利时、哥伦比亚、捷克、斯洛伐克、爱尔兰、黎巴嫩、荷兰、瑞士和阿联酋等国家。澳大利亚和新西兰于 1952 年发生痒病，但由于采取严格措施，故成功消灭了痒病。而牛海绵状脑病，在欧洲、美洲等许多国家有分布。

4.2.6.4　流行病学特点

绵羊痒病主要发生于成年绵羊，偶尔发生于山羊，发病年龄一般在 2～4 岁，以 3 岁半的发病率最高，既可垂直传播又可水平传播，潜伏期一般为 1～5 年，发病率在 4%左右，但有时可高达 30%以上。1983 年，四川省从英国进口的羊中曾出现绵羊痒病症状。农业部与四川省有关部门立即组成联合工作组，迅速扑杀、焚烧这批进口羊、后代羊以及与其有密切接触史的羊。至今，我国境内未再发现这种病状。尽管目前普遍认为痒病是一种传染病，但发病和自然传播机理尚不清楚。痒病可在无关联的绵羊间水平传播，患病羊不仅可以通过接触将痒病传播给绵羊和山羊，而且可以通过垂直传播将该病传播给后代。消化道很可能是自然感染痒病的门户，同时胎盘中可以查到病原的存在，而在粪便、唾液、尿、初乳中查不到病原，由此可见胎盘在痒病传播中起着重要的作用。现在人们认为牛海绵状脑病发生是由于含有痒病病原的骨粉进入反刍动物的食物链引起的。

4.2.6.5　传入评估

目前认为含有痒病或牛海绵状脑病病原的肉骨粉是引起该病的唯一途径。没有证据证明该病可以通过羊毛皮传播。

4.2.6.6　发生评估

世界动物卫生组织和世界卫生组织认为进口皮毛产品不应加以任何限制。事实上通过进口羊毛皮传入痒病几乎是不可能的。

4.2.6.7　后果评估

该病传染性强、危害性大的特性极不利于人类和动物的保健，并且越来越引起人类的恐慌和关注。如果痒病传入中国，将导致中国所有的牛羊产品无法走出国门，中国对外声称无痒病的证书也将无效。到目前为止，尚没有一个国家能够完成一个有效的扑灭地方性痒病的方案，加拿大和美国所采取的控制方案已经被证实，但费用高，且难以实施。

4.2.6.8　风险预测

不加限制进口羊毛皮传入该病的可能几乎不存在，也没有任何证据证明进口羊毛皮可传入该疫病，无需进行风险管理。

4.2.6.9　风险管理

世界动物卫生组织也详细阐述了进口来自牛海绵状脑病国家的皮毛，不应有任何限制要求，对痒病限制性要求未作任何阐述。

4.2.6.10　与中国保护水平相适应的风险管理措施

痒病与中国保护水平相适应的风险管理措施无。除 1983 年中国四川进口的英国边区莱斯特羊发生痒病并被彻底消灭外，中国境内从未发现有痒病病例，因此通过羊痒病这一环节诱发牛海绵状脑病发生的可能性不存在。

如果不慎传入痒病，也不可能在中国造成暴发，原因是：①单位面积羊只密度（0.316 01 只/hm^2）很低，只相当于英国羊只密度（1.772 只/hm^2）的5/28，这给羊痒病的迅速传播形成了相对不利的地域性障碍；②羊的品种结构主要以地方品种为主（占56.68%），对羊痒病的易感性相对较低；③1岁以上绵羊存栏量所占比重相对较低（只相当于美国的1/3，英国的1/2），这形成了不利于羊痒病流行的生物学屏障。

中国牛群品种结构主要以黄牛和水牛为主（占93.61%），奶牛只占整个牛群的极少部分（占3.2%），而成年奶牛比例更小，仅占1.4%左右。在这1.4%左右的成年奶牛中，有68.71%分布在占全国草地面积总量33%左右的广大牧区，饲养方式以放牧为主。因此，中国牛群发生和流行牛海绵状脑病的相对风险极小，至多只相当于美国的1/7，英国的1/17。

4.2.7　山羊关节炎-脑炎

4.2.7.1　概述

山羊关节炎-脑炎（caprine arthritis-encephalitis，CAE）是由山羊关节炎-脑炎病毒引起山羊的一种慢性病毒性传染病，临诊特征是成年羊为慢性多发性关节炎，间或伴发间质性肺炎或间质性乳房炎，羔羊常呈现脑脊髓炎病状。

4.2.7.2　病原

山羊病毒性关节炎-脑炎病毒（caprine arthritis-encephalitis virus）属于反转录病毒科、慢病毒属，病毒形态结构和生物学特性与梅迪-维斯纳病毒相似，含有单股RNA，病毒粒子直径80～100nm。该病病原是有囊膜的RNA病毒，对环境抵抗力很弱。感染此病的羊群生产性能下降不太明显，经济损失一般。以发达国家的奶山羊发病居多。

4.2.7.3　地理分布及危害

本病广泛分布于发达国家，特别是北美大陆、欧洲大陆，非洲和南美洲也有广泛分布，亚洲主要分布于日本、以色列。中国地方山羊对本病的抵抗力比较明显。发展中国家的山羊极少发生本病，发达国家奶山羊感染率高达60%，临诊发病率仅为9%～38%。

4.2.7.4　流行病学特点

病毒经乳汁感染羔羊，被污染的饲草、饲料、饮水等可成为传播媒介。感染途径以消化道为主。在自然条件下，只在山羊间互相传染发病，绵羊不感染。呼吸道感染和医疗器械接种传播本病的可能性不能排除。感染本病的羊只，在良好的饲养管理条件下，常不出现病状或病状不明显，只有通过血清学检查才能发现。

4.2.7.5　传入评估

羊毛皮中带有该病病原的可能性不大，因而通过羊毛皮传入本病的可能性很低。

4.2.7.6　发生评估

本病传播主要是羔羊吸吮含病毒的常乳或初乳而水平传播，其次通过污染水、饲料经消化道传播。但是易感羊与感染羊长期密切接触半数以上需12个月左右，一小部分2个月内也能发生此病。山羊关节炎-脑炎在中国部分地区有分布，除非引种，其他渠道传入本病的可能性很低，传入后定殖也需一定的时间，传播也是在有限的范围内。

4.2.7.7 后果评估

中国目前的养殖规模和生产方式在该病传播并定殖后的后果不是很明显。

4.2.7.8 风险预测

不加限制进口羊毛皮传入该病的可能性很低，一旦传入所造成的后果认为是中等，考虑到中国存在此病，无需对该病进行专门的风险管理。

4.2.7.9 风险管理

世界动物卫生组织在《国际动物卫生法典》中也没有针对该病对毛皮类或其他动物产品提出限制要求。

4.2.7.10 与中国保护水平相适应的风险管理措施

与中国保护水平相适应的风险管理的措施无。

4.2.8 梅迪-维斯纳病

4.2.8.1 概述

梅迪-维斯纳病（Maedi - Visna disease，MVD）是由梅迪-维斯纳病毒引起绵羊的一种慢性病毒病，其特征是病程缓慢、进行性消瘦和呼吸困难。发病过程中不表现发热症状。

4.2.8.2 病原

梅迪-维斯纳病是成年绵羊的一种不表现发热病状的接触性传染病。临诊特征是经过一段漫长的潜伏期之后，表现间质性肺炎或脑膜炎，病羊衰弱、消瘦，最后终归死亡。

梅迪和维斯纳原来是用来描述绵羊的两种临诊表现不同的慢性增生性传染病，梅迪是一种增进性间质性肺炎，维斯纳则是一种脑膜炎，这两个名称来源于冰岛语：梅迪（Maedi）呼吸困难；维斯纳（Visna）意为耗损。本病在冰岛流行时，起初被认为是两种不同的疫病，当确定了病因后，则认为梅迪和维斯纳是由特性基本相同的病毒引起，但具有不同病理组织学和临诊病状的疫病。

梅迪-维斯纳病毒（Maedi - Visna virus）是两种在许多方面具有共同特性的病毒，在分类上被列入反转录病毒科、慢病毒属，含有单股RNA。pH 7.2～9.2时最为稳定，pH 4.2在10min内可被灭活。于－50℃冷藏可存活数月，4℃存活4个月，37℃存活24h，50℃只存活15min。

4.2.8.3 地理分布及危害

梅迪-维斯纳病是绵羊的一种疫病。本病发生于所有品种的绵羊，无性别的差异。本病多见于2岁以上的成年绵羊，自然感染是吸进了病羊所排出的含病毒的飞沫和病羊与健康羊直接接触传染，也可能经胎盘和乳汁而垂直传染。吸血昆虫也可能成为传播者。

本病最早发现于南非（1915）绵羊中，以后在荷兰（1918）、美国（1923）、冰岛（1939）、法国（1942）、印度（1965）、匈牙利（1973）、加拿大（1979）等国均有报道，多为进口绵羊之后发生。

1966、1967年，我国从澳大利亚、英国、新西兰进口的边区莱斯特成年羊中出现一种以呼吸道障碍为主的疫病，病羊逐渐消瘦，衰竭死亡。其临诊症状和剖检变化与梅迪病相似。1984年用美国的抗体和抗原检测，在澳大利亚和新西兰引进的边区莱斯特绵羊及其后代中检出了梅迪-维斯纳病毒抗体，并于1985年分离出了梅迪-维斯纳病毒。该病的传入主要对绵羊的繁育和改良、绵羊及其产品的贸易造成严重影响。

4.2.8.4　流行病学特点

本病多见于2岁以上的成年绵羊，一年四季均可发生。自然感染是吸进了病羊所排出的含病毒的飞沫和病羊与健康羊直接接触传染，也可能经胎盘和乳汁而垂直传染。吸血昆虫也可能成为传播者，易感绵羊经肺内注射病羊肺细胞的分泌物（或血液），也能实验性感染。本病多呈散发，发病率因地域而异。潜伏期为2年或更长。

4.2.8.5　传入评估

没有任何证据证明羊毛皮可以传播该病。

4.2.8.6　发生评估

羊毛皮中带有该病病原的可能性不大，因而通过羊毛皮传入本病的可能性很低。

4.2.8.7　后果评估

中国有该病的分布，但仅局限于引种的少部分地区，因此一旦传入，危害十分显著，常造成严重的经济损失。1935年，冰岛曾广泛流行此病，由于没有有效的药物治疗，造成10万多只羊死亡，为控制消灭此病，冰岛又扑杀了65万余只羊，给冰岛带来了巨大的经济损失。而此病的传入，从原发饲养场扩散出去的可能性很大，因此中国将为此重新建立和改变目前防疫体系，且在中国目前高密度饲养的情况下不仅影响绵羊的繁殖和改良，对绵羊产品的贸易也将造成严重的损失，且市场占有率下降，经济损失难以量化。

4.2.8.8　风险预测

不加限制进口羊毛皮传入该病的可能性很小，但一旦传入并定殖，将造成严重的后果，需进行风险管理。

4.2.8.9　风险管理

世界动物卫生组织没有专门针对此病在反刍动物产品中提出限制性的要求。但考虑到此病传入的严重后果，应实施风险管理。

4.2.8.10　与中国保护水平相适应的风险管理措施

禁止来自疫区的任何未经加工的羊毛皮入境。

4.2.9　绵羊肺腺瘤

4.2.9.1　概述

绵羊肺腺瘤（sheep pulmonary adenomatis，SPA）是一种由反转录病毒引起的慢性、传染性绵羊肺部肿瘤病，其特征是病的潜伏期长，病羊肺部形成腺体样肿瘤。

4.2.9.2　病原

该病病原是和中反转录病毒引起的，单股RNA。主要感染绵羊，山羊有一定的抵抗力。感染羊将肺内含病毒的大量分泌物排至外界环境或污染草料等，经呼吸道传播给其他易感羊，拥挤和密闭的环境有助于本病的传播。当本病在某一地区或某一牧场发生后，很难彻底消灭。该病呈世界性分布，但主要分布于欧洲。

4.2.9.3　地理分布及危害

绵羊肺腺瘤在世界范围内均有报道，本病主要呈地方性散发，在英国、德国、法国、荷兰、意大利、希腊、以色列、保加利亚、土耳其、俄罗斯、南非、秘鲁、印度和中国新疆等地均有报道。特别是在苏格兰呈顽固的地方性散发，年发病率为20%左右，死亡率高达100%。山羊对本病有一定的抵抗力。

4.2.9.4 流行病学特点

本病可以经呼吸系统传播。感染动物肺内肿瘤发展到一定阶段时，肺内大量出现分泌物，病羊通过采食和呼吸将病毒随悬滴或飞沫排至外界环境或污染草料，被易感羊吸入而感染。

4.2.9.5 传入评估

没有报道证明该病可以经羊毛皮传播。

4.2.9.6 发生评估

羊毛皮中含有传染性的病毒可能性不大，因此通过羊毛皮传入本病的可能性也较小。

4.2.9.7 后果评估

在中国仅在个别地区分布，因此本病一旦传入，并从原发饲养场向外扩散，常会导致严重的经济损失，且该病一旦发生，控制和消灭极为困难，一般发病率在20%左右，死亡率高达100%，因此危害十分严重。

4.2.9.8 风险预测

不加限制进口羊毛皮传入该病的可能性较小，但一旦传入，则后果严重，需实施风险管理。

4.2.9.9 风险管理

世界动物卫生组织没有在《国际动物卫生法典》中明确针对该病对动物产品提出限制性要求。

4.2.9.10 与中国保护水平相适应的风险管理措施

不从疫区进口任何未经加工的羊毛皮。

4.2.10 牛海绵状脑病

4.2.10.1 概述

牛海绵状脑病（bovine spongiform encephalopathy，BSE）亦即“疯牛病”，以潜伏期长，病情逐渐加重，主要表现行为反常、运动失调、轻瘫、体重减轻、脑灰质海绵状水肿和神经元空泡形成为特征。病牛最终死亡。

4.2.10.2 病原

关于牛海绵状脑病病原科学家们至今尚未达成共识。目前普遍倾向于朊蛋白学说，该学说由美国加州大学 Prusiner 教授所倡导，认为这种病是由一种叫 PrP 的蛋白异常变构所致，无需 DNA 或 RNA 的参与，致病因子朊蛋白就可以传染复制，牛海绵状脑病是因“痒病相似病原”跨越了“种属屏障”引起牛感染所致。1986 年 Well 首次从牛海绵状脑病牛脑乳剂中分离出痒病相关纤维（SAF），经对发病牛的 SAF 的氨基酸分析，确认其与来源于痒病羊的 SAF 的氨基酸是相同的。牛海绵状脑病朊病毒在病牛体内的分布仅局限于牛脑、颈部脊髓、脊髓末端和视网膜等处。

4.2.10.3 地理分布及危害

本病首次发现于苏格兰（1985），以后爱尔兰、美国、加拿大、瑞士、葡萄牙、法国和德国等也有发生。英国牛海绵状脑病的流行最为严重，至1997年累计确诊达168 578例，涉及33 000多个牛群。初步认为是牛吃食了污染绵羊痒病或牛海绵状脑病的骨肉粉（高蛋白补充饲料）而发病的。由于同时还发现了一些怀疑由于吃食了病牛肉奶产品而被感染的人类海绵状脑病（新型克-雅氏病）患者，因而引发了一场震惊世界的轩然大波。欧盟国家以及美、亚、非洲等包括我国在内的30多个国家已先后禁止英国牛及其产品的进口。

4.2.10.4 流行病学特点

牛海绵状脑病是一种慢性致死性中枢神经系统变性病，类似的疫病也发生于人和其他动物，在人类有克-雅氏病（Creutzfeldt - jakob disease，CJD）、库鲁病（Kuru）、格斯斯氏综合征（Gerstmann - Sträussler - Scheinker，GSS）、致死性家族性失眠症（fatal familial insomnia，FFI）及幼儿海绵状脑病（alpers disease）；在动物有羊瘙痒病（scrapie）、传染性水貂脑病（TME）、猫科海绵状脑病及麋鹿慢性衰弱病。1996年3月，英国卫生部、农渔食品部和有关专家顾问委员会向英国政府汇报人类新型克-雅氏病可能与疯牛病的传染有关。本病与痒病有一定的相关性。现在人们认为牛海绵状脑病发生是由于含有痒病病原的骨粉进入反刍动物的食物链引起的。1985年4月，医学家们在英国首先发现了一种新病，专家们对这一世界始发病例进行组织病理学检查，并于1986年11月将该病定名为牛海绵状脑病，首次在英国报刊上报道。10年来，这种病迅速蔓延，英国每年有成千上万头牛患这种神经错乱、痴呆、不久死亡的病。此外，这种病还波及世界其他国家，如法国、爱尔兰、加拿大、丹麦、葡萄牙、瑞士、阿曼和德国，这些国家有的是因为进口英国牛肉引起的。

病牛脑组织呈海绵状病变，出现步态不稳、平衡失调、瘙痒、烦躁不安等症状，在14～90d内死亡。专家们普遍认为疯牛病起源于羊痒病，是给牛喂了含有羊痒病因子的反刍动物蛋白饲料所致。牛海绵状脑病的病程一般为14～90d，潜伏期长达4～6年。这种病多发生在4岁左右的成年牛身上。其症状为病牛中枢神经系统出现变化，行为反常，烦躁不安，对声音和触摸，尤其是对头部触摸过分敏感，步态不稳，经常乱踢以至摔倒、抽搐。发病初期无上述症状，后期出现强直性痉挛，粪便坚硬，两耳对称性活动困难，心搏缓慢（平均50次/min），呼吸频率增快，体重下降，极度消瘦，直至死亡。经解剖发现，病牛中枢神经系统的脑灰质部分形成海绵状空泡，脑干灰质两侧呈对称性病变，神经纤维网有中等数量的不连续的卵形和球形空洞，神经细胞肿胀成气球状，细胞质变窄。另外，还有明显的神经细胞变性及坏死。

4.2.10.5 传入评估

目前认为含有痒病或牛海绵状脑病病原的肉骨粉是引起该病的唯一途径。没有证据证明可以通过羊毛皮传播该病。

4.2.10.6 发生评估

世界动物卫生组织和世界卫生组织认为进口皮毛产品不应加以任何限制。事实上通过进口羊毛皮传入这类病几乎是不可能的。

4.2.10.7 后果评估

该病传染性强、危害性大的特性极不利于人类和动物的保健，并且越来越引起人类的恐慌和关注。如果牛海绵状脑病传入中国，将导致中国所有的牛羊产品无法走出国门，中国对外声称无牛海绵状脑病的证书也将无效。值得注意的是牛海绵状脑病在英国每年有10%～20%的损失，到目前为止，尚没有一个国家能够完成一个有效的扑灭地方性牛海绵状脑病的方案，加拿大和美国所采取的控制方案已经被证实但费用高且难以实施。

4.2.10.8 风险预测

不加限制进口羊毛皮传入该病的可能几乎不存在，也没有任何证据证明进口羊毛皮可传入该病，无需风险管理。

4.2.10.9 风险管理

世界动物卫生组织也详细阐述了进口来自牛海绵状脑病国家的皮毛，不应有任何限制要求。

4.2.10.10 与中国保护水平相适应的风险管理措施

以下为与中国保护水平相适应的风险管理的参考措施。

2003年5月22日，农业部和国家质检总局联合发出防止疯牛病从加拿大传入我国的紧急通知。由于加拿大发生一例疯牛病，为防止该病传入我国，保护畜牧业生产安全和人体健康，我国采取以下措施：

（1）将加拿大列入发生疯牛病的国家名录，从即日起，禁止从加拿大进口牛、牛胚胎、牛精液、牛肉类产品及其制品、反刍动物源性饲料。两部门将密切配合，做好检疫、防疫和监督工作，严防疯牛病传入我国。

（2）将立即对近年来从加拿大进口的牛（包括胚胎）及其后代（包括杂交后代）进行重点监测。发现异常情况立即报告，对疑似病例要立即采样进行诊断确诊。质检总局将密切关注加拿大疯牛病疫情的发展和相关贸易国家采取的措施，切实采取措施，防止疯牛病传入我国。由于我国政府及时做了周密的防范工作，截至目前，在我国境内没有疯牛病发生。目前认为该病是痒病样纤维引起的，最终导致感染动物脑组织形成海绵状空洞。该病病原对外界环境抵抗力极强，目前所有化学消毒剂和传统的物理消毒方法均对其无效，到目前认为该病病原灭活温度最低需600℃，而目前人们对该病的传播机理还不完全清楚。该病主要分布于欧洲和美洲，其他各洲极少分布。

4.2.11 Q热

4.2.11.1 概述

Q热（Q-Fever）是由伯纳特立克次氏体（rickettsia burneti，coxiella burneti）引起的急性自然疫源性疫病。临床以突然起病，发热，乏力，头痛，肌痛与间质性肺炎，无皮疹为特征。1937年Derrick在澳大利亚的昆士兰发现该病并首先对其加以描述，因当时原因不明，故称该病为Q热。该病是能使人和多种动物感染而产生发热的一种疫病，在人能引起流感样症状、肉芽肿肝炎和心内膜炎，在牛、绵羊和山羊能诱发流产。

4.2.11.2　病原

伯纳特立克次氏体（Q热立克次氏体）的基本特征与其他立克次氏体相同，但有以下特点：①具有滤过性；②多在宿主细胞空泡内繁殖；③不含有与变形杆菌X株起交叉反应的X凝集原；④对实验室动物一般不显急性中毒反应；⑤对理化因素抵抗力强。在干燥沙土中4～6℃可存活7～9个月，－56℃能活数年，加热60～70℃ 30～60min才能将其灭活。抗原分为两相，初次从动物或壁虱体内分离的立克次氏体具Ⅰ相抗原（表面抗原，毒力抗原）；经鸡胚卵黄囊多次传代后成为Ⅱ相抗原（毒力减低），但经动物或蜱传代后又可逆转为Ⅰ相抗原。两相抗原在补体结合试验、凝集试验、吞噬试验、间接血凝试验及免疫荧光试验中的反应性均有差别。

4.2.11.3　地理分布及危害

Q热呈世界性分布和发生，中国分布也十分广泛，已有10多个省、直辖市、自治区存在本病。Q热病原通过病畜或分泌物感染人类，可引起人体温升高、呼吸道炎症。

4.2.11.4　流行病学特点

Q热的流行与输入感染家畜有直接的关系。感染的动物通过胎盘、乳汁和粪便排出病原；蜱通过叮咬感染动物的血液使病原在其体腔、消化道上皮细胞和唾液内繁殖，再经过叮咬或排出病原经由破损皮肤感染动物。家畜是主要传染源，如牛、羊、马、骡、犬等，次为野啮齿类动物，飞禽（鸽、鹅、火鸡等）及爬虫类动物。有些地区家畜感染率为20%～80%，受染动物外观健康，而分泌物、排泄物以及胎盘、羊水中均含有Q热立克次氏体。患者通常并非传染源，但病人血、痰中均可分离出Q热立克次氏体，曾有住院病人引起院内感染的报道，故应予以重视。动物间通过蜱传播，人通过呼吸道、接触、消化道传播。

4.2.11.5　传入评估

本病病原对外界抵抗力很强，通过羊毛皮可以传播该病。

4.2.11.6　发生评估

由于该病病原有较广泛的寄生宿主谱，而该病通过羊毛皮传入的可能性又很大，因此一旦传入将长期存在。

4.2.11.7　后果评估

由于中国从来未有过发生Q热的报道，因此该病一旦传入将引起严重的后果，对人和家畜健康存在严重的威胁，且动物生产性能下降、市场占有率下降、产品出口困难等，经济指标难以量化。

4.2.11.8　风险预测

不加限制进口羊毛皮，传入Q热的可能性较高，后果严重，需进行风险管理。

4.2.11.9　风险管理

世界动物卫生组织只针对可食用性感染材料感染的可能而进行风险分析，没有专门性对其他动物产品提出限制性要求。

4.2.11.10　与中国保护水平相适应的风险管理措施

（1）不从疫区进口任何未经加工过的羊毛皮。

（2）允许初加工产品进口，如洗净毛、炭化毛、毛条等。

4.2.12 心水病

4.2.12.1 概述

心水病（heartwater）也叫牛羊胸水病、脑水病或黑胆病，是由立克次氏体所引起的绵羊、山羊、牛以及其他反刍动物的一种以蜱为媒介的急性、热性、败血性传染病。以高热、浆膜腔积水（如心包积水）、消化道炎症和神经症状为主要特征。

4.2.12.2 病原

该病病原属于立克次氏体科的反刍兽考德里氏体，存在于感染动物血管内皮细胞的细胞质中。对外界抵抗力不强，必须依赖吸血昆虫进行传播。

4.2.12.3 地理分布及危害

本病主要分布于撒哈拉大沙漠以南地区的大部分非洲国家和突尼斯，加勒比海群岛也有该病的报道，原因是上述地区存在传播该病的彩色钝眼蜱。该病被认为是非洲牛、绵羊、山羊以及其他反刍动物最严重的传染病之一，急性病例死亡率高。

4.2.12.4 流行病学特点

心水病仅由钝眼属蜱传播，它们广泛存在于非洲、加勒比海群岛。同时，北美的斑点钝眼蜱和长延钝眼蜱也具有传播该病的能力。钝眼蜱是三宿主蜱，完成一个生活周期在5个月至4年时间，病原只能感染幼虫或若虫期的钝眼蜱，在若虫期和成虫期传播，所以有很长时间的传播性；它不能通过卵传播。钝眼蜱具有多宿主性，寄生于各种家禽、野生有蹄动物、小哺乳动物、爬行动物和两栖动物。在非洲，心水病对于外来品种的牛、羊引起严重疫病，而当地品种病情较轻。

4.2.12.5 传入评估

没有证据证明该病可以通过羊毛皮传播。

4.2.12.6 发生评估

由于该病在传播环节上必须依赖吸血昆虫才能完成其基本的生活周期，因此通过羊毛皮传入该病的可能性很低。尽管该病通过羊毛皮传入的可能性很低，但一旦传入，中国的吸血昆虫——蜱在该病生活史中的作用如何，还有待于进一步研究和观察。

4.2.12.7 后果评估

一旦该病能够通过羊毛皮传入，并通过中国目前现有的吸血昆虫完成其生活史中必要的寄生环节，则该病在中国引起的后果是严重的，将给中国反刍动物养殖业以沉重的打击，生产性能将严重下降，市场占有率也随之下降，动物及产品出口受阻。

4.2.12.8 风险预测

尽管不加限制进口羊毛皮传入该病的可能性很低，但鉴于此病传入后的严重后果，需进行风险管理。

4.2.12.9 风险管理

世界动物卫生组织在《国际动物卫生法典》中针对该病没有就动物产品提出任何限制性的要求。

4.2.12.10 与中国保护水平相适应的风险管理措施

禁止进口该病流行国家或地区的任何未经加工的羊毛皮。

4.2.13　内罗毕病

4.2.13.1　概述

内罗毕病（nairobi sheep disease）病毒属于布尼亚病毒科，是已知对绵羊和山羊致病性最强的病毒，该病是经蜱传播的绵羊和山羊的病毒病，特征是发热和胃肠炎。

4.2.13.2　病原

该病病原属于布尼亚病毒科、甘贾姆组病毒，主要分布在非洲，是已知对绵羊和山羊致病性最强的病毒，由棕蜱（具尾扇头蜱）经卵传播，感染卵孵出的蜱也可传播本病。羊感染后死亡率高达30%～90%。

4.2.13.3　地理分布及危害

本病主要分布在肯尼亚、乌干达、坦桑尼亚、索马里、埃塞俄比亚等。绵羊一旦感染死亡率达30%～90%，山羊发病较轻，但也有报道称死亡率高达80%。

4.2.13.4　流行病学特点

本病经粪尿排出的病毒不具有接触传播的特性，主要依靠棕蜱（具尾扇头蜱）经卵传播，感染的卵孵出后也具有传播性，病毒在蜱体内可以存活2.5年，其他扇头蜱属和钝头蜱属也可能传播本病。

4.2.13.5　传入评估

没有证据证明该病可以通过羊毛皮传播。

4.2.13.6　发生评估

该病通过羊毛皮传入的可能性很低，即使传入该病，能否在中国定殖尚不清楚。

4.2.13.7　后果评估

由于对该病的生活史中需要的棕蜱能否在中国生存，以及满足该病病原完成生活周期的机理尚不清楚，同时由于几乎没有任何信息可以用来量化预测该病定殖及传播的风险，只是考虑到该病可导致较高的死亡率，因而认为该病引起的后果是十分严重的。

4.2.13.8　风险预测

不加限制进口羊毛皮，传入该病的可能性很低，但该病导致的严重后果，有必要进行风险管理。

4.2.13.9　风险管理

该病被世界动物卫生组织列入B类疫病，世界动物卫生组织没有针对此病对进口动物产品提出任何要求。

4.2.13.10　与中国保护水平相适应的风险管理措施

（1）不从该病流行国家和地区进口任何未经加工的羊毛皮。

（2）允许初加工产品进口，如洗净毛、炭化毛、毛条等，但在进口口岸必须进行严格的检疫消毒处理。

4.2.14　边界病

4.2.14.1　概述

边界病（border disease，BD）因为首次发现于英格兰和威尔士的边界地区而得名，又称羔羊被毛颤抖病，是由边界病病毒引起的新生羔羊以身体多毛、生长不良和神经异常为主要特征的一种先天性传染病。

4.2.14.2　病原

该病病原是披膜病毒科、瘟病毒属、有囊膜的病毒，对外界环境抵抗力十分脆弱。容易感染的动物有绵羊、山羊、牛、猪。绵羊是自然宿主，本病主要是垂直传播，成年感染动物繁殖力下降、流产；羔羊主要是表现发育不良和畸形，多见断奶羊死亡。

4.2.14.3　地理分布及危害

本病呈世界性分布，大多数饲养绵羊的国家都有本病的报道。主要发生于新西兰、美国、澳大利亚、英国、德国、加拿大、匈牙利、意大利、希腊、荷兰、法国、挪威等国家。边界病病毒有免疫抑制作用，怀孕期感染病毒后，无论胎儿是否具有免疫应答能力，病毒均可在体内的各种组织中持续存在而成为病毒的携带者和疫病的传染源。被感染的羔羊在生长成熟的几年内，仍具有对后代的感染性，子宫和卵巢或睾丸生殖细胞中存在病毒，可经胎盘和精液发生垂直传播。感染了边界病的成年羊，主要表现繁殖力下降和流产。羔羊表现为发育不良和畸形，多见断奶羊死亡。

4.2.14.4　流行病学特点

边界病病毒属于瘟病毒属成员，自然宿主主要是绵羊、山羊，对牛和猪也有感染性。病毒主要存在于流产胎儿、胎膜、羊水及持续感染动物的分泌物和排泄物中，动物可通过吸入和食入而感染本病。垂直感染是本病传播的重要途径之一。

4.2.14.5　传入评估

没有证据证明该病可以通过羊毛皮传播。

4.2.14.6　发生评估

通过羊毛皮传入本病的可能性几乎不存在，认为通过羊毛皮传播该病的可能性几乎忽略不计。即使传入造成的损失也是有限的。

4.2.14.7　后果评估

通过羊毛皮传入的可能性极小，即使能够定殖并传播，仅对繁殖性能有所影响，认为造成后果中等。

4.2.14.8　风险预测

不加限制进口羊毛皮，传入该病的可能性极小，考虑到中国部分地区存在此病，无需实施风险管理。

4.2.14.9　风险管理

由于该病的影响极小，世界动物卫生组织未将该病列入《国际动物卫生法典》疫病名录。

4.2.14.10　与中国保护水平相适应的风险管理措施

与中国保护水平相适应的风险管理措施无。

4.2.15　羊脓疱性皮炎

4.2.15.1　概述

羊脓疱性皮炎又名羊传染性脓疱或“口疮”，是绵羊和山羊的一种病毒性传染病，在羔羊多为群发。特征是口唇等处皮肤和黏膜形成丘疹、脓疱、溃疡和结成疣状厚痂。本病病原对外界抵抗力极强，能从 12 年后的干痂皮中分离出病毒。任何被污染的材料都可能传播该病。

4.2.15.2　病原

羊脓疱性皮炎病毒属副痘病毒属，对外界环境有相当强的抵抗力，病理材料在夏季暴露在阳光下直射 30～60d 传染性才消失。该病只危害绵羊和山羊，造成感染动物生产性能急剧下降。

4.2.15.3　地理分布及危害

世界各地都有分布和发生，主要危害羔羊和未获得免疫力的羊。该病一般不直接引起死亡，常由于影响采食或继发感染而死。

4.2.15.4　流行病学特点

本病多发于气候干燥的秋季，无性别和品种的差异性。自然感染主要是由于引进病羊或疫区畜产品而传入，同时该病也可以传染给人，因此被感染的人也能传播该病。

4.2.15.5　传入评估

可以通过羊毛皮传播该病。

4.2.15.6　发生评估

通过羊毛皮传入该病的可能性较大，该病对外界环境抵抗力较强，传入后通过原发饲养场向外扩散的可能性也较大。

4.2.15.7　后果评估

中国许多地区已经控制并消灭此病，因此如果该病重新传入这些地区，将考虑改变和重新建立新的防疫体系。同时，此病对羊的生产性能有较严重的影响（非规模化养殖不是十分明显），因而认为该病传入后后果是比较严重的。

4.2.15.8　风险预测

不加限制进口羊毛皮传入该病的可能性较大，后果也较为严重，需实施风险管理。

4.2.15.9　风险管理

此病没有被世界动物卫生组织列入《国际动物卫生法典》疫病名录，也没有其他专门针对羊脓疱性皮炎的限制性要求。

4.2.15.10　与中国保护水平相适应的风险管理措施

禁止该病流行的国家或地区的任何未经加工的羊毛皮输入。其他羊毛皮初加工产品也限制进境。

4.2.16　结核病

4.2.16.1　概述

结核病（tuberculosis，TB）是由结核分支杆菌引起的人和其他动物的一种慢性传染病，该病病原主要分 3 型：即牛型、禽型和人型，此外还有冷血动物型、鼠型及非洲型。本病可侵害多种动物，据报道约有 50 多种哺乳动物、25 种禽类可患病，在家畜中，牛最为容易感染，结核病也见于猪和家禽；绵羊和山羊较少发病；罕见于单蹄兽。其病理特点是在多种器官形成肉芽肿和干酪样、钙化结节的病变。

4.2.16.2　病原

该病病原是结核分支杆菌，它可以引起多种动物包括人在内的慢性疫病，本菌不产生芽孢和荚膜，也不能运动，革兰氏染色阳性。结核菌具有蜡质，一旦着色，虽经酸处理也不能使之脱色，所以又称抗酸性菌。结核杆菌不含内毒素，也不产生外毒素和侵袭性酶类，其致病机理与菌体成分有关，结核杆菌的细胞壁所含类脂约占细胞壁干重的60%，其含量与细菌毒力密切相关，含量越高，毒力越强。结核分支杆菌按其致病力可分为3种类型，即人型、牛型和禽型，三者有交叉感染现象。牛型主要侵害牛，其次是人、猪、马、绵羊、山羊等。人型结核杆菌细长而且稍弯曲，牛型略短而粗，禽型小而粗，且略微具有多形性，平均长度1.5～5μm，宽0.2～0.5μm，两端钝圆，无芽孢和荚膜，无鞭毛，不运动，革兰氏染色阳性。因其具有抗酸染色特性，故又称为抗酸性分支杆菌。结核杆菌对干燥抵抗力强，将带菌的痰置于干燥处310d后接种于豚鼠仍能发生结核。该种病菌不耐湿热，在65℃ 30min、70℃ 10min、100℃下立即死亡，阳光直射2h死亡，5%碳酸或来苏儿水24h、4%福尔马林12h方能被杀死。

4.2.16.3　地理分布及危害

结核病曾广泛流行于世界各国，以奶牛业发达国家最为严重。由于各国政府都十分重视结核病的防治，一些国家在该病的控制方面取得了很大的成就，已有效控制和消灭了此病。尽管如此，此病仍在一些国家和地区呈地方性散发和流行。由于该病感染初期主要表现渐进性消瘦等其他慢性病的症状，在临诊上不易发现，从而造成感染动物不断增加，生产性能下降，因而造成的经济损失是巨大的，特别是在养牛业的损失更为惊人，患病动物寿命明显缩短，产奶量显著减少，常常不能怀孕。如果本病未被有效控制，其病死率可达10%～20%。在执行本病的防治措施时，要花费很大的人力和物力。

4.2.16.4　流行病学特点

该病病原对环境的生存能力较强，对干燥和湿冷的抵抗力强，在水中可存活5个月，土壤中可存活7个月，而对热的抵抗力差。结核分支杆菌在机体内分布于全身各器官内，在自然界中，一般存在于污染的畜舍、空气、饲料、畜舍用具以及工作人员的靴、鞋等处，本菌主要经呼吸道和消化道使健康动物感染，此外交配也可以感染。饲草、饲料被污染后通过消化道感染也是一个重要的途径；犊牛感染主要是通过吮吸带菌的奶而引起的。病畜是本病的主要传染来源。据报道，约50种哺乳动物、25种禽类可患本病；在家畜中，牛最容易感染，特别是奶牛；其次是黄牛、牦牛、水牛。牛结核主要是由牛型结核杆菌所引起；也可由人型结核杆菌引起。本病主要通过被污染的空气经呼吸道感染，或者通过被污染的饲料、饮水和乳汁经消化道感染。也可通过交配感染。

4.2.16.5　传入评估

没有证据证明该病可以通过羊毛皮传播。

4.2.16.6　发生评估

尽管该病病原对外界抵抗力较强，但由于该病绵羊与山羊很少发生，因此该病通过羊毛皮传入的可能性较低。同时，该病病原有很广的动物寄生谱，因而一旦传入，定殖并传播的可能性也较高。

4.2.16.7　后果评估

该病是中国政府历来十分重视的控制性疫病，许多饲养场都已消灭此病，因此此病一旦通过羊毛皮传入，不仅可以威胁与羊毛皮接触相关人员的健康与安全，同时更会威胁到没有阳性动物的饲养场，饲养场内的动物生产性能将会明显下降，动物产品的市场将显著减少。

4.2.16.8　风险预测

不加限制进口羊毛皮传入的可能性较低，但一旦传入对人的健康与畜牧业生产安全造成的后果较为严重，需实施风险管理。

4.2.16.9　风险管理

此病被世界动物卫生组织列入《国际动物卫生法典》疫病名录，但仅对动物及肉制品有一定限制性要求，对其他动物产品没有加以限制。针对中国部分地区已成功消灭此病，因此禁止来自该病流行的国家或地区羊毛皮进境。

4.2.16.10　与中国保护水平相适应的风险管理措施

禁止从该病流行的国家或地区进口任何未经加工的羊毛皮。

4.2.17　棘球蚴病

4.2.17.1　概述

棘球蚴病（hydatid disease，hydatidosis，echinococcosis）也称包虫病，是由细粒棘球绦虫等数种棘球绦虫的幼虫（棘球蚴）寄生在牛、羊、人等多种哺乳动物的脏器内而引起的一种危害极大的人畜共患的寄生虫病。主要见于草地放牧的牛、羊等。

危害大的主要是细粒棘球绦虫，又称包生绦虫。该虫寄生于犬科动物小肠内，幼虫（称棘球蚴或包虫）可寄生于人和多种食草动物（主要为家畜）的组织器官内，与多房棘球绦虫一起均能引起棘球蚴病。

4.2.17.2　病原

在犬的小肠内的棘球绦虫很细小，长2～6mm，由1个头节和3～4个节片构成，最后1个体节较大，内含较多虫卵。含有孕节或者虫卵的粪便排出体外，污染饲料、饮水或草场，牛、羊、猪、人食入这种体节或虫卵即被感染。虫卵在动物或人这些中间宿主的胃肠内脱去外膜，游离出来的六钩蚴钻入肠壁，随血流而散布全身，并在肝、肺、肾、心等器官内停留下来慢慢发育，形成棘球蚴囊泡。犬属动物如吞食了这些有棘球蚴寄生的器官，每一个头节便在小肠内发育成为一条成虫。棘球蚴囊泡有3种，即单房囊、无头囊和多房囊棘球蚴。前者多见于绵羊和猪，囊泡呈球形或不规则形，大小不等，由豌豆大到人头大，与周围组织有明显界限，触摸有波动感，囊壁紧张，有一定弹性，囊内充满无色透明液体；在牛，有时可见到一种无头节的棘球蚴，称为无头囊棘球蚴。多房囊棘球蚴多发生于牛，几乎全位于肝脏，有时也见于猪；这种棘球蚴特征是囊泡小，成群密集，呈葡萄串状，囊内仅含黄色蜂蜜样胶状物而无头节。在牛，偶尔可见到人型棘球蚴，从囊泡壁上向囊内或囊外可以生出带有头节的小囊泡（子囊泡），在子囊泡壁内又生出小囊泡（孙囊泡），因而一个棘球蚴能生出许多子囊泡和孙囊泡。

4.2.17.3 地理分布及危害

在我国主要分布在新疆、青海、甘肃、宁夏、西藏和内蒙古6省、自治区。其次有陕西、河北、山西和四川地区。流行因素主要为虫卵对环境的污染，人与家畜和环境的密切接触，病畜内脏喂犬或乱抛等。

4.2.17.4 流行病学特点

牛采食时吃到犬排出的细粒棘球绦虫的孕卵节片或虫卵后，卵内的六钩蚴在消化道逸出，钻入肠壁，随血液和淋巴散布到身体各处发育成棘球蚴。牛肺部寄生棘球蚴时，会出现长期慢性呼吸困难和微弱的咳嗽。肝被寄生时，肝增大时，腹右侧膨大，病牛营养失调，反刍无力，常臌气，消瘦，虚弱。成虫寄生在犬、狼等犬科动物小肠内，孕节和虫卵随粪便排出体外。人、羊、牛、骆驼等中间宿主误食虫卵而导致感染，主要引起肝、肺、腹腔和脑等部位的包虫病。

4.2.17.5 传入评估

目前通过羊毛传播该病还未见报道，但该病在我国有分布，且危害人，传播的可能性不大。

4.2.17.6 发生评估

没有证据证明能通过羊毛传播该病。

4.2.17.7 后果评估

该病一旦传入引起的危害很大，将对中国养殖业造成不可估量的损失。

4.2.17.8 风险预测

不加限制进口羊毛传入该病的可能性很低，一旦传入影响也较温和，考虑到中国已有该病的分布，无需实施风险管理。

4.2.17.9 风险管理

世界动物卫生组织没有在《国际动物卫生法典》中对动物产品进行专门性的限制要求。

4.2.17.10 与中国保护水平相适应的风险管理措施

与中国保护水平相适应的风险管理措施无。

4.2.18 衣原体病

4.2.18.1 概述

衣原体病（enzooticabortion of ewes ）又名羊衣原体性流产，是由鹦鹉热衣原体引起的一种传染病，以发热、流产、死产和产下生命力不强的弱羔为特征。

4.2.18.2 病原

羊衣原体病的病原是鹦鹉热衣原体典型成员之一，抵抗力不强，对热敏感。自然界中容易感染动物主要通过感染动物的分泌物或排泄物污染饲料、牧草、水源等，经消化道传染，有的也经交配感染。欧洲、新西兰、美国、中国都有该病的报道。

4.2.18.3 地理分布及危害

本病由Stamp等于1949年在苏格兰发现，之后在英国、德国、法国、匈牙利、罗马尼亚、保加利亚、意大利、土耳其、塞浦路斯、新西兰、美国等都有发生本病的报道。中国 1981 年确诊有本病存在，主要分布于甘肃、内蒙古、青海、新疆，在疫区感染率可达 20%～30%，发病率高的羊群流产率高达 60%。在疫区的羊群中其阳性率为 20%～30%，个别羊群可达 60%以上。

4.2.18.4　流行病学特点

本病传播主要由病羊从胎盘、胎儿和子宫分泌物排出大量衣原体，污染饲料和饮水，经消化道使健康羊感染，也可以由污染的尘埃和散布在空气中的飞沫经呼吸道感染。

4.2.18.5　传入评估

没有证据证明羊毛皮可以传播本病。

4.2.18.6　发生评估

该病病原对外界环境的抵抗力不强，通过羊毛皮传入该病的可能性较低，而该病一旦通过羊毛皮传入，通过原发饲养场扩散的可能性较大。

4.2.18.7　后果评估

羊衣原体在中国存在，且临床表现温和，对生产性能影响不大，因此认为该病传入并传播的后果较为温和。

4.2.18.8　风险预测

不加限制进口羊毛皮传入该病的可能性很低，一旦传入，影响也较温和，考虑到中国已有该病的分布，无需实施风险管理。

4.2.18.9　风险管理

世界动物卫生组织没有在《国际动物卫生法典》中针对衣原体病对动物产品进行专门性的限制要求。

4.2.18.10　与中国保护水平相适应的风险管理措施

与中国保护水平相适应的风险管理措施无。

4.3　其他类疫病的风险分析

4.3.1　羊梭菌性疫病

4.3.1.1　概述

羊梭菌性疫病是由梭状芽孢杆菌属中的微生物引起的一类疫病，包括羊快疫、羊肠毒血症、羊猝狙、羊黑疫、羔羊痢疾等病。这一类疫病在临诊上有不少相似之处，容易混淆。这些疫病都能造成急性死亡，对养羊业危害很大。

（1）羊肠毒血症：主要是绵羊的一种急性毒血症，是 D 型魏氏梭菌在羊肠道中大量繁殖，产生毒素所致。死后肾组织易于软化，因此又常称此病为软肾病。本病在临诊病状上类似于羊快疫，故又称类快疫。

（2）羊猝狙：是由 C 型魏氏梭菌所引起的一种毒血症，以急性死亡、腹膜炎或溃疡性肠炎为特征。

（3）羊黑疫：又称传染性坏死性肝炎，是由 B 型诺维氏梭菌引起绵羊、山羊的一种急性高度致死性毒血症。本病以肝实质发生坏死性病灶为特征。

（4）羔羊痢疾：是初生羔羊的一种急性毒血症，以剧烈腹泻和小肠发生溃疡为特征。

本病常使羔羊发生大批死亡，给养羊业带来重大损失。

4.3.1.2 病原

（1）羊快疫：病原是腐败梭菌，当取病羊血液或脏器做涂片镜检时，能发现单独存在及两三个相连的粗大杆菌，并可见其中一部分已形成卵圆形膨大的中央或偏端芽孢。本菌能产生4种毒素，α毒素是一种卵磷脂酶，具有坏死、溶血和致死作用；β毒素是一种脱氧核糖核酸酶，具有杀白细胞作用；γ毒素是一种透明质酸酶；δ毒素是一种溶血素。

（2）羊肠毒血症：病原是魏氏梭菌，又称产气荚膜杆菌，为厌气性粗大杆菌，革兰氏阳性，无鞭毛，不能运动，在动物体内能形成荚膜，芽孢位于菌体中央。一般消毒药均易杀死本菌繁殖体，但芽孢抵抗力较强，在95℃下需3.5h方可将其杀死。本菌能产生强烈的外毒素，具有酶活性，不耐热，有抗原性，用化学药物处理可变为类毒素。一般消毒药物均能杀死腐败梭菌的繁殖体，但芽孢的抵抗力很强，3%福尔马林能迅速杀死芽孢。亦可应用30%的漂白粉、3%～5%的氢氧化钠溶液进行消毒。

（3）羊猝狙：魏氏梭菌又称为产气荚膜杆菌，分类上属于梭菌属。本菌革兰氏染色阳性，在动物体内可形成荚膜，芽孢位于菌体中央。本菌可产生α、β、ε、ι等多种外毒素，依据毒素-抗毒素中和试验可将魏氏梭菌分为A、B、C、D、E 5个毒素型。

（4）羊黑疫：病原是诺维氏梭菌，和羊快疫、羊肠毒血症、羊猝狙的病原一样，同属于梭状芽孢杆菌属。本菌为革兰氏阳性大杆菌，严格厌氧，能形成芽孢，不产生荚膜，具周身鞭毛，能运动。本菌分为A、B、C型。

诺维氏梭菌分类上属于梭菌属，为革兰氏阳性的大杆菌。本菌严格厌氧，可形成芽孢，不产生荚膜，具有周身鞭毛，能够运动。根据本菌产生的外毒素，通常分为A、B、C 3型。A型菌主要产生α、β、γ、δ 4种外毒素；B型菌主要产生α、β、η、ξ、θ 5种外毒素；C型菌不产生外毒素，一般认为无病原学意义。羔羊病疫病原为B型魏氏梭菌。

4.3.1.3 地理分布及危害

羊猝狙在百余年前就出现于北欧一些国家，在苏格兰被称为"Braxy"。在冰岛被称为"Bradsot"，都是"急死"之意。本病现已遍及世界各地。羊猝狙最先发现于英国，1931年McEwen和Robert将其命名为"Struck"。本病在美国和前苏联也曾经发生过。这一类疫病在临诊上有不少相似之处，容易混淆。这些疫病都造成急性死亡，对养羊业危害很大。

4.3.1.4 流行病学特点

（1）羊快疫：绵羊发病较为多见，山羊也可感染，但发病较少。发病羊年龄多在6～18个月，腐败梭菌广泛存在于低洼草地、熟耕地、沼泽地以及人畜粪便中，感染途径一般是消化道。

（2）羊肠毒血症：D型魏氏梭菌为土壤常在菌，也存在于污水中，羊只采食被病原菌芽孢污染的饲料与饮水时，芽孢便随之进入羊的消化道，其中大部分被胃里的酸杀死，一小部分存活者进入肠道。羊肠毒血症的发生具有明显的季节性和条件性。本病多呈散发，绵羊发生较多，山羊较少。3～13月龄的羊最容易发病，发病的羊多为膘情较好的。

（3）羊猝狙：发生于成年绵羊，以1～2岁的绵羊发病较多。常见于低洼、沼泽地区，多发生于冬、春季节，常呈地方性流行。

（4）羊黑疫：本病能使1岁以上的绵羊发病，以3～4岁、营养好的绵羊多发，山羊也可患病，牛偶可感染。实验动物以豚鼠最为敏感，家兔、小鼠易感性较低。诺维氏梭菌广泛存在于自然界特别是土壤之中，羊采食被芽孢污染的饲草后，芽孢由胃肠壁经目前尚未阐明的途径进入肝脏。当羊感染肝片吸虫时，肝片吸虫幼虫游走损害肝脏使其氧化-还原电位降低，存在于该处的诺维氏梭菌芽孢即获得适宜的条件，迅速生长繁殖，产生毒素，进入血液循环，引起毒血症，导致急性休克而死亡。本病主要发生于低洼、潮湿地区，以春、夏季节多发，发病常与肝片吸虫的感染侵袭密切相关。

4.3.1.5　传入评估

目前通过羊毛皮传播该病还不清楚。

4.3.1.6　发生评估

没有证据证明能通过羊毛皮传播该病。

4.3.1.7　后果评估

该病一旦传入引起的危害很大，将对中国养殖业造成不可估量的损失。

4.3.1.8　风险预测

不加限制进口羊毛皮传入该病的可能性很低，一旦传入影响也较温和，考虑到中国已有该病的分布，无需进行风险管理。

4.3.1.9　风险管理

世界动物卫生组织没有在《国际动物卫生法典》中针对该病对动物产品进行专门性的限制要求。

4.3.1.10　与中国保护水平相适应的风险管理措施

与中国保护水平相适应的风险管理措施无。

5　中国目前有关防范和降低进境动物疫病风险的管理

中国政府目前通过有关防范和降低措施成功地防止了国外某些疫病的传入，如口蹄疫、牛海绵状脑病、痒病、水疱性口炎等，保护了中国畜牧业的生产安全和人的身体健康。

5.1　审批

为防止羊毛皮生产国重大疫情的传入，国家出入境检验检疫局和各直属局根据《中华人民共和国进出境动植物检疫法》的要求，同时根据世界动物卫生组织的各成员方疫情通报和中国对羊毛生产国疫情的了解作出能否进口羊毛皮的决定。

5.2　退回和销毁处理

在进口国发生动物疫情或在进境羊毛皮中发现有关中国限制进境的病原时，出入境检验检疫机构和国家相关的农牧管理部门为防止国外动物疫情传入，发布公告禁止来自疫区的羊毛入境，对来自疫区的羊毛皮或检出带有中国限制入境病原的羊毛皮作退回或销毁处理。

5.3 防疫处理

为防止国外疫情传入，在进境羊毛皮到达口岸时，对进境羊毛皮进行外包装消毒处理，同时对储存仓库运输工具进行消毒处理。建立有效的防疫设施，包括存放地进出车辆、人员、工作服消毒和外包装废弃物处理的设施。

5.4 存放和加工过程监督管理

根据《中华人民共和国进出境动植物检疫法》的要求，对生产加工企业和存放地进行监督管理，防止违反《中华人民共和国进出境动植物检疫法》行为的发生，建立健全卫生防疫制度和羊毛皮的出入库登记制度，监督加工企业严格执行国家有关部门的规定和企业制定的防疫制度；监督加工企业严格按照规定对包装材料、加工废料进行无害处理；监督加工企业严格执行国家有关规定的污水处理标准。

5.5 污水和废弃物处理

根据《中华人民共和国进出境动植物检疫法》的要求，出入境检验检疫机构对可以进境羊毛皮的生产、加工企业排放的污水实施监督检查，以防止羊毛皮输出国的有害因子传入中国；同时，出入境检验检疫机构还有权督促羊毛皮生产加工企业对外包装、下脚料进行无害化处理。对于违反上述要求的企业，视情况依据《中华人民共和国进出境动植物检疫法》等法律法规作出相应的处理。

主 要 参 考 文 献

北京农业大学动物医学院．1995. 动物医生手册［M］．北京：北京农业大学出版社．
北京市植物保护站．1999. 植物医生实用手册［M］．北京：中国农业出版社．
伯金斯（新西兰），等．2004. 动物及动物产品风险分析培训手册［M］．王承芳，译．北京：中国农业出版社．
蔡宝祥，殷震，等．1993. 动物传染病诊断学［M］．南京：江苏科学技术出版社．
曹骥，李学书，管良华，等．1988. 植物检疫手册［M］．北京：科学出版社．
陈洪俊，范晓虹，等．2002. 我国有害生物风险分析（PRA）的历史与现状［J］．植物检疫，16（1）：28－32.
陈洪俊．2004. 有害生物风险分析与进出境水果检疫［J］．植物检疫（2）：10－13.
陈克，范晓虹，等．2002. 有害生物的定性与定量风险分析［J］．植物检疫，16（5）：257－261.
陈小帆，何日荣．2002. 我国检验检疫工作面临的形势和急需解决的问题［J］．植物检疫（1）：86－89.
陈晓青，海青，伊立野．2005，外来物种入侵的法律问题研究［J］．内蒙古大学学报：人文·社会科学版，6：44－47.
程俊峰．2005. 外来有害生物西花蓟马在中国的适生性风险分析［D］．武汉：华中农业大学．
崔保安，宁长申．2001. 兽医知识全书［M］．郑州：河南科学技术出版社．
戴霖．2005. 几种重要检疫性有害生物在江苏的风险分析［D］．扬州：扬州大学．
邓铁军．2004. 国内外有害生物风险分析（PRA）的研究发展［J］．广西农学报（1）：55－56.
方昌源，等．1993. 棉花病虫害防治手册［M］．北京：中国农业出版社．
冯显才，江延魁，等．1995. 安徽大麻害虫名录及主要害虫综合防治［J］．中国麻作（4）：40－43.
弗雷萨．1997. 默克兽医手册［M］．7 版．北京：中国农业大学出版社．
傅和玉．2000. 棉花病虫害的知识与防治［M］．北京：中国盲文出版社．
高峰．2006. 世界棉花生产与进出口贸易概览［J］．中国棉花（7）：33－36.
郭成亮，高旭春．1998，对有害生物风险分析概念之管窥［J］．吉林农业大学学报（1）：109－111.
国际动物卫生组织，农业部畜牧兽医局．2000. 国际动物卫生法典［M］．北京：兵器工业出版社．
河南省南阳农业学校．1998. 动物检疫学［M］．北京：中国农业出版社．
侯婷婷．2004. 稻飞虱发生的气候背景及风险分析［D］．北京：中国农业大学．
黄安平，朱谷丰，等．2004. 中国麻类作物虫害防治研究进展［J］．中国麻业，26（4）：173－176.
黄光华．1959. 黑龙江省亚麻锈病初步简报［J］．植病知识，3（8）：185－189.
黄可辉，郭琼霞，刘景苗．2006. 三裂叶豚草的风险分析［J］．福建农林大学学报：自然科学版，4：35－38.
黄可辉，郭琼霞．2003. 水稻茎线虫风险分析［J］．福建稻麦科技（4）：27－29.
季良．1994. 检疫性有害生物危险性评价［J］．植物检疫，8（2）：100－105.
贾文明，周益林，丁胜利，等．2005. 外来有害生物风险分析的方法和技术［J］．西北农林科技大学学报：自然科学版，1：112－114.
蒋金书．1995. 动物医生手册［M］．北京：中国农业大学出版社．
蒋青，梁忆冰，王乃杨，等．1994. 有害生物危险性评价指标体系的初步确立［J］．植物检疫（6）：17－19.
蒋逸民．2001. 中国棉花进出口贸易研究［D］．南京：南京农业大学．
蒋拥东，李鹄鸣，等．2004. 苎麻病虫害田间生态调控的研究［J］．湖南农业科学（5）：47－49.
靳颖，陶希三，吕洪生，等．2006. 我国推出进出口纺织品安全项目检验规范及检验监管新 要求［J］．纺织导报（5）：28－30.

鞠瑞亭，杜予州，郑福山，等．2002．我国有害生物风险性分析研究进展 [C] //昆虫学创新与发展——中国昆虫学会2002年学术年会论文集．
阚保东．1996. 实用动物检疫技术 [M]．北京：中国农业出版社．
康芬芬，李志红，杨定，等．2006. 利用微卫星标记初步分析橘小实蝇4个地理种群的遗传多态性 [J]．昆虫知识 (3)：60-64.
兰星平，刘正忠．2006. 云南木蠹象在贵州的危害及危险性分析 [J]．贵州林业科技 (3)：55-58.
雷永松，高发祥，胡春华，等．2007. 湖北四种主要林业检疫性有害生物危险性评估 [J]. 环境科学与技术 (1)：46-47.
黎宇，谢国炎，熊谷良，等．2006. 世界麻类原料生产与贸易概况 [J]．中国麻业科学 (5)：98-100.
李辉，易法海．2005. 世界棉花市场的格局与我国棉花产业发展的对策 [J]．国际贸易问题 (7)：79-82.
李玲，李伟平，杨桂珍．2005. 有害生物风险分析及其植物检疫决策支持系统介绍 [J]．植物检疫 (1)：82-85.
李明福．2005. 我国检疫性病毒类有害生物名单修订及相关问题评述 [J]．西北农林科技大学学报：自然科学版，8 (33)：43-45.
李鸣，秦吉强．1998. 有害生物危险性综合评价方法的研究 [J]．植物检疫，12 (1)：52-55.
李农．1988. 加强植物检疫，严防有害生物传入 [J]. 世界农业 (12)：41-43.
李世奎．1999. 中国农业灾害风险评价与对策 [M]．北京：气象出版社．
李秀梅．1997. 恶性害草豚草的综合防治研究进展 [J]．杂草科学 (1)：7.
梁亿冰，蒋青，等．1994. 检疫性有害生物危险性分析概述 [J]．植物保护 (4)：55-57.
梁忆冰，詹国平，徐亮，等．1999. 进境花卉有害生物风险初步分析 [J]．植物检疫 (1)：9-11.
梁忆冰．2002. 植物检疫对外来有害生物入侵的防御作用 [J]．植物保护 (2)：24-28.
林云彪，赵琳．2000. 植物检疫知识问答 [M]．杭州：浙江科学技术出版社．
刘海军，黄祥云，温俊宝，等．2005. 北京地区林木重大外来有害生物风险分析模式 [J]．林业资源管理 (1)：45-48.
刘海军，温俊宝，骆有庆．2003. 有害生物风险分析研究进展评述 [J]．中国森林病虫 (3)：80-85.
刘海军．2003. 北京地区林木外来重大有害生物风险分析 [D]．北京：北京林业大学．
刘红霞，温俊宝，骆有庆，等．2001. 森林有害生物风险分析研究进展 [J]．北京林业大学学报 (6)：115-118.
刘景苗．2005. 豚草属杂草风险分析 [D]．福州：福建农林大学．
刘志兵，艾克拜尔·阿不都卡德尔．2000. 和田农业侵入型有害生物及其对策 [J]．新业科学 (1)：6-9.
马晓光，沈佐锐．2003. 植保有害生物风险分析理论体系的探讨 [J]．植物检疫 (2)：33-35.
马晓光．2003. 植保有害生物风险分析关键技术研究 [D]．北京：中国农业大学．
倪新，魏海，滕建轮，等．2003. 有害生物风险分析——植物检疫决策的科学基础 [J]．山东农业大学学报：自然科学版 (4)：76-79.
农业部全国植物保护总站．2000. 植物医生手册 [M]．北京：化学工业出版社．
农业部畜牧兽医司．1993. 中国动物疫病志 [M]．北京：科学出版社．
欧健，卢昌义．2006. 厦门市外来物种入侵现状及其风险评价指标体系 [J]．生态学杂志 (10)：66-68.
乔志文．2004. 甜菜锈病研究进展及在我国发生可能性分析 [J]．中国糖料 (4)：55-57.
曲秀春，刘祥君．1999. 牡丹江市区发现三裂叶豚草 [J]．中国林副特产 (4)：26-27.
屈娟．2003. 谈检疫性有害生物截获工作 [J]．植物检疫 (6)：67-68.
冉俊祥．2001. 进口原木传带大小蠹 *Dendroctonus* spp. 风险分析 [J]．检验检疫科学 (3)：48-50.

任炳忠，王东昌，等．2001. 东北地区危害农业、林业的鞘翅目昆虫多样性的研究［J］．吉林农业大学学报，23（3）：46－49.
沈佐锐，马晓光，高灵旺，等．2003. 植保有害生物风险分析研究进展［J］．中国农业大学学报（3）：147－150.
苏晓华，丁明明，黄秦军．2005，外来杨树遗传资源及其存在的问题［J］．林业科学研究（6）：40－42.
田树军，王宗仪，等．1999. 养羊与羊病防治［M］．北京：中国农业大学出版社．
童伟．1999. 食品检验、动植物检疫技术分析与管理实用大全［M］．北京：中国环境科学出版社．
汪廷魁，沈钢，等．1995. 大麻小象甲生物学特性研究［J］．中国麻作，17（1）：37－39.
王川庆，李学伍，梁宏德，等．2002. 新编实用兽医手册［M］．郑州：中原农民出版社．
王福祥．1999．加强有害生物风险分析，提高检疫决策的科学水平［J］．植保技术与推广（6）：33－36.
王福祥．2000. 试论如何确定有害生物"可接受的风险水平"［J］．植保技术与推广（6）：88－90.
王福祥．2000. 植物有害生物风险分析研究［J］．世界农业（3）：66－68.
王桂枝．1998. 兽医防疫与检疫［M］．北京：中国农业出版社．
王华雄，林德康，付劲．2000. 羽绒及其制品的质量与检验［M］．北京：中国纺织出版社．
王丽娜．2004. 世界羊毛生产与贸易的经济分析［D］．杭州：浙江大学．
王绍林，夏明辉，王宏琦．2004. 济南市森林有害生物入侵现状及防范对策［J］．山东林业科技（1）：60－62.
王绍文，刘发邦，刘杰，等．2006. 潍坊市外来林业有害生物入侵现状及治理对策［J］．植物检疫（2）：15－18.
王卫东．2004. 中国松材线虫病风险分析［D］．北京：中国林业科学研究院．
王秀芬．2001. 有害生物风险分析（PRA）及其在输华马铃薯上的应用［J］．检验检疫科学（2）：59－63.
吴广超．2006. 外来入侵有害生物橘小实蝇的风险分析［J］．林业科技（5）：48－51.
夏红民．2005. 重大动物疫病及其风险分析［M］．北京：科学出版社．
肖悦岩，季伯衡，等．1998. 植物病害流行与预测［M］．北京：中国农业大学出版社．
辛惠普，范文艳，等．1999. 黑龙江省特用作物病害真菌名录［J］．黑龙江八一农垦大学学报，11（4）：1－5.
许伟琦．2000. 畜禽检疫检验手册［M］．上海：上海科学技术出版社．
杨定发，何月秋，等．2004. 云南省元江县大麻真菌性病害初步记述［J］．中国麻业，26（6）：281－283.
杨铭，杨桦，杨少雄，等．2006，农业外来有害生物入侵现状及防控对策［J］．陕西师范大学学报：自然科学版（1）：181－184.
姚穆，等．1997. 毛绒纤维标准与检验［M］．北京：中国纺织出版社．
于大海，等．1997. 中国进出境动物检疫规范［M］．北京：中国农业出版社．
曾昭慧，等．1994. 植物医生手册［M］．北京：化学工业出版社．
詹开瑞．2006. 橘小实蝇的检疫技术与风险分析［D］．福州：福建农林大学．
张朝华．1996. 检疫决策的支持工具——澳大利亚植物检疫 PRA 研究综述［J］．中国进出境动植检（2）：211－213.
张宏伟．2001. 动物疫病［M］．北京：中国农业出版社．
张平清．2005. 外来有害生物入侵风险分析方法与风险管理措施研究［D］．长沙：国防科学技术大学．
张绍升．2003. 进境红掌种苗有害生物风险分析［J］．福建农林大学学报：自然科学版（4）：77－79.
张孝峰．2006. 新形势下对植物检疫工作的思考和探索［J］．中国农学通报（3）：69－73.
赵辉．2006. 涉外纺织品贸易的风险分析和应对策略［D］．郑州：河南大学．
赵敏．2003. 外来入侵生物豚草的综合防治与对策［J］．农业环境与发展（5）：156－159.

郑华，赵宇翔 . 2005. 外来有害生物红火蚁风险分析及防控对策［J］. 林业科学研究（4）：73 - 76.
郑贤陆，邓小华，等 . 2003. “双季稻-亚麻”种植模式特点及栽培技术［J］. 作物研究，17（3）：144 - 146.
中国出入境检验检疫指南编委会 . 2000. 中国出入境检验检疫指南［M］. 北京：中国检察出版社 .
钟国强 . 2005. 外来有害生物入侵预防措施［J］. 植物检疫（3）：58 - 61.
周传铭，郭喜良 . 2002. 羊毛贸易与检验检疫［M］. 北京：中国纺织出版社 .
周国梁，李尉民，印丽萍，等 . 2005. 有害生物风险分析的现状与发展趋势［C］//外来有害生物检疫及防除技术学术研讨会论文汇编 .
周乐峰 . 2003，进境百合种球有害生物风险分析［J］. 福建农林大学学报：自然科学版（3）：57 - 60.

后　　记

本书是国家留学基金管理委员会和国家质检总局资助的“国外纺织原料有害生物风险分析及其对策研究”课题的研究成果总结。

本课题在资料的搜集和研究过程中得到了有关棉、毛纺织企业，大专院校，研究所，科技情报部门以及有关单位领导的帮助和指导。河南省出入境检验检疫局科技处、技术中心、动检处、植检处等给予了大力支持和帮助指导；河南农业大学的高猛、任李琪同学，河南纺织高等专科学校的王萌、司艳娟同学做了大量的材料收集整理工作。中国工程院院士、西安工程大学名誉院长、博士生导师姚穆教授一直鼓励我出版研究成果总结，在检验检疫系统和相关行业进一步加大本课题研究成果的推广力度，使之与更多读者共享。姚穆教授还在百忙之中，为本书作序，在此一并致谢。

我还要感谢我的家人，夫人魏燕红，女儿郭华麟，是她们的鞭策和鼓励，才使这部书得以出版发行。